)

国家出版基金项目
"十三五"国家重点出版物出版规划项目

国家出版基金项目
NATIONAL PUBLICATION FOUNDATION

先进复合材料丛书

聚合物基复合材料

中国复合材料学会组织编写

丛书主编　杜善义

丛书副主编　俞建勇　方岱宁　叶金蕊

编　　著　薛忠民　王　嵘　肖永栋　等

中国铁道出版社有限公司
CHINA RAILWAY PUBLISHING HOUSE CO., LTD.

内 容 简 介

"先进复合材料丛书"由中国复合材料学会组织编写,并入选国家出版基金项目。丛书共 12 册,围绕我国培育和发展战略性新兴产业的总体规划和目标,促进我国复合材料研发和应用的发展与相互转化,按最新研究进展评述、国内外研究及应用对比分析、未来研究及产业发展方向预测的思路,论述各种先进复合材料。

本书为《聚合物基复合材料》分册,全书论述了聚合物基复合材料设计应用时所需的理论基础、测试方法和评价标准,全面论述了手糊、RTM、模压、拉挤、缠绕、热压罐等主要制造工艺的特点、关键技术、实施方案和典型案例等内容。

本书内容先进,可供新材料研究院所、高等院校、新材料产业界、政府相关部门、新材料技术咨询机构等领域的人员参考。

图书在版编目(CIP)数据

聚合物基复合材料 / 中国复合材料学会组织编写;薛忠民等编著 . ——北京:中国铁道出版社有限公司,2021.10
　(先进复合材料丛书)
　ISBN 978-7-113-27608-9

　Ⅰ. ①聚… Ⅱ. ①中… Ⅲ. ①聚合物—复合材料
Ⅳ. ①TB33

中国版本图书馆 CIP 数据核字(2020)第 224917 号

书　　名:**聚合物基复合材料**
作　　者:薛忠民　王　嵘　肖永栋　等

策　　划:初　祎　李小军
责任编辑:曾露平　　　　　**编辑部电话**:(010) 63560043
封面设计:高博越
责任校对:孙　玫
责任印制:樊启鹏

出版发行:中国铁道出版社有限公司 (100054,北京市西城区右安门西街 8 号)
网　　址:http://www.tdpress.com
印　　刷:中煤(北京)印务有限公司
版　　次:2021 年 10 月第 1 版　2021 年 10 月第 1 次印刷
开　　本:787 mm×1 092 mm　1/16　**印张**:31　**字数**:618 千
书　　号:ISBN 978-7-113-27608-9
定　　价:198.00 元

序

新材料作为工业发展的基石，引领了人类社会各个时代的发展。先进复合材料具有高比性能、可根据需求进行设计等一系列优点，是新材料的重要成员。当今，对复合材料的需求越来越迫切，复合材料的作用越来越强，应用越来越广，用量越来越大。先进复合材料从主要在航空航天领域应用的"贵族性材料"，发展到交通、海洋工程与船舰、能源、建筑及生命健康等领域广泛应用的"平民性材料"，是我国战略性新兴产业——新材料的重要组成部分。

为深入贯彻习近平总书记系列重要讲话精神，落实"十三五"国家重点出版物出版规划项目，不断提升我国复合材料行业总体实力和核心竞争力，增强我国科技实力，中国复合材料学会组织专家编写了"先进复合材料丛书"。丛书共12册，包括：《高性能纤维与织物》《高性能热固性树脂》《先进复合材料结构制造工艺与装备技术》《复合材料结构设计》《复合材料回收再利用》《聚合物基复合材料》《金属基复合材料》《陶瓷基复合材料》《土木工程纤维增强复合材料》《生物医用复合材料》《功能纳米复合材料》《智能复合材料》。本套丛书2018年被列入原新闻出版广电总局评审为"十三五"国家重点出版物出版规划项目；并经国家出版基金办公室评审，确定为2020年度国家出版基金项目。

复合材料在需求中不断发展。新的需求对复合材料的新型原材料、新工艺、新设计、新结构带来发展机遇。复合材料作为承载结构应用的先进基础材料、极端环境应用的关键材料与多功能及智能化的前沿材料，更高比性能、更强综合优势以及结构/功能及智能化是其发展方向。"先进复合材料丛书"主要从当代国内外复合材料研发应用发展态势，论述复合材料在提高国家科研水平和创新力中的作用，论述复合材料科学与技术、国内外发展趋势，预测复合材料在"产学研"协同创新中的发展前景，力争在基础研究与应用需求之间建立技术发展路径，抢占科技发展制高点。丛书突出"新"字和"方向预测"等特色，对广大企业和科研、教育等复合材料研发与应用者有重要的参考与指导作用。

本丛书不当之处，恳请批评指正。

杜善义

2020 年 10 月

前　言

　　"先进复合材料丛书"由中国复合材料学会组织编写,并入选国家出版基金项目和"十三五"国家重点出版物出版规划项目。丛书共12册,围绕我国培育和发展战略性新兴产业的总体规划和目标,促进我国复合材料研发和应用的发展与相互转化,按最新研究进展评述、国内外研究及应用对比分析、未来研究及产业发展方向预测的思路,论述各种先进复合材料。本丛书力图传播我国"产学研"最新成果,在先进复合材料的基础研究与应用需求之间建立技术发展路径,对复合材料研究和应用发展方向做出指导。丛书体现技术前沿性、应用性、战略指导性。

　　聚合物基复合材料是指由高分子聚合物基体与玻璃纤维、碳纤维或芳纶纤维等增强纤维通过物理或化学的方式复合而成的新型材料。各种材料在性能上互相取长补短,产生协同效应,使复合材料的综合性能优于原组成材料,可满足各种不同的要求。由于其优良的特性,聚合物基复合材料已广泛应用于航空航天、交通运输、电力通信、绝缘防腐等领域,并呈现不断扩大的趋势。

　　聚合物基复合材料具有典型的材料-结构-功能一体化的特点,即材料的制备过程亦是实现其结构功能的过程,属于新材料新工艺领域,在认识和应用上仍存在"盲点"。为促进聚合物基复合材料的应用推广和技术进步,使之在国民经济建设和国防建设中发挥更大的作用,我们联合国内外众多著名高校与专家学者,参考国内外最新技术资料,并结合编著者在聚合物基复合材料领域设计、制造、检测、评价和标准制定工作中积累60余年的科研成果和体会,编著了《聚合物基复合材料》一书。

　　本书注重技术的先进性、可操作性,图文并茂,可供复合材料科研人员和工程技术人员参考,也可供高校相关专业师生参考。

　　本书第1~8章由北京玻钢院复合材料有限公司编著,其中第1章由田谋锋编著,第2章由黄其忠编著,第3章由逄增凯编著,第4章由紫明军编著,第5

章由高红成编著，第 6 章由张为军编著，第 7 章由王鹏飞编著，第 8 章由孙超明编著，第 9、10 章由北京航空航天大学李敏编著。全书由田谋锋统稿，最后由薛忠民、王嵘、肖永栋定稿。

由于水平有限，书中错误在所难免，敬请读者予以批评指正。

编著者

2020 年 11 月

目　　录

第1章 概 论

材料科学是推动当代科技进步的重要支柱之一,以聚合物材料作为基体,纤维作为增强材料制成的复合材料是20世纪40年代发展起来的一类新材料。经过几十年的发展,复合材料从聚合物基体和纤维增强材料开发、设计、制造到应用,已经发展成为较为完整的工业体系。复合材料针对不同应用工况,以其可设计性的显著特点,兼具轻质高强、结构功能一体化特性,在航空、航天、船舶、电子、石油化工、汽车、能源等高技术领域得到快速发展和应用。近年来,树脂基复合材料由于综合性能优异,能够满足不同的苛刻工况实际应用需要,在许多应用领域已经成为不可替代的材料。围绕复合材料的科研、生产、制造和应用开展的研究工作也越来越多,同时,在各行业应用的高精尖材料技术领域越来越受到人们的重视。

1.1 聚合物基复合材料的发展概况

合成聚合物是一种人工合成的高分子化合物,由于其性能和外形类似于天然树脂而得名,其表观可为液态、固态、半固态或假固态。根据固化方式的不同,可分为热固性树脂和热塑性树脂两种。不饱和聚酯树脂、环氧树脂、酚醛树脂等是最常用的热固性树脂,加固化剂并受热后,将形成不溶不熔的固化物,因此称为热固性树脂;聚乙烯、聚丙烯、聚氯乙烯、聚苯乙烯等具有线型分子链的结构,可反复受热成型,因此称为热塑性树脂,经常称为塑料。

1.1.1 树脂分类

热固性树脂中使用最多的是不饱和聚酯树脂,原因是不饱和聚酯树脂的原材料来源较为广泛,价格较为便宜,且有成型工艺简单、成型温度较低、生产成本低等优点。不饱和聚酯树脂的品种牌号很多,可分为通用型、耐腐蚀型、耐热型、阻燃型、胶衣树脂、SMC/BMC专用树脂等几种。

环氧树脂(epoxy resins,EP)是热固树脂的主要品种之一,通常是指大分子主链上含有醚键和仲醇基,同时两端含有环氧基团的一类聚合物的总称。环氧树脂的种类较多,按类型大致可分为双酚A型环氧树脂、卤代双酚A型环氧树脂、酚醛环氧树脂、脂肪族环氧树脂、双酚S型环氧树脂等等。用途最广的环氧树脂是双酚A二缩水甘油醚类环氧树脂。这类环氧树脂通常被称为通用型环氧树脂,双酚A型环氧树脂不仅产量大,品种齐全,而且新的改性产品不断增加,因此应用领域十分广泛。环氧树脂(EP)具有优异的浸润性和黏性(对各种纤维),其固化物具有较好的综合性能(包括力学性能、耐酸性、耐碱性和耐多种化学药品性等),故已成为复合材料热固性树脂基体中最重要的基体材料之一。

酚醛树脂(phenolic resin，PR)是三大合成热固性树脂之一，德国化学家拜耳(Bayer)于1872年第一次在实验室成功合成了酚醛树脂；美国人贝克兰(backeland)于1907年提出了酚醛树脂在加热加压条件下固化成型的工艺方法，并申请了专利，热压固化成型的发明使酚醛树脂得以实现工业化大规模生产。迄今，酚醛树脂已经经历100多年的历史，是世界上最早实现工业化的合成树脂，已经应用于社会生活的各个方面，在国民经济、国防建设中起着重要的作用。由于制备酚醛树脂所需的主要原材料酚类和醛类来源广泛，且树脂合成工艺以及生产装备相对比较简单，产品具有性能稳定、耐燃、耐磨、耐热、机械强度高、吸湿性较低、电绝缘性能好、燃烧时发烟量低、尺寸稳定及价格低廉等其他种类树脂无可比拟的优势，树脂基体不但可作为清漆、胶黏剂、涂料等形式单独使用，而且可以和玻璃纤维、碳纤维、石英纤维、芳纶纤维、玄武岩纤维等增强材料复合，用于制备模塑料、层压板、耐烧蚀材料等。酚类化合物在酸性或者碱性催化剂催化的条件下，与醛类化合物发生缩聚反应而得到的聚合物统称为酚醛树脂。其中，以苯酚和甲醛为原料，经过缩聚反应而合成的酚醛树脂是世界上已知的最早实现工业化的合成树脂，其应用领域最为广泛，也是最为重要的一类酚醛树脂。

世界合成聚合物工业经过数十年的发展和变革，生产规模之大、数量品种之多及产品应用之广泛已形成一定的格局。进入21世纪后，随着合成聚合物生产企业追求低成本、高效率、专业化、高性能，世界合成聚合物工业的趋势是生产规模大型化、产业结构专业化和产品性能高性能化。热固性聚合物基复合材料也称纤维增强塑料(fiber reinforced plastics，FRP)，我国俗称玻璃钢，是由热固性聚合物基体和纤维增强材料所组成的一种多相材料，其性能比单一材料优越，是当前技术比较成熟、应用最为广泛的一类复合材料。

在热固性聚合物基复合材料中，聚合物通过固化将纤维增强材料包结为一个整体，起到传递载荷的作用，它赋予了复合材料各种优良的综合性能，如电绝缘性、耐腐蚀性、耐高温性、工艺性等，在很大程度上决定了材料的最终性能。不饱和聚酯树脂、环氧树脂、酚醛树脂是最常用的热固性树脂基体。聚合物基体与增强材料的界面包结状况对聚合物基复合材料的力学性能、耐腐蚀性、耐老化性有很大影响，一般常用偶联剂对增强材料进行表面处理来改进界面性能。

1.1.2　国外发展概况

热固性聚合物基复合材料于1932年在美国首先出现，第二次世界大战期间首次用玻璃纤维增强聚酯树脂，以手糊工艺制造军用雷达罩、远航飞机油箱、飞机机身和机翼。第二次世界大战以后迅速扩展到民用，风靡一时，发展很快。1946年纤维缠绕成型技术在美国出现，为纤维缠绕压力容器的制造提供了技术储备。1949年成功研究了玻璃纤维预混料并制造出表面光洁、尺寸和形状准确的复合材料模压件。1950年真空袋和压力袋成型工艺研究成功，并制造出直升机的螺旋桨。20世纪60年代美国利用纤维缠绕技术，制造出北极星、土星等大型固体火箭发动机的壳体，为航天技术开辟了轻质高强结构的最佳途径。在此期间，玻璃纤维——聚酯树脂喷射成型技术得到了应用，使手糊工艺的质量和生产效率大为提高。1961年片状模塑料(sheet molding compound，SMC)在前联邦德国问世，利用这种技术可制出大幅面表面光洁、尺寸和形状稳定的制品，如汽车壳体、船的壳体以及卫生洁具等大型制件,从而更扩大了聚合物基复合材料的应用领域。1963年前后,在美国、法国、日本等国先后开发了高产量、大幅宽、连续生产的玻璃纤维复合材料板材生产线,使复合材料制品形成了规模化生产。拉挤成型工艺的研究始于20世纪50年代,20世纪60年代中期实现了连续化生产,在20世纪70年代又有了重大的突破,近年来发展更快。除圆棒状制品外,还能生产管形、箱形、槽形、工字形等复杂截面的型材,并还有环向缠绕纤维以增加型材的侧向强度。上述拉挤工艺生产的制品断面可达76 cm×20 cm。在20世纪70年代树脂反应注塑成型(reaction injection molding,RIM)和增强树脂反应注塑成型(reinforced reaction injection molding,RRIM)两种技术的成功研究,进一步改善了手糊工艺,使产品两面光洁,现已大量用于卫生洁具和汽车零件的生产。1972年美国PPG公司研究成功热塑性片状模塑料成型技术,1975年投入生产。这种复合材料的最大特点是改变了热固性聚合物基体复合材料生产周期长、废料不能回收的问题,并能充分利用塑料加工的技术和设备,因而发展得很快。制造管状构件的工艺除缠绕成型外,20世纪80年代又发展了离心浇注成型法,英国曾使用这种工艺生产10 m长的复合材料电线杆、大直径受外压的管道等。综上可知,新生产工艺的不断出现推动着聚合物基复合材料工业的发展。

20世纪70年代以前,对复合材料的研究仅仅处于采用玻璃纤维增强聚合物的局面。人们一方面不断开辟玻璃纤维——热固性聚合物复合材料的新用途,同时也发现,这类复合材料的比刚度要求很高,因而开发了一批如碳纤维、碳化硅纤维、氧化铝纤维、硼纤维、芳纶纤维、高密度聚乙烯纤维等高性能增强材料,并使用高性能树脂、金属或陶瓷为基体,制成了先进复合材料(advanced composite materials,ACM)这种先进复合材料具有比玻璃纤维复合材料更好的性能,是用于飞机、火箭、卫星、飞船等航空航天飞行器的理想材料。

经过70余年的发展,热固性聚合物基复合材料已形成了原材料、成型工艺、机械设备、产品种类及性能检测等一套完善的工业体系。

1.1.3 国内发展概况

中国对热固性聚合物基复合材料的研究始于1958年,最早用于军工制品,1978年后逐渐扩展到民用。1958年采用手糊工艺研制了玻璃钢艇,采用层压和卷制工艺研制玻璃钢板、管和火箭弹,1961年研制成用于远程火箭的玻璃纤维——酚醛树脂烧蚀防热弹头,1962年引进不饱和聚酯树脂、喷射成型和蜂窝夹层结构成型技术,并制造了玻璃钢的直升机螺旋桨叶和风洞叶片,同年开始纤维缠绕工艺研究并生产出一批氧气瓶等压力容器。1970年用玻璃钢蜂窝夹层结构制造了一座直径44 m的雷达罩。1981年复合材料的年产量为1.5万t;到1986年达到6.5万t,年增长率为13%;1987年以后受到国内原材料品种数量不足的影响,发展曾一度停滞。在改革开放期间,大量引进国外先进技术,如在原材料方面引进了池窑拉丝、短切毡、表面毡、喷射纱、缠绕纱以及各种牌号树脂和辅助材料的生产技术。在成型工艺方面引进了制造管罐的大型缠绕系统、拉挤工艺生产线、SMC生产线、连续制板机组、树脂传递模型机组、喷射成型技术、树脂注塑成型技术等先进工艺和设备,形成了研究、设计、生产及原材料相互配套的较完整的工业体系。到1995年国内玻璃钢产量已达到16.5万t,产品近2 000种,拥有缠绕生产线120条、SMC生产线31条、BMC生产线5条、拉挤工艺生产线 100 条,喷射机 260 台、树脂传递模塑成型机(RTM)70 台、连续制板机组 3 条,机械化年生产能力达 25 万 t。

1.1.4 存在的问题

从生产工艺看,虽然引进了很多先进技术设备,但利用率不高,所有制品仍有 80% 是手糊成型,仅有 20% 由缠绕、拉挤、SMC 及 RTM 等设备成型,因此玻璃钢工业的生产潜力很大。我国的聚合物基复合材料经过 60 余年的发展,已经取得了很大进步,但也存在很多问题。

1. 原材料水平困扰我国 FRP 制品品质的提高

只有大规模的工业化生产才能使增强纤维、树脂的质量稳定、成本降低。由于中国特定的经济发展历程,迄今原材料的生产仍是分散、小规模、低层次的。目前,中国 FRP 工业的发展已到了一个新的转折点,提高原材料水平实为当务之急。步入 20 世纪 80 年代之后,改革开放政策极大促进了我国 FRP 工业的发展,但企业规模普遍较小,生产能力有限,一些高性能的辅助原材料在国内也没有大规模的生产企业,须从国外进口。

2. FRP 新产品开发不足

FRP 新产品开发不足不仅仅是 FRP 从业者的事,更主要还是社会认识和社会需求的事。品种与规模制约着产品开发的周期及生产规模。要把 SMC 生产线开工率提高到 30%,没有新产品的开发与批量生产是绝对不可能的。FRP 近年随着汽车、家用电器、机械、化工等部门的需求而得到了较快发展。

3. 从业者素质有待提高

当前我国 FRP 厂 80% 以上为乡镇企业,对外称 3 000 家企业,实际远不止此数。如河北省枣强县仅注册的 FRP 厂即有 500 余家,而 FRP 厂总数达 1 600 多家。大多数乡镇企业技术水平和管理水平低下,素质亟待提高。少数企业的产品质量低劣,甚至出现了生产(用户)事故或人身伤亡事故,以致社会大众一提到 FRP,就会将其误以为是低质量的产品。因此,加强对广大乡镇企业的技术、管理与职业行为规范的教育和监督刻不容缓。

4. 将科研成果转化为生产的能力不足

虽然国内 FRP 原辅材料、装备、结构研发能力已得到海内外较高的评价,但是商品化仍不够。如从国外引进的一些 FRP 制造设备,硬软件均不如我国的水平。FRP 产品开发同样有此问题,这有待于国家通过政策等将高校科研机构的先进成果进行针对性的产业化引导与有机地组织,将产学研综合考虑,实现科研成果切实推进产业化转化,促进聚合物基复合材料高质量发展。

1.2 热固性聚合物基复合材料的分类与成型工艺

根据热固性聚合物基体的不同,热固性聚合物基复合材料分类见表 1.1 所示。

复合材料成型工艺是复合材料工业的发展基础和条件,随着复合材料应用领域的拓宽,复合材料工业得到了迅速发展,旧的成型工艺日臻完善,新的成型方法不断涌现。当前聚合

物基复合材料的成型方法已有 20 多种,并成功地用于工业生产,如以下几种工艺:

表 1.1 热固性聚合物基复合材料的分类

		高官能团环氧复合材料
	环氧树脂复合材料	环氧/酚醛复合材料
热固性聚合物基复合材料		低压酚醛复合材料
	酚醛树脂复合材料	高压酚醛复合材料
		改性酚醛复合材料
		环氧酚醛复合材料
热固性聚合物基复合材料	不饱和聚酯基复合材料	
	双马来酰亚胺基复合材料	
	脲醛基复合材料	
	聚氨酯基复合材料	
	热固性聚酰亚氨基复合材料	
	三聚氰胺基复合材料	
	有机硅基复合材料	

①手糊成型工艺——湿法铺层成型法;

②喷射成型工艺;

③树脂传递模塑成型技术(RTM 技术);

④袋压法(压力袋法)成型技术;

⑤真空袋压成型技术;

⑥热压罐成型技术;

⑦液压釜法成型技术;

⑧热膨胀模塑法成型技术;

⑨夹层结构成型技术;

⑩模压料生产工艺;

⑪SMC 模压料注射技术;

⑫模压成型工艺;

⑬层合板生产技术;

⑭卷制管成型技术;

⑮纤维缠绕制品成型技术;

⑯连续制板生产工艺;

⑰浇注成型技术;

⑱拉挤成型工艺;

⑲连续缠绕制管工艺;

⑳编织复合材料制造技术;

㉑热塑性片状模塑料制造技术及冷模冲压成型工艺;

㉒注塑成型工艺；

㉓挤出成型工艺；

㉔离心浇注制管成型工艺；

㉕其他成型技术。

依据所选用的聚合物基体材料的不同，上述方法分别适用于热固性和热塑性聚合物基复合材料的生产，有些工艺两者都适用。与其他材料加工工艺相比，聚合物基复合材料成型工艺具有如下特点：

（1）材料制造与制品成型同时完成。一般情况下，复合材料的生产过程也就是制品的成型过程。材料的性能必须根据制品的使用要求进行设计，因此在造板材料、设计配比、确定纤维铺层和成型方法时，都必须满足制品的物理化学性能、结构形状和外观质量要求等。

（2）制品成型比较简便。一般热固性聚合物基复合材料的聚合物基体，成型前是流动液体，增强材料是柔软纤维或织物。因此，用这些材料生产复合材料制品所需工序及设备要比其他材料简单得多，对于某些制品仅需一套模具便能生产。

1.3　热固性聚合物基复合材料的性能

热固性聚合物基复合材料是由两个或两个以上的独立物理相组成，包含基体材料（热固性聚合物）和增强材料（纤维）所组成的一种固体产物。热固性聚合物基复合材料具有如下的特点：

（1）轻质高强，比强度高。热固性聚合物基复合材料的密度在 $1.4 \sim 2.2$ g/cm^3，比强度（单位密度的强度）超过合金钢、铝合金、钛钢等。因此在要求减轻自身质量的产品，如航空、火箭、导弹、军械武器、交通运输等领域，具有重要意义。

（2）电性能优良。在高频作用下，热固性聚合物基复合材料能保持良好的介电性能，不受电磁作用，不反射无线电波，能透过电波，这是金属材料无法相比的，因此，其是雷达、电器工业不可少的绝缘材料。

（3）耐腐蚀性能优良。热固性聚合物基复合材料一般都能耐酸、稀碱、盐、大部分有机物、海水等介质，在石油化工、医药、燃料中应用广泛。

（4）绝热性优异。热固性聚合物基复合材料热导率低，只有金属材料的 $1/1\ 000 \sim 1/10$，是一种较好的绝热材料；线膨胀系数也很小，如酚醛树脂耐瞬时高温的能力很强，是一种很好的耐烧蚀材料。

（5）工艺性能多样化。热固性聚合物基复合材料有手糊、拉挤、注塑等多种成型方法。

（6）其他性能。目前发展了导电、压电等功能性树脂基复合材料。

尽管具有诸多优异性能，热固性聚合物基复合材料也存在弹性模量低、耐热性差、易老化、力学性能的各相异性、影响质量因素多以及材料性能多导致呈分散性等缺点。

热固性聚合物基复合材料的整体性能并不是其组分材料性能的简单叠加或者平均，这其中涉及一个复合效应问题。复合效应实质上是原相材料及其所形成的界面相互作用、相互依存、相互补充的结果。它表现为热固性聚合物基复合材料的性能在其组分材料基础上的线性和非线性的综合。复合效应有正有负,性能的提高总是人们所期望的,但有些材料在复合之后导致某些方面的性能出现抵消甚至降低的结果也是不可避免的。

复合效应的表现形式多种多样,大致上可分为两种类型:混合效应和协同效应。混合效应也称作平均效应,是组分材料性能取长补短共同作用的结果,它是组分材料性能比较稳定的总体反映,与局部的扰动反应敏感协同效应与混合效应相比,前者是普遍存在且形式多样的,反映的是组分材料的各种原位特性。原位特性是指各相组分材料在复合材料中表现出来的性能并不只是其单独存在时的性能,单独存在时的性能不能表征其复合后材料的性能。

1.4 热固性聚合物基复合材料的应用及其发展方向

热固性聚合物基复合材料广泛应用于国民经济的各个领域。

1.4.1 在国防、军工及航空航天领域中的应用

热固性聚合物基复合材料以其典型的轻量特性、卓越的比强度、耐烧蚀和隐蔽性、材料性能的可设计性、比模量、制备的灵活性和易加工性等受到军方青睐,在实现武器系统轻量化、快速反应能力、高威力、大射程、精确打击等方面起着巨大作用。

复合材料的发展为武器系统选材和产品设计奠定了坚实的基础,在兵器装备上获得了广泛应用,其应用技术取得了重大的突破,应用水平有了显著的提高。国外在导弹和火箭方面已完成了复合材料化、轻量化和小型化,并且正向新的、更高的水平前进,包括经济承受能力方面的低成本化。如苏联的"赛格"反坦克导弹从外观上实现了塑料化,它的主要复合材料结构件有:风帽、壳体、尾翼座、尾翼等,使用的材料为玻纤增强酚醛塑料,复合材料构件占总体零件数的 75%。美国的"陶式"反坦克导弹、法国的"霍特"反坦克导弹、"阿皮拉斯"反坦克火箭弹的发射筒,发动机壳体分别用玻纤增强环氧树脂和芳纶纤维增强环氧树脂制造。

随着我国复合材料技术和应用技术水平的提高,复合材料在兵器上的应用范围越来越广。20 世纪 90 年代复合材料在兵器上的应用进入了一个新时代,高强度玻纤增强树脂复合材料用于多管远程火箭弹和空对空导弹的结构材料与烧蚀——隔热材料,使金属喷管达到了塑料化,烧蚀—隔热—结构多功能化,实现了喷管收敛段、扩张段和尾翼架多部件一体化,大大减轻了武器的质量,提高了战术性能,简化了工艺,降低了成本。

复合材料,特别是碳纤维复合材料等在航空航天器结构上已得到广泛的应用,现已成为航空航天领域使用的四大结构材料之一。复合材料在航空航天上除主要作为结构材料外,在许多情况下还可具备各种功能性要求,如透波、隐身等。复合材料在航空航天领域中主要是应用在飞机、直升机的结构部件;地面雷达罩、机载雷达罩、舰载雷达罩以及车载雷达罩等;人造卫星、太空站和天地往返运输系统等方面。

1.4.2 在建筑工业中的应用

建筑工业在国民经济中占有很重要的地位,不论是哪一个国家,建筑工业永远是国民经

济的支柱产业之一。随着社会的进步，人们对居住面积、房屋质量和娱乐设施等的要求越来越高，这就是推动建筑工业改革发展的动力。

建筑工业现代化的发展方向是：改善施工条件、加快建设进度、降低成本、提高质量、节约能源、减少运输、保护耕地、保护环境和提高技术经济效益等。为了达到此目的，必须从改善现有的建筑材料和发展新型建筑材料方向着手。

在建筑工业中发展和使用热固性聚合物基复合材料对减轻建筑物自重、提高建筑物的使用功能、改革建筑设计、加速施工进度、降低工程造价、提高经济效益等都十分有利，是实现建筑工业现代化的必要条件。

随着建筑工业的迅速发展，复合材料越来越多地被用于建筑工程。

（1）承载结构：用作承载结构的复合材料建筑制品有柱、桁架、梁、基体、承重折板、屋面板、楼板等，这些复合材料构件主要用于化学腐蚀厂房的承重结构、高层建筑及全玻璃钢——复合材料楼房大板结构。

（2）围护结构：复合材料围护结构制品有各种波纹板、夹层结构板以及各种不同材料复合板、整体式和装配式折板结构和壳体结构。用作壳体结构的板材既是围护结构，又是承重结构。这些构件可用作工业及民用建筑的外墙板、隔墙板、防腐楼板、屋顶结构、遮阳板、天花板、薄壳结构和折板结构的组装构件。

（3）采光制品：透光建筑制品有透明波形板、半透明夹层结构板、整体式和组装式采光罩等，主要用于工业厂房、民用建筑、农业温室及大型公用建筑的天窗、屋顶及围墙面采光等。

（4）门窗装饰材料：复合材料制品有门窗断面复合材料拉挤型材、平板、浮雕板、复合板等，一般窗框型材用树脂玻璃钢；复合材料门窗防水、隔热、耐化学腐蚀；用于工业及民用建筑，装饰板用作墙裙、吊顶、大型浮雕等。

（5）给排水工程材料：市政建设中给水、排水及污水处理工程中已大量使用复合材料制品，如各种规格的给水玻璃钢管、高位水箱、化粪池、防腐排污管等。

（6）卫生洁具材料：属于此类复合材料制品的有浴盆、洗面盆、坐便盆以及各种整体式、组装式卫生间等，广泛用于各类建筑的卫生工程和各种卫生间。

（7）采暖通风材料：属此类复合材料制品有冷却塔、管道、板材、栅板、风机、叶片及整体成型的采暖通风制品；工程上应用的中央空调系统中的通风橱、送风管、排气管、防腐风机罩等。

（8）高层楼房屋顶建筑：如旋转餐厅屋盖、异形尖顶装饰屋盖、楼房加高、球形屋盖、屋顶花园、屋顶游泳池、广告牌和广告物等。

（9）特殊建筑：大跨度飞机库、各种尺寸的冷库、活动房屋、岗亭、仿古建筑、移动剧院、透微波塔楼、屏蔽房、防腐车间、水工建筑、防浪堤、太阳能房、充气建筑等。

（10）其他复合材料在建筑中的其他用途还有很多，如各种家具、马路上的井盖、公园和运动场的座椅、海滨浴场活动更衣室、公园仿古凉亭等。

1.4.3 在化学工业中的应用

以聚合物为基体的复合材料作为化学工业的耐腐蚀材料已有 50 余年历史，由于热固性聚合物基复合材料具有比强度高、无电化学腐蚀现象、热导率低、良好的保温性能及电绝缘性能、制品内壁光滑、流体阻力小、维修方便、质量轻、吊装运输方便等优点,故已广泛用于石油、化肥、制盐、制药、造纸、海水淡化、生物工程、环境工程及金属电镀等工业中。

(1)在环境保护领域中的应用:随着工业的发展,环境污染问题已成为当今世界令人关心的问题之一,许多国家投入巨大人力、物力,致力于环境保护工业这一新兴领域。

玻璃钢在给排水管道工程中已得到了广泛的应用,最近几年,越来越多的废水处理系统的管道用玻璃钢制造,基本原因就是废水的耐蚀介质的种类和耐腐蚀性能都在不断增加,这就要求使用耐蚀性能更好的材料,而耐腐蚀玻璃钢是满足这种需求的最好材料。

复合材料在环境保护方面的应用:包括一般工业废气处理、油水处理、含毒物质污水处理、垃圾焚化处理及城市废水脱臭处理等。

(2)在高纯水和食品领域中的应用:这是热固性聚合物基复合材料应用的一个新领域。热固性聚合物基复合材料优良的耐蚀性能意味着这种材料具有不活泼、不污染的待性,理所当然地成为高度清洁物品。如贮存高纯水、药品、酒、牛奶之类的可选用材料。

(3)在氯碱工业中的应用:氯碱工业是玻璃钢作为耐腐蚀材料的最早应用领域之一,目前玻璃钢已成为氯碱工业应用的主要材料,已用于各种管道系统、气体鼓风机、热交换器外壳、盐水箱以及泵、池、地坪、墙板、格栅、把手、栏杆等建筑结构上。同时,玻璃钢也开始进入化工行业的各个领域。

(4)在造纸工业中的应用:造纸工业以木材为原料,制纸过程中需要酸、盐、漂白剂等,对金属有极强的腐蚀作用,唯有玻璃钢材料能抵抗这类恶劣环境,玻璃钢材料已在一些国家的纸浆生产中显现其优异的耐蚀性。

(5)在金属表面处理工业中的应用:金属表面处理厂所使用的酸大多为盐酸,用玻璃钢基本上是没有问题的。

(6)在火力发电工业中的应用:火力发电以燃烧煤及燃烧油为主,发电厂中的一般管道或废水处理设施均可采用玻璃钢,排烟脱硫装置则为防蚀之重点。

(7)在海水淡化工业中的应用:海水淡化分为传统蒸馏及反渗透膜法,由于海水十分容易侵蚀铁质材料,故淡化厂内大部分的管道及容器均使用玻璃钢制品。

(8)在温泉上的应用:温泉的用途有发电、洗浴,从温泉的抽取到输送,均已大量使用玻璃钢管。

(9)在医药工业上应用:药品种类繁多,每种原料有所不同,但玻璃钢在医药工业备受青睐。

(10)在运输方面应用:在槽车上使用玻璃钢,已证实比橡胶内衬更为实用,例如在高温的纯盐酸运输中,盐酸中的沉淀物会导致橡胶内衬穿孔,玻璃钢则不会出现此类问题。众多实例已证实使用乙烯基树脂制作槽体或内衬是正确的选择。因乙烯基树脂除具备优良耐化学特性外,还能提供良好的力学特性及耐疲劳性,以适应道路运输受力构件力学性能的要求。

1.4.4 在交通运输与能源工业中的应用

热固性聚合物基复合材料在交通运输工业方面的应用包括以下几个方面：

(1)基础设施中的公路安全设施、道路、桥梁及站场等；

(2)汽车制造工业中的各种汽车配件，如车身外壳、传动轴、制动件及车内座椅、地板等；

(3)摩托车和自行车制造工业中的车身构件、车轮等；

(4)铁路工业中的牵引机车、各种车辆(客车、货车、冷藏车、贮罐车等)；

(5)铁路通信设施；

(6)桥梁和道路建设及修补；

(7)各种制动件；

(8)水上交通中的各种中小船身壳体；

(9)大小船上舾装件；

(10)港口及航道设施；

(11)飞机制造工业中的各种复合材料制件，如桨叶、机翼、内部设施等；

(12)围绕航空运输工业中的机场建设等。

热固性聚合物基复合材料在能源工业方面的应用包括以下几个方面：

(1)火力发电工业方面的通风系统、排煤灰渣管道、循环水冷却系统、屋顶轴流风机、电缆保护设施、电绝缘制品等；

(2)水力发电工业中的电站建设，大坝和隧道中防冲、耐磨、防冻、耐腐蚀过水面的保护，阀门，发电和输电中的各种电绝缘制品等；

(3)在新能源方面，热固性聚合物基复合材料风力发电机叶片、电杆及电绝缘制品等。

1.4.5 在机械电器工业中的应用

热固性聚合物基复合材料具有比强度高、比模量高、抗疲劳、断裂性能好、可设计性强、结构尺寸稳定性好、耐磨、耐腐蚀、减振、降噪及绝缘性好等一系列优点。集结构、承载和多功能于一身，可以在机械电器工业获得极其广泛的应用。很多机械设备的零部件既要求有一定强度和刚度以承载，又要求有耐磨、耐腐蚀、能减振和降噪等功能，如风机、泵、阀门、制冷机械、空压机、起重机械、运输机械、工程机械、汽车、农用发动机、拖拉机、各类内燃机、农机具、畜牧机械、农业排灌机械、农副产品加工机械、收获机械、场上作业机械、机床、铸造设备、印刷机械、橡胶和塑料加工机械、石油钻井机械、矿山机械、电影机械及食品机械等，传统上它们是由金属材料制造的，现在都可以采用热固性聚合物基复合材料制造，以获得更高的效益/成本比率。电气行业曾是复合材料应用最早的部门，也是用量最大的部门之一。热固性聚合物基复合材料是优良的绝缘材料，用它制造仪器仪表、电机及各种电器中的附件，可以减轻自重和提高其可靠性、耐用性以延长其使用寿命。

1.4.6 在电子工业中的应用

电子工业是近40年来迅速发展的高技术产业，电子功能材料是电子元器件和电子装备的基础和支撑,广泛应用在电子行业的各个领域。随着电子元器件制造技术的飞跃进步,电子产品正向小型轻量薄型化、高性能化、多功能化的方向发展,进而推动电子材料的不断进步。复合材料具有许多优异性能,如比强度高,比刚度大、抗疲劳性好、耐腐蚀、尺寸稳定、密度低以及独特的材料可设计性等。因此,自问世以来发展迅速,已广泛应用在电子工业上,用作结构件及结构功能件,赋予产品以轻质、高强度、高刚度、高尺寸精度等特性,提高了产品的技术指标,更好地适应了现代高科技的发展要求。虽然复合材料用作电子功能材料的应用研究起步较晚,但已成为电子产品不可缺少的关键材料,体现出其在电子装备中的优异性能和广阔前景。

用复合材料制作的电子功能材料种类很多,最具代表性的是印刷线路板基板材料。作为连接和支撑电子器件的印刷线路板,它应用在众多的电子产品中,是必不可少的部件。复合材料在电子工业中的另一大类应用是制作各种天线和馈线,包括反射面和天线罩,还有馈源、波导等高频部件,赋予诸多电子设备,特别是通信收发设备、雷达等产品以军事技术战术指标。同时,利用有些复合材料的吸波性能,还可制成屏蔽材料和隐身材料。

1.4.7　在医疗、体育、娱乐方面的应用

在生物复合材料中,复合材料可用于制造人工心脏、人工肺及人工血管等,用人造复合材料器官挽救生命的设想将成为现实。复合材料牙齿、复合材料骨骼及用于创伤外科的复合材料呼吸器、支架、假肢、人工肌肉、人工皮肤等均有成功事例。

在医疗设备方面,主要有复合材料诊断装置、复合材料测量器材及复合材料拐杖、轮椅、搬运车和担架等。

复合材料体育用品种类很多。水上体育用品,如复合材料皮艇、赛艇、划艇、帆船、帆板、冲浪板等;球类运动器材,如网球拍、羽毛球拍及垒球棒、篮球架的篮板等;冰雪运动中器材,如滑雪板、滑雪杖、雪橇、冰球棒等;跳高运动器材,如撑杆、射箭运动的弓和箭等都已选用复合材料代替传统的竹、木及金属材料。实践证明,很多体育用品使用复合材料制造后反而大大地改善了其使用性能,有利于运动员取得更好的成绩。

在娱乐设施中,复合材料已大量用于游乐车、游乐船、水上滑梯、速滑车、碰碰车、儿童滑梯等产品,这些产品充分发挥了玻璃钢质量轻、强度高、耐水、耐磨、耐撞、色泽鲜艳、产品美观及制造方便等特点。当前国内各大公园及各游乐场的娱乐设施都已基本上用玻璃钢代替了传统材料。

复合材料钓鱼竿是娱乐器材中的大宗产品,它主要分为玻璃钢钓鱼竿和碳纤维复合材料钓鱼竿两类。其最大特点是强度高、质量轻、可收缩、携带方便、造型美观等。

在乐器制造方面,高性能复合材料得到了广泛应用,这是由于碳纤维——环氧复合材料具有比模量高、弯曲刚度大、耐疲劳性好和不受环境温湿度影响等特点。用复合材料制造的扬声器、小提琴和电吉他,其音响效果均优于传统木质纸盒和云杉木产品。复合材料在乐器方面的用量占总产量的比例不大,但它在提高乐器质量方面具有发展前途。

1.4.8　在农、林、牧、渔及食品业中的应用

复合材料在农、林、牧、渔及食品业中的应用涉及如下问题：农作物、植物、花卉及鱼类保护，改进种植和养殖技术，创造优良的生长环境，生产优质产品；农业和渔业产品包装、防腐及贮运；农业和渔业建筑、设备及器具；食品业生产、贮运设备、饮食用具。

复合材料设备、器具及建筑在食品业和渔业中已使用多年，应用最多的产品有：鱼类育苗池、输水管、越冬温室、秧盘、除草机、冷冻室、粮仓、渔船、农用车辆、鲜鱼运输箱等。复合材料在农业和渔业方面应用的主要优点是强度高、质量轻、使用方便、防腐、耐水、使用寿命长、综合性能高、节省能源、成本低等。

在食品工业中，复合材料主要用作新鲜食品的冷藏、冷冻、酿造池罐、贮水设备、牛奶贮运罐、厨房设施、饮食餐具等。在饮食业中使用复合材料的主要优点是强度高、质量轻、不易损坏、使用方便；在酿造业中使用复合材料的主要优点是防腐、耐水、使用寿命长；在饮食餐具、厨房设施中使用复合材料的主要优点为无毒、表面光洁、易清洗、易消毒等。

1.4.9　热固性聚合物基复合材料的发展方向

当前，聚合物基复合材料的主要方向是研制开发先进复合材料。其应用主要集中于国防工业、民用航空、高速列车和海洋工程等领域；围绕高性能热固性和热塑性聚合物基复合材料研究和开发，主要集中在碳纤维、石英纤维、陶瓷纤维和芳纶纤维等高性能纤维增强热固性耐高温环氧树脂、双马树脂、聚酰亚胺树脂、苯并噁嗪树脂、耐烧蚀酚醛树脂，以及热塑性聚醚醚酮、聚苯硫醚等高性能聚合物等方面。随着先进聚合物基复合材料技术日臻成熟，性能日益稳定，一批高性能的热塑性及热固性聚合物基复合材料，如 PI、PEEK、PPS 等正在从实验室走向工业化应用。

参考文献

[1]　黄志雄. 热固性树脂及其复合材料[M]. 北京：化学工业出版社，2006：1-13.

[2]　詹英荣. 玻璃钢厂复合材料原材料性能与应用[M]. 北京：中国国际广播出版社，1995：1-5.

[3]　刘雄亚. 复合材料工艺及设备[M]. 武汉：武汉工业大学出版社，1997：1-9.

[4]　王顺亭. 树脂基复合材料：材料选择、模具制作、工艺设计[M]. 北京：中国建材工业出版社，1997：1-20.

[5]　陈祥宝. 先进树脂基复合材料的发展和应用[J]. 航空材料学报，2003：198-204.

[6]　倪礼忠. 高性能树脂基复合材料[M]. 上海：华东理工大学出版社，2009：1-5.

第2章 结构分析与结构设计

2.1 复合材料力学

自20世纪40年代开始,现代复合材料得到了飞速发展,这种由两种或两种以上组分材料复合而成的多相材料,其物理、化学、力学等性能,满足了任何单一材料都难以满足的性能要求。然而,这种复合材料在外力作用下的变形、受力和破坏的规律已不同于传统金属材料那样的规律,因此复合材料力学就是研究这种新型材料在外力作用下的变形、受力和破坏规律,为合理设计复合材料构件提供有关强度、刚度和稳定性分析的基本理论和方法。

2.1.1 各向异性弹性力学基础

传统的金属材料一般被看作是各向同性体,通常在弹性范围内研究其变形和受力采用的是各向同性体弹性力学。然而纤维增强复合材料最常用的是层合板结构形式,即由纤维和基体组成一种铺层(或称单层),并以不同方向层合而成一种多向层合板(如果同一种铺层都处于同一方向称为单向层合板)。这种层合板称为复合材料结构件的基本单元,而铺层是层合板的基本单元。铺层是由无纬布或交织布经预浸胶处理并按实际结构件的形状及构成多向层合板所规定的方向进行铺设,然后加温(或常温)固化制成。

一般情况下,均匀连续体中的任意一点所取出的单元体具有图2.1所示的三维应力状态。一点的应力状态由6个应力分量所确定,而同一点附近的变形状态由6个应变分量所确定。由于将铺层看作是均匀的、连续的,且在线弹性、小变形情况下,应力与应变可以取如下线性关系式,称为应力-应变关系式。

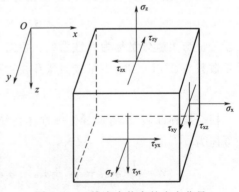

图 2.1 三维应力状态的应力分量

$$
\left.\begin{aligned}
\varepsilon_x &= \bar{S}_{11}\sigma_x + \bar{S}_{12}\sigma_y + \bar{S}_{13}\sigma_z + \bar{S}_{14}\tau_{yz} + \bar{S}_{15}\tau_{zx} + \bar{S}_{16}\tau_{xy} \\
\varepsilon_y &= \bar{S}_{21}\sigma_x + \bar{S}_{22}\sigma_y + \bar{S}_{23}\sigma_z + \bar{S}_{24}\tau_{yz} + \bar{S}_{25}\tau_{zx} + \bar{S}_{26}\tau_{xy} \\
\varepsilon_z &= \bar{S}_{31}\sigma_x + \bar{S}_{32}\sigma_y + \bar{S}_{33}\sigma_z + \bar{S}_{34}\tau_{yz} + \bar{S}_{35}\tau_{zx} + \bar{S}_{36}\tau_{xy} \\
\gamma_{yz} &= \bar{S}_{41}\sigma_x + \bar{S}_{42}\sigma_y + \bar{S}_{43}\sigma_z + \bar{S}_{44}\tau_{yz} + \bar{S}_{45}\tau_{zx} + \bar{S}_{46}\tau_{xy} \\
\gamma_{zx} &= \bar{S}_{51}\sigma_x + \bar{S}_{52}\sigma_y + \bar{S}_{53}\sigma_z + \bar{S}_{54}\tau_{yz} + \bar{S}_{55}\tau_{zx} + \bar{S}_{56}\tau_{xy} \\
\gamma_{xy} &= \bar{S}_{61}\sigma_x + \bar{S}_{62}\sigma_y + \bar{S}_{63}\sigma_z + \bar{S}_{64}\tau_{yz} + \bar{S}_{65}\tau_{zx} + \bar{S}_{66}\tau_{xy}
\end{aligned}\right\}
\tag{2.1}
$$

或改写成应力-应变关系式为

$$
\left.
\begin{aligned}
\sigma_x &= \bar{C}_{11}\varepsilon_x + \bar{C}_{12}\varepsilon_y + \bar{C}_{13}\varepsilon_z + \bar{C}_{14}\gamma_{yz} + \bar{C}_{15}\gamma_{zx} + \bar{C}_{16}\gamma_{xy} \\
\sigma_y &= \bar{C}_{21}\varepsilon_x + \bar{C}_{22}\varepsilon_y + \bar{C}_{23}\varepsilon_z + \bar{C}_{24}\gamma_{yz} + \bar{C}_{25}\gamma_{zx} + \bar{C}_{26}\gamma_{xy} \\
\sigma_z &= \bar{C}_{31}\varepsilon_x + \bar{C}_{32}\varepsilon_y + \bar{C}_{33}\varepsilon_z + \bar{C}_{34}\gamma_{yz} + \bar{C}_{35}\gamma_{zx} + \bar{C}_{36}\gamma_{xy} \\
\tau_{yz} &= \bar{C}_{41}\varepsilon_x + \bar{C}_{42}\varepsilon_y + \bar{C}_{43}\varepsilon_z + \bar{C}_{44}\gamma_{yz} + \bar{C}_{45}\gamma_{zx} + \bar{C}_{46}\gamma_{xy} \\
\tau_{zx} &= \bar{C}_{51}\varepsilon_x + \bar{C}_{52}\varepsilon_y + \bar{C}_{53}\varepsilon_z + \bar{C}_{54}\gamma_{yz} + \bar{C}_{55}\gamma_{zx} + \bar{C}_{56}\gamma_{xy} \\
\tau_{xy} &= \bar{C}_{61}\varepsilon_x + \bar{C}_{62}\varepsilon_y + \bar{C}_{63}\varepsilon_z + \bar{C}_{64}\gamma_{yz} + \bar{C}_{65}\gamma_{zx} + \bar{C}_{66}\gamma_{xy}
\end{aligned}
\right\}
\tag{2.2}
$$

式(2.1)和式(2.2)可分别简写为

$$\bar{\boldsymbol{\varepsilon}} = \bar{\boldsymbol{S}}\,\bar{\boldsymbol{\sigma}}$$

$$\bar{\boldsymbol{\sigma}} = \bar{\boldsymbol{C}}\,\bar{\boldsymbol{\varepsilon}}$$

或

$$\bar{\varepsilon}_i = \bar{S}_{ij}\bar{\sigma}_j \quad (i,j=1,2,3,4,5,6)$$

$$\bar{\sigma}_i = \bar{C}_{ij}\bar{\varepsilon}_j \quad (i,j=1,2,3,4,5,6)$$

式中,$\bar{\sigma}_1,\bar{\sigma}_2,\bar{\sigma}_3,\bar{\sigma}_4,\bar{\sigma}_5,\bar{\sigma}_6$ 分别为 $\sigma_x,\sigma_y,\sigma_z,\tau_{yz},\tau_{zx},\tau_{xy}$;$\bar{\varepsilon}_1,\bar{\varepsilon}_2,\bar{\varepsilon}_3,\bar{\varepsilon}_4,\bar{\varepsilon}_5,\bar{\varepsilon}_6$ 分别为 $\varepsilon_x,$ $\varepsilon_y,\varepsilon_z,\gamma_{yz},\gamma_{zx},\gamma_{xy}$;$\bar{S}_{ij}$ 为柔量分量;$\bar{C}_{ij}$ 称为模量分量。

显然,模量分量构成的矩阵与柔量分量构成的矩阵是互逆的,即

$$\bar{\boldsymbol{C}} = \bar{\boldsymbol{S}}^{-1}, \quad \bar{\boldsymbol{S}} = \bar{\boldsymbol{C}}^{-1}$$

模量分量与柔量分量称为弹性系数。各向同性体的弹性系数共有 36 个。实际上,独立的弹性系数只有 21 个,因为模量或柔量存在对称性,即

$$\bar{C}_{ij} = \bar{C}_{ji}, \qquad \bar{S}_{ij} = \bar{S}_{ji}$$

根据线弹性假设,各向异性弹性体在受到应力而引起应变时,所储存的单位体积的弹性应变能为

$$W = \frac{1}{2}(\bar{\sigma}_1\bar{\varepsilon}_1 + \bar{\sigma}_2\bar{\varepsilon}_2 + \bar{\sigma}_3\bar{\varepsilon}_3 + \bar{\sigma}_4\bar{\varepsilon}_4 + \bar{\sigma}_5\bar{\varepsilon}_5 + \bar{\sigma}_6\bar{\varepsilon}_6) = \frac{1}{2}\bar{\boldsymbol{\varepsilon}}^{\mathrm{T}}\bar{\boldsymbol{\sigma}} = \frac{1}{2}\bar{\boldsymbol{\varepsilon}}^{\mathrm{T}}\bar{\boldsymbol{C}}\bar{\boldsymbol{\varepsilon}}$$

上式用应变分量表示单位体积的弹性应变能,是 $\bar{\varepsilon}_i$ 的单值连续函数,则 dW 为 W 的全微分可表达为

$$dW = \frac{\partial W}{\partial \bar{\varepsilon}_1}d\bar{\varepsilon}_1 + \frac{\partial W}{\partial \bar{\varepsilon}_2}d\bar{\varepsilon}_2 + \frac{\partial W}{\partial \bar{\varepsilon}_3}d\bar{\varepsilon}_3 + \frac{\partial W}{\partial \bar{\varepsilon}_4}d\bar{\varepsilon}_4 + \frac{\partial W}{\partial \bar{\varepsilon}_5}d\bar{\varepsilon}_5 + \frac{\partial W}{\partial \bar{\varepsilon}_6}d\bar{\varepsilon}_6$$

另一方面,单位体积上的应力 $\bar{\sigma}_1,\bar{\sigma}_2,\bar{\sigma}_3,\bar{\sigma}_4,\bar{\sigma}_5,\bar{\sigma}_6$ 在应变为 $\bar{\varepsilon}_1,\bar{\varepsilon}_2,\bar{\varepsilon}_3,\bar{\varepsilon}_4,\bar{\varepsilon}_5,\bar{\varepsilon}_6$ 时,单位体积的应变能增量为

$$dW = \bar{\sigma}_1 d\bar{\varepsilon}_1 + \bar{\sigma}_2 d\bar{\varepsilon}_2 + \bar{\sigma}_3 d\bar{\varepsilon}_3 + \bar{\sigma}_4 d\bar{\varepsilon}_4 + \bar{\sigma}_5 d\bar{\varepsilon}_5 + \bar{\sigma}_6 d\bar{\varepsilon}_6$$

于是得矩阵形式

$$
\begin{bmatrix}
\dfrac{\partial W}{\partial \bar{\varepsilon}_1} \\[4pt]
\dfrac{\partial W}{\partial \bar{\varepsilon}_2} \\[4pt]
\dfrac{\partial W}{\partial \bar{\varepsilon}_3} \\[4pt]
\dfrac{\partial W}{\partial \bar{\varepsilon}_4} \\[4pt]
\dfrac{\partial W}{\partial \bar{\varepsilon}_5} \\[4pt]
\dfrac{\partial W}{\partial \bar{\varepsilon}_6}
\end{bmatrix}
=
\begin{bmatrix}
\bar{C}_{11} & \bar{C}_{12} & \bar{C}_{13} & \bar{C}_{14} & \bar{C}_{15} & \bar{C}_{16} \\
\bar{C}_{21} & \bar{C}_{22} & \bar{C}_{23} & \bar{C}_{24} & \bar{C}_{25} & \bar{C}_{26} \\
\bar{C}_{31} & \bar{C}_{32} & \bar{C}_{33} & \bar{C}_{34} & \bar{C}_{35} & \bar{C}_{36} \\
\bar{C}_{41} & \bar{C}_{42} & \bar{C}_{43} & \bar{C}_{44} & \bar{C}_{45} & \bar{C}_{46} \\
\bar{C}_{51} & \bar{C}_{52} & \bar{C}_{53} & \bar{C}_{54} & \bar{C}_{55} & \bar{C}_{56} \\
\bar{C}_{61} & \bar{C}_{62} & \bar{C}_{63} & \bar{C}_{64} & \bar{C}_{65} & \bar{C}_{66}
\end{bmatrix}
\begin{bmatrix}
\bar{\varepsilon}_1 \\
\bar{\varepsilon}_2 \\
\bar{\varepsilon}_3 \\
\bar{\varepsilon}_4 \\
\bar{\varepsilon}_5 \\
\bar{\varepsilon}_6
\end{bmatrix}
$$

由上式,对不同的应变再取一次编导数,得

$$
\frac{\partial^2 W}{\partial \bar{\varepsilon}_1 \partial \bar{\varepsilon}_2} = \bar{C}_{12} , \qquad \frac{\partial^2 W}{\partial \bar{\varepsilon}_2 \partial \bar{\varepsilon}_1} = \bar{C}_{21}
$$

一般地

$$
\frac{\partial^2 W}{\partial \bar{\varepsilon}_i \partial \bar{\varepsilon}_j} = \bar{C}_{ij} , \qquad \frac{\partial^2 W}{\partial \bar{\varepsilon}_j \partial \bar{\varepsilon}_i} = \bar{C}_{ji}
$$

因为函数对两个变量求偏导时,与求导的次序无关,即

$$
\frac{\partial^2 W}{\partial \bar{\varepsilon}_i \partial \bar{\varepsilon}_j} = \frac{\partial^2 W}{\partial \bar{\varepsilon}_j \partial \bar{\varepsilon}_i}
$$

所以

$$
\bar{C}_{ij} = \bar{C}_{ji}
$$

同理也证明

$$
\bar{S}_{ij} = \bar{S}_{ji}
$$

可见模量分量和柔量分量的矩阵都是对称的,也就是说,独立的弹性系数实际只有 21 个。当铺层在任意坐标系 $Oxyz$ 下时,如图 2.2 所示,其应力—应变关系即为此情况。

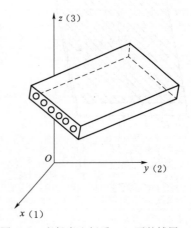

图 2.2　在任意坐标系 xyz 下的铺层

由于垂直于弹性对称面的方向为材料主方向,本节情况的坐标也正好设在三个材料主方向上,根据一般的习惯,材料主方向采用 1,2,3,故改用坐标系 1,2,3,弹性系数的上方也不用加"—"。

2.1.1.1　有一弹性对称面情况

当 xOy 面为弹性对称面时,将垂直于弹性对称面的方向称为材料主方向,或称为弹性主轴,此时 z 轴即为弹性主轴,即 1—2 为弹性对称面,3 轴为弹性主轴。在存在一个弹性主轴的情况下,利用弹性主轴方向改变弹性性能不变的原理可以证明式(2.1)和式(2.2)中的系数为零,即

$$C_{14}=C_{15}=C_{24}=C_{25}=C_{34}=C_{35}=C_{46}=C_{56}=0$$
$$S_{14}=S_{15}=S_{24}=S_{25}=S_{34}=S_{35}=S_{46}=S_{56}=0$$

因而得到有一弹性对称面情况的应力—应变关系式为

$$
\begin{Bmatrix}
\sigma_1 \\ \sigma_2 \\ \sigma_3 \\ \tau_{23} \\ \tau_{13} \\ \tau_{12}
\end{Bmatrix}
=
\begin{bmatrix}
C_{11} & C_{12} & C_{13} & 0 & 0 & C_{16} \\
C_{21} & C_{22} & C_{23} & 0 & 0 & C_{26} \\
C_{31} & C_{32} & C_{33} & 0 & 0 & C_{36} \\
0 & 0 & 0 & C_{44} & C_{45} & 0 \\
0 & 0 & 0 & C_{54} & C_{55} & 0 \\
C_{61} & C_{62} & C_{63} & 0 & 0 & C_{66}
\end{bmatrix}
\begin{Bmatrix}
\varepsilon_1 \\ \varepsilon_2 \\ \varepsilon_3 \\ \gamma_{23} \\ \gamma_{13} \\ \gamma_{12}
\end{Bmatrix}
\tag{2.3}
$$

或应变-应力关系式为

$$
\begin{Bmatrix}
\varepsilon_1 \\ \varepsilon_2 \\ \varepsilon_3 \\ \gamma_{23} \\ \gamma_{13} \\ \gamma_{12}
\end{Bmatrix}
=
\begin{bmatrix}
S_{11} & S_{12} & S_{13} & 0 & 0 & S_{16} \\
S_{21} & S_{22} & S_{23} & 0 & 0 & S_{26} \\
S_{31} & S_{32} & S_{33} & 0 & 0 & S_{36} \\
0 & 0 & 0 & S_{44} & S_{45} & 0 \\
0 & 0 & 0 & S_{54} & S_{55} & 0 \\
S_{61} & S_{62} & S_{63} & 0 & 0 & S_{66}
\end{bmatrix}
\begin{Bmatrix}
\sigma_1 \\ \sigma_2 \\ \sigma_3 \\ \tau_{23} \\ \tau_{13} \\ \tau_{12}
\end{Bmatrix}
\tag{2.4}
$$

式(2.3)和式(2.4)中,独立的弹性系数减少为13个。

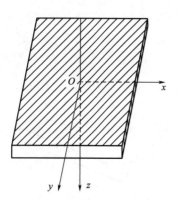

图 2.3　在有一弹性对称面
情况的铺层

当铺层面为 xOy 坐标面,坐标 z 轴为垂直于铺层面的坐标时,则 xOy 平面为弹性对称面,z 轴为弹性主轴时(见图 2.3),其应力—应变关系即为此情况。

2.1.1.2　正交各向异性的情况

正交各向异性系数指有三个互相垂直的弹性对称面(可以证明,具有两个互相垂直的弹性对称面必存在另一个与之垂直的弹性对称面),也既有三个互相垂直的弹性主轴。同样利用弹性主轴方向改变弹性性能不变的原理可以证明式(2.3)和式(2.4)中的部分系数为零:

$$C_{16}=C_{26}=C_{36}=C_{45}=0$$
$$S_{16}=S_{26}=S_{36}=S_{45}=0$$

故得正交各向异性情况的应力-应变关系如下:

$$
\begin{Bmatrix}
\sigma_1 \\ \sigma_2 \\ \sigma_3 \\ \tau_{23} \\ \tau_{31} \\ \tau_{12}
\end{Bmatrix}
=
\begin{bmatrix}
C_{11} & C_{12} & C_{13} & 0 & 0 & 0 \\
C_{21} & C_{22} & C_{23} & 0 & 0 & 0 \\
C_{31} & C_{32} & C_{33} & 0 & 0 & 0 \\
0 & 0 & 0 & C_{44} & 0 & 0 \\
0 & 0 & 0 & 0 & C_{55} & 0 \\
0 & 0 & 0 & 0 & 0 & C_{66}
\end{bmatrix}
\begin{Bmatrix}
\varepsilon_1 \\ \varepsilon_2 \\ \varepsilon_3 \\ \gamma_{23} \\ \gamma_{31} \\ \gamma_{12}
\end{Bmatrix}
\tag{2.5}
$$

或应变-应力关系式为

$$
\begin{Bmatrix} \varepsilon_1 \\ \varepsilon_2 \\ \varepsilon_3 \\ \gamma_{23} \\ \gamma_{31} \\ \gamma_{12} \end{Bmatrix} = \begin{bmatrix} S_{11} & S_{12} & S_{13} & 0 & 0 & 0 \\ S_{21} & S_{22} & S_{23} & 0 & 0 & 0 \\ S_{31} & S_{32} & S_{33} & 0 & 0 & 0 \\ 0 & 0 & 0 & S_{44} & 0 & 0 \\ 0 & 0 & 0 & 0 & S_{55} & 0 \\ 0 & 0 & 0 & 0 & 0 & S_{66} \end{bmatrix} \begin{Bmatrix} \sigma_1 \\ \sigma_2 \\ \sigma_3 \\ \tau_{23} \\ \tau_{31} \\ \tau_{12} \end{Bmatrix} \qquad (2.6)
$$

式(2.5)和式(2.6)中,独立的弹性系数减少为 9 个。

当铺层的三个相互垂直的材料主方向以 1,2,3 为坐标时,如图 2.4 所示,其应力－应变关系即为此情况。

2.1.1.3 横向各向同性的情况

若 2-3 坐标面为各向同性面,即在这个平面的一切方向,弹性性能均相同,则称为横向各向同性的情况。在此情况利用在 2-3 面各向同性时有关弹性系数之间的关系,可得如下关系

$$C_{13}=C_{12},C_{22}=C_{33},C_{55}=C_{66},C_{44}=(C_{22}-C_{23})/2$$

$$S_{13}=S_{12},S_{22}=S_{33},S_{55}=S_{66},S_{44}=2(S_{22}-S_{23})$$

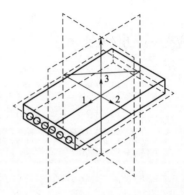

图 2.4　在正交各向异性情况的铺层

所以横向各向同性情况的应力－应变关系式变为

$$
\begin{Bmatrix} \sigma_1 \\ \sigma_2 \\ \sigma_3 \\ \tau_{23} \\ \tau_{31} \\ \tau_{12} \end{Bmatrix} = \begin{bmatrix} C_{11} & C_{12} & C_{12} & 0 & 0 & 0 \\ C_{21} & C_{22} & C_{23} & 0 & 0 & 0 \\ C_{21} & C_{32} & C_{33} & 0 & 0 & 0 \\ 0 & 0 & 0 & \dfrac{C_{22}-C_{23}}{2} & 0 & 0 \\ 0 & 0 & 0 & 0 & C_{66} & 0 \\ 0 & 0 & 0 & 0 & 0 & C_{66} \end{bmatrix} \begin{Bmatrix} \varepsilon_1 \\ \varepsilon_2 \\ \varepsilon_3 \\ \gamma_{23} \\ \gamma_{31} \\ \gamma_{12} \end{Bmatrix} \qquad (2.7)
$$

或应变－应力关系式变为

$$
\begin{Bmatrix} \varepsilon_1 \\ \varepsilon_2 \\ \varepsilon_3 \\ \gamma_{23} \\ \gamma_{31} \\ \gamma_{12} \end{Bmatrix} = \begin{bmatrix} S_{11} & S_{12} & S_{12} & 0 & 0 & 0 \\ S_{21} & S_{22} & S_{23} & 0 & 0 & 0 \\ S_{21} & S_{32} & S_{33} & 0 & 0 & 0 \\ 0 & 0 & 0 & 2(S_{22}-S_{23}) & 0 & 0 \\ 0 & 0 & 0 & 0 & S_{66} & 0 \\ 0 & 0 & 0 & 0 & 0 & S_{66} \end{bmatrix} \begin{Bmatrix} \sigma_1 \\ \sigma_2 \\ \sigma_3 \\ \tau_{23} \\ \tau_{31} \\ \tau_{12} \end{Bmatrix} \qquad (2.8)
$$

式(2.7)和式(2.8)中,独立的弹性系数减少为 5 个。

2.1.1.4 各向同性的情况

若为各向同性的情况,在横向各向同性情况基础上可得如下关系

$$C_{11}=C_{22},C_{12}=C_{23},C_{44}=C_{55}=C_{66}=\dfrac{C_{11}-C_{12}}{2}$$

$$S_{11}=S_{22},\ S_{12}=S_{23},\ S_{44}=S_{55}=S_{66}=2(S_{11}-S_{12})$$

所以各向同性情况的应力－应变关系式变为

$$
\begin{Bmatrix}
\sigma_1 \\ \sigma_2 \\ \sigma_3 \\ \tau_{23} \\ \tau_{31} \\ \tau_{12}
\end{Bmatrix}
=
\begin{bmatrix}
C_{11} & C_{12} & C_{12} & 0 & 0 & 0 \\
C_{21} & C_{11} & C_{12} & 0 & 0 & 0 \\
C_{21} & C_{21} & C_{11} & 0 & 0 & 0 \\
0 & 0 & 0 & (C_{11}-C_{12})/2 & 0 & 0 \\
0 & 0 & 0 & 0 & (C_{11}-C_{12})/2 & 0 \\
0 & 0 & 0 & 0 & 0 & (C_{11}-C_{12})/2
\end{bmatrix}
\begin{Bmatrix}
\varepsilon_1 \\ \varepsilon_2 \\ \varepsilon_3 \\ \gamma_{23} \\ \gamma_{31} \\ \gamma_{12}
\end{Bmatrix}
$$

或应变－应力关系式变为

$$
\begin{Bmatrix}
\varepsilon_1 \\ \varepsilon_2 \\ \varepsilon_3 \\ \gamma_{23} \\ \gamma_{31} \\ \gamma_{12}
\end{Bmatrix}
=
\begin{bmatrix}
S_{11} & S_{12} & S_{12} & 0 & 0 & 0 \\
S_{21} & S_{11} & S_{12} & 0 & 0 & 0 \\
S_{21} & S_{21} & S_{11} & 0 & 0 & 0 \\
0 & 0 & 0 & 2(S_{11}-S_{12}) & 0 & 0 \\
0 & 0 & 0 & 0 & 2(S_{11}-S_{12}) & 0 \\
0 & 0 & 0 & 0 & 0 & 2(S_{11}-S_{12})
\end{bmatrix}
\begin{Bmatrix}
\sigma_1 \\ \sigma_2 \\ \sigma_3 \\ \tau_{23} \\ \tau_{31} \\ \tau_{12}
\end{Bmatrix}
$$

由连续纤维增强塑料制成的铺层很难称为各向同性的。即使在铺层面内可制成具有各向同性弹性性能的,但垂直于铺层方向的弹性性能一般是不与之相同的。通常,随机分布的非连续纤维增强塑料有可能具有各向同性性能。

2.1.1.5 各向异性体的工程弹性常数

以正交各向异性情况为例,根据单轴试验和纯剪试验可以确定工程弹性常数与柔量分量之间有如下关系:

$$
\left.
\begin{aligned}
E_1 &= \frac{1}{S_{11}}, & \nu_{21} &= -\frac{S_{21}}{S_{11}}, & \nu_{31} &= -\frac{S_{31}}{S_{11}} \\
E_2 &= \frac{1}{S_{22}}, & \nu_{12} &= -\frac{S_{12}}{S_{22}}, & \nu_{32} &= -\frac{S_{32}}{S_{22}} \\
E_3 &= \frac{1}{S_{33}}, & \nu_{13} &= -\frac{S_{13}}{S_{33}}, & \nu_{23} &= -\frac{S_{23}}{S_{33}} \\
G_{23} &= \frac{1}{S_{44}}, & G_{31} &= \frac{1}{S_{55}}, & G_{12} &= \frac{1}{S_{66}}
\end{aligned}
\right\}
\tag{2.9}
$$

式中,E_1,E_2,E_3 分别为 1,2,3 主方向上的拉压弹性模量;ν_{ij} 为单轴应力在 j 方向作用时(即 σ_j 以外的应力分量均为零)引起 i 方向应变的泊松耦合系数(或称泊松比);G_{23},G_{31},G_{12} 分别为 2-3,3-1,1-2 平面的剪切弹性模量。

根据对称性可以得到

$$\frac{\nu_{ji}}{\nu_{ij}}=\frac{E_i}{E_j} \quad (i,j=1,2,3)$$

若用工程弹性常数来表示柔量分量矩阵,则可写成

$$S = \begin{pmatrix} \dfrac{1}{E_1} & -\dfrac{\nu_{12}}{E_2} & -\dfrac{\nu_{13}}{E_3} & 0 & 0 & 0 \\[2ex] -\dfrac{\nu_{21}}{E_1} & \dfrac{1}{E_2} & -\dfrac{\nu_{23}}{E_2} & 0 & 0 & 0 \\[2ex] -\dfrac{\nu_{31}}{E_1} & -\dfrac{\nu_{32}}{E_2} & \dfrac{1}{E_3} & 0 & 0 & 0 \\[2ex] 0 & 0 & 0 & \dfrac{1}{G_{23}} & 0 & 0 \\[2ex] 0 & 0 & 0 & 0 & \dfrac{1}{G_{31}} & 0 \\[2ex] 0 & 0 & 0 & 0 & 0 & \dfrac{1}{G_{12}} \end{pmatrix}$$

并考虑到 $C = S^{-1}$，可得到模量分量与工程弹性常数之间有如下关系：

$$C_{11} = \frac{1 - \nu_{23}\nu_{32}}{E_2 E_3 \Delta}, \qquad C_{12} = \frac{\nu_{12} + \nu_{13}\nu_{32}}{E_2 E_3 \Delta}$$

$$C_{22} = \frac{1 - \nu_{31}\nu_{13}}{E_1 E_3 \Delta}, \qquad C_{13} = \frac{\nu_{13} + \nu_{12}\nu_{23}}{E_2 E_3 \Delta}$$

$$C_{33} = \frac{1 - \nu_{21}\nu_{12}}{E_1 E_2 \Delta}, \qquad C_{23} = \frac{\nu_{23} + \nu_{21}\nu_{13}}{E_1 E_2 \Delta}$$

$$C_{44} = G_{23}, \qquad C_{55} = G_{31}, \qquad C_{66} = G_{12}$$

$$\Delta = \frac{1 - \nu_{21}\nu_{12} - \nu_{32}\nu_{23} - 2\nu_{12}\nu_{23}\nu_{31}}{E_1 E_2 E_3}$$

各向异性材料的工程弹性常数之间的关系较为复杂。为了避免将各向同性材料的工程弹性常数的取值概念简单地套用到各向异性材料中，因此需给出各向异性材料的取值范围。现仍以正交各向异性情况为例，根据不考虑变形过程中动能和势能的损失，依据能量守恒原理可以推的工程弹性常数的取值范围如下：

$$E_1, E_2, E_3, G_{23}, G_{31}, G_{12} > 0$$

$$|\nu_{21}| < \left(\frac{E_1}{E_2}\right)^{1/2}, \quad |\nu_{12}| < \left(\frac{E_2}{E_1}\right)^{1/2}, \quad |\nu_{32}| < \left(\frac{E_2}{E_3}\right)^{1/2}, \quad |\nu_{23}| < \left(\frac{E_3}{E_2}\right)^{1/2}, \quad |\nu_{13}| < \left(\frac{E_3}{E_1}\right)^{1/2},$$

$$|\nu_{13}| < \left(\frac{E_3}{E_1}\right)^{1/2}, \quad \nu_{12}\nu_{23}\nu_{31} < \frac{1}{2}\left[1 - \nu_{12}^2\left(\frac{E_2}{E_1}\right) - \nu_{23}^2\left(\frac{E_3}{E_2}\right) - \nu_{11}^2\left(\frac{E_1}{E_3}\right)\right] < \frac{1}{2}$$

各向异性体弹性系数的转换公式是弹性系数在各向异性体处于不同坐标系下所显示的弹性系数之间的关系式。而弹性系数是应力—应变关系式的系数，因此首先要给出应力转换公式和应变转换公式。

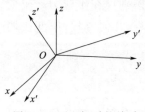

图 2.5 两坐标系的关系

如图 2.5 所示，$Oxyz$ 为原坐标系，$Ox'y'z'$ 为新坐标系，两坐标系之间的方向余弦，即各坐标轴之间夹角的余弦见表 2.1。根据任何一点的坐标有如下的转换关系：

$$\begin{pmatrix} x' \\ y' \\ l' \end{pmatrix} = \begin{pmatrix} l_1 & m_1 & n_1 \\ l_2 & m_2 & n_2 \\ l_3 & m_3 & n_3 \end{pmatrix} = \begin{pmatrix} x \\ y \\ z \end{pmatrix}$$

表 2.1　两坐标系之间各坐标轴的方向余弦

	x	y	z
x'	l_1	m_1	n_1
y'	l_2	m_2	n_2
z'	l_3	m_3	n_3

根据一点的应力状态和截面法求斜截面上应力的平衡关系,再利用上述坐标转换公式可以推得应力转换公式如下:

$$\begin{Bmatrix} \sigma_{x'} \\ \sigma_{y'} \\ \sigma_{z'} \\ \tau_{y'z'} \\ \tau_{z'x'} \\ \tau_{x'y'} \end{Bmatrix} = \begin{bmatrix} l_1^2 & m_1^2 & n_1^2 & 2m_1n_1 & 2n_1l_1 & 2l_1m_1 \\ l_2^2 & m_2^2 & n_2^2 & 2m_2n_2 & 2n_2l_2 & 2l_2m_2 \\ l_3^2 & m_3^2 & n_3^2 & 2m_3n_3 & 2n_3l_3 & 2l_3m_3 \\ l_2l_3 & m_2m_3 & n_2n_3 & m_2n_3+m_3n_2 & n_2l_3+n_3l_2 & l_2m_3+l_3m_2 \\ l_3l_1 & m_3m_1 & n_3n_1 & m_3n_1+m_1n_3 & n_3l_1+n_1l_3 & l_3m_1+l_1m_3 \\ l_1l_2 & m_1m_2 & n_1n_2 & m_1n_2+m_2n_1 & n_1l_2+n_2l_1 & l_1m_2+l_2m_1 \end{bmatrix} \begin{Bmatrix} \sigma_x \\ \sigma_y \\ \sigma_z \\ \tau_{yz} \\ \tau_{zx} \\ \tau_{xy} \end{Bmatrix}$$

或

$$\{\sigma'_x\} = [T]_\sigma \{\sigma_x\}$$

$$\begin{Bmatrix} \varepsilon_{x'} \\ \varepsilon_{y'} \\ \varepsilon_{z'} \\ \gamma_{y'z'} \\ \gamma_{z'x'} \\ \gamma_{x'y'} \end{Bmatrix} = \begin{bmatrix} l_1^2 & m_1^2 & n_1^2 & m_1n_1 & n_1l_1 & l_1m_1 \\ l_2^2 & m_2^2 & n_2^2 & m_2n_2 & n_2l_2 & l_2m_2 \\ l_3^2 & m_3^2 & n_3^2 & m_3n_3 & n_3l_3 & l_3m_3 \\ 2l_2l_3 & 2m_2m_3 & 2n_2n_3 & m_2n_3+m_3n_2 & n_2l_3+n_3l_2 & l_2m_3+l_3m_2 \\ 2l_3l_1 & 2m_3m_1 & 2n_3n_1 & m_3n_1+m_1n_3 & n_3l_1+n_1l_3 & l_3m_1+l_1m_3 \\ 2l_1l_2 & 2m_1m_2 & 2n_1n_2 & m_1n_2+m_2n_1 & n_1l_2+n_2l_1 & l_1m_2+l_2m_1 \end{bmatrix} \begin{Bmatrix} \varepsilon_x \\ \varepsilon_y \\ \varepsilon_z \\ \gamma_{yz} \\ \gamma_{zx} \\ \gamma_{xy} \end{Bmatrix}$$

或用矩阵表示为

$$\boldsymbol{\varepsilon}'_x = \boldsymbol{T}_\varepsilon \boldsymbol{\varepsilon}_x$$

2.1.1.6　弹性系数的转换方式

利用坐标转换关系式可以得到弹性系数的转换公式如下:

$$\overline{\boldsymbol{C}}' = \boldsymbol{T}_\sigma \overline{\boldsymbol{C}} \boldsymbol{T}_\sigma^{\mathrm{T}}$$

$$\overline{\boldsymbol{S}}' = \boldsymbol{T}_\varepsilon \overline{\boldsymbol{S}} \boldsymbol{T}_\varepsilon^{\mathrm{T}}$$

式中,$\overline{\boldsymbol{C}}$ 与 $\overline{\boldsymbol{S}}$ 分别对应于 $Oxyz$ 坐标系下的模量矩阵与柔量矩阵;$\overline{\boldsymbol{C}}'$ 与 $\overline{\boldsymbol{S}}'$ 分别对应于 $Ox'y'z'$ 坐标系下的模量矩阵与柔量矩阵,$\boldsymbol{T}_\sigma$ 与 $\boldsymbol{T}_\varepsilon$ 分别由坐标转换公式给出,分别为应力转换矩阵与应变转换矩阵;$\boldsymbol{T}_\sigma^{\mathrm{T}}$ 与 $\boldsymbol{T}_\varepsilon^{\mathrm{T}}$ 分别为它们各自的转换矩阵。

以上已说明,各向异性体弹性力学与各向同性体弹性力学主要差别仅在于应力—应变关系的不同。如需完整了解各向异性体弹性力学,还要给出平衡方程、几何方程、应变协调方程和边界条件等。

2.1.2　单层板

在工程上,通常层合板的厚度与结构的其他尺寸相对较小,因此,在复合材料分析与设

计中通常是将铺层假设为平面应力状态,即认为

$$\sigma_3 = \tau_{23} = \tau_{31} = 0$$

只考虑 σ_3,σ_2,τ_{12} 等面内的应力分量。对于这种平面应力状态情况,应力—应变关系将得到较大的简化。

铺层材料主方向的刚度称为铺层的正轴刚度。铺层在正轴下的平面应力状态即为

$$\sigma_3 = \tau_{23} = \tau_{31} = 0$$

所以应力—应变关系可简化为

$$\begin{bmatrix} \sigma_1 \\ \sigma_2 \\ \sigma_3 \end{bmatrix} = \begin{bmatrix} Q_{11} & Q_{12} & 0 \\ Q_{21} & Q_{22} & 0 \\ 0 & 0 & Q_{66} \end{bmatrix} \begin{bmatrix} \varepsilon_1 \\ \varepsilon_2 \\ \gamma_{12} \end{bmatrix} \tag{2.10}$$

称为 Q_{ij} 正轴下平面应力状态模量,其与 C_{ij} 有如下关系式:

$$Q_{ij} = C_{ij} - \frac{C_{i3} - C_{j3}}{C_{33}} \quad (i,j = 1,2,6) \tag{2.11}$$

在平面应力状态下,其柔量分量不变,即

$$\begin{bmatrix} \varepsilon_1 \\ \varepsilon_2 \\ \gamma_{12} \end{bmatrix} = \begin{bmatrix} S_{11} & S_{12} & 0 \\ S_{21} & S_{22} & 0 \\ 0 & 0 & S_{66} \end{bmatrix} \begin{bmatrix} \sigma_1 \\ \sigma_2 \\ \tau_{12} \end{bmatrix}$$

同样存在对称性,即

$$Q_{ij} = Q_{ji}, \qquad S_{ij} = S_{ji}$$

2.1.2.1 正轴弹性常数

铺层在正轴下平面应力状态时,单轴应力或纯剪应力所得应力—应变关系的系数即为铺层的正轴工程弹性常数,可推得

$$\left. \begin{array}{ll} E_1 = \dfrac{1}{S_{11}}, & \nu_{21} = \nu_1 = -\dfrac{S_{21}}{S_{11}} \\[2mm] E_2 = \dfrac{1}{S_{22}}, & \nu_{12} = \nu_2 = -\dfrac{S_{12}}{S_{22}} \\[2mm] G_{12} = \dfrac{1}{S_{66}} \end{array} \right\} \tag{2.12}$$

式中,E_1 为纵向弹性模量,GPa;E_2 为横向弹性模量,GPa;ν_{12} 为纵向泊松比;ν_{21} 为横向泊松比;G_{12} 为纵横剪切弹性模量,GPa。另外,存在如下关系式:

$$\frac{E_1}{E_2} = \frac{\nu_1}{\nu_2} \tag{2.13}$$

若用正轴工程弹性常数来表示正轴柔量分量矩阵,则可写成

$$\boldsymbol{S} = \begin{bmatrix} \dfrac{1}{E_1} & -\dfrac{\nu_2}{E_2} & 0 \\[3mm] -\dfrac{\nu_1}{E_1} & \dfrac{1}{E_2} & 0 \\[3mm] 0 & 0 & \dfrac{1}{G_{66}} \end{bmatrix}$$

并考虑到 $\boldsymbol{Q}=\boldsymbol{S}^{-1}$，可得平面应力状态下正轴模量与工程弹性常数之间有如下关系：

$$Q_{11}=\Delta E_1，\qquad Q_{22}=\Delta E_2$$
$$Q_{12}=\Delta \nu_2 E_1，\qquad Q_{21}=\Delta \nu_1 E_2$$
$$Q_{66}=G_{12}，\qquad \Delta=(1-\nu_1 \nu_2)^{-1}$$

在平面应力状态下正轴工程弹性常数的取值范围为

$$E_1，E_2，G_{12}>0，\qquad |\nu_1|<\left(\frac{E_1}{E_2}\right)^{1/2}，\qquad |\nu_2|<\left(\frac{E_2}{E_1}\right)^{1/2}$$

上述式子称为正交各向异性体材料在平面应力状态下的限制条件。

综上所述，铺层在三维情况下的正轴刚度有三种表达形式，式（2.5）给出了模量分量 $C_{ij}(i,j=1,2,3,4,5,6)$、式（2.6）给出了柔量分量 $S_{ij}(i,j=1,2,3,4,5,6)$、式（2.9）给出了工程弹性常数；而铺层在平面应力状态下的正轴刚度也有三种表达形式，式（2.10）给出了模量分量 $Q_{ij}(i,j=1,2,6)$、式（2.11）给出了柔量分量 $S_{ij}(i,j=1,2,6)$、式（2.12）给出了工程弹性常数。事实上，铺层的模量分量是 C_{ij}，而 Q_{ij} 是在平面应力状态下的模量分量，它们之间有关系式（2.11），故 Q_{ij} 也称为折减模量分量。

一般铺层是正交各向异性的，它们有五个工程弹性常数，见式（2.12），由于有关系式（2.13），所以独立的工程弹性常数是 4 个，实际测试时只要测 4 个即可。在工程实际中，还常常遇到一种纵向和横向弹性性能相同的铺层，如由 1∶1 经纬交织布形成的铺层，关系式如下：

$$Q_{11}=Q_{22}，\qquad S_{11}=S_{22}，\qquad E_1=E_2$$

这种铺层称为正交对称铺层。这种材料的独立弹性常数只有 3 个。

在工程实际中，还可能遇到一种铺层面内任意方向弹性性能均相同的铺层，如由相同的三股纱彼此相隔 60° 编制而成的铺层就是如此，它们又存在如下关系式：

$$Q_{66}=(Q_{11}-Q_{12})/2，\qquad S_{66}=2(S_{11}-S_{12})，\qquad G_{12}=E_1/[2(1+\nu_1)]$$

这种铺层称为准各向同性铺层。这种材料的独立弹性常数只有 2 个，如同金属材料。但垂直于铺层方向的弹性性能并不与铺层面内的弹性性能相同。

表 2.2 给出了各种复合材料测试所得的工程弹性常数，即铺层的正轴工程弹性常数。

表 2.2　各种复合材料的工程弹性常数

复合材料	成型工艺	纤维体积分数 φ_f 或树脂质量含量 g_m	E_1/GPa	E_2/GPa	ν_1	G_{12}/GPa
T300/4211（碳/环氧）	热压罐法、模压法、软模法	$\varphi_f=(60\pm3)\%$	126	8.0	0.33	3.7
T300/5222（碳/环氧）	热压罐法、模压法、软模法	$\varphi_f=65\%\sim68\%$	135	9.4	0.28	5.0
T300/CFR-150A（碳/环氧）	热压罐法、模压法	$\varphi_f=62\%\sim69\%$	133	11.6	0.33	5.5

续表

复合材料	成型工艺	纤维体积分数 φ_f 或树脂质量含量 g_m	E_1/GPa	E_2/GPa	ν_1	G_{12}/GPa
T300/HD03C(碳/环氧)	热压罐法、模压法、软模法	$\varphi_f = 62\% \sim 69\%$	159	9.5	0.32	5.5
T300/5208(碳/环氧)	热压罐法	—	181	10.3	0.28	7.17
AS/3501(碳/环氧)	—	—	138	8.96	0.30	7.10
IM6/环氧(碳/环氧)	—	—	203	11.2	0.32	8.40
T300-15K/976(碳/环氧)	热压罐法	$g_m = 37.7\%$	133	9.0	0.32	6.0
T300B/914(碳/环氧)	热压罐法、模压法	$\varphi_f = 60\%$	139			
T300/QY8911(碳/双马)	热压罐法	$\varphi_f = (60 \pm 5)\%$	135	8.8	0.33	4.47
B(4)/5505(硼/环氧)	热压罐法	$\varphi_f = 50\%$	204	18.5	0.23	5.59
Kevlar 49/环氧(芳纶/环氧)	热压罐法	$\varphi_f = 60\%$	76	5.5	0.34	2.30
碳化硅/环氧	—	$\varphi_f = 50\%$		21.4		
AS4/PEEK(碳/聚醚醚酮)	—		134	8.9	0.28	5.10
XA-S-12K/PEEK(碳/聚醚醚酮)	模压法	—	120.5	10.4	0.37	4.80
斯考契 1002(玻璃/环氧)	—		38.6	8.27	0.26	4.14
1∶1 织物玻璃/E42(玻璃/环氧)	手糊法	$g_m = 45\%$	17.7	17.7	0.14	3.53
4∶1 织物玻璃/E42(玻璃/环氧)	手糊法	$g_m = 45\%$	25.5	11.8	0.20	2.84
1∶1 织物玻璃/E51(玻璃/环氧)	手糊法	$g_m = 48.3\%$	16.7	16.7		3.63
7∶1 织物玻璃/648(玻璃/环氧)	模压法	$g_m = 18\%$	43.2	14.7	0.21	5.88
4∶1 织物玻璃/R122(玻璃/环氧)	手糊法	—	21.2	—	—	—
1∶1 织物玻璃/306(玻璃/聚酯)	手糊法	$g_m = 52\%$	13.7	13.7		
1∶1 织物玻璃/E42-3193(玻璃/环氧-聚酯)	手糊法	$g_m = 47\%$	16.7	16.7	—	—

2.1.2.2 铺层的偏轴刚度

铺层的偏轴刚度为铺层非材料主方向的刚度。如图 2.6 所示，1,2 为材料的主方向，x，y 向称为偏轴向。两者的夹角 θ 称为铺层角，规定 x 轴至 1 轴，逆时针方向为正，顺时针方向为负。铺层的偏轴刚度是由偏轴下的应力应变关系确定的。它是通过应力与应变的转换，将正轴下的应力-应变关系（或应变-应力关系）变为偏轴下的应力-应变关系（或应变-应力关系）得到的。在如图 2.6 所示的情况下，应力转换公式可简化为

$$\begin{bmatrix} \sigma_1 \\ \sigma_2 \\ \tau_{12} \end{bmatrix} = \begin{bmatrix} m^2 & n^2 & 2mn \\ n^2 & m^2 & -2mn \\ -mn & mn & m^2-n^2 \end{bmatrix} \begin{bmatrix} \sigma_x \\ \sigma_y \\ \tau_{xy} \end{bmatrix}$$

式中，$m = \cos\theta$；$n = \sin\theta$。这是由偏轴应力求正轴应力的公式。复合材料中的转换通常是在正轴与偏轴之间的转换。如果由正轴应力求偏轴应力则需要如下公式：

$$\begin{bmatrix} \sigma_x \\ \sigma_y \\ \tau_{xy} \end{bmatrix} = \begin{bmatrix} m^2 & n^2 & -2mn \\ n^2 & m^2 & 2mn \\ mn & -mn & m^2-n^2 \end{bmatrix} \begin{bmatrix} \sigma_1 \\ \sigma_2 \\ \tau_{12} \end{bmatrix}$$

式中，m，n 同上式。

上述约定应力的符号规定是，正面正向或负面负向均为正，其余为负。所谓面的正负是指该面外法线方向与坐标方向同向或反向。所谓向的正负是指应力方向与坐标方向同向或反向。图 2.6 所示的应力分量均为正。

在图 2.6 所示的情况下，应变转换公式可简化为

$$\begin{bmatrix} \varepsilon_1 \\ \varepsilon_2 \\ \gamma_{12} \end{bmatrix} = \begin{bmatrix} m^2 & n^2 & mn \\ n^2 & m^2 & -mn \\ -2mn & 2mn & m^2-n^2 \end{bmatrix} \begin{bmatrix} \varepsilon_x \\ \varepsilon_y \\ \gamma_{xy} \end{bmatrix}$$

式中，$m = \cos\theta$；$n = \sin\theta$。同样，由正轴应变求偏轴应变的公式为

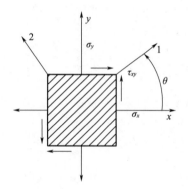

图 2.6 铺层的偏轴方向

$$\begin{bmatrix} \varepsilon_x \\ \varepsilon_y \\ \gamma_{xy} \end{bmatrix} = \begin{bmatrix} m^2 & n^2 & -mn \\ n^2 & m^2 & mn \\ 2mn & -2mn & m^2-n^2 \end{bmatrix} \begin{bmatrix} \varepsilon_1 \\ \varepsilon_2 \\ \gamma_{12} \end{bmatrix}$$

上述约定应变的符号规定是，线应变伸长为正，缩短为负，剪应变与两个坐标方向一致的直角变小为正，变大为负。

如果将正轴应力用偏轴应力代入，然后再将正轴应变用偏轴应变代入，即可得偏轴应力-应变关系如下。

$$\begin{bmatrix} \sigma_x \\ \sigma_y \\ \tau_{xy} \end{bmatrix} = \begin{bmatrix} \bar{Q}_{11} & \bar{Q}_{12} & \bar{Q}_{16} \\ \bar{Q}_{21} & \bar{Q}_{22} & \bar{Q}_{26} \\ \bar{Q}_{61} & \bar{Q}_{62} & \bar{Q}_{66} \end{bmatrix} \begin{bmatrix} \varepsilon_x \\ \varepsilon_y \\ \gamma_{xy} \end{bmatrix}$$

式中，$Q_{ij}(i,j=1,2,6)$ 称为偏轴模量分量。

如果将正轴模量中的系数矩阵作乘法运算,并与系数矩阵对应,即可得到由正轴模量求偏轴模量的模量转换公式。式中,$m=\cos\theta$;$n=\sin\theta$。这里$\bar{Q}_{ij}=\bar{Q}_{ji}$,即偏轴模量仍具有对称性,所以偏轴模量只需列出 6 个。

图 2.7 与图 2.8 分别给出了 T300/5208 偏轴辅层的主轴与耦合项的弹性性能随铺层角度 θ 的变化曲线。图中所有值都是关于对其最大值作正则化的结果。

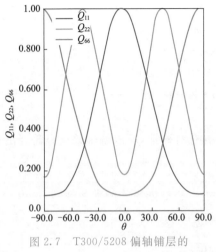 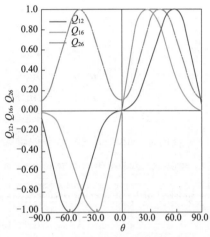

图 2.7 T300/5208 偏轴铺层的
正则化$\bar{Q}_{11}$,$\bar{Q}_{22}$,$\bar{Q}_{66}$

图 2.8 T300/5208 偏轴铺层的
正则化$\bar{Q}_{12}$,$\bar{Q}_{16}$,$\bar{Q}_{26}$

如果将正轴应变用坐标变换,然后再将正轴应力也用坐标变换,即可得偏轴应变-应力关系如下。

$$\begin{Bmatrix}\varepsilon_x\\\varepsilon_y\\\gamma_{xy}\end{Bmatrix}=\begin{bmatrix}\bar{S}_{11}&\bar{S}_{12}&\bar{S}_{16}\\\bar{S}_{21}&\bar{S}_{22}&\bar{S}_{26}\\\bar{S}_{61}&\bar{S}_{62}&\bar{S}_{66}\end{bmatrix}\begin{Bmatrix}\sigma_x\\\sigma_y\\\tau_{xy}\end{Bmatrix}$$

式中,$S_{ij}(i,j=1,2,6)$称为偏轴柔量分量。

同理可得由正轴柔量求偏轴柔量的柔量转换公式如下。

$$\begin{Bmatrix}\sigma_x\\\sigma_y\\\tau_{xy}\end{Bmatrix}=\begin{bmatrix}m^2&n^2&-2mn\\n^2&m^2&2mn\\mn&-mn&m^2-n^2\end{bmatrix}\begin{bmatrix}Q_{11}&Q_{12}&0\\Q_{21}&Q_{22}&0\\0&0&Q_{66}\end{bmatrix}\begin{bmatrix}m^2&n^2&mn\\n^2&m^2&-mn\\-2mn&2mn&m^2-n^2\end{bmatrix}\begin{Bmatrix}\varepsilon_x\\\varepsilon_y\\\gamma_{xy}\end{Bmatrix}$$

$$\begin{Bmatrix}\bar{Q}_{11}\\\bar{Q}_{22}\\\bar{Q}_{12}\\\bar{Q}_{66}\\\bar{Q}_{16}\\\bar{Q}_{26}\end{Bmatrix}=\begin{bmatrix}m^4&n^4&2m^2n^2&4m^2n^2\\n^4&m^4&2m^2n^2&4m^2n^2\\m^2n^2&m^2n^2&m^4+n^4&-4m^2n^2\\m^2n^2&m^2n^2&-2m^2n^2&(m^2-n^2)^2\\m^3n&-mn^3&mn^3-m^3n&2(mn^3-m^3n)\\mn^3&-m^3n&m^3n-mn^3&2(m^3n-mn^3)\end{bmatrix}\begin{Bmatrix}Q_{11}\\Q_{22}\\Q_{12}\\Q_{66}\end{Bmatrix}$$

$$\begin{Bmatrix} \varepsilon_x \\ \varepsilon_y \\ \gamma_{xy} \end{Bmatrix} = \begin{bmatrix} m^2 & n^2 & -mn \\ n^2 & m^2 & mn \\ 2mn & -2mn & m^2-n^2 \end{bmatrix} \begin{bmatrix} S_{11} & S_{12} & 0 \\ S_{21} & S_{22} & 0 \\ 0 & 0 & S_{66} \end{bmatrix} \begin{bmatrix} m^2 & n^2 & 2mn \\ n^2 & m^2 & -2mn \\ -mn & mn & m^2-n^2 \end{bmatrix} \begin{Bmatrix} \sigma_x \\ \sigma_y \\ \tau_{xy} \end{Bmatrix}$$

$$\begin{Bmatrix} \overline{S}_{11} \\ \overline{S}_{22} \\ \overline{S}_{12} \\ \overline{S}_{66} \\ \overline{S}_{16} \\ \overline{S}_{26} \end{Bmatrix} = \begin{bmatrix} m^4 & n^4 & 2m^2n^2 & m^2n^2 \\ n^4 & m^4 & 2m^2n^2 & m^2n^2 \\ m^2n^2 & m^2n^2 & m^4+n^4 & -m^2n^2 \\ 4m^2n^2 & 4m^2n^2 & -8m^2n^2 & (m^2-n^2)^2 \\ 2m^3n & -2mn^3 & 2(mn^3-m^3n) & mn^3-m^3n \\ 2mn^3 & -2m^3n & 2(m^3n-mn^3) & m^3n-mn^3 \end{bmatrix} \begin{Bmatrix} S_{11} \\ S_{22} \\ S_{12} \\ S_{66} \end{Bmatrix}$$

式中，$m=\cos\theta$；$n=\sin\theta$；$\overline{S}_{ij}=\overline{S}_{ji}$ 即偏轴柔量，仍具有对称性，所以偏轴柔量只需列出 6 个。

2.1.2.3 偏轴模量与偏轴柔量之间的关系

与正轴时模量与柔量存在互逆关系一样，$\overline{S}=\overline{Q}^{-1}$。根据矩阵的求逆规则，可得

$$\overline{S}_{11}=(\overline{Q}_{22}\overline{Q}_{66}-\overline{Q}_{26}^2)/\overline{Q}$$

$$\overline{S}_{22}=(\overline{Q}_{11}\overline{Q}_{66}-\overline{Q}_{16}^2)/\overline{Q}$$

$$\overline{S}_{12}=(\overline{Q}_{16}\overline{Q}_{26}-\overline{Q}_{22}\overline{Q}_{66})/\overline{Q}$$

$$\overline{S}_{66}=(\overline{Q}_{11}\overline{Q}_{22}-\overline{Q}_{12}^2)/\overline{Q}$$

$$\overline{S}_{16}=(\overline{Q}_{12}\overline{Q}_{26}-\overline{Q}_{22}\overline{Q}_{16})/\overline{Q}$$

$$\overline{S}_{26}=(\overline{Q}_{12}\overline{Q}_{16}-\overline{Q}_{11}\overline{Q}_{26})/\overline{Q}$$

$$\overline{Q}=\overline{Q}_{11}\overline{Q}_{22}\overline{Q}_{66}+2\overline{Q}_{12}\overline{Q}_{16}\overline{Q}_{26}-\overline{Q}_{22}\overline{Q}_{16}^2-\overline{Q}_{11}\overline{Q}_{26}^2-\overline{Q}_{66}\overline{Q}_{12}^2$$

2.1.2.4 铺层的编轴工程弹性常数

铺层的偏轴工程弹性常数是铺层在偏轴下由单轴应力或纯剪应力确定的刚度性能参数给出的偏轴应变-应力关系，求偏轴向时单轴应力或纯剪应力下的应变-应力关系，即可求得偏轴工程弹性常数与偏轴柔量之间的关系

$$E_x=\frac{1}{\overline{S}_{11}}, \quad E_y=\frac{1}{\overline{S}_{22}}, \quad G_{xy}=\frac{1}{\overline{S}_{66}}, \quad \nu_{xy}=-\frac{\overline{S}_{21}}{\overline{S}_{11}}, \quad \nu_{yx}=-\frac{\overline{S}_{12}}{\overline{S}_{22}},$$

$$\eta_{xy,x}=\frac{\overline{S}_{66}}{\overline{S}_{11}}, \quad \eta_{xy,y}=\frac{\overline{S}_{62}}{\overline{S}_{22}}, \quad \eta_{x,xy}=\frac{\overline{S}_{16}}{\overline{S}_{66}}, \quad \eta_{y,xy}=\frac{\overline{S}_{26}}{\overline{S}_{66}}$$

式中，E_x 为 x 向的拉压弹性模量，GPa；E_y 为 y 向拉压弹性模量，GPa；G_{xy} 为纵横剪切弹性模量，GPa；ν_{xy} 为 x 向引起 y 向的泊松耦合系数；ν_{yx} 为 y 向引起 x 向的泊松耦合系数；$\eta_{xy,x}$ 为 x 向拉剪耦合系数；$\eta_{xy,y}$ 为 y 向拉剪耦合系数；$\eta_{x,xy}$ 为 x 向剪拉耦合系数；$\eta_{y,xy}$ 为 y 向剪拉耦合系数。

由于柔量分量的对称性，$\overline{S}_{ij}=\overline{S}_{ji}$，所以偏轴工程弹性常数的关系式如下：

$$\frac{\nu_{xy}}{\nu_{yx}}=\frac{E_x}{E_y}, \quad \frac{\eta_{xy,x}}{\eta_{x,xy}}=\frac{E_x}{G_{xy}}, \quad \frac{\eta_{xy,y}}{\eta_{y,xy}}=\frac{E_y}{G_{xy}}$$

2.1.2.5 偏轴工程弹性常数的转换关系

由正轴工程弹性常数求偏轴工程弹性常数的转换关系式如下：

$$\frac{1}{E_x}=\frac{1}{E_1}\cos^4\theta+\left(\frac{1}{G_{12}}-\frac{2\nu_{21}}{E_1}\right)\sin^2\theta\,\cos^2\theta+\frac{1}{E_2}\sin^4\theta$$

$$\frac{1}{E_y}=\frac{1}{E_1}\sin^4\theta+\left(\frac{1}{G_{12}}-\frac{2\nu_{21}}{E_1}\right)\sin^2\theta\,\cos^2\theta+\frac{1}{E_2}\cos^4\theta$$

$$\frac{1}{G_{xy}}=2\left(\frac{2}{E_1}+\frac{2}{E_2}-\frac{1}{G_{12}}+\frac{4\nu_{21}}{E_1}\right)\sin^2\theta\,\cos^2\theta+\frac{1}{G_{12}}(\sin^4\theta+\cos^4\theta)$$

$$\nu_{xy}=E_y\left[\frac{\nu_{21}}{E_1}(\sin^4\theta+\cos^4\theta)-\left(\frac{1}{E_1}+\frac{1}{E_2}-\frac{1}{G_{12}}\right)\sin^2\theta\,\cos^2\theta\right]$$

$$\nu_{yx}=E_x\left[\frac{\nu_{21}}{E_1}(\sin^4\theta+\cos^4\theta)-\left(\frac{1}{E_1}+\frac{1}{E_2}-\frac{1}{G_{12}}\right)\sin^2\theta\,\cos^2\theta\right]$$

$$\eta_{xy,x}=E_x\left[\left(\frac{2}{E_1}+\frac{2\nu_{21}}{E_1}-\frac{1}{G_{12}}\right)\sin\theta\,\cos^3\theta-\left(\frac{2}{E_2}+\frac{2\nu_{21}}{E_1}-\frac{1}{G_{12}}\right)\sin^3\theta\,\cos\theta\right]$$

$$\eta_{xy,y}=E_y\left[\left(\frac{2}{E_1}+\frac{2\nu_{21}}{E_1}-\frac{1}{G_{12}}\right)\sin^3\theta\,\cos\theta-\left(\frac{2}{E_2}+\frac{2\nu_{21}}{E_1}-\frac{1}{G_{12}}\right)\sin\theta\,\cos^3\theta\right]$$

$$\eta_{x,xy}=G_{xy}\left[\left(\frac{2}{E_1}+\frac{2\nu_{21}}{E_1}-\frac{1}{G_{12}}\right)\sin\theta\,\cos^3\theta-\left(\frac{2}{E_2}+\frac{2\nu_{21}}{E_1}-\frac{1}{G_{12}}\right)\sin^3\theta\,\cos\theta\right]$$

$$\eta_{y,xy}=G_{xy}\left[\left(\frac{2}{E_1}+\frac{2\nu_{21}}{E_1}-\frac{1}{G_{12}}\right)\sin^3\theta\,\cos\theta-\left(\frac{2}{E_2}+\frac{2\nu_{21}}{E_1}-\frac{1}{G_{12}}\right)\sin\theta\,\cos^3\theta\right]$$

式中，$m=\cos\theta$；$n=\sin\theta$。由于偏轴工程弹性常数由 4 个正轴工程弹性常数确定，具体材料不同，其 4 个常数一般均会有所变化，因此必须针对具体材料画出其偏轴工程弹性常数随 θ 的变化曲线，才能了解其偏轴工程弹性常数的变化规律。

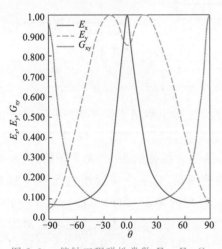

图 2.9 偏轴工程弹性常数 E_x，E_y，G_{xy}

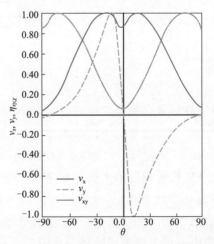

图 2.10 T300/5208 偏轴工程

弹性常数 ν_x，ν_y，$\eta_{xy,x}$

图 2.9 与图 2.10 分别给出了 T300/5208 各偏轴工程弹性常数和泊松耦合系数随 θ 的变化曲线。图 2.9 中的所有值都是关于对其最大值作正则化的;弹性模量 E_x 的值在纤维方向最大,但随着偏轴方向的增大很快下降;剪切模量 G_{xy} 变化很小,并且在 $\theta = \pm 45°$ 处达到最大值。图 2.10 中泊松比和拉剪耦合系数变化很大。泊松比总是正的,而 $\eta_{x,xy}$ 可正可负,随偏轴方向而定。拉剪耦合系数 $\eta_{x,xy}$ 变化很大,最大值和最小值则分别为在 $\pm 12°$ 处。

2.1.3 层合板理论

层合板是由两层或两层以上按不同方向配置的单层板合成为整体的结构单元。各单层材料的主方向应使结构元件能承受几个方向的载荷。单层板的性能与组分材料及材料主方向有关,如将各层单层板的材料主方向按不同方向和不同顺序铺设,可得到各种不同性能的层合板,以满足工程上不同的要求。层合板不一定有确定的主方向,一般选择结构的自然轴方向为坐标系统,例如,矩形板取垂直于两边方向为坐标系统。在对层合板进行力学性能分析时,通常以离层合板的两个表面等距的平面——层合板的几何中面为基准,参考坐标系的 xOy 平面就设在中面内(见图 2.11)。z 轴垂直于板面,取 z 轴向下为正,沿 z 轴正向将单层依次编号为 1 至 n。对称层合板,则由中面至下表面依次编号为 1 至 $n/2$,如图 2.11(c)所示。层合板的总厚度为 h,上表面和小表面的坐标值分别为 $-h/2$ 和 $h/2$。

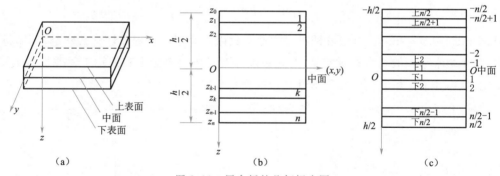

图 2.11　层合板的几何标志图

为了分析各种铺设顺序层合板的力学性能以及设计和制造需要,应简明地给出表征层合板中各单层或单层方向和顺序的符号,即层合板标记。如图 2.12 所示的层合板,可以表示为 $[0_3/90_2/45/-45_3]_s$。这个记号表明,从层合板的底面 $z = h/2$ 开始,按照由下向上的顺序依次写出各单层板相对于参考坐标轴的夹角,第一个单层组包含有 3 组相对于参考轴为 0° 方向的单层,接着向上的是两层 90° 方向的单层,再向上是一层 45° 方向的单层,最后至中面的是 3 层 -45° 方向的单层。方括号外的下标 s 表示该层合板对中面是对称的,即中面以上的单层顺序与几何中面以下的顺序镜像对称。因此,具有对称层合板标记 s 所给出的铺设顺序,既是从底面开始向上至中面的铺设顺序,又是从顶面开始向下至中面的铺设顺序。

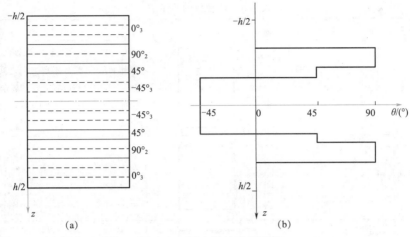

图 2.12　层合板的铺层顺序

对于非对称层合板,必须在方括号中表明全部单层组的铺设顺序。各种层合板的表示法详见表 2.3。表中各单层的材料性能与厚度均相同。

按照各单层板相对于中面的排列位置,层合板可分为对称层合板、非对称层合板和夹芯层合板 3 大类。层合板内中面两侧对应处的各单层材料相同、铺设角相等的层合板,称为对称层合板。因此,对称层合板满足下列条件

$$\theta(z) = \theta(-z), \quad Q_{ij}(z) = Q_{ij}(-z)$$

凡只有相互垂直的两种铺层方向的对称层合板称为正交对称层合板,如[0/90/0]s。对称均衡层合板是 $-\theta$ 单层数和 $+\theta$ 单层数为相同的对称层合板,均衡层合板还可以包含任意量的 0°和 90°层。对称均衡斜交层合板是仅由相同数量的 $-\theta$ 和 $+\theta$ 单层组成的对称均衡层合板,如 $[\theta/-\theta]_{2S}$。

非对称层合板各单层纤维的排列方向与中面不对称。满足如下关系的非对称层合板称为反对称层合板。

$$\theta(z) = -\theta(-z) \tag{2.14}$$

不满足式(2.14)的非对称层合板通称为一般层合板。夹芯层合板是由两层薄的高强度高弹性模量材料的面板和中间夹着一层厚而密度低的芯子所组成的结构。这种结构物可以大幅度地提高层合板结构的抗弯刚度和充分利用材料的强度,并可增加层合板的受压稳定性。

本章从宏观力学角度讨论了各向异性、分层均匀、连续的层合板在线弹性、小变形情况的刚度和强度。层合板的刚度用层合板刚度系数、柔度系数和工程弹性常数 3 种形式给出。刚度系数为层合板内力-应变关系的系数,柔度系数为层合板应变-内力关系的系数。

2.1.3.1　对称层合板的面内刚度

对称层合板,无论在几何上还是在材料性能上都镜像对称于中面。目前,复合材料层合板一般都设计成对称层合板。层合板表示法见表 2.3。

表 2.3　层合板的表示法

层合板类型	表示法	图示	说明
一般层合板	$[0/45/90/-45/0]$	0 -45 90 45 0	①每一铺层的夹角用纤维方向与坐标轴 x 之间的夹角示出，各铺层方向之间用斜线"/"分开，全部铺层用方括号"[]"表示； ②铺层按由下向上或由贴模面向外的顺序写出
对称层合板　偶数层	$[0/90]_s$	0 90 90 0	对称铺层只写一半，括号外加写下标"s"，表示对称
对称层合板　奇数层	$[0/45/\overline{90}]$	0 45 90 45 0	在对称中面的铺层上加顶标"－"表示
具有连续重复铺层的层合板	$[0_2/90]$	90 0 0	连续重复铺层的层数用数字下标示出
具有连续正负铺层的层合板	$[0/\pm45/90]$	90 -45 45 0	连续正负铺层以"±"或"∓"表示，上面的符号表示前一个铺层
由多个子层合板构成的层合板	$[0/90]_2$	90 0 90 0	子层合板重复数用数字下标示出
由织物铺叠的层合板	$[(\pm45)/(0,90)]$	0,90 -45	织物的经纬方向用圆括号"()"括起
混杂纤维层合板	$[0C/45k/90g]$	90g 45k 0c	纤维的种类用字母下标示出：C：碳纤维；k：芳纶纤维；g：玻璃纤维；B：硼纤维
夹层板	$[0/90/C_5]_s$	0 90 C_5 90 0	用 C 表示夹芯，其下标数字表示夹芯厚度的毫米数，面板铺层表示法同前

　　本节所讨论的对称层合板除了线弹性材料的一般假设和线性应变-位移关系的假设外，还有如下 3 个重要的假设：

　　(1)层合板只承受面内力(即作用力的合力作用线位于层合板的几何中面内)作用(见图 2.13)。由于层合板刚度的中面对称性，层合板将引起面内变形，不引起弯曲变形。

　　(2)层合板为薄板，即 $h \ll a, h \ll b$。其中 h 为厚度，a 为长度，b 为宽度。

　　(3)层合板各单层黏结牢固，具有相同的变形。层合板厚度方向上坐标为 x 的任一点的应变就等于中面的应变。即

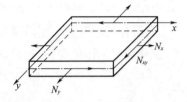

图 2.13　层合板的面内力

$$\varepsilon_x(z) = \varepsilon_x^0, \qquad \varepsilon_y(z) = \varepsilon_y^0, \qquad \gamma_{xy}(z) = \gamma_{xy}^0$$

　　为了确定层合板的面内刚度，必须建立层合板的面内力与面内应变的关系。所谓层合板的面内力就是层合板单位宽度上的力。亦即

$$
\left.
\begin{aligned}
N_x &= \int_{-h/2}^{h/2} \sigma_x^{(k)}\,\mathrm{d}z \\[4pt]
N_y &= \int_{-h/2}^{h/2} \sigma_y^{(k)}\,\mathrm{d}z \\[4pt]
N_{xy} &= \int_{-h/2}^{h/2} \sigma_{xy}^{(k)}\,\mathrm{d}z
\end{aligned}
\right\}
$$

上角标 (k) 表示第 k 单层的应力。面内力的单位是 Pa·m 或 N/m。

　　将各单层的应力-应变关系式代入上式中，得

$$
\begin{aligned}
N_x &= \int_{-h/2}^{h/2} \left[\bar{Q}_{11}^{(k)}\sigma_x + \bar{Q}_{12}^{(k)}\sigma_y + \bar{Q}_{16}^{(k)}\gamma_{xy}\right]\mathrm{d}z \\[4pt]
&= \varepsilon_x^0 \int_{-h/2}^{h/2} \bar{Q}_{11}^{(k)}\,\mathrm{d}z + \varepsilon_y^0 \int_{-h/2}^{h/2} \bar{Q}_{112}^{(k)}\,\mathrm{d}z + \gamma_{xy}^0 \int_{-h/2}^{h/2} \bar{Q}_{16}^{(k)}\,\mathrm{d}z
\end{aligned}
$$

同理可导出 N_y 和 N_{xy} 式，一并简写成下式

$$
\left.
\begin{aligned}
N_x &= A_{11}\varepsilon_x^0 + A_{12}\varepsilon_y^0 + A_{16}\varepsilon_{xy}^0 \\
N_y &= A_{21}\varepsilon_x^0 + A_{22}\varepsilon_y^0 + A_{26}\gamma_{xy}^0 \\
N_{xy} &= A_{61}\varepsilon_x^0 + A_{62}\varepsilon_y^0 + A_{66}\varepsilon_{xy}^0
\end{aligned}
\right\}
\tag{2.15}
$$

式中，$A_{ij} = \int_{-h/2}^{h/2} Q_{ij}^{(k)}\,\mathrm{d}z\,(i,j = 1,2,6)$ 　　　　　　　　　　　　　　(2.16)

又由 $\bar{Q}_{ij}$ 的性质可知 $A_{ij} = A_{ji}$，于是式(2.15)写成

$$
\begin{Bmatrix} N_x \\ N_y \\ N_{xy} \end{Bmatrix}
=
\begin{bmatrix}
A_{11} & A_{12} & A_{16} \\
A_{12} & A_{22} & A_{26} \\
A_{16} & A_{26} & A_{66}
\end{bmatrix}
\begin{Bmatrix} \varepsilon_x^0 \\ \varepsilon_y^0 \\ \varepsilon_{xy}^0 \end{Bmatrix}
\tag{2.17}
$$

缩写为　　　　　　　　　　　　　　　$\boldsymbol{N} = \boldsymbol{A}\boldsymbol{\varepsilon}^0$

$A_{ij}\,(i,j = 1,2,6)$ 称为层合板面内的刚度系数。A_{ij} 的单位是 Pa·m 或 N/m。式(2.17)就是对称层合板面内力-面内应变的关系式。将等式两端同时除以 h，则有 $\dfrac{1}{h}\boldsymbol{N} = \dfrac{1}{h}\boldsymbol{A}\boldsymbol{\varepsilon}^0$ 可以写成

$N^* = A^* \varepsilon^0$，其全式为

$$\begin{Bmatrix} N_x^* \\ N_y^* \\ N_{xy}^* \end{Bmatrix} = \begin{bmatrix} A_{11}^* & A_{12}^* & A_{16}^* \\ A_{12}^* & A_{22}^* & A_{26}^* \\ A_{16}^* & A_{26}^* & A_{66}^* \end{bmatrix} \begin{Bmatrix} \varepsilon_x^0 \\ \varepsilon_y^0 \\ \varepsilon_{xy}^0 \end{Bmatrix}$$

式中，N_x^*，N_y^*，N_{xy}^*为层合板的正则化面内力或称为层合板的面内平均应力，Pa 或 N/m^2；A_{ij}^*为层合板的正则化面内刚度系数，Pa 或 N/m^2。

分别对其作逆变换，可得面内力表示面内应变的关系式及其正则化形式

$$\begin{Bmatrix} \varepsilon_x^0 \\ \varepsilon_y^0 \\ \varepsilon_{xy}^0 \end{Bmatrix} = \begin{bmatrix} a_{11} & a_{12} & a_{16} \\ a_{12} & a_{22} & a_{26} \\ a_{16} & a_{26} & a_{66} \end{bmatrix} \begin{Bmatrix} N_x \\ N_y \\ N_{xy} \end{Bmatrix}$$

缩写为
$$\varepsilon^0 = aN$$

$$\begin{Bmatrix} \varepsilon_x^0 \\ \varepsilon_y^0 \\ \varepsilon_{xy}^0 \end{Bmatrix} = \begin{bmatrix} a_{11}^* & a_{12}^* & a_{16}^* \\ a_{12}^* & a_{22}^* & a_{26}^* \\ a_{16}^* & a_{26}^* & a_{66}^* \end{bmatrix} \begin{Bmatrix} N_x^* \\ N_y^* \\ N_{xy}^* \end{Bmatrix}$$

缩写为
$$\varepsilon^0 = a^* N^*$$

式中 $a = (a_{ij}) = A^{-1}$，a_{ij} 称为层合板的面内柔度系数；$a^* = (a_{ij}^*) = A^{*-1} = \left(\dfrac{1}{h} A^{-1}\right) = hA^{-1} = ha$，$a_{ij}^*$ 称为层合板正则化面内柔度系数，显然，$a_{ij}^* = h \times a_{ij}$。

可参照单层偏轴工程弹性常数的方法定义层合板的面内工程弹性常数，当对称层合板仅受 N_x^* 单向拉伸（或压缩）时，得

$$\varepsilon_x^0(x) = a_{11}^* N_x^* , \qquad \varepsilon_y^0(x) = a_{12}^* N_x^* , \qquad \gamma_{xy}^0(x) = a_{16}^* N_x^*$$

定义

$$\left. \begin{aligned} \text{面内拉压弹性模量} \quad & E_x^0 = \frac{N_x^*}{\varepsilon_x^0(x)} = \frac{1}{a_{11}^*} \\[2mm] \text{面内泊松耦合系数} \quad & \nu_x^0 = \nu_{yx}^0 = -\frac{\varepsilon_y^0(x)}{\varepsilon_x^0(x)} = \frac{a_{21}^*}{a_{11}^*} \\[2mm] \text{面内拉剪耦合系数} \quad & \eta_{xy+x}^0 = -\frac{\gamma_{xy}^0(x)}{\varepsilon_x^0(x)} = \frac{a_{16}^*}{a_{11}^*} \end{aligned} \right\}$$

类似地在层合板的 y 方向进行单向拉伸（或压缩）时，则可得

$$\left. \begin{aligned} \text{面内拉压弹性模量} \quad & E_y^0 = \frac{1}{a_{22}^*} \\[2mm] \text{面内泊松耦合系数} \quad & \nu_x^0 = \nu_{yx}^0 = -\frac{a_{12}^*}{a_{22}^*} \\[2mm] \text{面内拉剪耦合系数} \quad & \eta_{xy,y}^0 = \frac{a_{26}^*}{a_{22}^*} \end{aligned} \right\}$$

当层合板仅承受面内剪切荷载时，可得到层合板的

$$面内拉压弹性模量 \quad G_{xy}^0 = \frac{1}{a_{66}^*}$$

$$面内泊松耦合系数 \quad \eta_{x,xy}^0 = \frac{a_{16}^*}{a_{66}^*}$$

$$面内拉剪耦合系数 \quad \eta_{y,xy}^0 = \frac{a_{26}^*}{a_{22}^*}$$

用上述工程弹性常数可以表达层合板的面内应变与面内应力的关系

$$\begin{pmatrix} \varepsilon_x^0 \\ \varepsilon_y^0 \\ \varepsilon_{xy}^0 \end{pmatrix} = \begin{bmatrix} \frac{1}{E_x^0} & -\frac{\nu_y^0}{E_y^0} & \frac{\eta_{x,xy}}{G_{xy}^0} \\ -\frac{\nu_y^0}{E_y^0} & \frac{1}{E_y^0} & \frac{\eta_{y,xy}}{G_{xy}^0} \\ \frac{\eta_{xy,x}^0}{E_x^0} & \frac{\eta_{xy,y}^0}{E_y^0} & \frac{1}{G_{xy}^0} \end{bmatrix} \begin{pmatrix} N_x^* \\ N_y^* \\ N_{xy}^* \end{pmatrix}$$

在进行层合板铺层设计时，使用工程弹性常数比较方便，因为工程弹性常数可以由简单的试验测定得到。上式就是在已知层合板载荷条件时，计算面内应变较为方便的公式。

2.1.3.2 面内刚度系数的计算

由于层合板是由有限个单层叠合而成的，而且在每一单层组内模量$\bar{Q}_{ij}^{(k)}$不变，因此式（2.16）可写成

$$A_{ij} = \int_{-h/2}^{h/2} \bar{Q}_{ij}^{(k)} \mathrm{d}z = \sum_{k=1}^{n} \bar{Q}_{ij}^{(k)} (z_k - z_{k-1}) = \sum_{k=1}^{n} \bar{Q}_{ij}^{(k)} t_k$$

式中，t_k为k单层的厚度；$\bar{Q}_{ij}^{(k)}$为k单层的偏轴模量。

所以层合板的正则化面内刚度系数为

$$A_{ij}^* = \frac{A_{ij}}{h} = \frac{1}{h} \sum_{k=1}^{n} \bar{Q}_{ij}^{(k)} (z_k - z_{k-1}) = \frac{1}{h} \sum_{k=1}^{n} \bar{Q}_{ij}^{(k)} t_k$$

由于所讨论的层合板是对称的，故上式可写成

$$A_{ij}^* = \frac{2}{h} \sum_{k=1}^{n/2} \bar{Q}_{ij}^{(k)} t_k = \sum_{k=1}^{n/2} \bar{Q}_{ij}^{(k)} v_k \tag{2.18}$$

式中，$v_k = \frac{2t_k}{h}, \sum_{k=1}^{n/2} v_k = 1$。$v_k$的物理意义是偏角为$\theta_k$的单层组在层合板中所占的体积含量，用不变量表示的偏轴模量代入式（2.18）有

$$A_{11}^* = \sum_{k=1}^{n/2} (U_{1Q} + U_{1Q}\cos 2\theta_k + U_{3Q}\cos 4\theta_k) v_k = U_{1Q} + U_{2Q}\sum_{k=1}^{n/2} v_k\cos 2\theta_k + U_{3Q}\sum_{k=1}^{n/2} v_k\cos 4\theta_k$$
$$= U_{1Q} + U_{2Q}v_{1A}^* + U_{3Q}v_{2A}^*$$

式中，$V_{1A}^* = \sum_{k=1}^{n/2} v_k\cos 2\theta_k; V_{2A}^* = \sum_{k=1}^{n/2} V_k\cos 4\theta_k$

同理可得其他的正则化面内刚度系数。归纳起来为

$$A_{11}^* = U_{1Q} + V_{1A}^* U_{2Q} + V_{2A}^* U_{3Q}$$
$$A_{22}^* = U_{1Q} - V_{1A}^* U_{2Q} + V_{2A}^* U_{3Q}$$
$$A_{12}^* = U_{4Q} - V_{2A}^* U_{3Q}$$
$$A_{66}^* = U_{5Q} - V_{2A}^* U_{3Q}$$

$$A_{16}^* = \frac{1}{2} V_{3A}^* U_{2Q} + V_{4A}^* U_{3Q}$$
$$A_{26}^* = \frac{1}{2} V_{3A}^* U_{2Q} - V_{4A}^* U_{3Q}$$

$$V_{1A}^* = \sum_{k=1}^{n/2} v_k \cos 2\theta, V_{2A}^* = \sum_{k=1}^{n/2} v_k \cos 4\theta$$
$$V_{3A}^* = \sum_{k=1}^{n/2} v_k \sin 2\theta, V_{2A}^* = \sum_{k=1}^{n/2} v_k \sin 4\theta$$

式中,V_{iA}^* 称为层合板面内刚度正则化的几何因子,它是单层方向角的函数。正余弦函数值在 1 与 −1 间变化,所以 V_{iA}^* 是有界的,且容易证得

$$V_{iA}^* \leqslant 1 \quad (i = 1,2,3,4)$$

由刚度变换可知,下列等式成立

$$A_{11}^* + A_{22}^* + 2A_{12}^* = 2(U_{1Q} + U_{4Q})$$

或写成

$$A_{12}^* = U_{1Q} + U_{2Q} - \frac{1}{2}(A_{22}^* + A_{12}^*) \tag{2.19}$$

$$A_{66}^* = A_{12}^* + U_{5Q} - U_{4Q} \tag{2.20}$$

由此可见,层合板正则化面内刚度系数并不完全是独立的,它们中某些量之间有一定的关系,且还受到单层不变量的约束,一旦材料选定,并按某种铺叠方案确定了正则化面内刚度系数 A_{11}^*、A_{22}^*、A_{12}^* 和 A_{66}^* 中的两个,则另两个刚度系数就可由式(2.19)及式(2.20)确定。因此实际独立的层合板正则化面内刚度系数总共只有 4 个。

层合板正则化面内刚度系数 A_{ij}^* 只与单层方向及单层比(不同方向角单层层数之间的比值)有关,而与铺叠顺序无关。当所有单层都是同一个方向时,则

$$V_{1A}^* = \sum_{k=1}^{n/2} v_k \cos 2\theta = \cos 2\theta \sum_{k=1}^{n/2} v_k = \cos 2\theta$$

同样,$V_{2A}^* = \cos 4\theta$,$V_{3A}^* = \sin 2\theta$,$V_{4A}^* = \sin 4\theta$。于是层合板面内刚度系式(2.18)即为复合材料单层的偏轴模量式。由于单层的偏轴特性受层合板的约束,因而层合板面内刚度系数的各向异性程度低于单层。

2.1.3.3 一般层合板的刚度

一般层合板是指对单层材料、铺叠方向与铺设顺序等没有任何限制的各种层合板,层合板的刚度用层合板的刚度系数、柔度系数和工程弹性常数 3 种形式给出。层合板内力-应变关系式的系数称为刚度系数,而层合板应变-内力关系式的系数称为柔度

系数。

一般层合板的内力-应变关系(经典层合板理论)方程的推导建立在下述假定基础上:

①层合板的各单层黏结牢固,层间不产生滑移;

②层合板是薄板,忽略 σ_z,各单层按平面应力状态分析;

③层合板弯曲变形在小挠度范围,变形前垂直于中面的直线在变形后仍保持直线,并垂直于中面(相当于忽略了垂直于中面的平面内的剪应变,即 $\gamma_{xz}=\gamma_{yz}=0$,式中 z 是中面的法向),且该直线的长度不变,即 $\varepsilon_z=0$(此即直法线假设)。

1. 层合板的应变

现取 $Oxyz$ 坐标系[见图 2.11(a)]中 $z=0$ 的 xOy 面为中面(一般用平分板厚的面作为中面),沿板厚范围内 x,y,z 方向的位移分别为 u、v、w,中面上点 x,y,z 方向的位移为 u_0、v_0、w_0,并且 u_0、v_0、w_0 只是 x 和 y 的函数,其中 w_0 称为板的挠度。

为了依据上述假设导出层合板的内力-应变关系式,给出如下的应变位移关系式:

$$\left.\begin{array}{lll} \varepsilon_x=\dfrac{\partial u}{\partial x}, & \varepsilon_y=\dfrac{\partial v}{\partial y}, & \gamma_{xy}=\dfrac{\partial v}{\partial x}+\dfrac{\partial u}{\partial y} \\[2mm] \varepsilon_z=\dfrac{\partial w}{\partial z}, & \gamma_{xz}=\dfrac{\partial u}{\partial z}+\dfrac{\partial w}{\partial x}, & \gamma_{xy}=\dfrac{\partial u}{\partial z}+\dfrac{\partial u}{\partial y} \end{array}\right\} \quad (2.21)$$

依据直法线假设得到

$$\varepsilon_z=\frac{\partial w}{\partial z}, \quad \gamma_{xz}=\frac{\partial u}{\partial z}+\frac{\partial w}{\partial x}, \quad \gamma_{yz}=\frac{\partial u}{\partial z}+\frac{\partial w}{\partial y}=0 \quad (2.22)$$

将式(2.22)分别对 z 积分,得

$$\left.\begin{array}{l} \bar{w}=\bar{w}(x,y)=\bar{w}_0(x,y) \\[2mm] u=\bar{w}_0(x,y)-z\dfrac{\partial \bar{w}(x,y)}{\partial x} \\[2mm] v=v_0(x,y)-z\dfrac{\partial \bar{w}(x,y)}{\partial y} \end{array}\right\} \quad (2.23)$$

将微分方程(2.23)代入应变 ε_x、ε_y、γ_{xy} 定义式(2.21),得

$$\left.\begin{array}{l} \varepsilon_x=\dfrac{\partial u}{\partial x}=\dfrac{\partial u_0}{\partial x}-z\dfrac{\partial^2 w}{\partial x^2} \\[2mm] \varepsilon_y=\dfrac{\partial v}{\partial y}=\dfrac{\partial u_0}{\partial y}-z\dfrac{\partial^2 w}{\partial y^2} \\[2mm] \gamma_{xy}=\dfrac{\partial u}{\partial x}+\dfrac{\partial v}{\partial y}=\left(\dfrac{\partial u_0}{\partial y}+\dfrac{\partial v_0}{\partial x}\right)-2z\dfrac{\partial^2 w}{\partial x\partial y} \end{array}\right\} \quad (2.24)$$

记中面应变为 $\varepsilon_x^{(0)}=\dfrac{\partial u_0}{\partial x}$,$\varepsilon_y^{(0)}=\dfrac{\partial v_0}{\partial y}$,$\gamma_{xy}^{(0)}=\dfrac{\partial u_0}{\partial y}+\dfrac{\partial v_0}{\partial x}$。

同时由微分几何关系知中面曲率(包括扭率)与 z 向的中面位移 w_0 有如下关系

$$k_x=\frac{\partial^2 \bar{w}_0}{\partial x^2}, \quad k_y=\frac{\partial^2 \bar{w}_0}{\partial y^2}, \quad k_{xy}=2\frac{\partial^2 \bar{w}_0}{\partial x\partial y}$$

于是式(2.24)可写成

$$\begin{Bmatrix} \varepsilon_x \\ \varepsilon_y \\ \gamma_{xy} \end{Bmatrix} = \begin{Bmatrix} \varepsilon_x^{(0)} \\ \varepsilon_y^{(0)} \\ \gamma_{xy}^{(0)} \end{Bmatrix} + z \begin{Bmatrix} k_x \\ k_y \\ k_{xy} \end{Bmatrix} \tag{2.25}$$

式(2.25)缩写为
$$\boldsymbol{\varepsilon} = \boldsymbol{\varepsilon}^{(0)} + z\boldsymbol{k} \tag{2.25'}$$

式中，k_x、k_y 为层合板中面弯曲变形的曲率，简称弯曲率；k_{xy} 为层合板中面扭曲变形的曲率，简称扭曲率；

从上式可见，层合板中离中面任意距离 z 的应变 $\boldsymbol{\varepsilon}$ 可以用中面上相应点（坐标 x, y 相同的点）的面内应变 $\boldsymbol{\varepsilon}^{(0)}$ 和弯曲应变 $\boldsymbol{k}$ 表示出来，且层合板的应变沿厚度线性变化。

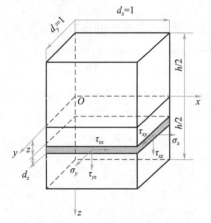

图 2.14　单元体上的应力

2. 层合板的内力

从图 2.11 所示层合板中取出一个单元体（见图 2.14），平面尺寸为单位尺寸 1×1，高为板厚 h。距中面为 z 处的 $\mathrm{d}x$ 微元上的应力分量均为正向。各应力分量均是坐标的函数。由图 2.14 和图 2.15 可以看出：在 x 等于常数面上，$\sigma_x \mathrm{d}z$ 合成轴力 N_x 和弯矩 M_x；$\tau_{xy} \mathrm{d}z$ 合成剪力 N_{xy} 和扭矩 M_{xy}；$\tau_{xy} \mathrm{d}z$ 合成横向力 Q_x。同理，在 y 等于常数面上，由 $\sigma_y \mathrm{d}z$、$\tau_{yx} \mathrm{d}z$ 和 $\tau_{yz} \mathrm{d}z$ 也可以合成相应的内力。作用于层合板上的合力和合力矩是由沿着层合板厚度积分各单层上的应力而得到的。将这些内力定义在单位宽度上，则得

$$N_x = \int_{-h/2}^{h/2} \sigma_x \mathrm{d}z, \quad N_y = \int_{-h/2}^{h/2} \sigma_y \mathrm{d}z$$

$$N_{xy} = \int_{-h/2}^{h/2} \tau_{xy} \mathrm{d}z, \quad N_{yx} = \int_{-h/2}^{h/2} \tau_{xy} \mathrm{d}z$$

$$Q_x = \int_{-h/2}^{h/2} \tau_{xz} \mathrm{d}z, \quad Q_y = \int_{-h/2}^{h/2} \tau_{yz} \mathrm{d}z$$

$$M_x = \int_{-h/2}^{h/2} \sigma_x z \mathrm{d}z, \quad M_y = \int_{-h/2}^{h/2} \sigma_y z \mathrm{d}z$$

$$M_{xy} = \int_{-h/2}^{h/2} \tau_{xy} z \mathrm{d}z, \quad M_{xy} = \int_{-h/2}^{h/2} \tau_{xy} z \mathrm{d}z$$

根据剪应力互等定理 $\tau_{xy} = \tau_{yx}$ 得剪力互等，扭矩互等。即

$$N_{xy} = N_{yx}; \qquad M_{xy} = M_{yx}$$

经典层合理论只考虑平面应力状态，不考虑各单层之间的层间应力。由于层合板各单层的 $\bar{Q}_{ij}$ 可以是不同的，因此，层合板的应力是不连续分布的，只能分层积分。设层合板中第 k 层的应力为 $\{\sigma^{(k)}\}$，则图 2.11 所示层合板的内力表达式可写成下列形式：

$$\begin{Bmatrix} N_x \\ N_y \\ N_{xy} \end{Bmatrix} = \int_{-h/2}^{h/2} \begin{Bmatrix} \sigma_x \\ \sigma_y \\ \tau_{xy} \end{Bmatrix} \mathrm{d}z = \sum_{k=1}^{n} \int_{z_{k-1}}^{z_k} \begin{Bmatrix} \sigma_x^{(k)} \\ \sigma_y^{(k)} \\ \tau_{xy}^{(k)} \end{Bmatrix} \mathrm{d}z$$

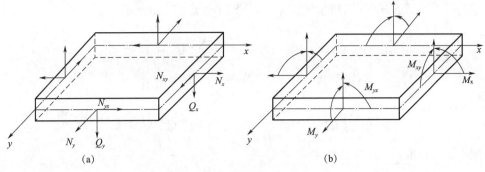

图 2.15 单元体上的内力

$$\begin{bmatrix} M_x \\ M_y \\ M_{xy} \end{bmatrix} = \int_{-h/2}^{h/2} \begin{bmatrix} \sigma_x \\ \sigma_y \\ \tau_{xy} \end{bmatrix} z\,\mathrm{d}z = \sum_{k=1}^{n} \int_{z_{k-1}}^{z_k} \begin{bmatrix} \sigma_x^{(k)} \\ \sigma_y^{(k)} \\ \tau_{xy}^{(k)} \end{bmatrix} z\,\mathrm{d}z$$

缩写为

$$\left. \begin{aligned} \boldsymbol{N} &= \sum_{k=1}^{n} \int_{z_{k-1}}^{z_k} \boldsymbol{\sigma}^{(k)}\,\mathrm{d}z \\ \boldsymbol{M} &= \sum_{k=1}^{n} \int_{z_{k-1}}^{z_k} \boldsymbol{\sigma}^{(k)} z\,\mathrm{d}z \end{aligned} \right\} \tag{2.26}$$

3. 层合板的内力-应变关系式

当层合板在载荷作用下产生变形时,各单层的应力与应变关系仍满足平衡方程。对于层合板中的第 k 层,在参考坐标系中的应力-应变关系为

$$\begin{bmatrix} \sigma_x^{(k)} \\ \sigma_y^{(k)} \\ \tau_{xy}^{(k)} \end{bmatrix} = \begin{bmatrix} \bar{Q}_{11}^{(k)} & \bar{Q}_{12}^{(k)} & \bar{Q}_{16}^{(k)} \\ \bar{Q}_{12}^{(k)} & \bar{Q}_{12}^{(k)} & \bar{Q}_{26}^{(k)} \\ \bar{Q}_{16}^{(k)} & \bar{Q}_{26}^{(k)} & \bar{Q}_{66}^{(k)} \end{bmatrix} \begin{bmatrix} \varepsilon_x^{(k)} \\ \varepsilon_y^{(k)} \\ \gamma_{xy}^{(k)} \end{bmatrix} = \boldsymbol{Q}^{(k)} \boldsymbol{\varepsilon}^{(k)} \tag{2.27}$$

缩写为
$$\boldsymbol{\sigma}^{(k)} = \boldsymbol{Q}^{(k)} \boldsymbol{\varepsilon}^{(k)}$$

将式(2.27)代入式(2.26),可得

$$\boldsymbol{N} = \sum_{k=1}^{n} \int_{z_{k-1}}^{z_k} \bar{\boldsymbol{Q}}^{(k)} \boldsymbol{\varepsilon}^{(k)} z\,\mathrm{d}z$$

$$\boldsymbol{M} = \sum_{k=1}^{n} \int_{z_{k-1}}^{z_k} \bar{\boldsymbol{Q}}^{(k)} \boldsymbol{\varepsilon}^{(k)} z\,\mathrm{d}z$$

再将沿厚度变化的应变方程(2.25′)代入,得

$$\boldsymbol{N} = \sum_{k=1}^{n} \int_{z_{k-1}}^{z_k} \bar{\boldsymbol{Q}}^{(k)} (\boldsymbol{\varepsilon}^{(0)} + z\boldsymbol{k})\,\mathrm{d}z$$

$$\boldsymbol{M} = \sum_{k=1}^{n} \int_{z_{k-1}}^{z_k} \bar{\boldsymbol{Q}}^{(k)} (\boldsymbol{\varepsilon}^{(0)} + z\boldsymbol{k}) z\,\mathrm{d}z$$

在确定的载荷条件下,由于 $\boldsymbol{\varepsilon}^{(0)}$ 和 $\boldsymbol{k}$ 是不随 z 值变化的,因而可移到积分与求和记号外;同理,模量矩阵 $\bar{\boldsymbol{Q}}$ 在单层内是不变的,因此可以从每一层的积分号中提出来,但必须在各层的求和号之内。故有

$$N = \sum_{k=1}^{n} \bar{Q}^{(k)} \boldsymbol{\varepsilon}^{(0)} \int_{z_{k-1}}^{z_k} \mathrm{d}z + \sum_{k=1}^{n} \bar{Q}^{(k)} \boldsymbol{k} \int_{z_{k-1}}^{z_k} z \mathrm{d}z$$

$$= \sum_{k=1}^{n} \bar{Q}^{(k)} \boldsymbol{\varepsilon}^{(0)} (z_k - z_{k-1}) + \frac{1}{2} \sum_{k=1}^{n} \bar{Q}^{(k)} \boldsymbol{k} (z_k^2 - z_{k-1}^2)$$

$$M = \sum_{k=1}^{n} \bar{Q}^{(k)} \boldsymbol{\varepsilon}^{(0)} \int_{z_{k-1}}^{z_k} z \mathrm{d}z + \sum_{k=1}^{n} \bar{Q}^{(k)} \boldsymbol{k} \int_{z_{k-1}}^{z_k} z^2 \mathrm{d}z$$

$$= \frac{1}{2} \sum_{k=1}^{n} \bar{Q}^{(k)} \boldsymbol{\varepsilon}^{(0)} (z_k^2 - z_{k-1}^2) + \frac{1}{3} \sum_{k=1}^{n} \bar{Q}^{(k)} \boldsymbol{k} (z_k^3 - z_{k-1}^3)$$

将其合并之后写成

$$\begin{Bmatrix} N \\ M \end{Bmatrix} = \begin{bmatrix} \sum_{k=1}^{n} \bar{Q}^{(k)} (z_k - z_{k-1}) & \frac{1}{2} \sum_{k=1}^{n} \bar{Q}^{(k)} (z_k^2 - z_{k-1}^2) \\ \frac{1}{2} \sum_{k=1}^{n} \bar{Q}^{(k)} (z_k^2 - z_{k-1}^2) & \frac{1}{3} \sum_{k=1}^{n} \bar{Q}^{(k)} (z_k^3 - z_{k-1}^3) \end{bmatrix} \begin{Bmatrix} \boldsymbol{\varepsilon}^{(0)} \\ \boldsymbol{k} \end{Bmatrix}$$

所以,一般层合板的内力-应变关系写成矩阵全式为

$$\begin{Bmatrix} N_x \\ N_y \\ N_{xy} \\ M_x \\ M_y \\ M_{xy} \end{Bmatrix} = \begin{bmatrix} A_{11} & A_{12} & A_{16} & B_{11} & B_{12} & B_{16} \\ A_{21} & A_{22} & A_{26} & B_{21} & B_{22} & B_{26} \\ A_{61} & A_{62} & A_{66} & B_{61} & B_{62} & B_{66} \\ B_{11} & B_{12} & B_{16} & D_{11} & D_{12} & D_{16} \\ B_{21} & B_{22} & B_{26} & D_{21} & D_{22} & D_{26} \\ B_{61} & B_{62} & B_{66} & D_{61} & D_{62} & D_{66} \end{bmatrix} \begin{Bmatrix} \varepsilon_x^{(0)} \\ \varepsilon_y^{(0)} \\ \varepsilon_{xy}^{(0)} \\ k_x \\ k_y \\ k_{xy} \end{Bmatrix} \qquad (2.28)$$

利用矩阵简化符号,可以将上式简写为

$$\begin{Bmatrix} N \\ M \end{Bmatrix} = \begin{bmatrix} A & B \\ B & D \end{bmatrix} \begin{Bmatrix} \boldsymbol{\varepsilon}^{(0)} \\ \boldsymbol{k} \end{Bmatrix}$$

式中,$A = (A_{ij})$;$B = (B_{ij})$;$D = (D_{ij})$。

$$\boldsymbol{\varepsilon}^{(0)} = \begin{Bmatrix} \varepsilon_x^{(0)} \\ \varepsilon_y^{(0)} \\ \varepsilon_{xy}^{(0)} \end{Bmatrix}, \qquad \boldsymbol{k} = \begin{Bmatrix} k_x \\ k_y \\ k_{xy} \end{Bmatrix}, \qquad \boldsymbol{N} = \begin{Bmatrix} N_x \\ N_y \\ N_{xy} \end{Bmatrix}, \qquad \boldsymbol{M} = \begin{Bmatrix} M_x \\ M_y \\ M_{xy} \end{Bmatrix}$$

式中的子矩阵 A 就是式(2.28)中联系面内力与中面应变的面内刚度矩阵;D 为联系弯曲率、扭曲率和弯扭内力,称其为弯曲刚度矩阵;B 为联系面内应变与弯扭内力(或弯扭变形与面内力),称为耦合刚度矩阵。可得这些矩阵中元素的计算公式为

$$\left. \begin{aligned} A_{ij} &= \sum_{k=1}^{n} \int_{z_{k-1}}^{z_k} \bar{Q}_{ij}^{(k)} \mathrm{d}z = \sum_{k=1}^{n} \bar{Q}_{ij}^{(k)} (z_k - z_{k-1}) \\ B_{ij} &= \sum_{k=1}^{n} \int_{z_{k-1}}^{z_k} \bar{Q}_{ij}^{(k)} z \mathrm{d}z = \frac{1}{2} \sum_{k=1}^{n} \bar{Q}_{ij}^{(k)} (z_k^2 - z_{k-1}^2) \\ D_{ij} &= \sum_{k=1}^{n} \int_{z_{k-1}}^{z_k} \bar{Q}_{ij}^{(k)} z^2 \mathrm{d}z = \frac{1}{3} \sum_{k=1}^{n} \bar{Q}_{ij}^{(k)} (z_k^3 - z_{k-1}^3) \end{aligned} \right\} (i, j = 1, 2, 6)$$

上式是用应变表示内力的一般层合板的物理方程。方程的刚度系数有面内刚度系数 A_{ij}；弯曲刚度系数 D_{ij} 和耦合刚度系数 B_{ij}。各刚度系数的具体物理意义为 A_{11}，A_{12}，A_{22} 为拉（压）力与中面拉伸（压缩）应变间的刚度系数，A_{66} 为剪切力与中面剪应变之间的刚度系数，A_{16}，A_{26} 为剪切与拉伸之间的耦合刚度系数；B_{11}，B_{12}，B_{22} 为拉伸与弯曲之间的耦合刚度系数，B_{66} 为剪切与扭转之间的耦合刚度系数，B_{16}，B_{26} 为拉伸与扭转或剪切与弯曲之间的耦合刚度系数；D_{11}，D_{12}，D_{22} 为弯矩与曲率之间的刚度系数，D_{66} 为扭转与扭曲率之间的刚度系数，D_{16}，D_{26} 为扭转与弯曲之间的耦合刚度系数。根据 A_{ij}，B_{ij} 和 D_{ij} 的定义，由于 Q_{ij} 的对称性，矩阵 $\boldsymbol{A}$、$\boldsymbol{B}$ 和 $\boldsymbol{D}$ 都是对称矩阵。由它们构成的 6×6 的总矩阵也是对称矩阵。由此可见，一般层合板呈现各向异性，具有 18 个独立的弹性常数，不仅有拉剪、弯扭耦合，还存在拉弯耦合。

为了使同一块层合板的这些刚度系数易于比较，以及与单层板相关联，故作正则化处理。即设

$$N^* = N/h, \quad M^* = 6M/h^2, \quad k^* = hk/2 \atop A_{ij}^* = A_{ij}/h, \quad B_{ij}^* = 2B/h^2, \quad D_{ij}^* = 12D_{ij}/h^3 \Bigg\}$$

式中，B_{ij}^* 可称为正则化耦合刚度系数；D_{ij}^* 称为正则化弯曲刚度系数。

利用正则化参数，一般的层合板应力-应变关系可以写成如下正则化形式

$$\begin{Bmatrix} N_x^* \\ N_y^* \\ N_{xy}^* \\ M_x^* \\ M_y^* \\ M_{xy}^* \end{Bmatrix} = \begin{bmatrix} A_{11}^* & A_{12}^* & A_{16}^* & B_{11}^* & B_{12}^* & B_{16}^* \\ A_{21}^* & A_{22}^* & A_{26}^* & B_{21}^* & B_{22}^* & B_{26}^* \\ A_{61}^* & A_{62}^* & A_{66}^* & B_{61}^* & B_{62}^* & B_{66}^* \\ 3B_{11}^* & 3B_{12}^* & 3B_{16}^* & D_{11}^* & D_{12}^* & D_{16}^* \\ 3B_{21}^* & 3B_{22}^* & 3B_{26}^* & D_{21}^* & D_{22}^* & D_{26}^* \\ 3B_{61}^* & 3B_{62}^* & 3B_{66}^* & D_{61}^* & D_{62}^* & D_{66}^* \end{bmatrix} \begin{Bmatrix} \varepsilon_x^0 \\ \varepsilon_y^0 \\ \gamma_{xy}^0 \\ k_x^* \\ k_y^* \\ k_{xy}^* \end{Bmatrix} \qquad (2.29)$$

简写为

$$\begin{Bmatrix} \boldsymbol{N}^* \\ \boldsymbol{M}^* \end{Bmatrix} = \begin{bmatrix} \boldsymbol{A}^* & \boldsymbol{B}^* \\ 3\boldsymbol{B}^* & \boldsymbol{D}^* \end{bmatrix} \begin{Bmatrix} \boldsymbol{\varepsilon}^0 \\ \boldsymbol{k}^* \end{Bmatrix}$$

此时所有的刚度系数全为应力的单位，易于比较。依据 A_{ij}，B_{ij} 和 D_{ij} 的定义，可知它们具有对称性，即 $A_{ij}^* = A_{ji}^*$，$B_{ij}^* = B_{ji}^*$，$D_{ij}^* = D_{ji}^*$。

正则化参数 $\boldsymbol{\varepsilon}^{(0)}$、$\boldsymbol{k}^*$ 和 $\boldsymbol{N}^*$、$\boldsymbol{M}^*$ 的含义示意地表示在图 2.16 中，图上表明：如果假设弯曲变形引起的应力沿板厚线性分布时（实际上层合板是分层线性分布的，只有单层板才是沿层厚线性分布的），M^* 代表底面应力，这只是一种名义应力；由本节的基本假定可知，应变是线性分布的，故 k^* 就是弯曲变形引起的底面的真实应变。

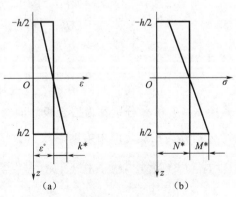

图 2.16 正则化参数的意义

B_{ij}^* 为正则化面内力与正则化曲率之间关系式的系数，$3B_{ij}^*$ 为正则化力矩与中面应变之间关系式的系数。由于 B_{ij}^* 的存在，在面内载荷作用下，不仅会引起中面应变，同时还会产生层合板的弯曲和扭转变形；而在力矩作用下，层合板不仅要产生弯曲或扭转变形，而且还会产生面内应变。这种由面内载荷引起层合板的弯扭或由力矩引起层合板的面内应变的现象，亦称为耦合效应。系数 3 的存在，说明正则化力矩引起中面应变的刚度为正则化面内力引起正则化曲率刚度的 3 倍。利用矩阵求逆的方式，可由式（2.28）和式（2.29）求得如下用柔度矩阵表示的一般层合板的应变-内力关系式。

$$
\begin{Bmatrix} \varepsilon_x^{(0)} \\ \varepsilon_y^{(0)} \\ \gamma_{xy}^{(0)} \\ k_x \\ k_y \\ k_{xy} \end{Bmatrix} = \begin{bmatrix} \alpha_{11} & \alpha_{12} & \alpha_{16} & \beta_{11} & \beta_{12} & \beta_{16} \\ \alpha_{21} & \alpha_{22} & \alpha_{26} & \beta_{21} & \beta_{22} & \beta_{26} \\ \alpha_{61} & \alpha_{62} & \alpha_{66} & \beta_{61} & \beta_{62} & \beta_{66} \\ \beta_{11} & \beta_{21} & \beta_{61} & \delta_{11} & \delta_{12} & \delta_{16} \\ \beta_{12} & \beta_{22} & \beta_{62} & \delta_{21} & \delta_{22} & \delta_{26} \\ \beta_{16} & \beta_{26} & \beta_{66} & \delta_{61} & \delta_{62} & \delta_{66} \end{bmatrix} \begin{Bmatrix} N_x \\ N_y \\ N_{xy} \\ M_x \\ M_y \\ M_{xy} \end{Bmatrix}
\tag{2.30}
$$

$$
\begin{Bmatrix} \boldsymbol{\varepsilon} \\ \boldsymbol{k} \end{Bmatrix} = \begin{bmatrix} \boldsymbol{\alpha} & \boldsymbol{\beta} \\ \boldsymbol{\beta}^{\mathrm{T}} & \boldsymbol{\delta} \end{bmatrix} \begin{Bmatrix} \boldsymbol{N} \\ \boldsymbol{M} \end{Bmatrix}
$$

或正则化形式

$$
\begin{Bmatrix} \varepsilon_x^{(0)} \\ \varepsilon_y^{(0)} \\ \gamma_{xy}^{(0)} \\ k_x^* \\ k_y^* \\ k_{xy}^* \end{Bmatrix} = \begin{bmatrix} \alpha_{11}^* & \alpha_{12}^* & \alpha_{16}^* & \frac{1}{3}\beta_{11}^* & \frac{1}{3}\beta_{12}^* & \frac{1}{3}\beta_{16}^* \\ \alpha_{21}^* & \alpha_{22}^* & \alpha_{26}^* & \frac{1}{3}\beta_{21}^* & \frac{1}{3}\beta_{22}^* & \frac{1}{3}\beta_{26}^* \\ \alpha_{61}^* & \alpha_{62}^* & \alpha_{66}^* & \frac{1}{3}\beta_{61}^* & \frac{1}{3}\beta_{62}^* & \frac{1}{3}\beta_{66}^* \\ \beta_{11}^* & \beta_{21}^* & \beta_{61}^* & \delta_{11}^* & \delta_{12}^* & \delta_{16}^* \\ \beta_{12}^* & \beta_{22}^* & \beta_{62}^* & \delta_{21}^* & \delta_{22}^* & \delta_{26}^* \\ \beta_{16}^* & \beta_{26}^* & \beta_{66}^* & \delta_{61}^* & \delta_{62}^* & \delta_{66}^* \end{bmatrix} \begin{Bmatrix} N_x^* \\ N_y^* \\ N_{xy}^* \\ M_x^* \\ M_y^* \\ M_{xy}^* \end{Bmatrix}
\tag{2.31}
$$

$$
\begin{Bmatrix} \boldsymbol{\varepsilon}^{(0)} \\ \boldsymbol{k}^* \end{Bmatrix} = \begin{bmatrix} \boldsymbol{\alpha}^* & \frac{1}{3}\boldsymbol{\beta}^* \\ \boldsymbol{\beta}^{*\mathrm{T}} & \boldsymbol{\delta}^* \end{bmatrix} \begin{Bmatrix} \boldsymbol{N}^* \\ \boldsymbol{M}^* \end{Bmatrix}
$$

式中，α_{ij}，β_{ij} 和 δ_{ij} 分别称为层合板的面内柔度系数、耦合柔度系数和弯曲柔度系数；α_{ij}^*，β_{ij}^* 和 δ_{ij}^* 分别称为正则化面内柔度系数、正则化耦合柔度系数和正则化弯曲柔度系数，其中 $\alpha_{ij}^* = h\alpha_{ij}(\mathrm{m^2/N})$，$\beta_{ij}^* = \dfrac{h^2}{2}\beta_{ij}(\mathrm{m^2/N})$，$\delta_{ij}^* = \dfrac{h^3}{12}\delta_{ij}(\mathrm{m^2/N})$。

可以证明 α_{ij} 和 δ_{ij} 具有对称性，即 $\alpha_{ij}^* = \alpha_{ji}^*$，$\delta_{ij}^* = \delta_{ji}^*$ 但 β_{ij} 未必具有对称性。可以证明，柔度矩阵和刚度矩阵间的关系为

$$\left.\begin{array}{l} \boldsymbol{\delta}^* = (\boldsymbol{D}^* - 3\boldsymbol{B}^* \boldsymbol{\alpha}^* \boldsymbol{B}^*)^{-1} \\ \boldsymbol{\alpha}^* = \boldsymbol{\alpha}^* + 3\boldsymbol{\alpha}^* \boldsymbol{B}^* \boldsymbol{\delta}^* \boldsymbol{B}^* \boldsymbol{\alpha}^* \\ \boldsymbol{\beta}^* = -3\boldsymbol{\alpha}^* \boldsymbol{B}^* \boldsymbol{\delta}^* \end{array}\right\}$$

上式反映了一般层合板的应变随板厚变化的关系，若采用正则化的中面曲率 k_{ij} 和正则化坐标 z^* 表示，则可改写成

$$\begin{Bmatrix} \varepsilon_x \\ \varepsilon_y \\ \gamma_{xy} \end{Bmatrix} = \begin{Bmatrix} \varepsilon_x^{(0)} \\ \varepsilon_y^{(0)} \\ \gamma_{xy}^{(0)} \end{Bmatrix} + z^* \begin{Bmatrix} k_x^* \\ k_y^* \\ k_{xy}^* \end{Bmatrix}$$

简写为
$$\boldsymbol{\varepsilon}_x = \boldsymbol{\varepsilon}^{(0)} + z^* \boldsymbol{k}^*$$

式中
$$z^* = z/(h/2)$$

本节讨论了一般层合板的刚度特性。工程中使用的层合板往往具有某些特殊性，即其中的单层铺设方向不会是任意的，常常遵循一定的规则。因此，讨论这些特殊的层合板的刚度特性具有重要的实际意义。

4. 一般层合板的刚度系数计算

由于一般层合板是非对称的，其刚度系数可以用完整公式进行计算，这几个公式对任何层合板都是适用的。当层合板是由相同材料的等厚单层板叠成时，也可以利用加权因子简化计算过程。与对称层合板不同的是，如果单层按图 2.11(c) 编排序号，则求和应从 $k=1-n/2$、到 $k=n/2$（单层总层数为偶数）。即

$$\left.\begin{array}{l} A_{ij}^* = \dfrac{1}{n} \displaystyle\sum_{k=1-\frac{n}{2}}^{n/2} \overline{Q}_{ij}^{(k)} [k-(k-1)] \\[3mm] D_{ij}^* = \dfrac{4}{n^3} \displaystyle\sum_{k=1-\frac{n}{2}}^{n/2} \overline{Q}_{ij}^{(k)} [k^3-(k-1)^3] \\[3mm] B_{ij}^* = \dfrac{1}{n^2} \displaystyle\sum_{k=1-\frac{n}{2}}^{n/2} \overline{Q}_{ij}^{(k)} [k^2-(k-1)^2] \end{array}\right\}$$

计算刚度系数的加权因子值见表 2.4。

表 2.4 计算一般层合板刚度系数的加权因子值

单层	序号 k	$k-(k-1)$	$k^2-(k-1)^2$	$k^3-(k-1)^3$	单层	序号 k	$k-(k-1)$	$k^2-(k-1)^2$	$k^3-(k-1)^3$
上8	-7	1	-15	169	下1	1	1	1	1
上7	-6	1	-13	127	下2	2	1	3	7
上6	-5	1	-11	91	下3	3	1	5	19
上5	-4	1	-9	61	下4	4	1	7	37

单层	序号 k	$k-(k-1)$	$k^2-(k-1)^2$	$k^3-(k-1)^3$	单层	序号 k	$k-(k-1)$	$k^2-(k-1)^2$	$k^3-(k-1)^3$
上 4	-3	1	-7	37	下 5	5	1	9	61
上 3	-2	1	-5	19	下 6	6	1	11	91
上 2	-1	1	-3	7	下 7	7	1	13	127
上 1	0	1	-1	1	下 8	8	1	15	169

由表 2.5 可见,面内刚度系数的加权因子恒等于 1。这表明面内刚度与单层的铺叠顺序无关,与层合板是否对称也无关。A_{ij}^* 仍然是各单层模量的算术平均值。而耦合刚度系数和弯曲刚度系数的加权因子与单层的铺叠顺序有关。离中面愈远的单层影响愈大。前者对中面是反对称的,而后者是对称的。当单层厚度不同,且单层总数不为偶数时,可将其划分成单层厚度相同且总层数为偶数的层合板,再代入相应求和公式中计算 B_{ij}^* 与 D_{ij}^*。

在具体计算一般层合板的刚度系数时也可以采用倍角函数的形式。A_{ij}^* 和 D_{ij}^* 的公式与以前导出的结果是相同的。由于一般层合板不存在中面对称性,所以计算正则化几何因子时必须改用如下形式的公式。现连同正则化后耦合刚度系数的计算式一起,将一般层合板的正则化刚度系数写成如下形式

$$\begin{Bmatrix} (A_{11}^*,B_{11}^*,D_{11}^*) \\ (A_{22}^*,B_{22}^*,D_{22}^*) \\ (A_{12}^*,B_{12}^*,D_{12}^*) \\ (A_{66}^*,B_{66}^*,D_{66}^*) \\ (A_{16}^*,B_{16}^*,D_{16}^*) \\ (A_{26}^*,B_{26}^*,D_{26}^*) \end{Bmatrix} = \begin{bmatrix} U_{1Q} & (V_{1A}^*,V_{1B}^*,V_{1D}^*) & (V_{2A}^*,V_{2B}^*,V_{2D}^*) \\ U_{1Q} & -(V_{1A}^*,V_{1B}^*,V_{1D}^*) & (V_{2A}^*,V_{2B}^*,V_{2D}^*) \\ U_{4Q} & 0 & -(V_{2A}^*,V_{2B}^*,V_{2D}^*) \\ U_{5Q} & 0 & -(V_{2A}^*,V_{2B}^*,V_{2D}^*) \\ 0 & \frac{1}{2}(V_{3A}^*,V_{3B}^*,V_{3D}^*) & (V_{4A}^*,V_{4B}^*,V_{4D}^*) \\ 0 & \frac{1}{2}(V_{3A}^*,V_{3B}^*,V_{3D}^*) & -(V_{4A}^*,V_{4B}^*,V_{4D}^*) \end{bmatrix} \begin{Bmatrix} (1,0,1) \\ U_{2Q} \\ U_{3Q} \end{Bmatrix}$$

式中的 V_{ij}^* 分别由下列各式给出

$$\boldsymbol{V}_A^* = \begin{Bmatrix} V_{1A}^* \\ V_{2A}^* \\ V_{3A}^* \\ V_{4A}^* \end{Bmatrix} = \frac{1}{h}\sum_{k=1-\frac{n}{2}}^{n/2} \begin{Bmatrix} \cos 2\theta_k \\ \cos 4\theta_k \\ \sin 2\theta_k \\ \sin 4\theta_k \end{Bmatrix}(z_k-z_{k-1})$$

$$\boldsymbol{V}_B^* = \begin{Bmatrix} V_{1B}^* \\ V_{2B}^* \\ V_{3B}^* \\ V_{4B}^* \end{Bmatrix} = \frac{1}{h^2}\sum_{k=1-\frac{n}{2}}^{n/2} \begin{Bmatrix} \cos 2\theta_k \\ \cos 4\theta_k \\ \sin 2\theta_k \\ \sin 4\theta_k \end{Bmatrix}(z_k^2-z_{k-1}^2)$$

$$\boldsymbol{V}_D^* = \begin{Bmatrix} V_{1D}^* \\ V_{2D}^* \\ V_{3D}^* \\ V_{4D}^* \end{Bmatrix} = \frac{4}{h^3} \sum_{k=1-\frac{n}{2}}^{n/2} \begin{Bmatrix} \cos 2\theta_k \\ \cos 4\theta_k \\ \sin 2\theta_k \\ \sin 4\theta_k \end{Bmatrix} (z_k^3 - z_{k-1}^3)$$

若各单层厚度 t 相同,则

$$\boldsymbol{V}_A^* = \begin{Bmatrix} V_{1A}^* \\ V_{2A}^* \\ V_{3A}^* \\ V_{4A}^* \end{Bmatrix} = \frac{1}{n} \sum_{k=1-\frac{n}{2}}^{n/2} \begin{Bmatrix} \cos 2\theta_k \\ \cos 4\theta_k \\ \sin 2\theta_k \\ \sin 4\theta_k \end{Bmatrix} [k - (k-1)]$$

$$\boldsymbol{V}_B^* = \begin{Bmatrix} V_{1B}^* \\ V_{2B}^* \\ V_{3B}^* \\ V_{4B}^* \end{Bmatrix} = \frac{1}{n^2} \sum_{k=1-\frac{n}{2}}^{n/2} \begin{Bmatrix} \cos 2\theta_k \\ \cos 4\theta_k \\ \sin 2\theta_k \\ \sin 4\theta_k \end{Bmatrix} [k^2 - (k-1)^2]$$

$$\boldsymbol{V}_D^* = \begin{Bmatrix} V_{1D}^* \\ V_{2D}^* \\ V_{3D}^* \\ V_{4D}^* \end{Bmatrix} = \frac{4}{n^3} \sum_{k=1-\frac{n}{2}}^{n/2} \begin{Bmatrix} \cos 2\theta_k \\ \cos 4\theta_k \\ \sin 2\theta_k \\ \sin 4\theta_k \end{Bmatrix} [k^3 - (k-1)^3]$$

5. 平行移轴定理

上面介绍的层合板刚度系数的计算过程中都将坐标面 x, y 置于了层合板的几何中面上,这样所计算的层合板刚度系数都是相对于层合板中面而言的,因而可称为层合板的中面刚度系数。但复合材料结构件的刚度系数分析,不一定都是从层合板中面考虑的,例如,复合材料叶片的横截面都是采用机翼型,叶片刚度分析的参考坐标原点往往是在叶片截面形心处;复合材料船壳刚度分析也是如此。这就要涉及如何计算关于层合板非中面的刚度系数问题,通过平行移轴定理即可完成这个转换。

由图 2.17 可见,层合板相对于平行层合板中面的层合板刚度系数(带$'$)与中面刚度系数(不带$'$)之间具有如下关系

$$A'_{ij} = \int_{d-\frac{h}{2}}^{d+\frac{h}{2}} \bar{Q}_{ij}^{(k)} \mathrm{d}z' = \int_{-\frac{h}{2}}^{\frac{h}{2}} \bar{Q}_{ij}^{(k)} \mathrm{d}z = A_{ij}$$

$$B'_{ij} = \int_{d-\frac{h}{2}}^{d+\frac{h}{2}} \bar{Q}_{ij}^{(k)} z' \mathrm{d}z' = \int_{-\frac{h}{2}}^{\frac{h}{2}} \bar{Q}_{ij}^{(k)} (z+d) \mathrm{d}z = dA_{ij} + B_{ij}$$

$$D'_{ij} = \int_{d-h/2}^{d+h/2} \bar{Q}_{ij}^{(k)} z'^2 \mathrm{d}z' = \int_{-h/2}^{h/2} \bar{Q}_{ij}^{(k)} (z+d)^2 \mathrm{d}z = \int_{-h/2}^{h/2} \bar{Q}_{ij}^{(k)} (z^2 + 2dz + d^2) \mathrm{d}z$$
$$= D_{ij} + 2dB_{ij} + d^2 A_{ij}$$

利用正则化关系式,将其改写成正则化形式,得

$$\left. \begin{array}{l} A_{ij}^{*\,'} = A_{ij}^* \\[2mm] B_{ij}^{*\,'} = B_{ij}^* + 2A_{ij}^* \dfrac{d}{h} \\[3mm] D_{ij}^{*\,'} = D_{ij}^* + 12B_{ij}^* \dfrac{d}{h} + 12A_{ij}^* \left(\dfrac{d}{h}\right)^2 \end{array} \right\}$$

式中,d 为层合板中面的 z' 坐标;H 为层合板的厚度。

2.2 强度分析

铺层的强度也是确定层合板强度的基础。铺层的强度问题主要包括铺层的强度指标、失效准则和计算方法。铺层的强度指标有 5 个,称为基本强度。

各向同性材料中的强度指标是用于表征材料在简单应力状态下的强度。在平面应力状态下的铺层具有正交各向异性的性能,而且铺层的失效机理在铺层纤维向、垂直纤维向以及面内剪切向是不同的,而铺层纤维向和垂直纤维向在拉和压时的失效机理也是不同的,所以,铺层的强度指标需给出铺层在面内正轴向单轴应力和纯剪应力作用下的极限应力,称为铺层的基本强度,也称为复合材料的基本强度。其具体定义如下:

纵向拉伸强度:在铺层或单向层合板刚度较大的材料的主方向作用单轴拉伸应力时的极限应力值,记作 X_t;

纵向压缩强度:在铺层或单向层合板刚度较大的材料的主方向作用单轴压缩应力时的极限应力值,记作 X_c;

横向拉伸强度:在铺层或单向层合板刚度较小的材料的主方向作用单轴拉伸应力时的极限应力值,记作 Y_t;

横向压缩强度:在铺层或单向层合板刚度较小的材料的主方向作用单轴压缩应力时的极限应力值,记作 Y_c;

纵横剪切强度:在铺层或单向层合板的材料的主方向作用面内剪应力时的极限应力值,记作 S。

由于实际测试时,单个铺层太薄不容易测定,工程上一般用单向层合板代替。表 2.5 给出了各种复合材料的基本强度。

表 2.5 各种复合材料的基本强度/MPa

复合材料	X_t	X_c	Y_t	Y_c	S
T300/4211(碳/环氧)	1415	1232	35.0	157	63.9
T300/5222(碳/环氧)	1490	1210	40.7	197	92.3
T300/CFR−150A(碳/环氧)	1420	1470	37.6		61.1
T300/HD03C(碳/环氧)	2020	—	64.4	178	73.1
T300/5208(碳/环氧)	1500	1500	40	246	68
AS/3501(碳/环氧)	1447	1447	52	206	93
IM6/环氧(碳/环氧)	3500	1540	56	150	98
T300−15K/976(碳/环氧)	1427	1503	39	212	77
T300B/914(碳/环氧)	1520	—	—	—	—
T300/QY8911(碳/环氧)	1548	1226	55.5	218	89.9

续表

复合材料	X_t	X_c	Y_t	Y_c	S
B(4)/5505(硼/环氧)	1260	2500	61	202	67
Kevlar49/环氧(芳纶/环氧)	1400	235	12	53	34
碳化硅/环氧	—	—	75.8	—	119
AS4/PEEK(碳/聚醚醚酮)	2130	1100	80	200	160
XA−S−12K/PEEK(碳/聚醚醚酮)	1809	—	86.3	—	146.5
斯考契 1002(玻璃/环氧)	1062	610	31	118	72
1∶1织物玻璃/E42(玻璃/环氧)	294.2	245.2	294.2	245.2	68.6
4∶1织物玻璃/E42(玻璃/环氧)	365.8	304.0	139.7	225.6	65.7
1∶1织物玻璃/E51(玻璃/环氧)	294.2	294.2	294.2	294.2	—
7∶1织物玻璃/648(玻璃/环氧)	804.2		64.7	—	—
4∶1织物玻璃/R122(玻璃/环氧)	432.5	377.6	—	—	—
1∶1织物玻璃/306(玻璃/聚酯)	215.8	176.5	—	—	—
1∶1织物玻璃/E42−3193(玻璃/环氧—聚酯)	284.4	245.2			

2.2.1　复合材料失效准则

复合材料失效准则主要是指铺层的失效准则,它是根据外力作用(应力状态)和材料本身固有性质所决定的因素来研究材料的破坏,并根据实验结果或一定的假设推演出材料破坏所遵循的规律,该规律称为强度理论,能反映这一理论的数学表达式通常为强度准则或失效准则。铺层材料的失效准则仅仅作为"失效"的判据,它并不反映材料的破坏机理与破坏过程。

失效准则的一般形式是

$$F(\sigma_k, m_i) = K \tag{2.32}$$

式中,σ_k 是应力状态;m_i 是材料常数;K 是具有确定物理意义的参数,如最大拉伸强度、最大剪切强度、最大拉伸应变或应变能等。失效准则习惯上不写成"≥"的形式。实际上式表示的是应力空间中点的轨迹,如果 σ_k 是使材料达到极限状态(破坏)的应力,则方程描述的是应力空间的一个曲面,在曲面包围内的应力状态是安全的,在曲面上或曲面外的应力状态将使材料发生破坏。为了形象的描述失效准则,通常将准则方程绘成应力空间的几何图形,该图形称为失效包络面。

由于失效准则是作为工程计算的工具,用来估算实际结构的承载能力,因而它必须满足已下几个原则:

(1)失效准则应具有明确的物理意义,它在应力空间所确定的面必须是有界的;

(2)失效准则中的材料阐述应该可以用最简单的实验来确定,且数量最小;

(3)失效准则应尽可能简单,便于使用;

(4)失效准则与实验结果相符。

2.2.1.1　最大应力失效准则

最大应力失效准则可叙述为:材料在复杂应力状态下进入破坏是由于其中某个应力分量达到了材料相应的基本强度值,其最大应力失效准则为

$$|\sigma_1|=X_t(X_c),\quad |\sigma_2|=Y_t(Y_c),\quad |\tau_{12}|=S$$

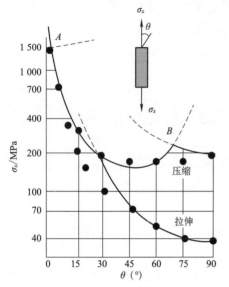

其中,σ_1,σ_2,τ_{12}为材料主方向上的应力。上述三式只要有一个满足,则认为材料失效。三个等式是各自独立的,应用时需分别求出材料正轴各应力分量。如对铺层施以偏轴应力 σ_x,则正轴的应力分量为 $\sigma_1=\sigma_x\cos^2\theta$,$\sigma_2=\sigma_x\sin^2\theta$,$\tau_{12}=\sigma_x\sin\theta\cos\theta$。代入准则方程分别有

$$\sigma_x=\frac{X_t}{\cos^2\theta},\qquad \sigma_x=\frac{X_c}{\cos^2\theta},\qquad \sigma_x=\frac{Y_t}{\sin^2},$$

$$\sigma_x=\frac{Y_c}{\sin^2\theta},\qquad \sigma_x=\left|\frac{2}{\sin\theta\cos\theta}\right|$$

图 2.17　最大应力失效准则包络线

按上式所绘制的偏轴应力包络线如图 2.17 所示。

2.2.1.2　最大应变失效准则

　　与最大应力失效准则相似,最大应变失效准则认为复合材料在复杂应力状态下进入破坏的主要原因是材料各正轴方向的应变值达到了各基本强度所对应的应变值,其失效准则为

$$|\varepsilon_1|=\varepsilon_{x_t}(\varepsilon_{x_c}),\qquad |\varepsilon_2|=\varepsilon_{y_t}(\varepsilon_{y_c}),\qquad |\gamma_{12}|=\gamma_c$$

式中,ε_{x_t} 为纤维方向最大拉伸应变;ε_{x_c} 为纤维方向最大压缩应变;ε_{y_t} 为垂直纤维方向最大拉伸应变;ε_{y_c} 为垂直纤维方向最大压缩应变;γ_c 为面内最大剪切应变。变换到空间应力,准则方程为

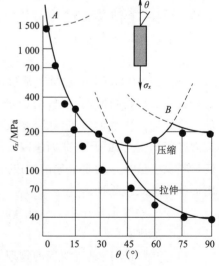

$$\sigma_x=\frac{X_t}{|\cos^2\theta-\nu_{12}\sin^2\theta|},\qquad \sigma_x=\frac{X_c}{|\cos^2\theta-\nu_{12}\sin^2\theta|},$$

$$\sigma_y=\frac{Y_t}{|\sin^2\theta-\nu_{21}\cos^2\theta|},\qquad \sigma_y=\frac{Y_c}{|\sin^2\theta-\nu_{21}\cos^2\theta|},$$

$$\tau_{xy}=\frac{S}{|\sin^2\theta\cos^2\theta|}$$

式中,ν_{12} 和 ν_{21} 分别为主泊松比和次泊松比。由上述方程绘制偏轴载荷强度包络线如图 2.18 所示。

图 2.18　最大应变失效准则包络线

2.2.1.3　二次型失效准则

　　复合材料的二次型失效准则是基于法国工程师屈列斯卡(Tresca)于 1868 年提出的塑

性屈服条件的基础上发展起来的。屈列斯卡的塑性准则认为各向同性材料在复杂应力状态下,当其最大剪应力达到一定数值时材料会发生塑性流动。他提出的准则为

$$[(\sigma_1-\sigma_2)^2-\sigma_3^2][(\sigma_2-\sigma_3)^2-\sigma_1^2][(\sigma_3-\sigma_1)^2-\sigma_2^2]=0$$

半个世纪以后,法国力学家冯·米赛斯(Von. Mises)研究了八面体上的剪应力,认为材料进入塑性状态是由于同八面体剪应力有关的应力强度达到了某一值。其准则为

$$\sigma_{sh}=\frac{1}{\sqrt{2}}\sqrt{(\sigma_1-\sigma_2)^2+(\sigma_2-\sigma_3)^2+(\sigma_3-\sigma_1)^2}$$

$$\sigma_{sh}=\sigma_s$$

式中,σ_1,σ_2,σ_3 分别为各向同性材料三个主应力分量;σ_s 为材料常数。在一般应力状态下应力强度为

$$\sigma_{sh}=\frac{1}{\sqrt{2}}\sqrt{(\sigma_x-\sigma_y)^2+(\sigma_y-\sigma_z)^2+(\sigma_z-\sigma_x)^2+6(\tau_{xy}^2+\tau_{yz}^2+\tau_{xx}^2)}$$

对于平面应力状态,$\sigma_z=\tau_{yz}=\tau_{xx}=0$,上式经变换后为

$$\left(\frac{\sigma_x}{\sigma_s}\right)^2-\frac{\sigma_x\sigma_y}{\sigma_s^2}+\left(\frac{\sigma_y}{\sigma_s}\right)^2+\left(\frac{\tau_{xy}}{\sigma_s}\right)^2=1$$

这个准则是冯·米赛斯于 1913 年提出的,故通称米赛斯准则。

德国数学力学家希尔(R. Hill)在进一步研究了冯·米赛斯对金属材料进入塑料的屈服条件后,并把它用于各向异性材料。在希尔于 1948 年出版的《塑性数学原理》(The Mathematical Theory of Plasticity)一书中,在冯·米赛斯屈服条件的基础上引进了各向同性系数,提出了判定各向异性材料塑性状态的准则,对于材料主方向拉压强度相等的正交异性材料,其屈服准则为各应力分量的二次函数,如下

$$F(\sigma_2-\sigma_3)^2+G(\sigma_3-\sigma_1)^2+H(\sigma_1-\sigma_2)^2+2L\tau_{23}^2+2M\tau_{31}^2+2N\tau_{12}^2=1$$

式中,F、G、H、L、M、N 为各向异性系数;σ_1、σ_2、σ_3、τ_{12}、τ_{13}、τ_{23} 是材料主方向上的应力分量。若材料主方向的基本强度分别为 X、Y、Z、S、P、R 时,可得

$$H=\frac{1}{2}\left(\frac{1}{X^2}+\frac{1}{Y^2}-\frac{1}{Z^2}\right),\quad G=\frac{1}{2}\left(\frac{1}{X^2}+\frac{1}{Z^2}-\frac{1}{Y^2}\right),\quad F=\frac{1}{2}\left(\frac{1}{Y^2}+\frac{1}{Z^2}-\frac{1}{X^2}\right),$$

$$L=\frac{1}{2P^2},\quad M=\frac{1}{2R^2},\quad N=\frac{1}{2S^2}$$

当仅考虑平面应力状态,$\sigma_3=\tau_{13}=\tau_{23}=0$ 时,将各向异性系数代入准则方程中即得

$$\frac{\sigma_1^2}{X^2}-\left(\frac{1}{X^2}+\frac{1}{Y^2}+\frac{1}{Z^2}\right)\sigma_1\sigma_2+\frac{\sigma_2^2}{Y^2}+\frac{\tau_{12}^2}{S^2}=1$$

自希尔提出各向异性材料的屈服条件后,20 世纪 50 年代中期相继有许多学者围绕这一理论进行了大量工作。马林(J. Marin)扩大了希尔的限制条件,提出了在材料主方向上拉压强度不等的屈服判据。

$$(\sigma_1-a)^2+(\sigma_2-b)^2+(\sigma_3-c)^2+q[(\sigma_1-a)(\sigma_2-b)+$$
$$(\sigma_2-b)(\sigma_3-c)+(\sigma_3-a)(\sigma_1-c)]=常数$$

式中,a、b、c、q 是由实验确定的常数;σ_1、σ_2、σ_3 为主应力,上述准则方程适用于主应力与材料

主轴重合时,式中 q 值应在 -1 和 $+2$ 之间。但多数情况下材料主轴并不同主应力一致,因而马林的准则公式还有较大的局限性。20 世纪 60 年代中期蔡(S. W. Tsai)和阿滋(Azzi)认为由于纤维增强树脂基复合材料直到破坏仍具有线弹性,其破坏相当于塑性材料有弹性进入塑性。因为复合材料的"破坏"和"屈服"具有同样含义,从而将希尔的各向异性屈服条件,用来作为纤维增强复合材料的破坏判据,并提出由于单向复合材料具有横向各向同性,即 $Y=Z$,于是把计算式简化为

$$\frac{\sigma_1^2}{X^2} - \frac{1}{r} \cdot \frac{\sigma_1 \sigma_2}{X^2} + \frac{\sigma_2^2}{Y^2} + \frac{\tau_{12}^2}{S^2} = 1$$

式中,$r=X/Y$,这一准则称为蔡—希尔(Tsai—Hill)准则,其在应力平面的包络线如图 2.19、图 2.20 所示。

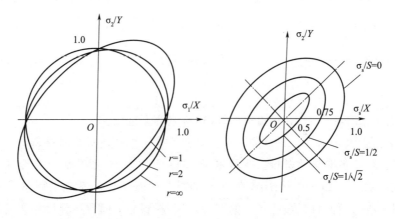

图 2.19 r 值对包络椭圆的影响　　图 2.20 σ_s 值对包络椭圆的影响

在 20 世纪 60 年代,复合材料的研究与应用发展迅速,曾有许多人提出了多种复合材料的失效判据,其中较为著名的有霍夫曼(Hoffman)准则,其方程为

$$C_1(\sigma_{22} - \sigma_{33})^2 + C_2(\sigma_{33} - \sigma_{11})^2 + C_3(\sigma_{11} - \sigma_{22})^2 + C_4 \sigma_{11} + C_5 \sigma_{11} +$$
$$C_6 \sigma_{11} + C_7 \sigma_{23}^2 + C_8 \sigma_{21}^2 + C_9 \sigma_{12}^2 = 1$$

式中,$C_k(k=1,2,\cdots,9)$ 为材料常数;$\sigma_{ij}(i,j=1,2,3)$ 是以张量形式表示的应力分量。这一准则后来经富兰克林(Franklin)用于平面应力状态并简化为

$$K_1 \sigma_{11}^2 + K_2 \sigma_{11} \sigma_{22} + K_3 \sigma_{22}^2 + K_4 \sigma_{11} + + K_5 \sigma_{22} + K_6 \sigma_{22}^2 = 1$$

式中,$K_i(i=1,2,\cdots,6)$ 是可由简单实验确定的材料常数。

自 20 世纪 60 年代以来,对复合材料强度理论的研究已吸引了一大批力学家和材料学家,曾提出了针对不同材料对象和应用对象的各种强度准则,总数达 30 余种,这些准则的形式与应用范围在美国威斯康星大学 R. E. Rowlnnals 教授的著作中有概要的论述。

2.2.1.4　蔡—胡(Tsai—Wu)张量多项式失效准则

在复合材料技术大规模走向应用领域的年代里,迫切需要一种工程实用的计算方法和判据,以比较准确的预测复合材料构件在怎样的条件下发生失效。因为是工程实用,就要求这些公式不需冗长的形式,繁多的待定参数和复杂的计算过程,最好是能够用简单载荷(拉

伸、压缩、扭转或剪切)作用下所得到的力学特征量取判断材料在复杂应力条件下的安全或失效状态。这就是所有唯象失效准则建立的出发点。在根据某种材料特性和材料的特定应用范围所建立的失效准则都具有很强大的局限性,不可能囊括材料本身的固有特性和材料所处的应力状态,如希尔准则只适用于拉压强度相等的材料,马林准则只适用于主应力方向与材料主轴相重合的情况等等。能否设想建立一个统一的公式,包括反应材料基本性能及各种情况,并且能最大限度的和实验结果相拟合,这一思想就是张量多项式准则的出发点。

蔡—胡张量多项式失效准则在预测单向纤维复合材料时,一般仅取前两项为

$$F_i\sigma_i + F_{ij}\sigma_i\sigma_j = 1$$

展开式为 $F_1\sigma_1 + F_2\sigma_2 + F_3\sigma_3 + F_4\sigma_4 + F_5\sigma_5 + F_6\sigma_6 + F_{11}\sigma_1^2 + 2F_{12}\sigma_1\sigma_2 + 2F_{13}\sigma_1\sigma_3 + 2F_{14}\sigma_1\sigma_4 + 2F_{15}\sigma_1\sigma_5 + 2F_{16}\sigma_1\sigma_6 + F_{22}\sigma_2^2 + 2F_{23}\sigma_2\sigma_3 + 2F_{24}\sigma_2\sigma_4 + 2F_{25}\sigma_2\sigma_5 + 2F_{26}\sigma_2\sigma_6 + F_{33}\sigma_3^2 + 2F_{34}\sigma_3\sigma_4 + 2F_{35}\sigma_3\sigma_5 + 2F_{36}\sigma_3\sigma_6 + F_{44}\sigma_4^2 + 2F_{45}\sigma_4\sigma_5 + 2F_{46}\sigma_4\sigma_6 + F_{55}\sigma_5^2 + 2F_{56}\sigma_5\sigma_6 + F_{66}\sigma_6^2 = 1$

因为包括六阶张量以上的高次项如 F_{ijk},不仅需计算或实验确定的材料参数将近百个,而且在式中包括应力的三次项以上的项时,破坏包络面会变成不收敛的开域,这对于实际材料也是不现实的,对于平面应力问题,即 i、$j = 1、2、6$,于是简化为

$$F_1\sigma_1 + F_2\sigma_2 + F_6\sigma_6 + F_{11}\sigma_1^2 + 2F_{12}\sigma_{12} + F_{22}\sigma_2^2 + F_{66}\sigma_6^2 + 2F_{16}\sigma_{16} + 2F_{26}\sigma_{26} = 1 \quad (2.33)$$

铺层材料平面剪应力变号并不影响材料的受力状态,如图2.21所示,从而有 $F_{16} = F_{26} = F_6 = 0$,方程式(2.33)再简化成

$$F_{11}\sigma_1^2 + 2F_{12}\sigma_1\sigma_2 + F_{22}\sigma_2^2 + F_{66}\sigma_6^2 + F_1\sigma_1 + F_2\sigma_2 = 1$$

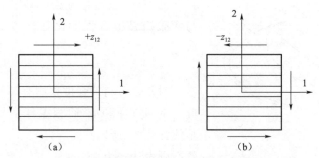

图 2.21 平面剪应力方向不同不影响材料破坏状态

式中的六个系数 F_{ij}、F_i(i、$j = 1、2、6$)称为强度参数,通过简单实验可得

$$F_{11} = \frac{1}{X_t X_c}, \quad F_1 = \frac{1}{X_t} - \frac{1}{X_c}, \quad F_{22} = \frac{1}{Y_t Y_c}, \quad F_2 = \frac{1}{Y_t} - \frac{1}{Y_c}, \quad F_{66} = \frac{1}{S^2}$$

$\sigma_1\sigma_2$ 乘积项系数 F_{12} 称为正应力相互作用系数或相关系数,如图2.22所示,垂直作用的两个正应力对材料的破坏状态是有影响的,尤其是对单向复合材料这种高度各向异性的材料,相互作用系数将更具有实际意义。

目前对于蔡—胡张量多项式失效准则的研究,也大多集中在如何确定这一系数上。

(1)理论上可以采用双向加载实验,从典型材料的试验结果求得 F_{12} 值,但事实上这种双向加载实验不仅实施困难,而且实验结果并不能确定出 F_{12} 的合理值,故研究者已放弃用实验确定 F_{12} 的方法。

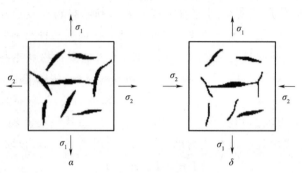

图 2.22　不同应力状态裂缝扩展特点

（2）蔡—胡在提出张量多项式准则时是将米赛斯准则广义化，并将张量多项式准则在这一点上退化到拉压强度相等的情况，根据正应力平面上包络线为有界的椭圆这一前提，取 $\dfrac{F_{12}}{\sqrt{F_{11}F_{22}}}=-\dfrac{1}{2}$，或 $F_{12}=-\dfrac{1}{2}\sqrt{F_{11}F_{22}}$，通常令 $\dfrac{F_{12}}{\sqrt{F_{11}F_{22}}}=F_{12}^{*}$，故取 $F_{12}^{*}=-\dfrac{1}{2}$。

（3）令 $F_{12}=0$，当 $\sigma_6=0$ 时，在材料主轴应力平面上绘出典型材料张量多项式准则的破坏包络线，该线是一个沿横轴的扁椭圆，在 F_{12} 的极限范围内取值，所有椭圆长轴与横轴的倾角甚小，由表达式可知，当 $F_{12}=0$ 时，椭圆的长轴与横轴重合，由于差别不大，故有时为了简化计算，可取 $F_{12}=0$.

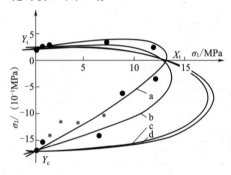

图 2.23　不同 F_{12} 值的破坏包络线与
实验结果的比较

* ——双轴加载实验值；
a——Hill 塑性理念 F_{12} 的包络线；
b——按 Tsai-Wu 取 $F_{12}^{*}=-1/2$；
c——按 Hotfman 准则的包络线；
d——取 $F_{12}=0$ 的包络线

（4）用几何作图法确定 F_{12} 值。通过几种典型材料的实验，按这种方法所确定的 F_{12} 值，其计算值与实验结果拟合程度比任何方法都好，如图 2.23 所示。

5. 应变空间蔡—胡张量多项式失效准则

对复合材料的强度预测有时候在应变空间比在应力空间方便和准确，根据纤维复合材料直至破坏是线弹性的，所以有 $\sigma_i=Q_{ij}\varepsilon_j(i,j=1、2、6)$，可得失效准则表达式为

$$F_{ij}Q_{ik}Q_{jk}\varepsilon_k\varepsilon_l+F_iQ_{ij}\varepsilon_j=1$$

令 $G_{kl}=F_{ij}Q_{ik}Q_{jk}$，$G_j=F_iQ_{ij}$ 得

$$G_{kl}\varepsilon_k\varepsilon_l+G_k\varepsilon_k=1$$

展开式为

$$G_{11}\varepsilon_1^2+2G_{12}\varepsilon_1\varepsilon_2+G_{22}\varepsilon_2^2+G_{66}\varepsilon_6^2+G_1\varepsilon_1+G_2\varepsilon_2=1$$

式中

$$G_{11}=F_{11}Q_{11}^2+2F_{12}Q_{12}Q_{11}+F_{22}Q_{12}^2$$

$$G_{11}=F_{11}Q_{12}^2+2F_{12}Q_{12}Q_{22}+F_{22}Q_{22}^2$$

$$G_{12}=F_{11}Q_{12}Q_{22}+F_{12}(Q_{12}Q_{22}+Q_{12}^2)+F_{22}Q_{12}Q_{22}$$

$$G_{66}=F_{66}Q_{66}^2$$

$$G_1 = F_1 Q_{11} + F_2 Q_{12}$$
$$G_2 = F_1 Q_{12} + F_2 Q_{22}$$

应变空间的包络椭圆如图 2.24 所示。

2.2.2　铺层强度计算方法

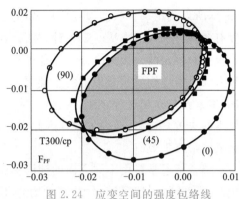

图 2.24　应变空间的强度包络线

基本强度只给出铺层在正轴向单轴应力或纯剪应力情况下的铺层强度。失效准则给出了偏轴应力或各平面应力状态下判别其是否失效的判据,若失效准则表达式左边的量小于 1,则表示铺层未失效;若等于或大于 1,则表示失效。它不能定量地说明在不失效时的安全裕度。这里介绍的铺层强度计算方法,引进强度比的定义,用强度比方程的方法,对于给定的作用应力分量,能定量地给出它的安全裕度,从而能给出在某一给定作用应力状态下的极限应力分量而得知该应力状态下铺层的强度。

强度比是指铺层在作用应力下,极限应力的某一分量与其对应的作用应力分量之比称为强度/应力比,简称强度比,记为 R,即

$$R = \frac{\sigma_{i(a)}}{\sigma_i} \tag{2.34}$$

式中,σ_i 作用的应力分量;$\sigma_{i(a)}$ 对应于 σ_i 的极限应力分量。

这里的"对应"是基于假设 $\sigma_i(i=1、2、6)$ 为比例加载的,也就是说,各应力分量是以一定的比例逐渐增加的,在实际结构中基本如此。

强度比 R 取值的含义:

(1)$R=$ 无穷表明作用的应力为零值;

(2)$R>1$ 表明作用应力为安全值,具体来说,$R-1$ 表明作用应力到铺层失效时尚可增加的应力倍数;

(3)$R=1$ 表明作用的应力正好达到极限值;

(4)$R<1$ 表明作用应力超过极限应力,所以没有实际意义,但设计计算中出现 $R<1$ 仍然是有用的,它表明必须使作用应力下降,或加大有关结构尺寸。

如果应力分量使表达式正好满足,则此应力分量为极限应力分量,为此可使蔡—胡失效准则表达式变为其对应的强度比方程

$$(F_{11}\sigma_1^2 + 2F_{12}\sigma_1\sigma_2 + F_{22}\sigma_2^2 + F_{66}\sigma_6^2)R^2 + (F_1\sigma_1 + F_2\sigma_2)R - 1 = 0$$

此式是一元二次方程,由此可解得两个根:一个是正根,它是对应于给定应力分量的;另一个是负根,按照强度比的定义,强度比是不应有负值的,而这里的负值,只是表明它的绝对值是对应于给定应力分量大小相同而符号相反的应力分量的强度比。由此再利用强度比的定义式(2.34)即可求得极限应力各分量,即该作用应力状态下按比例加载时的铺层强度,或确定极限载荷。

2.2.2.1 层合板的强度

层合板有三种不同的失效形式：分层、基体失效和纤维失效。通常情况下多种失效形式并存，所以确定层合板的强度要比各向同性材料（金属）复杂。通常估算复合材料层合板强度有两种可选择的方法。第一种方法是，将层合板看作是一个单一材料，强度性能是通过层合板试验确定的。因为有许多可能的层合板，因而用这种方法多数情况是不现实的。第二种方法是考虑构成层合板的各个铺层的性能，且确定层合板强度时建立在各个铺层基础上的，本节就是介绍这种方法。在第二种方法中，通常按平面应力状态计算的结构受载形式下发生的失效，主要是面内失效。因此主要是集体失效和纤维失效，而纤维失效往往对应于层合板的最终失效。

层合板通常是由不同方向的铺层构成的，在外力作用下一般是逐层失效的。因此，层合板的强度指标一般采用两个：在外力作用下，层合板最先一层失效时的层合板正则化内力（即层合板应力）称为最先一层失效强度，其对应的载荷称为最先一层失效载荷；而最终失效（即层合板各铺层全部失效）时层合板正则化内力称为极限强度，其对应的载荷称为极限载荷。

2.2.2.2 层合板最先一层的失效强度

确定层合板最先一层失效强度必须首先作层合板的铺层应力分析，然后利用强度比方程计算层合板各个铺层的强度比，强度比最小的铺层最先失效，其对应的层合板正则化内力即为所求的最先一层失效强度。因此首先要进行铺层的应变、应力分析。

铺层应变、应力分析是在已知内力 N,M 下，对于给定的层合板求柔度矩阵 α,β,δ，再根据平衡方程可求得中面应变 ε^0 与中面曲率 k，再利用物理方程可求得每一铺层的应变 $\varepsilon_x,\varepsilon_y,\gamma_{xy}$，然后利用坐标转换公式将铺层应变转换成正轴应变 $\varepsilon_1,\varepsilon_2,\gamma_{12}$，再利用坐标转换公式求得铺层的正轴应力 $\sigma_1,\sigma_2,\tau_{12}$。

内力 N、M 通常由结构力学方法求得，一般的简单杆件可利用材料力学方法求得。

2.2.2.3 层合板的极限强度

确定层合板的极限强度比确定层合板最先一层失效强度更难，预测的精确性更差，这主要是由于多向层合板逐层失效过程极为复杂。本节介绍两种常用的计算层合板极限强度的方法。

1. 计算极限强度的增量法

增量法是基于假定层合板失效过程的应力-应变关系，是增量关系，按照这种增量关系计算极限强度的方法称为增量法。用增量法计算极限强度的框图如图 2.25 所示，首先确定最先一层失效强度，以及对应于最先一层失效强度时的层合板各铺层应力；将最先失效层退化，计算失效层退化后的层合板刚度，按此刚度确定下一层失效时的强度增量与各层应力增量；再将该失效层退化，按上述顺序依次计算层合板刚度，强度增量与各层合板增量；直至层合板的各层全部失效，最先一层失效强度与所有各层失效时强度增量的总和即为层合板的极限强度。

一般对失效层退化可按如下假定处理:若 $\sigma_1 < X$,则 $Q_{22} = Q_{12} = Q_{66} = 0$;若 $\sigma_1 \geqslant X$,则 $Q_{11} = Q_{22} = Q_{12} = Q_{66} = 0$。

且失效退化后整个层合板仍按照经典层合板理论计算刚度。

采用 T300/QY8911 层合板[0/45/90/−45]实测拉伸强度(试样宽度 25 mm)为 566.2 MPa,而用上述计算方法得到的极限强度为 598.6 MPa,计算值低 32.4 MPa,差5.41%。事实上,由于试样自由边界效应的影响,一般实测要偏低一些。

一般情况,用上述增量法算得的极限强度与实测强度相比不一定有如此小的误差,这不但与铺层情况有关,还与边界效应的影响以及温度改变引起的残余应力有关。因此,对于重要的结构件必须进行必要的强度验证试验。

2. 计算极限强度的全量法

全量法假定层合板失效过程的应力-应变关系为全量关系。按照这种全量关系计算极限强度的方法称为全量法。计算时要考虑各层失效的顺序,但一旦失效层刚度退化后,其强度直接按照退化后的层合板计算,而无须考虑失效时的各层应力。所以全量法较为近似,但比增量法简单。

用全增量法计算极限强度的框图如图 2.26 所示。首先作层合板的各层应力分析,然后利用强度比方程计算层合板各个铺层的强度比。强度比最小的铺层最先失效,将

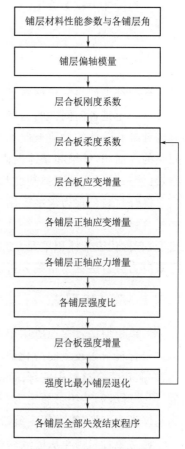

图 2.25　增量法计算极限强度的框图

最先失效层退化;然后计算失效层退化后的层合板刚度(称为依次退化后的层合板刚度),以及各层的应力,再求各层的强度比;一次退化后,强度比最小的铺层继之失效,又令该层退化;然后再计算二次退化后的层合板刚度,以及各层的应力,再求各层的强度比;二次退化后强度比最小的铺层继之失效。这样,各层依次失效,即可得到各层失效时的各个强度比。这些铺层失效时的强度比中最大值对应的层合板正则化内力即为层合板极限强度。

图 2.26　全量法计算极限强度的框图

用全量法同样对 T300/QY8911[0/45/90/−45]层合板进行拉伸强度计算,其值为 534.9 MPa。比用增量法计算值低 1.6%,比实测值低 5.5%。通

常，由全量法计算的拉伸极限强度值偏低（但不一定比实测拉伸强度低）。对于某些情况的铺层层合板试样，其边界效应使实测拉伸强度比真实拉伸强度低很多，但全量法计算简单，所以工程设计中较多采用。

2.3 复合材料细观力学

连续纤维增强复合材料是由纤维和基体组成的，在细观组成上非常复杂，这主要是因为纤维不一定是各向同性的，且纤维力学性能测试较难，复合材料中的纤维和基体的性质与单独的纤维和基体的性质彼此不尽相同，纤维形状具有不规则性，纤维排列具有随机性，存在复杂的界面相，纤维和基体因固化存在残余应力和残余应变，细观应力状态和应变状态很复杂，且使材料往往处于弹塑性状态，等等。

复合材料细观力学主要用于预测复合材料单层的宏观性能，以及进行细观应力分析预测复合材料的破坏模式等。复合材料细观力学分析早期所做的工作，主要是利用一些简化模型（有称代表性体积单元）和对物理真实的一些粗略近似，这种方法称为简单模型法，而将细观应力分析法称为精确分析法。

2.3.1 简单模型法

简单模型法较多地应用于工程估算，由于细观组成的复杂性，简单模型法用于工程估算需对复合材料作较多的简化假定：①假定复合材料中的纤维和基体，在复合前后性能无变化；②假定复合材料中的纤维和基体是紧密黏结的；③假定纤维和基体分别是均质各向同性的（但碳纤维和芳纶可假定为横观各向同性的）；④假定纤维和基体是线弹性的；⑤假定纤维和基体是小变形的；⑥假定纤维和基体无初应力。

通常复合材料单层的纤维在基体中是随机排列的，也就是说，其横截面纤维的分布是不规则的，因此可认为是横向各向同性的。然而为使计算分析简化需要，往往可将其简化成有一定规则形状和分布的计算模型。图 2.27 给出了各种简化计算模型的示例。简化模型只是为了简化计算而设想的各种模型，且同一种模型不一定计算复合材料单层的所有性能都是合适的。

简单模型法的分析方法通常有三种：材料力学分析方法、弹性力学分析方法和半经验分析方法。材料力学分析方法是利用材料力学计算杆件时经常采用的平截面附加假设来处理变形关系的，因此它的计算方法比较简便，所以许多复杂的计算模型都能采用。而弹性力学分析方法由于计算上的困难，一般只能采用比较简单的计算模型，例如同心圆模型。上述两种分析方法由于采用了简化假定和简化模型，所得结果不能完全反映实际情况，或多或少有些误差。有时有些结果也在纤维体积含量 V_f 较小或较大时符合得较好，反之就符合得较差。因此在复合材料细观力学中经常采用的是既考虑理论分析又考虑实验数据的一种半经验分析方法（或称半经验公式）。

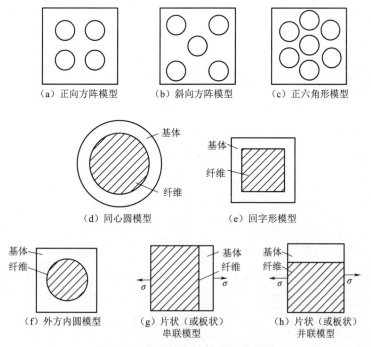

（a）正向方阵模型　　　　（b）斜向方阵模型　　　　（c）正六角形模型

（d）同心圆模型　　　　　　　（e）回字形模型

基体
纤维

（f）外方内圆模型　　　（g）片状（或板状）　　　（h）片状（或板状）
　　　　　　　　　　　　　串联模型　　　　　　　　并联模型

图 2.27　各种简化计算模型的示例

2.3.1.1　预测复合材料单层的弹性常数

复合材料单层的独立弹性常数在平面应力状态下有 4 个，在三维情况下一般正交各向异性时为 6 个，而由无纬铺层（也称单向铺层）构成的单向层合板，即单向复合材料可看作横观各向同性时为 5 个。下面以单向复合材料为例给出的较好预测各个弹性常数的简化模型与所得公式。

1. 纵向弹性模量 E_1

采用片状并联模型，为使不产生弯耦合，将纤维与基体形成对称结构形式，纤维与基体的宽度比分别为 $b_f : b_m$，如图 2.28 所示。用材料力学分析方法求得

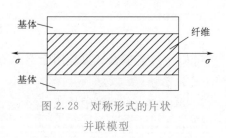

图 2.28　对称形式的片状
并联模型

$$E_1 = E_{f1} b_f + E_m b_m$$

由此公式预测 E_1 与实验结果相当吻合，或略高 10% 以内。

2. 横向弹性模量 E_2

单向复合材料的弹性模量 $E_3 = E_2$。通常采用片状串联模型［见图 2.27(g)］，利用材料力学分析方法可得

$$\frac{1}{E_2} = \frac{b_f}{E_{f2}} + \frac{b_m}{E_m} \quad \text{或} \quad E_2 = \frac{E_{f2} E_m}{b_f E_m + b_m E_{f2}}$$

由此式预测的 E_2 要比实验结果小很多，因此公式定量上不合适，但定性上说明 E_2 主要决定于 E_m 与 b_m。

一般采用在此式基础上引入修正系数 η_2 的方法,即

$$E_2 = \frac{E_{f2}E_m(b_f + \eta_2 b_m)}{b_f E_m + \eta_2 b_m E_{f2}}$$

式中

$$\eta_2 = \frac{0.2}{1 - b_m}\left(1.1 - \sqrt{\frac{E_m}{E_{f2}} + \frac{3.5 E_m}{E_{f2}}}\right)(1 + 0.22 b_f)$$

这一半经验公式可使用于不同的复合材料,误差较小。

3. 剪切弹性模量 G_{12}

单向复合材料的 $G_{13} = G_{12}$。通常采用片状串联模型[见图 2.27(g)],利用材料力学分析方法可得

$$\frac{1}{G_{12}} = \frac{b_f}{G_{f12}} + \frac{b_m}{G_m}$$

或

$$G_{12} = \frac{G_{f12} G_m}{b_f G_m + b_m G_{f12}}$$

此式预测的 G_{12} 要比实验结果小很多。一般可采用在此式基础上引入修正系数 η_{12} 的方法,即

$$G_{12} = \frac{G_{f12} G_m(b_f + \eta_{12} b_m)}{b_f G_m + \eta_{12} b_m G_{f12}}$$

式中

$$\eta_{12} = 0.28 - \sqrt{\frac{E_m}{E_{f2}}}$$

这一半经验公式可适用于不同的复合材料,误差较小。

4. 剪切弹性模量 G_{23}

类似于 G_{12} 计算方法,可得

$$G_{23} = \frac{G_{f23} G_m(b_f + \eta_{23} b_m)}{b_f G_m + \eta_{23} b_m G_{f23}}$$

式中

$$\eta_{23} = 0.388 - 0.665\sqrt{\frac{E_m}{E_{f2}}} + 2.56\frac{E_m}{E_{f2}}$$

这一半经验公式可适用于不同的复合材料,误差较小。

5. 泊松比 ν_{21}

单向复合材料的泊松比 $\nu_{31} = \nu_{21}$。通常采用片状并联模型[见图 2.27(h)],利用材料力学分析方法可得 ν_{21} 的预测公式为

$$\nu_{21} = \nu_{f21} b_f + \nu_m b_m$$

一般情况下这一公式较精确。

6. 泊松比 ν_{23}

泊松比 ν_{23} 可仿照 ν_{21} 式计算方法,并引进修正系数 k,得

$$\nu_{23} = k(\nu_{f23} b_f + \nu_m b_m)$$

式中

$$k = 1.095 + (0.8 - b_f)\left[0.27 + 0.23\left(1 - \frac{E_{f2}}{E_{f1}}\right)\right]$$

2.3.1.2　预测复合材料单层的基本强度

用简单模型法预测复合材料单层的基本强度要比预测弹性常数更困难,这是由于复合材料破坏机理复杂所致。特别是横向强度和面内剪切强度,至今尚无相应的较为合适的简化模型以求得较为精确的预测结果,所以只能求助于实验测定方法来求得这些强度值。因此在这里只介绍纵向拉、压强度的预测公式。

1. 纵向拉伸强度 X_t

预测纵向拉伸强度可采用片状并联模型(见图 2.28)。一般情况,纤维增强复合材料的基体的弹性模量要小于纤维,而基体的失效应变要大于纤维,按照材料力学的分析方法可得如下预测公式:

$$X_t = X_{ft}\left(\varphi_f + \varphi_m \frac{E_m}{E_{f1}}\right) \quad (\varphi_f \geqslant \varphi_{fmin})$$

$$X_t = X_{mt}\left(\varphi_m + \varphi_f \frac{E_{f1}}{E_m}\right) \quad (\varphi_f \leqslant \varphi_{fmin})$$

$$\varphi_{fmin} = \frac{X_{mt} - X_{ft}\dfrac{E_m}{E_{f1}}}{X_{ft} + X_{mt} - X_{ft}\dfrac{E_m}{E_{f1}}}$$

式中,X_{ft},X_{mt} 分别为纤维与基体的拉伸强度;E_{f1},E_m 分别为纤维方向与基体的弹性模量;φ_f,φ_m 分别为纤维与基体的体积分数。

当 $\varphi_f \geqslant \varphi_{fmin}$ 时,纤维控制失效;当 $\varphi_f \leqslant \varphi_{fmin}$ 时,基体控制失效,因此 φ_{fmin} 称为纤维控制的最小体积分数,如图 2.29 所示。由图 2.29 还可以看出,只有当 $\varphi_f \geqslant \varphi_{fcr}$ 时,纤维才能起到增强作用,所以 φ_{fcr} 为纤维应具有的最小体积分数,称为临界纤维体积分数,它由下式确定

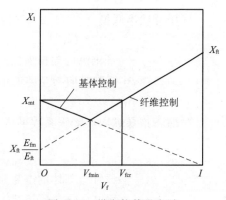

$$\varphi_{fcr} = \frac{X_{mt} - X_{ft}\dfrac{E_m}{E_{f1}}}{X_{ft} - X_{ft}\dfrac{E_m}{E_{f1}}}$$

由图 2.29 还可看出,φ_{fcr} 总是大于 φ_{fmin},所以,只要 $\varphi_f > \varphi_{fcr}$,纤维具有增强作用,并且复合材料的失效主要由纤维控制。

图 2.29　纵向拉伸强度随纤维体积分数的变化

2. 纵向压缩强度 X_c

一般认为,纵向压缩强度 X_c 的细观力学分析模型可采用纤维在弹性基础上的屈曲模型,如图 2.30 所示。利用能量法对两种屈曲模型进行分析,分别得出如下预测公式:

$$X_c = 2\varphi_f \sqrt{\frac{\varphi_f E_m E_{f1}}{3(1-\varphi_f)}} \text{(按"拉压"屈曲)}$$

$$X_c = \frac{G_m}{1-\varphi_f} \text{(按"剪切"屈曲)}$$

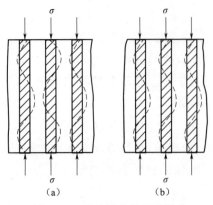

图 2.30　纤维屈曲的两种形式

（a）　（b）

由于由上述两式求得的 X_c 值都比实验值大很多，因此可采用在基体模量前乘以小于 1 的修正系数 β 给出的半经验公式

$$X_c = 2\varphi_f \sqrt{\frac{\beta V_f E_m E_{f1}}{3(1-\varphi_f)}} \qquad (2.35)$$

$$X_c = \frac{\beta G_m}{1-\varphi_f} \qquad (2.36)$$

通常，上述两式在 φ_f 较小时采用式（2.35），在 φ_f 较大时采用式（2.36），β 值由实验值确定。

2.3.1.3　预测复合材料单层的湿、热膨胀系数

湿、热膨胀系数的问题属于湿、热变形的问题。不论采用何种模型所得的纵向湿或热膨胀系数误差也较小，因此这里只介绍采用片状模型和材料力学的分析方法来求得复合材料单层的湿、热膨胀系数预测公式。

1. 纵向热膨胀系数 α_1

采用片状并联模型［见图 2.27(h)］，利用材料力学分析方法可得

$$\alpha_1 = \frac{\alpha_{f1} E_{f1} \varphi_f + \alpha_m E_m \varphi_m}{E_{f1} \varphi_f + E_m \varphi_m}$$

式中，α_{f1}、α_m 分别为纤维方向与基体的热膨胀系数。

2. 横向热膨胀系数 α_2

采用片状串联模型［见图 2.27(g)］，利用材料力学分析方法可得

$$\alpha_2 = (\alpha_{f2} + \nu_{f21}\alpha_1)\varphi_f + (1+\nu_m)\alpha_m \varphi_m - (\nu_{f21}\varphi_f + \nu_m \varphi_m)\alpha_1$$

式中　α_{f1}、α_{f2}——纤维纵向与横向的热膨胀系数；

ν_{f21}、ν_m——纤维纵向与基体的泊松比。

3. 纵向湿膨胀系数 β_1

类似于推导纵向热膨胀系数可得

$$\beta_1 = \frac{c_{fm}\beta_f E_{f1}\varphi_f + \beta_m E_m \varphi_m}{(E_{f1}\varphi_f + E_m \varphi_m)(\rho_m \varphi_m + \rho_f \varphi_f c_{fm})}\rho$$

式中　β_f、β_m——纤维与基体的湿膨胀系数；

c_{fm}——纤维水分含量与基体水分质量含量之比，即 $c_{fm}=c_f/c_m$；

ρ、ρ_f、ρ_m——复合材料、纤维与基体的密度。

2.3.1.4　横向湿膨胀系数 β_2

类似于推导横向热膨胀系数，可得

$$\beta_2 = \frac{c_{fm}\beta_f \varphi_f (1+v_{f21}) + \beta_m \varphi_m (1+v_m)}{\rho_m \varphi_m + \rho_f \varphi_f c_{fm}}$$

2.4　复合材料构件设计

复合材料结构力学是对由复合材料构成的具体构件，以基本力学性能为基础，考虑构件

所处的边界条件,计算其应力与应变的分布规律。任何一个结构都是由基本构件组合而成的,这些基本构件包括杆、梁、板、壳等结构元件,由这些元件可以组成千变万化的结构,如图 2.31 所示复合材料的结构。复合材料结构力学就是分析组成复合材料结构的基本元件在载荷作用下的力学响应,为结构设计提供可靠的依据。

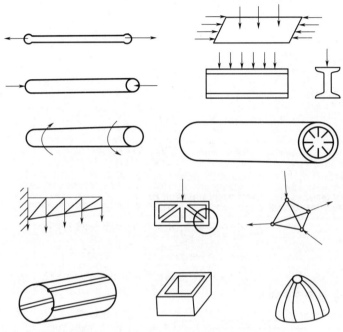

图 2.31 结构元件以及由其组成的结构

对复合材料的构件进行结构分析时,均假定其在载荷作用下变形很小,且在弹性变形范围内,因此仍采用弹性力学的基本方法。

2.4.1 复合材料杆分析

受拉杆是构件中最简单的受力形式,故称简单受力状态。由于在构件内部仅有一个应力分量,这种构件也称为一维受力构件。典型的一维受力构件如:一端固定另一端仅作用轴向拉伸载荷的复合材料杆,一端固定在自由作用下的复合材料杆。这一节将给出这种杆的变形分析。

如图 2.32 所示的复合材料直杆,一端固定另一端作用轴向力 P,分析此载荷作用的杆的变形。取固定端剖面形心为坐标原点,若杆截面积为 A,则杆上的应力分量为

$$\sigma_z = \frac{P}{A} = \sigma_0$$

$$\sigma_x = \sigma_y = \tau_{yz} = \tau_{xz} = \tau_{xy} = 0$$

当杆材料主轴与坐标轴不重合时,由广义虎克定律可得应

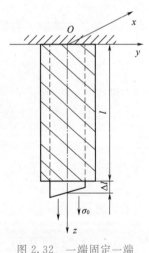

图 2.32 一端固定一端受拉的复合材料杆

变分量

$$\varepsilon_x = \bar{S}_{13}\sigma_0, \qquad \varepsilon_y = \bar{S}_{23}\sigma_0, \qquad \varepsilon_z = \bar{S}_{33}\sigma_0$$

$$\gamma_{yz} = \varepsilon_y = \bar{S}_{34}\sigma_0, \qquad \gamma_{xz} = \varepsilon_y = \bar{S}_{35}\sigma_0, \qquad \gamma_{xy} = \varepsilon_y = \bar{S}_{36}\sigma_0$$

式中，$S_{ij}(i,j=1,2,\cdots,6)$ 是直杆材料的柔量分量，求解杆单向受拉变形，根据几何关系有

$$\frac{\partial u}{\partial x} = \bar{S}_{13}\sigma_0, \qquad \frac{\partial v}{\partial y} = \bar{S}_{23}\sigma_0, \qquad \frac{\partial w}{\partial z} = \bar{S}_{33}\sigma_0$$

$$\frac{\partial v}{\partial z} + \frac{\partial w}{\partial x} = \bar{S}_{34}\sigma_0, \qquad \frac{\partial u}{\partial z} + \frac{\partial w}{\partial x} = \bar{S}_{35}\sigma_0, \qquad \frac{\partial u}{\partial y} + \frac{\partial v}{\partial y} = \bar{S}_{36}\sigma_0$$

积分方程组的前三式有

$$\left. \begin{array}{l} u = \bar{S}_{13}\sigma_0 x + f_1(y,z) \\ v = \bar{S}_{23}\sigma_0 y + f_2(x,z) \\ w = \bar{S}_{33}\sigma_0 z + f_3(x,y) \end{array} \right\} \tag{2.37}$$

再利用方程组的后三式，与式(2.37)求解可得

$$f_1(y,z) = -w_2 z + \bar{S}_{35}\sigma_0 z + \bar{S}_{36}\sigma_0 y + w_3 y + u_0$$

$$f_2(x,z) = -w_3 y + \bar{S}_{34}\sigma_0 z - w_1 z + v_0$$

$$f_3(x,y) = -w_2 x + w_1 y + w_0$$

代入平衡微分方程，于是有

$$u = (\bar{S}_{12} x + \bar{S}_{35} y + \bar{S}_{35} z)\sigma_0 - w_2 z + w_3 y + u_0$$

$$v = (\bar{S}_{23} y + \bar{S}_{31} z)\sigma_0 - w_3 x + w_1 z + v_0$$

$$w = \bar{S}_{33} y\sigma_0 z + w_1 y + w_2 x + w_0$$

式中，u_0、v_0、w_0 和 w_1、w_2、w_3 是积分常数，其物理意义乃是受拉直杆的初始位移和转角，可根据边界条件确定。若原点 x、y、$z = 0$ 处的初始转角及位移均为零，即

$$u = v = w = 0, \qquad \frac{\partial u}{\partial z} = \frac{\partial v}{\partial z} = \frac{\partial v}{\partial x} - \frac{\partial u}{\partial y} = 0$$

可得常数

$$u_0 = v_0 = w_0 = 0$$

$$w_1 = \bar{S}_{34}\sigma_0, \qquad w_2 = \bar{S}_{35}\sigma_0, \qquad w_3 = \frac{1}{2}\bar{S}_{36}\sigma_0$$

最后得直杆拉伸的位移

$$u = (\bar{S}_{13} x + \bar{S}_{36} y)\sigma_0$$

$$v = \left(\frac{1}{2}\bar{S}_{35} + \bar{S}_{23} y\right)\sigma_0$$

$$w = (\bar{S}_{35} x + \bar{S}_{34} y + \bar{S}_{33} z)\sigma_0$$

如果材料主轴和坐标轴重合，此时 $\bar{S}_{34} = \bar{S}_{35} = \bar{S}_{36} = 0$，即得

$$u = \bar{S}_{13}\sigma_0 x, \qquad v = \bar{S}_{23}\sigma_0 y, \qquad w = \bar{S}_{33}\sigma_0 z$$

2.4.2　复合材料梁

2.4.2.1　受纯弯载荷作用的复合材料梁

一任意截面的复合材料梁,在一个截面形心惯性主轴方向仅受弯矩 M 的作用,如图 2.33 所示,则此梁各应力分量为

$$\sigma_x = \frac{M}{I}y, \qquad \sigma_x = \sigma_y = \tau_{yz} = \tau_{xz} = \tau_{xy} = 0$$

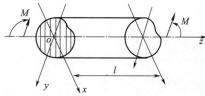

图 2.33　受纯弯载荷作用的复合材料梁

其中,I 为梁横截面对 y 轴的惯性矩,当梁材料主轴与所选的几何坐标系不重合时,应变分量由物理方程确定为

$$\varepsilon_x = \bar{S}_{13}\frac{M}{I}y, \qquad \varepsilon_y = \bar{S}_{23}\frac{M}{I}y, \qquad \varepsilon_z = \bar{S}_{33}\frac{M}{I}y$$

$$\gamma_{yz} = \bar{S}_{34}\frac{M}{I}y, \qquad \gamma_{xz} = \bar{S}_{35}\frac{M}{I}y, \qquad \gamma_{xy} = \bar{S}_{36}\frac{M}{I}y$$

为解得受弯后复合材料梁的变形状态,通过几何方程,分别有

$$\frac{\partial u}{\partial x} = \bar{S}_{13}\frac{M}{I}y, \qquad \frac{\partial v}{\partial y} = \bar{S}_{23}\frac{M}{I}y, \qquad \frac{\partial w}{\partial z} = \bar{S}_{33}\frac{M}{I}y$$

$$\frac{\partial w}{\partial y} + \frac{\partial v}{\partial z} = \bar{S}_{34}\frac{M}{I}y$$

$$\frac{\partial w}{\partial x} + \frac{\partial u}{\partial z} = \bar{S}_{35}\frac{M}{I}y$$

$$\frac{\partial u}{\partial y} + \frac{\partial v}{\partial x} = \bar{S}_{36}\frac{M}{I}y$$

积分前三式得

$$u = \bar{S}_{13}\frac{M}{I}y + f_1(y,z)$$

$$v = \bar{S}_{23}\frac{M}{I}y + f_2(x,z)$$

$$w = \bar{S}_{33}\frac{M}{I}y + f_3(x,y)$$

利用后三式可得位移函数为

$$u = \frac{M}{I}\left(\bar{S}_{13}xy + \bar{S}_{35}\frac{yz}{2} + \bar{S}_{36}\frac{y^2}{2}\right) + A_2 z - Ay + C_1$$

$$v = \frac{M}{I}\left(\bar{S}_{23}\frac{y^2}{2} + \bar{S}_{35}\frac{yz}{2} + \bar{S}_{13}\frac{x}{2} - \bar{S}_{35}\frac{z^2}{2}\right) + A_1 x - Bz + C_2$$

$$w = \frac{M}{I}\left(\bar{S}_{33}yz + \bar{S}_{35}\frac{xy}{2} + \bar{S}_{34}\frac{y^2}{2}\right) - A_2 x - By + C_3$$

式中,A、B、C 为积分常数,可由梁边界条件确定。

1. 悬臂梁的情况

如图 2.34 所示,在悬臂梁自由端作用有弯矩 M,在固定端的边界条件是:当 $x=0$,$y=0$,$z=1$ 时,位移 $u=v=w=0$,转角 $\dfrac{\partial u}{\partial z}=\dfrac{\partial v}{\partial z}=\dfrac{\partial u}{\partial y}-\dfrac{\partial v}{\partial x}=0$,由此得

$$A_1=\bar{S}_{30}\frac{M}{I}\cdot\frac{l}{2}A_2=0,\quad B=\bar{S}_{33}\frac{M}{I}l,$$

$$C_1=0,\qquad C_2=-\bar{S}_{33}\frac{M}{I}l,\qquad C_3=0$$

于是受纯弯载荷作用的复合材料悬臂梁的位移分量为

$$u=\frac{M}{2I}\big[2\,\bar{S}_{12}xy+\bar{S}_{36}y^2-\bar{S}_{35}(l-z)y\big]$$

$$v=\frac{M}{2I}\big[-\bar{S}_{13}x^2+\bar{S}_{23}y^2-\bar{S}_{33}(l-z)^2+\bar{S}_{35}(l-z)x\big]$$

$$w=\frac{M}{2I}\big[\bar{S}_{35}xy+\bar{S}_{34}y^2-2\,\bar{S}_{33}(l-z)y\big]$$

可见在弯矩作用下,梁的横截面为二次曲面。材料主轴与几何坐标轴一致时,$\bar{S}_{34}=\bar{S}_{35}=\bar{S}_{36}=0$,梁弯曲时不会使横截面变形,仍为平面,梁纵轴($x=0$,$y=0$)变形后,$u=0$,$v(0,0,z)=-\dfrac{M}{2I}\bar{S}_{33}(l-z)^2$,$w=0$,仅有 y 向位移,呈二次曲线。自由端的最大挠度为

$$\delta_{\max}=v(0,0,Q)=-\frac{M}{2I}S_{33}l^3$$

2. 简支梁的情况

对于简支梁按图 2.35 选择坐标系,在支点处受弯矩载荷(实际上这相当于四点弯曲受载状态),边界条件是:

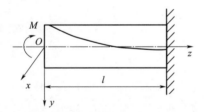 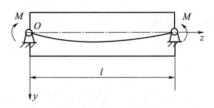

图 2.34 受纯弯载荷作用的悬臂梁　　　　图 2.35 受弯矩的简支梁

当 x、y、$z=0$,x、$y=0$,$z=1$ 时,位移

$$u=v=w=0$$

梁中点 x、$y=0$,$z=\dfrac{1}{2}$ 处,转角

$$\frac{\partial v}{\partial x}-\frac{\partial u}{\partial y}=0$$

由此可得位移方程式中各常数为

$$A_1=\bar{S}_{35}\frac{M}{I}\cdot\frac{l}{4},\quad A_2=0,\quad B=\bar{S}_{23}\frac{M}{I}\cdot\frac{l}{4},\quad C_1=0,\quad C_2=0,\quad C_3=0$$

于是受纯弯载荷的复合材料简支梁的位移分量为

$$u=\frac{M}{2I}\Big[2\,\bar{S}_{13}\,xy+\bar{S}_{36}\,y^2-\bar{S}_{35}\Big(\frac{l}{2}-z\Big)y\Big]$$

$$v=\frac{M}{2I}\Big[-\bar{S}_{13}\,x^2+\bar{S}_{23}\,y^2-\bar{S}_{33}(z-l)z+\bar{S}_{35}\Big(\frac{l}{2}-z\Big)z\Big]$$

$$w=\frac{M}{2I}\Big[\bar{S}_{35}\,xy+\bar{S}_{34}\,y^2-2\,\bar{S}_{33}\Big(\frac{l}{2}-z\Big)y\Big]$$

中性轴的位移为

$$u=0,\quad v=\frac{M}{2I}S_{33}(l-z)z$$

最大挠度在 $z=\dfrac{l}{2}$ 处时

$$\delta_{\max}=v\Big(0,0,\frac{l}{2}\Big)=\frac{M}{4I}\bar{S}_{33}\,l^2$$

2.4.2.2　受纯剪作用的复合材料梁

处于纯剪受力状态的梁,取典型受力单元如图 2.36 所示,此时单元体仅有剪应力 $\tau_{yz}=\tau_0$,其余应力分量皆为零,于是有

$$\frac{\partial u}{\partial x}=\bar{S}_{14}\tau_0,\quad \frac{\partial v}{\partial y}=\bar{S}_{24}\tau_0,\quad \frac{\partial w}{\partial z}=\bar{S}_{34}\tau_0$$

$$\frac{\partial v}{\partial z}+\frac{\partial w}{\partial y}=\bar{S}_{44}\tau_0,\quad \frac{\partial u}{\partial z}+\frac{\partial w}{\partial x}=\bar{S}_{45}\tau_0,$$

$$\frac{\partial u}{\partial y}+\frac{\partial v}{\partial x}=\bar{S}_{46}\tau_0$$

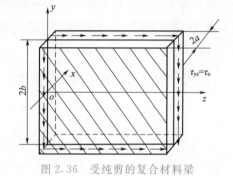

图 2.36　受纯剪的复合材料梁

积分前三式,按照与上一节相同的解法即可得在纯剪载荷作用下的复合材料梁位移分量

$$u=\bar{S}_{14}\tau_0\,x+C_2\,y+C_1\,z+a_1$$

$$v=(\bar{S}_{45}\,x+\bar{S}_{24}\,y)\tau_0-C_2\,x+C_3\,z+a_2$$

$$w=(\bar{S}_{46}\,x+\bar{S}_{44}\,y+\bar{S}_{34}\,z)\tau_0-C_3\,x-C_3\,y+a_3$$

在边界 x、y、$z=0$ 处,u、v、$w=0$,$\dfrac{\partial u}{\partial z}$、$\dfrac{\partial v}{\partial z}$、$\dfrac{\partial u}{\partial y}-\dfrac{\partial v}{\partial x}=0$,即得积分常数 $a_1=a_2=a_3=0$,$C_1=C_2=0$,$C_3=\dfrac{1}{2}\bar{S}_{46}\tau_0$,得

$$u=\Big(\bar{S}_{14}\,x+\frac{1}{2}\,\bar{S}_{46}\,y\Big)\tau_0$$

$$v=\Big(\frac{1}{2}\,\bar{S}_{46}\,x+\bar{S}_{24}\,y\Big)\tau_0$$

$$w=(\bar{S}_{45}\,x+\bar{S}_{44}\,y+\bar{S}_{34}\,z)\tau_0$$

2.4.3 复合材料层合板的分析

随着纤维增强复合材料层合结构在现代工程中的广泛应用,各种层合板理论已先后建立并日趋完善,它们一般可区分为三个层次:①分析薄层合板的经典理论;②分析中厚层合板的进化理论;③分析厚层合板基于三维特性的经典弹性理论。经典层合板理论比较简便适用,是常用的一种工程近似理论。根据层合板的宏观结构特性一般存在两种情况。即:

(1)对称层合板的宏观结构特性表现为均匀的各向异性弹性,不存在拉弯耦合效应,因此可以利用均匀各向异性板理论分析解决对称层合板的平面问题和弯曲、振动及稳定问题。

(2)非对称层合板 这种层合板呈现非均匀各向异性层合结构的特性,即存在拉弯耦合效应,因而它与对称层合板具有本质的区别。均匀各向异性板理论已不再适用于分析这类层合板的变形问题。

2.4.3.1 对称层合板的平面问题

对称层合板由于具有一个与板中面平行的弹性对称面,当承受沿厚度方向不变或缓变且对称于中面分布的面力与体力作用时,可以简化为均匀各向异性平板的广义平面应力问题,它与平面应变问题统称为平面问题。

2.4.3.2 基本微分方程

对称层合板的面内弹性常数为

$$A_{ij} = \sum_{k=1}^{n} Q_{ij}^{(k)} (z_k - z_{k-1})$$

相应的宏观均匀各向异性板的面内有效折减刚度系数为

$$\bar{C}_{ij} = \frac{1}{h} A_{ij} \qquad (i、j=1、2、6)$$

式中,h 为层合板的厚度。于是广义虎克定律可写成 $\boldsymbol{\sigma}=\bar{\boldsymbol{C}}\boldsymbol{\varepsilon}$ 或 $\boldsymbol{\varepsilon}=\bar{\boldsymbol{S}}\boldsymbol{\sigma}$。

$\bar{\boldsymbol{S}}$ 为各向异性板的有效柔度系数,并有 $\bar{\boldsymbol{S}}=\bar{\boldsymbol{C}}^{-1}$。这里

$$\bar{S}_{11}=\frac{(\bar{C}_{22}\bar{C}_{33}-\bar{C}_{23}^2)}{\bar{C}}, \quad \bar{S}_{12}=\frac{(\bar{C}_{13}\bar{C}_{23}-\bar{C}_{12}\bar{C}_{23})}{\bar{C}}, \quad \bar{S}_{22}=\frac{(\bar{C}_{33}\bar{C}_{11}-\bar{C}_{13}^2)}{\bar{C}},$$

$$\bar{S}_{13}=\frac{(\bar{C}_{12}\bar{C}_{23}-\bar{C}_{13}\bar{C}_{22})}{\bar{C}}, \quad \bar{S}_{33}=\frac{(\bar{C}_{11}\bar{C}_{22}-\bar{C}_{12}^2)}{\bar{C}}, \quad \bar{S}_{23}=\frac{(\bar{C}_{12}\bar{C}_{13}-\bar{C}_{23}\bar{C}_{11})}{\bar{C}},$$

$$\bar{C}=\bar{C}_{11}\bar{C}_{22}\bar{C}_{33}+2\bar{C}_{12}\bar{C}_{23}\bar{C}_{13}-\bar{C}_{11}\bar{C}_{23}^2-\bar{C}_{22}\bar{C}_{13}^2-\bar{C}_{33}\bar{C}_{12}^2$$

而 $\boldsymbol{\sigma}=\{\sigma_x \quad \sigma_y \quad \tau_{xy}\}^{\mathrm{T}}$,$\boldsymbol{\varepsilon}=\{\varepsilon_x \quad \varepsilon_y \quad \gamma_{xy}\}^{\mathrm{T}}$ 分别为沿板厚的面内平均应力和面内平均应变列阵,板的横向应力 $\sigma_z=\tau_{xz}=\tau_{yz}=0$。

引入应力函数 $F(x,y)$,使之满足

$$\sigma_x=\frac{\partial^2 F}{\partial y^2}+\bar{U}, \quad \sigma_y=\frac{\partial^2 F}{\partial x^2}+\bar{U}, \quad \tau_{xy}=-\frac{\partial^2 F}{\partial x \partial y}$$

平面问题的平衡方程

$$\frac{\partial}{\partial x}(\sigma_x - \overline{U}) + \frac{\partial \tau_{xy}}{\partial y} = 0, \quad \frac{\partial \tau_{xy}}{\partial x} + \frac{\partial}{\partial y}(\sigma_y - \overline{U}) = 0$$

将被满足。将应力函数代入广义虎克定律,并使之满足变形协调方程

$$\frac{\partial^2 \varepsilon_y}{\partial x^2} + \frac{\partial^2 \varepsilon_x}{\partial y^2} - \frac{\partial^2 \gamma_{xy}}{\partial x \partial y} = 0$$

引入微分算符

$$L_4 = S_{22}\frac{\partial^4}{\partial x^4} - 2S_{26}\frac{\partial^4}{\partial x^3 \partial y} + (2S_{12} + S_{66})\frac{\partial^4}{\partial x^2 \partial y^2} - 2S_{16}\frac{\partial^4}{\partial x \partial y^3} + S_{11}\frac{\partial^4}{\partial y^4}$$

则得广义平面应力问题的基本微分方程为

$$L_4 F = -(S_{12} + S_{22})\frac{\partial^2 \overline{U}}{\partial x^2} + (S_{14} + S_{26})\frac{\partial^2 \overline{U}}{\partial x \partial y} - (S_{11} + S_{12})\frac{\partial^2 \overline{U}}{\partial y^2}$$

当体力忽略不计时,基本微分方程

$$L_4 F = 0 \tag{2.38}$$

对于具有特殊正交各向异性(材料主轴方向与板的几何主轴坐标方向一致)的平板

$$S_{12} = \frac{1}{E_1}, \quad S_{12} = \frac{1}{E_2}, \quad S_{12} = -\frac{\nu_{12}}{E_1} = -\frac{\nu_{21}}{E_2}, \quad S_{56} = \frac{1}{G_{12}}$$

方程(2.38)可简化为

$$\frac{1}{E_2}\frac{\partial^4 F}{\partial x^4} + \left(\frac{1}{G_{12}} - \frac{2\nu_{21}}{E_2}\right)\frac{\partial^4 F}{\partial x^2 \partial y^2} + \frac{1}{E_1}\frac{\partial^4 F}{\partial y^4} = 0$$

当给定边界条件,求解上述基本微分方程的边界值问题,则可得到各个具体平面问题的解答。由于广义平面应力问题采取了沿板厚的平均应力与平均位移,因此边界条件也是沿板厚平均满足的。

2.4.3.3　对称层合板的弯曲

取坐标平面 Oxy 与板中面一致,板厚为 h,如图 2.37 所示。对称层合板经典理论的基本假设如下:①中面法线变形后仍为垂直于中面的直线,且长度不变;②板中垂直于中面方向的应力分量远小于面内应力分量;③微小应变、微小挠度(相对于板的厚度)。

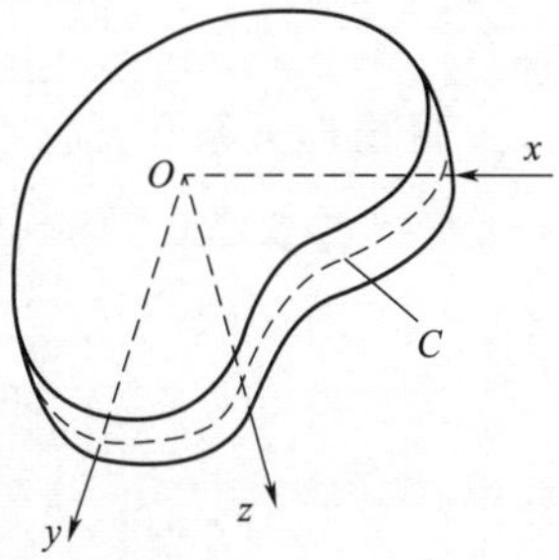

根据假设,板的位移场可写成

$$u = (x, y, z) = -z\frac{\partial w}{\partial x}, \quad v = (x, y, z) = -z\frac{\partial w}{\partial y},$$

$$w = (x, y, z) = w(x, y)$$

图 2.37　对称层合板微元

由线性几何关系得层合板的应变场为

$$\varepsilon_x = -z\frac{\partial^2 w}{\partial x^2}, \quad \varepsilon_y = -z\frac{\partial^2 w}{\partial y^2}, \quad \gamma_{xy} = -2z\frac{\partial^2 w}{\partial x \partial y},$$

写成矩阵形式

$$\boldsymbol{\varepsilon} = z\boldsymbol{k}$$

$$\boldsymbol{\varepsilon} = (\varepsilon_x \quad \varepsilon_y \quad \gamma_{xy})^{\mathrm{T}}$$

层合板沿厚度方向的弹性常数是逐层变化的,任意单层的广义虎克定律,考虑基本假设

可写成 $\boldsymbol{\varepsilon}_k=\boldsymbol{\varepsilon}=\boldsymbol{S}_k\boldsymbol{\sigma}_k$ 或写成 $\boldsymbol{\sigma}_k=\boldsymbol{Q}_k\boldsymbol{\varepsilon}$，这里 $\boldsymbol{\sigma}_k=(\sigma_x \quad \sigma_y \quad \tau_{xy})_k^{\mathrm{T}}$，$\boldsymbol{Q}_k=\boldsymbol{S}_k^{-1}$。

将上述式子整理，得

$$\boldsymbol{\sigma}_k=z\boldsymbol{Q}_k\boldsymbol{k}=z\boldsymbol{Q}_k\left(-\frac{\partial^2 w}{\partial x^2} \quad -\frac{\partial^2 w}{\partial y^2} \quad -2\frac{\partial^2 w}{\partial x\partial y}\right)^{\mathrm{T}}$$

式中

$$\boldsymbol{Q}_k=\begin{bmatrix}Q_{11} & Q_{12} & Q_{16}\\ Q_{12} & Q_{22} & Q_{26}\\ Q_{16} & Q_{26} & Q_{66}\end{bmatrix}_k$$

剪切应力 $\boldsymbol{\tau}_k=(\tau_{xz} \quad \tau_{jyz})_k^{\mathrm{T}}$ 可由平衡方程积分，得

$$\tau_{xz}^k=\frac{z^2}{2}\left[Q_{11}^k\frac{\partial^3 w}{\partial x^3}+3Q_{16}^k\frac{\partial^3 w}{\partial x^2\partial y}+(Q_{12}^k+2Q_{66}^k)\frac{\partial^3 w}{\partial x\partial y^2}+Q_{26}^k\frac{\partial^2 w}{\partial y^2}\right]+C_1^k$$

$$\tau_{yz}^k=\frac{z^2}{2}\left[Q_{16}^k\frac{\partial^3 w}{\partial x^3}+(Q_{12}^k+2Q_{66}^k)\frac{\partial^3 w}{\partial x^2\partial y}+3Q_{26}^k\frac{\partial^3 w}{\partial x\partial y^2}+Q_{22}^k\frac{\partial^2 w}{\partial y^2}\right]+C_2^k$$

式中，积分常数 C_1，C_2 可由层间界面的连接条件和层合板上下表面边界条件确定。

引入板中面内力与内力矩，定义如下：

$$Q_x=\int_{-\frac{h}{2}}^{\frac{h}{2}}\tau_{xz}^{(k)}\,\mathrm{d}z, \qquad Q_y=\int_{-\frac{h}{2}}^{\frac{h}{2}}\tau_{yz}^{(k)}\,\mathrm{d}z, \qquad M_x=\int_{-\frac{h}{2}}^{\frac{h}{2}}\sigma_x^{(k)}z\,\mathrm{d}z, \qquad M_y=\int_{-\frac{h}{2}}^{\frac{h}{2}}\sigma_y^{(k)}z\,\mathrm{d}z$$

$k=1$、2、$\cdots$、N，N 为层合板的单层总数。则得

$$\boldsymbol{M}=(M_x \quad M_y \quad M_{xy})^{\mathrm{T}}=\boldsymbol{D}\boldsymbol{\kappa}$$

$$\boldsymbol{D}=\begin{bmatrix}D_{11} & D_{12} & D_{16}\\ D_{12} & D_{22} & D_{26}\\ D_{16} & D_{26} & D_{66}\end{bmatrix}$$

$$D_{ij}=\frac{1}{3}\sum_{k=1}^{N}Q_{ij}^{(k)}(Z_k^3-Z_{k-1}^3)$$

将物理关系和几何方程代入板的弯曲平衡方程式

$$\frac{\partial M_x}{\partial x}+\frac{\partial M_{xy}}{\partial y}-Q_x=0$$

$$\frac{\partial M_{xy}}{\partial x}+\frac{\partial M_y}{\partial y}-Q_y=0$$

$$\frac{\partial Q_x}{\partial x}+\frac{\partial Q_y}{\partial y}+q(x,y)=0$$

由前两式可解得

$$Q_x=-\left[D_{11}\frac{\partial^3 w}{\partial x^3}+D_{16}\frac{\partial^3 w}{\partial x^2\partial y^1}+(D_{12}+2D_{66})\frac{\partial^3 w}{\partial x\partial y^2}+D_{26}\frac{\partial^3 w}{\partial y^3}\right]$$

$$Q_y=-\left[D_{16}\frac{\partial^3 w}{\partial x^3}+(D_{12}+2D_{66})\frac{\partial^3 w}{\partial x^2\partial y}+3D_{26}\frac{\partial^3 w}{\partial x\partial y^2}+D_{22}\frac{\partial^3 w}{\partial y^3}\right]$$

并代入第三式，即得到以位移函数 $w(x,y)$ 表示的平衡微分方程

$$D_{11}\frac{\partial^4 w}{\partial x^4}+4D_{16}\frac{\partial^4 w}{\partial x^3\partial y^1}+2(D_{12}+2D_{66})\frac{\partial^4 w}{\partial x^2\partial y^2}+4D_{26}\frac{\partial^4 w}{\partial x^1\partial y^3}+D_{22}\frac{\partial^4 w}{\partial y^4}=q(x,y) \qquad (2.39)$$

求解四阶偏微分方程并得到满足给定的边界条件的解之后，则可求得层合板内任意单

层内的面内应力 $\sigma_x^{(k)}$、$\sigma_y^{(k)}$、$\tau_{xy}^{(k)}$ 和横向剪切应力 $\tau_{xz}^{(k)}$、$\tau_{yz}^{(k)}$。

对于工程上常用的正交铺层对称层合板，其宏观特性为正交各向异性板，$D_{16}=D_{26}=0$，于是基本微分方程式(2.39)可简化成

$$D_{11}\frac{\partial^4 w}{\partial x^4}+2(D_{12}+2D_{66})\frac{\partial^4 w}{\partial x^2 \partial y^2}+D_{22}\frac{\partial^4 w}{\partial y^4}=q(x,y),$$

引入 $D_1 \equiv D_{11}$，$D_2 \equiv D_{22}$　$D_3 \equiv D_{12}+2D_{66}=D_1 v_{21}+2D_k=D_2 v_{12}+2D_k D_k \equiv D_{66}$，得

$$D_1\frac{\partial^4 w}{\partial x^4}+2D_3\frac{\partial^4 w}{\partial x^2 \partial y^2}+D_2\frac{\partial^4 w}{\partial y^4}=q(x,y)$$

边界支承条件具有下列形式

(1)固定支撑　$x=x_0, w=0, \dfrac{\partial w}{\partial x}=0$；

(2)简单支撑　$x=x_0, w=0, M_x=0$；

(3)自由边界　$x=x_0, M_x=0, Q_x+\dfrac{\partial M_{xy}}{\partial y}=0$。

于是对称层合板的弯曲问题可归结为求解关于挠曲函数 $w(x,y)$ 的四阶偏微分方程，并满足边界条件的边界值问题。

对于具有一般各向异性或一般正交各向异性的对称层合板的弯曲问题，用分析方法求得精确解比较困难，常采用简便而有效的能量法求得近似解，并使之具有工程要求的足够精度。对于特殊正交各向异性的对称层板，经典平板理论解法中的纳维叶(L. M. H. Navier)双三角级数解法、利维(M. Levy)的单三角级数解法等均可适用。下面介绍工程上常用的具有特殊正交各向异性对称层合板弯曲问题的解法。

1.单三角级数解法

已知在 y 轴方向的两对边上为简单支承，承受横向分布载荷 $q=q(y)$。

边界条件为

$$y=0, \quad \frac{\partial^2 w}{\partial y^2}=0$$

平衡微分方程为

$$D_1\frac{\partial^4 w}{\partial x^4}+2D_3\frac{\partial^4 w}{\partial x^2 \partial y^2}+D_2\frac{\partial^4 w}{\partial y^4}=q(y)$$

设方程的解为

$$w(x,y)=w_0(x,y)+w_1(x,y)$$

使 w_0 和 w_1，分别满足下列微分方程

$$D_2\frac{\mathrm{d}^4 w_0}{\mathrm{d}y^4}=q(y) \tag{2.40}$$

$$D_1\frac{\partial^4 w_1}{\partial y^4}+2D_3\frac{\partial^4 w_1}{\partial x^2 \partial y^2}+D_2\frac{\partial^4 w_1}{\partial y^4}=0 \tag{2.41}$$

和边界条件

$$w_0(0)=w_0(b)=0; \qquad w_0''(0)=w_0''(b)=0$$

$$w_1\big|_{y=0}=w_1\big|_{y=b}=0\,,\quad \frac{\partial^2 w_1}{\partial y^2}\bigg|_{y=0}=\frac{\partial^2 w_1}{\partial y^2}\bigg|_{y=b}=0$$

将 $q(y)$ 展开成傅里叶级数形式，代入方程式(2.40)可求得

$$w_0(y)=\frac{b^4}{D_2\pi^4}\sum_{n=1}^{\infty}\frac{a_n}{n^4}\sin\frac{n\pi y}{b}$$

式中

$$a_n=\frac{2}{b}\int_0^b q(y)\sin\frac{n\pi y}{b}\mathrm{d}y$$

又设

$$w_1(x,y)=\sum_{n=1}^{\infty}X_n(x)\sin\frac{n\pi y}{b}$$

代入式(2.41)则得

$$D_1 X''_n-2D_3\left(\frac{n\pi}{b}\right)^2 X'_n+D_2\left(\frac{n\pi y}{b}\right)^4 X_n=0$$

令其解为

$$X_n=Ae^{\frac{n\pi S}{b}x} \tag{2.42}$$

可得相应的特征方程

$$D_1 S^4-2D_3 S^2+D_2=0$$

其特征根 S 随不同的刚度比可能存在三种情况：

① S 为不相等的实根，即

$$S_{1,2}=\pm\lambda_1\,,\qquad S_{3,4}=\pm\lambda_2\quad(\lambda_1>0,\lambda_2>0)$$

这时有

$$X_n(x)=A_1\operatorname{ch}\frac{n\pi\lambda_1}{b}x+B_1\operatorname{sh}\frac{n\pi\lambda_1}{b}x+C_n\operatorname{ch}\frac{n\pi\lambda_2}{b}x+D_n\operatorname{sh}\frac{n\pi\lambda_2}{b}x$$

② S 为两相等的实根，即

$$S_{1,2}=\lambda\,,\qquad S_{3,4}=\lambda(\lambda>0)$$

于是得

$$X_n(x)=(A_n+B_n x)\operatorname{ch}\frac{n\pi\lambda}{b}x+(C_n+D_n x)\operatorname{sh}\frac{n\pi\lambda}{b}$$

③ S 为两对复根。即

$$S_{1,2}=\lambda\pm\mathrm{i}\mu\,,\qquad S_{3,4}=-\lambda\pm\mathrm{i}\mu(\lambda>0,\mu>0)$$

这时式(2.42)可写成

$$X_n(x)=\left(A_n\cos\frac{n\pi\mu}{b}x+B_n\sin\frac{n\pi\mu}{b}x\right)\operatorname{ch}\frac{n\pi\lambda}{b}+\left(C_n\cos\frac{n\pi\mu}{b}x+D_n\sin\frac{n\pi\mu}{b}x\right)\operatorname{sh}\frac{n\pi\lambda}{b}$$

式中包含 $4n$ 个待定系数 A_n,B_n,C_n 和 D_n，其可由 $x=\pm\dfrac{a}{2}$ 的边界支承条件确定。

最终可得

$$w(x,y)=\sum_{n=1}^{\infty}\left[\frac{a_n b^4}{D_2 n^4 \overline{w}^4}+X_n(x)\right]\sin\frac{n\pi}{b}y$$

最后指出,单三角级数方法的解答级数收敛很快,只需截取前面少数项即可得到一定精度的解答。

对于两对边固定,两对边简支,当 $x=\pm a/2$ 时:$w=0,\dfrac{\partial w}{\partial x}=0$;当 $y=0$ 和 $y=b$ 时:$w=0,M_y=0$

对于特征方程具有不等实根的情况,则得

$$w=\frac{b^4}{D_2\pi^4}\sum_{n=1}^{\infty}\frac{a_n}{n^4}\left\{1+\frac{S_2\,\text{sh}\,\dfrac{n\pi S_2 C}{2}\text{ch}\,\dfrac{n\pi S_1 x}{b}-S_1\,\text{sh}\,\dfrac{n\pi S_1 C}{2}\text{ch}\,\dfrac{n\pi S_2 x}{b}}{S_1\,\text{sh}\,\dfrac{n\pi S_1 C}{2}\text{ch}\,\dfrac{n\pi S_2 C}{2}-S_2\,\text{sh}\,\dfrac{n\pi S_2 C}{2}\text{ch}\,\dfrac{n\pi S_1 C}{b}}\right\}\sin\frac{n\pi y}{b}$$

式中 $C=\dfrac{a}{b}$。

2. 双三角级数解法

以简支边矩形板为例,边界条件为

$$x=0,a:w=M_x=0;\quad y=0,b:w=M_y=0,。$$

选取挠曲函数为双三角级数形式

$$w=\sum_{m=1}^{\infty}\sum_{n=1}^{\infty}A_{mn}\sin\frac{m\pi x}{a}\sin\frac{m\pi y}{b}$$

这时分布载荷 $q(x,y)$ 展成二重傅里叶级数

$$q(x,y)=\sum_{m=1}^{\infty}\sum_{n=1}^{\infty}a_{mn}\sin\frac{m\pi x}{a}\sin\frac{m\pi y}{b}$$

式中

$$a_{mn}=\frac{4}{ab}\int_0^a\int_0^b q(x,y)\sin\frac{m\pi x}{a}\sin\frac{m\pi y}{b}\mathrm{d}x\mathrm{d}y$$

将上述式子代入基本微分方程式可求得

$$A_{mn}=\frac{b^4}{\pi^4}\cdot\frac{a_{mn}}{D_1\left(\dfrac{m}{C}\right)^4+2D_3 n^2\left(\dfrac{m}{C}\right)^2+D_2 n^4}$$

于是即得

$$w=\frac{b^4}{\pi^4}\sum_{m=1}^{\infty}\sum_{n=1}^{\infty}\frac{a_{mn}\sin\dfrac{m\pi x}{a}\sin\dfrac{m\pi y}{b}}{D_1\left(\dfrac{m}{C}\right)^4+2D_3 n^2\left(\dfrac{m}{C}\right)^2+D_2 n^4}$$

当给定分布载荷 $q(x,y)$ 时,则可确定 a_{mn}。得到挠度函数 w 之后则可求得内力与力矩及其应力与应变。

如对于板承受均布载荷 $q(x,y)=q_0$

$$a_{mn}=\frac{16q_0}{\pi^2 mn}\quad(m,n=1,3,5,\cdots)$$

$$a_{mn}=0\quad(m,n=2,4,6,\cdots)$$

$$w=\frac{16b^4 q_0}{\pi^6}\sum_{m=1}^{\infty}\sum_{n=1}^{\infty}\frac{\sin\dfrac{m\pi x}{a}\sin\dfrac{m\pi y}{b}}{\left[D_1\left(\dfrac{m}{C}\right)^4+2D_3 n^2\left(\dfrac{m}{C}\right)^4+D_2 n^4\right]mn}$$

对于板中面点 (ξ,η) 承受集中力 P 作用

$$a_{mn}=\frac{4P}{ab}\sin\frac{m\pi\xi}{a}\sin\frac{n\pi\eta}{a}(m,n=1,2,3,\cdots)$$

$$w=\frac{4b^3P}{\pi^4a}\sum_{m=1}^{\infty}\sum_{n=1}^{\infty}\frac{\sin\dfrac{m\pi\xi}{a}\sin\dfrac{n\pi\eta}{b}}{D_1\left(\dfrac{m}{C}\right)^4+2D_1n^2\left(\dfrac{m}{C}\right)^2+D_2n^4}$$

3. 瑞兹法

利用最小势能原理求解各向异性板的弯曲问题是常用的一种有效近似方法。各向异性板弯曲的总势能为

$$\prod=\iint_A\left[\frac{1}{2}(M_x\kappa_x+M_y\kappa_y+M_{xy}\kappa_{xy})-qw\right]\mathrm{d}x\mathrm{d}y$$

代入物理关系和几何方程得

$$\prod=\frac{1}{2}\iint_A\left[D_{11}\left(\frac{\partial^2w}{\partial x^2}\right)^2+2D_{12}\frac{\partial^2w}{\partial x^2}\frac{\partial^2w}{\partial y^2}+D_{22}\left(\frac{\partial^2w}{\partial y^2}\right)^2+4D_{66}\left(\frac{\partial^2w}{\partial x\partial y}\right)^2+\right.$$
$$\left.4\left(D_{16}\frac{\partial^2w}{\partial x^2}+D_{26}\frac{\partial^2w}{\partial y^2}\right)\frac{\partial^2w}{\partial y^2}-2qw\right]\mathrm{d}x\mathrm{d}y$$

将特殊正交各向异性板的总势能简化为

$$\prod=\frac{1}{2}\iint_A\left[D_{11}\left(\frac{\partial^2w}{\partial x^2}\right)^2+2D_{12}\frac{\partial^2w}{\partial x^2}\frac{\partial^2w}{\partial y^2}+D_{22}\left(\frac{\partial^2w}{\partial y^2}\right)^2+4D_{66}\left(\frac{\partial^2w}{\partial x\partial y}\right)^2-2qw\right]\mathrm{d}x\mathrm{d}y$$

采用瑞兹法求解,取

$$w=\sum_m\sum_nA_{mn}w_{mn}(x,y)$$

式中,w_{mn} 是要求满足主边界条件(固定支承为 $w=0,\dfrac{\partial w}{\partial n}=0$;简支边界为 $w=0$)的已知线性无关函数,对自然边界条件$\left(\text{简支边界为 }M_n=0;\text{自由边缘为 }M_n=0,Q_n+\dfrac{\partial M_n}{\partial S}=0\right)$则不要求事先满足;$A_{mn}$ 是待定系数。

经积分运算后,可得到总势能 $\prod$ 为 A_{mn} 的二次多项式,由如下最小势能条件

$$\frac{\partial\prod}{\partial A_{mn}}=0$$

得到求解系数 A_{mn} 的线性代数方程组。对于弯曲挠度的解答,若 w_{mn} 的形式选择适当只要截取级数的前二、三项即可得到足够精确的结果;然而对于弯矩特别是剪力的解答,其误差比挠度大。

四边固定的正交各向异性矩形板承受均布载荷 q_0 作用,则选取坐标原点在板中面的中心点,并选择

$$w_{mn}=\left(x^2-\frac{a^2}{4}\right)^2\left(y^2-\frac{b^2}{4}\right)^2x^my^n$$
$$m,n=0,1,2,\cdots$$

取一级近似 $m,n=0$

$$w = \left(x^2 - \frac{a^2}{4}\right)^2 \left(y^2 - \frac{b^2}{4}\right)^2$$

$$\prod = \frac{a^5 b^5}{225}\left[\frac{A^2}{49}(7D_1 b^4 + 4D_3 a^2 b^2 + 7D_2 a^4) - A\frac{q_0}{4}\right]$$

$$A = \frac{49}{8} \cdot \frac{q_0}{7D_1 b^4 + 4D_3 a^2 b^2 + 7D_2 a^4}$$

$$w = \frac{49 q^0}{8} \cdot \frac{\left(x - \frac{a^2}{4}\right)^2 \left(y - \frac{b^2}{4}\right)^2}{7D_1 b^4 + 4D_3 a^2 b^2 + 7D_2 a^4}$$

板的中心点挠度为

$$w_{\max} = 0.003\,422\,\frac{q_0\,a^4}{D_1 + 0.571\,4D_3 C^2 + D_2 C^4}$$

这里 $C = a/b$，同理不难求得二级以上的近似解答。

还可以选取其他形式的挠曲函数作为一级近似。例如取

$$w = A\left(1 + \cos\frac{2\pi r}{a}\right)\left(1 + \cos\frac{2\pi y}{b}\right)$$

$$A = \frac{q_0\,a^4}{4\pi^4} \cdot \frac{1}{(3D_1 + 2D_3 C^2 + 3D_2 C^4)}$$

$$w = \frac{\frac{q_0\,a^4}{4\pi^4}\left(1 + \cos\frac{2\pi r}{a}\right)\left(1 + \cos\frac{2\pi y}{b}\right)}{(3D_1 + 2D_3 C^2 + 3D_2 C^4)}$$

$$w_{\max} = 0.003\,422\,\frac{q_0\,a^4}{\sqrt{D_1 D_2}}\left[\sqrt{\frac{D_1}{D_2}} + 0.667\,\frac{D_3}{\sqrt{D_1 D_2}}C^2 + \sqrt{\frac{D_2}{D_1}}C^4\right]^{-1}$$

4. 对称层合板的振动

具有宏观各向异性弹性特性的对称层合板,在一定的边界支承条件下的某一平衡位置受到任意横向干扰力的作用时,板将产生横向位移 w 与速度 $\frac{\partial w}{\partial t}$。当除去该干扰力时,板将在原平衡位置附近做微幅的自由振动,称为板的横向固有振动,其特性可由振型与固有频率描述。

板横向振动的基本方程可直接由弯曲方程导出。设任一瞬时 t 时刻,板的挠度为 $w = (x,y,t)$ 则板单位面积上作用的惯性力为

$$f_1 = -\frac{\gamma h}{g} \cdot \frac{\partial^2 w}{\partial t^2}$$

式中,γ 是板材的容重;g 是重力加速度;h 为板厚。于是,只需将该项惯性力代替板弯曲经典理论平衡方程中的横向分布载荷 $q(x,y)$,即可得到该板的横向自由振动微分方程如下:

$$D_{11}\frac{\partial^4 w}{\partial x^4} + 4D_{16}\frac{\partial^4 w}{\partial x^3 \partial y} + 2(D_{12} + 2D_{66})\frac{\partial^4 w}{\partial x^2 \partial y^2} + 4D_{26}\frac{\partial^4 w}{\partial x \partial y^3} + D_{22}\frac{\partial^4 w}{\partial y^2} = -\frac{\gamma h}{g} \cdot \frac{\partial^2 w}{\partial t^2}$$

对于正交各向异性板可得到

$$D_1\frac{\partial^4 w}{\partial x^4} + 2D_1\frac{\partial^4 w}{\partial x^2 \partial y^2} + D_2\frac{\partial^4 w}{\partial y^4} = -\frac{\gamma h}{g} \cdot \frac{\partial^2 w}{\partial t^2}$$

对于板的振动问题,挠度函数 w 除满足板的边界条件外,还须满足如下初始条件:

$$t=0, \quad w=w_0(x,y), \quad \frac{\partial w}{\partial t}=v_0(x,y)$$

式中，w_0，v_0 是中面上点(x,y)的初始挠度和速度。

引入微分算子

$$L'=D_{11}\frac{\partial^4}{\partial x^4}+4D_{16}\frac{\partial^4}{\partial x^3\partial y}+2(D_{12}+D_{66})\frac{\partial^4}{\partial x^2\partial y^2}+4D_{26}\frac{\partial^4}{\partial x\partial y^3}+D_{22}\frac{\partial^4}{\partial y^4}$$

$$L'=D_1\frac{\partial^4}{\partial x^4}+2D_3\frac{\partial^4}{\partial x^2\partial y^2}+D_2\frac{\partial^4}{\partial y^4}$$

则板的振动微分方程可简写成

$$Lw+\frac{\gamma h}{g}\cdot\frac{\partial^2 w}{\partial t^2}=0$$

$$L'w+\frac{\gamma h}{g}\cdot\frac{\partial^2 w}{\partial t^2}=0$$

若取其解的形式为

$$w=(A\cos\omega t+B\sin\omega t)W(x,y)$$

式中，ω 是频率，A，B 是未知常数。可得

$$LW-\frac{\omega^2\gamma h}{g}W=0$$

$$L'W-\frac{\omega^2\gamma h}{g}W=0$$

该方程满足板边界条件的非零解 W，即确定其振动挠曲形式，称为振型函数，与其相应的 ω 为板的固有频率。微分方程的通解可写成

$$w=\sum_{m=1}^{\infty}\sum_{n=1}^{\infty}(A_{mn}\cos\omega_{mn}t+B_{mn}\sin\omega_{mn}t)W_{mn}(x,y)$$

若将板的初始挠度及初始速度展成振型函数的级数形式，则

$$w_0=\sum_{m=1}^{\infty}\sum_{n=1}^{\infty}\alpha_{mn}W_{mn}, \quad v_0=\sum_{m=1}^{\infty}\sum_{n=1}^{\infty}\beta_{mn}W_{mn}$$

于是可得

$$w=\sum_{m=1}^{\infty}\sum_{n=1}^{\infty}\left(\alpha_{mn}\cos\omega_{mn}t+\frac{\beta_{mn}}{\omega_{mn}}\sin\omega_{mn}t\right)W_{mn}$$

由此式则可确定振动时板内任一点在任一时刻的挠度。上述方法适用于求解简支矩形板的固有振动。

2.4.3.4　层合板的稳定性

对称层合板在面内压力或剪切力作用下达到其临界值状态时，板除了未弯曲平衡状态外，还存在与之邻近的弯曲平衡状态，称为随遇平衡状态。这种由于面内压力或剪切力载荷作用使板发生弯曲的现象称为板的屈曲。分析与确定临界载荷一般可采用三种方法：①静力平衡准则；②能量准则；③动力准则。这里主要介绍前两种方法，并且如同板的弯曲与振动理论一样，有经典理论（不考虑横向剪切与正应力的影响）和精化理论之分。

1. 静力准则

由弯曲平衡方程式知,对于板的稳定性问题,由于其面内的纵向力(N_x, N_y, N_z)较大,对弯曲的影响必须考虑,即在横向(z轴)的力矢量平衡条中计入内力的分量,最后得到下列方程

$$\frac{\partial Q_x}{\partial x} + \frac{\partial Q_y}{\partial y} + N_x \frac{\partial^2 w}{\partial x^2} + 2N_{xy} \frac{\partial^2 w}{\partial x \partial y} + N_y \frac{\partial^2 w}{\partial y^2} + q = 0$$

另两个内力矩平衡方程式则不变。令横向分布载荷为零,则得稳定性问题的平衡微分方程为

$$D_{11} \frac{\partial^4 w}{\partial x^4} + 4D_{16} \frac{\partial^4 w}{\partial x^3 \partial y} + 2(D_{12} + 2D_{66}) \frac{\partial^4 w}{\partial x^2 \partial y^2} + 4D_{26} \frac{\partial^4 w}{\partial x \partial y^3} +$$

$$D_{22} \frac{\partial^4 w}{\partial y^4} - N_x \frac{\partial^2 w}{\partial x^2} - 2N_{xy} \frac{\partial^2 w}{\partial x \partial y} - N_y \frac{\partial^2 w}{\partial y^2} = 0$$

将正交各向异性层合板简化为

$$D_1 \frac{\partial^4 w}{\partial x^4} + 2D_3 \frac{\partial^4 w}{\partial x^2 \partial y^2} + D_2 \frac{\partial^4 w}{\partial y^4} - N_x \frac{\partial^2 w}{\partial x^2} - 2N_{xy} \frac{\partial^2 w}{\partial x \partial y} - N_y \frac{\partial^2 w}{\partial y^2} = 0$$

由上述齐次微分方程存在满足边界条件的非零解条件,即可求得临界载荷值。

对于沿x轴方向单向受均匀压力p的四边简支正交各向异性矩形层合板的临界载荷。根据微分方程代入$N_x = -p, N_y = N_{xy} = 0$,则有

$$D_1 \frac{\partial^4 w}{\partial x^4} + 2D_3 \frac{\partial^4 w}{\partial x^2 \partial y^2} + D_2 \frac{\partial^4 w}{\partial y^4} + p \frac{\partial^2 w}{\partial x^2} = 0$$

取

$$w = A_{mn} \sin \frac{m\pi x}{a} \sin \frac{n\pi y}{b}$$

显然满足简支边界条件,将其代入微分方程,则得临界条件

$$\pi^2 \left[D_1 \left(\frac{m}{a}\right)^4 + 2D_3 \left(\frac{mn}{ab}\right)^2 + D_2 \left(\frac{n}{b}\right)^2 \right] - p \left(\frac{m}{a}\right)^2 = 0$$

可解得

$$p = \frac{\pi^2 \sqrt{D_1 D_2}}{b^2} \left[\sqrt{\frac{D_1}{D_2}} \left(\frac{m}{C}\right)^2 + \frac{2D_3}{\sqrt{D_1 D_2}} n^2 + \sqrt{\frac{D_2}{D_1}} \left(\frac{C}{m}\right)^2 n^4 \right]$$

式中,$C = a/b$。

当$n = 1, y$方向为一个正弦半波时可得最小临界值

$$p_{\min} = \frac{\pi^2 \sqrt{D_1 D_2}}{b^2} \left[\sqrt{\frac{D_1}{D_2}} \left(\frac{m}{C}\right)^2 + \frac{2D_3}{\sqrt{D_1 D_2}} + \sqrt{\frac{D_2}{D_1}} \left(\frac{C}{m}\right)^2 \right]$$

从上式可分析边长比C对临界载荷的影响

①当$C = m' \sqrt[4]{\frac{D_1}{D_2}}$($m'$为整数),且$m = m'$时,得

$$p_{cr} = \frac{\pi^2 \sqrt{D_1 D_2}}{b^2} \left(2 + \frac{2D_3}{\sqrt{D_1 D_2}} \right)$$

②当$C = \sqrt{m(m+1)} \sqrt[4]{\frac{D_1}{D_2}}$($m$为任意整数),存在两种弯曲形式,即$m$个正弦半波或

$m+1$ 个正弦半波对应于同一临界载荷。当 $m=1,2,3,\cdots,$时,对应有

$$C=1.14\sqrt[4]{\frac{D_1}{D_2}}, \quad 2.45\sqrt[4]{\frac{D_1}{D_2}}, \quad 3.46\sqrt[4]{\frac{D_1}{D_2}} \quad \cdots$$

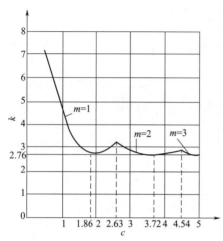

于是对实际 C 值,相应的 m 可按下列范围取值

$$0<C\leqslant1.14\sqrt[4]{\frac{D_1}{D_2}}, \quad m=1$$

$$1.14\sqrt[4]{\frac{D_1}{D_2}}<C\leqslant2.45\sqrt[4]{\frac{D_1}{D_2}}, \quad m=2$$

$$2.45\sqrt[4]{\frac{D_1}{D_2}}<C\leqslant3.46\sqrt[4]{\frac{D_1}{D_2}}, \quad m=3$$

然后按临界载荷计算公式求解即可得到临界值 P_{cr}。当 C 值非常大时可直接求 p_{cr},通常可写成下式:

$$p_{cr}=\frac{\pi^2\sqrt{\dfrac{D_2}{D_1}}}{b^2}\cdot k$$

图 2.38 c,k,m 之间的关系图

典型的 c,k,m 之间的关系曲线如图 2.38 所示。

2. 能量准则

根据瑞兹法,板在临界状态下的判据可表示成

$$\varPi=U-W=0$$

式中,$\varPi$ 为板的总势能;U 为变形能,W 是外力功。首先假设板的挠度形式为

$$w=f(y)\sin\frac{m\pi x}{a} \tag{2.43}$$

显然它满足 $x=0,a$ 为简支的边界条件。板的弯曲变形能为

$$U=\frac{1}{2}\iint_A\left[D_{11}\left(\frac{\partial^2 w}{\partial x^2}\right)^2+2D_{12}\frac{\partial^2 w}{\partial x^2}\frac{\partial^2 w}{\partial y^2}+D_{22}\left(\frac{\partial^2 w}{\partial y^2}\right)^2+4D_{66}\left(\frac{\partial^2 w}{\partial x\partial y}\right)^2+\right.$$

$$\left.4\left(D_{16}\frac{\partial^2 w}{\partial x^2}+D_{26}\frac{\partial^2 w}{\partial y^2}\right)\frac{\partial^2 w}{\partial x\partial y}\right]\mathrm{d}x\mathrm{d}y$$

在面内纵向载荷作用下的外力功为

$$W=-\frac{1}{2}\iint_A\left[N_x\left(\frac{\partial w}{\partial x}\right)^2+N_y\left(\frac{\partial w}{\partial y}\right)^2+2N_{xy}\frac{\partial w}{\partial x}\frac{\partial w}{\partial y}\right]\mathrm{d}x\mathrm{d}y$$

将 $N_x=-p,N_y=N_{xy}=0$ 和式(2.43)代入上式可得

$$U=\frac{a\sqrt{D_{11}D_{22}}}{4}\int_a^b\left[\sqrt{\frac{D_{22}}{D_{11}}}f^2-2\left(\frac{m\pi}{a}\right)^2\frac{D_{22}}{D_{11}}\sqrt{\frac{D_{11}}{D_{22}}}ff''+\right.$$

$$\left.\left(\frac{m\pi}{a}\right)^4\sqrt{\frac{D_{11}}{D_{22}}}f^2+\frac{4D_{66}}{\sqrt{D_{11}D_{22}}}\left(\frac{m\pi}{a}\right)^2f''^2\right]\mathrm{d}y$$

$$W=\frac{1}{2}\iint p\left(\frac{\partial w}{\partial x}\right)^2\mathrm{d}x\mathrm{d}y=\frac{pa}{4}\left(\frac{m\pi}{a}\right)^2\int_0^bf^2\mathrm{d}y$$

将上式代入平衡方程,可解得

$$p = \frac{\sqrt{D_{11}D_{22}}}{\left(\dfrac{m\pi}{a}\right)^2 \int_a^b f^2 \mathrm{d}y} \int_0^b \left[\sqrt{\frac{D_{22}}{D_{11}}} f''^2 - 2 \left(\frac{m\pi}{a}\right)^2 \frac{D_{22}}{D_{11}} \sqrt{\frac{D_{11}}{D_{22}}} ff'' + \right.$$

$$\left. \left(\frac{m\pi}{a}\right)^4 \sqrt{\frac{D_{11}}{D_{22}}} f^2 + \frac{4D_{66}}{\sqrt{D_{11}D_{22}}} \left(\frac{m\pi}{a}\right)^2 f''^2 \right] \mathrm{d}y$$

再设

$$f = \sum_m A_m f_m(y)$$

函数 $f_m(y)$ 是满足边界条件 $y=0$ 和 $y=b$ 的给定线性无关函数,A_m 是常数,即求得各种边界条件下的临界载荷 p_{cr}。

2.4.4　复合材料层合壳的分析

复合材料层合壳是现代工程中广泛应用的一种结构形式。它具有与均匀各向异性壳体同样的曲面几何性质,因此其变形与内力分析比平板复杂;同时在物性方面除了与层合板一样沿厚度是逐层间断变化的非均匀外,对于连续纤维增强层合壳体就现有铺层工艺方法而言,除了对回柱形壳体之外,均难以像层合板那样做到使纤维均匀分布或保持相同铺设角(纤维铺向与坐标轴的夹角),因而会产生有效弹性常数沿壳体中面为非均匀的变弹性常数的问题。上述层合壳体的几何与物理特性,使其理论分析十分困难,目前研究较为充分的仅集中于回柱形壳体和扁壳的线性经典理论。本节将介绍这类简单层合壳体的小挠度工程近似理论,主要是对称层合壳体。由于对称铺层的层合壳体其拉剪-弯扭耦合刚度 $B_{ij}=0$(对中面而言在 h/R 级误差范围内),因此可根据宏观有效弹性常数的概念应用均匀各向异性壳体理论来分析层合壳体的变形问题。

2.4.4.1　勒夫(A. E. H. Love)一次近似壳体理论

设壳体具有宏观均匀各向异性,并具有一个平行于中面的弹性对称面。选主曲率线坐标系 (α,β,z),如图 2.39 所示。由经典理论的基尔霍夫—勒夫假设,壳体任一点的位移为

$$u^*(\alpha,\beta,z) = u(\alpha,\beta) + z\theta_1(\alpha,\beta)$$
$$v^*(\alpha,\beta,z) = v(\alpha,\beta) + z\theta_2(\alpha,\beta)$$
$$w^*(\alpha,\beta,z) = w(\alpha,\beta)$$

这里 $u(\alpha,\beta)$、$v(\alpha,\beta)$、$w(\alpha,\beta)$ 分别为壳体中面($z=0$)上任一点的位移分量,$\theta_1(\alpha,\beta)$、$\theta_2(\alpha,\beta)$ 为该点中面法线绕坐标线切线的转动角,它与中面位移的关系为

$$\theta_1 = -\frac{1}{A_1}\frac{\partial w}{\partial \alpha} + \frac{u}{R_1}, \qquad \theta_2 = -\frac{1}{A_2}\frac{\partial w}{\partial \beta} + \frac{v}{R_2}$$

式中,A_1,A_2 为拉梅系数;R_1,R_2 为两个主曲率半径。中面应变的几何关系为

$$\varepsilon_1 = \frac{1}{A_1}\frac{\partial u}{\partial \alpha} + \frac{1}{A_1 A_2}\frac{\partial A_1}{\partial \beta} v + \frac{w}{R_1}$$

$$\varepsilon_2 = \frac{1}{A_2}\frac{\partial v}{\partial \beta} + \frac{1}{A_1 A_2}\frac{\partial A_2}{\partial \alpha} u + \frac{w}{R_2}$$

$$\gamma_{12}=\frac{A_2}{A_1}\frac{\partial}{\partial\alpha}\left(\frac{\nu}{A_2}\right)+\frac{A_1}{A_2}\frac{\partial}{\partial\beta}\left(\frac{u}{A_1}\right)$$

壳体任一点的应变为

$$\varepsilon_1^*(\alpha,\beta,z)=\varepsilon_1(\alpha,\beta)+zk_1(\alpha,\beta)$$

$$\varepsilon_2^*(\alpha,\beta,z)=\varepsilon_2(\alpha,\beta)+zk_2(\alpha,\beta)$$

$$\gamma_{12}^*(\alpha,\beta,z)=\varepsilon_{12}(\alpha,\beta)+2zk_{12}(\alpha,\beta)$$

式中,k_1、k_2 和 k_{12} 分别近似地表示壳体中面曲率的变化,它与位移的关系如下:

$$k_1=\frac{1}{A_1}\frac{\partial\,\theta_1}{\partial\alpha}+\frac{1}{A_1A_2}\frac{\partial A_1}{\partial\beta}+\frac{1}{A_1A_2}\frac{\partial A_2}{\partial\alpha}\theta_1$$

$$k_2=\frac{1}{A_2}\frac{\partial\,\theta_1}{\partial\beta}+\frac{1}{A_1A_2}\frac{\partial A_2}{\partial\alpha}\theta_1$$

$$k_{12}=\frac{1}{2}\left(\frac{1}{A_1}\frac{\partial\,\theta_2}{\partial\alpha}+\frac{1}{A_2}\frac{\partial\,\theta_1}{\partial\beta}-\frac{1}{A_1A_2}\frac{\partial A_1}{\partial\beta}\theta_1-\frac{1}{A_1A_2}\frac{\partial A_2}{\partial\alpha}\theta_2\right)$$

平衡微分方程式与各向同性壳体完全相同,形式为

$$\frac{1}{A_1A_2}\left[\frac{\partial(A_2T_1)}{\partial\alpha}+\frac{\partial(A_1S)}{\partial\beta}+S\frac{\partial A_1}{\partial\beta}-T_2\frac{\partial A_2}{\partial\alpha}\right]+\frac{Q_1}{R_1}+q_1=0$$

$$\frac{1}{A_1A_2}\left[\frac{\partial(A_2S)}{\partial\alpha}+\frac{\partial(A_1T_3)}{\partial\beta}+S\frac{\partial A_2}{\partial\alpha}-T_1\frac{\partial A_1}{\partial\beta}\right]+\frac{Q_2}{R_2}+q_2=0$$

$$\frac{1}{A_1A_2}\left[\frac{\partial(A_2Q_1)}{\partial\alpha}+\frac{\partial(A_2Q_2)}{\partial\beta}\right]-\left(\frac{T_1}{R_1}+\frac{T_2}{R_2}\right)+q_2=0$$

$$\frac{1}{A_1A_2}\left[\frac{\partial(A_2M_1)}{\partial\alpha}+\frac{\partial(A_1H)}{\partial\beta}+H\frac{\partial A_1}{\partial\beta}-M_2\frac{\partial A_2}{\partial\alpha}\right]-Q_2=0$$

$$\frac{1}{A_1A_3}\left[\frac{\partial(A_2H)}{\partial\alpha}+\frac{\partial(A_1M_2)}{\partial\beta}+H\frac{\partial A_2}{\partial\alpha}-M_1\frac{\partial A_1}{\partial\beta}\right]-Q_2=0$$

$$T_{12}-T_{21}+\frac{M_{12}}{R_1}-\frac{M_{31}}{R_2}=0$$

式中,q_1,q_2,q_m 分别表示分布载荷分量。内力及内力矩定义如下(忽略 h/R 级小量):

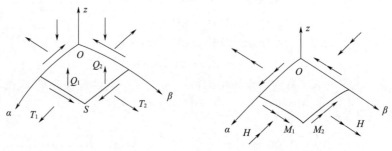

图 2.39　壳体的内力与内力矩

$$T_1=\int_{-h/2}^{h/2}\sigma_1\mathrm{d}z,\quad S=\int_{-h/2}^{h/2}\tau_{12}\mathrm{d}z,\quad T_2=\int_{-h/2}^{h/2}\sigma_2\mathrm{d}z=T_{12}=T_{21}$$

$$M_1=\int_{-h/2}^{h/2}\sigma_1z\mathrm{d}z,\quad H=\int_{-h/2}^{h/2}\tau_{12}z\mathrm{d}z,\quad M_2=\int_{-h/2}^{h/2}\sigma_2z\mathrm{d}z,\quad M_{12}=M_{21}$$

$$Q_1 = \int_{-h/2}^{h/2} \tau_{21}\,\mathrm{d}z, \quad Q_2 = \int_{-h/2}^{h/2} \tau_{12}\,\mathrm{d}z$$

根据基本假设 $\sigma_x = 0$，对于每一单层的应力-应变关系为

$$\begin{Bmatrix} \sigma_1 \\ \sigma_2 \\ \tau_{12} \end{Bmatrix}^{(k)} = \begin{bmatrix} Q_{11} & Q_{12} & Q_{16} \\ Q_{12} & Q_{22} & Q_{26} \\ Q_{16} & Q_{26} & Q_{66} \end{bmatrix}^{(k)} \begin{Bmatrix} \varepsilon_1^* \\ \sigma_2^* \\ \gamma_{12}^* \end{Bmatrix}$$

式中，$Q_{ij}^{(k)}$ 为第 k 单层在 α、β 坐标系的折减刚度，对单层板为常数，而对单层壳除了圆柱壳外一般将随坐标 α,β 变化，并且较难用函数确切表达，因此层合壳的物理关系比较复杂。为了便于分析，目前的层合壳理论均假设 $Q_{ij}^{(k)}$ 沿厚度逐层变化，而沿中面则是常数，即与坐标 α,β 无关，这对圆柱形层合壳是精确的而对其他形状的壳体则是近似的。

将上式代入平衡方程式则可得到

$$\begin{Bmatrix} T_1 \\ T_2 \\ S \end{Bmatrix} = \boldsymbol{A} \begin{Bmatrix} \varepsilon_1 \\ \varepsilon_2 \\ \gamma_{12} \end{Bmatrix} \qquad \begin{Bmatrix} M_1 \\ M_2 \\ H \end{Bmatrix} = \boldsymbol{D} \begin{Bmatrix} \kappa_1 \\ \kappa_2 \\ \kappa_{12} \end{Bmatrix}$$

式中，刚度矩阵 $\boldsymbol{A},\boldsymbol{D}$ 的元素为

$$A_{ij} = \int_{-h/2}^{h/2} Q_{ij}^{(k)}\,\mathrm{d}z, \qquad D_{ij} = -\int_{-h/2}^{h/2} Q_{ij}^{(k)} z^2\,\mathrm{d}z$$

将物理关系式和几何关系式、位移关系式代入平衡方程式，则可得到以中面位移分量表达的基本微分方程式，它相当于一个八阶偏微分方程，一般解中包含 8 个积分常数，这些常数将由每个边界上给定的 4 个边界条件予以确定。设边界 $\alpha = \alpha_0$ 与中面的一主曲率线重合，则有以下几种边界条件的提法：

①自由边界

$$T_1 = 0, \quad T_{12} = T_{21} + \frac{H}{R_2} = 0, \quad M_1 = 0, \quad \bar{Q}_1 = Q_1 + \frac{1}{A}\frac{\partial H}{\partial \beta} = 0$$

②刚性固定

$$u = 0, \quad v = 0, \quad w = 0, \quad \theta_1 = 0$$

③简支边界

a. $\qquad M_1 = 0, \quad u = 0, \quad v = 0, \quad w = 0;$

b. $\qquad M_1 = 0, \quad T_1 = 0, \quad v = 0, \quad w = 0;$

c. $\qquad M_1 = 0, \quad u = 0, \quad \bar{T}_{12} = 0, \quad w = 0。$

对于一般形状的层合壳体，其基本微分方程过于复杂，但是工程中常用的一类旋转壳体如圆柱壳、圆锥壳、圈球壳及其他二次旋转壳体，以及扁壳等，由于其特殊的几何特性可使方程得到很大的简化，同时还可根据工程需要进一步引入简化假设，建立各种工程实用理论。

2.4.4.2　正交各向异性旋转层合壳体的轴对称问题

1. 基本微分方程

设具有宏观的正交各向异性的旋转壳体，其中面是由平面曲线 $\varGamma: r = r(z)$ 绕 z 轴旋转而

成的轴对称旋转曲面,其子午线、纬线圆即分别为主曲率坐标线:$\alpha=\varphi,\beta=\theta$,如图 2.40 所示,显然存在如下几何关系:

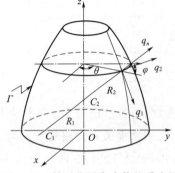

图 2.40 轴对称层合壳体的受力图

$$dS_1=R_1d\varphi, \qquad dS_2=r_1d\theta, \qquad A_1=R_1, \qquad A_2=r$$

$$r=R_2\sin\varphi$$

设壳体承受轴对称载荷

$$q_1=q_1(\varphi), \qquad q_2=0, \qquad q_0=q_0(\varphi)$$

于是壳体的内力与变形也是轴对称的,即与坐标 θ 无关,且有

$$S=H=Q_2=v=0$$

基本方程均简化,平衡方程为

$$\frac{1}{R_1}\frac{d(rT_1)}{d\varphi}+T_2\cos\varphi+\frac{r}{R_1}Q_1+rq_1=0$$

$$\frac{1}{R_1}\frac{d(rQ_1)}{d\varphi}-r\left(\frac{T_1}{R_1}+\frac{T_2}{R_1}\right)+rq_n=0$$

$$\frac{1}{R_1}\frac{d(rM_1)}{d\varphi}+M_2\cos\varphi-rQ_1=0$$

几何方程为

$$\theta_1=\frac{1}{R_1}\left(\frac{d(\bar{\omega})}{d\varphi}-u\right)$$

$$\varepsilon_1=\frac{1}{R_1}\left(\frac{du}{d\varphi}+\bar{\omega}\right), \qquad \varepsilon_2=\frac{1}{r}(\bar{\omega}\sin\varphi-u\cos\varphi),$$

$$\kappa_1=\frac{1}{R_1}\frac{d\theta_1}{d\varphi}, \qquad \kappa_2=\frac{\cos\varphi}{r}\theta_1$$

变形协调方程为

$$\frac{1}{R}\frac{d\varepsilon_1}{d\varphi}-(\varepsilon_2-\varepsilon_1)\cos\varphi+\theta_1\sin\varphi=0$$

为了求解旋转壳体的轴对称变形问题,引入辅助函数 $V(\varphi)$,使之与内力的关系为

$$T_1=-\frac{\sin\varphi}{r}V+\frac{1}{r}F_1(\varphi)$$

$$T_1=\frac{1}{R_1}\frac{dV}{d\varphi}$$

$$Q_1=\frac{\cos\varphi}{r}V+\frac{1}{r}F_1(\varphi)$$

式中,$\varphi=\dfrac{\pi}{2}-\varphi$。

$$F_1(\varphi)=\sin\varphi\int_{\varphi_0}^{\varphi}rq_rR_1d\varphi+\cos\varphi\left(\frac{P_z^0}{2\pi}-\int_{\varphi_0}^{\varphi}rq_zR_1d\varphi\right)$$

$$F_2(\varphi)=-\cos\varphi\int_{\varphi_0}^{\varphi}rq_rR_1d\varphi+\sin\varphi\left(\frac{P_z^0}{2\pi}-\int_{\varphi_0}^{\varphi}rq_zR_1d\varphi\right)$$

$$q_r=q_n\cos\varphi-q_1\sin\varphi,$$

$$q_z = q_n \sin \varphi + q_1 \cos \varphi$$

$$P_z^0 = (T_1^0 \cos \varphi_0 + Q_1^0 \sin \varphi_0 +) 2\pi r_0$$

上式表达的内力满足轴向平衡条件

$$2\pi r (T_1 \cos \varphi + Q_1 \sin \varphi) = P_z^0 - 2\pi \int_{\varphi_0}^{\varphi} r q_z R_1 \mathrm{d}\varphi$$

且恒满足平衡方程的前两式，第 3 式为

$$\frac{1}{R_1} \frac{\mathrm{d}}{\mathrm{d}\varphi} (r M_1) + M_2 \sin \varphi - V \cos \varphi = F_2(\varphi)$$

对特殊宏观正交各向异性壳体可得

$$\boldsymbol{\varepsilon} = \bar{\boldsymbol{S}} \boldsymbol{T}, \qquad \boldsymbol{M} = \boldsymbol{D} \boldsymbol{\kappa}$$

式中

$$\boldsymbol{\varepsilon} = \varepsilon_1 \varepsilon_2^{\mathrm{T}}, \qquad \boldsymbol{T} = T_1 T_2^{\mathrm{T}}$$

$$\boldsymbol{M} = M_1 M_2^{\mathrm{T}}, \qquad \boldsymbol{\kappa} = \kappa_1 \kappa_2^{\mathrm{T}}$$

$$\bar{\boldsymbol{S}} = \boldsymbol{A}^{-1}$$

综合上述式子，消去 T_1，T_2，M_1，ε_1，ε_2，κ_1 和 κ_2，最终得到以未知函数 $V(\varphi)$ 和 $\theta_2(\varphi)$ 表示的二阶常微分方程组如下：

$$\frac{\mathrm{d}^2 V}{\mathrm{d}S^2} - \frac{\sin \varphi}{r} \frac{\mathrm{d}V}{\mathrm{d}S} - \left(\frac{\bar{S}_{12}}{\bar{S}_{22}} \frac{1}{R_1 R_2} + \frac{\bar{S}_{11}}{\bar{S}_{22}} \frac{\sin^2 \varphi}{r^2} \right) V = \frac{1}{\bar{S}_{22}} \frac{1}{R_1} \theta + \varphi_1$$

$$\frac{\mathrm{d}^2 \vartheta}{\mathrm{d}S^2} - \frac{\sin \varphi}{r} \frac{\mathrm{d}\vartheta}{\mathrm{d}S} + \left(\frac{\bar{S}_{12}}{\bar{S}_{22}} \frac{1}{R_1 R_2} - \frac{\bar{S}_{11}}{\bar{S}_{22}} \frac{\sin^2 \varphi}{r^2} \right) \theta = \frac{1}{D_{11}} \frac{1}{R_2} V + \varphi_2$$

式中

$$\mathrm{d}S = R_1 \mathrm{d}\varphi$$

$$\varphi_1 = -\frac{\bar{S}_{12}}{\bar{S}_{22}} \frac{1}{r} \frac{\mathrm{d}F_1}{\mathrm{d}S} - \frac{\bar{S}_{11}}{\bar{S}_{22}} \frac{\sin \varphi}{r^2} F_1$$

$$\varphi_2 = \frac{1}{D_{11}} \frac{1}{r} F_2$$

2. 轴对称问题的渐近解

采用傅里叶的方法，引进复函数 σ，使

$$\sigma = -\theta - \mathrm{i} \sqrt{\frac{\bar{S}_{22}}{h D_{11}}} V$$

可以证明在 $\dfrac{h}{R_1} \ll 1$ 的情况下，微分方程可近似写成

$$L(\sigma) + \mathrm{i} k^2 \frac{\sigma}{R_2} = -\left(\varphi_2 + \mathrm{i} \frac{\bar{S}_{22}}{h} k^2 \varphi_1 \right)$$

式中，$k^2 = \sqrt{\dfrac{k}{D_2 \bar{S}_{22}}}$。

$$L(\,\cdot\,)\equiv\frac{\mathrm{d}^2}{\mathrm{d}S^2}(\,\cdot\,)-\frac{\sin\varphi}{r}\frac{\mathrm{d}}{\mathrm{d}S}(\,\cdot\,)-\lambda\frac{\sin^2\varphi}{r^2}(\,\cdot\,)$$

$$\lambda=\frac{\overline{S}_{11}}{\overline{S}_{22}}=\frac{E_2}{E_1}$$

上述微分方程式的非齐次特解可近似地由无矩理论解给出。即令 $M_1=M_2=Q_1=0$，可得

$$\theta_1^*=0,\qquad v^*=\frac{F_2}{\cos\varphi}$$

代入复函数方程式得

$$\sigma^*=\mathrm{i}\sqrt{\frac{\overline{S}_{22}}{hD_{11}}}\frac{F_2}{\cos\varphi}$$

相应齐次方程的解假设为 σ_0，它可通过渐近展开的方法求得，其详细过程不做介绍，而只将近似结果给出如下

$$\sigma_0=\sqrt[4]{\frac{R_2}{R^2}}\left[C'_1\theta^{-(1-\mathrm{i})\beta}+C'_2\theta^{(1-\mathrm{i})\beta}\right]$$

$$=\frac{1}{\sqrt[4]{R_2\cos^2\varphi}}\left[C_1\theta^{-(1-\mathrm{i})\beta}+C'_2\theta^{(1-\mathrm{i})\beta}\right]$$

式中

$$\beta=\frac{k}{\sqrt{2}}\int_{s0}^{s}\frac{\mathrm{d}S}{\sqrt{R_2}}$$

对于薄壳，将 $\sqrt[4]{R_2\cos^2\varphi}$ 视为常数时所导致的误差将在 $\left(\frac{h}{R}\right)$ 量级之内，于是可将基本方程的解写成

$$\sigma=\sigma_0+\sigma^*=C_1\theta^{-(1-\mathrm{i})\beta}+C_2\theta^{(1-\mathrm{i})\beta}+\mathrm{i}\sqrt{\frac{\overline{S}_{22}}{hD_{11}}}\frac{F_2}{\cos^2\varphi}$$

引进辅助函数

$$\theta(\beta)=\mathrm{e}^{-\beta}\cos\beta,\qquad \xi(\beta)=\mathrm{e}^{-\beta}\sin\beta$$
$$\varphi(\beta)=\theta\beta+\xi(\beta),\qquad \varphi(\beta)=\theta\beta-\xi(\beta)$$

存在下列递推关系

$$\theta'(\beta)=-\varphi(\beta),\qquad \xi'(\beta)=\varphi(\beta)$$
$$\theta''(\beta)=2\xi(\beta),\qquad \xi''(\beta)=-2\theta(\beta)$$

将上式代入基本方程中，则得

$$-\theta_1=A_1\theta(\beta)+B_1\xi(\beta)+A_2\theta(\beta_1)+B_2\xi(\beta_1)$$

$$V=\frac{1}{k^2S_{22}}\left[A_1\xi(\beta)+B_1(\beta)-A_2\xi(\beta_1)+B_2\theta(\beta_1)\right]-\frac{F_2}{\cos\varphi}$$

式中

$$\beta_1=\alpha_0-\beta,\qquad \alpha_0=\frac{k}{\sqrt{2}}\int_{s_0}^{s_1}\frac{\mathrm{d}S}{\sqrt{R_2}}$$

将得到的解 θ_1、V 代入式(几何方程式和平衡方程式),则得

$$T_1 = k^2 D_{11}\left[A_1\xi(\beta)-B_1\theta(\beta)+A_2\xi(\beta)-B_2\theta(\beta_1)\right]\frac{\sin\varphi}{r}+\frac{1}{R_2\cos^2\varphi}\left(\frac{P_z^0}{2\pi}-\int_{s_0}^s rq_z\mathrm{d}S\right)$$

$$T_2 = D_{11}\frac{k^2}{\sqrt{2R}}\left[-A_1\phi(\beta)-B_1\varphi(\beta)+A_2\phi(\beta_1)+B_2\varphi(\beta_1)\right]-\frac{1}{R_1\cos^2\varphi}\left(\frac{P_z^0}{2\pi}-\int_{s_0}^s rq_z\mathrm{d}S\right)+R_2 q_n$$

$$Q_1 = k^2 D_{11}\left[B_1\theta(\beta)-A_1\xi(\beta)+B_2\theta(\beta_1)-A_2\xi(\beta_1)\right]\frac{\cos\varphi}{r}$$

$$M_1 = D_{11}\frac{k}{\sqrt{2R_2}}\left[A_1\varphi(\beta)-B_1\varphi(\beta)-A_2\varphi(\beta_1)+B_2\varphi(\beta_1)\right]$$

$$M_2 = D_{12}\frac{k}{\sqrt{2R_2}}\left[A_1\varphi(\beta)-B_1\varphi(\beta)-A_2\varphi(\beta_1)+B_2\varphi(\beta_1)\right]+$$

$$D_{22}\left[A_1\theta(\beta)+B_1\xi(\beta)+A_2\theta(\beta_2)+B_2\xi(\beta_1)\right]\frac{\sin\varphi}{r}$$

式中,常数 A_1,A_2,B_1,B_2 由边界条件确定。由于辅助函数 $\theta(\beta)$,$\xi(\beta)$,$\varphi(\beta)$ 均具有快速衰减的特性,因此对于较长的壳体,例如相对于一般工程误差要求,可取子午线长 $L\gg\pi\frac{\sqrt{2R_2}}{k}$,则可忽略壳体两端面边界的相互影响。边界条件可写成如下形式(以表示子午线):

$$\beta=0,\qquad Q_1=Q_1^0,\qquad M_1=M_1^0$$
$$\beta=\alpha_0,\qquad Q_1=Q_1^L,\qquad M_1=M_1^L$$

即有

$$k^2 D_{11}B_1\frac{\cos\phi_0}{r_0}=\frac{k^2 D_{11}}{R_2^0}B_1=Q_1^0$$

$$\frac{D_{11}k}{\sqrt{2R_2^0}}(A_1-B_1)=M_1^0$$

$$\frac{k^2 D_{11}}{R_2 L}B_2=Q_1^L$$

$$\frac{D_{11}k}{\sqrt{2R_2 L}}(B_2-A_2)=M_1^L$$

求解上述方程得

$$A_1=\frac{R_2^0}{D_{11}k^2}Q_2^0+\frac{\sqrt{2R_2^0}}{D_{11}k}M_1^0,\qquad B_1=\frac{R_2^0}{k^2 D_{11}}Q_1^0$$

$$A_2=\frac{R_2^L}{D_{11}k^2}Q_2^L+\frac{\sqrt{2R_2^L}}{D_{11}k}M_1^L,\qquad B_2=\frac{R_2^L}{k^2 D_{11}}Q_1^L$$

当给定边界的内力与内力矩值,则由上述式子得所有内力与内力矩的解。最后,为了求得层合壳体中每一单层的应力场,需首先求得壳体任一点的应变 $\boldsymbol{\varepsilon}^*=(\varepsilon_1^*,\varepsilon_2^*,\gamma_{12}^*)^T$。根据相邻单层的面内应变在界面上的连续性,可取 $\boldsymbol{\varepsilon}^{*(k)}=\boldsymbol{\varepsilon}^*$,于是由 $\boldsymbol{\sigma}^{*(k)}=\boldsymbol{Q}^{(k)}\boldsymbol{\varepsilon}^*$ 即可确定任一单层中的面内应力场。为了求 $\boldsymbol{\varepsilon}^*$,需将求得的内力 $\boldsymbol{T}$ 代入物理场方程式第一式,则得到中面应变 $\boldsymbol{\varepsilon}$,再由第二式求逆,即可由内力矩的解求得中面的曲率变化 $\boldsymbol{k}$

$$\boldsymbol{\kappa} = \boldsymbol{D}^{-1} \boldsymbol{M}$$

或由得到的解 θ_1 直接代入几何关系亦可得到 k_0，于是由式即得到面内应变场

$$\boldsymbol{\varepsilon}_1^* = \boldsymbol{\varepsilon} + z \boldsymbol{\kappa}^*$$

此处引入

$$\boldsymbol{\kappa}^* \equiv (\kappa_1, \kappa_2, 2\kappa_{12})^T$$

最后壳体的中面位移分量为

$$u = u_z \cos \varphi - u_r \sin \varphi, \qquad w = u_r \cos \varphi - u_z \sin \varphi$$

式中

$$u_r = r\varepsilon_z, \qquad u_z = u_z^0 + \int_{z_0}^{z} (\varepsilon_1 \cos \varphi - \theta \sin \varphi) \mathrm{d}S$$

由于壳中相邻单层在层间界面上的横向剪应力 τ_{1z}^* 必须是连续的，因此可取 $\tau_{1z}^{*(k)} = \tau_{1z}^*$，于是有 $\tau_{1z}^{*(k)} = \dfrac{1}{h} Q_1$。

2.4.5 夹层结构分析

复合材料层合板在承受弯曲载荷时，远离中面的铺层可提供较大的抗弯刚度，因此在设计受弯矩的结构物时把弹性模量大、强度高的材料配置在远离中面的部位。中面附近受力较小，可使用强度和模量较低的材料。夹层板与夹层梁即此类结构的典型例子。本节介绍关于夹层结构的分析和工程计算方法。

2.4.5.1 夹层结构受力分析

夹层结构由三部分组成，如图 2.41 所示，最外层是面板，也称蒙皮，中间是芯材，常用的有泡沫塑料、金属或非金属材料制成的蜂窝、波纹板和栅格，将面板和芯材连接在一起的是胶接层。夹层结构的面板主要承受弯曲变形引起的正应力，要用高强、高模量材料制造，如层压的碳-环氧和玻纤-环氧以及金属板材。芯子主要承受剪应力，为保证面板在稳定状态下工作，芯材也需要有一定的刚度和强度，尤其是要有较高的抗剪性能。胶接层的作用将芯材与面板连接在一起，工作时主要承受剪应力。

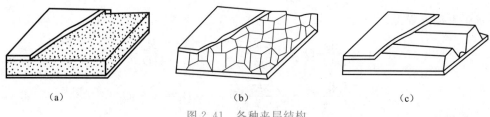

| (a) | (b) | (c) |

图 2.41　各种夹层结构

夹层结构产生于 20 世纪 40 年代，最初由机花心木为面板，以巴萨木（一种软木）为芯子的夹层结构用作飞机的机翼，而后又出现了金属面板和蜂窝芯材的夹层结构制成飞机的水平安定面、舵面和直升机的旋翼。由于蜂窝夹层结构的优异性能，目前已大量在飞机、导弹、卫星、宇宙飞船和航天飞机上得到广泛应用。随着胶接技术和高性能胶黏剂的进展，夹层结

构性能不断提高,使用范围不断扩大,在一些新型飞机上其使用比例已达到外形面积的90%以上。夹层结构是一种有广阔发展前景的结构形式,更适合于用复合材料制造。

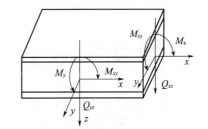

夹层板是夹层结构的典型结构形式。根据夹层板的结构特点,弯曲时其面板主要承受面内拉伸、压缩及面内剪应力,芯材主要承担横向剪应力。为此可对夹层板做如下假设:

①薄的面板只承受面内应力 σ_x,σ_y,τ_{xy};

②芯材只承受横向剪应力,且沿厚度均匀分布,其应力状态是 $\sigma_x = \sigma_y = \tau_{xy} = 0$,$\tau_{zx} \neq 0$,$\tau_{yz} \neq 0$;

③夹层板弯曲变形时 $\varepsilon_z = 0$,且不计 σ_z 对应力的影响。

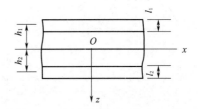

图 2.42 是典型的以层合板为面板的夹层结构示意图及受力分析。

图 2.42 夹层板的受力分析与几何要素

2.4.5.2 蜂窝夹层结构的工程计算

以上从夹层板的受力状态与基本假设出发,导出了夹层板弯曲的基本控制方程,但用解析方法求解弯曲控制方程以期得到夹层板的应力分析和结构参数是非常困难的。求解过程不仅要具备相当的数学知识,同时还要经历冗长的运算,所以不适于实际工程应用。对于比较复杂的工程问题,通常经过某种假设,引进工程上应用的设计计算方法。

1. 蜂窝夹层结构的密度计算

蜂窝夹层结构单位体积的质量称为密度,蜂窝夹层结构如图 2.42 所示,令上面板的厚度为 t_1,下面板厚度为 t_2,上、下面板密度分别为 ρ_1、和 ρ_2;胶接层的密度为 ρ_H,厚度为 t_H。若蜂窝夹层板的高度为 h,则蜂窝芯高

$$h_c = h - (t_1 + t_2 + 2t_H)$$

蜂窝夹层结构的密度 $\rho =$ 质量/体积,则

$$\rho = \frac{abt_1\rho_1 + abt_2\rho_2 + 2abt_H\rho_H + abh_1\rho_1}{abh} = \frac{t_1}{h}\rho_1 + \frac{t_2}{h}\rho_2 + 2\frac{t_H}{h}\rho_H + \left(1 - \frac{t_1 + t_2 + 2t_H}{h}\right)\rho_1$$

式中,ρ 为蜂窝芯子的密度。

通常蜂窝夹层结构的上、下面板厚度相同,且由同样的层合板制成,即 $t_1 = t_2 = t_f$,$\rho_1 = \rho_2 = \rho_f$,而蜂窝芯的密度 ρ_c 比 ρ_f 要小得多,且 t_H 很小,故 $\frac{2t_H}{h}\rho$ 项可以略去,于是上式简化为

$$\rho = 2\frac{t_f\rho_f}{h} + \frac{2t_c\rho_c}{h} + \left(1 - \frac{2t_f}{h}\right)\rho_c$$

图 2.43 为六边形蜂窝芯,取图中阴影部分的矩形作为考虑密度的基本单元。按图示尺寸,蜂窝芯材的密度为

$$\rho_c = \frac{(d+c)t_s h_s \rho_s}{(d+c\cos\theta)(c\sin\theta + t_s)h}$$

正六边形的 $\theta=60°$，于是上式变成

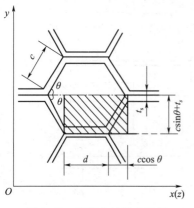

图 2.43 蜂窝芯材尺寸要素

$$\rho_c=1.54\rho_s\left(\frac{t_s}{c}\right)$$

式中，ρ_s 为蜂窝壁材料的密度。

将此结果代入密度计算公式后，则得蜂窝夹层结构的密度为

$$\rho=2\left(\frac{t_f\rho_f}{h}+\frac{t_u\rho_u}{h}\right)+1.54\frac{t_s}{c}\left(1-\frac{2t_f}{h}\right)\rho_s$$

2. 蜂窝夹层结构的弹性模量计算

在蜂窝夹层结构的设计计算中，通常需要计算蜂窝夹层结构的面内拉伸模量、剪切模量，以及蜂窝芯材的平拉（或平压）模量和剪切模量等主要参数。下面分别介绍这几个参数的工程计算方法。

3. 面内拉伸弹性模量

图 2.44 为承受拉伸载荷的蜂窝夹层结构，当 x 方向作用拉力 P 时，由力的平衡得

$$P=2\sigma_f t_f b+\sigma_c h_c b$$

式中，σ_f 和 σ_c 分别为面板和芯材的应力。

若 ε_x 为夹层结构的平均应变，ε_{fx} 和 ε_{cx} 分别为面板和芯材的应变，F_{fx} 和 F_{cx} 分别为面板和芯材在 x 方向的拉伸模量，则上式可写成

$$E_x\varepsilon_x hb=E_{fx}\varepsilon_{fx}(2t_f)b+E_{cx}\varepsilon_{cx}h_c b$$

由于夹层结构在受拉伸时变形协调，即 $\varepsilon_x=\varepsilon_{fx}=\varepsilon_{cx}$，从而有

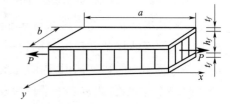

图 2.44 受拉伸载荷的夹层结构

$$E_x=E_{fx}\frac{2t_f}{h}+E_{cx}\frac{h_c}{h}$$

式中，E_x 为夹层结构在 x 方向的拉伸模量。同样，若载荷加在 y 方向上，也有

$$E_y=E_{fy}\frac{2t_f}{h}+E_{cy}\frac{h_c}{h}$$

由于蜂窝芯材在 x,y 方向上的拉伸模量较小，工程上可认为

$$E_{cx}=E_{cy}=0$$

对于在 x,y 方向为正方对称的面板，其 $E_{fx}=E_{fy}=E_f$，从而得

$$E_x=E_y=E_y\frac{2t_f}{h}$$

4. 蜂窝夹层结构的剪切模量

按图 2.45 所示的坐标系，蜂窝夹层结构可以承受 xOz 平面、yOz 平面和 xOy 平面内的剪切，在这两种载荷作用下，夹层结构将出现不同的变形。在 xOz 平面的 Q_{xz} 剪切载荷作用下，变形情况如图 2.45 所示，于是有

$$\Delta = 2\Delta_f + \Delta_c$$

假定蜂窝芯材的剪应变为 γ_c，面板的剪应变为 γ_f，结构的总剪应变为 γ_z，则上式可写成

$$\frac{\tau_z}{G_{xz}}h = 2t_f \frac{\tau_f}{G_{fxz}} + h_c \frac{\tau_c}{G_{cxz}}$$

式中，G_{xz} 为夹层结构在 xOz 面的剪切模量；G_{fxz}，G_{cxz} 分别为面板和芯材在 xOz 面的剪切模量。

由于面板和芯材由胶接层连在一起，由分析胶层的剪应力可知 $\tau_x = \tau_f = \tau_c$，从而夹层结构在 xOz 面内的剪切模量为

$$\frac{1}{G_{xz}} = \frac{2t_f}{G_{fxz}f} + \frac{h_c}{G_{cxz}h}$$

yOz 面的剪切模量，可仿照上面的分析得

$$\frac{1}{G_{yz}} = \frac{2t_f}{G_{fyz}f} + \frac{h_c}{G_{cyz}h}$$

夹层结构在 xOy 面内的 Q_{xy} 作用下的变形由图 2.45(c)示出，此时整个夹层结构在 xOy 面内的相当剪应力为

$$\tau_{xy} = \frac{Q_{xy}}{hb}$$

若面板和芯材的剪应力分别为 τ_{fxy} 和 τ_{cxy}，则有

$$Q_{xy} = \tau_{xy}hb = z\tau_{fxy}t_f b + \tau_{cxy}h_c b$$

上式可写成

$$G_{xy}\tau_{xy}h = 2G_{fxy}\gamma_{fxy}t_f + G_{cxy}\gamma_{cxy}h_c$$

对于蜂窝夹芯材料 $G_{cxy} \approx 0$，所以蜂窝夹层结构 xOy 面内的剪切模最为

$$G_{xy} = G_{fxy}\frac{h_c}{h}$$

从 G_{xz} 计算式和 G_{xy} 计算式可以看出，当蜂窝夹层结构在 xOz(或 yOz)面内承受剪切载荷时，由于面板很薄，且材料在这个方向(相当于层合板的层间)上的剪切模量很小，所以芯材是主要承剪材料；当剪切载荷作用在 xOy 面内时，剪切载荷主要由面板承担。

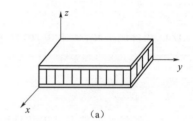

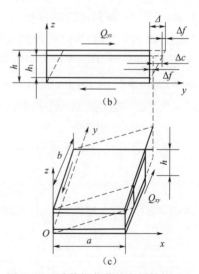

图 2.45 受剪切载荷的夹层结构

5. 蜂窝夹层结构的平拉(或平压)模量

如果夹层结构在 x 向受拉伸载荷 P，如图 2.46 所示，设面板和芯材分别产生应变 ε_{fz} 和 ε_{cz}，则 z 向的总变形为

$$\varepsilon_z h = 2\varepsilon_{fz}t_f + \varepsilon_{zx}h_c$$

式中，ε_z 为夹层结构的平均应变。

上式可写成 $\varepsilon_z = \varepsilon_{fz}\dfrac{2t_f}{h} + \varepsilon_{cz}\dfrac{h_c}{h}$。

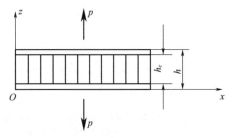

图 2.46 受平拉的夹层结构

若夹层结构在 z 方向的模量为 E_z。面板和芯材的 z 向模量分别为 E_{fz} 和 E_{cz}，按上式计算并用虎克定律可得

$$\frac{\sigma_z}{E_z} = \frac{\sigma_{fz}}{E_{fz}} \cdot \frac{2t_f}{h} + \frac{\sigma_{cz}}{E_{cz}} \cdot \frac{t_c}{h}$$

由于 z 向受载，夹层结构的面板和芯材为串联，故各部分的 z 向应力相等，即

$$\sigma_z = \sigma_{fz} = \sigma_{cz}$$

从而有

$$\frac{1}{E_z} = \frac{1}{E_{fz}} \cdot \frac{2t_f}{h} + \frac{1}{E_{cz}} \cdot \frac{h_0}{h}$$

这里芯材的平拉（或平压）模量 E_{cz} 对于正六边形蜂窝芯，可近似取用如下公式得到

$$E_{cz} \approx 1.54\left(\frac{t_s}{c}\right)E_z$$

6. 蜂窝夹层结构的应力计算

夹层结构的特点是用芯材把两块面板隔开以提高其抗弯能力。对常用的夹层板，在设计计算时可把它视做由三层材料组合的夹层梁，因此可按层合梁的计算方法分析夹层板的应力。根据芯材的特性，计算时可做如下简化假设：①面板和芯材胶接良好，承载时不滑移；②面板只承受面内正应力，且沿厚度均匀分布，不承受剪应力；③芯材在平行面板方向的弹性模量 E_{cx}，E_{cy} 为零，而在垂直于面板方向的弹性模量 E_{cz} 趋于无穷大，即夹层结构在垂于面板方向受力时芯材不产生变形。同时假定剪应力沿芯材厚度均匀分布。根据以上假设，各应力分量的计算如下：

（1）夹层结构的正应力

按照计算层合梁正应力公式，可得夹层结构各层的正应力

$$\sigma_x^{(k)} = \frac{M E_x^{(k)} z}{(EI)_x}$$

式中，$(EI)_x$ 为夹层结构在 x 主向的抗弯刚度，且

$$(EI)_x = \sum_{k=1}^{n} E_x^{(k)} I_y^{(k)}$$

如图 2.47(a) 所示，根据假设③，当 $E_c = 0$ 时，则上、下面板到中性轴（面）的距离分别为

$$e_1 = \frac{E_{f2} t_{f2} h_0}{E_{f1} t_{f1} + E_{f2} t_{f2}}$$

$$e_2 = \frac{E_{f1} t_{f1} h_0}{E_{f1} t_{f1} + E_{f2} t_{f2}}$$

则

$$(EI)_x = \frac{E_{f1} t_{f1} E_{f2} t_{f2} h_0}{E_{f1} t_{f1} + E_{f2} t_{f2}}$$

式中，E_{f1}，E_{f2} 分别表示上、下面板的弹性模量；h_0 为上、下面板中面间的距离。

由图 2.47(a)知 $h_0 = e_1 + e_2$，根据简化假设②，面板中应力沿厚度均匀分布[见图 2.47(b)]，当作用在夹层结构上的弯矩为 M_x 时，上、下面板中的应力分别为

$$\sigma_{f1} = -\frac{M_x}{t_{f1}h_0}; \quad \sigma_{f2} = -\frac{M_x}{t_{f2}h_0};$$

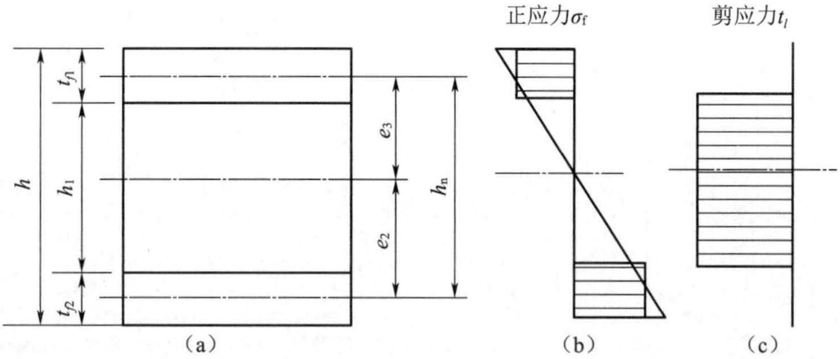

图 2.47　夹层结构的应力分布

通常上、下面板采用相同材料且密度相等，即 $E_{f1} = E_{f2} = E_f$，$t_{f1} = t_{f2} = t_f$，此时

$$e_1 = e_2 = \frac{h_0}{2}, \quad (EI)_x = \frac{1}{2}F_f t_f h_0^2$$

从而

$$\sigma_f = \pm\frac{M_x}{t_f h_0} \approx \pm\frac{M_x}{t_f h_c}$$

(2)夹层结构的剪应力

根据简化假设③，作用在结构上的剪载荷全部由芯材承担，其剪应力沿厚度均匀分布[见图 2.47(c)]，则有

$$\tau_c = \frac{Q}{h_c}$$

式中，Q 为计算方向的剪力。

(3)蜂窝夹芯材料的承剪能力分析

由于夹层结构的横向剪切载荷主要由芯材承担，所以必须对芯材的承剪能力进行分析。如图 2.48 所示，用平行 yOz 的平面截取蜂窝芯。对六边形蜂窝，沿 y 方向单位宽的蜂窝芯将有 $2/(\sqrt{3}d)$ 个蜂窝壁承剪，即近似于 $\sqrt{3}d$ 长度内有 2 个受剪面，而每个面的面积为 $h_c t_c$，于是剪应力为

$$\tau_{zx} = \frac{Q}{\dfrac{2}{\sqrt{3}d}h_c t_c} = \frac{\sqrt{3}dQ}{2h_c t_c}$$

如果用 xOz 面截取蜂窝芯，对于六边形蜂窝，每隔对的距离将有 2 个蜂窝壁受剪(见图 2.49)，则单位宽度的承剪面为 $2/(3d)$ 个蜂窝壁。于是

$$\tau_{yz} = \frac{3dQ}{2h_c t_c}$$

从 τ_{zx} 和 τ_{yz} 不难看出，沿蜂窝芯的两个方向剪应力不等，如果在同样剪切载荷作用下，$\tau_{yz} =$

$\sqrt{3}\tau_{zx}$也就是说沿 z 方向承担夹层结构横向剪切载荷的能力将比 y 方向大$\sqrt{3}$倍。因此在使用蜂窝作为夹层结构的芯材时,要考虑蜂窝芯材的方向配置,把 x 方向(对蜂窝芯材称为纵向)配置在横向剪切载荷较大的方向上。

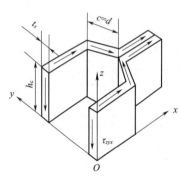

图 2.48　剪应力 τ_{zx} 的传递

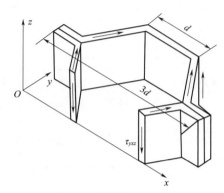

图 2.49　剪应力 τ_{yz} 的传递

2.5　复合材料连接

　　相对金属结构而言,复合材料虽然具有提高结构整体性的优越条件,但是由于设计、工艺和使用维护等方面的需要,连接在复合材料结构中是必不可少的。复合材料结构连接部位的设计和强度分析的内容及特点与金属材料结构连接部位不完全相同,有些方面还有着本质区别,而且影响复合材料连接强度的因素要复杂得多。同时要指出的是,复合材料的连接强度问题具有较强的可设计性,因此,复合材料结构设计时要特别注意连接设计。

　　复合材料结构连接主要有 3 种类型:机械连接(包括螺接和铆接)、胶接连接和混合连接。混合连接是机械连接和胶接连接的组合,它可以提高抗剥离、抗冲击、抗疲劳和抗蠕变等性能,但也增加了重量和成本,故只在某些特定情况下才采用。

　　机械连接和胶接连接是最常用的两种连接方法。一般情况,机械连接适用于可靠性要求较高和传递较大载荷的情况;胶接连接适用于受力不大的薄壁复合材料结构。

2.5.1　机械连接设计

　　机械连接主要包括螺栓连接和铆钉连接。铆钉连接一般用在受力较小的复合材料薄板上,螺栓连接广泛用于承载能力较大和比较重要的受力构件上。

　　螺栓连接的优点:①在制造和维修中可重复装配和拆卸;②能传递大载荷,抗剥离性能好;③便于质量检测,能保证连接的可靠性;④没有胶接固化产生的残余应力;⑤加工简单,装配前零件表面不需进行特殊的表面处理。

　　螺栓连接的缺点:①由于复合材料的脆性及各向异性,层合板开孔使连续纤维被切断,削弱了构件截面,并导致孔边出现高应力集中,严重削弱承载能力;②为了弥补层合板开孔后强度下降的影响,可能需局部加厚,使重量和成本增加;③钢紧固件与复合材料接触会产生电偶腐蚀,故需选用与碳纤维复合材料电位差小的材料制成的紧固件。

　　复合材料与金属材料相比,复合材料的一大优点是可以通过选择纤维的类型、纤维含量以及纤维铺设方向对其力学性能进行设计,但由于复合材料层合板的各向异性、延性差、层间强度低等特性,使复合材料的连接设计变得非常复杂,各向同性的金属结构中一般可忽略不计的问题,在复合材料接头设计中却可能成为必须考虑的重要问题,如铺层顺序和方向、垫圈的大小、螺母的拧紧力矩、孔的公差等。所以在设计概念和方法上都必须更新,在层合板设计和结构设计时必须同时进行接头设计。

　　为了说明机械连接的载荷传递机理,可分析图 2.50 所示的单搭接接头。载荷从一块板通过螺栓传递到另一块板,螺栓承受剪切应力。由于两板的合力作用线不重合,接头在载荷作用下将产生弯曲,接头端部上翘,紧固件又承受拉应力。挤压应力是由螺栓直接压缩在孔的边缘引起的。应力集中发生在孔的周围。在被连接的复合材料层合板中,有 3 种重要的面内应力:加载在孔边的挤压应力,通过孔剖面的拉伸应力,剪劈面上的剪切应力,以及它们的联合作用。这些应力的典型分布如图 2.50 所示。

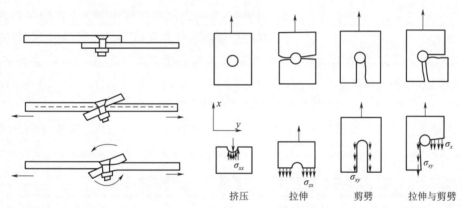

图 2.50　单搭接接头内力与变形分析

　　上面描述的载荷传递机理,在所有连接接头中都不同程度地存在着。很明显,接头端部是临界区,在该区内,紧固件的内力最大,承受着剪切与拉伸的联合作用,被连接的板也必须能承受这些载荷。对于复合材料层合板,沿厚度方向承受拉伸的能力较弱,破坏常常是由剥离应力引起的,这是复合材料连接的一个特殊问题,因此,复合材料设计的主要目标之一是尽量减小剥离应力。

　　机械连接的基本破坏形式有:通过孔剖面拉伸破坏,螺栓对孔边的挤压破坏,沿孔边剪劈破坏,螺栓从层合板中拔出破坏,螺栓破坏。以及这些破坏的组合型破坏。机械连接的破坏形式主要与其几何参数和纤维铺叠方式有关。剪切和劈裂破坏是两种低强度破坏形式,应防止发生。等厚度等直径的多排钉连接一般为拉伸型破坏,挤压破坏是局部性质的,通常不会引起复合材料结构的灾难性破坏,是设计预期的可能破坏形式。从既要保证连接的安全性又要提高连接效率出发,应尽可能使机械连接设计产生与挤压型破坏有关的破坏形式。

2.5.2 机械连接设计的一般要求

2.5.2.1 机械连接几何参数的选择

机械连接中的几何参数主要有：板宽(w)、端距(e)、边距(S_w)、行距(B)、列(间)距(S)、

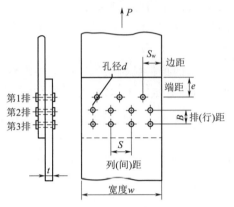

图 2.51　机械连接几何参数的定义

孔径(d)及层合板厚度(t)。图 2.51 列出了机械连接中几何参数的定义。间距、行距、端距和边距主要由试验确定。为了防止复合材料机械连接出现低强度破坏模式，并具有较高的强度，被连接板的几何参数一般可由表 2.6 选取。间距与孔径之比(S/d)主要影响复合材料机械连接的净拉伸破坏强度。随着S/d值的增加，机械连接的破坏形式从净拉伸逐渐过渡到挤压，其前提条件是端距足够大。由于挤压是局部现象，进一步增加S/d值，对连接强度不再有影响，反而会降低连接效率。不同铺层层合板由拉伸型破坏向挤压型破坏过渡的S/d值是不同的。

端距与孔径之比(e/d)主要影响复合材料机械连接的剪切强度。在$s/d \geqslant 5$的前提下，随着e/d值的增加，接头的破坏形式由剪切过渡到挤压，e/d值一般不应小于 3。当$S/d, e/d$和d/t为常数时，随孔径增大，机械连接的破坏载荷增加。但挤压强度随之减少。当$d/t=1.0 \sim 2.0$时，连接强度最佳。如果紧固件直径小于板厚，一般为紧固件破坏。需要采用沉头紧固件时，建议采用 100° 沉头紧固件，此时被连接板孔径d与板厚t的关系应满足$t \geqslant 0.6d$。

表 2.6　复合材料机械连接几何参数的选择

材料	孔径/板厚(d/t)	边距/孔径(S_w/d)	端距/孔径(e/d)	间距/孔径(S/d)	行距/孔径(B/d)
碳/环氧	$1 \leqslant d/t \leqslant 3$	$\geqslant 2.5$	$\geqslant 3$	$\geqslant 5$	$\geqslant 4$
玻璃钢	$=1$	2.5	2.5	$\geqslant 4$	$\geqslant 5$
	<3	2	3	5	$\geqslant 4$
	$3 \sim 5$	1.5	2.5	$\geqslant 4$	$\geqslant 4$
	>5	1.25	2	4	$\geqslant 4$

2.5.2.2 机械连接形式及其选择

常用的机械连接形式有搭接和对接两类。按受力形式分为单剪和双剪两类，其中每类又有等厚度和变厚度两种情况。搭接和单盖板对接都会产生附加弯矩而造成接头承载能力的减小和连接效率的降低，一般应尽量避免。用双盖板对接能避免产生附加弯矩，带锥度的连接形式可以改善多钉连接载荷分配的不均匀性。消除边缘螺钉的过大荷载，提高连接的承载能力。机械连接的几种主要形式如图 2.52 所示。

应该注意的是：不对称连接形式(如单剪形式)推荐采用多排紧固件，紧固件的排距应尽

可能大些,使偏心加载引起的弯曲应力降低到最小。碳纤维树脂基复合材料的塑性很差,会造成多排紧固件连接载荷分配的严重不均,因此应尽量采用不多于两排紧固件的多钉连接形式。

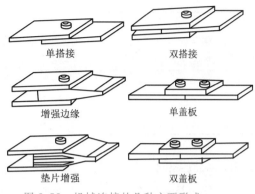

2.5.2.3　紧固件的选用及对拧紧力矩的要求

1. 紧固件直径的选择

紧固件直径的最佳选择应使其本身的剪切破坏与被连接复合材料层合板的挤压破坏同时发生,即两者都达到极限载荷,则

图 2.52　机械连接的几种主要形式

$$\frac{\pi d^2}{4}[\tau_b] = dt[\sigma_{br}]$$

由此得

$$\frac{d}{t} = \frac{4[\sigma_{br}]}{\pi[\tau_b]}$$

式中,d 为紧固件直径,mm;t 为被连接层合板的厚度,mm;$[\sigma_{br}]$ 为层合板的许用挤压应力,MPa;$[\tau_b]$ 为紧固件得许用剪应力,MPa。

2. 紧固件种类的选用

紧固件主要有螺栓和铆钉两大类,螺栓用于可拆卸的结构连接部位,而铆钉则用于不可拆卸的结构处。铆钉可用于复合材料层合板的厚度范围为 $1 \sim 3$ mm,且强度较低。由于复合材料层间强度低,抗冲击能力差,安装时不宜用锤铆,须用压铆。在铆钉墩头下放置一个垫圈可改善接头的性能。螺栓与孔的配合精度宜为 H8/h8。

碳纤维复合材料的连接应采用钛合金紧固件。铝合金、镀铝或镀锡的钢件直接与碳纤维复合材料相接触会在金属中产生电偶腐蚀。必须使用时,需加绝缘层或在接触部位涂密封胶进行隔离。

3. 螺母拧紧力矩的要求

施加拧紧力矩可产生垂直于层合板平面的压力,将使连接接头的挤压强度有明显提高。但对在给定板厚的情况下,当拧紧力矩达到某一数值后,挤压强度趋于定值。用加垫圈的办法可增加侧向夹紧的面积。螺栓直径与垫圈内径的间隙对挤压强度有影响,随着间隙的减小,挤压强度增加。为了得到较大的挤压强度,对不同直径的螺栓,建议采用的拧紧力矩范围见表 2.7。

表 2.7　螺母拧紧力矩　　　　　　　　　　　　　　　　单位:N·m

螺栓头形式	厚型 (沉头拉伸型、 六方头型)	薄型 (所有各型)	所有各型 (沉头剪切型)
M5	3～5	2.3～3.2	2.3～2.9
M6	5～8	2.9～4.9	3.1～3.9

螺栓头形式	厚型 (沉头拉伸型、 六方头型)	薄型 (所有各型)	所有各型 (沉头剪切型)
M8	10～15	6.4～10.8	10.2～11.3
M10	18～25	12.3～19.1	10.8～11.9
M12	25～30	—	—

2.5.2.4　连接区的铺层设计

铺层设计是复合材料设计的核心。采用机械连接时,连接区的孔周有较大的应力集中,这将明显降低层合板承载能力。铺层的方向和顺序则明显地影响着孔周围的应力分布、螺栓对孔边的挤压强度、通过孔截面的拉伸强度和孔边的剪劈强度。为提高复合材料机械连接的强度和柔性,连接区的铺层设计一般应遵循以下原则。

①至少应有 40% 的 ±45°铺层和 25% 的 0°铺层,90°铺层比例为 10%～25%。铺层比例是影响挤压强度的最重要因素。±45°层所占比例对层合板的挤压强度具有重要的影响,±45°层可以改变孔边挤压应力的分布,随着 ±45°层含量的增加,挤压强度相应增大;当 ±45°铺层含量较少,层合板主要由 0°铺层组成时,极易引起剪切或劈裂破坏。

②铺层顺序影响层合板的层间剪切强度。试验表明,复合材料层合板机械连接接头的挤压强度随 0°单层组的层数增加而明显地呈线性减少。因此,层合板中相同方向的铺层应沿厚度方向尽可能均匀地分开,使相邻层纤维间夹角最小,以提高层间剪切强度。如将±45°铺层置于层合板外表面,可改善层合板的压缩和冲击性能。

③在连接区局部加厚,特别是对非常薄的层合板,以避免 $(d/t)>4$。为降低应力集中,应在连接区孔周附近增加局部软化条带,即铺设 ±45°层,铺设高强玻璃纤维或芳纶纤维铺层。

④采用均衡对称铺层可以消除加热固化时因复合材料沿纤维方向和垂直纤维方向的热膨胀系数不同所产生的内应力及由此而产生的翘曲。

2.5.2.5　许用应力和安全系数的确定

为充分发挥复合材料的承载能力,连接设计中几何参数的选择一般均要求产生挤压型破坏或与挤压相关的组合型破坏。因此,许用挤压应力的确定是连接设计的基础。一般可按下式确定许用挤压应力 $[\sigma_{br}]$

$$[\sigma_{br}]=\sigma_d/n$$

式中,σ_d 为挤压设计应力,MPa;n 为安全系数。

确定复合材料接头设计应力的方法尚不统一,目前的方法有:①取接头能承受的极限应力;②取层合板接点载荷—变形曲线第一拐点处对应的应力;③取钉孔直径扩大 4% 时所对应的应力值。表2.8给出了当 $d/t=1$ 时复合材料的挤压设计应力值。复合材料挤压设计应力随 d/t 值的增加而减小,这是因为钉的直径越大,挤压应力的分布越不均匀。如果接头中存在高的应力集中,则应适当减小表2.8中的挤压设计应力值。连接板宽(孔间距)、端距、载荷方向和环境条件都对挤压设计应力值有明显影响。最可靠的办法是通过试验确定挤压设计应力值。

表 2.8　复合材料的挤压设计应力值($d/t=1$ 时)

复合材料	极限应力/MPa	设计应力值/MPa	复合材料	极限应力/MPa	设计应力值/MPa
玻璃/聚酯 (编织)	298	141	碳/环氧 ($0°/90°/\pm45°$)	334	310
玻璃/环氧 (编织)	320	255	硼/环氧 ($0°/90°$)	1 378	1 033
Kevlar/环氧 (编织)	379	310	硒/环氧 ($0°/90°/\pm45°$)	1 033	827
碳/环氧($0°/90°$)	448	379	—	—	—

在复合材料机械连接设计中,应使实际工作应力不超过材料的许用应力。安全系数的取用是一项十分重要而又非常复杂的工作,要求在确保安全的条件下尽可能降低安全系数。安全系数的选取通常应考虑载荷的稳定性,材料性质的离散性,计算公式的近似性,工艺质量的可靠性,检测的准确性,构件的重要性和环境的恶劣性。对于玻璃纤维增强复合材料接头,通常可保守地取安全系数 $n=3$;当对工艺质量要求严格而对重量又有限制时,可取 $n=2$。对于碳/环氧、芳纶/环氧和硼/环氧复合材料接头,可取 $n=1.5$;对于重要接头,应取 $n=2$。

2.5.3　机械连接强度校核

在复合材料结构中,通常采用多钉连接。对于金属材料,由于塑性区的存在,破坏时可认为各钉均匀受力。然而对于复合材料,由于具有各向异性、延性差、层间强度低的特性,在多排连接钉中每个连接钉所受的荷载是不相等的,位于接头两端的紧固件受载最大。部分试验结果表明。对于碳纤维增强树脂基复合材料连接板,当采用双排钉连接时,内排钉和外排钉分别承受 57% 和 43% 的载荷。因此,必须通过可靠的试验或计算确定各钉的载荷分配比例。对于均匀板厚的连接接头,如果已知各钉的承载比例,可取其载荷方向上承载比例最大的钉孔按单钉连接进行设计和强度校核。

由于单钉连接强度也是多钉连接强度的基础,本节给出单钉连接的强度校核方法,包括连接板和紧固件。

2.5.3.1　挤压强度

为充分发挥复合材料的承载能力,连接设计中几何参数的选择一般均要求仅产生挤压破坏或与挤压有关的组合型破坏,因此,挤压强度同样是连接设计的基础。当 S/d,e/d 均较大时,往往连接板孔边被挤压而发生分层破坏,或者使孔的变形量过大,均称为挤压破坏。挤压强度按下式校核

$$\sigma_{br}=\frac{P}{dt}\leqslant[\sigma_{br}]$$

式中，P 为外载，N；d 为孔径，mm；t 为钉孔处的板厚，mm；$[\sigma_{br}]$ 为许用挤压应力，MPa。

2.5.3.2　拉伸强度

当连接板宽度（间距）与孔直径之比较小时，连接板有可能被拉断。拉伸强度按下式校核

$$\sigma_t = \frac{P}{(w-d)t} \leqslant [\sigma_{ft}]$$

式中，w 为板宽或钉间距，mm；$[\sigma_{ft}]$ 为许用拉伸应力，MPa。

2.5.3.3　剪切强度

当连接板端距 e 与孔直径 d 之比较小时，紧固件有可能使连接板发生剪切拉脱破坏。剪切强度按下式校核

$$\tau_j = \frac{P}{2et} \leqslant [\tau_j]$$

式中，e 为端距，mm；$[\tau_j]$ 为许用剪切应力，MPa。

紧固件的强度校核复合材料结构的连接接头仍使用一般金属紧固件。因此，在复合材料连接中，紧固件的强度校核仍采用通常金属连接中紧固件的校核方法。

紧固件的剪切强度按下式校核

$$\tau = \frac{4P}{\pi d^2} \leqslant [\tau]$$

式中，$[\tau]$ 为紧固件的许用剪切强度，MPa。

2.5.4　胶接连接设计

胶接是复合材料结构主要连接方法之一，它是借助胶黏剂将零件连接成不可拆卸的整体。

胶接的主要优点：①无钻孔引起的应力集中，不切断纤维，不减少承载横剖面面积；②连接部位的质量较轻；③可用于不同类型材料的连接，无电偶腐蚀问题；④能够获得光滑的结构表面，连接元件上的裂纹不易扩展，密封性较好；⑤加载后的永久变形较小，抗疲劳性能好。

胶接的缺点：①胶接性能受环境（湿、热、腐蚀介质）影响大，存在一定老化问题；②胶接强度分散性大，剥离强度低，不能传递大的载荷；③缺乏有效的质量检测方法，可靠性差；④胶接表面在胶接前需作特殊的表面处理；⑤被胶接件间配合公差要求严，一般需加温加压固化设备，修补较困难；⑥胶接后不可拆卸。

与金属材料构件之间的胶接相比，复合材料结构胶接还具有如下特点：①金属胶接接头易在胶层产生剥离破坏，而复合材料由于层间强度低，易在连接端部层合板的层间产生剥离破坏；②由于复合材料构件与金属构件之间的热膨胀系数相差较大，所以这两者胶接在高温固化后会产生较大内应力和变形。因而应尽量避开复合材料件与金属件之间的胶接。

复合材料连接设计时，应综合考虑各种使用要求，权衡利弊，选择合适的连接方式。一

般情况,对于受力不大的结构,尤其是纤维增强树脂基复合材料结构件,采用胶接连接是有利的。对于受力大、连接件厚度较大者,多采用机械连接。

2.5.5 胶接接头基本破坏形式

试验观测表明,复合材料胶接接头在拉伸或压缩载荷作用下,有 3 种基本破坏形式(见图 2.53):

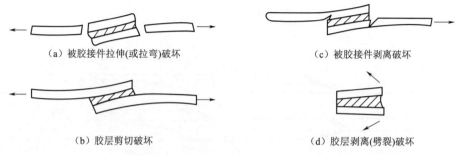

(a) 被胶接件拉伸(或拉弯)破坏　　　　　(c) 被胶接件剥离破坏

(b) 胶层剪切破坏　　　　　(d) 胶层剥离(劈裂)破坏

图 2.53　胶接连接基本破坏形式

(1)被胶接件拉伸(或拉弯)破坏;

(2)胶层剪切破坏;

(3)接头端部胶接件剥离破坏。

除这 3 种基本破坏形式外,还会发生组合破坏。胶接连接发生何种形式破坏,与连接形式、连接几何参数、邻近胶层的纤维方向和载荷性质有关。在连接几何参数中,被胶接件厚度起着很重要的作用。当被胶接件很薄,连接强度足够时,接头外边(或接头端部)的被胶接件发生拉伸(或拉弯)破坏;当被胶接件较厚,但偏心力矩较小时,容易在胶层产生剪切破坏;当被胶接件厚度达到一定程度,胶接连接长度不够大时,在偏心力矩作用下,由于复合材料层间拉伸强度低,将在接头端部发生剥离破坏(双面搭接也是如此)。剥离破坏将使胶接连接的承载能力明显下降,应尽量避免。

2.5.6 胶接连接设计的一般要求

2.5.6.1 胶接连接形式及其选择

对于通常使用的板类构件,胶接连接的基本形式有 4 种,如图 2.54 所示。胶接连接形式的选择是胶接连接设计的关键。设计的目标应使制造工艺简单、成本低,同时连接强度不低于连接区外被胶接件的强度。胶接连接承剪能力很强,但抗剥离能力很差。因此,应根据最大载荷的作用方向,使所设计的连接以剪切的方式传递最大载荷,而其他方向载荷很小,这样就不至于引起较大的剥离应力。从强度观点考虑,当被胶接件比较薄($t<$1.8 mm)时,宜采用简单的单搭接;对中等厚度板($l/t\sim30$),可采用双搭接。但是对于无侧向支承的单搭接连接,由于载荷偏心产生的附加弯矩,胶接连接的两端产生很高的剥离应力而使连接强度降低,因此需增大搭接长度与厚度之比,使$l/t=50\sim100$,以减轻这种

偏心效应。如果单搭接侧向有支承（如梁、框、肋等），变形受到了限制，偏心效应减轻，可将其视作双搭接分析。当被胶接件很厚时。宜选用斜面搭接，其搭接角度在 $6°\sim8°$ 范围内可获得高的连接效率。但是，由于角度小，工艺上操作困难。因此，对于厚的被连接件，一般可采用阶梯形搭接。阶梯形搭接具有双搭接和斜面搭接两种连接的特性，通过增加台阶数，使之接近于斜面搭接角，每一阶梯胶层接近纯剪状态，同样可获得较高连接效率。

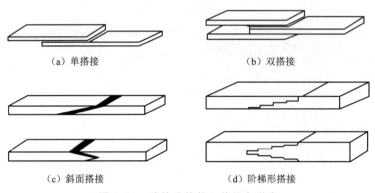

 （a）单搭接   （b）双搭接

 （c）斜面搭接   （d）阶梯形搭接

图 2.54 胶接连接的 4 种基本形式

  几种主要胶接连接形式的连接强度与被胶接件厚度之间的关系如图 2.55 所示，图中每根曲线代表了一种连接形式可能达到的最大强度，并且标明了破坏形式。由图 2.55 可知，随着被胶接件厚度的增加，欲使接头强度提高，可依次采用单搭接、双搭接对接、斜削双搭接对接、阶梯形搭接和斜面搭接等形式。

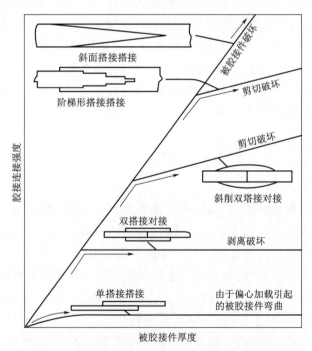

图 2.55 胶接连接强度与被胶接件厚度的关系

2.5.6.2　胶接连接几何参数选择

以承受拉伸载荷 P 的等厚度单搭接连接为例(见图 2.56),其连接几何参数为搭接长度 l,被胶接件厚度 t 以及胶层厚度 h。被胶接件厚度 t 通常由需传递的载荷 P 按照强度条件计算确定。胶层厚度 h 对连接强度有一定影响。增加胶层厚度可以减小应力集中,提高连接强度;但厚度过大易产生气泡等缺陷,反而使强度下降;胶层薄,剪切位移减小,连接强度低,并且要求被胶接件间贴合度高,因而也不宜过薄。实践表明,最佳胶层厚度是对韧性胶黏剂为 $0.1 \sim 0.15$ mm,对脆性胶黏剂为 $0.18 \sim 0.25$ mm。搭接长度与被胶接件厚度之比 l/t 是胶接连接设计中的重要几何参数,增加 l/t 可减小附加弯矩,在一定范围内提高接头承载能力。一般较合理的设计可取 $l/t=50 \sim 100$。

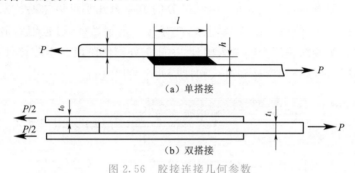

图 2.56　胶接连接几何参数

2.5.6.3　胶黏剂及其选择

选择胶黏剂的原则是:①有较好的综合力学性能(剪切强度、剥离强度及湿热老化性能)和良好的韧性;②适合于复合材料之间以及复合材料与其他材料之间的胶接;③工艺性好,使用方便。

根据胶黏剂的剪应力—剪应变曲线(见图 2.57)特性。胶黏剂可分为韧性胶黏剂和脆性胶黏剂,通常脆性胶强度高于韧性胶。选胶时除考虑静强度外,尚需考虑疲劳及湿热老化等性能,以确保胶接结构在使用期内的安全。脆性胶在拐点附近即断裂,疲劳寿命较短;韧性胶的断裂应变较大,因而降低了胶层应力峰值,即应力集中较小,可承受较高的疲劳极限应力,疲劳寿命较长。所以,在既定工作温度下,应尽量选用韧性胶。

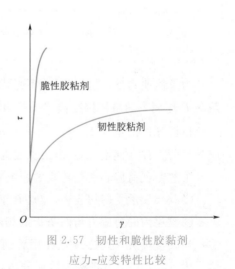

图 2.57　韧性和脆性胶黏剂
应力-应变特性比较

2.5.6.4　减小剥离应力、提高接头强度的设计措施

①较厚的胶接件尽量采用阶梯形搭接或斜接的连接形式,尽量避免采用单搭接。

②修正被胶接件端部局部形状,如制成斜削端头或圆弧形端头,也可将端头局部削弱后,填充胶黏剂。

③采用胶螺或胶铆混合连接,不仅可以提高抗剥离强度,还可以提高扰剪、抗冲击性能和耐久能力。

④复合材料层合板待胶接表面纤维取向最好与载荷方向一致,或者纤维方向与载荷方向成 45°,但纤维方向不得与载荷方向垂直,以免被胶接件过早产生层间剥离破坏。

2.5.7 搭接接头的极限承载力分析

为了确保胶接连接安全可靠,必须正确分析胶接连接接头的内力及应力。下面以单面搭接为例来说明胶接连接接头的内力与应力分析计算。

测试结果(见图 2.58)表明,搭接接头传递载荷很不均匀,在胶层的两个端点有较大的剪应力和剥离应力。当搭接长度较长时,中间部分的剪应力几乎可以忽略。从胶黏剂浇铸体扭转试验所得到的 $\tau \sim \gamma$ 曲线可以发现,胶黏剂存在一定塑性区,可近似将胶层视为理想弹塑性材料。假定接头端部胶层全部进入塑性,中间仍处弹性阶段。当胶接件很薄,忽略胶层正应力后,具体计算可以分为弹性和进入塑性后两个阶段进行。

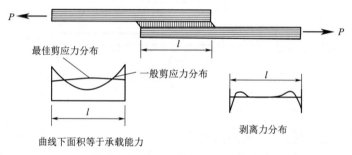

图 2.58 搭接接头胶层应力分布

为了简便起见,这里仅讨论不考虑载荷偏心影响的弹性内力。图 2.59 为一在单位宽度载荷 P 作用下的单搭接胶接接头受力模型。两胶接件的厚度分别为 t_1、t_2,其载荷方向上的等效拉压弹性模量为 E_1、E_2,位移为 u_1、u_2,其单位宽度纵向内力为 N_1、N_2,胶层厚度为 h,胶黏剂剪切弹性模量为 G,搭接长度为 l。为了分析方便起见,特作如下假设:

①忽略载荷偏心引起弯矩的影响;

②胶层仅承受剪切应力,忽略其正应力;

③胶层内的剪应力与两搭板的相对位移成正比。

当胶接接头受到拉力 P 作用后,胶层变形情况如图 2.59(b)所示。在离 y 轴 x 处,取一微元段 $\mathrm{d}x$,并将上下搭板与胶层分离,各截面上的内力如图 2.57(c)所示。

对于上下板微元体,由 x 方向静力平衡条件可得

$$\frac{\mathrm{d}N_1}{\mathrm{d}x}+\tau=0, \quad \frac{\mathrm{d}N_2}{\mathrm{d}x}-\tau=0$$

对其微分得

$$\frac{\mathrm{d}^2 N_1}{\mathrm{d}x^2}+\frac{\mathrm{d}\tau}{\mathrm{d}x}=0, \quad \frac{\mathrm{d}^2 N_2}{\mathrm{d}x^2}-\frac{\mathrm{d}\tau}{\mathrm{d}x}=0$$

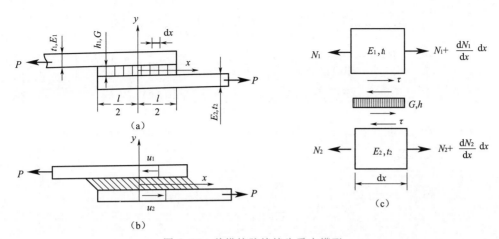

图 2.59 单搭接胶接接头受力模型

上式表示两搭接板在垂直于 x 轴的截面上内力 N_1 和 N_2 的变化率与胶层上剪应力 τ 的关系。在接头任一垂直于 x 轴的截面上,内力 N_1 和 N_2 都满足如下关系

$$N_1 + N_2 = P \tag{2.44}$$

胶层的剪应变 γ 为

$$\gamma = (u_2 - u_1)/h$$

胶层的剪应力为

$$\tau = G\gamma = G(u_2 - u_1)/h$$

微分得

$$\frac{\mathrm{d}\tau}{\mathrm{d}x} = \frac{G}{h}\left(\frac{\mathrm{d}u_2}{\mathrm{d}x} - \frac{\mathrm{d}u_1}{\mathrm{d}x}\right) \tag{2.45}$$

若设两搭接板的线应变分别为 ε_1 和 ε_2,则由虎克定律可知

$$\frac{\mathrm{d}u_1}{\mathrm{d}x} = \varepsilon_1 = \frac{N_1}{E_1 t_1}, \quad \frac{\mathrm{d}u_2}{\mathrm{d}x} = \varepsilon_2 = \frac{N_2}{E_2 t_2} = \frac{P - N_1}{E_2 t_2} \tag{2.46}$$

将式(2.45)和式(2.46)代入式(2.44)中,可得接头内力的基本微分方程为

$$\frac{\mathrm{d}^2 N_1}{\mathrm{d}x^2} - \lambda^2 N_1 + \frac{GP}{h E_2 t_2} = 0 \tag{2.47}$$

式中

$$\lambda^2 = \frac{G}{h}\left(\frac{1}{E_1 t_1} - \frac{1}{E_2 t_2}\right)$$

式(2.47)为二阶常微分方程,其通解为

$$N_1 = C_1 \,\mathrm{sh}(\lambda x) + C_2 \,\mathrm{ch}(\lambda x) + \frac{P E_1 t_1}{E_1 t_1 + E_2 t_2} \tag{2.48}$$

积分常数 C_1、C_2 可由如下边界条件确定

$$N_1 \big|_{x=-l/2} = P, \quad N_2 \big|_{x=l/2} = 0$$

将求得的 C_1、C_2 代入式(2.48),得到 N_1 的表达式,再由平衡方程式(2.48)可得 N_2 和 τ 的表达式。归纳如下

$$N_1 = \frac{P}{2}\left[-\frac{\text{sh}(\lambda x)}{\text{sh}(\lambda l/2)} + \frac{E_2 t_2 - E_1 t_1}{E_2 t_2 + E_1 t_1}\cdot\frac{\text{ch}(\lambda x)}{\text{ch}(\lambda l/2)} + \frac{2E_1 t_1}{E_2 t_2 + E_1 t_1}\right]$$

$$N_2 = \frac{P}{2}\left[1 + \frac{\text{sh}(\lambda x)}{\text{sh}(\lambda l/2)} - \frac{E_2 t_2 - E_1 t_1}{E_2 t_2 + E_1 t_1}\cdot\frac{\text{ch}(\lambda x)}{\text{ch}(\lambda l/2)} - \frac{2E_1 t_1}{E_2 t_2 + E_1 t_1}\right]$$

$$\tau = \frac{\lambda P}{2}\left[\frac{\text{ch}(\lambda x)}{\text{sh}(\lambda l/2)} - \frac{E_2 t_2 - E_1 t_1}{E_2 t_2 + E_1 t_1}\cdot\frac{\text{sh}(\lambda x)}{\text{ch}(\lambda l/2)}\right] \tag{2.49}$$

当两搭接板的厚度和载荷方向上的等效弹性模量相同时,即 $t_1 = t_2 = t$,$E_1 = E_2 = E$ 时,则式(2.48)可简化成

$$N_1 = \frac{P}{2}\left[1 - \frac{\text{sh}(\lambda x)}{\text{sh}(\lambda l/2)}\right]$$

$$N_2 = \frac{P}{2}\left[1 + \frac{\text{sh}(\lambda x)}{\text{sh}(\lambda l/2)}\right]$$

$$\tau = \frac{\lambda P}{2}\cdot\frac{\text{ch}(\lambda x)}{\text{sh}(\lambda l/2)} \tag{2.50}$$

此时式中 λ 简化为

$$\lambda = \sqrt{\frac{2G}{hEt}} \tag{2.51}$$

当给定胶接接头的几何尺寸(t_1,t_2,h,l)和弹性模量(E_1,E_2,G),即可按式(2.49)或式(2.50)计算在载荷 P 作用下搭接板中的内力和胶层的剪应力。

由式(2.50)知,最大剪应力发生在 $x = \pm l/2$ 处(即接头端部)

$$\tau_{\text{max}} = \frac{\lambda P}{2}\cdot\text{coth}(\lambda l/2)$$

引入平均剪应力 $\bar{\tau}$ 概念

$$\bar{\tau} = \frac{1}{l}\int_{-l/2}^{l/2}\tau\text{d}x = P/l$$

则搭接接头端部的应力集中系数 η 为

$$\eta = \frac{\tau_{\text{max}}}{\bar{\tau}} = \frac{1}{2}\lambda\text{coth}(\lambda l/2) \tag{2.52}$$

无量纲的剪应力为

$$\frac{\tau}{\bar{\tau}} = \frac{\lambda l}{2}\cdot\text{coth}\left(\frac{\lambda l}{2}\right)$$

由式(2.50)可知,搭接接头端部的内力和剪应力最大,故破坏首先发生在该处。由式(2.52)可知,接头端部应力集中系数 η 随(λl)的增加而增大,剪应力分布随(G/h)值的减小趋于均匀。因此,在搭接长度一定的条件下,为了降低 η、提高接头的剪切强度,应该选用剪切弹性模量 G 较低的韧性胶黏剂,胶层厚度 h 宜大些。但在成型工艺中如控制不当,增加胶层厚度容易产生空隙反而会降低胶层剪切强度,较好的增厚办法是在胶层内铺放薄毡。

以上分析结果对外胶接件厚为 t、端部载荷为 P,内胶接件厚为 $2t$,端部载荷为 $2P$ 的双搭接胶接接头也可适用。

第3章 手糊工艺

3.1 概　念

3.1.1　工艺特点

手糊成型即接触法成型,为玻璃钢低压成型方法之一,是以手工铺放增强材料、浸渍树脂,或用简单的工具辅助铺放增强材料和浸渍树脂,成型玻璃钢制品的一种工艺方法。

手糊成型工艺是复合材料最早的一种成型方法,其投资少、适用面特别广(特别对一些体积大、形状复杂的玻璃钢)。玻璃钢行业发展到今天,手糊工艺仍然占很大的比例。尽管这种方法比较原始,而且新的工艺方法不断出现,但是由于手糊成型工艺具有其不可替代的特点,至今仍然作为一种主要的 FRP 成型工艺用于加工各种 FRP 制品。但是,手糊玻璃钢对操作者依赖性过大,在生产过程中产品质量的不稳定性也是其主要缺点。

手糊成型工艺的优点如下:

(1)不需复杂的设备,只需简单的模具、工具,故投资少、见效快;

(2)生产技术易掌握,只需经过短期培训即可进行生产;

(3)所制作的 FRP 产品不受尺寸、形状的限制,如:大型游艇、圆屋顶、水槽等均可;

(4)可与其他材料(如:金属、木材、泡沫等)同时复合制作成一体;

(5)对一些不易运输的大型制品(如:大罐、大型屋面)皆可现场制作。

手糊成型也存在许多缺点:

(1)生产效率低、速度慢、生产周期长,对于批量大的产品不太适合;

(2)产品质量不够稳定。由于操作人员的技能水平不同及制作环境条件的影响,故产品质量稳定性差;

(3)生产环境差,气味大,加工时粉尘多,故需从劳动保护上加以解决。

总之手糊成型工艺的优点是其他工艺方法所不能替代的,其存在的缺点,须在操作过程中加以克服。

3.1.2　手糊工艺常用原材料

1.增强材料

在复合材料中,凡是能增强基体力学性能的物质均称为增强材料,如玻璃钢中的玻璃纤维,碳纤维复合材料中的碳纤维。

作为结构材料使用的复合材料常用纤维作为增强材料，其种类有很多，按其化学组成，大致可分为无机纤维和有机纤维两大类。

无机纤维有：玻璃纤维、碳纤维、硼纤维、晶须、石棉纤维及金属纤维等。

有机纤维有：合成纤维和芳纶纤维、奥纶纤维、聚酯纤维、尼龙纤维、维尼纶纤维、聚丙烯纤维、聚酰亚胺纤维等。

玻璃纤维比有机纤维耐温高、不燃、抗腐、隔热、隔音性好、抗拉强度高、电绝缘性好，但韧性较差，耐磨性较差。用来制造增强塑料或增强橡胶，作为增强玻璃纤维具有以下特点：

(1)拉伸强度高，伸长量小(3%)；

(2)弹性系数高，刚性佳；

(3)弹性限度内伸长量大且拉伸强度高，故吸收冲击能量大；

(4)为无机纤维，具有不燃性，耐化学性佳；

(5)吸水性小；

(6)尺度稳定性，耐热性均佳；

(7)加工性佳，可作成股、束、毡、织布等不同形态的产品；

(8)透明，可透过光线；

(9)与树脂结合性良好；

(10)价格便宜；

(11)不易燃烧，高温下可熔成玻璃状小珠。

这些特点使玻璃纤维的使用比其他种类纤维广泛，发展速度亦遥遥领先。

玻璃纤维的作用如下：

(1)增强刚性和硬度。玻璃纤维的增加可以提高塑料的强度和刚性，但是同时塑料的韧性会下降，如弯曲模量。

(2)提高耐热性和热变形温度。以尼龙为例，增加了玻璃纤维的尼龙，热变形性温度至少提高两倍以上，一般的玻璃纤维增强尼龙耐温可达到 220 ℃以上。

(3)提高尺寸稳定性，降低收缩率。

(4)减少翘曲变形。

(5)减少蠕变。

(6)对阻燃性能因为烛芯效应，会干扰阻燃体系，影响阻燃效果。

(7)降低表面的光泽度。

(8)增加吸湿性。

(9)玻璃纤维处理：玻璃纤维的长短可直接影响材料的脆性。玻璃纤维如果处理不好，短纤会降低冲击强度，长纤会提高冲击强度。要使得材料脆性下降不大，就要选择合适长度的玻璃纤维。

生产玻璃纤维用的玻璃不同于其他玻璃制品的玻璃。国际上已经商品化的纤维用的玻璃成分如下：

（1）E-玻璃

E-玻璃亦称无碱玻纤，是一种硼硅酸盐玻璃。目前是应用最广泛的一种玻璃成分的玻璃纤维，具有良好的电气绝缘性及机械性能，广泛用于生产电绝缘用玻璃纤维，也大量用于生产玻璃钢用玻璃纤维，它的缺点是易被无机酸侵蚀，故不适于用在酸性环境。

（2）C-玻璃

C-玻璃纤维亦称中碱玻纤，其特点是耐化学性优于无碱玻璃，尤其是耐酸性，但电气性能差，机械强度低于无碱玻璃纤维10％～20％，通常国外的中碱玻璃纤维含一定数量的三氧化二硼，而我国的中碱玻璃纤维则完全不含硼。在国外，中碱玻璃纤维只是用于生产耐腐蚀的玻璃纤维产品，如用于生产玻璃纤维表面毡等，也用于增强沥青屋面材料，但在我国中碱玻璃纤维占据玻璃纤维产量的一半多（60％），广泛用于玻璃钢的增强以及过滤织物、包扎织物等的生产，因为其价格低于无碱玻璃纤维而其有较强的竞争力。

（3）高强玻璃纤维

高强玻璃纤维的特点是高强度、高模量，它的单纤维抗拉强度为 2 800 MPa，比无碱玻纤抗拉强度高 25％左右，弹性模量86 000 MPa，比 E-玻璃纤维的强度高。用它们生产的玻璃钢制品多用于军工、空间、防弹盔甲及运动器械。但是，由于价格昂贵，如今在民用方面还不能得到推广，全世界产量几千吨左右。

（4）AR 玻璃纤维

AR 玻璃纤维亦称耐碱玻璃纤维，耐碱玻璃纤维是玻璃纤维增强（水泥）混凝土（简称GRC）的肋筋材料，是 100％无机纤维，在非承重的水泥构件中是钢材和石棉的理想替代品。耐碱玻璃纤维的特点是耐碱性好，能有效抵抗水泥中高碱物质的侵蚀，握裹力强，弹性模量、抗冲击、抗拉、抗弯强度极高，不燃、抗冻、耐温度、湿度变化能力强，抗裂、抗渗性能卓越，具有可设计性强，易成型等特点，耐碱玻璃纤维是广泛应用在高性能增强（水泥）混凝土中的一种新型的绿色环保型增强材料。

（5）A 玻璃

A 玻璃纤维亦称高碱玻璃纤维，是一种典型的钠硅酸盐玻璃，但因其耐水性很差，故很少用于生产玻璃纤维。

（6）E-CR 玻璃

E-CR 玻璃是一种改进的无硼无碱玻纤，用于生产耐酸耐水性好的玻璃纤维，其耐水性比无碱玻纤高 7～8 倍，耐酸性比中碱玻纤强，是专为地下管道、贮罐等开发的新品种。

（7）D 玻璃

D 玻璃亦称低介电玻纤，用于生产介电强度好的低介电玻璃纤维。

除了以上的玻璃纤维成分以外，如今还出现一种新的不含硼的无碱玻璃纤维，对环境影响小，但其电绝缘性能及机械性能都与传统的 E 玻璃相似。另外，还有一种双玻璃成分的玻璃纤维，已用在生产玻璃棉中，据称在做玻璃钢增强材料方面也有潜力。此外，还有无氟玻璃纤维，是为环保要求而开发出来的改进型无碱玻璃纤维。

识别高碱玻璃纤维的检验方法是将纤维放在沸水里煮 6～7 h，如果是高碱玻璃纤维，经过沸水煮后,经向和纬向的纤维会全部变疏松。

2. 基体

手糊玻璃钢制品的主要原材料是合成树脂与玻璃纤维,但是,由于工艺条件的局限,手糊玻璃钢用的树脂必须是黏度较小且可以在室温或较低温度下固化的,那么最常用的树脂只能是不饱和聚酯树脂、环氧树脂:乙烯基树脂和少数酚醛树脂。

(1)不饱和聚酯树脂

不饱和聚酯树脂是不饱和二元羧酸(或酸酐)或其与饱和二元羧酸(或酸酐)组成的混合酸与多元醇缩聚而成的,具有酯键和不饱和双键的线型高分子化合物。通常,聚酯化缩聚反应是在 190~220 ℃进行的,直至达到预期的酸值(或黏度)。在聚酯化缩反应结束后,趁热加入一定量的乙烯基单体,配成黏稠的液体,这样的聚合物溶液称为不饱和聚酯树脂。

(2)环氧树脂

环氧树脂是泛指分子中含有两个或两个以上环氧基团的有极高分子化合物,除个别外,他们的相对分子质量都不高。环氧树脂的分子结构是以分子链中含有活泼的环氧基团为其特征,环氧基团可以位于分子量的末端、中间或成环状结构。由于分子结构中含有活泼的环氧基团,因而可与多种类型的固化剂发生交联反应而形成不溶、不熔的具有三向网状结构的高聚物。

(3)乙烯基树脂

乙烯基树脂是一种溶于苯乙烯溶液,含有不饱和双键的特殊结构的不饱和聚酯树脂,乙烯基树脂具有良好的耐腐蚀性能,由于间苯型不饱和树脂,力学性能与标准型环氧树脂相当,尤其是耐疲劳性能和动态载荷性能。另外,乙烯基树脂又具有良好的耐候性能,同时兼具良好的玻纤浸润性能和工艺性能。

3. 辅助材料

(1)填料

在玻璃钢工艺及树脂浇铸工艺中,为了降低成本,改善树脂某些性能(如耐磨性、自熄性、提高强度等),往往在树脂中加入一些填料,填料种类繁多,主要有黏土、碳酸钙、白云石、石英砂、金属粉末(铁、铝)、石墨、聚氯乙烯粉等。

(2)色浆

在某些场合,为了使玻璃钢色泽美观,一般在树脂中加入无机颜料。目前所使用的的色浆中一般不用有机染料,这是因为在树脂固化过程中会使色泽有大幅度的变化。一般情况下也不使用炭黑,因为其对聚酯有阻聚作用。市面上的色浆颜色极其广泛,几乎包含国标色卡中的所有颜色。

(3)泡沫塑料

常用泡沫塑料与玻璃钢制成夹层结构,泡沫塑料是气体填充的轻质高分子材料。泡沫塑料中的气体相互连通的称为通孔结构;气体不相互连通的称为闭孔结构。闭孔结构泡沫塑料的吸水性、透水性、导热系数均比通孔结构小,且强度和刚度比通孔结构高。泡沫塑料中的气体含量和气体均匀情况对质量影响很大,一般孔细而均匀的泡沫结构比孔大和气孔不均匀的泡沫结构的抗拉、抗压的强度均高。泡沫塑料的密度和强度与气体含量有关,气体含量越多,密度越小且强度越低。

3.2 模 具 设 计

3.2.1 模具设计要点

(1)根据产品的数量、形状尺寸、精度要求、脱模难易、成型工艺条件等确定模具材料与结构形式。

(2)模具应有足够的刚度和强度,能够承受脱模时的冲击,确保加工和使用过程中不易变形,不易破坏。

(3)不受树脂和辅助材料的侵蚀,不影响树脂固化。

(4)模具拐角处的曲率应尽量加大,制品内侧拐角曲率半径应大于 2 mm。避免由于纤维的回弹,在拐角周围形成气泡空洞。

(5)对于整体式模具,为了成型后便于脱模,可在成型面设计气孔,采用压缩空气脱模。阳模深度较大时,应有适宜的脱模斜度,一般以 1°～3°度为宜。

(6)拼装模和组合模,分模面的开设除满足脱模外,注意避开在表面质量要求高或承立的部位。

(7)模具有一定耐热性,热处理变形小。

(8)模具质量轻,材料易得,造价便宜。

基于此,在选用模具时,要根据所生产产品的实际情况来确定模具的材质和制作方法,这样的模具才能更适应手糊玻璃钢生产的要求,从而更好地保证玻璃钢制品的质量。表 3.1 是手糊玻璃钢常使用模具的一些优缺点。

表 3.1 手糊玻璃钢常用模具

模具材质种类	优点	缺点	使用范围
钢	热膨胀系数小,刚性大。使用温度低	自重大,尺寸受限,成本高	要求精度高的零部件,热塑性树脂成型
碳纤维复合材料	与成型构件热膨胀系数一致,质量轻	成本昂贵,热传导低	大型高精度的构件成型
玻璃纤维复合材料	价廉	精度较低	复杂结构与简单面结构成型
蜡、木材、石膏	可塑性成型,成本低	一次或多次成型	纤维缠绕件模压

从表 3.1 可以看出,不同的材质用于制作的模具优缺点不同,最重的是钢模具,最经济的是蜡、木材和石膏模具,但是模具对于提高玻璃钢质量的作用却是有限的。最适合手糊工艺、最经济实惠的就是玻璃纤维复合材料(玻璃钢模具)。

提高玻璃钢模具质量需要根据产品形状、精度、用户要求等确定母模、玻璃钢制作的工艺。如何保证模具的精度、形状、关键尺寸、使用寿命等便成为制作模具必须考虑的问题,当然如何才能又快又好脱模?是选择整体脱模还是分块脱?分块脱模如何分模?分模面如何选择并制作?等问题都必须仔细考虑。

总之,制作高质量的玻璃钢模具必须要考虑到反应时间、固化时间、二次固化时间及模具原材料等因素。

3.2.2 模具设计程序

1. 模具形式

根据产品的数量、尺寸、结构及表面要求,确定模具的结构形式。手糊成型模具的结构形式有以下几种。

(1)阴模

阴模的工作面是向内凹陷的,用阴模生产的产品外表面光滑,尺寸准确。

(2)阳模

阳模的工作面是凸的,用阳模生产的产品内表面光滑,尺寸精确。

(3)对模

对模是由阴模和阳模两部分组成的,通过定位配装,用对模生产的产品内外表面都很光滑,厚度准确。

(4)拼装模

拼装模的结构比较复杂,但是由于某些产品结构复杂或是为了脱模方便,常将模具分成几块拼装。

2. 模具选材

常常根据模具的结构形式和工厂实际条件等选择模具的材料,目前常用的材料有以下几种:

(1)木材,做模具的木材要求质地均匀、无节、不易收缩变形等。常用的有红松、银杏、杉木、枣木、桃花芯木等,一般含水量应不大于10%。

(2)石膏及石膏—砂,石膏与砂的比例一般为1∶8,再加入20%的水,混合均匀制模。

(3)石蜡及水泥,其特点是浇注成型、熔点低、可回收利用。

(4)玻璃钢,是用木模或石膏模翻制成的。

(5)泡沫塑料,用于不取出的芯模部分。

(6)可溶性盐,用60%～70%磷酸铝,30%～40%碳酸钠,5%～8%偏硼酸钠和2%石英粉料压制烧结成需要的形状,在80 ℃热水中能迅速溶解。

(7)金属,常用钢材、工具钢、铸铝、锌合金等。

3. 模具制作

1. 母模制作

(1)木模的制作

用木模作为原模应注意以下事项。

该原模的形状尺寸必须符合产品的技术要求,考虑到玻璃钢的收缩率应加大尺寸;应考虑脱模及拔模斜度;应考虑切边时的加工余量以及模具的分模方法等。

木模的制作工序:先制作一加工平台,以利于各点尺寸的测量;制作木骨架,按图纸放样,做出多块筋板组装的估价,骨架固定在平台上;在骨架、筋板上包覆三合板,贴面板;按图纸造型,在贴面上补加石膏,用样板刮制,使木模做成产品式样。

木模的表面处理:表面处理应遵循下列工序进行:

砂纸打磨,刮腻子,打磨,喷底漆,刮腻子填补沙眼,细打磨,喷面漆,打磨抛光。

a.第一道砂纸打磨采用 80♯~100♯ 粗砂纸,打掉毛刺及粗糙的木纹,石膏(原子灰)表面打平;

b.用树脂腻子刮第一道腻子,封闭木纹钉眼,细缝等;

c.用 100♯~240♯ 砂纸第二次打磨,使其表面比较平滑;

d.喷底漆,可发现表面沙眼缺陷;

e.用原子灰填补沙眼等缺陷;

f.用 400♯~1000♯ 水砂纸打磨;

g.喷面漆,喷漆后应达到表面光洁的效果;

h.用高目数水砂纸打磨(2000♯ 以上),再进行抛光处理,达到镜面效果。

(2)石膏原模的制作

石膏原模的制作与木模相似,只是有些产品形状复杂。曲面较多,无法用胶合板包覆而改用钢丝网包覆,然后涂抹石膏,采用石膏模时应注意以下几点:

a.应采用特级石膏或工艺石膏,普通石膏强度低,不宜使用。

b.配制石膏时,应先将称好的石膏逐渐放入水中,并不断搅拌,不能将水加入石膏中,易结块。

c.均匀涂抹石膏后应静止 2~3 min,石膏增稠后立即使用。

d.涂抹石膏分两次进行,第一次粗抹,石膏中加入碎麻以增加强度。第二次细抹,石膏中不加纤维。

e.第一道涂抹可用样板刮平,使之低于样品,石膏厚度可为 12 mm 左右;第二次石膏厚度约为 9 mm,并用样板刮制。

f.刮制和涂抹需要控制好时间,不能等石膏凝固后再进行,否则无法操作。

g.石膏模刮制后,内部含有大量水分,室温干燥约 10 天以上。70 ℃加热烘干,可加速干燥期,但也需 1~2 天。注意加热温度不可过高,否则将导致石膏开裂。

h.石膏模的表面处理与木模相同。

4.过渡模制作

若制作模具选择的是玻璃钢以外的材料,则无须制作母模,若选择的材料是玻璃钢,则模具需通过母模翻制。过渡模的制作可采用木料拼装组合、石膏—砂、水泥等材料堆砌等方法。母模制作程序如下。

(1)母模制作综合考虑产品结构、数量、产品脱模方式,在选定模具结构的基础上制作母模。若母模材料选择的是木材,则制作完成后,需进行表面加工。

a. 刮腻子

用手工打磨时,以汽车腻子为宜;若用电动打磨,则以聚氨酯腻子或不饱和聚酯树脂腻子为宜。刮涂腻子要均匀,每次刮得不宜过厚,配腻子要少量多次,随配随刮。每次固化后需粗略打磨后再刮涂第二遍。一般均匀刮涂 4~6 遍,也可根据需要多刮几次。

b. 砂纸打磨

用砂纸进行打磨,先用 100♯粗砂纸打磨,再用 240♯~400♯细砂纸打磨,遵循先粗后细的原则,每打完一号砂纸后,需对表面进行清扫,再打下一号砂纸。

(2)涂脱模剂

a. 定义

脱模剂就是在玻璃钢成型中,为使制品与模具分离而涂于模具成型面或加入模塑料中的物质。脱模剂有耐化学性,在与不同树脂的化学成分(特别是苯乙烯和胺类)接触时不被溶解。脱模剂还具有耐热及应力性能,不易分解或磨损;脱模剂黏合到模具上而不转移到被加工的制件上,不妨碍喷漆或其他二次加工操作。

脱模剂的具体作用原理如下:

a)极性化学键与模具表面通过相互作用形成具有再生力的吸附型薄膜;

b)聚硅氧烷中的硅氧键可视为弱偶极子(Si-O),当脱模剂在模具表面铺展成单取向排列时,分子采取特有的伸展链构型;

c)自由表面被烷基以密集堆积方式覆盖,脱模能力随烷基密度而递增;但当烷基占有较大位阻时,伸展构型受到限制,脱模能力又会降低;

d)脱模剂分子量大小和黏度也与脱模能力相关,分子量小时,铺展性好,但耐热能力差。

b. 脱模剂的选择

脱模剂的选择需要考虑以下因素:

a)使用方便,成膜时间短;

b)不腐蚀模具,不影响树脂固化;

c)成膜均匀、光滑、对树脂的吸附力小;

d)操作安全、对人体无害;

e)价格便宜、来源广泛、配制简单。

一种脱模剂同时满足以上条件比较困难。某些情况下要同时使用几种脱模剂才能满足使用要求。

c. 母模常用脱模剂的种类及使用方法

a)醋酸纤维素:用干净毛刷或纱布将醋酸纤维素溶液均匀的涂刷在母模表面,一般涂2~3 次,待第一遍完全干燥后再涂刷第 2 遍,相邻两次的时间间隔为 3~5 min。

b)聚乙烯醇:用干净纱布将聚乙烯醇溶液均匀的涂刷在母模表面,一般涂 2~3 次,待第一遍完全干燥后再涂刷第 2 遍,相邻两次的时间间隔为 20~30 min。

c)汽车蜡:用干净纱布蘸取汽车蜡,均匀涂抹在母模表面,挥发 5～10 min,用干净的软布擦掉,重复上述操作 2～3 遍,最后将母模表面手工抛光,以免有残留的汽车蜡,影响模具表面质量。

d)其他脱模剂按照相应的说明书使用。

注意事项:若母模材料选择的是木材,打磨好、清理其表面后,选择适宜的脱模剂进行涂刷;若母模材料选择的是石膏-砂、水泥等吸湿性材料,则在干燥后方能涂刷脱模剂。

选择适宜的脱模剂并按照相应的使用方法进行涂刷。必要时采用多种脱模剂的组合。例如:对于石膏模和木模,可以采用以醋酸纤维素作中间层,聚乙烯醇(或脱模蜡)作外层的方法。

5.玻璃钢模具翻制

(1)模具准备

将处理好的模具,安放在生产现场,必要时用软布、毛刷等工具对模具表面进行清理,并检查模具表面质量状况是否合格。

(2)增强材料的选择与准备

根据模具的使用条件和设计要求来选择增强材料,增强材料主要有表面毡、玻璃布、短切毡、无捻粗纱等。

根据母模的形状、尺寸进行裁剪增强材料以备后续使用。

(3)基体材料的选择

1)胶衣

胶衣树脂是不饱和聚酯树脂中一种特殊的树脂,它是为改善玻璃纤维、增强不饱和聚酯树脂基玻璃钢制品的外观质量,和保护结构层的材质不受外界环境介质侵蚀而研制开发的,故胶衣树脂的主要作用是对玻璃钢制品的表面装饰和结构层进行保护。新型的耐候性阻燃胶衣树脂的开发日益受到重视并越来越重要。

胶衣树脂是制作玻璃钢制品胶衣层的专用树脂。苯乙烯仍是当前树脂选用的最合适的单体。但是苯乙烯在室温下的蒸汽压较高,容易挥发,尤其是采用手糊或喷射成型工艺,在制作玻璃钢制品的胶衣层和背衬增强层更易挥发。当其蒸汽浓度超过一定数量(大于 $6g/m^3$)时,会刺激人的眼鼻黏膜引起头昏、恶心等症状。

为了使模具得到质量较好的表面,以保证产品表面的平整与光洁度,在模具表面做一层树脂含量较高的胶衣层,其厚度一般为 0.6～1.0 mm。胶衣应根据模具的使用寿命,要求的表面质量等进行选择。目前选用的有普通胶衣和专用模具胶衣。

国内生产的胶衣树脂按基体树脂的类型可分为邻苯型、间苯新戊二醇型和间苯等;

邻苯型胶衣的基体树脂是邻苯型不饱和聚酯树脂,具有较好的耐候、耐水、耐冲击等特性,适用于要求较高的玻璃钢制品。

间苯新戊二醇型胶衣的基体树脂是新戊二醇/间苯甲酸不饱和聚酯。树脂的结构赋予它良好的力学性能和耐候性,特别适用于耐候及耐水性要求高的地方。

间苯型胶衣的基体树脂是间苯型不饱和聚酯树脂,具有高机械强度,耐高温、耐腐蚀性和耐氧化性能,适用于制作 FRP 制品。

2）树脂

树脂的选择应满足以下两点：

①能够配制适当黏度的胶液，适宜手糊工艺的树脂黏度为 200～800 mPa·s；

②能在室温或较低温度下凝胶、固化。

目前选用的有不饱和聚酯树脂和专用模具树脂。

3）辅助材料的选择

手糊成型的玻璃钢辅助材料包括各种固化剂、促进剂、稀释剂、填料、颜料等。

固化剂：容易产生游离基或离子，引起树脂产生连锁反应的物质。聚酯树脂的固化剂通常为过氧化物，环氧树脂的固化剂一般为胺类。

促进剂：在玻璃钢中指那些促进过氧化物固化剂在较低温度下就能分解产生大量游离基，从而降低固化温度，加快固化速度的物质。

稀释剂：降低树脂黏度使其满足工艺要求的物质。

填料：加入树脂中，以改善某些物理性能的一些惰性物质。

颜料：使模具具有各种各样的颜色，在产品生产过程中，便于检查产品胶衣的涂刷有无漏洞，可在胶衣或树脂中加入，模的颜色一般与产品颜色反差较大，不易造成视觉混淆。

（4）模具的糊制

1）胶液配制

a. 胶衣配制方法

先将胶衣与色浆（模具所需的颜色）均匀混合，再加入促进剂，将促进剂与树脂充分混合均匀，使用前加入固化剂，必须搅拌均匀。表 3.2 是一种胶衣的固化配方。其他不经常使用的胶衣，在使用前应进行凝胶试验，用以在使用过程中能够更好地控制其凝胶固化时间。注意，促进剂与固化剂直接接触将发生剧烈的氧化还原反应，极易发生爆炸。

表 3.2　某型号胶衣配比

组分	胶衣/g	色浆/g	促进剂/g	固化剂/g
33#（34#）胶衣	100	8～10	0.3～4	2±0.5

b. 树脂胶液配制方法

按比例先将不饱和聚酯树脂或环氧树脂与促进剂均匀混合，使用前再加入固化剂，并搅拌均匀。表 3.3 是两种不饱和聚酯树脂以及环氧树脂的固化配方。其他不经常使用的树脂，在使用前应进行凝胶试验，用以在使用过程中能够更好地控制其凝胶固化时间。

表 3.3　常用手糊树脂配比

组分	树脂/g	色浆/g	促进剂/g	固化剂/g
191 树脂	100	—	0.3～4	2±0.5
196 树脂	100	—	0.3～4	2±0.5
环氧 E-51/E-44 树脂	100	—	501 稀释剂 8～10	三乙烯四胺 7～12 四乙烯五胺 8～15

c. 注意事项

固化剂和促进剂混合易发生爆炸,应分别存放,二者间距在 1.5 m 以上;固化剂、促进剂应分别加入,禁止二者直接混合,以防引起火灾。

2)糊制

a. 胶衣层糊制

开始作业前,胶衣和模具的温度保持在 16～30 ℃,理想的模具温度应该比胶衣温度高 2～3 ℃。这样,固化后可得到一个更光泽的胶衣表面。车间内相对湿度要低于 80%,湿度大会导致所需的固化温度提高。另外要防止水在模具表面聚集。模具表面需打蜡充分,不要使用含硅酮类的脱模蜡。用水溶性脱模蜡必须等其水分蒸发完后再涂装胶衣。不要加溶剂稀释,如丙酮。如在使用时需较低的黏度,可加入少量的苯乙烯(<2%)。固化剂(MEKP)用量一般在 1%～2%。如果固化剂的量过高或过低,会使制品的耐水性和耐候性降低。

模具胶衣层一般应涂刷两遍(总厚度控制在 0.6～1.0 mm 之间),每遍厚度控制在 (0.4 ± 0.1) mm 之间[用量控制在 (400 ± 100) g/m²],胶衣涂刷时必须在前层胶衣凝胶至用手触摸发软但不黏手后再涂刷下一层,涂刷时注意层与层之间的涂刷方向尽量垂直,以免漏涂,同时要注意清除模具表面胶衣中由于其他原因带进的杂质。

b. 表面层糊制

为保证模具表面质量,在胶衣层的基础上糊制一层表面毡。表面毡的主要作用是保证模具表面平整,因此对表面毡的铺敷方向没有严格要求,只要没有漏铺即可。在铺完表面毡后,用毛刷或胶辊,或二者配合使用,将表面毡树脂浸透,并排除气泡,涂刷时要从一端向另一端或从中间向两头把气泡赶净。

胶衣层固化与表面层糊制的时间间隔不能太长,最好保持在不大于 8 h。

c. 增强层糊制

表面层胶凝固化后,制作增强层之前,根据表面层的平整情况,进行清理毛刺、气泡、胶瘤等工作,然后糊制增强层。

由于玻璃布经纬向强度不同,而模具要求正交各向同性,因此在铺敷的时候要使玻璃布纵横交替,有棱角的地方要用无捻纱增强,也可根据实际模具的要求和使用情况,适当使用短切毡。玻璃布之间要搭接,搭接长度一般为 30～50 mm,根据工艺卡片设计的铺设进行层层糊制,直至规定的铺层和厚度为止。为防止树脂固化收缩和使用过程的变形,必要时可预埋金属或木制加强筋。

玻纤布的铺贴一般根据形状而定,一般先立面后平面,先上后下,先里后外,先壁后底,先衬管后衬壁;有时为了操作方便,在贴衬器壁的同时,在进出口处贴衬一块玻璃布材料,当全部施工完毕后,此处玻璃布材料已经固化,可以避免进出困难。圆形卧式容器内衬时,先贴下半部,然后翻转 180°,再衬另外半部分,对较大设备,可分批分段施工。

在涂胶部位贴衬一层玻璃布,铺贴时不要拉的过紧,布要贴的平整无皱纹,两边不得有歪斜现象,做到贴实、无气泡和无褶皱。用毛刷、刮板或压辊从布的中央向两边排净层间气泡,使胶液从玻璃布孔眼里渗透出来,挤出多余胶液,并充分浸透。连续法施工贴衬第一层玻璃布经检查合格后,不待胶料固化。按上述程序在同样部位连续贴衬完下几层玻璃布。

玻璃布的上下左右,一般搭接宽度不小于 50 mm,布与布的搭接应互相错开,不能重叠,圆角处应把玻璃布剪开,圆口翻边处也应将玻璃布剪开,然后翻贴于翻边上,搭接应顺物料流动方向,衬管的布与衬内壁的布应层层错开,设备转角处、法兰处、人孔及其他受力或受冲刷部位均应适当增加玻璃布的层数,翻边处应剪开贴紧。

两布搭接法,这种贴衬法是在铺完第一块布后,第二块布以半幅布宽度搭铺在第一块布上,另外半幅布铺在基层上,第三块布又以半幅布铺在第二块布上,另外半幅宽布铺在基层上,其余以此类推,即形成两层玻璃布衬里。三布及以上搭接,如果要贴衬 3 层以上玻璃布时,则每块玻璃布与前一块玻璃布的搭铺宽度分别为 1/2、3/4、4/5,这样一次就能连续贴衬 3 层、4 层、5 层衬里。多层连续搭接一般采用鱼鳞式搭铺法较好。平面一次连续铺衬的层数或厚度不应产生滑移,立面一次连续铺衬的层数或厚度不应产生滑垂,固化后不应起壳或脱层。一般说来,环氧树脂和环氧酚醛玻璃钢一次铺贴不宜超过 4 层,不饱和聚酯树脂和乙烯基酯树脂玻璃钢不宜超过 6 层。

注意,多层连续贴衬时,操作要细心,小心轻刮,不要把前一层布刮出皱纹和气泡。在搭接处要仔细压紧。胶料必须满刷,厚薄均匀,不宜过多或过少,以浸透玻璃布为度。刷的范围要较布稍宽。玻璃布事先卷成卷,展平时手稍用力掌握适当的松紧度,细微准确退卷,均匀的一次把布搭接尺寸展平,再刷胶料后达到基本平整无皱折。将展平的玻璃布,先用干毛刷沿纵向,将布中央定位衬牢,再向两边赶尽气泡和皱皮,刷平贴牢,再用短毛刷或刮刀刮满一层。

3)模具加固

为提高玻璃钢的强度和刚度,保证模具的耐冲击性、稳定性、尺寸精度等,必要时在玻璃钢模具的背面糊制加强筋,加强筋可以采用金属、非金属材料等。糊制加强筋时,先把加强筋放在需要加强的部位并使之与模具吻合,有缝隙的地方可用树脂腻子(树脂与填料混合物)填充,然后在加强筋的外面糊制 2～3 层浸渍过胶液的玻璃布。加强应在模具本身尚未脱模时进行。

4)模具表面处理

模具脱模后,进行必要的切割、去毛边、打磨处理后,需对模具表面进行细致的处理、处理方法及过程如下(具体产品对表面光洁度的要求不同,模具表面处理程度会不同):

粗磨:首先用 240♯ 与 400♯ 水砂纸经水浸泡后在表面平顺的木块或硬质塑料块上反复打磨,使模具表面的脱模剂全部打掉为止;然后用 600♯ 水砂纸按上述方法打磨,直至表面无粗细不均的划痕;最后用 800♯ 水砂纸打磨至模具表面无明显划痕。每一次打磨结束后,要用水清洗模具表面,去掉余留的砂粒。

水砂精磨:分别用 1000♯、1200♯、1500♯ 水砂纸按上述方法反复研磨。每用一种标号的水砂纸研磨后都要对模具表面进行清洗。

研磨抛光：用抛光机进行中粗抛光和精细抛光，将抛光膏均匀地涂在模具表面上，稍停2～3 min后，用装有布轮的抛光机通过逐段研磨，直至模具表面出现镜面反光和无残留砂磨痕迹，然后用毛刷、毛巾把粗抛残渣清除干净，重新涂抛光剂，停5～6 min，待溶剂渗透到模具表面内，再用布轮抛光机继续研磨抛光，最后用装有羊毛轮的抛光机进一步精细抛光至模具表面呈高度清晰的镜面反光为止。

有的模具不可能通过母模直接翻制出玻璃钢模具，中间要经过若干次过渡模的转化，方可最终翻制出玻璃钢模具，应根据各产品的实际情况来设计玻璃钢模具的成型方法。

5）模具的修补

手糊成型工艺采用最多的是玻璃钢模具。将处理好的模具安放在生产现场，必要时用压缩空气、软布、无尘擦拭纸、毛刷等工具对模具表面进行清理杂物工作，并在糊制前检查模具表面质量状况是否合格，如有所坏，需进行修补，修补方法如下：

①先将破损处清除，刮除上表面，露出新的表面；

②用丙酮清洗破损处，并使之干燥；

③如缺损面积较大，可以用树脂腻子加少量短切纤维填补，使表面低于原表面并固化；

④用胶衣树脂加入与模具相同的色浆进行修补，并固化；

⑤用水砂纸打磨表面，并抛光，如果效果不满意可以进行二次、三次修补。

模具的修补是一项技术性要求很高的工作，因其修补效果的好坏会直接影响产品质量，需要有丰富实践经验的人员才能完成。

3.3 产 品 制 作

本节将以雷达罩产品为例，介绍手糊工艺的工艺设计方法及产品制作方法。

手糊雷达罩产品要求其原材料具有强度高、模量高、耐候性好等特点。手糊产品用原材料主要有增强材料无碱纤维、基体树脂聚酯树脂、夹层结构聚氨酯泡沫等等。复合材料除应满足上述低损耗要求外，还需满足天线频带和极化特性等基本参数偏差在使用范围之内，在应用温度下有足够的力学及热冲击性能，必须有较高的耐温性能和耐环境性能要求，其电气和物理性能应不受环境条件变化的影响，尤其各项电性能指标要求具有相对稳定的可操作性，易于工程化生产，并兼顾工艺性、经济性和实用性等。

在手糊玻璃钢生产时常有连续法和多次法两种成型方式。连续法可以一次完成产品的制作，这种方法施工周期短，工作效率比较高，而且玻璃钢层间的黏结力强不容易出现由于污染而产生的分层等现象，适用于表面要求高的产品，但是对于一些厚度较大的产品，由于一次成型玻璃钢中的树脂进行聚合固化反应时会产生大量热，使玻璃钢内部由于树脂暴聚产生很大的内力，导致玻璃钢出现扭曲变形，内部产生裂纹，从而影响质量。多次成型树脂固化放热分散，避免了应力集中而产生的裂纹等现象出现，同时，后续施工还可以对前面施工的弊端进行弥补，不过多次成型就要对前次玻璃钢表面进行处理，清理灰尘和毛刺等。处理不好会造成两次成型分层，降低玻璃钢承载性能，影响产品质量。

3.3.1　原材料选择原则

合格的原材料是保证产品合格的首要条件。所使用的原材料必须有出厂合格证,产品检测报告,生产许可证及厂家名称地址等,同时有产品使用说明书。在选择原材料时需先进行实验,不仅要性能满足要求,还要对原材料进行入厂复验,按批次抽查等。

（1）增强材料的选择

增强材料应根据产品的性能要求、使用条件及设计要求等进行选择。

（2）基体材料的选择

基体材料除根据产品的性能要求、使用条件及设计要求等进行选择外,还应满足以下要求:

　　a. 能够配制适当黏度的胶液,适宜手糊工艺的树脂黏度为 200～800 mPa·s;

　　b. 能在室温或较低温度下凝胶、固化;

　　c. 无毒或低毒。

3.3.2　基体材料

树脂基复合材料,所用基体材料为聚酯树脂、环氧树脂(乙烯基树脂)或酚醛树脂等高分子材料。常温复合材料树脂基体主要指不饱和聚酯、乙烯基树脂、环氧树脂等,树脂基体的介电常数一般为 3,介电损耗角正切值为 0.02 左右。氰酸酯树脂的介电常数为 2.8～3.2,介电损耗角正切值为 0.002～0.008,且电性能稳定,对温度及宽频表现出特有稳定性,其性能参数见表 3.4。

表 3.4　树脂基体材料的性能参数表

材料	介电常数	介电损耗角正切值	密度/(g·cm^{-3})
环氧树脂	3.1～5.0	0.015～0.021	1.10～1.35
不饱和聚酯树脂	2.8～4.2	0.010～0.025	1.12～1.30
乙烯基树脂	2.5～3.5	0.012～0.026	1.15～1.31
酚醛树脂	4.2～4.8	0.014～0.031	1.11～1.30

注:介电常数和介电损耗角正切值的测试频率为 10 GHz。

一般不饱和聚酯,玻璃化转变温度 T_g 值性能较好。通过试验数据得到图 3.1 所示的变化趋势,通过结果可看出玻璃化转变温度 T_g 值为 61.8 ℃,满足地面天线罩的使用要求。

为稳定质量,针对不同厂家的过氧化甲乙酮固化剂进行对比试验,其对比后性能如图 3.2 所示。

通过以上实验数据分析,同样比例条件下 MEC 比 V388 凝胶时间快约 1 倍,同时 MEC 放热峰略高可保证固化效果,所以在低温天气使用预促进树脂体系相同比例条件下 MEC 凝胶及固化效果均比 V388 好,因此选用 UP 树脂与 MEC 固化剂。

为顺利实现工程化生产,满足工艺要求,使其性能最大限度发挥,对 V388 及 MEC 两种不同厂家的过氧化甲乙酮固化时间及放热峰进行对比试验,数据见表 3.5。

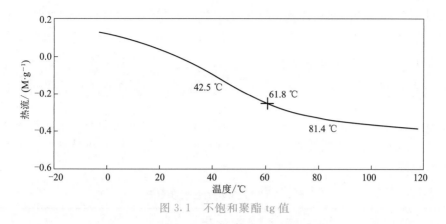

图 3.1　不饱和聚酯 tg 值

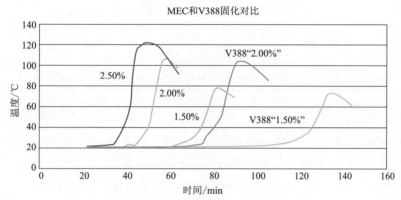

图 3.2　不饱和聚酯树脂—固化剂 V388 及 MEC 固化曲线图

表 3.5　基体树脂与两种固化剂固化对比

基体固化体系						
温度:18℃;树脂:不饱和聚酯树脂;树脂量:50g						
固化剂	固化时间/min		放热峰/℃		到达放热峰时间/min	
比例/%	MEC	V388	MEC	V388	MEC	V388
1.50	65	106	78.5	74.7	82	134
2.00	46	73	106.7	105.3	58	92
2.50	36	65	122.8	—	51	—

　　通过实验对比数据可看出 MEC 固化剂的固化时间和放热时间均优于 V388 固化剂,且其放热峰温度较低,更适合复合材料天线罩的工程化生产。

　　对于不饱和聚酯树脂增强玻璃纤维复合材料,树脂含量对材料的介电常数和介电损耗角正切的影响相反,伴随树脂含量的升高,介电常数降低,损耗角正切值增加。而对透波材料来说,介电常数降低,材料对电磁波的吸收因子降低,反射系数绝对值减小,这就是说材料本体的反射量降低、吸收量也降低,透波性能差;损耗角正切值增加,材料对电磁波的吸收因子增加,意味着材料本体的吸收量增加,透波差,为了将介电常数、损耗角正切值两者兼顾,选择含胶量在 45%～50% 比较合适。随着树脂含量的提高,复合材料的力学性能将会下降,在树脂浸渍完全的情况下,树脂含量高,纤维含量低,则力学性能下降,考虑透波产品使用寿命的设计要求,含胶量不能高于 52%。

3.3.3 增强材料

树脂基复合材料,所用增强材料为玻璃纤维。目前,雷达罩材料较多采用的是环氧树脂和 E 玻璃纤维,随着对天线罩性能要求的不断提高,D 玻璃纤维、石英玻璃纤维等增强材料的性能参数见表 3.6。

表 3.6 增强材料的性能参数表

材料	相对密度	拉伸强度/GPa	弹性模量/GPa	介电常数(测试频率为 10 GHz)	损耗角正切
D 玻璃纤维	2.10	2.00	48.0	4.00	0.002 3
E 玻璃纤维	2.52	3.16	71	6.15	0.005 4
M 玻璃纤维	2.77	3.70	91.6	7.00	0.003 9
S 玻璃纤维	2.51	3.95	85	5.20	0.006 8
石英玻璃纤维	2.20	1.70	72.0	3.78	0.000 2
KV-49	1.48	3.46	138	3.59	0.001 4

3.3.4 夹层材料

夹层材料一般有聚氨酯泡沫、PVC 泡沫、PET 芯材、蜂窝等,以下为常用材料的介绍。

1. 聚氨酯泡沫芯材

(1)聚氨酯泡沫性能

从经济适用角度看,由于聚氨酯泡沫各向同性且透波性能优异,已成为地面天线罩最为常用的芯层材料。其柔韧性和刚度依赖于它的密度,表 3.7 为不同密度聚氨酯泡沫的电性能研究结果。

从表中三种密度的聚氨酯泡沫材料的介电常数、损耗角正切的测定结果可以看出随着密度的增加,材料的介电常数从 1.05 提高到 1.18,说明密度越小的介电常数越小,透波性能越好。

但是大型天线罩有风载和雪载要求,要同时兼顾力学强度,表 3.8 为不同密度聚氨酯泡沫的压缩强度。

表 3.7 几种不同密度的聚氨酯泡沫电性能

密度/(kg·m⁻³)	介电常数	损耗角正切
45	1.05	3.9
65	1.09	5.8
100	1.18	8.9

表 3.8 几种不同密度的聚氨酯泡沫的压缩强度

密度/(kg·m⁻³)	压缩强度/kPa
45	320
65	500
100	960

由表 3.8 可以得出压缩强度随密度的增加而增加,这是因为密度的增加使承载的面积增加,故强度更高。根据力学性能和透波的特点,密度在 45 g/m³、65 g/m³、100 g/m³ 之间,密度 65 g/m³ 为 500 kPa,可以满足一般真空压力的工艺要求。

（2）聚氨酯泡沫透波率测试

为进一步验证聚氨酯泡沫性能,对 10 mm、20 mm、30 mm、40 mm、50 mm、60 mm 不同厚度的泡沫平板进行电性能测试,在垂直入射的情况下,测得 3.5～8.5 GHz 时的透波率结果见表 3.9。

表 3.9　几种不同厚度的聚氨酯泡沫在不同频率下的透波率

厚度/mm	频率/GHz	透波率/%	厚度/mm	频率/GHz	透波率/%
3.5	10	99.9	6.5	10	99.7
	20	99.3		20	98.9
	30	99.3		30	98.7
	40	99.2		40	98.5
	50	99.1		50	98.4
	60	98.9		60	98.2
4.5	10	99.9	7.5	10	99.6
	20	99.2		20	98.8
	30	99.3		30	98.6
	40	99.0		40	98.4
	50	98.9		50	98.2
	60	98.7		60	98.0
5.5	10	99.8	8.5	10	99.6
	20	99.0		20	98.8
	30	99.1		30	98.4
	40	98.8		40	98.3
	50	98.8		50	98.2
	60	98.5		60	97.8

2. 蜂窝芯材

蜂窝是由多个六角形单元构成的结构体,外观类似蜂箱的横截面。蜂窝的 90% 到 99% 是空的。蜂窝的最佳应用是结构件制造,同时也能满足非结构件制造的需要。

芳纶纸蜂窝极易制成比传统金属结构更轻的结构。芳纶纸蜂窝芯材用上下蒙皮黏合后形成的夹芯板材具有极高的强度,同等重量的强度是实心钢的 10 倍以上。芳纶纸蜂窝拥有独特的综合性能,当设计要求复杂时,会发现芳纶纸蜂窝能提供比其他任何蜂窝都轻的结构,其优点如下:

a.耐高温,可在 200 ℃ 以上的温度下进行热压罐成型;

b.密度在 24～160 kg/m³ 之间,可满足不同的容量结构要求;

c.具有极高的剪切强度;

d.高韧性;

e.阻燃、低烟、低毒性;

f.优异的蠕变和疲劳性能,可在要求苛刻的应用中长期使用;

g.极高的湿强度,可在高湿度环境中使用;

h.耐腐蚀;

i. 隔热性、隔音性好；

j. 易成型、易加工。

表 3.10　芳纶纸蜂窝主要的技术参数

孔径/mm	密度/(kg·m⁻³)	长度方向、纸张方向	密度方向、拉伸方向
3.2	48	1.9	1.21
3.2	64	3.38	1.83
3.2	80	4.71	2.03
3.2	96	6.56	2.51
4.8	48	2.23	1.04
4.8	64	3.38	1.52
4.8	48	1.78	0.8
3.2	48	1.98	1.3
4.8	48	2.25	1.24

3. 三维中空织物产品性能

为适应曲率低的透波复合材料领域需求，近年玻纤厂家开发出了三维中空织物。三维立体织物是采用玻璃纤维、碳纤维、凯夫拉纤维等多种高性能连续纤维进行织造，夹芯结构的基础是构成表层的经、纬和连接两个表层并形成芯部的 Z 向纤维。中空织物的织造高度范围为 2～40 mm，空间形态可以根据复合材料的使用要求设计为"8""V"等结构。

中空织物可以瞬间吸收树脂，Z 向纤维在毛细作用下使组织自动成型达到设计高度。由于设计了专门的浸胶通道，可以更快地让树脂通过并浸润织物；织物的特殊结构会产生优秀的回弹效果，让复合后的产品达到设计高度。

通信频率一般适用于 0.79～2.7 GHz，与实心玻璃钢比较具有透波率高、宽频设计性好、重量轻等特点，可以解决实心天线罩电磁辐射损耗大、有死角、增益损失大等缺点，满足平板类低中频产品需求，其优越性能体现如下：

轻质高强：比强度、比模量高。

抗分层：三维机织整体成型，解决玻璃钢老化分层问题。

功能：中空织物具有可预埋、填充、发泡等特殊功能。

复合效率高：易于复合，可贴膜复合成型，与石材薄板等复合成轻质材料。

优异的附加性能：保温、隔音、阻燃、透波等。

4. PVC 泡沫芯材

PVC 泡沫具有高韧性，良好的抗冲击性、能量吸收和耐疲劳性能、低吸湿、耐化学腐蚀、隔热、隔音等特点。另外，由于 PVC 泡沫夹层材料比强度、比刚度且性价比高，故已应用于船舶、航空、建筑、汽车、火车、轻工等领域，表 3.11 为 PVC 泡沫主要技术参数表。

表 3.11　PVC 泡沫主要技术参数

密度/(kg·m⁻³)	压缩强度/MPa	剪切模量/MPa	剪切强度/MPa
65	0.95	20	0.85

PVC泡沫可通过热成型工艺在二维或三维方向上做变形。变形后的曲面,可以是可展开面,也可以是不可展开面。PVC泡沫的热导率只有0.029 W/(m·K),因此隔热性能非常好。

5. PET泡沫芯材

PET泡沫芯材的主要成分为聚对苯二甲酸乙二醇酯(polyethylene terephthalate),俗称涤纶树脂。PET泡沫是一类闭孔热塑料结构泡沫,具有一定的剪切、压缩强度,因此常被用于夹层结构材料芯材,被广泛应用于建筑、公路运输、轨道交通、航空、船舶、风电等领域。

PET泡沫适用于所有树脂体系与工艺技术,具有以下特点。

(1)加工便利:通过热成形,可以实现复杂的形体结构,且在加热状态下热稳定性良好。

(2)良好的力学性能:具有良好的剪切、压缩性能。

(3)可重复利用:在生产过程中边角料、切屑可以重新用于制造新的材料。

(4)有利于环保:传统PET泡沫在生产时使用氟化物作为发泡剂,会对环境及人体健康产生一定影响,但目前最新的PET发泡技术可以利用生产过程中产生的二氧化碳作为发泡剂,因此可以做到温室气体零排放,非常利于环保。

(5)耐高温:在加工过程中可以短时间承受150 ℃左右的温度,在使用寿命内则可长时间承受100 ℃左右的温度。

作为复合材料夹层结构芯材,PET泡沫芯材的力学性能和泡沫密度相关。密度越高,力学性能越好,但同时重量越大,所需的材料越多,成本越高。PET泡沫芯材的抗疲劳性能也较好,优于部分PVC泡沫芯材。以3A公司的AIREX® T92泡沫为例,其力学性能见表3.12。

表 3.12　3A公司 AIREX® T92泡沫的力学性能

性能	密度/(kg·m⁻³)	压缩强度/MPa	压缩模量/MPa	剪切强度/MPa	剪切模量/MPa	剪切延伸率/%
T92.100	105	1.4	85	0.9	21	15
T92.110	115	2.8	110	1.05	23	15
T92.130	135	2.4	145	1.3	30	15

3.3.5　表面涂覆材料

一般树脂基复合材料天线罩有较高的比强度和比刚度,但耐冲击性、耐磨性、耐候性较差。因此产品一般都要进行涂装保护,但涂层的增加必然会对天线罩的电性能产生影响。氟碳涂料便是涂覆材料之一。由氟碳树脂为成膜物质,配以高性能填料,组成的高性能涂料,具有优异的耐候性、耐酸碱性。其产品性能指标见表3.13。

表 3.13　氟碳树脂基本性能

项目		指标	执行标准
涂膜干燥时间/h	表干时间	≤1	GB/T 1728—1979
	实干时间	≤24	

续表

项目	指标	执行标准
附着力/级	0	GB/T 9286—1998
涂膜硬度	2H	GB/T 6739—2006
耐酸性	>240	GB/T 9274—1988
耐碱性(10%氢氧化钠溶液)/h	>240	GB/T 9274—1988
耐盐性(10%NaCl溶液)/h	>240	GB/T 9274—1988
耐冲击性/cm	>50	GB/T 1732—2020
柔韧性/mm	≤2	GB/T 6742—2007
耐湿冷热循环(5次循环)	无起泡、无开裂、无剥落、无明显变色失光	JG/T 25—2017
耐人工老化(5 000 h)	无起泡、无开裂、无剥落、粉化0级,色差≤2级	GB/T 1865—2009
耐盐雾性(2 000 h)	无起泡、无开裂、无剥落、粉化0级,色差≤2级	GB/T 1771—2007
耐紫外老化(1 000 h)	无起泡、无开裂、无剥落、粉化0级,色差≤2级	GB/T 14522—2008
耐湿热性(1 000 h)	无起泡、无开裂、无剥落、粉化0级,色差0级	GB/T 1740—2007

3.3.6　产品密封材料

单元件装配完成之后,法兰因需涂覆耐候密封材料,密封胶基本性能见表3.14。

表 3.14　密封胶基本性能

序号	性能	指标
1	化学成分	硅烷封端聚合物
2	颜色	白色
3	触变性	优良
4	密度,g/cm³	1.45
5	工作温度	−50～90 ℃
6	断裂伸长率	350%

3.3.7　质量控制考虑因素

1. 人员因素

作为手工制作的玻璃钢,施工人员始终参与玻璃钢的生产过程,是玻璃钢生产的直接执行者,人员的责任心、技术水平、工作情绪及素质高低直接影响到产品质量好坏。

首先,技术人员要虚心学习,从理论上深入理解,然后多学习实际操作经验,勤动手,多思考为什么,不断积累。其次习惯性与工人交流,多学习经验同时也要多宣传,摆事实。让操作者明白产品质量的重要性,明白质量直接影响到施工人员的自身利益。最后,要加强内部管理,制定一些管理制度,形成一套完整的质量管理模式,明确每个参与者的职责和责任,明确奖优罚劣、优胜劣汰的准则,激励职工形成一种积极向上的姿态,在内部形成一种良好的竞争。

每一件产品施工前给施工者进行技术交底,要尽可能详尽让工人明白整个过程的工艺要求,产品所要达到的指标,人尽其能,并对新来员工开展专业知识培训,对施工者也要定期培训,开展技术比武活动,让员工看到自己存在的差距,从而让员工提高自己的业务能力和操作技能,与此同时不能忽略员工的情绪,让他可以把更多的精力投入到生产中。

2. 施工环境

手糊玻璃钢的质量对温度和湿度也有一定的依赖性,当湿度大于(75%)时,由于生产中用的玻璃纤维吸湿性强,玻璃纤维表层就会吸附空气中的水分,在其表面形成一层水膜,影响到树脂和纤维的结合,从而降低玻璃钢的强度和抗腐蚀能力。如果温度过低,不能提供树脂固化反应所需的活化能,固化时间就会很长,造成树脂流失,出现树脂分布不均,从而造成产品分层;如果温度过高,配好胶液待用时间短,施工中很容易发生凝胶,这也不利于操作。因此手糊一般湿度不大于75%,温度在15~25 ℃,环境达不到时可以采取必要的措施,如加强通风、红外灯辐照等,以便保证产品质量。

手糊工艺对生产车间的其他基本要求如下:

a. 车间应该有良好的通风性,抽风口最好在地上;

b. 车间应该有足够的地漏,以便于用水冲洗车间;

c. 通道畅通便于运输;

d. 玻璃纤维制品树脂分别存放,并远离水源、电源;

e. 模具及设备靠近通风口,在合理安排工厂平面布置的基础上,正确设计车间内的总体平面,布置规定生产的基本工序(工段)、辅助工序(工段)和生产服务部门的相互位置以及设备之间的相互位置;

f. 车间应该有良好的通风,以排除有毒气体和粉尘,丙酮允许浓度为 400 mg/m³,玻璃钢粉尘允许浓度为 3 mg/m³;

g. 车间严禁吸烟、严禁明火、使用砂轮机打磨金属;

h. 车间内应设置相应的灭火设备及器械;

i. 操作人员进入车间时应穿工装、戴口罩、乳胶手套,必要时可擦防护油膏;

j. 车间内不能进行非生产活动、不能吃东西,因为化工原料有一定的毒性;

k. 离开车间后应洗手、洗脸并经常洗澡;

l. 车间内机械设备应经常维护、检修,工具材料存放整齐,并由专人保管。过氧化酮类不能与萘酸钴溶液存放,存放间隔至少在 1.5 m 以上,并妥善密封。

3. 其他

当然,其他因素对产品质量的影响也是不容忽视的,比如工具是否便于使用、机器是否能正常使用、操作者是否参与过培训等,所有的过程都需要细心。对材料、管理、工艺、环境等严加控制一定能使手糊玻璃钢产品质量上一个新台阶。

3.4 产品成型工艺参数设计

3.4.1 产品凝胶时间设计

根据环境温度与湿度设计凝胶时间,通常采用引发剂用量固定,适当改变促进剂用量的方法进行调节。固化时间一般以糊制完成后(30±10) min 为宜。

3.4.2 产品铺层拼接设计

拼接设计要求对产品强度损失小,不影响外观质量和尺寸精度,施工方便。拼接形式有搭接与对接两种。为了不降低接缝区强度,各层的接缝必须错开 200～300 mm。

3.4.3 玻璃布层数设计

玻璃布层数计算可用下列经验公式:

$$N = A/(\Delta + K) + B$$

式中　N——需要布的层数;

　　　　A——制品的设计厚度,mm;

　　　　B——校核层数常数,根据成型时接触压力、树脂的黏度大小而定:一般当制品设计厚度在 3～10 mm、布的厚度在 0.2～0.4 mm 时,B 在 2～1 层,即薄布校核层数常数大;

　　　　K——经验胶层常数,当玻璃布的厚度在 0.2～0.4 mm 时 K 为 0.01～0.05 mm;

　　　　Δ——选用玻璃布的厚度,mm。

按照经验公式求得所需层数后,如制品要求厚度严格时,可根据算得的层数再进行小型试验修正,以确定准确层数。

3.4.4 产品成型

1. 手糊制品成型工艺流程

图 3.3 所示为手糊制品成型工艺流程。

2. 成型用设备

(1)成型用设备含秤和量筒、搅拌/混合设备;喷射设备;烘炉、固化炉。

(2)喷涂设备

为了成型质量较高的表面胶衣层,必须使用喷涂设备,喷涂设备一般应包括喷枪,功率大于 4 马力的压缩空气机,空气压力调整设备,通气软管、换气设备、树脂胶衣等计量及调配设备、拆装工具以及清洗和防护用具等。喷涂设备可分为空气型和无气型两种。采用空气型的喷涂设备,喷涂树脂的同时压缩空气也一起被喷出,树脂呈雾状,喷涂的带宽可以通过调整压缩空气的压力和流量进行调整;采用无气型喷涂设备时,压缩空气只作为送出树脂的

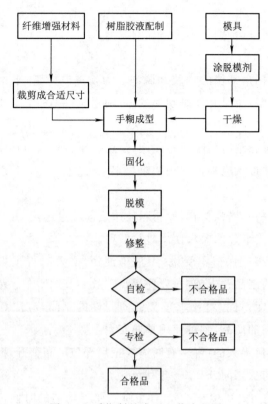

图 3.3 手糊制品成型工艺流程图

动力,并不从喷枪口与树脂一起喷出。喷涂表面胶衣层所用的喷枪通常是用空气型的,它和一般喷漆用的喷枪大致相同,枪上带有一个金属杯或盒。无气型喷枪单位时间地喷出量比空气型喷枪要多,但喷出的树脂颗粒较大,故不适合喷涂胶衣层使用。

（3）烘炉、固化炉。

3. 成型用工具

由于成型要使用玻璃纤维毡和玻璃布,所以一般都需用使用下列各种小型的成型用工具。

（1）辊子

辊子的直径根据用途不同一般可为 5~70 mm。种类有：

①羊毛辊

特点是毛长,适用于浸渍树脂胶液。

②猪毛辊

毛短,适用于排出气泡。如将毛戳着铺层面推动,排出气泡的效果会更好。

③短毛辊

毛短,用于表面毡成型、格子布脱泡和喷射浸胶时的脱泡等。

④硬质螺旋辊

分螺旋沟和平行沟两种,脱泡效果都很好,可以用钢、塑料、铝等材料制成。辊的直径为 10~70 mm。

⑤拐角辊

与螺旋辊同,用于拐角,特别是小拐角部的脱泡。

(2)硬毛刷

用于狭小部位或小拐角部位的浸胶和脱泡。为要浸渍树脂,采用厚毛刷能够浸渍更多的树脂。脱泡是用刷子戳,所以必须是硬毛的,否则不能将小的气泡戳出。

(3)小刮板

在铺放玻璃布,刮胶和刮树脂腻子时使用,是用金属、塑料、玻璃钢和橡胶等材料制成的刮板,其形状、大小、软硬程度应根据使用要求决定。

4. 原材料准备

原材料包括基体材料和增强材料,原材料使用之前经过选定,并且原材料都要有合格证明。增强材料要按照工艺卡片的要求使用进行裁剪。

手糊成型用的玻璃布应保持不受潮,不沾染油污,必要时可预烘。玻璃布的裁剪很重要,一般小型的和复杂的制品预先裁剪,以便提高工效和节约用布。裁剪时应注意:

a)玻璃布的经纬强度不同,对要求正交各向同性的制品,应注意使玻璃布纵横交替铺放;对待定方向要求较高的产品,则可使用单向布增强。

b)对于表面起伏变化很大的产品,有时需要把局部玻璃布剪开,此时应注意尽量减少开口,并将开口部位在层与层之间开 200～300 mm。

c)玻璃布搭接长度一般为 30～50 mm,在厚度要求均匀的时候,可采用对接,但要注意错缝,即层与层之间对接缝要错开 200～300 mm。

d)糊制圆环制品时,玻璃布沿径向 45°方向裁成布带,利用布在 45°方向容易变形的特点,糊成圆环。

e)圆锥形制品,可按扇形剪布,然后糊制,但也要注意层与层之间的缝要错开 200～300 mm。

f)剪裁玻璃布块的大小,应根据产品尺寸,性能要求和操作难易决定。布块大小,接头多,强度低。因此如果强度要求较高,则尽可能采用大块布施工。

5. 模具准备

将处理好的模具,安放在生产现场,必要时用软布、毛刷等工具对模具表面进行清理,并检查模具质量状况是否合格。

6. 涂脱模剂

脱模剂的选择和涂刷参照本章 3.2.1,与母模用脱模剂不同的是,制作产品的模具的脱模剂不用醋酸纤维素,但是还有一种高效脱模剂。

高效脱模剂是一种含有高效能硅油的喷雾式脱模剂,可对大多数注塑模具成型的塑料和橡胶制品起到快捷、有效及无污染的脱模作用。特别设计的喷嘴可产生非常精细的喷雾效果,喷涂量可完全控制即使最复杂的型面,亦能完全被覆盖(用于需要二次加工或不需要二次加工的成形塑胶)。

其特点如下：

脱模性(润滑性)。形成均匀薄膜且形状复杂的成形物时,尺寸精确无误;脱模持续性好;成形物外观表面光滑美观,不因涂刷发黏的脱模剂而招致灰尘地粘着;二次加工性优越。当脱模剂转移到成形物时,对电镀、热压模、印刷、涂饰、黏合等加工物均无不良影响;易涂覆性;耐热性;耐污染性;稳定性好。与配合剂及材料并用时,其物理、化学性能稳定;不燃性,低气味,低毒性。

其使用方法如下：

高效脱模剂：用干净纱布将高效脱模剂溶液均匀的涂刷在模具表面,一般涂 6~8 次,待第一遍完全干燥后,再涂刷第二遍,相邻两次的时间间隔为 20~30 min。

选择适宜的脱模剂后,按照相应的使用方法进行涂刷。

注意,模具不可沾水,应在模具干燥的状态涂抹脱模剂,涂抹完成后也需保证模具面干燥,否则将影响制品的固化过程,严重情况下极可能导致制品报废。

7. 产品成型

(1)胶衣层制备

玻璃钢的使用寿命很大程度上取决于其暴露表面的质量,所以,应该尽可能地使玻璃纤维不要太靠近表面,以防湿气、紫外线等因素侵蚀。因此,在制品表面上往往做一层树脂含量较高的胶层(可以是纯树脂,也可以用表面毡增强),通常称为胶衣层。用于胶衣层的树脂通常应具有良好的力学及耐候性能,并能与制品的增强层很好地黏合。

胶衣层质量的好坏,对制品服役期间的耐气候性、耐水性和化学性能影响很大,胶衣层保护制品不受介质的侵蚀,延长制品的使用期。

产品胶衣层根据需要可一次成型或二次成型,也可选择手刷或机器喷涂,手刷每层厚度控制在 0.3~0.4 mm 之间(用量控制在 300~500 g/m² 之间),机器喷涂可控制在 0.1~0.2 mm 之间(用量控制在 200~300 g/m² 之间),胶衣涂刷或喷涂时,必须在前层胶衣凝胶至用手触摸发软但不粘手后,再涂刷下一层,涂刷时注意层与层之间的涂刷方向,尽量垂直,以免漏涂,同时要注意清除模具表面胶衣中由于其他原因带进的杂质。

(2)表面层糊制

有些制品为了表面质量更好,可在胶衣层的基础上糊制表面层。表面层的主要作用是保证产品表面平整,没有力学性能,因此对表面毡的铺放方向没有严格要求,只要没有漏铺即可。在铺放完表面毡后,用毛刷或胶辊,或二者配合使用,将表面毡用树脂浸透,并排除气泡,涂刷时要从一端向另一端或从中间向两头把气泡擀净。

表面层胶凝或固化后,制作增强层之前,根据表面层的平整情况,进行清理毛刺、气泡、胶瘤等工作,然后糊制增强层。

(3)增强层糊制

增强层糊制是手糊成型工艺中的重要工序,必须精心制作。糊制前要检查模具是否牢固,脱模剂是否漏涂。如有胶衣层检查是否凝胶(要求发软而不粘手)等。检查合格后开始糊制,先将模具上刷一层树脂,然后按照设计铺一层玻璃布,并要排除气泡,如此重复直至达到设计厚度。一、二层树脂含量应大些,这样有利于浸透织物和排除气泡,同时也起到保护制品表面的作用。

糊制工具是毛刷、刮板或胶辊。涂刷时要用力沿布的经向,从一端(或中间向两头)把气泡赶净,使玻璃布间黏合紧密,含胶量均匀。

糊制工作虽然简单,但要想得到质量高的制品,糊制中必须注意以下几方面:

(a)操作工应有高度责任心,认真态度及一定的熟练程度。要求做到快速、准确、含胶量均匀、无气泡及表面平整等。手糊成型含胶量一般控制在 44%～55% 之间,从而保证产品质量。

(b)糊制时工作温度应保持在 15 ℃以上,湿度不高于 75%,以使制品固化完全。

(c)金属预埋件必须经过擦洗、去污,以保证黏结牢固。为了使金属件几何位置准确,需要在模具上定位。

(d)糊制中如遇到直角、锐角及细小突起等形状复杂部位时,若不能改变设计,则应在这些部位填充玻璃纤维和树脂。

(e)对于厚的玻璃钢制品,应采取分层固化,每次糊制厚度以 5 mm 为宜,否则会因固化热使制品变形。

(4)固化

不饱和聚酯树脂的固化属于自由基共聚反应。固化反应具有链引发、链增长、链终止、链转移四核游离基反应的特点。

链引发:从过氧化物引发剂分解形成游离基加到不饱和基团的过程;

链增长:单体不断增加到新产生的游离基上的过程,与链引发相比,链增长所需的活化能要低得多;

链终止:两个游离基结合,终止了增长着的聚合链;

链转移:一个增长着的游离基能与其他分子,如抑制剂发生作用,使原来的活性链消失成为稳定的大分子,同时原来不活泼的分子变为游离基。

手糊成型玻璃钢制品,通常采用常温固化。制品凝胶后,需要放置一定时间后才能固化完全。当环境温度达不到规定要求时,如低于 15 ℃应采取相应的措施。如调整固化配方:固化剂 2%～3%,促进剂 4%～5%;改变环境,使固化温度到达规定要求等。

不饱和聚酯树脂的固化过程可分为三个阶段:

①凝胶阶段

凝胶阶段是指从加入固化剂、促进剂起,直到树脂凝结成胶冻状而失去流动性的阶段。该阶段中,树脂能熔融,并可溶于某些溶剂(如乙醇、丙酮等)中。这一阶段大约需要几分钟至几十分钟。

②硬化阶段

硬化阶段是指从树脂凝胶起,直到变成具有足够硬度,达到基本不粘手的状态。该阶段中,树脂与某些溶剂(如乙醇、丙酮等)接触时能溶胀但不能溶解,加热时可以软化但不能完全熔化。这一阶段大约需要几十分钟至几小时。

③熟化阶段(后固化过程)

熟化阶段是指产品脱模后在室温下放置,从硬化以后起,达到制品要求的硬度,具有稳定的物理和化学性能并可供使用的阶段。在该阶段中,树脂既不溶解也不熔融。通常所指的后期固化即该阶段。在这个阶段是一个很漫长的过程,通常需要几个星期甚至更长的时间。注意,玻璃钢制品的后固化是为了使制品能够拥有良好的力学性能的十分重要的过程。

(5)脱模

当制品固化至脱模强度时方可脱模。可根据选用的树脂体系、固化体系确定脱模时机。若采用机械脱模要注意安全,若采用人工脱模可用木楔子等比玻璃钢材料硬度小的材料脱模,避免将模具或制品划伤,大型模具可借助千斤顶、吊车等脱模,禁止重击或重摔模具。

脱模是手糊玻璃钢制品工艺中关键的工序。脱模的好坏直接关系到产品的质量和模具的有效利用。当然,脱模的好坏还取决于模具的设计、模具表面的光洁度、脱模剂和涂刷效果,此外,还取决于人员的操作技术以及耐心程度。

手糊玻璃钢制品一般采用气脱、顶脱、水脱等方法。

压缩空气脱模:又称气脱,即将气嘴事先安装在模具上,如果气嘴通过胶管与气泵相连,脱模时通过气嘴,将压缩空气压入模具与产品的界面缝隙中,随着压缩空气的不断进入即可将产品顶出。打压时可用橡皮锤轻轻敲打气孔处,使气体迅速进入。该脱模方法对面积较大的产品非常有效。

顶出装置脱模:又称顶出脱模,是需事先糊制在模具上的,脱模时转动螺杆,顶出块即向外移动,从而将产品顶出,该方法对厚壁产品更有效。

水脱模:即在气嘴中注入 $0.4 \sim 0.6 \text{ MPa}$ 压力的水,也可以将产品脱下,因为水可以溶解脱模剂,如聚乙烯醇脱模剂。结构简单的产品不必安装脱模机构,产品固化后用扁铲轻轻沿边缘撬开即可脱下。

(6)修整

从模具上脱下来的制品要进行机械加工,去毛边、飞刺,修补表面和内部缺陷等工作。

若采用手工修整,则须遵循以下步骤:

①切边。大多数手糊玻璃钢制品都需要将毛边切除,切边的方法有两种。在产品半固化状态(固化度约50%)时,用裁刀沿模具边缘将毛边向皮革一样切掉,这种方法简单有效,但裁刀要快,切割时间要掌握好。另一种是在产品脱模后,用切割机沿划线切割,切割时加水可以使切割平滑,减少粉尘污染。但这种方法必须事先预留出加工余量,切割人员也需要拥有熟练的操作技术,否则易将产品切坏。

②加工。玻璃钢制品均需要进行加工。即磨边、去毛刺、切断、开孔等。磨边与去毛刺都可用角磨机将玻璃钢刺打掉,将凸起的胶块打平,修整切边、倒角等。切割可以用云石切割机,加水切割,不仅切割效率高,且切口平滑。

③开孔。方孔可以用无齿锯切割。圆孔的开孔比较复杂,小孔可以用手电钻,用普通钻头或金刚石钻头打开,直径 20 mm 以下的圆孔都可采用此法。打孔时应从胶衣面开始。开

始时用小钻头开孔,如此孔径会更加光滑。

中型孔,直径在 30~100 mm 的孔,可以用开孔器,薄壁产品用金属开孔器即可,厚壁则需用金刚石开孔器。

大型圆孔,直径 100 mm 以上的圆孔,首先用小钻头沿圆线密集开小孔,然后将圆内板块打掉,再用小砂轮磨头将圆孔壁磨光即可。

(7)后处理

考虑到树脂固化度对产品质量的影响程度后,必要时可在大于 15 ℃ 的环境中自然固化 1~2 周,亦可采用加热后处理等适宜的方法(一般采用 80 ℃ 固化 2±0.5 h)。

产品成型后,如果需要喷涂等表面处理,应先除去残留脱模剂,然后进行喷涂,喷涂的工序为:打毛—刮腻子—水磨—刮封孔腻子—水磨—刮腻子—水磨—喷涂,刮腻子的次数视制品表面情况和制品表面要求而定。

3.4.5 检验

产品表面要求无气泡,无明显缺陷;当用户有特殊的技术要求时,应按规定的检验文件进行检验。

经检验合格便为成品,将成品贮存、入库或交付。在贮存、运输、交付过程中应做好必要的防护和预防措施,以防止产品损伤。

3.4.6 常见缺陷及一般解决方法

1. 表面发黏的原因及解决方法

(1)空气湿度大,树脂发生阻聚;

(2)空气中氧气阻聚(树脂中加蜡液 0.02%;或表面涂一层蜡液,蜡液=苯乙烯:石蜡:水=100 g:5 g:4 g;或树脂中加 5% 异氰酸酯涂之;或表面喷聚乙烯醇酒精液或表面喷环氧树脂丙酮液或覆盖薄膜、冷干漆);

(3)苯乙烯挥发多,控制通风;

(4)固化剂、促进剂比例错误。

2. 气泡多的原因及解决方法

(1)树脂用量过多,可改进搅拌方法,或减少胶液中的气泡;

(2)树脂黏度过大,可增加苯乙烯或稀释剂,提高温度,或加消泡剂;

(3)布毡不易浸透树脂,选用易浸透的布、毡;

(4)制品内包气,操作时多擀压气泡。

3. 流胶的原因及解决方法

(1)树脂黏度小或垂直面施工,可加 2%~3% 活性 SiO_2 或使用触变树脂,或适当加大配方并多擀压;

(2)配料不均匀或固化剂用量不足,增加搅拌时间或调整树脂配比。

4. 产品分层的原因及解决方法

(1)材料受潮或未脱蜡,对原材料进行预热烘干;

（2）树脂用量不足、玻璃布未压紧或赶气泡不足，增加树脂用量，增加操作压力排出内部气泡；

（3）加热过早、过急、温度过高，延迟加热时间，或延缓加热速度，降低加热温度；

（4）树脂凝胶过早或产品多次成型时未预先打磨处理或产品内部局部不平整。增加打磨工序与质量检验内容。

5. 固化不良的原因及解决方法

（1）温度过低，提升环境湿度；

（2）湿度过大，降低环境温度；

（3）固化剂、促进剂用量不足，增加杯试操作，确定正确的树脂配比；

（4）树脂质量有问题，废弃该批次树脂，重新采购树脂。

6. 炸裂的原因及解决方法

（1）树脂含量太高，降低树脂用量或挤出富余树脂；

（2）树脂质量问题，废弃该批次树脂，重新采购树脂。

7. 颜色不均的原因及解决方法

（1）局部胶液未搅匀，增加搅拌时间；

（2）两次成型选材不同或配方不一，调整材料体系或配方其一致。

8. 尺寸误差的原因及解决方法

（1）模具尺寸不准，修整模具尺寸检验合格后方可使用；

（2）加工精度不够，模具返厂修整后使用；

（3）未按工艺要求加工，模修整后仍无法达到要求的报废。

9. 胶衣皱皮的原因及解决方法

（1）胶衣厚薄不匀或太薄，增加胶衣厚度并增加胶衣厚度检验点；

（2）配方不当，固化速度太慢，调整配方使其固化速度达到要求；

（3）温度过低、湿度太大或脱模剂未干透，增加湿度、温度、时钟设备，待环境满足后开始施工；

（4）车间内有对流风，苯乙烯挥发太多等，增加挡板或改变空气流动方向避免直吹。

预防措施：

选择正确配方，适当增加促进剂用量或提高促进剂浓度；控制车间温湿度，杜绝对流风源，喷涂胶衣时，应尽量使胶衣层厚薄均匀连续；胶衣层固化程度应适中（即手感发黏而不黏在手上），但不能固化过度（手感不粘）。

3.4.7 手糊制品表面质量控制

玻璃钢树脂及胶衣树脂工艺性、模具质量是影响手糊玻璃钢制品表面质量的重要因素。玻璃钢树脂的影响可分为：

（1）黏度的影响

构成玻璃钢成品的树脂占据制品重量比为$55\%\sim80\%$，树脂的性能决定了产品的质量，树脂的黏度直接影响树脂浸渍玻璃布的速度、排泡性、层间和玻璃布空隙的致密性及每层厚度。黏度小,树脂浸渍速度快,浸润充分,层间和玻璃布空隙的致密性好,每层厚度均匀,生产效率显著提高,温度越高则树脂流动性越好,流坠现象严重,影响表面质量。25 ℃时树脂黏度为 200～320 cP,此时是表面质量和生产效率的最佳结合点。所以在手糊玻璃钢制品时,需要将树脂黏度调节在适合施工操作的范围。可以通过在树脂中加入稀释剂,升高环境和树脂温度的手段来降低黏度。

(2)凝胶时间的影响

通过调节不饱和树脂引发剂和促进剂的用量可以有效控制凝胶时间,保证施工需要。对其他树脂同样可通过适当调节固化剂和稀释剂的加入量等来调整固化凝胶时间,以达到更好的固化表面效果。

(3)胶衣树脂的影响

胶衣树脂是玻璃钢制品的表面使用的带有颜色的富树脂层,可以延长玻璃钢制品的老化时间,并使玻璃钢制品表面质量得到极大提升,厚度为 0.4～0.6 mm,黏度在 6Pa·s 左右,由于不同批次的胶衣存在色差,如果一批次产品制作较多,则需要将不同批次的胶衣树脂混合均匀后再分装备用,消除色差影响。使用中应充分搅拌,调整黏度,最好使用喷枪喷涂施工,保证玻璃钢制品表面质量。

(4)模具的影响

模具是手糊成型工艺的主要工具,合理选择模具对保证制品质量和降低成本影响很大。模具选择包括确定结构形式和选择材料两项内容。模具在手糊成型玻璃钢前其成型面要涂覆脱模剂,对于溶液型、薄膜型、油膏石蜡类脱模剂,无论选用何种都必须要确保涂覆完好,不得漏涂并保持清洁。玻璃钢制品的模具必须比制品的表面要求级别高,模具质量越好,后期玻璃钢制品的加工和处理缺陷的时间就越短。模具使用前也需要清洁、修补、抛光等。以降低模具问题对玻璃钢制品的表面质量的影响。

3.5　玻璃钢的修补方法

玻璃钢制品能在受到外力冲击时吸收一部分能量,但超过了承受限度就会造成损伤。玻璃钢表面硬度较低,容易在与坚硬物体碰撞、摩擦时形成伤痕。同任何材料一样,玻璃钢也有老化现象,在接触各种介质时,随着环境条件的变化和时间的推移,会发生色泽变化、表层树脂耗蚀和剥落、纤维显露等情况。本节论述了玻璃钢制品常见损伤类型及其修补方法。

3.5.1　玻璃钢的创伤类型

玻璃钢的创伤类型常有裂痕、洞穿、渗漏、烧损、磨损、老化和脱胶。

(1)裂痕

裂痕常由碰撞、挤压或与尖锐硬物摩擦等外力作用引起,按程度可分为表层裂痕与深层裂痕。表层裂痕包括胶衣龟裂与擦痕;深层裂痕有不穿透与基本穿透两种。按裂痕形状又可将其分为单条裂痕、交叉裂痕、平行擦痕及放射状裂痕。

（2）洞穿

洞穿常由碰撞、挤压等外力作用引起，创口呈洞状穿透，或虽未成洞，但裂缝处已开口穿透。

（3）渗漏

渗漏现象从外表上看似乎没有穿透，但内部有渗漏通道，通常由制造不良（包括工艺不当）引起。

（4）烧损

烧损由火烧引起，被烧处的树脂会被烧掉，剩下熏黑的、呈松散状的玻璃布。按程度不同可分为未穿透、基本穿透及完全烧损三种。

（5）磨损

磨损是指由长期摩擦造成的某些部位的玻璃钢层减薄或破损的现象。

（6）老化

老化一般由阳光、风、雨及温度变化等自然条件引起。玻璃钢外表会呈现光泽暗淡、颜色变化、裂纹逐渐扩展、树脂层减薄、纤维露出并逐渐侵入内部等情况。如有材料选择不当或操作不良等因素时，则将加速老化进程。

（7）脱胶

脱胶一般发生在玻璃钢与玻璃钢、玻璃钢与其他材料的胶结处。常由受外力作用或胶结时材料、工艺选择不当引起。

3.5.2　常见修补方法

1. 板状单纯玻璃钢结构穿透性损伤的修补

一般按以下步骤进行。

（1）确定清理范围并标注。清理范围包括创口区、砂磨区、清洁区。其中，砂磨区系作为补强层胶结用。

（2）清理创面。主要内容有：清除所有松散的玻璃纤维和剥落的树脂，把创面的锐角处修成圆角，把创伤面边缘修成斜面。

（3）支撑模具。由于损坏区洞穿，若无支撑物就不能使修补层成为所需的形状，因此一定要支撑模具（如损伤面较小，创面平整时，也可不用模具）。模具可用木材、玻璃钢及石膏等材料制作，并利用周围的条件加以固定。

（4）处理胶结面。将砂磨区用 $80\sharp - 120\sharp$ 砂布打磨表面，然后用丙酮清洗砂磨区及清洁区，并保持洁净，不得再行玷污。

（5）修补玻璃钢层。首先在模具上采取脱模措施，注意勿使脱模材料沾到待修补的胶结面上。按照修补处斜面变化情况逐层裁剪玻璃布。修补时先在模具上涂刷相同颜色的胶衣树脂，然后按常规做法逐层补糊玻璃布，直到与原型面厚度一致，最后再加糊 $1\sim2$ 层 $0.2\,\mathrm{mm}$ 厚的玻璃布作为补强层，铺糊到砂磨区上，待固化后拆掉模具，整修内外表面。

2. 板状单纯玻璃钢结构未穿透损伤的修补

一般按以下步骤进行。

(1)确定清理范围:方法同前。有胶衣层的砂磨区应稍磨宽一点。

(2)清理创面:方法同前,由于未穿透,边缘可为单斜面。

(3)处理胶结面:方法同前。

(4)修补玻璃钢层:方法基本同前,但如有胶衣层时,应在补到最后时留出 0.3~0.4 mm 的厚度余量,待玻璃钢层固化后,分 2~4 次把增稠后的胶衣树脂涂刮上。涂刮到最后一层(与原有表面相平)时,在表面覆以薄膜(若为双曲面而不能覆盖薄膜时,应采用含蜡胶衣树脂),以保证固化完善。

(5)胶衣层固化后,依次用 400♯、800♯、1200♯(视设计的表面光滑程度可使用更高目数)水磨砂纸打磨,最后使用抛光膏进行抛光。

(6)如仅胶衣层碎裂,可在清理松碎的胶衣层后,打磨基部的玻璃钢层,用丙酮清洗,然后按上述方法修补胶衣层。

3. 单纯玻璃钢结构渗漏的修补

渗漏时貌似不透,实则内部已有微孔穿透。渗漏由玻璃钢层浸渍不良、纤维铺层不当引起。常发生在结构连接处。其渗漏通道常呈弯曲而非直线,往往在发现渗漏处,其另一面的渗漏点相距较远,甚至渗漏通道不止一处。因此修补渗漏处时首先要找出渗漏通道,可用敲击、品红液渗透和铲凿相结合的办法。若紧急修理,时间紧迫,则可用铲凿出较大面积,做大面积修补处理。

修补办法与穿透性损伤基本相同。最好一次补成,并可在外侧添加一层玻璃纤维毡,以形成防渗层。

构件连接处渗漏时,若构件为预埋的,则应将预埋件四周的玻璃钢凿成 V 型槽,将渗漏处及连接处其他胶结面清理干净并干燥处理,然后用浸渍树脂的玻璃纤维纱缠绕于连接处,并使其紧密(切不可用散乱玻璃纤维及碎玻璃布填塞缠绕)。固化后,外表面再用树脂腻子抹平磨光。

4. 单纯玻璃钢结构小孔洞的修补

若小孔边缘整齐,无松碎及裂痕,可仅用树脂加入适当填料补平,并作表面处理。

5. 单纯玻璃钢结构大面积修补

大面积修补应尽量在原有模具上进行。若条件允许,也可用相似模具或支撑物进行修补,其损伤边缘的处理均同前述。

6. 夹层板结构蒙皮的修补

一般按以下步骤进行。

(1)蒙皮破损的修补。若表面的玻璃钢蒙皮已破损,应先清理破损区,然后修复芯材(用原材质或强度高于原材质的芯材),黏结好后再在其上修复表面的玻璃钢蒙皮(方法同单板结构)。若两面蒙皮均破损,则在清理破损区后,支撑模具,先修复外蒙皮,然后再修补芯材,最后再修补内蒙皮。

(2)蒙皮脱层的修补。可在脱层部位选择相应的位置用电钻打眼,然后用针筒将调配好的树脂注入,用支撑、压载等方法加压,等其固化后再修整洞眼处即可。

打眼时应选择脱壳区的最高位置,并结合脱壳范围的大小在横向每隔一定间距打一眼。若面积较小,则可少打眼,用摇晃产品的办法使树脂能较好地达到脱壳的整个范围。另外,为确保黏结质量,应使用环氧树脂或乙烯基树脂。

7. 夹层板结构断裂的修补

夹层结构非连接处断裂的修补,应将制品放回原模具,并在断裂处填塞泡沫塑料作为依托,再进行修补,修补方法同上述蒙皮的修补。

若断裂位于连接交叉位置,其产生断裂的原因除外力过大及设计不当等因素外,还有工艺因素,即交叉处的布层断开,形成了薄弱断面。连接交叉处断裂的修复方法是:铲掉交叉处周围的全部玻璃钢层,胶结处的玻璃钢也要凿成斜面,将玻璃纤维布裁剪成交叉形状。

胶结面的处理方法同前。修补时可以交错使用交叉形状布块作增强层。在交点的四周处,应另剪相同形状的布补平,并与交叉状布块错茬连接铺覆。

8. 要求气密、水密的夹层结构修补

可用玻璃纤维毡(短切毡、表面毡)剪成长条形作胶结增强材料,在胶结阴角处先用树脂腻子填补,形成小圆角。若损伤面积不大,可先清理伤区,把松裂的部分去除,用树脂封闭泡沫塑料表面,随即填补同样的泡沫塑料(如仅为小孔,可用树脂腻子填补),然后再修补外表的玻璃钢层,为保证其密封性能,可在泡沫塑料面上预先交替铺贴 $2 \sim 4$ 层表面毡及短切毡。

9. 玻璃钢与钢材胶结的修补

当受到外力撞击后,轻者玻璃钢表面会产生白痕,重者则会使玻璃钢与钢材的黏结处分层。产生分层时若玻璃钢层无颜料遮盖,则在分层处的外表可见到以撞击点为中心向四周扩大的白斑。此外也可伴随磨耗损坏及擦伤。

以上损伤的修理均需先行铲除松散、分层的玻璃钢,若钢材出现锈迹,应予干燥并除锈,再按常规方法修补。为提高黏结强度,最好使用环氧或乙烯基树脂并在树脂中添加 $20\% \sim 40\%$ 的铁粉、石墨粉、石英粉等填料,有条件时可适当加压。

10. 玻璃钢与木材胶结的修补

修理前须将损伤位置清理干净,把磨损部的松散物全部除去。若木材局部损坏,则应清除损坏部分,用树脂腻子填补或在木材修复固化后再行修补。若出现木材朽烂,应取出更换。采用的木材需经干燥处理,最好也作防腐处理。木材表面可先刷一层促进剂,可提高与玻璃钢的黏结力。木质芯材在玻璃钢包覆的直角部分应加工成小圆角,以免角端形成空隙。

11. 玻璃钢与混凝土或水泥板胶结的修补

首先清理损伤处,若混凝土层受损,可用树脂泥修补平整,再修补玻璃钢层。若混凝土层未损伤,则在清理表面层后经砂磨才能修补。若受潮,应作干燥处理。要修补时,应在树脂中加入 $20\% \sim 40\%$ 的石英粉或滑石粉等填料。

12. 玻璃钢与其他塑料胶结的修补

修补方法同上述其他材料的胶结修补方法,但使用修补树脂应考虑是否同该塑料具有良好的黏结性,并避免二者发生化学反应对材料形成腐蚀。

3.5.3 修补注意事项

(1)工作场地的环境温度最好在 15 ℃以上,相对温度应低于 80%。如在冬季无法升温的环境中施工,可适当加大不饱和聚酯树脂中引发剂和促进剂的用量,并可采用加速剂,以加速树脂固化。

(2)修补完毕后应避免大风吹拂,以免苯乙烯挥发过多,影响树脂充分固化。

(3)损伤处的边缘均应修成斜口,斜口角度应小于 45°,以确保修补质量。

(4)要重视表面处理,修补后的牢固程度(即与原基层的黏结强度)主要取决于表面处理的好坏。表面的玷污层一定要细心除去,在固化过程中,原玻璃钢基面(及模具打蜡)上会形成一层浮蜡,如不通过打磨清洗,会严重影响黏结质量。

(5)为了增加黏结力,特别是避免玻璃钢与其他材质黏合时,由于线膨胀系数的不同而在使用中造成脱粘,必须在树脂中加入一定量的粉状填料,以在黏结界面上形成过渡层。

(6)玻璃布应按照修补处的大小裁剪,要逐层扩大,增强材料通常均用无碱方格玻璃布,仅在表层及防渗漏处、二次胶结处使用玻璃纤维毡。

(7)要求水密性的产品,其玻璃布通常要求使用耐水性较好的玻璃纤维布。目前国内已有耐水性好的增强型浸润剂处理的中碱布,可用于水上或水下制品的修理。

(8)为避免产生局部硬点,造成应力集中,增强边缘应逐层收缩,使增加的厚度均匀过渡,破损洞口的尖角处均应修圆。

(9)胶衣层厚度应控制在 0.5 mm 以下,色泽应尽量一致。由于促进剂的加入及固化时放热等因素,最后的色泽与调配时的色泽不一致,应通过试验来解决。

(10)修补厚度一次不得超过 5 mm,必要时可采用多次成型法。

(11)壳体结构破损边缘尽量采用双斜口式,这种方式类似铆钉,结合牢固,但修补较为复杂。如为内侧较隐蔽部分,也可采用单斜口式,但应在背面另加增强设施(板或肋)。

(12)修补时如遇修补面潮湿,应先做干燥处理,浸湿的芯材应予更换。

(13)如遇破损处边缘变形(不在原先位置上时),应设法通过支撑模具等措施使其复位。对于一面隐蔽无法直接接触的部位,可用纸、泡沫和塑料等物填塞于空腔中,再在表面进行修补。

(14)树脂腻子可用滑石粉、轻质二氧化硅、碳酸钙及石英粉等填料加入调配好的树脂中调成。为增加强度,也可以加入少量短切玻璃纤维,但长度不宜超过 20 mm,以免填补不紧密。

(15)外表修补层一般要略厚于原有厚度,然后加工修饰,铿平磨光,最后再作表面处理。

(16)修补后应在常温下旋转一周才能作为结构试验和交付使用,且应让其固化得较为充分后再使用。

3.6 应　　用

手糊成型工艺可制作的 FRP 产品非常广泛。其应用方向大概分为如下几种:

1. 石油化工

利用玻璃钢具有的突出的耐酸碱、油、有机溶剂的性能,常用其制作石油化工设备。

2. 交通运输

由于玻璃钢具有轻质高强、耐化学腐蚀、抗微生物作用以及成型方便等优点,所以在造船、汽车、铁路车辆、航空等工业部门得到了日益广泛的应用。

3. 电器工业

由于玻璃钢具有优良的电绝缘性能,因此,在电工器材制造方面得到了广泛的应用。

4. 建筑工业

玻璃钢与传统建筑材料相比,其成本要高一些,但由于玻璃钢是一种轻质高强的结构材料,具有隔音、隔热、防水等特点,所以其已成为现代建筑中一种新型的结构材料。

手糊成型工艺制品的常用产品大致可分为(不限于)以下几种:

(1)建筑制品

主要产品有:波形瓦、采光罩、风机、风道、浴盆、组合式卫生间、化粪槽、冷却塔、活动房屋、售货亭、装饰制品、座椅、门、窗、建筑雕塑、玻璃钢大棚、体育场馆采光屋顶等。

(2)造船业

渔船、游船、游艇、交通艇、气垫船、救生艇、海底探测船、军用折叠船、水中浮标、灯塔、巡逻艇、养殖船等。

(3)汽车、火车

汽车车壳、电动车壳、机器盖、保险杠、工程车、高尔夫球车、汽车卫生间、消防车、火车门窗、火车卫生间、地铁车厢、路标等。

(4)机械电气设备

配电箱、机器罩、医疗器械外罩、电池箱等。

(5)体育、游乐设备

赛艇、舢板、滑板、各种球杆、人造攀岩墙、冰车、水滑梯、海底游乐设备等。

参考文献

[1] 黄家康.复合材料成型技术[M].北京:化学工业出版社,1999.

[2] 施国全.浅析如何提高手糊玻璃钢制品的质量[J].全面腐蚀控制,2016,30(10):79-83.

[3] 姚辉,PIEPER M,LARS MASSUGER,等.新型PET泡沫AIREX~T92的性能特点试验研究[J].材料工程,2009(S2):268-271.

[4] 徐维强.手糊成型玻璃钢制品的若干工艺问题[J].纤维复合材料,1986(05):43-48.

[5] 陈文林,田天礼,字思奇,等.玻璃钢手糊成型工艺[J].玻璃钢,1983(04):44-49.

[6] 姚树镇.玻璃钢船艇的修补技术[J].中外船舶科技,2002(02).

[7] 杜耀惟.天线罩电信设计方法[M].北京:国防工业出版社,1993.

[8] 李义全,李秀芬,胡秀东,等.大型风力发电用机舱罩的研制[J].玻璃钢/复合材料,2009(03):59-60.

第4章 RTM工艺

4.1 概 述

树脂传递模塑成型工艺(resin transfer molding,RTM)是从铺层和注塑工艺演变成的一种复合材料成型工艺。RTM 是将树脂注入闭合模具中浸润增强材料并固化成型的工艺方法,适用于多品种、中批量、高质量先进复合材料成型。该成型工艺有诸多优点,可使用多种纤维增强材料和树脂体系,有极好的制品表面。RTM 适用于制造高质量、复杂形状的制品,且具有纤维含量高、成型过程中挥发成分少、对环境污染小、生产自动化适应性强、投资少、生产效率高等特点。因此,RTM 工艺在汽车工业、航空航天、国防工业等方面得到了广泛应用。

RTM 是起源最早的一种复合材料液体成型工艺(liquid composite molding,简称 LCM)成型技术,目前许多 LCM 工艺(如 VIMP、SCRIMP 等)都是由 RTM 演变发展而来。由于RTM 成型构件具有两面光洁且采用低压成型的优点,因而比手糊工艺更具有优越性。由于当时缺乏相应的低黏度树脂体系,并且预成型体制备过于复杂,因此没有得到足够重视和大规模的应用。在二十世纪六七十年代,SMC、BMC、喷射、缠绕等工艺占据成型的主要位置,直到 80 年代初,环保和低成本等观念逐步受到重视,低污染、低成本、高性能的 LCM 成型技术才迅速发展起来。这类技术工艺方法灵活,能在低温、低压条件下一次成型带有夹芯、加筋、预埋件的大型结构功能件。与传统的热压罐成型技术相比,可降低制造成本 40% 左右,可一次性完成材料和结构成型。

传统的 RTM 工艺,由于是闭模工艺,因此具有减少挥发性有机物排放、扩大可用原材料范围、降低产品工时、保护环境以及可得到表面光洁的产品等优点。但是,在 RTM 工艺中,树脂在较高压力下注入,要求不被破坏和变形。通常采用带钢管支撑的夹芯复合材料,或用数控机床加工的铝模或钢模,这提高了制造成本,只有在产量足够大时,才能抵消模具费用。此外,为了闭合模具,须保证周边有足够的紧固能力。轻型树脂传递模塑工艺,又称LRTM、真空模压或 VARTM,是近年来发展迅速的一种低成本制造工艺,目前在汽车工业、航空航天、国防工业、机械设备、电子产品上得到了广泛应用。

国外对于 RTM 工艺技术运用已经非常广泛,波音公司用编织结构增强体/RTM 技术制造了"J"形机骨架。道格拉斯公司采用缝合结构增强体/RTM 技术研制了机翼和机身蒙皮。对于这种带加强筋结构的复合材料,利用 RTM 技术比一般传统的复合材料成型技术加工时间少 50% 左右,且能提高复合材料的抗冲击性能,改善制件加强筋和蒙皮之间的整体性。空中客车公司利用碳纤维/玻璃纤维混杂织物作为增强材料,中温固化环氧为基体树脂,利用 RTM 技术批量生产 A321 发动机吊架尾部整流锥。与模压技术相比,生产成本降低了 30%。BP 高级材料公司使用 RTM 技术成型了具有蜂窝式芯型结构增强的复杂几何体形状的波音 757 推进器转向风门。Hercules 公司使用 RTM 技术制造导弹机翼和其他部件,采用的预成型体包括碳纤维、玻璃纤维与碳纤维的混合物,其制造成本仅为连续纤维缠绕的 $1/4 \sim 1/3$。

由于 RTM 工艺具有效率高、投资低、工作环境好、能耗低、工艺适应性强等一系列优点,因此备受各产业的青睐,近年来发展迅速,已广泛应用于建筑、交通、电信、卫生、航空航天等各领域。日本强化塑料协会已经将 RTM 工艺和拉挤工艺,推荐为两大最有发展前途的工艺。国外复合材料界预测,RTM 技术的研究和应用热潮将在 21 世纪持续发展,成为 FRP 领域的主导工艺之一。据统计,近年来欧美等国家 RTM 制品增长率已经连续多年达到 10% 以上,这一增长率超过了复合材料的平均增长速率,并保持了相当长的一段时间。早在 20 世纪 80 年代初,美国的保龄球娱乐中心就使用了由 RTM 工艺生产的座椅,以后各国相继开发了汽车外壳、净化槽、游艇壳体、汽车保险杠等产品,从简单的手推车车身到复杂的小汽车、面包车的整体车身及高性能复合材料结构件、飞机垂直尾翼、汽车底盘,均可采用 RTM 工艺制造。此外,在努力开发 RTM 制品的同时,对用于 RTM 工艺的原材料、机械设备、模具结构等诸方面也进行了相应的深入研究。经过多年的研究和发展,RTM 在工业发达国家如英国、美国、德国、法国、瑞典已发展到相当成熟的程度。

随着汽车工业的发展,以纤维增强复合材料在汽车结构件中的应用为 RTM 工艺的发展提供了一个契机。为满足汽车车体结构轻量化,制备高性能、高品质汽车承载力结构,同时又能满足环境要求和工业化汽车生产的需要,工业化 RTM 工艺制备汽车结构的复合材料技术近年来得到了迅速发展和应用。世界著名汽车厂商如福特、雪铁龙等都竞相在汽车结构上采用复合材料。而作为我国大力发展的汽车工业,面对一个发展良机,国内厂商也开始投入大量人才和物力加以应用研究和普及推广这种效率高、污染小、综合效益好的 RTM 复合材料成型工艺。

此外,在铁路系统和船舶领域,RTM 工艺也得到了广泛应用,如在铁路系统中利用 RTM 成型工艺制备高速列车的车身、内部设备、装修装饰件以及承重结构等;在民用船舶领域,生产轻质高速的私人游艇、帆船、救生艇、渔船以及豪华客轮;在军用领域,随着舰船本身隐身性能的提高,具有刚度高、耐腐蚀、抗生物附着、透波性好、良好隐身性能的复合材料已开始研究和开发,制作工艺得到日益完善,如 RTM 成型桅杆、透波附舱,具有外观光滑漂亮、尺寸精度高、质量稳定、厚度均匀的优点,相关性能也能达到技术要求。

4.2 原 材 料

4.2.1 RTM 树脂基体

树脂除了要满足制品性能及价格等要求外,还必须满足成型工艺要求。由于不同成型工艺的特点不同,对树脂的要求也不尽相同。目前已生产出多种 RTM 专用树脂,提高了制品的质量。近年来耐高温 RTM 树脂的研究与开发比较活跃,拓宽了高温 RTM 制品的应用领域。RTM 工艺常用的树脂通常为热固性树脂,如环氧、酚醛、聚酰亚胺、氰酸酯树脂、聚氨酯和热固性丙烯酸酯树脂等。RTM 工艺对树脂工艺性的要求具体概括如下:

(1)室温及工作温度下具有低黏度(一般应小于 1.0 Pa·s)及一定长的使用期;

(2)树脂对增强材料具有良好的浸润性、匹配性、黏附性;

(3)树脂在固化温度下具有良好的反应性且后固化温度不应过高;固化中和固化后不易发生裂痕;凝胶化、固化和脱模时间短;固化时释放热量少。

由于 RTM 工艺对树脂体系的特殊要求,现有高性能基体树脂在应用于 RTM 工艺之前,需进行改性。改性的方法主要有两种,第一种为在现有树脂体系基础上,添加稀释剂以降低黏度,采用稀释剂改性的树脂虽然获得了低黏度,但是会损失一定的耐热性和强度。在对耐热性和强度要求不高的民用领域,这一改性树脂拥有广阔的市场,但在要求苛刻的航空、航天领域,通常采用重新进行分子设计的方法合成出满足工艺要求的高性能基体树脂。由于从树脂的分子结构出发重新进行了分子设计,所以合成出的树脂不仅能满足工艺性能要求,而且能保持原树脂的耐热性和强度,甚至还有较大幅度的提高,因此在应用于高技术领域时更具有竞争力。

1. RTM 用酚醛树脂

由于其优异的阻燃和低烟特性,以酚醛树脂为基体的复合材料近年来受到了高度重视。酚醛树脂在固化过程中生成水,所以酚醛树脂被划分为缩聚聚合物。在结构复合材料应用中,这些挥发成分对材料的工艺性都有影响,空隙含量对制件的力学性能有巨大的影响。这些材料高度交联的本质使得聚合物很脆,导致材料体系具有拉伸强度、断裂延伸率都很低和裂纹敏感性较高的特征。尽管酚醛树脂成型工艺难、力学性能相对较低,但是,由于它具有优异的阻燃性和低的发烟量,酚醛树脂在结构件中的应用越来越多。唯一能够使复合材料具有同样好的阻燃性及低的发烟量的树脂是双马树脂,但其价格昂贵,至少比酚醛树脂高一个数量级。

由于传统酚醛树脂本体黏度大、反应活性低、挥发份多,固化过程中有低分子物释出。由 RTM 工艺对树脂的要求可知,该传统树脂要想满足 RTM 工艺应用,需先进行改性。

据报道,美国 Polyflow Developments 公司采用酚醛树脂,用 Prestove RTM 机生产出了军工先进复合材料制品;PlastechTT 公司和 Venus 公司也采用酚醛树脂、RTM 工艺成型了军用制品;美国 Fiberite 公司推出的 FM24065 树脂适用于汽车耐热部件,在 150 ℃下可保持室温机械性能的 70%,此树脂工艺性能优良,可注射、压缩和 RTM 成型;北美 Borden 公司开发的 RTM 酚醛树脂,采用一种二元酸潜伏性催化剂,该树脂可低温固化(60~71 ℃),具有低黏度特性(1 Pa·s),所得复合材料制品具有高的耐蚀刻、耐化学性,制品表面类似玛瑙、大理石、花岗岩。

2. RTM 用环氧树脂

环氧树脂主要适用于成型高性能复合材料,一个环氧树脂体系是否适于 RTM 成型,是否能成为高性能复合材料树脂基体,不仅与环氧树脂品种有关,同时也取决于所用固化剂和促进剂。为使树脂体系适用于 RTM 成型,固化体系在室温下应为低黏度液体,与环氧树脂配合后树脂在注射温度下具有良好的贮存稳定性,固化树脂具有良好的耐热性、高强度及高韧性。

环氧树脂需用固化剂形成最终的聚合物。对于热固性树脂,固化剂的选择非常重要。聚酯或乙烯基脂类树脂的固化剂虽然会改变固化时间,但实质上并不严重影响树脂的黏度和最终聚合物的性能。酚醛树脂、氰酸酯或双马树脂,可用的固化剂只有有限的几种,更典型的是使用确切的配方体系。环氧树脂有大量的固化剂可以选择,对于环氧树脂,固化剂的选择是至关重要的,因为固化剂决定最终形成聚合物的热性能和力学性能,也决定着树脂体系工艺性能依赖的温度、黏度变化。环氧树脂通常使用的固化剂是芳香族或脂肪族胺类、酸酐和酚醛。环氧树脂也可以用咪唑或 Lewis 酸作催化剂完成固化。

DETDA(二乙基甲苯二胺)是一种液体芳香胺,它在许多 RTM 配方中作为增加刚性的组分被广为接受。DETDA 为 RTM 工艺提供了良好的工艺性,含有 DETDA 的环氧树脂固化速率缓慢,拥有宽的成型温度范围。将催化剂加入 DETDA 的配方中,可以明显地加快固化或降低固化温度。

脂肪族和脂环族胺类是大多数环氧树脂有效的固化剂。这类材料几乎全部为低黏度液体(如 DACH、IPDA、PACM 等),且可以容易地溶于环氧树脂体系。这些胺类的反应活性相对高,因此作为双组分体系配方中的 B 成分是这类固化剂唯一的实际用途。

多年来,酸酐被广泛用作环氧树脂的固化剂在缠绕成形中应用。这类环氧固化剂并没有在 RTM 配方中作为一种潜在的固化剂而引起足够的重视。通常使用的酸酐大部分是液体(例如甲基四氢邻苯二甲酸酐 MTHPA,Nadie 甲基酸酐 NMA 等),与环氧树脂良好的相容性意味着能够应用于单组分或双组分的 RTM 体系。

西安航天复合材料研究所等以低黏度液体酸酐为固化剂,制得了一种适合 RTM 工艺的高性能环氧树脂体系,该体系在 25 ℃时的黏度仅为 0.11 Pa·s 左右,25 ℃时的使用期在 24 h 以上,玻璃化转变温度 T_g 为 160 ℃,所得碳纤维复合材料层压板具有较好的力学性能。

北京玻钢院复合材料有限公司将 CYD128 环氧树脂和自制的高性能环氧树脂 A 共混改性,通过加入液体胺类物质作为固化剂,得到一种适用于 RTM 工艺的中温固化树脂体系,该树脂体系在 30 ℃下的黏度为 255 mPa·s,且其树脂固化物的拉伸强度为 67.7 MPa,拉伸模量为 3.1 GPa,弯曲强度为 101 MPa,弯曲模量为 2.87 GPa。

美国聚合物公司的 E905RTM 为二组分环氧树脂体系,在 70 ℃下黏度为 200～500 mPa·s,可稳定保留 8 h 以上,在 177 ℃固化后,干态耐热温度为 150 ℃,湿态为 120 ℃。用该树脂制得的复合材料在 23 ℃下的性能为:拉伸强度 890 MPa,拉伸模量 66 GPa,压缩强度 786 MPa,压缩模量 65 GPa,层间剪切强度 74 MPa,压缩强度 524 MPa,压缩模量 66 GPa。

3. 双马来酰亚胺树脂(BMI)

近年来,以突出的耐温性能著称的 BMI 体系引起了人们的高度重视,目前已经商品化的改性 BMI 树脂牌号已有 10 余种,但所有这些品种均难用于 RTM 成型,主要原因是在室温或较低温度下树脂黏度较大,难于满足 RTM 对基体工艺性的要求。因此,要使 BMI 树脂体系适于 RTM 成型,必须对其进行改性。

对 BMI 树脂进行改性所面临的主要问题是降低黏度,同时要保持其固有的耐热性。实施时可以将不同的 BMI 单体共混,也可将 BMI 单体与其他单体共聚,包括二价亲核物质、环氧化合物、热塑性塑料和反应性橡胶。烯丙基苯基化合物是共聚单体中重要的一类,通过控制反应条件,可得到低软化点和较低温度下具有低黏度的树脂体系。通过共聚还能明显提高树脂的韧性,同时保持 BMI 原有的耐热耐湿性。如想在室温下获得低黏度,则可考虑在体系中添加活性稀释剂。

目前,国内有西北工业大学、四川大学、北京航空工艺研究所等单位从事 RTM 工艺 BMI 树脂的研究开发工作,并已取得了很大成绩。北京航空工艺研究所开发成功的 QY 89114 型树脂为单组分体系,不含活性稀释剂,在 105～120 ℃时,黏度为 0.14～0.6 Pa·s。西北工业大学的 4503 型树脂是为 RTM 工艺制造高性能雷达罩专门研制开发的 BMI 基体树脂,它具有传递温度低(25 ℃)、适用期长($t>40$ h)、传递压力小(1～3 MPa)、成型温度低(80～120 ℃)、反应性好等优点,其固化物耐热性能、力学性能和介电性能优良。中国航空工业制造工程研究所成功开发出用于 RTM、RFI 以及适合于整体成型工艺的系列产品,其中开发的 QY8911 双马来酰亚胺树脂有效提高了碳纤维复合材料性能,QY8911 双马来酰亚胺树脂配方设计可调变余地较大,适合于多种低成本成型工艺。

液晶聚合物(LCP)具有优异的力学性能和较低的剪切黏度。低黏度是 RTM 工艺对先进复合材料基体树脂的要求,因此可从 LCP 入手研究新型 RTM 工艺用基体树脂,即有两条途径:一是 LCP 与 BMI 共混;二是合成液晶热固性聚合物,这种材料集液晶聚合物和热固性高分子的性质于一体,将有效改善 BMI 的交联密度和加工工艺性能。四川大学的顾宜、江璐霞等人以双烯丙基联苯醚和 BMI 共聚物为研究对象,制备了液晶网络材料,并表征了其液晶性。

4. 氰酸酯树脂

氰酸酯树脂由于其基本结构为三嗪网络且含有醚键,因此树脂具有高的耐热性、湿热稳定性、韧性、阻燃性和优良的介电性能。在常温下,树脂多为固态或半固态物质,可溶于丙酮、丁酮、氯仿等溶剂中,与玻璃纤维、Kevlar 纤维、碳纤维等有良好的浸润性,表现出优良的黏性或流变学特性。单体或预聚体在固化时不放出挥发成分,不需外加固化剂,这一特点使该树脂应用于 RTM 工艺成为可能。

尽管氰酸酯树脂具有类似于环氧树脂的工艺特性和预聚体(或单体)固化时不放出小分子等优点,但受低黏度要求的限制,可供开发应用于 RTM 工艺的氰酸酯树脂品种较少。其中,最可能用于 RTM 工艺的是 R 基结构较简单且规整性差的二氰酸酯单体。西北工业大学的赵磊、梁国正等人研究了双酚 A 型氰酸酯树脂(BCE)与 E51 型环氧树脂(EP)的共混改性树脂,发现当 BCE:EP 含量比为 60:40 时,树脂在 60 ℃的黏度为 500 mPa·s,室温贮存期为 13 天,满足 RTM 工艺要求。该树脂玻璃布层压板的室温力学性能为:弯曲强度

580 MPa、拉伸强度 627 MPa、层间剪切强度 583 MPa(干态)、水煮 100 h 后为 437 MPa;该复合材料的树脂含量为 40.8%。

氰酸酯树脂生产的聚合物具有高玻璃化转变温度、低吸湿率、良好的力学性能及优异的电性能。高玻璃化转变温度、低的介电常数和介电损耗因子阻止了通过复合材料的高能辐射的发射和接受,因此,氰酸酯树脂满足雷达结构的需求。已经开发的某些氰酸酯树脂体系配方、介电常数及介电损耗在很宽的温度和电磁辐射波长范围内有一个平坦响应。氰酸酯树脂/碳纤维复合材料在卫星结构上也有应用。

5. 其他树脂

可应用于 RTM 工艺的基体树脂还包括乙烯基树脂、聚苯乙烯基吡啶树脂(PSP)、丙烯酸酯、乙炔基封端树脂(AT)、苯并环丁烯树脂(BCB)等。

乙烯基酯树脂是用环氧树脂与不饱和酸反应制成的,其分子链的末端具有高交联度、高反应活性的双链,化学性能稳定,其中稳定苯醚键使乙烯基酯树脂耐腐蚀。另外,酯基只位于分子链端部,固化反应时交联也只在端部进行,整个分子链都不参加反应。因此,分子链可以拉伸,并表现出较好的韧性,延伸率可达到 4%～8%。由于乙烯基酯独特的分子链和合成方法,使其固化物的力学性能接近环氧,工艺性能类似聚酯,具有高度耐腐蚀性。乙烯基酯分子中的羟基,增加了树脂对玻璃纤维的浸润性。黏度低使树脂适合于大多数的玻璃钢成型工艺。Derkakane 树脂是 DOW 化学公司开发的乙烯基酯。该公司开发的用于 RTM 成型工艺的系列树脂包括 Derkakane411 等系列。Derkakane411 树脂耐酸、耐碱、耐漂白剂和多种化学溶剂,适合于制作造纸厂和化工厂用玻璃钢制品。Derkakane4ll 树脂也有食品级树脂,耐许多有机溶剂,如甲醇、甲基—乙基甲酮等。

丙烯酸酯是帝国化学工业 PIE 公司生产的树脂,它的商品牌号是 MODAR。丙烯酸酯比聚酯树脂反应活性高、黏度低、收缩率低、成型周期短、填料含量高。MODAR 分 3 个系列,即 80、82 和 83,82 和 83 系列适合于 RTM 工艺。82 系列中的 824 是低收缩树脂。MODAR 824 LT 工艺的温度范围为 20～60 ℃,83 系列具有突出的韧性,耐冲击强度是通用型聚酯的 2～3 倍,断裂延伸率为 6%～10%,耐冲击导致的开裂。凝胶时间为 1.5～10 min,巴氏硬度大于 20。MODAR 树脂加入氢氧化铝可使其阻燃性能得以改善。

NASA 等机构研制出用于 RTM 和 RFI 的聚乙炔基封端酰亚胺低聚物,用作高速飞行的飞机和可重复使用发射运载工具的复合材料耐高温树脂基体。

由法国 SNPE 开发、DOW 化学公司改性的聚苯乙烯吡啶(PSP)树脂是用甲苯化吡啶和芳香二醛缩聚反应生成的。其优良的耐热性能和阻燃性能是航空发动机部件树脂基体可选择的材料。PSP 在室温条件下为固体,密度为 1.14 g/cm³。用作 RTM 基体树脂时,首先熔融树脂,确定最佳的注射黏度和时间,实验求出在一定温度范围内的熔融黏度与温度之间的对应关系,黏度太高不利于浸渍。高温能降低树脂黏度,但缩短了凝胶时间。

聚氨酯树脂为双组分树脂,具有不需要溶剂、韧性好、耐潮湿、耐酸等优点,美国 Miles 公司开发了 Baytec RTM 专用树脂。其化学反应基础是异氰酸酯基团(—NCO)与含氢化合物反应,在 N═C 双键上增添醇 O—H 基团。Baytec RTM 树脂适用于制作汽车部件和其他工业部件。

4.2.2 增强材料

纤维增强体是先进复合材料中的主要承载部分。RTM 工艺中可选用的增强材料有玻璃纤维、碳纤维、芳纶、高拉伸聚乙烯纤维等合成纤维及其织物。RTM 成型对增强材料的要求是:

①增强材料分布应符合制品结构设计的要求,要注意方向性;

②增强材料铺放好,其位置和状态应固定不动,不应因合模和注射树脂而引起变动;

③对树脂浸润性好;

④利于树脂的流动并能经受树脂的冲击。

由于 RTM 成型过程中,增强材料在模具型腔中要经过袋压树脂流动充模过程,会带动或冲散纤维造成制品出现"冲浪"或"跑道"现象。因此,为保证制品质量,长纤维和连续纤维可在 RTM 工艺中作增强材料。

1. 玻璃纤维

玻璃纤维共同的优点主要有中等到高等的强度、低成本、耐高温(软化点 850 ℃)、可见光下透明和热膨胀各向同性。因为玻璃纤维结构是无定型态,其轴向与径向的热膨胀系数相同。与其他增强体比较,玻璃纤维的缺点有密度大、表面缺陷敏感和受潮敏感。

连续玻璃纤维毡具有强的耐冲刷能力(注射压力为 0.4 MPa 时,纤维无明显被冲动迹象)、良好的树脂浸润性能以及优良的充模性能,目前在 RTM 工艺中较广泛的采用了连续纤维毡材料。

玻璃纤维毡各层间用线针织而成,较连续毡之间的连接牢固,具有更好的耐树脂冲刷性能。又由于复合毡之间无黏结剂,经纬相交的纤维间无黏结点,具有更好的树脂浸润性。实际上,复合毡通过剪裁,直接制成 RTM 预成型件,使整个工艺过程时间缩短,操作方便,能高效生产出质量较好的制品。

航空航天领域中常用的玻璃纤维类型分为 E-玻璃纤维,S-玻璃纤维和 C-玻璃纤维。E-玻璃纤维也叫"电玻璃",是最常用的聚合物增强材料。其本质是硼硅酸盐玻璃纤维,E-玻璃纤维的性质和成本是低端玻璃纤维类型的代表。E-玻璃纤维的应用包括飞行器雷达罩和天线。S-玻璃又称"结构玻璃",是一种具有高拉伸强度、又要承受主要结构载荷的镁铝硅酸盐,价格较高。S-玻璃纤维的应用包括密封、舵门甚至装甲系统。C-玻璃纤维是一种钙硼硅酸盐,具有良好的耐环境性和抵制水或酸侵蚀的抗化学性能。通常被用于涉及防泄漏系统或化学处理应用领域。

以方格布作为增强材料,由于纱束密,有较多的交点,在工艺过程中往往出现被树脂冲动和起皱的现象,树脂浸润性较差,须与毡材结合使用或经预成型制成预成型坯。各种增强材料的综合性能比较见表 4.1。

表 4.1 各种增强材料的综合性能比较

增强材料	浸润性	充模性	FRP 强度	FRP 韧性	成本
连续毡	好	好	较高	一般	高
复合毡	好	一般	极高	好	较低
方格布	差	差	一般	较好	低

2. 碳纤维

碳纤维是一种以聚丙烯腈(PAN)、沥青、黏胶纤维等人造纤维或合成纤维为原料,经预氧化、碳化、石墨化等过程制得含碳量达 90% 以上的无机纤维材料,具有质轻、高比强度、高比模量、耐高温、耐腐蚀、导电导热性好、热膨胀系数小等一系列优异性能,是航空航天、国防军事工业不可或缺的工程材料,同时也是民用工业更新换代的新材料。其中,由于聚丙烯腈纤维制得的碳纤维综合性能好,并且易于大规模连续生产,因此聚丙烯腈基碳纤维在碳纤维市场一直占领先地位,特别是在制备高性能碳纤维方面,已占到碳纤维总产量的 75% 以上。碳纤维复合材料的高成本主要集中在 PAN 原丝的生产成本较高、生产流程长和复合材料制备成本高等方面,因此低的原丝成本与先进的加工技术将会在很大程度上降低碳纤维复合材料的成本,从而扩大其应用范围。

制造碳纤维的方法有多种,每种方法从采用不同的先驱体材料开始。由聚丙烯腈合成纤维的方法占绝对优势,丙烯腈基碳纤具有良好的压缩强度,在飞机蒙皮、机翼元件、加筋件、发动机罩舱及过道门等结构件中应用。沥青基碳纤维由石油或煤焦油沥青合成,最初用于生产低性能纤维,随着这种方法进一步发展,目前,该方法主要用于生产超高模量或热膨胀系数(CTE)接近零的纤维。这种奇异的碳纤维代表了碳纤维技术的高端领域,通常应用于性能驱动的部位,如运载火箭或空间系统。碳纤维也可以与通过粘胶纤维碳化制得。尽管结构性能差,但这类纤维具有良好的磨损性和烧蚀性,可以在热防护、火箭喷嘴和刹车系统应用。碳纤维复合材料在大型飞机、风力发电叶片、汽车部件、石油开采抽油杆、电力输送电缆等领域的应用将会推动节能减排的实现,但是由于碳纤维及其复合材料的生产成本较高而限制了其使用范围。在节能减排和环保的低碳经济全球化的今天,低成本碳纤维及其先进的复合材料制备技术将成为研究的热点。

目前,各国都在研究碳纤维及其复合材料,如日本三菱和东丽公司开发了大丝束碳纤维;美国开发出先进的碳纤维制备技术并寻求 PAN 以外的原料来制备碳纤维;中国也开始研究低成本碳纤维的制备及先进的复合材料制备技术以求降低碳纤维复合材料的成本。

3. 芳纶纤维

目前,芳纶纤维主要作为结构性聚合物增强体应用于航空航天领域。其优点主要是轻质,在很宽的温度范围内保持很高的强度,具有很好的耐疲劳性能、耐化学性能、韧性、耐候性和耐磨性。应用领域包括发动机引擎系统的包容环叶片、防弹装甲、密封舱、直升机转动旋翼等。然而,由于芳纶纤维相对较弱的轴向剪切强度和易吸湿的特性使得芳纶纤维应用受到限制。

4. 其他增强材料

硼纤维的强度是钢的五倍多,刚度是钢的两倍。该纤维增强塑料(FRP)主要应用在

F-15的尾翼,B-1轰炸机翼盒的梁以及硼/氧化铝纤维联合使用的太空飞船的桁架杆件。

石英纤维是高纯(纯度达99.9%)、熔融的氧化硅纤维。该纤维具有热膨胀系数低,使用温度高(1 500 ℃),良好的扭转及弯曲刚度和化学稳定等特性。当要求具有低的介电损耗时,石英纤维更具吸引力。石英可透过紫外辐射,也可抵抗中子的捕获,石英纤维也适于在高能领域的应用。

铝氧化物纤维具有优异的耐高温、耐烧蚀、抗氧化性、热膨胀系数低和耐热冲击性高等特性,适用于飞机或空间飞船的密封铺垫、密封结构、热隔离层或防火墙。该材料也被用于飞机高温引擎罩、发动机支架和发动机动力附件。作为耐高温材料,连续使用温度高于1 500 ℃时,抗蠕变和高强度的单晶 Al_2O_3 长丝是优选的对象。

4.2.3　增强材料预成型体

为了满足RTM工艺对增强材料的要求,增强材料一般要制成预成型体。增强材料成型工艺大致有以下5种:手工铺层、编织法、针织法、热成型连续原丝毡法、预成型定向纤维毡。其中手工铺层和编织法一般应用于航空航天领域的二维型面,对于三维型面一般用编织法或针织法。值得重点一提的是三维编织法,该法的发展是因为一维或二维增强材料所制得的复合材料抗层间剪切强度低,抗冲击性差,不能用作主承力件。采用三维编织技术不仅能直接编织复杂结构形状的不分层整体编织物,从根本上消除铺层和层压复合材料的严重分层现象,而且由于其力学结构的合理性和可设计性,使得复合材料的强度、刚度、抗损伤性、抗烧蚀性等性能得以全面提高,从而可满足在汽车、航空航天等领域用作主受力件的迫切需要。

从低成本高效率的角度分析,后两种方法适合RTM和结构反应注射模塑(SRIM),尤其是预成型定向纤维毡法具有较好的渗透性和耐冲刷性,充模较容易,也是最经济的方法。普通定向纤维成型技术是通过具有水平轴的四站圆盘传送机组成。第一站短切纤维和黏结性按一定方向一起喷射到预成型筛上,第二站烘干黏结剂,第三站型坯脱模,第四站型坯装入RTM模内。目前国外已实现用机器人操作的自动化增强材料预成型坯生产系统。

在RTM模具中手工铺放增强材料是一个比较困难的工序。在铺放过程中,增强材料容易错位,同时增强材料的变形不能与模具的型面变化相适应,需要手工剪开,然后黏结或缝合,这对于连续生产的一致性和效率都会产生影响。通过将纤维用一定的手段先制成和模腔结构一样的预成型体,可以很好地解决这一问题。预成型技术是RTM工艺的一个重要环节,对质量要求高、性能稳定、结构复杂的制品来说这一技术显得尤为重要。

预成型的加工内容主要是指纤维的密度及其排列方式、织物层间形式、纤维的整体上胶状况等。目前大量的研究工作的是利用RTM工艺极大的可设计性进行纤维的复合与铺放,以获得满意的产品性能。其研究要素有以下几个方面:

(1)树脂进入预成型纤维坯模具的压力。该压力取决于纤维的密度及其对树脂的阻力大小。纤维越密集,对树脂渗透的阻力越大,树脂进入预成型纤维坯模具的压力越大。

(2)纤维排列的方向性。在满足产品性能的情况下,树脂穿过纤维的速率要低于沿纤维长度方向流动的速度,以此来考虑纤维排列的方向。

（3）复合层数与厚度。复合层数与厚度会阻碍树脂分布或使其分布复杂化。

（4）纤维浸润剂。纤维浸润剂是影响树脂与纤维黏结性能的重要条件。

在 RTM 预成型技术领域，C. A. Lawton 公司的 Compform 工艺处于领先地位，所制得的预制件具有渗透性好、耐冲刷、充模容易、与树脂相容性好、可成型复杂结构、效率高等优点。此外，该公司还开发了黏结法预成型坯技术，该技术采用的 StypolXP44A81251B 黏结剂含有热固性聚合物，对特定波长的电磁波很敏感，受到照射后，黏结剂被活化，几秒内就能完成固化。瑞典 Aplicator 公司推出了 P4 预成型系统，该系统具有固化快、切割速度快、玻纤长度可调等特点，比利时 Syncolas 公司推出了专用于预成型三维连续玻纤毡的 Muhimat 技术。英国 Concar-90 公司采用具有计算机自动控制的 MoldbyWire 预成型技术，其成本较低，可批量、高质、高效地生产玻璃钢制品。

4.2.4　填料

在 RTM 工艺中常用的填料一般为无机填料，主要有碳酸铝、碳酸钙、氢氧化铝、云母、微玻璃珠、金属粉末等，也可采用金属嵌件进行局部增强，有时也用泡沫塑料芯等。

向树脂中加入填料以后，制品的性能将会受到影响。力学性能会随着填料颗粒分布及颗粒大小、填充量、填料种类等变化，比如，拉伸强度会随着填料填充量的增加而增加，小尺寸颗粒填料的增加效果更佳，弯曲强度通常会随着相对填充体积比增大而减小，模量随着固体填料用量增加而增加。

其次，热膨胀系数和热传导性都随着填料性质而变化。对于同一种填料，热膨胀系数与填料的增加成反比，热传导性能与填料的用量成正比。填料还有助于改善制品的耐电弧性，但是，也会对电性能产生不良影响，如果填料里有水分、易离子化的物质时，会对电气绝缘性能产生不利影响。还可以通过添加阻燃填料以提高制品的阻燃性能，如氢氧化铝、三水合氧化铝。填料对树脂还具有改性的作用，可以对填料用偶联剂处理以增加填料与树脂的黏合力。

填料的加入会在很大程度上影响树脂本身的黏度，树脂黏度影响注射压力和对增强材料的浸渍。低树脂黏度可增加树脂流动和浸渍性，增加了填料含量的机会。但如果黏度太低，在纤维中容易产生流道，增强材料容易被冲刷变形。如果加入太多的填料，树脂黏度会上升，流动性能差，不利于浸渍增强材料以及树脂在树脂泵中流动。

1. 碳酸钙

碳酸钙是应用最广泛的填料。它的相对密度为 2.7，白色，无定形形态。其主要优点是：在所有的填料中价格最低、无毒、无味、颗粒尺寸齐全、均匀，易于同树脂及其他成分混合、遮盖、着色性能好，在大温度范围内性能稳定。用天然沉积和化学沉积方法都可以获得碳酸钙。用化学沉积方法得到的碳酸钙填料的颗粒尺寸更加均匀和细小。将二氧化碳通入石灰水，或用碳酸钠溶液与石灰水作用可制备沉淀粉状碳酸钙。天然产的碳酸钙矿物有石灰石、方解石、白垩和大理石等。

2. 氢氧化铝

氢氧化铝是阻燃型填料，被广泛用作橡胶、塑料、黏合剂、复合材料模压制品中的阻燃添加剂。当温度在 220～600 ℃，氢氧化铝分解成氧化铝和水，释放出水的质量达 34.6%。阻燃机理是吸热脱水反应。当聚合物燃烧时,产生的挥发聚合物部分与氧进行放热反应,在这一过程中氢氧化铝吸收热量阻止热分解,减少了燃烧速度。另外,反应释放的水及水蒸气也起到了非常重要的自熄作用。

氢氧化铝的相对密度为 2.42,无毒,化学性质不活泼,不溶于水,但溶于强矿物酸和碱。固体颗粒最小平均直径小于 1 μm。除亚微米级外,颗粒表面吸油值低。由于表面吸收能力弱,对环氧、聚酯等液体树脂的吸收量少。氢氧化铝是非增强型填料。因此,通常会略微降低复合材料的拉伸、弯曲和冲击强度,但耐电弧性能可得到增强。实验证明,在聚酯树脂中的填充量的质量分数只有占 45%~50% 时,才能起到自熄的作用。在环氧树脂中,当质量分数达到 40%~60% 时,氧指数为没有填充树脂时的 2 倍,颗粒大小对阻燃效果影响不大。用硅烷处理过氢的氢氧化铝加入树脂中可改善树脂的拉伸和弯曲等性能。

氢氧化铝不但阻燃效果好,而且比其他的阻燃填料或一些非阻燃的填料的价格便宜,是一种用途广泛的填料。

3. 玻璃微珠

玻璃微珠分为实心和空心两种,相对密度分别为 2.43 和 0.15~0.38,直径由几微米到几毫米,有无色和有色的。在复合材料中使用玻璃微珠,可降低成本,改善制品压缩强度,增强热稳定性,提高耐水性和冲击强度。

玻璃微珠的主要特点如下:

(1)吸油值低:玻璃微珠的表面积和体积比值小;

(2)摩擦因数小:中等硬度材料和球形形状使设备磨损程度降低,填充玻璃微珠和未填充的注射树脂对模具注射口的磨损程度大体相当;

(3)形状规则、均匀:增加树脂的浸渍性、树脂的流动性和制品内部应力分布均匀性;

(4)透明:吸收紫外线辐射,化学性能稳定,可减少对树脂基体产生的退化作用。

因为是无机材料,玻璃微珠和树脂不会发生化学反应,不会对树脂产生影响,与树脂混合后储存时间长。另外,玻璃微珠不燃烧具有阻燃效果。在使用玻璃微珠做填料时,对其进行表面处理以提高与树脂基体的黏合。硅烷偶联剂是最常用的偶联剂,在它的长分子链的两端含有不同的端基,一端的硅烷结构能与玻璃反应黏合,另一端的有机官能团与聚合物基体反应。有机官能团包括氨基、环氧基、乙烯基等。在制造玻璃微珠时,应根据不同的需要选择不同类型的偶联剂,含有机官能团的硅烷偶联剂较好。

4. 其他填料

由于云母具有优良的介电性能,通常被用来改性热固性树脂,如环氧、聚酯、酚醛、聚氨酯等的电性能,其中酚醛树脂需要的云母量最大。环氧用细云母颗粒能够提高耐电弧性、耐化学性和耐水分,降低热膨胀系数,减少固化收缩,改善模量,但介电强度略微提高。值得注意的是,云母能减慢用脂肪族胺类做固化剂的环氧树脂的固化,但会加速用芳香胺做固化剂的环氧树脂的固化。

矿物天然滑石是水合硅酸镁,相对密度为 2.6~2.8。晶体呈六方形和菱形板状,有薄片、叶状、针状等,一般是细鳞板片状或颗粒致密的集合体。纯净的滑石是已知的最软的矿物,硬度为 1。颜色为灰白色,因其具有板状结构,因此表面积大,吸油性强。加热到 870 ℃

时,开始脱出结构水,但光学和结晶性能不变,959 ℃时全部脱水。滑石导热率低、耐高温,在高达 900 ℃的温度稳定性好,是电的绝缘体,适合用于制造高频电绝缘子。滑石的润滑性好,可以减少对注射设备的磨损,具有良好的抗酸性。

为了降低产品的制造成本,减轻产品的结构质量,提高生产效率,国外各生产厂家在RTM 制品各项性能允许的情况下,还大量选用了夹芯结构,夹芯的材料大多数采用聚氨酯泡沫塑料,也有采用木芯材料结构及其他轻质价廉的材料。

4.3 成型工艺

4.3.1 工艺特点

1. RTM 工艺的特点

(1)无须胶衣涂层即可为构件提供双面光滑表面的能力,能制造出良好的表面质量、高尺寸精度的复杂部件,在大型部件的制造方面优势更为明显;

(2)能制造出具有良好表面品质、高精度的复杂构件;

(3)产品成型后只需做小的修边;

(4)模具制造与材料选择的灵活性高,不需要庞大、复杂的成型设备就可以制造复杂的大型构件,设备和模具的投资少;成型效率高,适合于中等规模复合材料制品的生产;

(5)制品空隙率低(0～0.2%);

(6)纤维含量高;

(7)便于使用计算机辅助设计(CAD)进行模具和产品设计;

(8)模塑的构件易于实现局部增强,并可方便制造含嵌件和局部加厚构件,易实现局部增强、夹芯结构;增强材料可以任意方向铺放,容易实现按制品受力状况而设计铺放增强材料,以满足从民用到航空航天不同领域的要求;

(9)成型过程中散发的挥发性物质很少,对身体健康和环境影响较小。

2. RTM 存在的难点

(1)树脂对纤维的浸渍不够理想,制品存在空隙率较高、干纤维的现象;

(2)制品的纤维含量较低;

(3)大面积、结构复杂的模具型腔内,模塑过程中树脂的流动不均衡,不能进行预测和控制。

3. RTM 未来的研究趋势

近年来针对 RTM 存在的问题和局限性,国内外开展了大量颇有成效的研究,使得RTM 技术更趋成熟,形成一个完整的材料、工艺和理论体系。主要方向有:

(1)采用混合器,扩大树脂的使用范围;

(2)采用压实增强材料和提高真空保压性能;

(3)采用多维编织技术与预成型技术;

(4)实施树脂压注和固化过程监控,进行仿真模拟;

(5)开发新的 RTM 成型技术。

4.3.2 成型工艺过程

RTM 是一种闭模成型工艺,通常是将液态热固性树脂及固化剂,由计量设备分别从储桶内抽出,经静态混合器混合均匀,注入事先铺放有增强材料的密封模具内,经固化、脱模后处理加工制成成品。RTM 工艺的基本原理如图 4.1 所示,即先在模具的型腔内预先铺放增强材料预成形体、芯材和预埋件,然后在压力或真空的作用下将树脂注入闭合模腔、浸润纤维,一起固化,最后启模、脱模得到成型制品。

RTM 成型工艺流程。其工艺如图 4.2 所示。

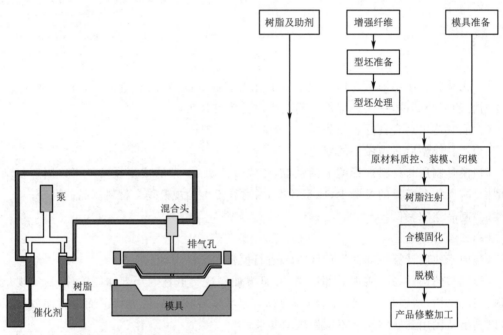

图 4.1　RTM 的工艺原理图　　　　　图 4.2　RTM 工艺流程图

(1)纤维铺放。将增强纤维按照要求放入模具中,其端部尺寸不应超过模具密封区域,避免影响合模和密封。增强纤维在模具腔内必须均匀,一般采用整体织物结构或三维编制结构。

(2)树脂注入。在合模锁紧后,在一定条件下将树脂注入模具,树脂在纤维中浸润并将空气赶出。当多余的树脂从模具溢胶口开始流出时,停止树脂注射。注胶过程可对树脂罐施加压缩空气,对模具抽真空以排尽制件内的气泡。注塑时通常模具是预热的或者对模具稍加热以保持树脂一定的黏度。

(3)树脂固化。在模具充满后,通过加热使树脂发生反应,加速固化。如果树脂开始固化得过早,将会阻碍树脂对纤维的完全浸润,导致最终制件中存在空隙,降低制件性能。理想的固化反应开始时间是在模具刚刚充满时。

固化应在一定的压力下进行,可一次在模腔内固化,也可分两个阶段固化,第二阶段可将制件从模具内取出,在固化炉内固化。

4.3.3　工艺参数对工艺过程的影响

RTM成功的关键是正确地分析、确定和控制工艺参数,主要工艺参数有树脂黏度、注射压力、成型温度、真空度等,这些参数在成型过程中相互关联、相互影响。

(1)树脂黏度:适用于RTM工艺的树脂通常黏度较低,如介于300~600 mPa·s时工艺性能更好。当树脂黏度较高时,可考虑提高树脂的成型温度以降低树脂黏度,从而更好地实现充模过程。

(2)注射压力:取决于纤维的结构形式和纤维含量以及所需要的成型周期。注射压力是影响RTM工艺过程的主要参数之一,压力的高低决定了模具材料和结构设计,高的压力需要高强度、高刚度的模具和大的合模力。如果高的注胶压力和低的模具刚度相结合,那么制造出的制件太差。资料表明,较低的注射压力有利于纤维的充分浸渍,有利于力学性能的提高。通过改变产品结构设计、纤维铺层设计、降低树脂黏度、优化注射口和排气口的位置、使用真空辅助等手段,都可以实现降低注射压力。

RTM工艺希望在较低压力下完成树脂压注,为降低压力,可采取以下措施:降低树脂黏度;适当的模具注胶口和排气口设计;适当的纤维排布设计;降低注胶速度。

(3)成型温度:模具自身能提供的供热加热方式、树脂固化特性及所使用的固化体系的影响。较高的成型温度能够降低树脂的黏度,促进树脂在纤维束内部的流动和浸渍,增强树脂和纤维的界面结合能力。资料显示,较高的温度能够提高产品的拉伸强度。

(4)注胶温度:取决于树脂体系的活性期和最小黏度的温度。在不至太多缩短树脂凝胶时间的前提下,为了使树脂在最小的压力下使纤维获得充足的浸润,注胶温度应尽量接近最小树脂黏度的温度。过高的温度会缩短树脂的工作期;过低的温度会使树脂黏度增大,而使压力升高,导致树脂不能正常浸润纤维。较高的温度会使树脂表面张力降低,使纤维床中的空气受热上升,因而利于气泡的排出。

(5)真空度:成型过程中,使用真空辅助可以有效降低模具的刚度需求,同时促进注射过程中空气的排除,减少产品的空隙含量。通过实验数据测定,在真空条件下成型的平板平均空隙含量只有0.15%,而没有真空的平板的空隙含量达到1%。

(6)注胶速度:取决于树脂对纤维的润湿性和树脂的表面张力及黏度,受树脂的活性期、压注设备的能力、模具刚度、制件的尺寸和纤维含量的制约。提高注胶速度可提高生产效率。从气泡排出的角度,也希望提高树脂的流动速度,但不希望速度的提高会伴随压力的升高。

另外,充模的快慢也会影响RTM的质量。纤维与树脂的结合除了需要用偶联剂预处理以加强树脂与纤维的化学结合力外,还需要良好的树脂与纤维结合紧密性,这通常与充模时树脂的微观流动有关。有关研究人员用充模时的宏观流动来预测充模时产生的夹杂气泡、熔接痕甚至充不满模等缺陷。用微观流动来估计树脂与纤维之间的浸渍和存在于微观纤维之间的微量气体的排除量。由于树脂对纤维的完全浸渍需要一定的时间和压力,较慢的充模压力和一定的充模反压有助于改善RTM的微观流动状况。但是,增加充模时间降低了RTM的效率。

4.3.4 RTM 的衍生工艺

1. Light-RTM 成型技术

Light-RTM 成型技术也称为轻质 RTM，该工艺在真空辅助 RTM 工艺基础上发展而来，适用于制造大面积的薄壁产品。该工艺的典型特征是下模为刚性模具，上模采用轻质、半刚性的模具，通常厚度为 6～8 mm。工艺过程使用双重密封结构，外圈真空用来锁紧模具，内圈真空导入树脂。注射口通常为带有流道的线型注射方式，以利于快速充模。由于上模采用了半刚性的模具，模具成本大大降低，同时在制造大面积的薄壁产品时，模具锁紧力由大气压提供，保证了模具加压的均匀性，模制产品的壁厚均匀性非常好。国内关于轻质 RTM 工艺及产品的报道不多，但在国外的应用发展却很快，并有超过 RTM 技术应用的趋势。典型的应用有航空航天领域的舱门、风扇叶片、机头雷达罩、飞机引擎罩等，军事领域的鱼雷壳体、油箱、发射管等，交通领域的轻轨车门、公共汽车侧面板、汽车底盘、保险杠、卡车顶部挡板等，建筑领域的路灯的管状灯杆、风能发电机机罩、装饰用门、椅子和桌子、头盔等，船舶领域的小型划艇船体、上层甲板等。

2. VARTM 成型技术

真空辅助树脂传递模塑（VARTM）是在 RTM 的基础上开发得到的。为了改善 RTM 注射时模具腔内树脂的流动性、浸渍性、更好的排尽气泡，采用在腔内抽真空，再用注射机注入树脂，或者紧靠型腔真空造成的内外压力差注入树脂的工艺。真空辅助成型技术是在真空状态下排除纤维增强体中的气体，通过树脂的流动、渗透，实现对纤维的浸润，并在室温下固化。

VARTM 是一种吸出空气的闭模工艺，是一种改进了的 RTM 工艺。与常规的 RTM 工艺相比，有几方面的优点：

（1）RTM 工艺在树脂注入时，模具型腔内可积起几吨压力，通过抽真空工艺减少这种压力，因而增加了使用更轻模具的可能性；

（2）真空的使用可提高纤维对树脂的比率，使制品纤维含量更高；

（3）真空还有助于树脂对纤维的浸润，使纤维浸润更充分饱和；

（4）真空起到排除纤维内空气的作用，使纤维的浸润更充分，从而减少了微观空隙的形成，得到空隙率更低的制品；

（5）生产的构件机械性能更好。VARTM 工艺在许多方面性能比 RTM 有很大提高。

对于大尺寸、大厚度的复合材料制作，VARTM 是一种十分有效的成型方法。采用以往的复合材料成型工艺，大型模具选材困难，而成本昂贵制造十分困难，尤其是对于大厚度的船舶、汽车、飞机等结构件。VARTM 工艺制造的复合材料制件具有成本低、空隙含量小、成型过程中产生的挥发气体少、产品的性能好等优点，并且有很大的灵活性。在过去的十年里，VARTM 工艺在商业、军事、基础行业以及船舶制造业等方面都有广泛的应用。

3. SCRIMP 成型技术

树脂浸渍模塑成型工艺，来自美国的西曼复合材料公司申请了结合 RTM 和真空袋成型的工艺专利，称为 SCRIMP（seeman's composite resin infusion molding process），适合大尺寸复合材料构件制造。该成型技术的工艺原理是：在真空状态下排除纤维增强体中的气体，通过树脂的流动、渗透，实现对纤维的浸渍。成型模具首先将一层或几层纤维织物铺放于模具上，再放好各种辅助材料，然后用真空袋将型腔边缘密封，在型腔内抽真空，开启树脂阀门吸注胶液充满模具，最后固化成型。SCRIMP工艺之所以得到迅猛发展，是由于其突出的综合技术优势。该工艺精心设计的树脂分配系统使树脂胶液先迅速在长度方向上充分流动填充，然后在真空压力下的厚度方向上缓慢渗透，从而大大改善了浸渍效果，减少了缺陷发生，使模塑部件具有很好的一致性和重复性，而且克服了RTM在制作大型平面、曲线的层合结构以及加筋异型构件等制品时纤维浸渍速度慢、成型周期长等不足。正是这些优点使这一技术得到了迅速推广。

与传统的RTM工艺相比，SCRIMP只需一半模具和一个弹性真空袋，这样可以节省一半的模具成本，成型设备简单。由于真空袋的作用，整个型腔内为真空环境，微观上注入的树脂替换纤维之间的真空空间，可提高树脂的浸湿速度和浸透程度。与RTM工艺相反，它只需在大气压下浸渍、固化；真空压力与大气压之差为树脂注入提供了推动力，从而缩短了成型时间。浸渍主要是通过厚度方向的流动来实现，所以可以浸渍厚而复杂的层合结构，甚至含有芯子、嵌件、加筋件和紧固件的结构也可一次注入成型。SCRIMP工艺适用于中、大型复合材料构件，施工安全、成本较低。

SCRIMP工艺使大尺寸、几何形状复杂、整体性要求高的制件的制造成为可能，目前此工艺成型面积达200 m²左右、厚度达150 mm左右、纤维含量达65%～80%、空隙率低于1%的制品。树脂浪费率低于5%，节约劳动成本50%以上，在舰艇制造、风电叶片、桥梁、汽车部件及其他民用和海洋基础工程等方面得到了广泛应用。如英国的VOSPERTHORN-YCROFT公司自1970年以来为皇家海军制造了270艘复合材料雷艇，最大的扫雷艇体总长达52.5 m，总重达270 t。瑞典海军的轻型护卫舰（维斯比舰）长达73 m，这是目前建造的最大的FRP夹芯结构。舰上的部件如船体、甲板和上层建筑都是用SCRIMP法制造的。该工艺确保了高纤维含量、优异的制品性能、质量稳定性和快速成型。

实践证明，SCRIMP工艺制造的部件性能可以与航空航天领域广泛采用的热压罐工艺相媲美。随着SCRIMP技术从军事应用向民用工业的转移，在建筑、汽车行业将有很大的拓展空间，如大尺寸的屋面、建筑平台等公用构件。以Lotus公司为代表的汽车厂家已实现该工艺的大规模生产，用于制造轿车车身、大型卡车车顶和面罩、豪华客车及公共汽车前脸和后尾、铺路车及油矿车和驾驶室等部件。

SCRIMP工艺的另一个主要应用领域是风电叶片的制造，目前国外采用闭模的真空辅助成型工艺用于生产大型叶片（叶片长度目前已达80 m以上）和大批量的生产。这种工艺适合一次成型整体的风电叶片，而无二次黏结。目前国内叶片制作从三十几米到八十几米都是采用这种工艺。船用复合材料部件的特点是面积大，一多半采用VARTM工艺或SCRIMP工艺制造。目前在游艇制造方面应用非常多。SCRIMP工艺特别用于制造大型复合结构的部件，部件尺寸大，成本优势明显。同时，一些嵌入件如加强筋和芯材都可以和纤维一次成型。

4. RFI 成型技术

树脂膜熔渗工艺(resin film infusion, RFI)是树脂熔渗和纤维预成型坯相结合的技术，由 L. Letterman(美国波音公司)申请的专利，最初为成型飞机结构件而发展起来。该成型工艺使用单面模和真空袋来驱动浸渍过程。近年来，这种技术已改进了 RTM 中纤维含量低、模具费用昂贵、易生成缺陷等缺点。RFI 也是采用单模和真空袋来驱动浸渍过程。工艺过程是：将树脂制成树脂膜或稠状树脂铺放在模具上，上层再铺放以缝合或三维编织等方法制成的纤维预成型体，并用真空袋封闭模具；将模具置于烘箱或热加压下加热并抽真空，达到一定温度后，树脂膜熔融成为黏度很低的液体以便浸渍，在真空或外加压力的作用下树脂沿厚度方向逐步浸润预成型体，并填满整个预制件的每一个空间，完成树脂的转移，达到树脂均匀分布，然后引发胶凝，最后按固化工艺固化成型，最终获得复合材料制品。目前航空RFI 工艺中所用的基体树脂主要是环氧树脂和双马来酰亚胺树脂。所应用的制品如风电叶片的碳纤维梁。

RFI 工艺与现有成型技术相比，有以下优点：

(1)树脂流动路径短，无须复杂的树脂浸渍过程，成型周期短，能一次浸渍超常厚度纤维层，具有高度三维结构的缝编、机织预制件都能浸透，并可加入芯材一并成型。

(2)树脂膜在室温下有高的黏结性，可黏着弯曲面。

(3)成型压力低，不需要额外的压力，只需要真空压力。

(4)模具制造与材料选择的灵活性强，不需要庞大的成型设备就可以制造大型制件，设备和模具的投资低。

(5)成型产品空隙率低(<0.1%)，纤维含量高(质量含量接近 70%)，厚度方向性能优异。

(6)工艺不采用预浸料，树脂挥发少，挥发有机物含量符合国际有机质量标准，从而更有利于操作者的身体健康和环境保护。

但是，RFI 工艺也存在一些不足之处，如对树脂体系要求严格，不太适合成型形状复杂的小型制件，由于采用真空袋压法，制品表面受内膜的影响，达不到所需的复杂程度和精度要求，树脂用量不能精确计量，需要吸胶布等耗材除去多余树脂，因而固体废物多。针对这些不足，主要研究方向有积极开发新的树脂体系，发展纤维成型技术来改进 RFI 工艺。

5. VARIM 工艺

真空辅助树脂扩散成型工艺(vacuum assisted resin infusion molding, VARIM)作为一种新型的液体模塑成型技术，在航空航天、国防工程、船舶工业、能源工业、基础结构工程等领域广泛应用。

基本原理：在真空负压条件下，利用树脂的流动和渗透实现对密闭模腔内的纤维织物增强材料的浸渍，然后固化成型。

(1)准备阶段：包括单面刚性模具的设计和加工，模具表面的清理和涂覆脱模剂、增强材料(纤维织物、预成型件、芯材等)和真空辅助介质(脱模介质、高渗透导流介质、导气介质等)的准备等。

（2）铺层阶段：在单面刚性模具上依次铺设增强材料、脱模布、剥离层介质、高渗透导流介质、树脂灌注管道、真空导气管道等。

（3）密封阶段：用密封胶带将增强材料及真空辅助介质密封在弹性真空袋膜内，并抽真空，保证密闭模腔达到预定的真空度。

（4）灌注阶段：在真空负压下，将树脂胶液通过树脂灌注管道导入密闭模腔内，并充分浸渍增强材料。

（5）固化阶段：继续维持较高的真空度，在室温或加热条件下液体树脂发生固化交联反应，得到产品预成型坯。

（6）后处理阶段：包括清理真空袋膜、导流介质、剥离层介质、脱模布等真空辅助介质和脱模修整等，最终得到制品。

与 RTM 相比，VARIM 有以下优点：

（1）模具成本低：与 RTM 工艺需要阴阳双面刚性对模相比，VARIM 工艺只需单面刚性模具，与模压工艺需要承受高温高压的成型模具相比，模具的制造成本较低，适用于设计开发不同结构复杂外形的大型模具。

（2）制品外形可控，尺寸精确：VARIM 工艺对制品尺寸和形状的限制较少，可用于中大厚度、大尺寸结构制件的成型。

（3）制品力学性能好，重复性高：与手糊构件相比，VARIM 工艺成型制品的力学性能可提高 1.5 倍以上，并且制品的纤维含量高、空隙率低、结构缺陷少、表面均匀光滑、构件制件一致性高，因此产品质量稳定，具有良好的可重复性。

（4）环保性好：开模成型时，苯乙烯、丙酮等挥发性有机化合物（VOC）的挥发量高达 35%～45%。VARIM 工艺作为一种闭模成型技术，在树脂灌注和固化过程中，易挥发物和有毒空气污染物均被局限于真空袋膜中，因此几乎不对环境造成污染。

（5）生产效率高：处于真空负压下的树脂能够沿着树脂灌注管道迅速导入密闭模腔内，并在凝胶前充分快速渗透和浸渍增强材料，可整体成型大型复杂集合形状的夹芯和加筋结构件，与开模工艺相比，VARIM 工艺可节约劳动力 50% 以上。

6. SRIM 工艺

结构反应注射模塑（SRIM）是建立在树脂反应模塑（RIM）和 RTM 基础上的一种新的成型工艺。RIM 反应注射模塑是将两种具有高化学活性的低相对分子质量液体原料，在高压下经撞击混合，然后注入密闭的模具内，完成聚合、交联、固化等化学反应并形成制品的工艺过程。这种将聚合反应与注射模塑结合为一体的新工艺，具有物料混合效率高、节能环保、产品性能好、成本低等优点。RIM 技术最早出现在 20 世纪 60 年代，70 年代投入生产，80 年代后得到快速发展。由于 RIM 线膨胀系数很大，而且强度、模量相对较小，故 RIM 制品的使用受到了限制。SRIM 是综合 RIM 和 RTM 的优点而开发的。此工艺是首先把长纤维增强垫预置在模具型腔中，再利用高压计量泵提供的高压冲击，将两种单体物料在混合头混合均匀，在一定温度条件下注射到模具内，在模具内固化成型制品的工艺。SRIM 工艺必须在反应前很快地冲入模具，且一旦模具被充满，应确保快速固化。SRIM 工艺成型所用的树脂以聚氨酯类为主,如低黏度聚氨基甲酸酯、聚氨基甲酸酯/异氰脲酸酯、聚氨基甲酸酯/聚酯的共混料等。

近年来,SRIM 工艺发展速度非常快。SRIM 工艺与 RTM 工艺的区别主要体现在:

(1)RTM 反应的活化是通过加热使物料活化,而 SRIM 是通过混合、高压碰撞使其活化;

(2)RTM 充模时间长,而 SRIM 充模时间短;

(3)RTM 在注射前预先通过静态混合器混合,SRIM 则通过高压碰撞在混合头混合,混合同时注料;

(4)RTM 注射压力低、注射量小,SRIM 注射压力高、注射量大;

(5)RTM 成型周期长,SRIM 成型周期短。

SRIM 工艺也存在缺点,主要有:

(1)纤维经常外露;

(2)流动速率快,常形成空穴区;

(3)反应体系有水放出,会在制品表面留下气孔。

针对纤维外露问题,可采用模内高压涂覆系统在表面涂树脂可得 A 级制品;对于空穴形成的问题,可采用通过调整纤维预制体各个方向上纤维的渗透性来解决;对于表面气孔问题,可采取对玻璃纤维增强垫进行处理,或选择合适的内脱模剂体系解决。

4.3.5 其他辅助工艺

对于 RTM 工艺进行新的开发和改进方面已经取得了一些研究进展,出现了柔性 RTM 工艺、热膨胀软膜辅助 RTM 工艺、气囊辅助 RTM 工艺等更加优化了的 RTM 工艺。

1. 柔性 RTM 工艺

在柔性模上铺放好干态的预成型体,置入刚性的阴模中,把树脂注入模腔并控制柔性模膨胀(或先使柔性模膨胀,然后注射树脂),固化成型后脱模。该工艺主要用来制造空心结构,通过柔性模对预成型体的压实作用,制件的纤维体积含量较传统 RTM 工艺得到了提高。由于构件套合在柔性模上,脱模更为容易。

2. 热膨胀软膜辅助 RTM 工艺

将预成型体铺放在氨酯泡沫、硅橡胶等软质材料上,然后将其置入刚性模具内,利用软模材料与阴模材料热膨胀系数的差异,在模具加热过程中,软模受热膨胀,对预成型体起到挤压作用,从而提高构件的致密性。该工艺因能够以较低成本整体成型大尺寸复杂结构的复合材料构件而受到关注。鞠金山等利用软模成型技术制备了高精度天线测量杆,芯模采用热膨胀硅橡胶,将碳纤维单向布铺贴于热膨胀芯模上进行加热、加压成型,最终成型制品为规则杆状构件。

3. 气囊辅助 RTM 工艺

将预成型体铺放在密封的气囊上,置入模腔内,通过气囊充压压实预成型体,使预成型体贴附在模腔内表面赋形。气囊辅助 RTM 工艺预成型体铺放方便快捷,气囊压力容易控制,对预成型体压实效果显著。譬如 U. Lehmann 等利用气囊辅助 RTM 工艺成型了某个空心构件,预成型体的外形与最终构件的外形并不一样,预成型体铺放在气囊上,置入模腔后即充压使得预成型体贴附在模腔内壁上,空心构件的外形是靠模腔的内壁形状保证的。

4.3.6　流动性分析

RTM 工艺过程包括树脂充模流动、热传递和固化反应,其中充模流动问题是 RTM 工艺的重点。在 RTM 过程中,模具型腔内填充着纤维预成型坯,其中包括固体相、纤维和流动相以及空气三种状态。树脂的充模过程是使树脂流过这些不规则的空隙将空气置换出去,使树脂充满空隙的过程。树脂在不规则的空隙中的流动分为两种,一种是树脂通过整个模槽的流动,即为宏观流动,是指纤维束之间的流动;另一种是树脂渗透到纤维束的流动,即为微观流动,是指纤维束内的纤维间的流动。在这个过程中,树脂要流过原来包含空气的不饱和多孔介质,其中流过不饱和介质的流动要考虑毛细作用的影响。

4.4　模　　具

4.4.1　模具的特点及要求

注射模具的特点为:模具结构较为复杂,适用于生产大型、厚壁、薄壁、形状复杂、尺寸精度高的制品,生产效率高,质量稳定,能实现自动化生产。

塑料制品通常要大批量生产,故要求模具使用时要高效率、高质量,成型后少加工或不加工,因此在工程应用中,RTM 工艺对模具的一般要求如下:

①考虑模具制造过程中的工艺性,根据设备状况和技术力量确定设计方案,保证模具从整体到零件都易于加工,易于保证尺寸精度。

②考虑注射生产率,提高单位时间注射次数,缩短成型周期。

③在模压力、注射压力及开模压力下表现出足够高的强度和刚度。

④具有合理的注射孔、排气孔,上下模具密封性能好。

⑤保证制品尺寸、形状的精度以及上下模匹配的精度。

⑥具有夹紧和顶开上下模的装置及制品脱模装置。

⑦将有精度要求的尺寸及孔、柱、凹、凸等结构在模具中考虑进来,即塑料成型后不加工或少加工。

⑧模具结构力求简单适用、稳定可靠、周期短、成本低、便于装配维修及更换易损件,寿命要长,成本要尽量低廉。

⑨模具的标准化生产应尽量选用标准模架、常用顶杆、导向零件、浇口套、定位环等标准件。

⑩可加热,并且模具材料能经受树脂固化放热峰值的温度。

4.4.2 模具种类

RTM 是在低压下成型的,模具刚度相对要求低,所以可以使用多种材料来制造模具,其中包括金属材料和非金属材料。RTM 模具主要有聚合物模具、玻璃钢模具、碳纤维复合材料模具、浇注和机械加工材料模具、电铸模具、铝模具、钢模具、铸铁模具等。

1. 聚合物模具

聚合物模具通常是用加入环氧、乙烯基酯、聚酯、聚氨酯等热固性树脂填料,采用浇铸方法制成的模具。适用于制作成型温度、注射压力、合模速度、制品形状等要求程度较低的产品模具。聚合物模具壁厚一般为 15 mm 左右,大型模具需要有支撑结构。乙烯基酯模具的模塑次数已超过 19 000 次,与环氧模具相比,它的使用寿命、耐化学腐蚀、耐热和耐温性能更好,价格便宜,可用来代替高成本的金属模具。

2. 玻璃钢模具

玻璃钢模具适用于产品数量较少的模具,不适合制作纤维含量高的制品模具。模具制作方法主要是低压接触成型,所以模具的尺寸不易受到限制。大型模具需要有金属支撑结构,以提高模具抗载荷引起的弯曲和变形情况。模具厚度一般不小于 10 mm。在制作模具时,模具顶出和闭合的金属件可以作为嵌入件埋在模具中。使用时应注意对模腔内表面的保护,特别是避免胶衣脱落。

3. 碳纤维复合材料模具

碳纤维复合材料和玻璃钢虽同属于复合材料,但其模具的制造是有区别的。碳纤维模具通常用碳纤维/环氧预浸料用高压釜制成,不用低压接触成型工艺制造而成,模具表面很少用胶衣。在模具的使用寿命、耐成型压力和温度方面均优于玻璃钢模具。完全固化的模具能耐制造过程中许多溶剂的侵蚀。碳纤维模具的壁厚一般为 6~10 mm,不适合做复杂形状的模具。由于模具成本高,因此使用范围受到一定的局限。

4. 浇注和机械加工材料模具

浇注和机械加工材料有陶瓷、石墨、石膏和混凝土材料,成本差价较大。模具制作采用机械加工和浇注两种方法。石墨模具和陶瓷模具的尺寸稳定、公差小,陶瓷材料脆性大。混凝土浇注模具最便宜,模具表面应加胶衣或玻璃钢蒙皮。模具的厚度根据所承受的载荷而定。浇注模具制造时间短,机械加工制造模具时间长。

5. 电铸模具

电铸模具是把金属溶解在溶液中,在电流的作用下,金属原子在模具表面沉积并重新分布形成模具金属表层。金属层的厚度通过电流密度和电铸时间控制,在模具的不同位置厚度是不同的,在角落处薄而在凸起处厚。电铸金属有镍金属和铜金属,其中以镍金属为主,厚度一般为 4~6 mm。为增加制作速度和降低成本,有时两种金属混合使用。例如,先镀3 mm 厚的镍,接着再电镀铜,作为镍壳的支撑,使总厚度增加达到 6 mm 左右。电铸模具表面光滑,适合做形状不太复杂、面积尺寸适中的制品。电铸模具需要玻璃钢或铸铝等材料结构支撑,否则在载荷作用下,模具会弯曲变形,模具表面产生裂纹,从而导致模具损坏。正确使用模具将延长其使用寿命。

6. 铝模具

铝质模具由机械加工铝坯或浇注制成。浇注铝模具可以减少机械加工时间,特别是深模腔具,但需要翻模,浇注铝容易产生空隙。机械加工铝模具用三维 CAD 设计,用数控机床进行加工以保证精度。铝模具适合做原型模具和生产模具,使用寿命长(5～10 万件),不易因磨损而降低使用寿命。在使用和清洗模具时,一定要避免在模具表面造成划痕,以保证模具使用寿命。铝模具壁厚一般为 10 mm 左右。

7. 钢模具

由于钢模具的加工成本高、热响应差、质量大,不是常用的模具。一般适合制作形状小且复杂、公差要求小、批量大(10 万件以内)、成型压力大的制品的模具。镀铬可以改善钢模具表面质量和光滑度。

8. 铸铁模具

铸铁材料比其他金属模具材料都便宜。铸造避免了机械加工金属,降低了模具制造费用。模具壁厚不低于 15 mm。为了改善铸铁的强度和尺寸稳定性等性能,开发了铜—铝—铁、铁—镍等合金新型材料,镍—铁合金的热膨胀系数甚至比碳纤维复合材料的还低。飞机用的形状复杂的 RTM 部件有用铸铁模具制成的。铸铁模具应注意的最大问题是铸造质量。表 4.2 列出了不同类型模具的比较:

表 4.2 不同类型模具比较

性能	玻璃钢模具	电镀模具	铝模具	铸铁模具	钢模具
强度/MPa	150～400	300	50～500	100～200	＞300
模量/GPa	7～20	200	71	约150	210
密度/(g·cm^{-3})	1.5～2	8.9	2.7	7.2	7.8
韧性	冲击引起损伤	耐低冲击	易造成划痕	不易损伤	不易损伤
热膨胀系数/(10^{-6}K^{-1})	15～20	13	23	11	15
热导率/[W/(m·K)]	约1	约50	200	70	60
比热容/[J/(kg·℃)]	约1 000	460	913	500	420
最高使用温度 T_g/ ℃	80	高于树脂固化温度	高于树脂固化温度	高于树脂固化温度	高于树脂固化温度
表面光洁度	可抛光	抛光改善光洁度	抛光改善光洁度	不如铝和钢模具	抛光改善光洁度
制造周期	2～4 周	30～40 天	30～40 天	30～40 天	30～50 天

4.4.3 模具设计与制作

RTM 的模具制作是一个关键环节,决定 RTM 产品性能的首要因素就是模具,RTM 模具是由阳模和阴模组成的闭合模,如图 4.3 所示。在 RTM 工艺中,模具设计与其制作的质量直接关系到制品的质量、生产效率和模具寿命等。除保证制品形状、尺寸、表面精度的基本要求,在注射压力下不变形、不破坏,具有夹紧和顶开上、下模和制品脱模装置,具有合理的压注口、流道、排气口和密封件及模具加热方式。

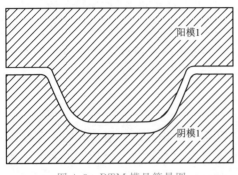

图 4.3　RTM 模具简易图

在 RTM 成型工艺过程中，一般注射设备每分钟的流量在 5～10 L 左右，注射压力为 0.01～0.8 MPa，因此对于模具的刚度、定位件、密封结构、锁模机构要求较高。若在模具设计中，任何一个环节考虑得不周，不仅难以保证制品的尺寸精确性，还可能会造成爆模现象。由于 RTM 模具在设计过程中易受到多种因素的影响，模具在设计时应遵循结构简单合理、功能完备、经济实用的原则；并在设计过程中尽量选择具有良好的机械、热学性能的材料，合适的加工精度，表面要具有较高的光洁度，同时要配合准确、耐用的定位装置和可靠的密封结构，设计合理的注胶口、排气口位置及监测仪表，同时在设计时也要综合多种因素对成本进行控制。

RTM 模具结构的设计须遵循以下原则：

1. RTM 模具材料选择和结构

在 RTM 工艺中，模具的产量和精度一般都取决于模具的材料。如树脂和纤维层合板复合材料适合产量较小、尺寸精度要求较低的模具；铝合金和钢材则适用于产量高、要求精确的 RTM 制品。在这种情况下，钢材的耐用性能优于铝合金，但因其重量、价格和热学性能不如铝合金，所以在中等产量的模具中高强度的和高硬度的铝合金得到了广泛的应用。

为减轻模具的重量，使其尽可能地轻便，并减少模具制作费用，在模具背部通常制作加强筋来增加模具的刚度，从而提高模具的抗变形能力和提高模具使用寿命。钢结构模具背部加强的型材通常采用点焊将其连接成一体，复合材料模具背部可根据模具的尺寸大小，采用夹层结构形式、复合材料加强筋或金属骨架连接做加强。

在模具初步设计完成后，利用 CAE-结构力学模拟软件，如 ANSYS 结构力学分析、CATIA 有限元结构化分析模块等，对所设计模具的材料厚度、结构进行校核和优化，使模具选材和结构设计更为合理。

2. 模具的密封、锁模机构及定位装置

（1）密封

密封是整个模具制作过程中较为关键的一步，由于树脂是在注射压力下或真空吸附下流动浸渍预制件，模具不泄压和保证真空环境是对模具的基本要求，这些要求可以通过模具密封来实现。

根据模具大小、结构的不同，通常选取弹性材料作为密封材料。因在生产过程中模具内部的真空和压力会使模具发生变形，这样弹性材料会在压力降低时恢复到原始形状，同时可多次反复使用，有利于降低成本。密封材料一般为橡胶、改性橡胶或硅橡胶，具有足够高的强度、耐高温、弹性好等特性；密封位置在模具边缘，密封圈通常选用 O 型、V 型和异型密封条，密封槽的结构尺寸由所选用的密封圈的外形尺寸来确定。为了保证模具的有效密封和模腔内抽真空的需要，经常会用到双密封型结构来实现。

使用密封时,最基本的要求是设计好密封路径,路径必须能容纳一定曲率的密封。如果路径设计不当,模具会渗漏树脂,不能保证模腔的真空度。另外密封的设计应该考虑密封的变形限制。

在实际工程应用时,模具的密封上应该清除树脂渣和碎纤维,以保护良好的密封性能。无论是氯丁橡胶密封,还是硅橡胶,都不要与半永性脱模剂接触,以防止其中的溶剂对弹性体造成影响。硅橡胶密封的最好保护是在其上适当地涂敷蜡,不允许在上面涂敷矿脂和硅润滑脂来达到增进密封效果的目的,因为这样做会导致氯丁橡胶变黏,易粘上碎纤维和脏物,损坏密封表面及效果。

橡胶密封放在密封槽中使用,密封橡胶的硬度和压缩强度非常关键。密封压缩的正常范围是1~2 mm。模具设计间隙如果不够,密封不能完全压缩,模具不能闭合,导致模压制品厚度不准确或损伤模具面。如果密封槽太大,密封的作用也不能充分发挥。密封槽的大小一定要精确,完全适合密封圈,才能增强密封效果。常用的密封如图4.4所示。密封槽的结构尺寸由所选用的密封材料的外形尺寸确定,为减轻树脂沿边部流动、降低夹紧力,应使密封槽尽量靠近模具的内边。

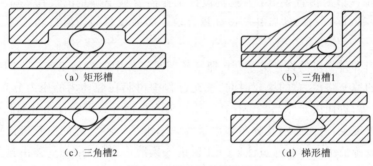

(a) 矩形槽 　　　　　　　　　　　　　　　　 (b) 三角槽1

(c) 三角槽2 　　　　　　　　　　　　　　　　 (d) 梯形槽

图 4.4　模具密封槽结构

(2)锁模机构

模具的密封也需要精准的定位和锁模来保证。当模具闭合后,需要有大于模具分离力的夹紧力在树脂注入前作用于模具型面上,同时为了保证模具某些部位的位置准确,模具还应具有可靠的定位装置和锁模装置。在传统的RTM工艺中,大部分合模机构采用螺丝来锁紧合模,这样的合模结构效率低下。根据制品情况可采用气缸或用压机合模平台来进行合模,通过轨道或圆锥形定位销等进行上、下模的合模定位,这样能有效地加快制品的成型时间。

当模具闭合后,一定的夹紧力(或压力)须在树脂注入前作用在模具板表面,夹紧力应大于模具的分离力。常用夹紧机构为螺栓夹紧机构、机械夹紧机构和气动加压(或液压)机构。

螺栓夹紧机构:使用紧固螺栓使模具紧密闭合,结构简单、实用,适于小型模具的应用;

机械夹紧机构:主要应用于大型模具;

气动加压(或液压)机构:应用于某些特定场合。

(3)定位装置

在模具的开启、滑动和闭合过程中,模具的某些部件要求位置准确,因而模具应具有完善的定位装置和滑动装置。通常模具设计中采用销子和锥面定位技术,销子定位准确,易加工,但锥面定位加工难度较大。

(4)模具分模面和拔模角度

模具设计时必须考虑是否需要进行分模或者做活块,这一步将影响到制品是否能顺利地生产出来,还有开合模过程的操作是否顺利。同时,模具加工的难易程度、模具部件的重量、制件的精度及操作的便利性(即模具的清理、装模、开模和脱模简单、易行)等在分模面的设计时应综合进行考虑。基于开模的可行性,分模面的位置一般应安置在制件的对称面上。

模具设计时可采用CATIA、UG等三维软件的模具设计工作台,依次定义型芯/型腔区域、开模方向、创建分模面、模具分型等操作,模拟模具零件组装配合、制品拔模等过程,对设计进行有效的验证。原模在制作过程中要考虑到R角的处理,通常制品厚度越厚其R角也就越大。另外还要考虑脱模斜度的问题,有脱模斜度的制品脱模力小,脱模顺利且不易损伤模具表面。根据制品的外形情况和技术条件许可,尽量加大脱模斜度,如果技术条件不具备的情况下也要预留不小于3%的脱模斜度。

(5)树脂注射口和排气口设计

注射口和排气口的位置是RTM模具设计工作需要最早确定的设计参数。在设计模具时,首先确定注射口的位置,然后开始设计排气口。一般模具的注射口和排气口的设计位置应该是对称的。

树脂注射口和排气口的设计关系到树脂在模腔预制件中的流动走向。不同的位置选择会直接影响树脂的填充路径、总的填充时间、填充过程中树脂在腔体内的压力分布、树脂流动速度、树脂损失量等,进而决定制品是否存在树脂浸渍不良而导致可能存在气泡和因树脂未流到而产生的干斑等现象,进而影响其分布和数量等缺陷水平。不合理的注胶口选择甚至可能导致树脂无法充满等情况。树脂通过注射口注射进入模腔中,模腔中的气体由排气口排出。它们的位置设计原则是确保树脂能充满整个模腔,并在最短的时间内浸渍整个模腔中的预制件。

在模具设计之初采用计算机仿真技术模拟在不同的注胶口/排气口方案中树脂在型腔内的填充过程,就可以提前预测树脂能否填满整个型腔,总的注塑时间是否合理,以及树脂损失量等,从而减少试模次数和尽可能避免模具的重新设计。

对于结构复杂的复合材料构件,如蒙皮加筋结构的一次成型,通常需要多个注胶口和多个出胶口通过相应的开关进程控制来实现充分的填充。此时,即便采用了相同的注胶口/排气口分布方案,开关历程不同,填充情况也会截然不同。使用PAM-RTM树脂注射工艺仿真软件,可以通过设置与相应传感器相关联的控制开关来控制各胶口的开关状态,从而模拟在各种开关历程中树脂的注塑情况,快速高效地得到较为合理的树脂注塑方案。

通常RTM模具设计时注胶口/排气口置于上模,对于几何形状较规则的模具注胶口设置在其几何中心,不规则的模具注胶口一般位于模具注射状态下制件的最底端,出胶口一般安放在制品的最高点以及不利于排气的位置。

注射口在模具上的位置基本有以下三种情况:

中心位置:注射口位于型腔中心附近的位置,以保证树脂在模腔中的流动距离最短。

边缘位置:注射口设计在模具的一端,同时在模具上设有分配流道,树脂从边缘流道注射,排气口对称地设计在模具的另一端。

外围周边：树脂通过外围周边分配流道注射，排气口选择在中心或中心附近的位置。虽然外围周边注射的流道也在边缘，但它是闭合的，排气口在模具的中心处。

注射口位置不同，树脂流向也不同，对应树脂向外扩散或向内汇集的两种情况，树脂的流动速度和注射满模腔的时间也不同。矩形模具注射口在上述三种位置时树脂注射量与注射时间关系的实验表明，外围周边注射速度最快，其次是边缘注射，中心注射速度最慢。外围周边注射速度大约分别是后两者注射速度的 2 倍和 10 倍，是实现快速注射的好方法。

美国特拉华大学开发了主动控制注射系统。在模具中的不同位置安装了多个传感器，一旦传感器探测到预制件中流道产生的位置及有关的信息，会立即把信号传给计算机的数据处理系统，计算机会计算出"干斑"可能产生的位置，系统决策软件向控制系统发出指令，自动选择注射和确定注射口注射顺序、注射流量和注射时间等，使得树脂在预制件中的流动路线及时修正，沿着最佳路线流向排气口，最大限度避免"干斑"的产生。

RTM 注射口一般选择在模具的中心位置，而真空模塑的注射口则选择在模具边缘。形状复杂模具注射口位置的选择比较困难，应根据实际情况决定。

无论怎样选择注射口的位置，目的都是保证树脂能够流动均匀，浸透纤维。在模具上设有多个注射口可以提高注射效率，但要保证不同注射口在流动边缘到达下一注射口时，该注射口能够及时开启，上一注射口能够及时关闭，避免出现断流或紊流造成的流动死角。

排气口通常设计在模具的最高点和充模流动的末端，以利于空气的排出和纤维的充分浸润。借助于流动模拟软件可以更好地确定理想的注射口和排气口。

3. RTM 模具的加热方法

大多数的 RTM 模具内都有加热系统，模具加热有助于在注射压力下提高树脂的注射速度，可以加快树脂聚合反应速度。树脂固化度要根据实验确定的固化与温度的关系曲线而定，树脂固化与温度变化成正比，模具加热不但能够大幅度地缩短成型周期，还能够优化制品的表面质量。

模具温度的控制是十分必要的，模具加热平衡和热源的热量控制十分重要，模具加热系统的设计主要包括两个方面，首先是热源的设计，构造能够持续不断地提供充足热量的加热系统，使模具始终处于稳定的加热状态，这涉及热源位置的合理分布问题。其次是瞬间热量传递计算，确定热量通过模具材料、模具表面和树脂/预制件中的热传递，在此基础上算出热量从模具表面传递到预制件中心树脂开始固化所需要的时间及所需要的热量，估算热源释放出的热功率，提供足够的热源。热源的分布应该使模具各部分受热均匀，从而避免由于模具各处加热不平衡导致模具内树脂固化温度不同，造成制品的热应力集中，影响制品质量。热成像仪被用于研究模具的加热系统，它可以显示出模具中热量场的量值及热量传递和变化状况，以助于模具加热系统材料的选择和设计、评价模具系统的加热功能。

在 RTM 工艺中，对模内树脂的加热方法有两大类：一是直接加热法，即将热能直接传递到型腔内使树脂固化，该方法较先进，热效率高，但难度大，目前还不成熟，没有大规模工程应用；二是间接加热法，热能由介质（气、水、油、蒸汽）传递，经模具背衬、型壳、型面传导到树脂中，使树脂固化。间接加热法分为以下三种：

（1）背衬管路法：模具背衬里铺设导热介质的管路，由于管路离型面有一定距离，而复合材料属于热的不良导体，热传导较困难，因此加热速度慢，加热循环较长。应用此方法要求改善模具材料的导热性，且选择较平坦的产品类型，以便铺设管路方便易施。

（2）电热丝布法：型壳里贴近型面铺设导热介质的电热丝布、导热介质的控制与压机、模具周边夹紧的操作相协调。一个供热系统可同时供多个模具，加热、冷却的速度最快，但每个模具的成本最高。

（3）整模加热法：物料充模后，将整个模具置于固化炉（或高压釜）内加热，热能经过模具传导到型腔内的树脂，致使树脂固化，要求模具材料的导热性好，固化炉内能容纳整个模具，如果固化炉尺寸较大，可同时加热多个模具。该法加热效率低、固化周期长。

4. 模具的维修与保养

由于 RTM 注射模具属于精度比较高的模具，不管是否长期生产，都需要对模具进行必要的保养和维护。

（1）主旨：保养重于修补，修补难以得到好的模具。

（2）保养方法：边使用边保养，主要是重新打磨、抛光、保持光洁度；使用久的模具，在其表面可能会有脱膜蜡或脱膜剂的积垢，需要用专门的清洗剂去除积垢，使模具焕然一新。

（3）模具在使用一定阶段后，需要继续保管时，模具必须合模紧固到位，然后存放，合模时必须保证模腔的洁净，另外不允许放在露天处。

随着技术的快速发展，复合材料制品向着尺寸更大、更厚、结构更复杂、一体化程度要求更高等特点发展，而作为复合材料制造过程中的关键技术的模具设计，其模具质量的高低则直接影响着 RTM 制品的成本、质量和性能，RTM 模具设计也正面临着新的挑战。在经济社会的快速发展过程中，对模具的设计和制造水平有了更高的要求，这就需要模具设计中要综合考虑各种因素的影响，从而使模具设计更适宜制品的需求。

4.5 RTM 树脂注射设备

4.5.1 注射设备的特点及要求

树脂注射设备包括加热恒温系统、混合搅拌器、计量泵以及各种自动化仪表。RTM 系统的主要设备是注射机。注射机按混合方式可分为单组分式、双组分加压式、双组分泵式和加催化剂泵式四种。现在用于批量生产的注射机主要是加催化剂泵式。树脂和固化剂的计量与注射精度控制是衡量注射设备的重要指标，也是产品质量的重要保证。注射设备的发展经历了相当长的历史，有着由简单类型向高精确、多功能、高度自动化的发展历程。

计量泵是 RTM 设备的心脏，树脂正是通过受控计量泵进行注射的。往复式正压移动泵是最常用的计量设备。

泵的主体是泵缸、活塞杆和两个单向阀。下面的阀是入口阀，上面的是活塞阀，它们的大小不一样。当泵开始上冲程运动时，入口阀打开，液体进入泵缸内；当泵开始下冲程运动时,入口阀关闭,活塞阀在下面液体的作用力推动下打开,液体进入上泵腔中。由于活塞杆占据上泵缸的部分体积,上泵腔的体积小于下泵腔。在设计泵时,将泵缸内的体积与活塞杆的体积比设计成2:1,泵缸中只有下泵腔中的一半液体即等于活塞杆体积的液体从上泵腔被排出。因此,无论是上冲程还是下冲程,排出的液体量是一样的。

如果泵的往复运动太快或液体黏度太高,或者入口处的过滤器被部分堵塞,在泵活塞到达泵的上行程顶点前,下泵腔没有足够的时间被液体填满,这种现象被称为泵抽空现象。这时要求RTM设备启动精确的固化剂计量系统,以保持树脂配方比例。泵的抽空现象一般是由入口过滤器的保养不够或液体选择不当、黏度太高泵内部构造或填料太多造成的,过滤器保养对于精确控制液体排出是非常重要的。固化剂泵一般不会出现由于高黏度造成的泵抽空现象。

往复式正压移动泵有时不能输出液体。这是由于活塞阀在上行程不闭合而入口阀在下行程不闭合的缘故。当活塞阀密封圈磨损破坏时,密封失灵会导致泵无法精确计量,这时要及时更换密封圈。过滤器堵塞也是影响泵正常工作的原因。

泵能够精确地按计量抽入液体,液体中含气泡的情况很少见,若出现此种情况一般不是泵本身的毛病所致,绝大多数情况是供液管路或管件连接不良造成的,这时必须检查整个管路密封连接系统,确保真空度。

除往复式泵外,计量泵还有单动式泵。它只有一个入口阀,活塞上没有阀,结构相对简单,操作容易。它的缺点是在内部压缩行程,液体在混合管中的流动降到零,使压力快速下降,产生注射压力损失,压力的这种波动性质变化导致注射不连续,注射质量下降,这是单动式泵固有的缺点。

选择注射设备首先要根据具体的用途和生产制品的大小和批量,选择恰当注射量的设备,注射量选择过小或过大都会给制造过程带来困难或者浪费。其次,应考虑所采用的树脂体系的工艺性能,包括黏度、混合比例、凝胶时间等,设备的选择应能满足所有树脂的工艺性能要求。

一个好的注射设备应具有以下特征:

①树脂混合比例准确、混合均匀、气泡少;

②容器、管路和泵具有加热能力;

③注射流量或者压力可方便地调节和控制;

④具有辅助真空能力;

⑤注射过程无树脂倒流;

⑥良好的循环系统,保证树脂均匀和不产生气泡;

⑦安全且方便的溶剂清洗和空气吹干系统。

4.5.2 注射设备的分类

注射设备根据树脂与固化剂配比方式的不同,可分为两种基本形式:气压式注射设备和计量泵式注射设备。

1. 气压式注射设备

气压式注射设备通常用来注射单组分或预混的树脂体系。主要装置包括气源和压力罐。此方法是将液体树脂迅速注入模腔中最简单的、成本最低的方法。将树脂和固化剂须先按比例倒入密闭容器中,树脂在真空压力作用下排气和分散后注入模腔中,尽管大多数情况下,模具入口处的树脂压力不完全稳定,但压力罐可以代替计量泵式注射设备提供稳定的压力源。气压式注射机几乎能够注射全部热固性树脂,如聚酯、环氧、乙烯基树脂、酚醛树脂等。其特点是设备价格低,维修量小,注射压力、注射量和树脂配比量能够控制,树脂系统更换迅速,设备运动件少,从而减少了需要清洗的部件数量。操作者只需控制两个开关,一个开关用来排气或注射,另一个用来控制压力容器盖的打开或关闭。由于气压式注射机有相对较低的处理能力,因此只适合小批量生产规模和研究开发。如果使用反应活性低、单组分环氧树脂(如 3M 公司的 PRS00、HexcelRTM6 等),设备系统要有多个加热控制区提供树脂加热需要的热量。使用完毕后,整个泵、管路系统必须立刻清洗,以免树脂固化。压力罐还有双压力罐式,即两个压力容器分别装两种含固化剂或促进剂的树脂,在压力作用下两种树脂同时注入模腔,这种注射机是双组分注射机,适合注射混杂树脂。

2. 计量泵式注射机

计量泵是工业中最常见的设备。大部分产品采用独立的树脂泵和固化剂泵,两股液流在进入模具前先在静态混合器中混合。此方法的优点是两组分的比例在一定范围内可以连续调节,两组分经混合器混合后直接进入模具中,树脂的使用期可以适当缩短,树脂注射量的控制比较准确。

计量泵式注射机能够使一种或几种树脂在精确流动和压力控制下注射,液体推进装置由电动机驱动的零齿轮间隙丝杠控制,安装在电动机驱动轴上的编码器控制电动机的转动。在容器中的树脂被水平加热板加热到所需的吸入温度后,直接供给电动机驱动的计量管,这个过程是在真空下进行的,流体阀依次工作以确保全部树脂进入模腔前管路排气。

精确的混合比是由 PLC 编程控制的,两个电动机按控制速度工作,自行监测排出量变化,并把行程记录在数据采集软件上。不论是单一组分还是多组分,基体树脂通过直接安装在模具注射口上的自动控制注射阀被精确注射到模腔中。整个注射周期按事先要求优化设置的 PLC 菜单进行。

每一段树脂的温度由 PID 温度控制,全部变量被监控和记录,配备适时数据储存系统软件。当两种或两种以上的树脂/固化剂组分经计量并在机器混合头里混合注射完毕后,系统自动关闭注射阀,启动预先编程的机器混合头的清洗程序,先用溶剂冲洗混合头,后用压缩空气干燥,确保不污染下次使用的树脂基体系统。图 4.5 为 PlastechTT 公司 RTM 注射原理示意图。

可以看出,计量混合式注射机的自动化程度较压力罐式注射机提高了一大步,不用费时耗力的手工调配树脂固化剂系统。

注射机自动化程度的提高主要表现在以下几个方面。

(1)可编程逻辑控制

PLC 的运用减少了操作人员执行的注射步骤和工艺中的变数,监控和安全措施保证了工艺和产品质量。大量储存的注射工艺程序可以随时调用,保证重复注射精度,注射的启动和停止完全按程序控制进行。

（2）压力调节系统（见图4.6）

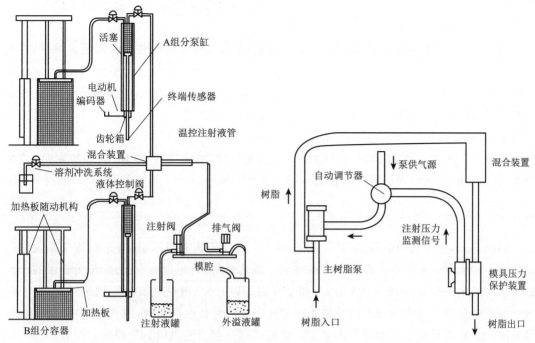

图4.5　PlastechTT 公司 RTM 注射原理示意图　　　　　图4.6　压力调节系统

　　注射树脂时，有两种控制树脂流动的方法，即控制树脂流动速度和树脂注射压力。如果采用恒定树脂流动速度控制树脂流动，随着预制件对树脂流动产生的阻力的变化，在注射设备注射过程中注射压力将发生很大的变化。恒定流动控制产生的这种注射压力变化使树脂在高压注射时冲刷预制件中的纤维，使复合材料模具或铝模具弯曲变形、损坏。如果控制注射压力，则可以解决这些问题。首先监测压力，其次调节泵的速度使其与之相适应。

　　（3）递增固化剂装置

　　递增固化剂装置是在注射树脂过程中按照程序调整固化剂供给量百分比的装置。在注射树脂时，调节固化剂的用量是十分必要的。因为如果固化剂配比不变，先注射进入模腔的树脂比后进入模腔的树脂先固化。另外，如果注射树脂的温度比模具的加热温度低，注射树脂经过模腔注射口时会吸收热量，注射口附近的温度会随之降低，树脂的温度也会降低，先注射的树脂在接触预加温模具后温度会升高，而后注射的树脂温度低。当制造大型部件时，因为树脂注射量大，注射时间长，这两个问题就会突出地反映出来。无论哪种原因引起的树脂不能同时固化都会导致树脂收缩不均，表面光洁度下降，延长成型时间。在一定范围内调节固化剂量不会对制品结构性能产生大的影响，但却能大幅度改变固化时间，递增固化剂装置有效地解决了上述问题。全自动伺服电机按预先设计的注射配方控制固化剂泵工作，保证精确地注射所需的固化剂量。

　　（4）固化剂流动监测

　　树脂配方确定后，如何保证固化剂精确供给是关键。固化剂量的多少决定制品的质量。

首先,固化剂的流道必须畅通,压力梯度保持在最低。其次,模腔内必须有传感反馈系统,如果固化剂流动在设定值以下,传感器产生的信号会使机器报警系统报警,注射系统自动关闭。

(5)自动控制注射嘴

自动控制注射嘴是固定在模具上的定位装置,用以连接注射机注射头和模具注射口,控制树脂向模腔内的流动,当接到注射机传出的控制信号后自动控制注射嘴阀门打开,树脂流入模腔,当注射完预定注射的体积后阀门按指令自动关闭。自动控制注射嘴的优点是在模具和注射嘴之间提供了安全干净的接口,不再需要用手把注射嘴对接在模具口上,并能避免在模具口处树脂外溢造成的污染和浪费。

对于 RTM 来说,树脂体系组分(树脂、固化剂等)的精确计量、配比、流动控制是 RTM 设备实现自动化、缩短成型周期和提高生产率的重要因素。

4.5.3 典型的 RTM 设备

瑞典 Aplicator 公司制造的 RI-2 设备,使 RTM 工艺朝着高质量、高速度的全系统生产方面迈了一大步。它既可以用于制造高玻璃纤维含量的结构,也可以生产 A 级表面的汽车部件。RI-2 有一个单冲程液压泵,两个输送气缸,其中一个输送气缸用于输送树脂,另一个用于输送催化剂。还有一个专门的输入阀直接将泵和模具连接起来,混合料就由该阀流进,没有溶剂和树脂暴露于工作区。该系统及喷枪都由一台程控机(PLC)控制。所有的注射参数都可预先设定,供生产选择。注射在一个连续的冲程内进行,可避免传统活塞泵中因压力下降以及流量脉动引起的问题。控制注射既可以用压力,也可以用流量。通过一个在喷枪或模具内的压力传感器,可以在注射过程中以设定的压力注射。

美国液空系统公司(Liquid Control Systems)制造的 MultiflowRTM 设备,可对从几克到数百克的反应树脂体系进行计量,混合并注射进低压力闭合模。这种机器的特点是有一台 Posiload 正向转换活塞泵,它使黏度的测量精确度达 0.1%～0.5%,且在温度、压力或材料黏度变化时不受影响。这种泵没有大多数泵采用的输入检验阀,通过真空辅助,可确保计量管完全充满料。

Multilow CMFH 型用于制造大型增强材料部件,输入量为 45 kg/min。可适用于多种树脂体系,包括聚酯、环氧、聚氨酯和甲基丙烯酸树脂。它可以注射未稀释的 MEKP 和 BPO 乳剂,使物料中催化剂浓度达 0.5%。泵压力比为 1:1～200:1。该机可处理的填料很多,包括碳酸钙、氢氧化铝以及空心玻璃微珠,计量精确度不受闭模引起的反向压力的影响。

美国 Glas-Craft 公司生产的 RTM 设备,在国内引入较早,是一种相对简单的注射设备。该系统的特点为在 18913-00 型 11:1 的物料泵上安装了 SP-85 催化剂伺服泵。催化剂和树脂以容积计量,通过 LI 喷枪进行混合和分配。

18913-00 型物料泵是一种双球往复式泵,即使在低操作压力下,它也有输出能力,以满足物料的需求量。它采用一个 13 cm 直径的气缸,行程为 10 cm,能达到的最高传递速率为 9.5 L/min。SP-85 催化泵是一个不锈钢正向置换泵,可在 0.5%～4.5% 的范围内准确分配催化剂。它有一个紧固的联动机械,可以很容易地调节微量的催化剂的百分比含量。LI 内混合喷枪的特点在于有一个新颖的混合头和 18 cm 长的静态混合管。它们组合在一起可以使树脂和催化剂在低压下得到很好的混合,保证制品均匀、连贯地固化。这套系统还有一个催化剂流量监测器,如果分配时流体压力偏离正常设定值,报警器响,系统被切断。

英国 PlastechTT 公司生产的注射机考虑到了多种生产参数的集中控制问题,是一种很有特色的低压连续注射树脂设备,其中 MegajectPro 型注射机是自动化程度最高的一种,如图 4.7 所示,其主要特点如下:

①系统的工作控制全部通过一个液晶触摸屏面板完成,屏幕界面分为管理员界面和用户界面,并用密码保护。可以为多个模具设定注射工艺参数,如注射量、注射压力、引发剂用量、加热器温度等,并实现注射全过程的一键控制。

②通过注射枪头位置设置树脂压力传感器(MPG),通过 MPG 可以根据设定的压力控制注射速度,防止生产比实际工艺要求高得多的压力。

③催化剂泵的调节采用电机控制,可以根据设定参数在工作过程中变化,保证树脂模内引发同步。催

图 4.7 Megaject Pro 型注射机

化剂流量监测装置会以曲线的形式给出实际流量,当偏离设定值时,就会报警。

④自动凝胶系统在注射结束后开始计时,在过了安全期后,报警器就会发出警报,继续注射,报警器复位但不取消,要取消它,需启动自动清洗键,用溶剂清洗混合器。

⑤特殊的喷枪空气清洗控制器,它可以减少清洗剂的用量,减少污染,使其再次被利用,同时空气清洗也使混合器得到干燥,避免了混合器受污染。

⑥Megaject 装配一个气动真空器,使用者可以方便地控制操作,为模具提供真空。

4.6 应用及典型案例

4.6.1 概述

RTM 在各领域的产品应用见表4.3。

表 4.3 RTM 在各领域的应用

应用领域	典 型 应 用
航空航天,军事	通道壳体、控制面板、防冻管道部件、驱动轴、电器盒、发动机罩上的支撑、风扇叶片、机翼、燃料储罐、直升机驱动轴、型杆、红外线跟踪装置底座、发射管、军事装备盒、导弹体、碳部件制造体母模、螺旋桨、天线罩、转轮叶片、盔甲片、静叶片、太空站支柱、军用品配件、换向器部件、鱼雷壳体及水中兵器原型

应用领域	典型应用
汽车	车体外壳、保险杠、货箱顶篷、变速器、底盘交叉部件、前后底盘部件、板簧、载货车厢、平底缸式底盘、空间框架
建筑	柱子、标杆、商业建筑的门、框架、施工现场的脚手架、公用电话亭、标志牌
电气	办公设备底座、传真机底座、计算机工作台面、抛物线型盘碟、天线罩
工业	冷却扇叶片、压缩器机壳、防腐蚀设备、驱动轴、电力除尘器、地板、飞轮及飞轮系统部件、减速器、检验孔、混合用叶片、安全帽、RTM 机器底座、日光反射器、模具栏杆、阀门管
船舶	船体、小船舱以及零部件、甲板、码头支承柱、紧急避险装备及底座、螺旋桨、雷达桥、船桅
体育运动器材	游乐车、自行车架、把手、高尔夫球车、高尔夫球杆、雪橇车、帆板、溜冰板、地板、游乐池

4.6.2 应用领域

1. 汽车工业

汽车工业是 RTM 技术应用最早、规模最大的领域之一。早在 1970 年前后，RTM 工艺就已用于 Corvette 仪表盘的生产，GM 试验研究的全复合材料承力构架，达到了钢制构架性能而减重 20%。1992 年，Chrysler 采用 RTM 工艺制造出了 Viper 跑车的车壳；1994 年，Fort 研发出用 RTM 工艺制造 Transit 商用车的高顶，1995 年又开发了 Fiesta 轿车的后扰流板。RTM 技术在其他乘用车上的应用也得到飞速发展。譬如，Iveco 卡车驾驶室的高顶采用 RTM 法成型，由意大利的 PianfeiIPA 的 Mondovi 厂制造。车顶的总面积为 6 m^2，质量为 45 kg，树脂为间苯树脂，采用的预成型材料是热成型连续纤维毡。SP5A 驾驶室顶由 PolymerEngineering 公司用 RTM 方法生产，配套服务于 ERF 卡车，面积达到 12 m^2。巴西 TechnofibracSA 公司广泛采用低成本的 RTM 成型工艺生产大型卡车车顶、面罩，豪华客车及公共汽车前脸、后尾、铺路车、油矿车车身、驾驶室总成等大型玻璃钢车辆部件，为 Buscar、Ford、Volkswagen、GM、Honda 等许多世界知名的汽车公司配套，1998 年就已达到年产 2 200 t 的生产批量。意大利的 Sistema 用 RTM 工艺为 Iveco 车型配套制造厢式货车、卡车和教练车的车身、车顶，车顶最大达到 14 m^2。其优点是具有较好的空气动力学特性，在 85 km/h 的车速下，减少空气阻力 20%~25%。此外，采用 RTM 工艺制备的 FIEERO 轿车和雪佛莱 LUMINA"子弹头"等车型的车身覆盖件和零部件也已实现工业化生产，并满足年产 6.5 万~10 万辆轿乘车的装备需求。英国的赛车制造商 TVR 公司将 RFI 技术用于最新型的 Tuscan 赛车。

国内代表性的 RTM 工艺汽车部件有北京玻钢院生产的奥拓尾翼、半透明卡车遮阳罩、中国重汽"飞龙"卡车面罩、陕汽德御车型翼子板，北京玻璃钢制品有限公司生产的北方奔驰导流罩，二汽非金属零件公司生产的"猛士"车型的发动机罩等。

2. 航空航天领域

航空航天领域对树脂基复合材料的要求较高，如耐热性高、力学性能优异、制件精度高、性能分散性小，传统工艺为了达到如此高的要求成本较高、生产效率低。而 RTM 技术制造高性能复合材料具有明显优势，其在航空航天领域的应用主要有：

Douglas 公司在 NASAACT（美国国家航空与航天局咨询中心）的资助下，开展了使用 RTM 制造机身与机翼结构的研究工作，制造出了 1.2 m×1.8 m，并带有 6 根 50 mm 高，6 mm 厚的增强筋壁板，同时 Douglas 公司已用 RTM/增强材料缝合物研制了大型运输机机身蒙皮。

BP 高级复合材料公司于 1989 年夏季为波音 757 飞机制造推进器转向风门，要求使用蜂窝式芯型结构的复合材料制造。该门置于发动机风口处，帮助飞机着陆制动。BP 公司还为波音 737、747、767 制造同类产品。

美国洛克希德—马丁公司（Lock-heed Martin Corporation）研制的 F-35 战机首次采用了 VARIM 工艺制造座舱，成本比热容压罐工艺制品下降了 38%。由美国 NASA（National Aeronautics and Space Administration）资助的"波音预成型体"计划中，VSystem Composites 公司采用 VARTM 工艺，研究了机翼结构复合材料及带加强筋机身整体复合材料夹层结构的成型，而波音公司则研究了大型飞机机翼蒙皮的整体成型。

Benyley-HarisMfg 公司用 RTM 工艺制造了用于直升机的韧性驱动轴和联轴节，波音公司用纺织物/RTM 工艺制造了大型机身骨架，Hexcel 公司采用 RTM/针织多向无褶皱织物制造了带有各类增强壁板和复合材料的接头，Grnmen 公司致力用 RTM 工艺成型飞机的舱门、隔板、机翼前缘的研究，Boeing 和 Hercules 联合开发 RTM 技术并已制造出 914 mm 长的 T 形隔框，Dow-UT 公司用 RTM 工艺制造 F-22 扭曲 T 形机身（Kinded T Fuselase）的增强梁。

除了制造飞机，RTM 还用于制造高性能雷达罩，具有结构均匀、致密、空隙率低、表面光滑、尺寸精度及准确度高等特点，为雷达罩具有优异的介电性能提供了可靠的保证。航空工业总公司 637 研究所采用 RTM 工艺制作了集中战斗机雷达罩，如歼-10 战斗机、米格-21 战斗机、歼-8 战斗机雷达罩等。

FilawoundDiv 公司用 RTM 工艺成型了长 1.2 m 的复合材料导弹发射舱，该产品由 E-玻纤预成型坯和环氧树脂复合而成。

Hercules 公司使用 RTM 技术制造了导弹机翼和其他部件，采用的预成型坯包括碳纤维衣、点焊的碳纤维或混合纤维、玻璃纤维与碳纤维的混合物等。

在 HerculesRTM 工程中，Pegasus 三级触发器正在研制，其部件生产选用了 HBRF-55AS 缠绕型环氧树脂，用于 HercuiseAS4 碳纤维编织预成型坯中，其部件独特的形状每次都证明了 RTM 工艺优异的适应性。RTM 工艺的成本比预浸料编织工艺低 10%～20%。

3. 船舶工业

美国海军作战研究中心在对采用 VARTM 工艺制备的复合材料力学性能进行分析后，得出结论：VARTM 工艺将是制造未来战舰主要壳体结构的主要成型手段。在船舶工业中，英国 Vosper Thornycroft（VT）公司采用 VARTM 工艺为英国皇家海军制造了 270 多艘复合材料扫雷舰，整个舰艇所用的上层建筑和部分内部结构制件均为 VARIM 工艺所成型，可以抵抗很强的冲击，最大的扫雷舰艇总长达 52.5 m，总重达 470 t，并制造了运输船、作业艇、救生艇船体和海洋港口工程结构等。美国海军 DD21 Zumwalt 级隐身驱逐舰和瑞典海军 YS2000 Visby 级隐身反潜轻型巡洋舰都采用了 VARTM 工艺成型的泡沫夹芯结构作为舰船壳体。Hardcore 复合材料公司采用该工艺制造的船用防护板,具有优异的力学性能,可以承受 3 000 t 船只撞击。

在国内,宝达船舶工程有限公司使用 VARTM 工艺对含有芳纶纤维的混杂增强材料和乙烯基树脂进行了复合成型,制造生产了 60 客位玻璃钢高速水翼船和 13.6 m 的海关超高速摩托艇。

Hardcore 公司采用 SCRIMP 工艺成型了面积为 186 m^2、厚度为 150 mm、纤维质量分数达 75%~80% 的船舶结构件。SCRIMP 工艺特别适合制造大型复杂结构的部件,部件尺寸越大,成本优势越明显。同时,一些嵌入件,如肋、加强筋和芯材都可以在成型时放入部件中一次成型。

Seaway 公司利用 RFI 工艺,在渔船及游艇的结构上使用由 E-玻璃纤维布和增韧的环氧树脂组成的 SPRINT 树脂膜材料,船体使用 SPRINTCBS 芯材,固化后这种材料的密度为 0.7 g/cm^3 左右。

4. 水箱

北京汽车玻璃钢制品总公司、成都金牛玻璃钢厂等生产的玻璃钢水箱具有重量轻、防腐蚀、外观美等优点。经四川省产品质量检测所安装企业标准检测,全部指标达到和优于标准要求,产品质量达到国内先进水平。

玻璃钢水箱与钢制水箱和混凝土水箱相比,具有重量轻、强度高、不霉变、不生锈、无毒、不腐蚀,长期贮水、抗震性好、安装、维修、清洗方便等优点,是钢制、混凝土水箱(笨重与生锈、易长苔藓)的理想替代品。

RTM 工艺制造的水箱已形成方形整体系列(1~35 m^3)、方形组合系列(1~550 m^3)、球形系列(1~30 m^3)及家庭、保温玻璃钢水箱,质量符合国家卫生标准 GB/T 4806—2016,国家产品标准 GB/T 14345—2008,国家生活饮用水标准(GB 5794),深受用户欢迎。

5. 其他方面

RTM 工艺制造的复合材料应用覆盖了许多领域,美国 Addax 利用碳纤维和环氧树脂制造了工业水冷却塔驱动轴的旋翼叶和 CAT 扫描仪底盘板。Poiycycle 公司将环氧树脂用于与单向 S-2G 玻璃纤维复合的碳纤维编织管和芳纶纤维编织的套管,从而制成了 0.56 m 的自行车手柄。

英国和荷兰两家公司合作研制的 8.5 m 长的风力发电叶片,当中不仅有空心部分,还有加筋和泡沫夹芯,采用 RTM 工艺,仅用一个 8 mm 注射孔,一次注射成型。

国内选用 RTM 成型的产品有高速公路和桥梁的紧急电话亭、海运用救生筏壳、座椅、浴缸、洗衣机外壳及空调主机罩等。

江阴市第二合成化工厂生产上海杨浦大桥应急电话亭、豪华航空椅、风机部件、汽车部件、西餐桌面、咖啡桌、卫生洁具和救生筏外壳等。中复连众复合材料有限公司最先引进德国风电叶片(Enercon 公司)技术,采用 VARTM 工艺生产各种 MW 级别的风电叶片。北京玻璃钢研究设计院采用 VARTM 工艺制造了遮阳罩、导流罩、散热器面罩、导风罩、侧护板、低踏板等卡车系列件。STEYR 系列重卡高顶机动车的成型面积为 7 m^2,重 60 kg,极大提高了生产效率。

4.6.3　典型案例

1. GPS 壳体

(1)产品简介

GPS 复合材料天线罩壳体是 GPS 通信技术在海洋环境中应用的天线系统的载体和保护装置,要求 GPS 频段高透波率和足够的结构强度,且质量不超过 1.62 kg,其产品示意图如图 4.8 所示。壳体工作环境为水下 200 m,6 级海况及以下。产品外形为由不同圆弧相切对接成的母线旋转而成的薄壁壳体结构。

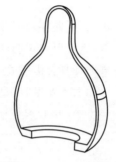

图 4.8　产品示意图

(2)成型工艺设计

产品为异型收口壳体结构,为保证壳体整体的连续性,产品成型采用容易拆装的金属模具,模具由瓣模和芯轴组成,瓣模由形状不同的十瓣组成,通过镶嵌式内六角螺钉将瓣模与芯轴连接,其模具示意图如图 4.9 所示。

根据产品的技术要求,设计产品的壁厚为 4 mm,法兰面厚 16 mm。因为 GPS 复合材料壳体形状的特殊性,不能采用传统的层叠式的铺层方式,必须在外径尺寸变化的部位实现布层的平稳光滑过渡,层与层之间的搭接缝均匀错开。

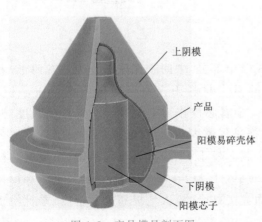

上阴模

产品

阳模易碎壳体

下阴模

阳模芯子

图 4.9　产品模具剖面图

图 4.10　产品实物

（3）实施案例

成型后产品如图 4.10 所示，产品轮廓弧线过渡光滑，表面光洁，尺寸精确，各项力学性能满足要求。目前产品已交付十余批，使用情况良好。

2. 风电叶片

（1）产品简介

风电叶片是一种大型的异型面叶片状结构，目前最长的风电叶片达到了 107 m，主要由两片叶片单独成型后进行黏结组装形成叶片主体。采用真空导入工艺成型风电叶片，可有效地降低树脂含量、提高纤维含量，从而提高玻璃钢的强度，减轻叶片重量。

（2）工艺设计

叶片产品表面积较大，因此要求树脂在工艺温度下具有较低的黏度，能够有效地进行层流和对增强材料的渗透，通常要求树脂能够长时间保持较低的黏度，以达到良好的浸润性和界面黏结性。增强材料选择复合编织物或缝合织物。

叶片长度方向尺寸远大于宽度，成型时流道沿产品长度方向铺设，宽度方向流道间隔约 0.5 m，注胶口位于模具上方，出胶口位于模具下方。

3. 无人机进气道

（1）产品简介

复合材料进气道是无人机动力装置的空气通道，进气道内腔根据空气动力学特性呈变截面，逐渐过渡，为薄壁壳体结构，其示意图如图 4.11 所示。进气口为长方形，与大气相接触，进气口处使用法兰进行固定。出气口为圆形，与发动机相连，同样使用法兰进行定位。

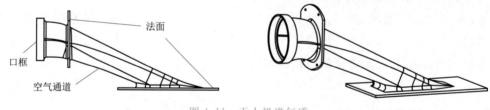

图 4.11　无人机进气道

（2）工艺设计

产品成型模具由阴模（由法兰面分割成三个部分，中间主壳体部分为左右两半）和易碎复合材料阳模两部分组成。组合式易碎复合材料阳模由可组装阳模金属芯模（见图 4.12）与复合材料易碎壳和两部分组成。金属芯模作为支撑骨架具有较高强度、同时可降低树脂用量的作用。金属芯模形状根据进气道内腔面设计，尺寸略小于进气道内腔面（直径方向 5～10 mm），分为两个部分（金属芯模Ⅰ和Ⅱ）。为便于脱模，在金属芯模Ⅱ的尾部留有加长段（图 4.13 中法兰面下面的三角区域）。在金属芯模的基础上，加以易碎型复合材料，使阳模的尺寸与进气道内腔面完美贴合，极大地提高尺寸精度，并且便于脱模，提高工作效率。

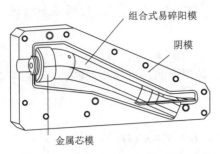

图 4.12　组合式易碎复合材料阳模
成型模具示意图

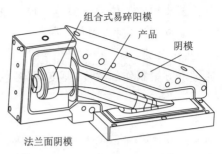

图 4.13　复合材料进气道产品
模具一体剖视图

产品经 VARTM 成型后脱模而得到,脱模时先将法兰面阴模与产品分离,再将主壳体部分阴模拆除,然后抽取易碎复合材料阳模的金属芯模,最后将阳模易碎壳部分破坏去除即可完成产品脱模过程。

本方案可以消除壳体与法兰面连接黏结部位承载的应力集中,一体成型的进气道具有更高的强度与稳定性,提高了产品在使用环境中的安全与可靠性,VARTM 成型工艺可有效控制材料的密度,相对于传统技术方案具有一定的减重效果。

(3)实施案例

从生产周期和产品质量稳定性角度考虑,本技术工艺方案制作复合材料进气道(见图 4.14)缩短了生产周期,提高了生产效率,稳定了产品质量,有利于产品的批量化生产。经本方案设计制作的进气道产品已完成多个批次的生产,进行了试飞试验,效果较好。

4. 防热部件

(1)产品简介

蒙皮防热部件是具有防热、透波的功能型产品,模型如图 4.15 所示。总体长度约为 10 m,最大开口直径为 5 m,产品分三段成型,顶端蒙皮长约 3 m,最大开口直径为 2 m。

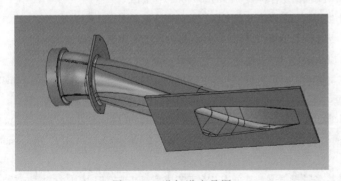

图 4.14　进气道产品图

图 4.15　几何模型

(2)工艺设计

由于产品尺寸较大,在产品的模具设计中注胶口/出胶口的位置是影响 RTM 成型工艺最重要的因素之一。将顶端蒙皮模具注胶口设置在阴模顶盖中心,八个出胶口均匀分布于模具底边。

锥段蒙皮预成型体通过整体铺放实现成型,通过织物相接位置进行搭接。预成型体成型后进行蒙皮灌注成型,固化后脱模。

(3)实施案例

通过本方案制作的蒙皮,厚度均匀,色泽一致,各项性能均符合技术要求,已成熟应用。

参考文献

[1] 黄家康,岳红军,董永祺.复合材料成型技术[M].北京:化学工业出版社,1999.

[2] 黄家康.复合材料成型技术及应用[M].北京:化学工业出版社,2018.

[3] 吴人洁.复合材料[M].天津:天津大学出版社,2000.

[4] 刘雄亚,晏石林.复合材料制品设计及应用[M].北京:化学工业出版社,2003.

[5] 王汝敏,郑水蓉,郑亚萍.聚合物基复合材料及工艺[M].北京:科学出版社,2004.

[6] 王汝敏,郑水蓉,郑亚萍.聚合物基复合材料[M].北京:科学出版社,2011.

[7] 潘利剑,张彦飞,叶金蕊.先进复合材料成型工艺图解[M].北京:化学工业出版社,2015.

[8] 徐竹.复合材料成型工艺及应用[M].北京:国防工业出版社,2017.

[9] 张国利,李学明.树脂传递成型(RTM)工艺中的模具设计技术[J].产业用纺织品,2000(02):14-18.

[10] YOUNG W B,CHUANG M T. Fabrication of T-shaped structural composite through resin transfer molding[J]. Journal of Composite Materials,1995,29(16):2192-2214.

[11] 沃西源.RTM成型工艺技术进展[J].航天返回与遥感,2000,021(001):48-52.

[12] 艾伦·哈珀,董雨达.树脂传递模塑技术[M].哈尔滨:哈尔滨工业大学出版社,2003.

[13] 梅延宁.RTM工艺中模具设计分析[J].科技创新与应用,2013(09).

[14] 韩琦.RTM注射装置研究[D].西安:西北工业大学,2006.

[15] 阎业海,赵彤,余云照,等.复合材料树脂传递模塑工艺及适用树脂[J].高分子通报,2001(3):67.

[16] 梅启林,冀运东,陈小成,等.复合材料液体模塑成型工艺与装备进展[J].玻璃钢/复合材料,2014,000(009):52-62.

[17] 卢峰.国外RTM发展概况[J].玻璃钢/复合材料,1993,000(005):46-48.

[18] 昝海漪,高国强.适用于工业化生产的RTM工艺装备[C].玻璃钢/复合材料学术年会,2003.

[19] 杨波.树脂传递模塑成型工艺设计及数值模拟[D].哈尔滨:哈尔滨工业大学,2011.

[20] 黄家康.复合材料成型技术及应用[M].北京:化学工业出版社,2011.

[21] BICKERTON S. Design and application of actively controlled injection schemes for resin transfer molding[J]. Composites Science and Technology,2000,61(2001):1625-1637.

[22] LAWRENCE J M. Use of a design and control methodology to manufacture complex composite parts by manipulating flow during resin transfer molding process[C]. 46th International SAMPE Symposium. Long Beach,2001.

[23] 刘志杰,闫超,罗辑,等.复合材料多隔板框梁结构的RTM工艺成型[J].玻璃钢/复合材料,2015(1):82-87.

[24] 杨文志,朱锡,陈悦,等.复合材料螺旋桨成型工艺研究[J].玻璃钢/复合材料,2005,(23)6:87-92.

[25] 崔辛,刘钧,肖加余,等.真空导入模塑成型工艺的研究进展[J].材料导报,2013,27(9):14-19.

[26] 魏化震,李恒春,张玉龙.复合材料技术[M].哈尔滨:哈尔滨工业大学出版社,2017.

[27] 阎业海,赵彤,余云照,等.复合材料树脂传递模塑工艺及适用树脂[J].高分子通报,2001(3).

［28］ 邓杰.高性能复合材料树脂传递膜技术(RTM)研究［J］.纤维复合材料,2005(1).

［29］ 孙超明,张翠妙,谈娟娟,等.国产 RTM 用碳纤维及环氧树脂基本性能研究［J］.玻璃钢/复合材料,2013,000(008):99-102,71.

［30］ 胡美些,郭小东,王宁.国内树脂传递模塑技术的研究进展［J］.高科技纤维与应用,2006,031(002):29-33.

［31］ 克鲁肯巴赫.T. 佩顿,等. 航空航天复合材料结构件树脂传递模塑成形技术［M］. 航空工业出版社,2009.

第5章 模压工艺

模压成型工艺(compression molding)是一种较为老旧的工艺,始于1909年,当时主要用于生产以木粉、石棉及石英粉为填料的酚醛复合材料制品,但是又充满不断创新的可能,具有良好的未来发展潜力。该工艺是将一定量的模压料或经过一定预处理的预浸料放入模具腔体内,施加一定压力使预浸料充满模腔,高温高压条件下,预浸料在模腔内逐渐固化,然后将复合材料制品从模具中取出,再进行必要的后加工即得到最终复合材料制品。成型过程中,模具在模压料完全充满模腔之前,模具一直处于非完全闭合状态。一般是将粉状、粒状、团粒状、片状的物料,先做成和制品相似形状的料坯,放在加热模具的型腔中,然后闭模加压,使其成型并固化或硫化,再经脱模得到制品。模压成型可兼用于热固性塑料、热塑性塑料和橡胶材料等材料的成型加工中,也可用于短纤维增强制品,也可用于制造连续纤维增强制品。该成型工艺具有可设计性强、生产效率高、产品一致性好、制品尺寸精确、表面光滑、价格低廉、不用二次加工等特点,还可以用于成型结构比较复杂的制品。模压成型可以实现自动化生产,能够有效控制制品尺寸和精度,大幅度降低生产成本。不仅如此,模压成型工艺还能够有效避免基体分子取向,客观反映非晶态高聚物的性能。缺点是压模设计与制造较复杂,初次投资较高,易受设备限制。

模压工艺按增强材料的物理形态和模压料的品种,大致可分为短切纤维预混料模压法、毡料模压法、碎布料模压法、层压模压法、缠绕模压法、定向铺设模压法、多向织物模压法、吸附预成型坯模压法、SMC模压法、BMC模压法等。其中应用最广、发展最快的是短纤维模压法、SMC/BMC模压成型法等,后面将重点论述。按树脂基体分,模压工艺主要类型有酚醛型、环氧型、环氧/酚醛型(以下统称酚醛及其改性型)和不饱和聚酯型。按物料的制备工艺分,模压工艺主要有预混料和预浸料两大类型。

5.1 原 材 料

用于模压的材料一般为介于树脂和纤维原始材料以及复合材料之间的一种中间材料,包括短纤维预混料、湿法预浸料、干法预浸料、编织预浸体、SMC、BMC等。

5.1.1 短纤维预混料

短纤维预混料是用短切纤维与树脂均匀混合,形成一定预固化、散乱状态且纤维无一定方向的预混料。

短纤维预混料在模压时流动性好,适宜制造形状复杂的小型制品。它的缺点是制备过程中纤维强度损失较大;比容大,模压时装模困难,模具需设计较大的装料室并需采用多次预压程序合模。

1. 原料

短纤维预混料的基本组分为短纤维增强材料、树脂基体和功能填料。

短纤维增强材料多为玻璃纤维、高硅氧纤维、碳纤维、尼龙纤维以及两种以上纤维混杂材料,如图5.1、图5.2所示。纤维长度为十几毫米至几十毫米。

图5.1　短切玻璃纤维　　　　　　　　图5.2　短切碳纤维

树脂基体方面应用最普遍的是各种类型的酚醛树脂和环氧树脂。酚醛树脂有氨酚醛、镁酚醛、硼酚醛以及由聚乙烯醇缩丁醛改性的酚醛树脂等。环氧树脂有双酚A型、酚醛环氧型及其他改性型。

功能填料是为了使模压料具有良好的工艺性和满足制品的特殊性能要求,如改善流动性、尺寸稳定性、阻燃性、耐化学腐蚀性等,可分别加入一定量的功能填料,如二硫化钼、碳酸钙、水合氧化铝、卤族元素、玻璃空心微珠、酚醛微珠等。

2. 短纤维预混料的制备

可采用手工预混和机械预混方法制造。手工预混适用于小批量生产,机械预混适用于大批量生产。

制备工序主要包括烘纱、配胶、预混、撕松、晾置、烘干等。

注意:碳纤维预混料只适用于手工预混,然后去掉撕松工序,防止产生静电引发事故。

机械预混时需兼顾混料均匀性和纤维损伤性,优化混料工艺。

预混料成品实例如图5.3～图5.6所示。

3. 短纤维预混料的质量控制

短纤维预混料的质量指标有三项:树脂质量分数、挥发份质量分数和不溶性树脂含量。

玻璃纤维类预混料树脂含量一般采用烧蚀法测试,对于碳纤维类预混料无法采用烧蚀法,可采用溶剂法测试溶解部分树脂含量。

碳纤维类和添加填料类预混料无法采用溶剂法和烧蚀法测试不溶性树脂含量。

图 5.3 高硅氧/镁酚醛预混料

图 5.4 高硅氧/氨酚醛预混料

图 5.5 碳纤维/氨酚醛预混料

图 5.6 中/低密度高强纱/氨酚醛预混料

常用预混料指标见表 5.1。

表 5.1 预混料指标

序号	名称	树脂质量分数/%	挥发份质量分数/%	可溶性树脂质量分数/%	测试方法
1	高硅氧/氨酚醛	40±4	≤4	80~97	GJB 1595
2	高硅氧/镁酚醛	40±4	≤4	80~97	GJB 1595
3	粘胶基碳纤维/镁酚醛	48±4	6±3	—	QYX BBY 0031
4	聚丙烯腈基碳纤维/镁酚醛	48±4	6±3	—	QYX BBY 0031

5.1.2 湿法预浸料

预浸料是指连续纤维或织物浸渍树脂基体,基体处于 B 阶段或部分固化状态,是一种处于原材料(树脂和纤维)和复合材料之间的连续性的中间材料。

湿法也称溶剂法,它是先将树脂溶于溶剂中配成适当浓度的胶液,然后浸渍增强纤维制成预浸料。

1. 原料

基体主要为氨酚醛、钡酚醛树脂等。

增强体主要为无碱/高硅氧玻璃纤维布、碳纤维布等。

2. 工艺

其主要工艺参数包括胶液黏度、烘干温度和时间、织物的牵引张力等。

（1）胶液黏度

由于胶液的黏度与其浓度和环境温度有关，故一般可用胶液的浓度和环境温度来控制胶液的黏度。

胶液的浓度是指树脂在溶液中的质量百分比含量。由此不难看出，胶液的浓度加大，则树脂胶液的黏度升高。而在实际生产中，经常测定树脂浓度是比较麻烦的，故往往利用在一定条件下，胶液浓度与胶液密度之间的关系，通过测定密度方法，控制胶液的浓度。需要指出的是，胶液的浓度与密度的关系，除与树脂的百分比含量有关外，还与环境温度有关，所以在实际生产中，还要根据环境温度条件，确定所用树脂胶液的密度。

为确保玻璃布上胶均匀，应经常往胶槽内加入少量新配制的树脂胶液，使胶槽内胶液保持一定的液面高度，以确保一定的浸胶时间，防止上胶不均匀。往胶槽中添加的树脂胶液，其密度一般可比胶槽内胶液密度低 $0.01\sim0.02$ kg/cm³。这是因为玻璃布不断地带动树脂胶液，胶槽内胶液的溶剂被挥发，从而导致胶液密度升高。

（2）浸胶时间

玻璃布的浸胶时间是指玻璃布在胶液中通过的时间。浸胶时间的确定是以玻璃布是否被树脂胶液浸透为依据。浸胶时间长，玻璃布的浸透性好。但对一定大小的胶槽来讲，浸胶时间过长就必然影响胶布的产量。浸胶时间过短，则玻璃布不能被树脂胶液充分浸透，上胶量不够，或胶液大部分在玻璃布的表面，影响胶布质量，从而影响层压制品的质量。

（3）张力控制

玻璃布的张力是由玻璃布在浸胶过程中施加的牵引力产生的，而牵引力的大小又取决于玻璃布的自重和玻璃布在运行过程中经过导向辊时的摩擦力。不难看出，玻璃布在运行过程中的张力大小，需根据玻璃布的规格及运行过程中摩擦力大小而定。实践证明，玻璃布张力不宜过大，不应使玻璃布在运行时产生横向收缩和纵向拉长变形。同时要使玻璃布在运行时，各部位张力基本保持一致，不要出现一边松一边紧或中间紧两边松等现象，以保证玻璃布平整地进入胶槽。

（4）烘干温度和时间

胶布的干燥过程是一个复杂的物理和化学变化过程。它包括胶布中挥发份（水、溶剂、低分子物）去除和树脂由 A 阶向 B 阶转化两个过程。

3. 质量控制

胶布的质量指标通常有树脂质量分数、挥发份质量分数、不可溶性树脂质量分数。

常用胶布指标见表5.2。

表 5.2 胶布指标

序号	名称	树脂质量分数/%	挥发份质量分数/%	不溶性树脂含量/%
1	0.2 无碱玻璃布/氨酚醛	28~35	≤5	0~45
2	高硅氧布/氨酚醛	37~43	5~9	≤4
3	高硅氧布/钡酚醛	30~40	2~10	2~10
4	碳纤维布/钡酚醛	40~55	2~10	2~10

5.1.3 干法预浸料

干法预浸料纤维可直接与热熔树脂浸渍,或热熔树脂制膜与浸渍纤维过程同时进行。相比湿法预浸料,干法预浸料优点是挥发份含量低、环境污染小、方法相对灵活,缺点是高黏度树脂难于浸渍、储存期短、纤维损伤大等。

热熔法制备预浸料按照树脂熔融后的加工状态分为一步法和二步法。一步法是直接将纤维通过含有熔融树脂的胶槽浸胶,然后烘干收卷。二步法又称胶膜法,是先在胶膜机上将熔融后的树脂均匀涂覆在离型纸上制成薄膜,然后在复合机中与纤维或织物叠合经高温复合制备而成。从质量控制角度看,二步法树脂厚度易于控制,并且生产更为灵活高效。

1. 原料和辅料

(1)树脂基体

热熔预浸料用树脂如图 5.7 所示,这些树脂与湿法工艺用树脂不同,是适合于热熔工艺的热熔树脂。

目前常用的树脂基体主要有环氧树脂、酚醛树脂、苯并噁嗪树脂、双马来酰亚胺树脂等体系。同时为了满足热熔工艺要求,树脂体系可能是单组分,也可能是多组分复配。比如热熔环氧树脂一般为固态树脂与液体树脂混合体系。

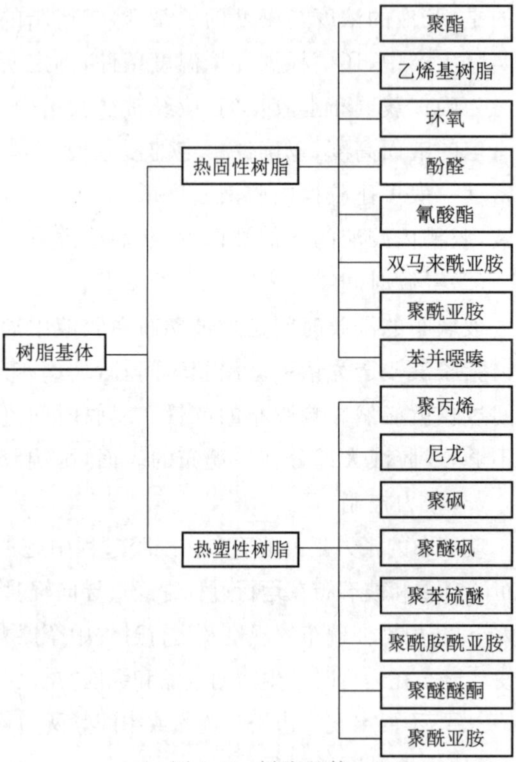

图 5.7 中树脂基体分类如下:

- 热固性树脂:聚酯、乙烯基树脂、环氧、酚醛、氰酸酯、双马来酰亚胺、聚酰亚胺、苯并噁嗪
- 热塑性树脂:聚丙烯、尼龙、聚砜、聚醚砜、聚苯硫醚、聚酰胺酰亚胺、聚醚醚酮、聚酰亚胺

图 5.7 树脂基体

(2)增强材料

热熔预浸料按照增强材料形态可以分为单向热熔预浸料和织物热熔预浸料,如图 5.8、图 5.9 所示。增强材料的形态可以分为纤维和织物,如图 5.10 所示。目前常用单向碳纤维有碳纤维织物、玻璃纤维织物、石英纤维织物、有机/无机混编织物等。

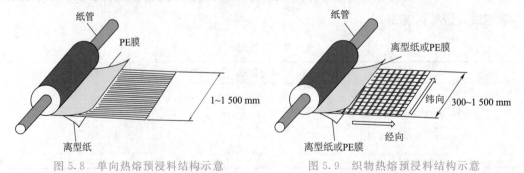

图 5.8 单向热熔预浸料结构示意　　图 5.9 织物热熔预浸料结构示意

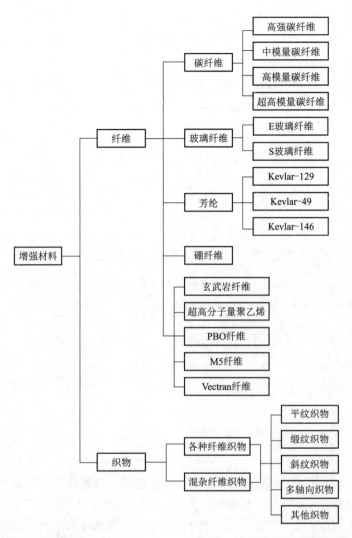

①平纹：铺覆性能差，纤维弯曲率高。　　　　　②斜纹：铺覆性能中等，纤维弯曲率中等。

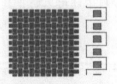 

③缎纹：铺覆性能好，纤维弯曲率低。　　　　　④无弯曲织物(多轴布)：铺覆性能中等，纤维无弯曲。

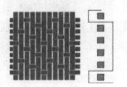 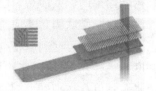

图 5.10　增强材料

（3）功能填料

热熔预浸料中可能会加入一些功能填料，比如为了降低密度和提高隔热性能而加入一些玻璃空心微珠等。

3M玻璃空心微珠性能汇总见表5.3。

表5.3　3M玻璃空心微珠性能（碱石灰硼硅酸盐玻璃）

| 等级 | 抗压强度/MPa（80%残留） | 真实密度（g·cm⁻³） | 粒径/μm | | | | 颜色 |
			10%以内	50%以内	90%以内	最大	
K1	1.72	0.125	30	65	110	120	纯白
K15	2.07	0.15	30	60	105	115	纯白
S15	2.07	0.15	25	55	90	95	纯白
K20	3.45	0.2	30	65	110	120	纯白
S22	2.76	0.22	20	35	60	75	纯白
K25	5.17	0.25	25	55	95	105	纯白
S32	13.78	0.32	20	40	75	80	纯白
K37	20.67	0.37	20	40	80	85	纯白
S38	27.56	0.38	15	40	75	85	纯白
VS5500（S38HS）	37.9	0.38	15	40	75	85	纯白
K46	41.34	0.46	15	40	75	80	纯白
S60	68.9	0.6	15	30	55	65	纯白
S60HS	124.02	0.6	11	30	50	60	纯白

（4）离型纸

离型纸也称防粘纸、硅油纸、隔离纸，是一种防止预浸料相互粘连且保护预浸料不被污染，经过特别处理的纸，同时作为预浸料的载体，可以防止单向预浸料开裂。

离型纸作用。①可作为树脂基体的载体：热熔法制备预浸料时首先要将树脂基体涂敷在离型纸上，离型纸起着承载树脂膜的作用。②可作为预浸料载体：织物和单向预浸料一般底面都衬有离型纸，以便于操作和使用，在单向预浸料中还可以防止其横向开裂。③在浸胶过程中使预浸料均匀承压，树脂基体充分浸透纤维，同时不让压辊与预浸料直接接触，保护预浸料表面，免被污染。

离型纸与预浸料质量关系。虽然离型纸是生产预浸料用的辅助材料，在复合材料制造过程中作为废料被弃去，不会带入复合材料结构中，但是离型纸的优劣对预浸料制造过程中的涂胶质量、浸胶质量、预浸料的储存质量及外观都有影响。离型纸质量的好坏主要看其有机硅树脂涂层的涂敷质量，尤其是涂层的厚度、均匀性，交联固化状态和对基纸的黏附性。若有机硅树脂交联固化不完全，部分低分子量有机硅涂层会转移到预浸料上，这些有机硅树脂在一定程度上可起到脱模剂作用，如果带入复合材料中，将会大大降低复合材料的层间剪切强度。另外，有机硅树脂涂层厚度不均匀，会使离型纸的剥离强度不均匀，严重时局部地区树脂膜难以从离型纸上剥离下来，造成预浸料局部地区贫胶或有干纱，同时由于膜层厚度不均,膜层薄的地方防水性能差。

离型纸使用注意事项。离型纸具有较明显的吸湿性,吸水后离型纸会伸长,在一定程度上吸水量越大,伸长的程度越大。吸水伸长后的离型纸在制备预浸料浸胶过程中,由于浸胶辊和各热板温度较高,离型纸通过滚筒和热板,水分会蒸发,离型纸的长度会缩短,因此在浸胶过程中离型纸长度变化,而纤维长度不变,会引起预浸料的翘曲和变形,外观不符合要求。因此,离型纸在不使用时必须用缠绕膜包裹,尤其是预浸料边缘,如图 5.11 所示。

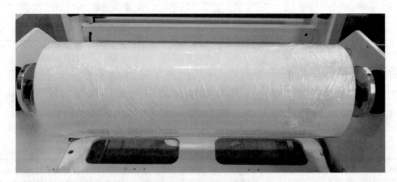

图 5.11　离型纸密封

离型纸的类型。离型纸品种繁多,可按基纸的不同、单位面积质量不等、颜色的差别、纸的两面硅树脂的有无分类。根据预浸料用离型纸加工工艺的不同可分为两大类,即有塑离型纸和无塑离型纸。

有塑离型纸。其制备工艺过程为先在基纸表面涂敷一层薄的 PE 膜,然后在 PE 膜上涂敷一定厚度的有机硅树脂制成离型纸。根据基纸两面处理方法不同,有塑离型纸又分为单面塑料离型纸(单塑离型纸)和双面塑料离型纸(双塑离型纸)。双塑离型纸可分为双塑单面涂硅树脂离型纸(双塑单硅离型纸)和双塑双面涂硅树脂离型纸(双塑双硅离型纸)。双塑双硅离型纸由于 PE 膜和硅树脂对基纸的双重保护作用,防水、防潮性能较好,但也由于 PE 膜的存在,其耐热性能差,不适宜高温制备预浸料时使用。有塑离型纸的分类如图 5.12 所示。

无塑离型纸。将基纸经过特殊压光处理,使其表面光滑细腻、平整且光亮,然后直接在表面涂敷硅树脂,这样不会引起渗透,还可保持离型纸优良的耐热性,而且抗湿、耐水性也得到了提高。即使受潮也不容易引起尺寸变化和变形,但是这类纸价格较高,无塑离型纸通常采用格拉辛纸、SCK(超压光牛皮纸)和 CCK(高岭土涂布纸)。无塑离型纸分为单面涂硅和双面涂硅。因无 PE 膜,耐高温性能好,适用于高温制备预浸料。

离型纸最重要的性能指标是剥离力。剥离力也称离型力,是度量材料或制品从离型纸上撕落时的难易程度。作为制备预浸料的离型纸,表面必须有合适的剥离力。通常双面离型纸两面的剥离力有明显的差别,重剥离力一面,黏结力大,称为“重面”;轻剥离力一面,黏结力小,称为“轻面”。一般离型纸为“外重内轻”,一般情况下树脂应涂在重面,特殊情况可以使用轻面。根据剥离力的不同,离型纸的表面分为轻剥离面、中剥离面、重剥离面等,见表 5.4。

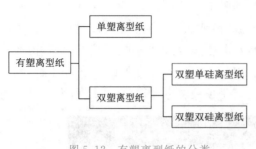

图 5.12　有塑离型纸的分类

表 5.4　离型纸剥离力与表面状态关系

表面状态	剥离力/(g/25 mm)
超轻剥离面	3～5
轻剥离面	15
中剥离面	20～30
重剥离面	40～60
超重剥离面	>100

　　根据树脂性能可以选用不同的离型纸,常用的离型纸规格见表 5.5 和表 5.6,其中 120×1 060 CCK 双面硅较重离型纸主要用于环氧等黏性较小的树脂体系;120×1 060 CCK 单面硅超轻离型纸,用于酚醛等黏性较大的树脂体系。

表 5.5　120×1 060 CCK 双面硅较重离型纸性能和典型值

序号	检测项目		单位	执行标准	标准范围	典型值
1	定量		g/m²	ISO 536	120±5	120
2	幅宽		mm	卷尺	1 060±3	1 059
3	水分含量		%	ISO 289	4±0.5	3.52
4	拉伸强度	纵向(MD)	kN/m	GB/T 12914—2008	≥7.0	7.48
		横向(CD)			≥3.0	4.4
5	快速离型力	轻面(T)	g/25 mm	Tesa(7475)	—	13.4
		重面(W)			—	39.8

表 5.6　120×1 060 CCK 单面硅超轻离型纸性能和典型值

检测项目		单位	执行标准	标准范围	典型值
定量		g/m²	ISO 536	120±5	120
幅宽		mm	卷尺	1 060±3	1 059
水分含量		%	ISO 289	4±0.5	3.5
拉伸强度	纵向(MD)	kN/m	GB/T 12914—2008	≥7.0	7.45
	横向(CD)			≥3.0	4.38
快速离型力	轻面(T)	g/25 mm	Tesa(7475)	—	4.32
	重面(W)			—	—

　　(5)PE 膜

　　由于聚乙烯分子结构中不含有极性基团,是有机化合物中结构最简单的高分子材料。其结晶度高,表面自由能低,因此,对胶黏剂的黏附力差,是很好的离型薄膜,用作预浸料的保护薄膜,可防止预浸料污染。

　　预浸料用 PE 膜一般为 LDPE 吹塑制成。颜色、厚度、长度等可按需求定制。

PE 膜性能见表 5.7。

表 5.7　PE 膜性能要求

序号	项目	单位	数值
1	颜色	/	蓝色
2	幅宽	mm	1050
3	厚度	mm	0.025
4	面密度	g/m²	26±3

（6）网格膜

如果树脂黏性较大，PE 膜不易剥离，可以尝试网格膜。它是将 PE 膜制成压花薄膜，这种薄膜凹凸不平，大大减小了与胶膜和预浸料的接触面积，因此比较容易从预浸料表面剥离。

颜色、厚度、长度等可按需求定制。网格膜性能见表 5.8。

使用注意事项：用凸出的一面与胶膜或预浸料接触。

表 5.8　网格膜性能要求

序号	项目	单位	数值
1	颜色	/	绿色
2	幅度	mm	1050
3	面密度	g/m²	106±3

（7）牛皮纸

对于高黏性树脂体系，当 PE 膜、网格膜均无法正常剥离时，可以选用牛皮纸替代 PE 膜和网格膜。但牛皮纸的缺点是质硬、随形性较差、容易褶皱。

牛皮纸性能见表 5.9。

表 5.9　83g 牛皮离型纸性能

序号	检测项目		单位	执行标准	标准范围	典型值
1	定量		g/m²	ISO 536	83±5	85.2
2	厚度		μm	NA	105±10	102.7
3	水分含量		%	ISO 289	≤8	6.2
4	平滑度	正面	s	GB/T 456—2002	NA	NA
		背面			NA	17.2
5	抗拉强度	纵向	N·m/g	GB/T 12914—2018	≥50	61.3
		横向			≥30	40.2
6	速测离型力	重面	g/25 mm	Tesa-7475	—	3.3
		轻面			—	NA
7	残余黏着率		%	NA	≥70	正面 73.6 反面 NA

2. 工艺过程

热熔预浸料二步法成型工艺过程,包括胶膜制备和预浸料制备两个步骤,其中预浸料制备又分为织物预浸料制备和单向预浸料制备。其制备流程如图 5.13～图 5.14 所示。

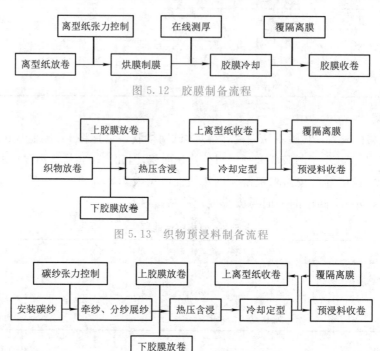

图 5.12　胶膜制备流程

图 5.13　织物预浸料制备流程

图 5.14　单向预浸料制备流程

3. 预浸料性能评价

预浸料性能要求按照客户要求或生产输入要求测试,常用的性能测试方法如下。

(1)外观和缺陷

预浸料外观应均匀,不应有对使用、铺贴或结构性能不利的明显缺陷。

预浸料中出现下列缺陷时为不允许缺陷:

①明显的金属、非金属颗粒、外来杂质或毛团;

②明显的不溶解固化物;

③每平方米内的贫、富树脂区面积大于 10 cm²;

④单向预浸料纤维不平行,有明显的起皱或松散,织物预浸料有损伤纤维的永久性褶皱;

⑤宽度超过 2 mm 的纵向断裂,或每平方米内的纵向断裂多于一处;

⑥宽度大于 0.8 mm 或长度超过 50 mm 的纤维间隙,每平方米多于三处;

⑦单向预浸料宽度大于 2 mm 的纤维重叠,或每平方米内的重叠多于一处。

(2)预浸料面密度

预浸料的面密度按照 HB 7736.2—2004 进行测试。

（3）纤维面密度

预浸料的纤维面密度按照 HB 7736.3—2004 进行测试，原理：溶剂法。

（4）预浸料挥发份含量

预浸料的挥发份含量按照 HB 7736.4—2004 进行测试，原理：烘干法。

（5）预浸料树脂含量

预浸料的树脂含量按照 HB 7736.5—2004 进行测试，原理：溶剂法。

（6）预浸料树脂流动度

预浸料的树脂流动度按照 HB 7736.6—2004 进行测试，原理：热压法。

（7）预浸料凝胶时间

预浸料的凝胶时间按照 HB 7736.7—2004 进行测试，原理：拉丝法。

（8）预浸料黏性

预浸料的黏性按照 HB 7736.8—2004 进行测试。原理：预浸料自身粘贴、预浸料与钢板粘贴。

5.1.4 SMC

SMC 即片状模塑料如图 5.15 所示。1953 年美国（Rubber）首先发明不饱和聚酯树脂的化学增稠，1960 年联邦德国（Bayer 公司）实现了 SMC 工业化生产，1970 年开始在全世界迅速发展。

SMC 制品是制造飞机零部件和空间技术如火箭、导弹和宇宙飞行器的良好材料，同时在车辆制造工业如汽车和火车方面大量应用，而在建筑工程上也正在逐渐普及，如各种平板、波形板、饰面板，门窗框扇、RC 模板及污水桶、冷却塔、水池、水箱和各种卫生洁具、太阳能器具及整体和装配式活动房屋、候车棚、售货亭、果壳箱、轻便座椅及大型雕塑等。此外 SMC 充分体现出"以塑代木"，"以塑代钢""以塑代合金"的优点，所以其制品的市场广阔、前程无限，它将在祖国现代化建设中发挥作用。

图 5.15 SMC

1. 原料

制作 SMC 的原料由树脂糊（基体材料）和玻璃纤维（增强材料）组成。其中树脂糊由不饱和聚酯树脂及辅助剂（引发剂、交联剂及阻聚剂）、增稠剂、低收缩添加剂、填料、颜料、内脱模剂等组分构成。

（1）不饱和聚酯树脂

不饱和聚酯树脂为 SMC 的主要组分。不同原料制成的不饱和聚酯树脂对树脂糊的增稠效果、工艺特性以及制品性能、收缩率、表面光洁度等都有直接影响，适宜 SMC 用的不饱和聚酯树脂应满足下列要求：

①低黏度,便于浸渍玻璃纤维;

②易同增稠剂反应,满足增稠要求;

③固化迅速,提高生产效率;

④热强度较高,保证制件脱模时不致损坏;

⑤有足够的韧性,在制件发生某些变形时不致开裂。

（2）交联剂

不饱和聚酯树脂分子虽然也可交联固化,但其制品脆性大,耐化学腐蚀性不好。交联剂可与聚酯发生共聚反应,使聚酯大分子间通过交联单体自聚的链桥而交联固化,从而改善了树脂固化后的性能。交联剂的用量增加,会使树脂糊初始黏度降低。

（3）引发剂

SMC 中的引发剂应满足:贮存、操作安全、室温下不分解、制得的 SMC 贮存期长、达到某一温度时分解速度快、交联效率高、价格低。

引发剂的正确使用对树脂糊适用期、流动性和模制周期有决定意义。引发剂用量过多,会生成分子质量较低、力学性能差的产物,同时,使反应速度加快,导致树脂因急剧固化收缩而使制品产生裂纹。引发剂用量过少,会使制品固化不足。适宜用量为 BPO2%、TBP1%、DCP1%、CHP1%。

（4）阻聚剂

不饱和聚酯在室温下会交联聚合,使黏度上升。阻聚剂是为了防止过早聚合,延长贮存期而加入的。阻聚剂必须在引发剂和所用树脂的临界温度内不失效,又不能极大影响交联固化和成型周期。

常用阻聚剂有 PBQ、HQ、CL-PBQ、TBC、TRA、MBP、BHT 等。随阻聚剂加入量增多凝胶时间增长。

（5）低收缩添加剂

不饱和聚酯树脂固化时将发生 7%～10% 的体积收缩。低收缩添加剂正是为了降低或消除这种固化收缩而引入的。它可使 SMC 制品表面光滑、无裂纹,收缩量可接近于零。

低收缩添加剂均为热塑性高分子聚合物。在 SMC 中,它们有与聚酯相溶的组分,有溶于树脂单体中而分散开来的组分,还有以原固态分散开来的组分。当 SMC 在模具中加热固化时,随体系温度升高,热塑性树脂与聚酯树脂都发生热膨胀,随即聚酯与苯乙烯开始交联聚合。因此,聚酯是在热塑性聚合物施加的内压下固化的,因而就在未能引起整体收缩时被固定下来。这相当于热塑性聚合物产生的热膨胀力阻止了聚酯固化时的收缩。

体系中部分热塑性聚合物充当了部分聚酯和交联单体的贮存器。它们的固化反应稍迟。当热塑性聚合物开始固化时,虽然也发生聚合收缩,但由于周围物料已经固化,故与外部物料间形成微孔,这些微孔起了消除应变的作用。而且,此处的收缩只发生在局部,不致引起整体收缩。

此外,热塑性聚合物的存在使固化时间延长,放热峰温度下降,对不饱和聚酯交联网络起增塑作用,从而降低了树脂体系的强度。因此,热塑性聚合物的添加量应控制在 5% 左右（质量分数）,其粒径小于 30 μm。

（6）无机填料

用来降低成本或改善某些物理性能（如流动性、硬度、降低放热效应等）和化学性能（如耐化学腐蚀性等）的惰性物质。但是，填料也会带来弊病，如随填料加入量的增加，树脂糊黏度增大，导致配料和浸渍作业困难，同时密度增大。

选择填料时应优先选用密度低、油吸附值低、不易腐蚀、成本低（SMC填料用量大）、易分散、颗粒具有广泛的细度（直径在 $1\sim5\,\mu m$ 之间）、无杂质、色泽洁白、满足制品性能要求的品种。

（7）内脱模剂

各种SMC都必须采用内脱模剂，它是在配制树脂糊时加入的，其作用是使制品容易脱模。

内脱模机理：内脱模剂是一些熔点比普通模制温度稍低的化合物。内脱模剂与液态树脂相容，但与固化后的树脂不相容。当加热成型时，脱模剂即从内部逸出到模压料与模具相接触的界面处，融化并形成障碍，阻止黏着，从而达到脱模目的。

内脱模剂有卵磷脂、烷基磷脂酸、合成和天然蜡、硬脂酸和硬脂酸盐等。烷基磷脂酸为液体，易于计量和混合。硬脂酸盐呈粉末状。国内常用硬脂酸锌，日本常用硬脂酸亚铅，欧美常用硬脂酸钙和镁。

内脱模剂的熔点为：硬脂酸 70 ℃，硬脂酸锌 133 ℃，硬脂酸钙 150 ℃，硬脂酸镁 145 ℃。

选择和使用内脱模剂应注意：用量过大，将对制品热强度产生不利影响，且使表面粗糙。镀铬模具，用量可减小，且表面光滑。内脱模剂用量一般为 $1\%\sim3\%$。无论使用何种内脱模剂，都必须明确其对增稠速度和最终熟化黏度的影响情况。掌握脱模剂对于以后的涂漆和连接工艺的影响也是很重要的。

（8）增稠剂

SMC在制备时要求树脂的黏度低，以利于树脂对玻璃纤维及填料的浸渍。而在贮运和模压成型时，又要求胚料黏度较高，以满足模压要求和使制品的收缩率降至最低。所谓增稠是SMC的黏度由很低迅速增高，最终达到满足工艺要求的熟化黏度并能相对长期稳定。增稠是借加入树脂中的增稠剂实现的，通过增稠剂可以控制从SMC生产到模压制品全过程中各阶段的黏度变化。SMC的特性取决于增稠，树脂糊的增稠程度直接关系到制品的成型工艺和质量。此外，增稠剂对贮存稳定性也有显著影响。

①增稠剂的选用原则

SMC的黏度是制备、模压加工和贮存的主要因素，加入增稠剂后所产生的增稠效应对整个过程影响极大。因此选用增稠剂时必须注意下列各点：

在制备时，要求黏度很低，以保证树脂对玻璃纤维和填料的充分浸渍；

当纤维和填料被浸渍后，又要求黏度迅速增高，以适应贮运和模压操作；

增稠后的胚料，在模压温度下能迅速充满模腔，并使树脂与纤维不发生离析；

增稠后的黏度，在贮存期内必须稳定在可模压的范围内；

增稠作用在生产中应该有稳定的重现性。

②增稠剂的品种及使用

迄今为止，大多数SMC制造都采用ⅡA族金属氧化物或氢氧化物。例如氧化镁、氢氧化镁、氧化钙、氢氧化钙。此外有氧化钡、氢氧化钡、氧化铅等。

MgO 是应用较广的增稠剂,其特点是增稠速度快,短时间内能达到最高黏度,增稠特性与 MgO 的活性和加入量密切相关。但增加 MgO 用量会显著降低 SMC 的耐水性。

增稠速度不但可用增稠剂加入量来调节,而且也可通过选用不同品种增稠剂或混合增稠剂来调控。实践证明,混合增稠剂的效果更为理想。例如,采用 CaO/Ca(OH)$_2$、MgO/CaO、CaO/Mg(OH)$_2$ 等ⅡA族金属氧化物和氢氧化物混合比采用单一氧化物或氢氧化物增稠效果好。

在 CaO/Ca(OH)$_2$ 系统中,一般认为,Ca(OH)$_2$ 决定系统的起始增稠特性,而 CaO 决定系统能达到的最高黏度水平。当总含钙量一定时,CaO 越多,则初期增稠越缓慢,最终黏度也越高。CaO/Ca(OH)$_2$ 比值不同,增稠曲线形状有显著改变。一些新的增稠剂/增稠促进剂系统,在室温一天或 80 ℃下 6 min 即可使树脂黏度达到(3~6)×10^6 Pa·s。

③影响增稠效果的因素

影响树脂糊增稠速度的因素很多,除上述增稠剂的不同类型和用量外,还有增稠剂的活性、聚酯树脂的酸值、所含微量水分及温度等。

聚酯树脂酸值的影响:增稠速度与树脂酸值成比例。当酸值为零时,放置 60 h 仍无黏度变化,酸值越高黏度变化越大。

增稠剂活性的影响:增稠剂由于制备方法不同,其活性差异很大。以氧化镁为例,国产氧化镁除一般氧化镁外,还有活性氧化镁和轻质氧化镁。活性氧化镁的碘吸附值一般为 40~60 毫克当量/100g,轻质氧化镁则为 20~40 毫克当量/100g,必须注意,氧化镁在贮存过程中由于逐渐吸收水分和二氧化碳而使活性降低。因此,要注意保管,使用前应测定其活性值。

微量水分的影响:微量水分的存在对树脂的增稠速度,特别对初期黏度的影响显著。在相对湿度20%以下环境中,不加微量水增稠就非常缓慢。当加入微量水后,增稠速度显著提高,但加入过量水则对增稠起抑制作用。实验表明,0.1%~0.8%的微量水能使增稠速度,尤其是初期增稠速度大幅度加快。若加入1%以上的水,则增稠速度比不加水还慢,最终熟化黏度也低。一般情况,为了达到较好的增稠程度,不同体系所需水分含量并不相同。因此,必须对原材料特别是填料、增稠剂、低收缩添加剂及玻璃纤维等的贮存环境及含水量严加控制。使用前应作含水量测定。

温度影响:随着温度升高,增稠速度加快。在 SMC 生产中,提高温度可以降低树脂系统发生化学增稠前的黏度,以利于树脂糊的输送和对纤维的浸渍。另一方面,较高的温度能使浸渍后的系统黏度迅速增快并达到更高的增稠水平。因此,若缩短贮存的 SMC 启用期,可将其放在 45 ℃的烘房内进行加速稠化。若延长贮存期,贮存温度应低于 25 ℃。

(9)增强材料

SMC 中的增强材料主要是短切玻璃纤维及毡,应用最多的是玻璃纤维。用于 BMC 的除短切玻璃纤维外,还有石棉纤维、麻和其他有机纤维。玻璃纤维的性能和含量对 SMC 生产工艺及其制品性能影响很大。玻璃纤维必须具有下述性能:易切割、易分散、浸渍性好、抗静电、流动性好、强度高等。

纤维中的水分及浸润剂含量:水分的含量对树脂增稠速度、制片过程的静电特性及切割性都有影响。浸润剂含量对粗纱集束性、切割性、分散性和浸渍速度影响很大。

纤维的切割性和分散性:用于 SMC 的粗纱应具有良好的切割性。否则,不仅纤维切割长度不一,还会影响切割器、刀片和橡胶垫辊的寿命。SMC 生产过程中,粗纱必须充分分散,否则将影响质量均匀性和浸渍效果。

纤维浸渍性:树脂糊的黏度在增稠初期上升迅速,要求粗纱能较快被树脂糊浸透,否则,对 SMC 质量及模压制品都会产生不良影响。粗纱的最终浸透程度与浸润剂的类型性能有关。

短切纤维长度和含量:纤维长度一般为 40～50 mm,BMC 为 6～18 mm。短纤维可改善材料流动性,使制品纤维分布均匀。但制品强度低,纤维长度不允许小于临界长度。长纤维可提高强度,但对加工和模压纤维取向不利。SMC 中纤维含量通常在 25%～35%(质量分数)范围内。

2. 工艺

制作 SMC 的工艺主要包括树脂糊准备、上糊操作、纤维切割沉降、浸渍、稠化等过程,如图 5.16 所示。

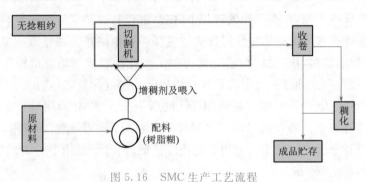

图 5.16 SMC 生产工艺流程

5.2 设备和模具

5.2.1 设备

1. 压机

(1)简介

液压机(又名油压机)(见图 5.17)是一种利用液体静压力加工金属、塑料、橡胶、木材、粉末等制品的机械。它常用于压制工艺和压制成形工艺,如锻压、冲压、冷挤、校直、弯曲、翻边、薄板拉深、粉末冶金、压装等。

(2)工作原理

液压机的工作原理,如图 5.18 所示。大、小柱塞的面积分别为 S_2、S_1,柱塞上的作用力分别为 F_2、F_1。根据帕斯卡原理,密闭液体压强各处相等,即 $F_2/S_2 = F_1/S_1 = p$;$F_2 = F_1(S_2/S_1)$。表示液压的增益作用,与机械增益一样,力增大了,但功不增益,因此大柱塞的运动距离是小柱塞运动距离的 S_1/S_2。

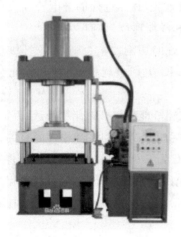
图 5.17　液压机

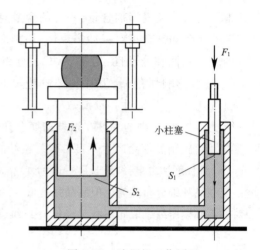
图 5.18　液压机工作原理

　　基本原理是油泵把液压油输送到集成插装阀块,通过各个单向阀和溢流阀把液压油分配到油缸的上腔或者下腔,在高压油的作用下,使油缸进行运动。液压机是利用液体来传递压力的设备。液体在密闭的容器中传递压力时遵循帕斯卡定律。四柱液压机的液压传动系统由动力机构、控制机构、执行机构、辅助机构和工作介质组成。动力机构通常采用油泵作为动力机构,一般为积式油泵。为了满足执行机构运动速度的要求,选用一个油泵或多个油泵。低压(油压小于 2.5 MPa)用齿轮泵;中压(油压小于 6.3 MPa)用叶片泵;高压(油压小于 32.0 MPa)用柱塞泵。液压机可用于各种可塑性材料的压力加工和成形,如不锈钢板的挤压、弯曲、拉深及金属零件液压机可用于的冷压成形,同时亦可用于粉末制品、砂轮、胶木、树脂热固性制品的压制。

　　(3)工作介质

　　液压机所用的工作介质不仅要传递压强,而且要保证机器部件工作时灵敏、可靠、寿命长和泄漏少。液压机对工作介质的基本要求是:①有适宜的流动性和低的可压缩性,可提高传动的效率;②能防锈蚀;③有好的润滑性能;④易于密封;⑤性能稳定,长期工作而不变质。液压机最初用水作为工作介质,后来改为在水中加入少量乳化油而成的乳化液,以增加润滑性和减少锈蚀。19 世纪后期出现了以矿物油为工作介质的油压机。油有良好的润滑性、防腐蚀性和适度的黏性,有利于改善液压机的性能。20 世纪下半叶出现了新型的水基乳化液,其乳化形态是"油包水",而不是原来的"水包油"。"油包水"乳化液的外相为油,它的润滑性和防蚀性接近油,且含油量很少,不易燃烧。但水基乳化液价格较贵,限制了它的推广。

　　(4)分类

　　按结构形式液压机主要分为:四柱式、双柱式、单柱式(C 型)、龙门式、卧式、立式框架、万能液压机等。

　　按用途液压机主要分为金属成型、折弯、拉伸、冲裁、粉末(金属,非金属)成型、压装、挤压等。

　　①热锻液压机:大型锻造液压机是能够完成各种自由锻造工艺的锻造设备,是锻造行业

使用最广泛的设备之一。目前有 800t、1 600t、2 000t、2 500t、3 150t、4 000t、5 000t 等系列规格的锻造液压机。

②四柱液压机:该液压机适用于可塑性材料的压制工艺。如粉末制品成型、塑料制品成型、冷(热)挤压金属成型、薄板拉伸以及横压、弯压、翻透和校正等工艺。四柱液压机可分为四柱两梁液压机、四柱三梁液压机、四柱四梁液压机等。

③单臂液压机(单柱液压机):可扩展工作范围,利用三面空间,加长液压缸行程(可选装),最大可伸缩 260~800 mm,可预置工作压力;散热装置为液压系统。

④龙门式液压机:可对机器零部件进行装配、拆卸、校直、压延、拉伸、折弯、冲孔等工作,真正实现一机多用。该机工作台能上下移动,大小扩展了机器开合高度,使用更方便。

⑤双柱液压机:本系列产品适用于各类零部件的压装、调弯整形、压印压痕、翻边、冲孔及小零件的浅拉伸;金属粉末制品的成型等加工工艺。采用电动控制,设有点动及半自动循环,可保压延时,并具有良好的滑块导向性,操作方便、易于维修、经济耐用。根据用户的需要可增设热工仪表、顶出缸、行程数显和计数等功能。

2. 捏合机

短纤维预混料和 BMC 料制备时主要设备为捏合机,如图 5.19 所示。捏合机的作用是将树脂与纤维混合均匀,主要有可翻转出料的捏合锅、双 Z 桨式捏合桨和动力传动装置等。捏合过程主要控制捏合时间和树脂黏度。捏合时间越长,纤维强度损失越大。时间过短,树脂与纤维混合不均匀。树脂黏度控制不当,既影响树脂对纤维的均匀浸润和浸透速度,也会对纤维强度带来影响。此外,加料量也要适当,最大加料量约为捏合锅内容积的 60%~70%,过多过少都不能有效捏合。

图 5.19 捏合机

3. 湿法预浸机

湿法预浸料生产设备通常称为浸胶机,如图 5.20 所示。按浸胶机加热箱体结构形式分为卧式(水平型)和立式(垂直型)浸胶机两大类。其主要结构组成有搁料架、胶槽、胶量调节辊、导向辊、烘干箱和传动装置等。

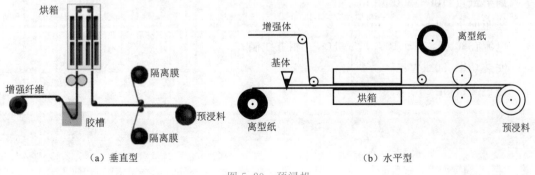

(a)垂直型

(b)水平型

图 5.20 预浸机

浸胶玻璃胶布在烘干箱内的烘干过程中,将有大量的有机低分子物质排出,如酚、醛、酒精、甲苯和二甲苯等物质。它们以气体的形式排入大气,将污染周围环境,同时造成物质大量浪费。因此,对于烘干废气的合理使用或适当回收是必要的。

目前,从空气中分离有害气体,或有毒气体的净化回收方法有燃烧、冷凝、吸附和吸收四种方法。

4. 干法预浸机

(1)设备功能

该生产线的刚性和强度高,按照中国南北地区不同温差设计制造,能在较大的温差范围内存放和使用并且不变形。主要用于适合黏度 50 000 MPa·s 以内树脂体系和 3k、6k、12k 碳纤维的单向预浸料及织物预浸料的制造。设备由涂胶机和复合机组成,如图 5.21 所示。

(2)设备工作环境

温度:16~26 ℃;

湿度:≤65%;

电源:380 V×(1±10%),50 Hz,三相五线制;

气源压力:0.6~0.8 MPa。

(3)涂胶机主要技术指标

离形纸面重:1 080 mm;

涂布面重:1 000 mm;

机械速度:2~25 m/min;

加工速度:2~20 m/min;(正常 10~20 m/min)

涂胶辊尺寸:ϕ320 mm×1 200 mm;

涂胶辊、定量辊工作温度:室温~120 ℃,工作区精度±1 ℃;(转涂式)

可调逗号辊(定量辊换为逗号辊)温度:室温~120 ℃;工作区精度±2 ℃;(为刮涂式)

硅胶辊尺寸:ϕ250 mm×1 200 mm;

冷却辊温度:最低 10 ℃;

树脂类型:环氧树脂热熔胶;

树脂黏度:最高 300 000 cP(80 ℃);

离形纸重:100~200 g/m²;

涂布面量:51~200 g/m²(1±2%);

电源:380 V×(1±10%),50 Hz,三相五线制;

安装功率:50 kW;

漆色泽:待定;

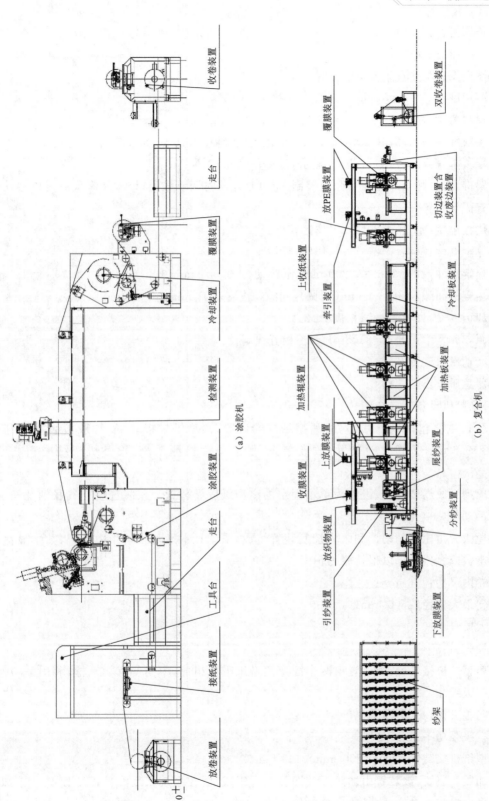

收卷装置

走台

覆膜装置

冷却装置

检测装置

涂胶装置

走台

工具台

接纸装置

放卷装置

（a）涂胶机

双收卷装置

覆膜装置

放PE膜装置

切边装置含
收废边装置

上收纸装置

牵引装置

冷却板装置

加热辊装置

加热板装置

收膜装置

上放膜装置

展纱装置

放织物装置

分纱装置

引纱装置

下放膜装置

纱架

（b）复合机

图5.21　涂胶机和复合机

设备质量:约 7.5 t。

(4)复合机主要技术指标

机械速度:0.5～7 m/min;

生产速度:0.5～5 m/min;

预浸料树脂含量:在 30%～50%范围内,精度:±2%;

预浸料纤维面密度:在 100～200 g/m² 范围内,精度:±5 g/m²;

压辊可垂直升降,压力可调节、显示,最小量度 0.01 MPa;

纱架锭数:由弹簧加摩擦片张力控制,也可整体同时调节张力;该纱架有底脚可以移动,使用时有固定装置。

加热板温度:室温～120 ℃;工作区精度:±2 ℃;

加热辊温度:室温～120 ℃;工作区精度:±1 ℃;

加热辊尺寸:ϕ350 mm×1 200 mm,圆跳动:±0.004 mm(100 ℃);

加热辊的间隙:0.01～1 mm(可调),间隙精度:0.001 mm;

冷却板温度:最低 10 ℃;精度:±2 ℃;

电源:380 V×(1±10%),50 Hz,三相五线制;

最大功率:150 kW;

机器总质量:约 35 t。

(5)涂胶机设备组成介绍

涂胶机主要包括以下几部分:离型纸放卷装置、离型纸拼接装置、加胶板装置、涂胶装置、冷却单元、PE 膜放卷装置、收卷装置、胶膜厚度检测系统、设备机架结构和电控系统。

①离型纸放卷装置:该设备为单轴固定的离型纸放卷装置。该装置装有气胀轴及安全卡头及手动纠偏单元。

放卷张力由磁粉制动器和张力控制装置组成,采用日本三菱公司张力系统,数字显示,手动设定,自动可调,可以保持张力恒定。

纸卷内尺寸:ϕ76 mm;

放卷最大直径:ϕ600 mm;

最大质量:400 kg;

放卷张力:50～300 N。

②离型纸拼接装置:此装置由两个固定离型纸吸板组成,中间留有切割槽,利用手动换向阀控制吸纸。

导向辊直径:ϕ100 mm;

真空吸泵功率:1.1 kW;

离型纸拼接装置尺寸:1 200 mm×450 mm。

③加胶板装置:该装置由加热板及四氟挡板组成,温控系统采用温控模块控制,加热板工作区表面温差±2 ℃,最高温度 120 ℃;确保加胶温度恒定。

④涂胶装置:该装置由逗号辊和涂胶辊、硅胶辊组成。(刮涂式)

逗号辊(也称刀辊)采用电加热,电加热辊具有升温快、表面温差小等优点,可以彻底解决油加热所产生的泄漏及油烟污染等问题,此辊有可调装置,可按涂膜要求进行微调。

树脂涂膜装置的工作设计为反向逗号辊式涂层法,涂胶辊和逗号辊之间的间隙采用高精度的涡轮蜗杆调整机构,可电动调节,实际间隙可显示。液压控制升降,传感器采用日本Magnescale品牌。(取样为停车取样)

(a)涂胶辊尺寸:ϕ320 mm×1 200 mm,圆跳动:±0.002 mm(90 ℃);

(b)涂胶辊温度:室温～120 ℃,工作区精度±1 ℃;(定量辊与涂胶辊一致)

(c)可调逗号辊尺寸:ϕ250 mm×1 200 mm;

(d)可调逗号辊温度:室温～120 ℃,工作区精度±2 ℃;

(e)硅胶辊尺寸:ϕ250 mm×1 200 mm。

⑤冷却辊装置。

(a)冷却辊尺寸:ϕ450 mm×1 200 mm;

(b)温度范围:10～20 ℃,温控精度 ±2 ℃,可调节。

⑥PE膜放卷装置:采用气动阻尼器控制张力。

纸管内径:ϕ76 mm;

放卷外径:ϕ400 mm;

最大质量:100 kg。

⑦收卷装置:此装置为单轴固定的涂布胶膜离形纸收卷装置。该装置上有气胀轴,扭矩为西门子伺服电机控制系统,并装有光电纠偏系统。

(a)纸管内径:ϕ76 mm;

(b)收卷外径:ϕ800 mm;

(c)最大质量:600 kg;

(d)基材张力:100～400 N;

(e)纠偏精度:±1.5 mm。

⑧在线检测系统:法国X射线在线监测。两套检测机构,一套检测纸张克重,一套检测涂胶后克重,最后得出最终胶膜克重。

⑨设备机架结构:整体设备架构均采用碳钢方管及碳钢板经多次时效处理及加工,以满足整体设备的刚性和强度要求。

5. 复合机设备组成介绍

复合机主要包括以下几部分:纱架、分纱装置、引纱装置、展纱装置、织物放卷装置、上下胶膜放卷装置、加热板、热辊、冷却板、上收纸装置、覆膜装置、牵引装置、切边装置、双收卷装置、液压驱动部分、机架结构和电控系统。

①纱架:纱架主要由内涨式纱锭筒,张力块、托纱杆等组成,可以装内径为 ϕ76mm的纱筒,该纱架是由张力块保持张力的,用分纱网来分割纱之间的均匀度,本纱架有底脚可以移动。

采用双面纱架安装形式,每个纱筒张力可通过调节座调节单个张力,随着纱筒的张力改变可整体同时调节张力;在纱架前安装一套穿纱架(穿沙篦子),穿纱架采用复合式带角度的穿沙篦子,穿沙篦子采用网格式,减少纱线摩擦。

纱架安装铝合金框架护罩(房子),镶嵌透明的有机玻璃窗,随时观察内部情况,采用对开或推拉式门。

纱筒可安装长度:≥300 mm;

纱筒外径:≤ϕ280 mm;

纱筒内径:ϕ76 mm;

单筒纤维最大质量:10 kg。

由弹簧加摩擦片实现张力控制,也可整体同时调节张力。

②分纱装置:第一种:该装置是用齿形梳把碳纱均匀分开,齿形梳可以随时调整幅宽。分为14齿、18齿、22齿。

第二种:分纱梳采用固定齿形梳(不可调节),按碳纤维3k、6k、12k各配置一套分纱梳。

③引纱装置:引纱装置是用牵引辊把碳纱均匀地拉引到前机,速度可以调节。

④展纱装置:展纱系统是用展纱杆给纤维加入适当张力,保持纱的张力均衡,张力大小可手动调节,带有手摇手轮。

展纱杆分为预热展纱、加热展纱。展纱杆加热温度:室温～100 ℃(可调)。展纱杆具有加热功能,通过分段展纱使纤维分布更均匀,以利于胶膜复合,使纤维面密度均匀分布。

展纱杆表面经过特殊处理,呈现规则的弧形排序便于开纤。

a.加热方式:电加热;

b.展纱杆数量:8支;

c.展纱杆表面处理方式:表面喷涂一层硬质合金,喷涂后表面特殊抛光处理,不损伤纤维并且提高耐磨属性。

⑤上下胶膜放卷、织物放卷装置:上下胶膜放卷装置由磁粉制动器控制张力,经传感器检测以保持均衡、稳定的张力,张力可显示可调节。该装置有PE膜收卷装置,用伺服电机收卷,用弯曲辊展平;放布辊张力用磁粉制动器控制。织物放卷采用气动阻尼器控制放卷张力。

a.纸卷内尺寸:ϕ76 mm;

b.放卷最大直径:800 mm;

c.最大质量:600 kg;

d.放卷最大张力:300 N。

⑥加热板:加热板主要起预浸料的渗透作用,可使预浸料的树脂质量均匀,尺寸:1 200×1 000mm,数量:共3块;温度:室温～120 ℃,工作区精度为±2 ℃。

⑦热辊:此装置具有加热快、加热均匀等优点。此装置利用两支电加热辊经过气缸系统加压,利用精度0.001 mm的精密斜坡调整装置调节间隙,以保证预浸布的厚度和精度要求。此装置由四组热辊组成。

电加热辊主要参数：

升温范围：室温～120 ℃；

电加热辊工作区温差：±1 ℃；

跳动：±0.004 mm(100 ℃)；

间隙调整精度：±0.001 mm；双辊间抬起高度＞50 mm；

电加热辊尺寸：ϕ350 mm×1 200 mm。

⑧冷却板 2 块：冷却板装置用于对预浸料的树脂进行冷却，使离型纸从预浸料上剥离，采用不锈钢，尺寸：2 000 mm×1 200 mm 和 1 000 mm×800 mm，温度：最低 10 ℃，温控精度±2 ℃。

⑨上收纸装置：上收纸装置的作用是将复合后的上离型纸收起来，采用伺服电机收卷。

⑩覆膜装置：主要是离型纸剥离后，预浸料经过此装置再覆盖 PE 膜，以保护预浸料。上辊为电加热辊，升温范围为室温～60 ℃，电加热辊工作区温差±2 ℃，尺寸：ϕ350 mm×1 200 mm；下辊为硅胶辊：尺寸：ϕ350 mm×1 200 mm。

⑪牵引装置：牵引装置是由一对硅胶辊经过电机带动牵引的。尺寸：ϕ350 mm×1 200 mm，压缩量 0.5 mm。

⑫切边装置：手动控制，气动分切，位置可调，2 把切刀。两侧安装废边收集装置。配有 2 个废边收集盘，便于随时(不停机)更换。

⑬双收卷装置：收卷前安装计米器，用于记录所生产的数量，喷码机主要在生产过程中记录生产数量所喷的标记。

双收卷机构卡爪定位，气缸夹紧，伺服电机带动，收卷速度、张力可显可调。

a. 纸管内径：ϕ305 mm；

b. 收卷外径：ϕ400 mm；

c. 最大质量：100 kg；

d. 最大张力：300 N。

⑭液压驱动部分：整机加热辊、牵引辊的上升、下降是由液压系统驱动的，并且可用于调整加热辊之间的压力，可手动微调。

⑮报警系统：设备采用触摸屏作为人机界面，设备出现任何故障均可通过触摸屏进行显示，报警器同时发出报警声。

⑯设备机架结构：机体和热辊支承框架体及支承体均采用碳钢方管及碳钢板经多次时效处理及加工时，均能满足整体设备的刚性和强度要求。

⑰电控系统

设备电控系统由就地总控制柜、驱动电机、操作台、加热系统、纠偏单元、安全报警系统组成。

a. 总控制柜：总控制柜单独设立，共一套，做密封处理，可有效防止碳纤维引起的短路故障。总控制柜控制整个生产线，包括启动、停车、运行的控制及故障检测，并能在发生故障时自动停止生产线。

总控制柜的逻辑控制采用西门子可编程逻辑控制器(PLC)。总控制柜内主要元器件包含:PLC控制器,变频器,力矩控制器,加热功率放大器,温度控制模块,电机保护器及接触器,张力控制单元,控制柜电源要求为380 V、50 Hz、三相五线制。

b.操作台:操作台单独设立,做密封处理,可有效防止碳纤维引起的短路故障。

操作台可以操作生产线的启动、停止等动作,操作方便,并可设定和显示所有工艺参数(速度、温度、收卷力矩、放卷张力等)。

操作台人机界面采用彩色触摸屏,人机操作界面是一个包含数据接口的显示站,包括环境保护等级为 IP65 的触摸屏或图形屏幕/膜式键盘。其坚固的结构设计使之能在恶劣条件下保证多年连续工作。

图形屏幕通过菜单和软键提供并显示如下内容:参数调整界面、整机运行监控画面、单机手动调整画面、实时报警窗口。

c.驱动电机:各压合辊采用变频电机控制速度,变频控制器的速度信号来自 PLC,通过 PLC 的内部计算实现各辊子的同步运转。

收卷、收纸、收膜、设备采用力矩电机和力矩控制器驱动,力矩控制器的扭矩信号来自PLC,触摸屏输入。

d.加热系统:此系统由温度传感器、温控模块、PLC、触摸屏、固态模组、加热机构组成闭环控制。具有温度集中显示、可调可控、可校正、控温精确稳定等特点。

温度传感器:采用精密 K 型热电偶作为温度检测元件,实时测量实际温度,将信号传送到温控模块。

温控模块:中心控制机构,具有多段自动 PID 控制功能。将接收到的信号在内部处理,输出控制信号给固态模组,控制模组通断,并与 PLC 通信。

PLC:利用 PLC 强大的运算、比较功能在内部处理,使其具有超温报警、超温延时自动停止加热等功能,并与触摸屏通讯交换数据。

触摸屏:可视化机构,将 PLC 内部信号转化为数字量在触摸屏上集中显示、设定、存储。

固态模组:具有完善的保护及自诊断功能,并与主机 PLC 关联构成故障闭环自诊断系统。固态模组进行无触点通断加热机构电源,受温控模块控制。

加热机构:热压辊加热采用特制不锈钢电热管及其他介质作为加热机。加热板采用特制不锈钢电热板作为加热机构。

控制原理如图 5.22 所示。

e.纠偏控制系统:纠偏控制系统由纠偏传感器、纠偏控制器、纠偏执行机构组成,为闭环控制,具有自动/手动控制、极限保护、极限报警功能。

纠偏传感器:实时检测物料位置,反馈数字信号量给纠偏控制器。

纠偏控制器:接受纠偏传感器信号,经过内部分析以控制纠偏执行机构。

纠偏执行机构:采用伺服电机驱动,受纠偏控制器控制,进行自动往复,进而达到纠偏目的,并具有两侧极限保护、报警功能。

控制原理如图 5.23 所示。

f. 放卷张力控制系统：张力控制系统由功率放大器、磁粉制动器组成，手动控制，操作者可通过触摸屏修改输出值，随着输出值改变，张力值会有相应变化，

功率放大器：张力输出机构，接受 PLC 信号转化为 0～24 V 电源驱动磁粉制动器。

磁粉制动器：张力直接控制机构，接收功率放大器输出信号，控制输出张力。

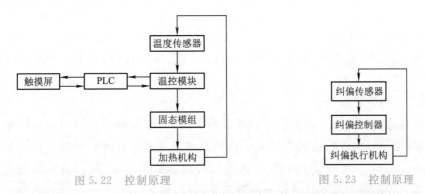

图 5.22　控制原理　　　　　　　　　图 5.23　控制原理

g. 收卷张力系统：收卷运转部分为力矩电机驱动，扭矩信号来自可编程，扭矩信号为操作者设定的收卷张力值。其控制模式采用锥度张力控制方式，在收卷系统中随着卷料直径逐渐增大、张力逐步减小的控制称为锥度张力控制。锥度张力控制可使收卷的内层较紧，而外层较松，从而使卷料的层与层之间不打滑，防止材料卷绕时卷得过紧及卷料卷绕歪斜。

h. 安全报警系统：生产线任何部位出现故障均可进行声光报警，并在触摸屏上显示报警内容，自动记录报警时间。

报警系统的主要报警内容含紧急停止报警、各电机故障报警、各加热辊温度过高故障报警、通信失败报警和纠偏系统报警。

i. 安装环境及条件

安装前存放：所有部件一到现场应立即存储在干燥场所。

对车间要求：室内温度为 16～26 ℃。

地面基础应依据设备基础图纸由用户制作基础，地面水平为 ±5 mm，安装机械时，车间内的地基完全干燥并具备空调设备。

5.2.2　模压成型模具

1. 模具设计

复合材料构件模压成型模具通常采用"阴模＋阳模"的闭合结构形式。为了提高模具的工艺性，阴模通常采用分块组合的结构形式。阴模一般作为构件的铺贴面，要求精度高、表面质量好，以保证复合材料构件成型后的形状满足设计要求。模压成型中，阴、阳模需要承受和传递热压床产生的成型压力，要求具有较好的强度和刚度。模压成型模具设计主要涉及模具材料选择、结构热膨胀补偿、模具强度以及模具结构的详细设计等。

(1)模具材料选择

普通 45♯钢是模压成型模具常用的材料,具有成本低、加工性好、强度高、刚性好等优势,但无论是碳纤维复合材料还是玻璃纤维复合材料,都与普通钢的热膨胀系数差异较大。当构件几何形状复杂时,按经验公式无法得到准确的结构补偿,需要多次试验并修正模具才能得到适当的补偿量。因此普通钢适合用作形状比较规则的复合材料构件的模压模具材料。

INVAR 钢是一种特殊的模具材料,其热膨胀系数低且接近碳纤维复合材料,用作模具时基本不用考虑结构补偿,但 INVAR 钢可加工性差、成本高、刚性差。因此常作为成型精度要求高、几何形状复杂的复合材料构件的模具材料,如直升机的复合材料主、尾桨叶。

(2)模具结构热膨胀补偿

当模具与复合材料构件热膨胀系数差异较大时,复合材料构件冷却的收缩量与模具收缩量不一致,会导致构件几何尺寸偏差。该偏差可以通过下述方法消除。首先利用主元分析(principle component analysis,PCA)确定构件设计数模的主方向,进而确定主方向上构件的长度 L。以 L 作为基准计算模具的补偿量,公式如下:

$$\Delta L = L \Delta \alpha \Delta t$$

式中,$\Delta \alpha$ 为模具与复合材料热膨胀系数的差值;Δt 为固化温度与环境温度的差值。以 $\Delta L/L$ 作为缩放系数对构件数模进行修正,以修正后的数模作为模具型腔的设计基准。对几何形状复杂的构件,可通过工艺仿真技术结合工艺试验的方式来确定模具结构的补偿量。

(3)模具强度

目前,成型模具较多依赖设计者的经验,较少或基本没有采用有限元分析软件来实现模具结构的轻量化设计。这与直升机制造业任务量大、模具设计人员数量少的现状直接相关。为了保证模具的强度和刚度,通常模具都较大且笨重,存在极大的减重和结构优化空间。因此,基于有限元分析的模具优化设计是直升机制造业复合材料构件低成本制造技术中可以深入发掘的技术。

(4)模具结构设计

在上述工作完成的基础上,开始模具的详细设计。模具的详细设计应充分考虑工艺性、可操作性和自动化程度。根据复合材料构件的工艺数模,首先设计模具的型腔;特别地,需要充分考虑起模的可操作性,合理设置分模面。对不使用激光投影的模具,铺层的切割线决定了产品的外形尺寸精度,设计时应适当扩展,为修配留出加工量。对使用激光投影的模具,需在模具型腔外的显著位置设置用于校正激光头的靶标点。根据模具结构,设置适当的流胶槽。为了便于工人操作,降低劳动强度和提高效率,模具设计应综合考虑模具使用安全、便利,如设置适量的起模槽和站位线等。

2. 模具制造

复合材料构件模压成型模具要求贴模面精度高、表面质量好。先进制造技术如高效数控加工、热表面处理等的应用为制造出高质量的模具奠定了基础。

（1）模具数控加工

模压成型模具通常采用分块组合形式，装配精度高，而模具形腔是复合材料构件几何形状的保证。近年来，高速数控铣削、车铣复合、宽行加工和自适应加工等先进加工技术发展迅速，并且在模具加工上广泛用。这些技术具有较高的材料去除率和低刀具磨损、加工面质量高等特点，有效保证了模压成型模具的质量，并显著缩短了模具的制造周期。

（2）热处理与表面处理

热处理可以有效消除模具加工中产生的残余应力，提高模具的疲劳寿命和刚度。先进的表面处理技术如激光表面强化、超音速火焰喷涂等可以改变模具型腔表面的组织性能，从而使得模具型面具有较高的硬度、耐磨性、耐腐蚀性和脱模性。

（3）模具型面的数字化检测

模具制造技术的不断进步对检测设备的要求也越来越高。随着三维测量技术的发展，检测设备多种多样，精度也不断提高。根据检测设备是否和被测对象的表面接触，检测方法分为接触式检测法和非接触式检测法。接触式检测中，应用最为广泛、最具有代表性的检测设备是三坐标测量机（CMM）。CMM 具有测量精度高、测量范围广等优点，但测量速度较慢，并且在测量过程中存在接触压力，容易损坏模具的型面。非接触式检测主要有光学式和非光学式两种。代表性的设备为 GOM 公司的 Atos 流动式光学测量系统，图 5.24 为 Atos 检测过程示意。

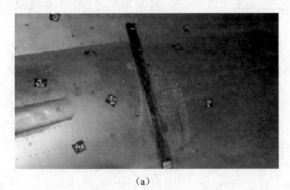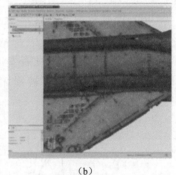

（a）　　　　　　　　　　　　　　　（b）

图 5.24　Atos 光学检测

无论是利用接触式检测设备还是非接触式检测设备，从模具型面上采样得到衡量模具型面精度的离散点后，均需与模具设计数模比对，才能得出模具的数值精度。具体流程如图 5.25 所示。

3. 实例

（1）螺旋桨整体成型模压模具设计

螺旋桨作为船舶最为重要的部件之一，对其材质要求极高。复合材料具有强度高、比重小、耐腐蚀、水下噪声小等优点，成为螺旋桨材质首选。

螺旋桨叶片成型涉及多方面的工艺技术，包括叶片展平技术、模具设计与制造技术、叶片铺层设计、成型工艺参数优化等。其中，模具结构的设计和表面精度的控制是影响模压制品最终质量精度和成型效率的重要因素。由于螺旋桨叶片形状具有不规则性，如图 5.26 所示，模压过程中会受到各个方向不同程度的力的作用，所以模压模具结构设计与叶片铺层方案设计的合理性尤为重要。本次研究的复合材料螺旋桨整体成型模具设计主要分为螺旋桨整体结构分析、模具结构的分析与设计、模压模具的总体设计、模具结构的比较分析与精度分析及螺旋桨模压模具的制造与成型。

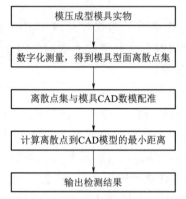

图 5.25　模压成型模具数字化检测流程　　　　图 5.26　复合材料螺旋桨模型

(2) 螺旋桨整体结构分析

本次研究中的复合材料螺旋桨工程图如图 5.27 所示，其基本尺寸：桨叶旋转最大直径为 101.50 mm、螺旋桨最大高度投影为 35.00 mm、桨叶厚度投影为 1.28 mm、桨毂最大外径为 47.21 mm、最小外径为 36.16 mm、最大高度为 26.00 mm。螺旋桨采用碳纤维预浸布铺层设计整体模压工艺成型，并且需要依据在作用平面上投影面积最大原则进行优化设计，以保证桨叶产生最大推进力而不被损坏。通过分析可看出该复合材料螺旋桨具有以下特征：

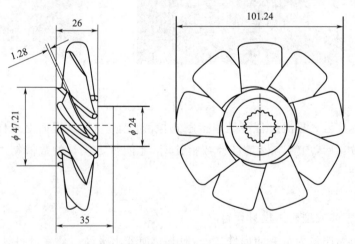

图 5.27　螺旋桨外部尺寸投影（单位：mm）

叶片厚度分布不均匀，总体为中间厚边缘薄、桨叶根部厚尖部薄；桨叶分布密度较大，两片桨叶之间可能存在负拔模现象；桨毂部分截面厚度不均匀，下半部分为锥形体，上半部分为圆柱体。

(3)模具结构的比较分析

对于螺旋桨成型,模压模具设计方面目前主要有两大类型。传统的成型方法是单个成型桨叶和桨毂,再通过榫接加胶接的方式将桨叶和桨毂组合起来完成整个螺旋桨的成型。这种方法存在较大的尺寸误差,主要体现在桨叶和桨毂的装配误差上,该装配公差主要有尺寸公差和位置公差;此外,该成型方法对螺旋桨的整体强度与韧性有较大影响,桨叶根部的黏结位置强度难以满足设计要求。而此次研究所设计的模具一次整体成型,既避免了装配误差的存在,又可以保证螺旋桨整体的强度和连贯性,在成型效率上有了极大的提升,大大缩短了成型周期。

(4)模具结构的设计

①模压模具的总体设计

在完成螺旋桨桨叶整体成型设计的基础上,开始螺旋桨整体成型模压模具结构的设计。此次设计应充分考虑模压成型现有的设备条件、工艺性及可操作性等因素。本次研究的螺旋桨尺寸较小,选用350 t压机,下压板固定不动,上压板可在竖直方向上下移动。模具采用固定式压塑模,上模固定在压机上压板上,下模固定在压机下压板上。考虑到压机上压板运动的方向与模压模具斜滑块运动的方向相互垂直,故采用斜导柱的方式来实现模压模具开合,如图5.28所示。上压板下降时通过斜导柱与斜滑块的配合关系带动斜滑块作向心运动,从而提供模压的压力;上升时通过斜导柱与斜滑块的配合关系带动斜滑块作离心运动,完成斜滑块与螺旋桨桨叶的分离,从而达到脱模的作用。

通过分析设计,用三维软件构建的模压模具总体结构模型如图5.29所示。螺旋桨整体成型模压模具的主要组成部分如下。a.成型装置:上模、下模、斜滑块;b.支承装置:固定板、承压块、支承板、垫板;c.加热装置:加热板;d.导向机构:导柱导套。

图 5.28 螺旋桨整体成型模具开合模型

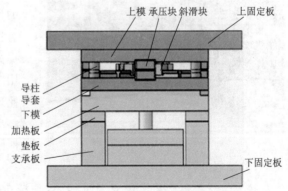

图 5.29 螺旋桨模压模具总体结构图

②型腔设计

通常情况下,复合材料模压模具的结构由上、下模组成,但此次研究的螺旋桨桨叶具有较高的曲率,且桨叶数量较多,分布较为紧密,采用简单的阴阳模来实现径向和轴向加载的难度较大,可能存在负曲率的情况,故而需要对螺旋桨整体结构进行拔模分析。通过分析,发现每相邻两片桨叶之间只有沿径向方向不存在负曲率,如图 5.30 所示。所以可以考虑将每片桨叶分为两部分成型,每相邻两片桨叶之间采用斜滑块来成型各自桨叶的一部分,如图 5.31 所示。由每相邻两个斜滑块来完成一整片桨叶的成型,最终所有斜滑块共同完成整个螺旋桨的成型。

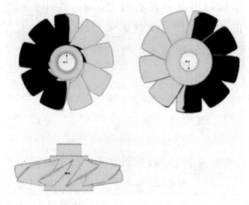

图 5.30 螺旋桨拔模分析

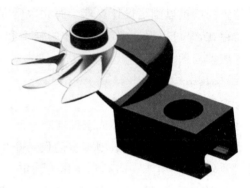

图 5.31 单个斜滑块成型桨叶模型

③流胶槽设计

考虑到成型过程中预浸布中会有少量多余树脂被挤出固化吸附在滑块和导轨上,本次模具在设计过程中,在模压模具斜滑块侧壁设置了流胶槽,如图 5.32 所示。流胶槽对剩余胶液起导流作用,避免其流入导轨和滑块,造成模具难清理的问题,降低对模具表面粗糙度的影响。

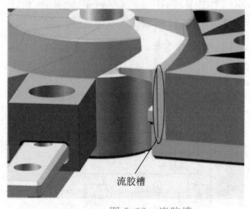

流胶槽

图 5.32 流胶槽

(5)螺旋桨模压模具的制造与成型

本次研究所设计的模压模具要求较高,不仅要求具有很高的刚度和强度,还需要有较高的尺寸精度和表面光洁度,且开模及合模时具有较好的装配精度。所以,一方面采用热处理提高模具的刚度和疲劳强度,对斜滑块表面采用高频淬火,改变其表面的金属组织结构,以此来获取较好的耐磨性和硬度;另一方面,对斜滑块的表面进行镀铬处理,以增强其耐腐蚀性能,进而达到更好的表面质量。

(6)铺层分析

在复合材料螺旋桨模压成型过程中,预浸布铺贴过程也是影响产品质量的关键工序。本次研究主要通过对预浸布厚度、性能的分析,并结合产品外形分析,最终采取阶梯分层铺层设计,运用三维模拟软件对桨叶铺层进行模拟拆分,得出精确的铺层图,并借助专业裁布设备完成裁布工作。在实际铺层过程中,如何保证每层预浸布的位置精确度符合要求,是保证产品精度的一个重要因素。在本次研究中,针对阶梯形铺层设计,采用逐层划线定位的方法,有效地解决了该问题。

（7）精度分析

为了降低复合材料螺旋桨在水中高速旋转时的摩擦阻力,要保证螺旋桨叶片表面的光洁度和精度。本研究中成型桨叶表面主要靠斜滑块完成,故而斜滑块的表面粗糙度设计为 $Ra \leqslant 0.8$,以保证桨叶成型后的表面光洁度和精度要求。对由本模具压制的两件产品进行数据测试,得到表 5.10 所示的测试结果。

表 5.10 两件产品测试数据

产品编号	转子直径/mm	重量/g	叶片型值
1	101.5	141.1	49.1%点为 ± 0.25 mm
			49.6%点为 $0.25 \sim 0.5$ mm
			1.3%点为 $-0.25 \sim -0.5$ mm
			0%点超出 ± 0.5 mm
2	101.5	138.9	57.5%点为 ± 0.25 mm
			33.2%点为 $0.25 \sim 0.5$ mm
			1.1%点为 $-0.25 \sim -0.5$ mm
			8.2%点超出 ± 0.5 mm

5.3 短纤维预混料模压成型

5.3.1 短纤维模压料的组成及制备

1. 模压料的组成

模压料主要是以树脂为基体,浸渍纤维增强材料后得到的中间产物,根据不同需要,可在树脂中加入溶剂、填料等使材料具有某种特性。适用于复合材料模压料的合成树脂应具备以下特点:

①树脂本身或通过处理(例如通过稀释、加热等)后对增强材料具有良好的浸润性,使两者能形成良好的黏结;

②树脂本身或通过处理(例如通过稀释、加热等)后能够具有适宜生产的黏度和流动性;通过辅助装料,在一定压力条件下能够和增强材料一起均匀地充满整个模具型腔;

③具有适宜的固化速度,且固化过程中副产物较少甚至不产生副产物;

④具有满足要求的收缩率;

⑤能够满足模压制品特定的性能要求。

按照上述要求,常用于复合材料模压料的合成树脂有不饱和聚酯树脂、环氧树脂、酚醛树脂、乙烯基树脂、呋喃树脂、有机硅树脂、烯丙基酯树脂、三聚氰胺-甲醛树脂和聚酰亚胺树脂等。其中应用最普遍的是环氧树脂和酚醛树脂。

模压料中常用的增强材料有:玻璃纤维、无捻粗纱、有捻粗纱、连续玻璃纤维、玻璃纤维布、玻璃纤维毡等,有时也可使用两种或两种以上的纤维混杂料作为增强材料。纤维长度是影响模压料质量的重要因素之一,长度过短,增强效果降低;长度过长,将导致模压料生产过程中纤维的严重缠结。一般机械法生产模压料时,纤维长度以 20~40 mm 为宜;手工法生产模压料时,纤维长度以 30~50 mm 为宜。

2. 模压料制备

在模压成型中所用的原材料半成品称为模压料。模压料系用合成树脂浸渍增强材料经烘干(切割)后制成,除树脂及相应的固化剂、促进剂外,常需加入一定量的辅助剂,辅助剂的作用主要是赋予模压料良好的工艺性能及模压制品一些特定的性能。如为提高固化速度,加入一定量的固化剂和促进剂;为改善模压料的充模能力及制品质量均匀性而加入一定量的粉状填料;为使制品具有特定的色泽而加入一定量的颜料;为使制品易脱模而加入一定量内脱模剂等。

模塑料的制备可采用下面两种方法:

预混法:将玻璃纤维短切到一定长度,一般为 15~30 mm,将树脂配成一定浓度的溶液,也可加入某些固化剂、促进剂、稀释剂等,按一定的比例混合均匀,经过捏合、撕松、烘干制成模压料,它的特点是纤维较松散且无定向。

预浸法:将整束的连续玻璃纤维整束地经过浸胶、烘干、切短制成预浸料。它的纤维成束状,每束纤维结合得比较紧密。

3. 模压料的工艺性、流动性和收缩率

模压料的工艺性:主要是指其流动性、收缩率和压缩比。

模压料的流动性:模压料的流动性是指物料在一定温度、一定压力下充满模腔的能力。流动性过大会加入一定成型压力进而导致模压料在模腔内流失,或树脂大量挤出,树脂含量偏低不仅会影响产品的结合强度,还会造成产品内部树脂和纤维的局部集聚。若模压料流动性过小,则产品局部无法充模,会造成缺料,甚至产品成型失败。一般来说,控制模压料中的树脂在模压过程中处于 B 阶初期,有适当的挥发份含量,保持适宜的流动性。同时,纤维长度的增加可以增强制品强度,但是纤维长度增加也会降低模压料的流动性,因此要选择纤维适宜的长度,兼顾强度与流动性。模压料在呈片状和蓬松状态时,会增加物料的流动性,但是太蓬松也会影响制品的装模。流动性是一个重要的工艺特性,而且影响因素很复杂,在制备模压料时要综合考虑各种原材料因素的影响,同时兼顾制品的使用要求。

模压料的收缩率:模压料的收缩率是指模具尺寸与模具成型的模压制品在相应方向的尺寸差,这种收缩现象的产生是由模压制品的热收缩和分子结构收缩所造成的。模压料的收缩率的影响因素很多,包括树脂品种、纤维种类、填料的各类及其含量、模压料质量指标、制品结构及成型工艺条件等,模压料的收缩率一般为 0~0.3%,以 0.1%~0.2%居多。

模压料的压缩比:模压料的压缩比是指在压力矢量方向上压制前模压料坯的尺寸和压制后制品相应方向尺寸的比值,它主要取决于模压料的理化特性(主要是纤维的压缩比)和

成型工艺过程,同时,制品结构对其也有一定影响。例如在设计模具时考虑装模体积一般为产品的体积的 3 倍,当然这也不是绝对的,根据产品的装模要求还有模压料的状态具体调节长模体积;定向铺设模压工艺中,可提前对模压料进行预成型处理,使模压料具有一定量的压缩,模压料之间堆积紧密,压缩比可达到 1.3 左右。

4. 模压料的贮存和存放期

模压料是模压制品制造过程中的半成品,其中树脂具有一定的固化度,模压料本身是处于固态的,为了保证模压料的工艺性能,在一定时期内必须保证模压料具有一个稳定的状态,即要保证树脂在储存过程中的状态在一定范围内保持稳定,故要求贮存室避热、避光、密闭,保持在一定的温度和湿度范围内。

贮存温度则应根据具体材料通过反复实验确定,防止模压料出现发脆、固化度偏高、表面发黏、流胶和变质甚至报废等现象。

新制的模压料起用期为模压料烘干后 3～5 天。经存放后的模压料挥发物含量降低,质量均匀性提高,在一定程度上可以改善模压料的性能。

5.3.2 模压工艺过程

模压工艺过程主要包括模压料的预热、模具预热、模压料装模、升温加压、升温保温等过程。模压料的预热是装模前将模压料预热烘软以利于装模;模具预热,一般与模压料预热温度一致,保证模压料进入模具具有一定的温度,同时提高生产效率;升温加压,一定的升温速度保证模压料内外温度均匀性,在一定温度下加压加速树脂间交联反应以利于模压料充满模腔,升温保温,按一定的升温速度将模腔里的模压料升到一定的温度,保持模压料温度的均匀性,成型温度下保温,使产品反应并达到一定的固化度。有些产品由于结构形式、模具设计、设备等方面的限制,需要将模压料预制成一定的形式才能保证产品最终的成型。

模压工艺过程的简要流程如图 5.33 所示。

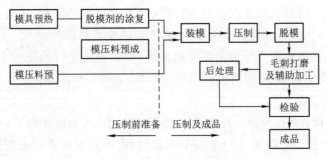

图 5.33　模压成型工艺流程

1. 预热

模压料预热的目的是去除模压料中溶剂及其树脂中或预固化反应过程中的小分子,同时,经过预热的模压料是柔软的,适宜装模料。

（1）预热的作用

①可改善物料在模腔内的流动性,缩短成型周期。

②使模压料进一步干燥,减少或消除模压料中的小分子和挥发分,从而减小制品的收缩率和应力,提高制品的表面质量、精度、尺寸稳定性、密度,进而提高制品的性能。

③可适当降低模压压力。经预热后的物料已经软化,其流动性变好,适宜装模操作,适当的降低压力也可以达到制品正常的性能。

④可降低对模具型腔的磨损,延长模具的使用寿命。

⑤便于实现机械化生产或有利于大批量生产。

(2)预热的方法

预热的方法主要有热板预热法、烘箱预热法、红外线预热法、远红外预热法和高频预热法,本文主要介绍常用的热板预热法和烘箱预热法。

热板预热法:将物料放到电热板上,在压机上下模装上电热板,利用压机加热板上的热量给模压料预热,因此方法操作简便、易行,目前仍被广泛采用。

烘箱预热法:目前,主要采用的预热方法,在模压料不是特别多的情况下将物料放置到电热或远红外烘箱内预热或干燥,烘箱温度为 80~100 ℃,时间为十几分钟到 1 小时,甚至更长的时间。此法预热时间较长,优点是预热温度范围较宽,适用面广,缺点是物料温度不够均匀。

2. 预压

模压成型前,在室温或稍高于室温的条件下,采用液压机将松散的粉状或纤维状模塑料压实成重量一定、几何形状规则的密实体的过程称作预压。预压得到的圆片形、圆盘形、长条状、扁球状、实心体或与制品几何形状相似的模塑料统称为预压坯或预压锭。

(1)预压的特点

①可使模压成型时的加料快、准确而简单,避免了因加料不当而导致的制品的缺陷。

②可有效降低料粒中的空气含量,提高物料的传热效率,有利于提高模具温度,缩短预热和固化的时间,从而提高生产效率。

③通过预压使模压料成为坯件形状,可有效地减少物料的体积,提高制品的质量,也可使加料室深度降低,从而降低模具重量,并节省优质的模具材料。

④通过预压可使物料成为与制品形状相似的料坯,这样进行模压加工时可使凹凸不平的表面易于成型,特别是带有嵌件的制品,经预压后,其受压可更加均匀,这有利于成型形状复杂或带有嵌件的制品。

⑤可有效改善物料的压缩率。经预压后,物料的压缩率可由原来的 2.8~3.1 降至 1.25~1.4,这样,物料受热会更加均匀,对于提高物料流动性、改进黏度有很大帮助,从而可降低成型压力。

⑥可消除粉状模压料在加料时造成的环境污染。

⑦可有效提高预热温度并缩短固化时间。模压料和预浸料由于导热性差,在高温加热时易发生烧焦现象,而预压过的坯料就不会发生此类现象,如酚醛模压料的预热温度不能超过 100~120 ℃,而预压坯料却可在 170~180 ℃ 的高温下预热。

(2)预压的局限性

①增加了设备投资,使成本提高。

②松散度特大的长纤维状模压料预压困难,需用大型复杂的设备。

③不是所有的成型物料都需要预压或都适合于预压的,如成型结构复杂的制品或混色斑纹制品均不宜预压,因为用预压成型的制品的性能不如用粉料的制品性能好。

3. 模压过程

模压过程包括:嵌件的安放、加料、闭模、排气、保压固化、脱模、清理模具等步骤。

①嵌件的安放:嵌件一般由金属制成,可对制品起增强作用,使制品的力学性能提高,但也有为给制品赋予导电、导热特性或其他功能特性而加入嵌件的。嵌件放置前进行预热为佳。

通常是用手放置嵌件的,放置位置要准确、稳定,若是小型嵌件亦可用钳子或镊子安放。

②加料:往模具内加入模压制品所需分量的模压料为加料。加料量的精确度会直接影响制品的尺寸与密度,应严格加以控制。加料方式有手加、勺加、加料设备加料三种;定量方法有质量法、滴定法、计数法三种。质量法准确但较麻烦,多用于尺寸要求精确和难以用滴定法加料的物料,如碎屑状、纤维状物料;滴定法不如质量法准确,但操作方便,一般用于粉料;计数法只用于预压料加料。

采用粉料或粒料时,为了便于排气,宜堆成中间稍高的形式。

③闭模:应注意闭模速度的控制:在阳模未接触物料前,需低压快速,以缩短成型周期,并避免模压料发生固化;当阳模接触物料之后,应放慢闭模速度,改用高压慢速,以避免损坏嵌件,并使模内空气排出。

④排气:为了排除模内的空气、水分及挥发份,在模压过程中,有时还需将模具稍微松动少许以进行排气。排气不仅可以缩短固化时间,而且有利于制品性能和表观质量的提高。排气次数一般为1~2次,每次排气时间为几秒至20秒。

⑤固化:影响固化主要因素为固化时间和固化速度。固化时间取决于模压料的品种、制品的厚度、物料的形式以及预热和模塑的温度,一般由实验方法确定,过长或过短的固化时间,都会影响制品的性能。固化速度的快慢直接影响生产效率,为了加速热固性塑料的固化,有时需加入固化剂,此外,某些无机填料对模塑粉的固化速度也有一定的影响。固化速率不高的塑料也可采用后烘的办法来完成固化。

⑥保压时间:树脂在模内的固化始终是处于高温和高压之下的,从开始升温加压到固化至降温降压所需要的时间称为保压时间,实质上就是保持温度和压力的时间。保压时间与固化速度应一致,保压时间过短,即过早地降温降压,会导致树脂固化不完全,降低制品的力学性能、电性能以及耐热性能,同时制品脱模后还会继续收缩而出现翘曲;保压时间过长,不仅生产周期过长,而且还会使树脂过度交联,导致物料收缩过大,密度增加,树脂与填料之间产生内应力,严重时还会使制品开裂,因此,必须根据模压料性能确定适当的保压时间,过长过短均不适宜。模压时通常将固化时间调节在 30 min 到几分钟不等。

⑦脱模：脱模通常是靠顶出杆来完成的，带有成型杆或某些嵌件的制品应先用专门的工具将成型杆等拧脱，而后再进行脱模。

⑧清理模具：制件脱出后，应认真进行模具的清理。如果模具上的附着物太牢，可以用铜刀或铜刷清理，也可以用抛光剂拭刷。清理后将阴阳模涂上脱模剂便可进行下一轮模压。

⑨制品的后处理：主要包括修整和热处理。修整是去掉毛边。热处理是将制品置于一定的温度下加热一段时间，然后缓慢冷却至室温，这样可以使其固化更稳定更趋完全，同时减少或消除制品的内应力，减少制品中的水分及挥发物，提高制品的耐热性、电性能和强度。热处理的温度一般比成型温度高，而热处理的时间则视模压料的品种、制品的结构和壁厚而定。

5.3.3 工艺参数

影响模压成型的工艺参数主要有模压温度、温度制度、成型压力、加压时机和模压时间。

1. 模压温度和温度制度

模压温度是指模压时所规定的模具温度，它使模压料流动、充模、具有可塑性，同时还提供热固性塑料交联固化所需要的能量。与热塑性塑料不同，热固性模压料的模压温度更为重要，因为热固性树脂在达到一定的温度范围内才能发生交联反应从而固化，低于这一温度，压力再大也难固化。

决定模压温度的因素如下。

①模压料品种：热塑性模压料和热固性模压料。

②模压料的模压温度高于其黏流温度而低于其热分解温度；热固性模压料的模压温度高于其交联温度而低于其热分解温度。

③制件的特点：一般薄料制品采用上限温度，厚料制品采用下限温度，同一制件有厚薄断面分布的取温度的下限或中间值。

④与其他工艺条件相匹配：模压温度不但影响制品的质量，而且制约着模压压力的大小和保压时间的长短。模压温度越高，固化速度就越快，固化时间、保压时间就越短；同时，随着模压温度的升高，树脂的流动性减小，不利于树脂充满模腔，为了模压料完全固化前充满模腔，不仅应控制温度，还应提高模压压力。因此，在模压制品厚度较大时，通常不是提高温度，而是在降低温度的情况下用延长模压时间的方法来压制产品。在同样的保压时间内，模压温度越高，制品固化得越完全，未固化的可熔性树脂越少，制品性能越好。

温度制度包括装模温度、升温速度、成型温度及保温。成型温度主要取决于模压料的品种，升温速度不宜过大，一般 1~5 ℃/min，升温过慢影响生产效率。模压制品在保温结束后，在压力下逐渐降温，脱模温度一般在 60 ℃以下。

常用的几种典型模压料的成型温度和保温时间见表 5.11。

表 5.11　几种典型模压料的成型温度和保温时间

模压料	成型温度/℃	保温时间/(min·mm⁻¹)	模压料	成型温度/℃	保温时间/(min·mm⁻¹)
镁酚醛型	155～160	0.5～2.5	尼龙酚醛型	155±5	1～2
酚醛环氧型	170±5	3～5	F-46/B13 MEA 型	170	>3
氨酚醛型	175±5	2～5	异氰酸酯接枝酚醛/ F-44 型	175±5	1
硼酚醛型	180～300	5～18	甲酚甲醛环氧—酚醛接枝聚合物型	175～180	1
F46 环氧/NA 型	230	5～30	新酚树脂型	170～180	5
聚酰亚胺	350±5	18	—	—	—

2. 成型压力和加压时机

成型压力是指模压时迫使模压料充满型腔并进行固化而施以较高的压力。

一般来说,提高成型压力,可改善流动性,迫使塑料充满型腔,还会使制品更加密实;抵制小分子气体对模压制品质量的影响,成型收缩率降低;可防止制品在冷却过程中的形变,保证制品的外形尺寸。但成型压力太高会影响模具的使用寿命,并增大设备的功率损耗,甚至影响制品性能;成型压力过小难以克服固化反应中放出的低分子物的膨胀,也会降低制品的质量。

成型压力可根据所选用的压机用式(5.1)计算,

$$K \cdot p_{表} \cdot F_{柱塞} = p_{单} \cdot f_{制品} \tag{5.1}$$

式中　$p_{表}$——压机表压,MPa;

$F_{柱塞}$——柱塞截面积,cm²;

$p_{单}$——制品单位压力,MPa;

$f_{制品}$——制品水平投影面积,cm²;

K——压机有效作用系数,粗略计算可设 $K=1$。

模压料在压力作用下充模时,不仅树脂流动,而且玻璃纤维也随树脂流动,使树脂和玻璃纤维同时充填模腔的各个部位。只有当树脂黏度足够大,黏结力又很强,与纤维紧密地黏结在一起的条件下,才能产生树脂和纤维的同时流动。因此模压工艺采用的压力一般比较大,成型压力的大小不仅取决于塑料的品种,而且与制品形状以及与其他工艺条件的匹配性等因素有关。

(1)模压料的品种

通常,流动性越小、固化速度越快、收缩率越大的物料所需要的成型压力越大;反之,所需的成型压力越低。酚醛模压料的成型压力一般为 30～50 MPa,环氧酚醛模压料的成型压力为 5～30 MPa。

（2）制品形状

对于复杂制品或厚度大、成型面积大的制品，其成型压力要适当增加。外观性能及平滑度要求高的制品，也应适当提高成型压力。

（3）与其他工艺条件的匹配

预热的物料流动性好，因此，可以采取较低的成型压力。提高模具温度，可使物料的流动性增大，因此也可以采取较低的成型压力。但模具温度过高，靠近模壁的料会过早地固化而失去降低模压压力的可能性，同时还会因制品局部出现过热而使性能劣化。

加压时机是指装模后在一定时间、一定温度条件下的适宜的加压操作。对大多数模压料而言，装模后即加全压一般难以获得理想的制品，尤其对于一些适于慢速成型的模压料更是如此。因此，选择好的加压时机是非常重要的。加压过早，此时树脂固化交联反应程度低，物料流动性大，在压力的作用下，物料流失严重，模压制品易产生树脂富集、局部缺胶、纤维外露等问题；加压过晚，树脂固化交联程度大、凝胶即将完成、物料流动性差、不易充模，同样得不到理想的制品。只有当树脂反应程度适中，分子量增加所造成黏度适度增加，即将凝胶而尚未凝胶时，加压才能使树脂本身既能在热压下流动，而又同时使纤维等随同树脂一起流动，才能得到符合要求的制品。几种常用模压料的加压时机见表 5.12。

表 5.12　几种常用模压料的加压时机

模压料		加压时机
镁酚醛模压料（快速成型用）		合模 10～50 s 成型温度下加压。加压方式：多次抬模放气，反复充模
616 酚醛模压料（慢速成型用）		在 80～90 ℃装模后，经 30～90 min，在(105±2)℃下加全压。加压方式：一次加全压
环氧酚醛模压料	小制品	在 80～90 ℃装模后，经 20～40 min，在(105±2)℃下加全压。加压方式：一次加全压
	中制品	在 60～70 ℃装模后，经 60～90 min，在 90～105 ℃下加压。加压方式：一次加全压
	大制品	在 80～90 ℃装模后，经 90～120 min，在 90～105 ℃下加全。加压方式：一次加全压

3. 模压时间

模压时间是指物料在模具中从开始升温、加热、加压到完全固化为止的这段时间，其长短对制品的性能影响很大。模压时间过短，树脂固化不完全（欠熟），制品的物理、力学性能差，外观无光泽，脱模后易出现翘曲变形等现象；增加模压时间一般可以使制品的收缩率和变形减少，当然制品的其他性能也有所提高，但过分延长模压时间，不仅会使成型周期延长，降低生产率，多耗热能和机械功，而且会使塑料过热、制品收缩率增加、表面灰暗并起泡、性能下降、树脂和填料之间产生内应力，严重时还会造成制品开裂，因此应合理规定模压时间。

模压时间与模压料本身的性质、制品形状和厚度、模具结构、模压工艺条件（模压温度、成型压力)以及操作步骤（是否排气、预压、预热)等有关。

①树脂本身的性质：一般,交联速度快的物料的模压时间短。

②制品的形状、厚度：一般,形状复杂的制品或厚度大、成型面积大的制品所需要的模压时间长。

③模压工艺条件：一般,模压温度升高,固化速度加快,所需要的模压时间减少,因而模压周期随模温的升高而缩短。模压压力对模压时间的影响虽不及温度那么明显,但模压时间也随模压压力的增大而有所减少。

④操作步骤：由于预热减少了塑料的充模和升温时间,所以模压时间比不预热短。

5.3.4　典型短纤维模压成型实例

1. 玻纤增强酚醛树脂的模压成型

采用模压法可制造各种各样的玻纤增强酚醛复合材料工业零部件,如齿轮、滑轮、带轮、汽车与仪器零部件、泵体、阀门件和导弹火箭零部件等。对这些工业零部件最突出的性能要求是：具有优良的力学性能、良好的耐热性、电绝缘性、耐腐蚀性和耐烧蚀性等。

(1)镁酚醛预混料的模压成型工艺

镁酚醛预混料的典型模压成型工艺为：物料在 $90\sim110$ ℃下烘干 $2\sim4$ min 后立即在冷预成型模内预压成坯料,在 $80\sim100$ ℃下将坯料预热 $5\sim15$ min,成型时上、下加热板的温度为 $160\sim180$ ℃,成型压力为 $29.4\sim39.2$ MPa,装模后即加全压,保压 $10\sim15$ s 后,在 1 min 内连续加压、卸压 $1\sim3$ 次进行排气。

一般每毫米厚制品的保温时间为 1 min。然后在成型温度下脱模,脱模后的制品进行去毛边等后加工。

(2)镁酚醛预浸料的模压成型工艺

预浸料的典型工艺为：将玻璃纤维束从纱架导出,经集束环进入胶槽,于常温下进行浸渍,浸渍后的纤维立即进入烘箱于 $100\sim160$ ℃烘干,干燥后的预浸料进入切割机,切割成所需要的长度,然后进行模压成型。

镁酚醛预浸料的典型模压成型工艺为：成型时的模具温度为 $155\sim160$ ℃,成型压力为 $39.2\sim49$ MPa,入模后 $0\sim50$ s 内加压,压制时放气 $3\sim6$ 次,保温时间一般为 $0.5\sim2.5$ min/mm,成型温度下脱模。

2. 玻纤增强环氧树脂的模压成型

实际上,玻纤增强环氧复合材料使用的基体树脂是环氧-酚醛树脂,因此,它具有与玻纤增强酚醛复合材料相似的特点和用途,但相比之下,玻纤增强环氧复合材料具有更高的冲击强度,但耐热性和耐腐蚀性偏低。两者的制备工艺也基本相同,只是玻纤增强环氧复合材料的模压压力较低。

①原料及配方

配方Ⅰ　634♯环氧树脂：616♯酚醛树脂＝6∶4;

　　　　二硫化钼(填料)：树脂质量的 4%,可提高制品的耐磨性;

丙酮(稀释剂):树脂质量的 100％；

玻璃纤维:模压料质量的 60％。

配方Ⅱ　648♯环氧树脂

　　NA 酸酐:树脂质量的 8％；

　　二甲基苯胺:树脂质量的 1％；

　　丙酮(稀释剂):树脂质量的 100％；

　　玻璃纤维:模压料质量的 60％。

②工艺流程基本同制备玻纤增强酚醛复合材料。

③工艺基本同制备玻纤增强酚醛复合材料,但模压成型时的压力较低,为 14.7～29.4 MPa。

3. 聚苯醚的模压成型

将 10％～18％聚苯醚的苯溶液浸渍的玻璃布按热固性模压料的层压工艺进行压制。玻璃布含胶量控制在 35％±5％,烘干温度为 70～110 ℃。

模压工艺为:模温升至 250 ℃时保温 5 min,压力为 6 MPa,连续升温至 300 ℃,保温 1 h,然后自然冷却至 180 ℃,通冷却水冷至室温、脱模。

5.3.5　短纤维模压成型制品常见问题分析

短纤维模压制品的常见缺陷及可能的产生原因及预防措施见表 5.13。

表 5.13　短纤维模压成型制品的常见问题分析

常见缺陷	产生原因	预防措施
外形尺寸超差	工装模具尺寸精度加工偏差	修正工装模具
	预浸料叠层数量控制不严	严格控制预浸料叠层数量
	热压机工作平台不平行	校正工装平台精度
翘曲变形	结构件厚薄差异	改进制品结构设计及成型工艺
	固化度偏低	调整及控制固化工艺或采取后固化
	固化成型各区域温度不匀	检查、调整加热装置
	预浸料挥发份含量偏大	充分晾置或采用预热处理
	脱模工艺不合理	改进脱模工艺或增设脱模工装
裂纹	制品结构铺层不妥	改进制品结构设计及铺层工艺
	脱模工艺不合理	改进脱模工装及脱模工艺
	工装模具结构不合理	改进模具结构形式(合理设置排气口及流胶槽)
	预浸料挥发份含量大	控制环境温度、湿度,对预浸料进行充分晾置及预热处理
孔隙	纤维线密度不匀,预浸料质量不稳定	控制预浸料质量
	预浸料挥发份含量大	控制环境温度、湿度,对预浸料进行充分晾置及预热处理
	加压时机不当	严格控制加压时机,不能过早或过晚加压

续表

常见缺陷	产生原因	预防措施
分层	铺层时未充分压实	铺层时采取工艺措施保证层间压实
	铺层时预浸料上有污染物	严禁将脱模剂或油污物粘在预浸料上,操作时应使用防护用品,防止污染预浸料
	固化压力不够或脱模不当	控制固化压力,改进脱模工艺
	制品胶、铆连接时应力集中	改进操作工艺,避免加工时应力集中现象
疏松	铺层时未充分压实	铺层时采用辅助工装使预浸料压实
	预浸料数量不足或加料不匀	控制预浸料数量,均匀加料
	固化加压时机控制不到位	调整加压时机
富树脂	预浸料树脂含量过高	调整预浸料制备工艺参数
	未采用预吸胶工艺	控制预吸胶压实工艺
	工装模具加工精度有偏差	修正工装模具,控制加工精度要求
	固化加压时机不当	合理控制加压时机
贫树脂	树脂基体含量过低	提高树脂基体含量,调整预浸料制备工艺
	加压过早,树脂基体流失过多	合理控制加压时机
	工装模具加工尺寸精度有偏差	控制工装模具加工精度

5.3.6 国内外模压研究现状

目前,随着金属加工技术、压机制造水平及合成树脂工艺性能的不断改进和发展,压机吨位和台面尺寸的不断增大,模压料的成型温度和压力的相对降低,模压成型制品正逐步向大型化发展,目前已能生产大型汽车部件、浴盆、整体卫生间组件等。

据 1997 年 4 月在巴黎召开的第 32 届"欧洲复合材料与先进材料与加工工程科学"会议报道,德国的凯瑟斯劳腾复合材料研究所研制了一种双面传送压机,可以压制聚合物基复合材料连续薄板。该研究所用纤维布和热塑性树脂膜用连续等压工艺压制出浸渍质量良好的宽达 600 mm 的预浸带。压机的主要工作参数为温度 410 ℃、压力 5.5 MPa。预压带在加热条件下,可在 1 min 的时间内模压或冲压成最终的制品,形成集预处理、塑化、模压和后加工一条龙的生产线。

张秀菊等采用模压成型法制备聚乳酸/细菌纤维素及其衍生物复合材料。将粉料在自制模压模具中于 170 ℃熔融,将熔融形成的坯体切成两段,再放入模压模具中于 100 ℃、1.8 MPa 条件下保持 5 min,冷却脱模,即得到压实并有一定取向结构的样条。细菌纤维素质量分数为 5%时,复合材料的压缩模量可提高 35%,极限压缩模量达到了 87.1 MPa。何春霞等分别采用层铺模压成型和混炼模压成型制备了聚丙烯(PP)木塑复合材料,研究发现,与层铺模压成型木塑复合材料相比,混炼模压成型木塑复合材料的力学性能和抗吸湿吸水性能较好,且复合材料的填充材料与基体混合均匀,两相界面之间结合良好。赵佳等在 3.6 MPa 的初始模压压力下,分别改变了模压温度、模压时间和冷却方式,对超高相对分子质量聚乙烯(UHMWPE)进行了模压成型,研究发现,模压温度过高或模压时间过长均会导致 UHMWPE 的结晶度降低,耐磨性能变差。

5.4 BMC 的模压成型

块状模压料的英文全称为 bulk molding compound,简称 BMC,是用预混法制成的热固性树脂模压料,因模压料呈块团状,故也称料团。BMC 的成型方法与热固性模压料的模压成型或传递模塑成型是一致的,属于高压压制成型,但近年来发展了用低压法成型 BMC。

BMC 模压成型的特点是:节约物料,其费料量通常只占总用料量的 2%~5%;虽含有大量的玻璃纤维,但却不会导致纤维的强烈取向,故制品的均匀性、致密性较高,残余内应力较小;填料和纤维很少断裂,故制品可以保持较高的力学性能和电性能;压制时的流动长度相对较短,故模腔的磨蚀不严重,模具的保养成本较低;成型制品所产生的飞边很薄,而且也易于用滚轮抛光等方法将其修饰除去,故整个制品的成本较低;与注射成型相比,所采用的成型设备、模具等的成本较低,因此整个制品的成型成本也较低。

5.4.1 BMC 预混料的组成及制备

BMC 预混料一般是由不饱和聚酯树脂、无机填料、增强材料、引发剂、着色剂和润滑剂等组成的。制备 BMC 模压料的工艺流程为:首先将树脂、交联剂、增稠剂、脱模剂、低收缩添加剂、填料等组分在混合釜中混合成树脂糊,为了解决浸渍玻璃纤维时要求树脂黏度低、模压成型时又要求模压料黏度高这一对矛盾,往往还需加入增稠剂。增稠剂用量一般为 3%,应用较多的有三种类型:①Ca,Mg 的氧化物和氢氧化物系统;②MgO 与环状酸、酐的组合系统;③LiO 和 MgO 的组合系统。第一类应用最普遍、也最重要。钙、镁的氧化物和氢氧化物系统能增加稠化速度,但不可能获得最大的黏度,而酸和酐的增稠系统可获得较高的极限黏度。加入 5% 质量分数的低密度聚乙烯粉(颗粒直径小于 30 μm)可减少收缩引起的缺陷,如使用液态丙烯酸单体,在聚酯反应放热时,丙烯酸单体发生均聚作用并发生泡沫状地吸着物,这些泡沫状吸着物在生成时可能产生压力,因而阻止了聚酯的收缩。

料团模压料的增强材料有玻璃、石棉、剑麻及各种有机纤维。短切玻璃纤维是用连续纤维束的短切原纱,一般为 1.3~1.6 cm,最长为 3.0 cm。剑麻纤维可制成流动性良好的模压料,适用于制造不需要有高度防水性但又大而较复杂的零件。用尼龙碎布可制得耐水性和耐污染性优良、电性能良好、成本低廉、表面光滑的模压品,但模压料松散。纤维经热处理后用切丝机切成一定的长度,其与树脂糊的混合一般由捏合机来完成,在捏合过程中主要需要控制的是捏合时间和树脂体系的黏度。其中捏合时间长短尤为重要,不仅影响纤维强度,还会影响浸润以及混料的均匀性。混合后的 BMC 须用聚乙烯薄膜袋封存,一般可在室温下存放 3 周~4 周。

5.4.2 工艺过程

BMC 的模压成型原理及其工艺过程与其他热固性塑料的模压成型基本相同:压制时,将一定量的 BMC 放入已预热的压模中,加压、加热,固化成型为所需制品。

BMC 模压成型的工艺流程分为成型前的准备、模具预热和嵌件的安放、压制成型和制件的后处理以及模具的清理等工序。

1. 成型前的准备

成型前首先应计算投料量并称量,因为装料量的准确可保证制品几何尺寸的精确,防止出现过多或过少而增加废品量及材料的浪费,从而节省材料、降低成本。因模压制品的形状和结构比较复杂,其体积的计算既烦琐又不一定精确,因此装料量采用估算的方法。

2. 模具的预热和嵌件的安放

对 BMC 来说,由于其在配制时已加有足够的内脱模剂,再加上开模后制件会冷却收缩而较易取出,因此,一般不需要再涂覆外脱模剂。在 BMC 的压制成型中,装模操作是否得当、合理直接影响物料在模腔中的流动性及制品的质量。尤其对形状和结构都比较复杂的制品的成型,装模操作尤为重要。一般情况下装模操作是用人工将压实而且质量与制品相近的整团 BMC 物料投放到压模型腔的中心位置上;将 BMC 挤实成团块状有利于气体的排出,减少起泡现象。装模应注意的是不可将 BMC 料分成若干块投放到模腔中,这样可能会在分成块的物料会合点处出现熔接线,影响制品质量。

3. 压制成型

投料完成后开始闭模压制。在这过程中应注意闭模速度控制。在阳模未触及物料前,加快闭模速度;当模具闭合到与物料接触时,应放慢闭模速度。主要是因为 BMC 的固化速度非常快,防止物料出现过早固化,防止高压对物料及嵌件的冲击,并能充分排气。模腔中的 BMC 在一定温度和压力作用下熔融流动,充满整个模腔,再保持一定时间,待其完成了物理和化学反应而固化、定型并达到最佳性能时,应立即开模脱出制品,从而缩短成型周期。

4. 制件的后处理以及模具的清理

后处理是修整去除压制好的制品的毛边并进行辅助加工制得各种形状制品的操作。

制件脱模后,应认真进行模具的清理。为防止损伤模腔表面,清理模具一般要采用压缩空气、毛刷和铜质的非铁工具。模具清理后对易黏模处可涂刷一定量的脱模剂,然后仔细地检查模腔内是否还有其他外来物存在,做完上述工作后,即可进行下一轮的模压操作。

5.4.3 工艺参数

在模压成型过程中,BMC 模压料中的树脂将经历黏流、胶凝和固化三个阶段,而树脂分子也将由线性分子变成不溶、不熔的体型结构。与一般热固性模压料的模压成型相似,影响BMC 压制成型的工艺参数主要有成型压力、成型温度、成型时间、锁模速度等。

1. 成型压力

在 BMC 模压成型过程中成型压力的作用是:克服模压料在模内流动时的内摩擦力、模压料与模腔内壁之间的摩擦力,使模压料充满模腔;克服模压料加热时挥发物产生的蒸气压力,从而得到结构密实的制品。主要包括模压压力的大小、加压时机和卸压放气三个方面。

模压成型过程中成型压力的大小与模压料的品种、模压制品的结构和尺寸、模具类型以及制品质量要求等有关。正常情况下所需要的压力只是一般热固性模压料压缩模塑压力的1/4~1/2;对于相同组分的 BMC 模压料,成型压力的大小主要取决于制品的结构和尺寸,以及其他工艺条件;不同模具类型影响压力大小,溢式塑模比半溢式塑模需要的压力小。压制成型表面质量要求高的制品也需要使用比较高的成型压力。

模压成型过程中提高成型压力,压制时料的充填精度就越大,提高充模速度,缩短成型周期,提高制品的致密性和质量;但过高的压力会引起溢料和产生过多的飞边,甚至造成黏模而使脱模困难。

合理的加压时机是确保模压制品质量的关键之一。加压时机主要取决于模压料的品种、装料前模压料的质量指标及装模温度等。最佳的加压时机应在树脂发生剧烈固化反应放出大量气体前,一般,BMC 模压料的加压时机是:装模后在模压料温度达到引发剂的适宜温度 40~60 s 后加压。

2. 成型温度

在模压成型过程中,随着温度的升高,模压料逐渐从软固态变成黏流态,温度达到一定程度后,树脂的固化反应开始,模压料的黏度升高,最终变成不溶不熔的固体。在这一过程中,各个阶段所需要的热量是不同的,这就需要控制相应的温度指标,包括装料温度、升温速度、模压成型的温度、恒温温度、降温速度和后处理温度等。对于 BMC,模压成型的温度是最重要的,它的高低取决于物料的类型、配方、所使用的成型压力、制品的结构和尺寸、收缩的控制、流动条件以及有无预热等。模压成型的温度越高,固化速度就越快,生产效率就越高,但过高的成型温度会引起 BMC 的组分分离。因为在高温下树脂的黏度过低,在锁模加压时树脂就会离析出来。但要使制品获得好的表面质量,就要使用较低的模压温度。另外,对一些深型腔、形状复杂而壁薄的制品,为防止制品表面出现开裂,也需要采用较低的成型温度;对于较厚的制品,为获得更为均匀的固化速度,也需要降低成型温度。

一般情况,在模压成型过程中,上、下压模通常采用相同的温度,但有时为了方便脱模,或是为了使脱模时制品能黏附在某一半模具上,可使两半模具的温度有所差别,一般,压机的上下模温度差为 5~15 ℃。

3. 成型时间

在压制成型时,过度固化和固化不完全都会影响制品的质量。与一般热固性模压料不同,所有级别的 BMC 在压制成型时的固化速度都很快,这样,成型时其从欠固化状态能迅速地过渡到完全固化状态,会出现气泡或表面没有光泽的现象,可调整固化时间而消除该现象、达到制品质量要求。一般可根据制品厚度确定固化时间,厚度为 3 mm 的制品的固化时间约为 3 min,6 mm 的为 4~6 min,12 mm 的为 6~10 min。

4. 锁模速度

由于 BMC 具有快速固化的特性,因此,在向模腔投放物料后应进行快速合模成型。速度过慢,模腔中的物料有可能提早发生局部的胶凝固化,在制品较薄处该现象更为明显;速度过快会使物料组分分离,还会出现排气不畅、夹气甚至出现"焦痕"等缺陷。一般采用由快到慢的锁模速度,合模整个过程应控制在 50 s 内。对于玻璃纤维含量高于 25%或壁厚小于 4.8 mm 的模压制品,为保持良好的纤维分布,获得较好的制品质量,可使用高达 17 500 mm/min 的合模速度。

5.4.4 典型 BMC 模压成型实例

首先将表 5.14 配方中的不饱和聚酯树脂和低收缩剂及其他助剂先在高速打浆机中充分打散、搅拌制备成黏稠糊状材料;接下来将配方中的粉体填料投入捏合机中打散搅拌均匀,然后将准备好的糊料倒入捏合机中,进行充分的捏合拌和,大致 40 min 完成液固两相的材料实现均匀混合;而后将配方中 12 mm 的短切玻璃纤维撒落在搅拌后的膏体上,同时要确保膏体已拌匀,大致进行 7～8 min 的拌和,拌和需强有力,直至所有玻纤都被拌和均匀的膏体包覆浸渍即可,不宜过久,不然折断玻纤很容易引起材料降解,导致 BMC 材料强度降低;最后倾倒出所有材料,称重后分装入不透气的薄膜包装袋中并密封,常温下自然熟化 48 h 以上即可使用。

表 5.14　BMC 量产配方比例

物料配方项目	配方比例/%	物料配方项目	配方比例/%
不饱和聚酯树脂 B	18.3	脱模剂(硬脂酸锌)	1.5
低收缩剂(40%聚苯乙烯)	6.2	氢氧化铝	45
引发剂(TBPE+TBPO)	0.5	碳酸钙	8.5
色膏	0.5	12 mm 玻璃纤维	20

BMC 材料的模压成型工艺参数主要包括模具温度、模压压力、排气次数和成型周期。

①模具温度:模压成型过程中时,要求 BMC 在模具温度作用下,能够进行完全固化并使尺寸稳定且要求。根据材料特性,并考虑成型周期,模具温度一般控制在 145～155 ℃。通常模具温度太低则材料无法固化完全导致强度不足,而温度过高则需要长周期的模具冷却,造成成本增加,但是高模温通常能得到较好的表面,因此需要结合产品特性定义合适的模具温度。

②模压压力:BMC 材料在模具中的流动性差,交联固化快,模具结构复杂,因此模压压力要求使用较高压力,一般设置为 80～120 MPa。

③排气次数:由于 BMC 固化会有气体产生,因此需要在成型过程中进行排气,通常为 1～2 次。

④成型周期:由于产品的大小和复杂程度不同,固化时间的差异,同时前后处理时间不同,重点是保证固化完全满足最优的性能,同时控制称料和后处理时间,通过树脂配方调整,可降低固化时间提高固化速度,从而降低成型周期。

5.4.5 BMC 成型制品的主要缺陷

聚合物基复合材料 BMC 成型制品的常见缺陷、可能的产生原因及预防措施见表 5.15。另外,制品可能还有划痕,发白,发黏等原因,通过材料配方的调整,结合模具和工艺,都能在一定程度上解决产品缺陷,满足客户的要求。

表 5.15　BMC 成型制品的常见问题分析

常见缺陷	产生原因	预防措施
烧焦	水分、空气、苯乙烯等低分子挥发物在产品的密闭空间内未能及时排出,制品高温下被点燃,气体聚集处发生烧焦现象; 排风太小,不利于排气	增加料流的距离,减缓料流的速度,使气体能否从模具边排出; 增加气体汇聚处排风进行排气; 预压后使用开模排气的方式
气泡针孔	出现气体导致制品表面气泡,当直径很小的细孔聚在一起就形成针孔; 料团过分干硬致使料流不稳定	保证玻纤间隙的填充; 保证原料干燥; 应尽量减慢合模速度; 减少引发剂或阻聚剂的使用量; 制品尽量保证壁厚一致
熔接痕	过长的料流距离与分块的铺料方法; 零件脆弱的部位,在熔接处玻纤不易形成搭接和架桥	料团直接加到易发生熔接痕的部位降低合模速度,降低模温; 在易发生熔接痕的部位事先放置特定的玻纤网或编织纱
制品机械性能不足	各部位玻纤含量不同; 材料在成型中的取向不同	保证各部位的玻纤含量均匀; 根据制品要求放置材料
固化不完全	温度不足或模具表面有冷区; 引发剂的添加量不足; 引发剂活性低; 阻聚剂过多	提高模具温度; 增加引发剂量; 使用活性高的引发剂; 减少阻聚剂用量
翘曲	机械强度低,尺寸易变化; 固化后的制品收缩或膨胀过多	增加模温和保压时间; 使用冷定型夹具能阻止翘曲变形

5.4.6　国内外 BMC 模压研究现状

　　传统的 BMC 模压产品属于热固性产品,且配料时加入了较多的填料,纤维的含量较低,在产品中的保留长度较短,这导致和 BMC 模压产品的力学性能和环保性能等均难以达到轨道交通等应用领域的要求。BMC 模压产品逐渐由热固性材料向热塑性材料转变,同时新的应用需求也刺激了 BMC 模压成型的相关设备及基体材料等方面的发展。在模压设备方面,针对热塑性材料的特点,开发出了高速压机及快速加热设备等装备;在基体材料方面,已广泛应用的玻纤毡增强热塑性塑料片材(GMT)、粒料型长纤维增强热塑性材料(LFT-G)、直接成型长纤维增强热塑性材料(LFT-D)等常见材料。

　　国内外科研机构及企业和个人对 BMC 及各组分进行深入研究并取得的一定的进展。如 KuBota 利用热扫描研究了填料对反应速率的影响。他认为由于双键体积减小,填料的加入可延长贮存时间,降低固化度。Han 和 Lem 在等温条件下研究不饱和聚酯树脂微粒的固化反应动力学的影响因素。通过研究发现填料的加入虽然降低了固化度,但是也增加了固化反应速率。加入低收缩剂后,在等温和非等温条件下的固化率和最终固化度均降低。罗林等利用填料的级配原理将碳酸钙和空心玻璃微珠混合填充的方法制备了低密度团状模压料,因为单纯的空心玻璃微珠能降低密度,但是随着填料的含量增加,其力学性能也会下降,所以通过合理的级配,在兼顾强度和密度时,他采用了玻璃微珠和碳酸钙的质量比为 1∶5,粒径比为 400∶800 的填充方式。综上,除了设备研究,国内外研究者主要还对材料中的三种主要成分树脂基体、填料和短切玻璃纤维进行了研究,以达到各种需求,扩大材料的应用领域。

BMC 作为一种优异的高耐热性、高强度、低收缩性、高阻燃性能及耐电压性能的绝缘材料,在电机、家用电器、中低压电器、精密仪器、汽车等领域有着广泛的应用。随着配方技术及成型技术的不断成熟,以及人们对于电工绝缘材料要求的提高,BMC 材料越发显示出卓越的优越性,并且其应用领域也在不断扩大。

BMC 材料目前主要的开发方向为:①高强度化,通过改进 BMC 配方,选用高强度的不饱和聚酯树脂等实现高强度,目前部分 BMC 可达到和 SMC 接近的高强度;②受环境污染影响,越来越多的企业投入到无卤阻燃技术的研发中;③为了满足客户的体验要求,低压断路器等开关也要求有良好的外观;④向低密度、低成本和快速固化的 BMC 方向发展,适应轻量化需求,降低生产周期,提高效率,提高市场竞争力。

5.5　SMC 的模压成型

SMC 模塑料模压成型的原理为:首先将 SMC 模塑料裁剪成所需要的形状,然后确定加料层数,揭去两面的薄膜,叠合后放在模具内,按规定的工艺参数压制成型。其工艺过程与热固性塑料和 BMC 的模压成型相似,但 SMC 的成型压力要比 BMC 稍高。作为一种发展迅猛的新型模压料,SMC 具有许多特点,具体表现在:重现性好,不受操作者和外界条件的影响;生产工艺简单、方便;生产环境清洁、卫生,改善了劳动条件;流动性好,可成型异形制品;模压工艺对温度和压力的要求不高,可变范围大,并可大幅度降低设备和模具的费用;纤维长度为 40~50 mm,质量均匀性好,适宜于压制截面变化不大的大型薄壁制品;制品表面光洁度高,尺寸稳定性好,采用低收缩添加剂后,表面质量更为理想;生产效率高,成型周期短,易于实现全自动机械化操作,生产成本相对较低。

5.5.1　SMC 的组成及准备

SMC 的组分包括合成树脂、增强材料和辅助材料三部分。

SMC 用热固性树脂多为不饱和聚酯树脂,不同的不饱和聚酯树脂对树脂糊的增稠效果、工艺特性,以及制品性能、收缩率、表面状态有不同的影响。热塑性树脂有聚丙烯、聚氯乙烯、尼龙、聚碳酸酯、聚酯、聚苯乙烯等。目前使用较多并已产品化的热塑性基体主要是聚丙烯(PP)、聚对苯二甲酸乙二醇酯(PET)、聚碳酸酯(PC)等,其中聚丙烯由于其综合性能优良,价格低廉而成为 GMT 用量最大的热塑性基体材料。

增强材料为短切纤维粗纱、原丝或连续随机玻纤毡,短切玻璃纤维是以原丝或无捻粗纱为原料,短切成 6~25 mm 的丝段。连续随机玻纤毡的典型代表是连续原丝针刺毡。针刺毡是从许多玻纤原丝筒上退解出来抛置在一运动的网带上形成一定厚度,借助双面针刺机从两面进行针刺,从而形成三维结构的连续原丝毡。

随着轨道交通、商用车、船舶、体育器材等领域对高强的模压制品需求日益增长,压制板材类复合材料成为兼具结构与功能性的轻质高强材料,促进了增强材料向环保友好性、可回收、高强度、高模量的方向发展和升级。目前我国已拥有比较完整的模压材料产品系列,可以提供客户不同需求的玻璃纤维增强材料。

最近的新发展是将短切纤维直接灌积到树脂—填料基体中,而无须将预制毡片浸渍,这种纤维长度可在 5 cm 以内。纤维在 SMC 的片材中有三种不同的排列方式:在 SMC-R 中,纤维为短切纤维无规分布。在 SMC-CR 中,纤维有两种形式:一种是无规分布的短切纤维;一种是平行于 SMC 片材长度方向的连续纤维。在 SMC 中,连续纤维不平行于 SMC 片材长度方向,而是与其形成一定的角度,连续纤维之间也有一定的夹角。

辅助材料包括增稠剂、表面处理剂、引发剂、交联剂、阻聚剂、低收缩添加剂、填料、内脱模剂和着色剂等,各组分有各自的作用。

适用的交联剂为分子中含有双键的低分子量物质,常用的有苯乙烯、甲基丙烯酸甲酯、乙烯基甲苯、氯化苯乙烯、邻苯二甲酸二烯丙酯、三聚氰酸三丙烯酯和 3-甲基 1,4,6-庚三烯等,随着交联剂用量的增加,树脂糊的初始黏度降低。

SMC 所用的引发剂为过氧化物或氢过氧化物,适用的品种有过氧化苯甲酰(BPO)、过氧化苯甲酰叔丁酯(TBP)、过氧化二异丙苯(DCP)、过氧化氢异丙苯(DHP)等烯烃类聚合用引发剂。固化剂的用量与 SMC 的贮存稳定性、模压成型的温度和模压周期等密切相关,故应视具体情况而定。

阻聚剂最常用的是对苯二酚,其用量一般只占树脂用量的 0.02%~0.05%。SMC 在制备时要求树脂的黏度较低,以利于对增强材料的浸润,而在模压时又要求模压料的黏度较高,以便于模压操作并使制品的收缩率降至最低,因此,应加入增稠剂。此外,增稠剂对 SMC 的贮存稳定性也有显著的影响。

SMC 常用的无机增稠剂为氧化镁、氢氧化镁和氧化锌等;常用的有机增稠剂为和氧化镁一起使用的有机酸类化合物、聚酯粉末增稠剂和异氰酸酯增稠剂。SMC 常用的内脱模剂为硬脂酸锌。

5.5.2 工艺过程

SMC 模压成型的工艺流程如图 5.34 所示,其流程在成型、脱模、修整等工序与 BMC 相同,因此 SMC 工艺过程仅将成型前准备和加料进行详细的说明。

成型前准备主要包括树脂糊的制备、上糊操作、纤维切割沉降及浸渍、树脂稠化等过程。首先制备好混合均匀的树脂糊,树脂糊的制备方法有间歇法和连续法两种。间歇法是按配方将物料依次加入配料釜中混合均匀;连续法是将 SMC 配方中的树脂糊分作两部分分别混合,然后将两部分树脂再混合均匀后输送到 SMC 机组的上糊区;接着将混合均匀的树脂糊涂覆到聚乙烯薄膜上;纤维的切割沉降是指将连续纤维引入三辊切割器中被切割成要求的长度,然后依靠其自重在沉降室内自然沉降,将涂覆有树脂糊的承载薄膜在机组的牵引下进入沉降室以使切割好的短切纤维均匀沉降在树脂糊上,达到要求的沉降量后离开沉降室进入一系列辊阵中被压实,接着进行收卷、熟化与存放。

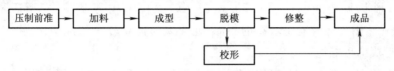

图 5.34　SMC 整体模压工艺流程

对于 SMC 的模压成型,成型前还要进行 SMC 模压料质量检验准备。检验的项目有:固化特性、玻璃纤维含量、黏度、片材质量、制品密度、制品表面硬度、力学性能、其他性能(如制品外观、尺寸稳定性、耐腐蚀性等);接着,按照制品的结构形状、模腔特点和 SMC 的流动性等要求来确定 SMC 各片的形状,然后按制品表面投影面积的 40%～80% 确定剪裁尺寸;根据 SMC 的材料特点,选择合适的压机,选择原则主要有:具有较大的工作台尺寸;工作台应具有较高的平行度和刚度,以保证大型薄壁制品的厚度均匀性;具有较大的行程。

压制时将剪裁好的 SMC 片材按设计要求组合后放入模具中,一般情况下,SMC 的装料量按制品体积的 1.5～2.0 倍计算。

5.5.3　工艺参数

SMC 模压成型的工艺参数有成型温度、成型压力、固化时间、加料面积和锁模速度等。

1. 成型温度

SMC 模压成型时的成型温度高低取决于 SMC 所用树脂的固化特性、引发剂的活化温度、制品的厚薄、生产效率、制品的结构和尺寸等,成型温度必须保证固化体系反应、交联反应的顺利进行和实现完全的固化。

一般情况,厚度大的制品所选择的成型温度比薄壁制品低,以防止过高的温度在制品内部产生过度的热累积。例如,制品厚度为 25～32 mm 时,其成型温度为 135～143 ℃,而更薄的制品就可在 171 ℃ 下成型。当成型温度提高时,固化时间缩短;反之,当成型温度降低时,固化时间延长。对于成型过程,较低的成型温度可获得较长的胶凝时间且更易避免产生预固化。在某些情况下,如深拉形制品的成型和利于排气需要特别缓慢的速度闭合以使被困的空气排出成型,一般应选用较低的成型温度。总之成型温度应在最高固化速度和最佳成型条件之间进行权衡选定。

一般认为,片状模塑料的成型温度在 120～155 ℃ 之间。应避免在高于 170 ℃ 下成型,否则在制品上会产生鼓泡。温度低于 140 ℃,固化时间将增加。

温度低于 120 ℃ 时,不能确保基本的固化反应顺利进行。在控制成型温度时,应十分注意控制阴、阳模,必须保持一定的温度差,一般情况下,阴模应比阳模高 5.5 ℃ 左右。

2. 成型压力

成型压力与树脂料团的性能、制品的结构要求和模具的结构有关。

成型压力与料团的树脂类型、增稠程度、流动性有关。片状模塑料的成型压力比聚酯料团的成型压力稍高。片状模塑料的增稠程度越高,流动性越差,制品成型所需的成型压力越大。加料面积越小所需的成型压力越大。

成型压力因制品的结构、形状、尺寸、平滑度而异。形状简单的制品,仅需 2.5～3 MPa 的成型压力;形状复杂的制品,如带加强筋、翼、深拉结构等制品,成型压力可达 14～21 MPa。外观性能及平滑度要求高的制品,在成型时需要较高的成型压力,但过高的压力会增加缩孔形成的可能性。

成型压力的大小也与模具的结构有关。水平分型模具所需成型压力大于垂直模具成型压力,配合间隙较小的模具所需的成型压力大于间隙较大的模具。

总之,成型压力的确定,应考虑多方面的因素,一般情况,成型压力在 3.5～7 MPa 之间。

不饱和聚酯 SMC 模塑料的成型压力主要取决于制品的结构和尺寸,形状简单的制品,其成型压力一般为 2～3 MPa;形状复杂的制品,如带加强筋翼及深槽结构的,其成型压力高达 14～21 MPa。

3. 固化时间

片状模塑料在成型温度下的固化时间与它的性质及固化体系(固化剂种类和用量)、成型温度、制品厚度和颜色等因素有关。

固化时间一般按 40 s/mm 计算。对于 3 mm 以上厚制品,有研究者认为,每增加 4 mm,固化时间增加 1 min。

4. 加料面积

SMC 模压成型时的加料面积与 SMC 模压料的流动性、制品形状和模具结构有关,通常 SMC 的加料面积为制品投影面积的 40%～80%,流动性好时可适当取低值。

5. 锁模速度

SMC 成型对锁模速度的要求比预浸料严格,锁模速度通常分为高速、中速和微速三个阶段,这就需要预先确定各速度的运行区间(高度范围),其中微速锁模阶段最为重要。要调节好各阶段的速度,必须综合考虑 SMC 的装料高度、增稠情况、制品形状等因素。一般地,SMC 的模压是在装料后 40～60 s 开始锁模。

5.5.4　实例

1. SMC 预浸料的制备

(1)将树脂糊的各成分按比例加入乙烯基酯树脂中,混合搅拌均匀,因树脂糊所用溶剂为丙酮,所以要在常温下抽真空以保证丙酮充分除尽。铺好两层 PE 薄膜,在薄膜上画好 600 mm×600 mm 的正方形区域,将配制好的树脂糊分别均匀涂抹在两层 PE 薄膜上。

(2)在其中一张涂有树脂糊的薄膜上均匀撒上短切碳纤维,过程中一定要保持纤维均匀分布,之后将另一张涂有树脂糊的 PE 薄膜盖在上面,用浸渍辊反复辊压 40 min,以保证树脂能够充分的浸渍纤维。

(3)将制备好的预浸料放入 50 ℃烘箱中增稠熟化 48 h,以充分保证熟化完全,熟化完成后即可进行模压工序。

控制碳纤维的体积分数为40%,换算成质量分数为60%,具体配方见表5.16。

表5.16 SMC的主要配方

成分	配方/%	重量/g
Palapreg P 104-02(双酚A型环氧乙烯基酯树脂)	100	400
CF(12 mm)	60	240
阻聚剂(TBPB)	1.5	6
引发剂	0.05	0.20
增稠剂(MDI/MgO)	6/2.4	24/9.6
内脱模剂(Znst)	1.5	6

注:TBPB——过苯甲酸特丁酯;MDI——二苯基甲烷二异氰酸酯;TDI——甲苯二异氰酸酯;Znst——硬酯酸锌。

2.压制前的准备

(1)对SMC预浸料进行检查,确认树脂对纤维的浸渍状况,树脂体系的增稠状况,PE薄膜能否轻松揭开等;

(2)预浸料剪裁,先通过计算得出加料量,一般为保证模压阶段预浸料能够充分充模,需控制加料量为制品质量的1.05倍,控制剪裁尺寸为模压板表面积的35%~45%,先裁剪出一块样料,再按照其裁剪,尽量避开树脂对纤维浸渍不好的区域;

(3)准备模具,将模具进行清洗,均匀涂抹外脱模剂三次,以保证成型后能顺利脱模,并于120 ℃下预热模具。

板材的压制使用小型平板硫化机,使用时调节压力至5 MPa,待模具预热之后,加入事先裁好的预浸料,控制加料面积为模具表面积的35%~50%,这是由于加料面积过大可能阻碍气体的排出,导致气泡留在材料内部形成孔洞,影响力学性能,而加料面积过小则会影响纤维分布。加料时,应将较大的预浸料放在下面,较小的预浸料堆叠其上,一起放入模腔的中部。之后快速合模加压充模并且升温至145 ℃,保压20 min完成固化,等模具冷却之后脱模即得到制品。

5.5.5 常见弊病及产生原因

在SMC生产过程中的常见弊病、发生的原因及解决问题的途径见表5.17。

表5.17 SMC生产过程常见问题分析

常见弊病	可能的原因	解决方法
薄膜打皱	薄膜张力过低	增加薄膜张力
	展幅辊贴合不良	增加膜与辊的接触面
	展幅辊排列不良	调整展幅辊
	薄膜卷与膜行程方向不成直线	调整薄膜卷
	薄膜在刮糊区打皱	清洁刮糊区

常见弊病	可能的原因	解决方法
薄膜撕裂	侧挡板和薄膜之间间隙不够； 薄膜卷边缘损伤； 填料结块或含有杂质	升高侧挡板； 更换薄膜卷； 过滤树脂糊
树脂糊出现沟状涂敷	填料结块或有杂质	再混合,过滤树脂糊
干纤维	纤维积块从切割器上坠落； 贫树脂或富玻璃； 树脂糊黏度太高； 浸渍辊数量不足； 化学预增稠； 在沉降区有涡流； 静电累积	安装吹气系统； 调节树脂糊的喂入； 检查糊的触变性； 控制配糊室的湿度； 增加浸渍区辊； 安装抗静电杆； 所有机架和辊接地
纤维分布不均匀	粗纱间隔不均； 粗纱数量不足； 侧挡板调节不当； 切割器下有气流； 切割器粗纱排列过窄； 侧挡板调节不当； 不均匀粗纱排列	重新排列粗纱； 在纱架上增加粗纱股数； 调节切割器侧挡板； 密闭落料斗机架,消除气流； 加宽切割器的粗纱排列； 再调节切割器上的侧挡板； 调节切割器粗纱排列
长纤维	切割器操作不当	更换切割器刀片、更换切割器磨损的辊套、增加切割器辊套的压力
纤维在切割器机架和辊上堆积	静电过强； 粗纱在纱架、导钩等处磨损	调节静电消除器； 检查粗纱接触点处的粗糙度
纤维和 SMC 之间有空气	浸渍辊压力不足； SMC 富树脂边缘	增加辊的压力； 调节成边缘有少量干纤维
纤维浸渍性差	玻璃纤维成黏不均匀； 树脂糊黏度过高； 浸渍辊压力不足	检查静电和切割器状况； 降低树脂糊黏度； 增加浸渍辊压力
局部小径纤维浸渍不良	粗纱间隔不当； 树脂糊在薄膜上涂敷不均匀； 浸渍辊压力不均匀	重新调节导梳上纤维间隔； 检查刮刀装配情况； 检查浸渍辊上有无杂物堆积
在收卷区有挤出物	收卷张力过大； 对宽度而言薄膜太窄	降低收卷张力； 用更宽的薄膜
在收卷区呈伸缩状或卷成蛋形	收卷张力过大； 收卷机和机组排列直线度差	降低机器收卷张力； 使收卷和机组排列成直线

续表

常见弊病	可能的原因	解决方法
面重不适当	玻璃纤维或树脂的量需要调整； 机组校准不正确； 树脂糊组分比例不当	提高切割器速度； 再校准机组各参数； 检查树脂糊的相对密度

5.5.6 国内外 SMC 模压研究现状

国内外研究者在片状模塑料方面也做了深入研究。瞿国芳等对使用快速固化引发体系和高填充体系进行深入研究，使得片状模塑料保压时间下降 40% 以上，填料加入量增加了 25%，保持拉伸强度和弯曲强度基本不变，冲击韧性提高 11.8%。对体系的研究可以从根本上使得材料的性能得到提高。季伟等研制出新型 SMC 复合材料油底壳，应用在重型汽车发动机上，并且通过密封性能测试、冷热交变耐受性测试、静载荷测试、整车碰撞测试、噪声测试、道路试验等各项性能指标测试，SMC 复合材料油底壳不仅达到了发动机的使用要求，而且使得车身减重约 25%，并且降低整车噪声 0.5 dB。H Xu 等利用综合计算材料工程（ICME）方法建立了一个基于纤维方向张量预测的虚拟 DIC 程序，并对拉伸模量进行了预测，减少了 SMC 制备过程中的实验数量，加速了材料成型。Mark Bruderick 等就某类车型所用的碳纤维增强片状模塑料的结构、材料选取以及力学性能等进行了研究。选用的两种材料分别是：2 mm 随机分布的 12k 短切 PAN 基碳纤维增强乙烯基酯树脂片状模塑料和连续单相碳纤维经编织增强乙烯基酯树脂复合材料，选用新材料在力学性能方面取得了良好的结果。陈元芳等通过正交试验探讨了不饱和聚酯片状模塑料（SMC）模压成型工艺参数对制品冲击强度的影响，得到了优化的成型工艺参数：模压温度 155 ℃、保压时间 4 min、合模时间 7 s。为实际生产节省了时间，提高了 SMC 制品成型率，制品性能稳定，降低了生产成本。

SMC 虽然起源较晚，但由于其表现出来的轻质高强的优异性能，其在汽车各方面得到了广泛的应用。SMC 专注于片状模塑料的增强体优选，开发出通用型 SMC、结构型 SMC、功能型 SMC 等片状模塑料。通用型 SMC 片材主要替代原有的装饰件以及非承力结构，利用玻璃钢轻质高强、可设计、易成型的特点，替代原有钢材，减轻零部件的重量。如内装饰板、仪表盘、车灯、车门内把手、转向杆、引擎盖、顶盖、后备厢周边、地板等。结构型 SMC 片材为汽车提供结构件所需的强度、刚度等力学性能，为高强 SMC。树脂基体采用高性能乙烯基酯树脂以及环氧树脂，主要用于车身、框架、底盘、保险杠、车门、车篷顶盖、阻流板、翼子板、座椅骨架等，对 SMC 片材提出了更高的机械性能需求，碳纤维/环氧 SMC 在此领域具有显著优势。功能型 SMC 是针对特殊性能需求的材料，如耐温、防腐蚀、高韧性等，主要由树脂基体决定，如发动机罩、齿轮箱壳体、齿轮箱罩、导风罩、水箱、风扇盖板、排水管接口、天然气气瓶等需要耐高温、耐湿热、防腐蚀要求；保险杠需要高韧性。功能型 SMC 能很好地满足相应的性能需求。

由上可知，国内外对 SMC 的研究集中在模压料的配方改性研究，开发不同类型的模压料如阻燃型 SMC、高强型电气用 SMC、阻燃型电气用 SMC,以及开发更多品类的 SMC;SMC 向低温、低压、低成本、低密度和快速成型等方向发展。

5.6 层压成型

层压成型是指将浸过树脂的玻璃布或其他织物裁剪成制品所需的尺寸和形状,并叠合到所需的层数,然后放入金属模具内成型玻璃钢制品的一种方法。这种方法较适用于大型薄壁制品或一些形状简单、要求特殊的制品。

5.6.1 层压板的组成

层压板主要有热固性和热塑性两种,热固性层压板的浸渍方式以预浸渍为主,预浸料主要由树脂和纤维组成,该类层压板主要由热固性树脂和增强纤维组成。热塑性层压板的浸渍方式大致可分为两类:预浸渍和后浸渍(混合法),该类层压板主要由热塑性树脂和增强纤维组成。

1. 预浸料的组成

层压板的基体树脂种类较多,如环氧树脂、聚苯并噁嗪树脂、酚醛树脂、双马来酰亚胺、聚酰亚胺树脂、氰酸酯树脂、聚苯酸、聚四氟乙烯等热固性树脂。树脂基体在玻纤布层压板中发挥着重要的作用,在改善玻纤布层压板的性能时,一般可通过研究树脂基体来对层压板进行改进。树脂不仅与玻纤布具有黏结作用,还可使层压板具有优异的力学性能、介电性能等其他性能。

玻纤布作为增强材料,其应用比较广泛。玻璃纤维的主要成分为 SiO_2,并且有少量的 Al_2O_3、B_2O_3、CaO、MgO 等。按其各自性能,玻纤布可分为如下四种:开纤加工的玻纤布、低热膨胀系数的玻纤布、低介电常数的玻纤布和紫外线屏蔽的玻纤布等。

2. 预浸料的制备

预浸渍工艺通常是指增强材料已经被树脂基体很好地润湿和浸渍,实现了"层内复合"的浸渍方法。该工艺方法包括溶液浸渍法和溶融浸渍工艺。

3. 后浸渍料的制备

混合法通常是指增强材料与基体树脂以固体形式相混合制成混合料。这种混合料可用于成型各种制品,在成型过程中实现纤维的浸渍,故称为后浸渍工艺。该工艺方法包括纤维混合法、粉末混合法、Fit 法和薄膜叠层法四种。

5.6.2 工艺过程

层压板的工艺过程主要有胶黏剂的制备、玻璃布的处理、预浸料的制备以及层压板的压制等过程。

1. 胶黏剂的制备

按照配方比例将树脂、溶剂、阻燃剂、固化剂和促进剂等物料混合制成混合料。

2. 玻璃布的处理

玻璃布在生产过程中通常会加入蜡来提高编织时的效率,加入的蜡会影响玻璃布的浸润性,使玻璃布与树脂不能很好地结合。除蜡处理主要有热处理法,即在 400 ℃将玻璃布烧 45 min,然后冷却至室温。处理后的玻璃布呈现棕黄色。另一种方法为化学处理法,目的是提高与树脂的界面结合性。目前用得比较多的是用偶联剂处理 40 min,再在 100 ℃烘箱中烘干 3 h,密封保存。

3. 预浸料的制备

层压板压制所需的预浸料通常称为上胶坯布,上胶坯布在生产中,浸胶质量主要受胶黏剂的黏度、车速和浸胶温度的影响。

胶黏剂的黏度要适中,若黏度过大,则胶黏剂对玻璃布的浸渍效果差,生产出的上胶坯布表面容易产生浮胶;若黏度过小,则上胶坯布的胶含量容易出现偏小的情况,从而影响到层压板压制,压制出的层压板会出现加工分层、电性能严重下降的后果。

车速主要影响玻璃布在浸胶槽的浸润时间,车速过快,胶黏剂与玻璃布浸润时间不够,容易产生浮胶,上胶坯布的挥发物含量也会升高;车速过慢,树脂固化过多,使后续可反应的树脂比例降低,所以,要合理控制生产车速。

浸胶温度主要影响上胶坯布的挥发物含量和可溶性树脂含量,浸胶温度偏低,上胶坯布烘烤不足,会导致挥发物含量偏高;浸胶温度偏高,则上胶坯布烘烤过度,会导致可溶性树脂含量偏低,影响后续板材的压制。

4. 层压板的压制

将制备好的上胶坯布按照厚度要求进行叠合,叠合的上胶坯布放置在热压机上采用热压工艺压制成层压板。按照特定的工艺,通过热压机将上胶坯布层与层之间压制、黏合起来,压制成板材的过程。

5.6.3 工艺参数

层压板的工艺参数主要有层压温度、成型压力、保压时间和降温速度等因素。

1. 层压温度

随着层压温度的提高,大分子链段逐渐松弛,基体的流动性明显增强,树脂与纤维间形成良好的界面黏结,基体树脂能够很好地通过界面将弯曲应力传递到纤维,因此弯曲强度和弯曲模量得到了提高。另外,树脂流动性的增强在一定程度上会使树脂在板材的层间分布更加均匀,因此,板材的层间剪切强度得以提高。但是当成型温度过高时,基体树脂长时间处于高温环境下,树脂本身力学性能降低,过早的基体破裂会导致外加载荷不能有效地传递到纤维,因此板材力学性能降低。

2. 成型压力

随着成型压力的增加,树脂流动性增强,树脂对纤维的浸渍效果得到了提高,增强了树脂和纤维之间的界面黏结强度。因此,弯曲强度和弯曲模量明显提高;另外,压力增大有利于树脂在层间流动,使层压板材层间结合更加紧实。

3. 保压时间

一定的保压时间,可以使树脂达到完全熔融,熔融态时,树脂与纤维充分接触,在外加载荷的作用下,树脂基体可以有效地传递应力至纤维,从而充分发挥纤维的增强作用。保压时间过长,树脂基体性能下降严重。在外加载荷的作用下,树脂基体的过早断裂易导致应力不能有效地由树脂传递到纤维,以致材料过早失效,因此复合材料的弯曲性能下降。

4. 降温速度

随着冷却速度的增加,球晶尺寸减小,球晶间的空隙增大;同时,冷却速度增加,基体树脂结晶时间减小,结晶度降低;另外,冷却速度过快,会导致板材内部 PP 树脂结晶不够均匀,层压板材内部产生残余内应力。因此,板材的弯曲性能和层间剪切强度性能随着冷却速度的增加明显下降。

5.6.4 实例

按照配方比例,在 1 000 mL 三口烧瓶中加入环氧树脂和甲苯,升温、搅拌、待温度升至80 ℃后,加入含磷阻燃剂 DOPO 型环氧树脂和促进剂,继续升温至 110 ℃待甲苯回流,回流反应 2 h,制备阻燃环氧树脂胶黏剂。

1. 预浸料的制备

采用平纹编织和高力学性能两种玻璃布作为补强材料,浸渍制备好的胶黏剂在 110～150 ℃烘干,控制上胶坯布的三大技术指标:胶含量 37.9%、挥发物含量 0.52% 和可溶性树脂含量 95.1%。

2. 环氧树脂玻璃布层压板的制备

将制备好的上胶坯布按照厚度要求进行叠合,采用表 5.18 所示的压制工艺在热压机上压制成环氧树脂玻璃布层压板。

表 5.18 压制工艺参数

压制阶段	压制参数		
	单位压力/MPa	温度/℃	时间/min
预热阶段	1～2	100～120	30～40
热压阶段	7～9	170～180	120～150
冷却阶段	7～9	冷却至 70 ℃以下	30～60

5.6.5 国内外层压板的发展

1956 年环氧树脂得到了开发和应用,继而通过热压工艺制备的环氧树脂基玻璃布层压板也相继得到发展及广泛应用。我国电子和电工用层压制品开始逐步得到发展,耐高温、高强度、高绝缘性以及满足不同使用要求的层压制品相继出现。不同树脂基体的玻纤布层压板具有广泛的用途,如三聚氰胺玻纤布层压板,其优点是强度高,阻燃性和耐弧性较好,极其适用于船用电器。环氧酚醛树脂基玻纤布层压板、二苯醚玻纤布层压板、聚酰亚胺玻纤布层压板等,介电性能良好,耐热性以及阻燃性较好,因此可应用于绝缘材料中。其中环氧酚醛树脂基玻纤布层压板产量最大并且应用广泛。玻纤布层压板综合性能比较优异,因此在化工、建筑、电机车、汽车、船舶电气、电子电器和宇航等工业中得到了广泛的应用。层压板已形成了比较完整的系列,作为一种新型工程材料不可或缺。随着电子电气工业领域的发展,作为印刷电路使用的覆铜箔层压板也得到了迅速发展。但随着科技的发展,对层压板树脂基体提出了更高的要求。热塑性树脂也相继得到了迅速发展,如热塑性聚酰亚胺,聚芳醚树脂等都在覆铜箔层压板及热塑性层压制品领域得到了应用。

模压成型工艺具有成型效率高、产品尺寸稳定性好等优势,在复合材料制件成型中,SMC 和 BMC 是应用比较典型和成熟的模压成型工艺。随着模压制件应用领域的拓宽,如新能源汽车行业的开发,使传统模压工艺在装备技术、增强材料和树脂体系等方面均产生了新的发展和变化。装备技术的发展助推了改进型 GMT、热塑性片材、复合纤维织物等新型模压材料的发展;模压成型工艺向低 VOC、低气味、高色泽、高耐黄变方向发展;模压技术向低温、低压、低成本、低密度和快速成型等方向发展。

参考文献

[1] 韩克岑,张颖.复合材料结构数字化设计与制造[J].航空制造技术,2006(1):50-52.

[2] 燕瑛,王正龙,刘秀之.复合材料结构数字化设计与工艺制造一体化技术研究及应用[J].航空制造技术,2007(8):46-48.

[3] 赵渠森,杨国章.复合材料飞机构件制造技术[M].北京:国防工业出版社,1989:3-12.

[4] YE X G,FU J Y,LEE K S. Automated assembly modelling for plastic injection moulds[J]. The International Journal of Advanced Manufacturing Technology,2000,16(10):739-747.

[5] WU S H,LEE K S,FUH J Y. Feature-based para-metric design of a gating system for a diecasting die [J]. The International Journal of Advanced Manufacturing Technology,2002,19(11):821-829.

[6] 李桂东,周来水,安鲁陵,等.复杂曲面零件可加工性分析的多属性评价算法研究[J].中国机械工程,2009,20(3):315-319.

[7] 乔立红,马涛,汪叔淳.毛坯可制造性分析中的多属性评价算法研究[J].机械工程学报,1999,35(4):42-46.

[8] PIEGL L A,WAYNE T. Computing offsets of NURBS curves and surface[J]. Computer Aided Design,1999,31(2):147-156.

[9] 吴宝海,王尚锦.基于自适应采样的自由曲面偏置算法[J].工程图学学报,2003(1):86-92.

[10] 来新民,黄田,陈关龙,等.自由曲面数字化的自适应规划[J].上海交通大学学报,1999,33(7):837-841.

[11] LI S Z. Adaptive sampling and mesh generation[J]. Computer Aided Design,1995,27(3):235-240.

[12] 邢丽英,蒋诗才,周正刚.先进树脂基复合材料制造技术进展[J].复合材料学报,2013,30(2):1-9.

[13] 贾丽杰.树脂基复合材料结构固化变形的研究进展[J].航空制造技术,2011,15:102-105.

[14] 岳广全,张嘉振,张博明.模具对复合材料构件固化变形的影响分析[J].复合材料学报,2013,30(4):206-210.

[15] 傅承阳,李迎光,李楠娅,等.飞机复合材料制件热压罐成型温度场均匀性优化方法[J].材料科学与

工程学报,2013,31(2):273-304.

[16] 晏冬秀,刘卫平,黄钢华,等.复合材料热压罐成型模具设计研究[J].航空制造技术,2012,7:49-52.

[17] 谭志恒.热固性塑料模压成型工艺参数的研究[J].绝缘材料,2001,6:36-37.

[18] 路明坤,张惠,王兆慧.树脂基复合材料模压工艺加压时机优化研究[J].纤维复合材料,2005,3(1):34-36.

[19] 谢怀勤,陈辉,方双全.聚合物基复合材料模压成型过程固化度与非稳态温度场的数值模拟[J].复合材料学报,2003,20(5):74-77.

[20] BARBERO B R,URETA E S.Comparative study of different digitization techniques and their accuracy[J].Computer Aided Design,2011,43(2):18-20.

[21] 吴光林,严谨.船用螺旋桨的应用与发展趋势[J].广东造船,2008(4):49-51.

[22] 洪毅.复合材料船用螺旋桨结构设计研究[D].哈尔滨:哈尔滨工业大学,2006.

[23] 季洋阳,田桂中,周宏根.船用螺旋桨先进制造技术研究进展[J].舰船科学技术,2015,37(5):9-15.

[24] 张鸿名.船用复合材料螺旋桨成型工艺研究[D].哈尔滨:哈尔滨工业大学,2009.

[25] 骆海民,洪毅,魏康军,等.复合材料螺旋桨的应用、研究及发展[J].纤维复合材料,2012(1):3-6.

[26] 张帅,朱锡,孙海涛,等.船用复合材料螺旋桨研究进展[J].力学进展,2012,42(5):620-633.

[27] 陈晴.船用复合材料螺旋桨性能预报及优化设计[D].上海:上海交通大学,2013.

[28] 沈军,谢怀勤.航空用复合材料的研究与应用进展[J].玻璃钢/复合材料,2006(5):48-54.

[29] 张建国,岳金,宋春生,等.碳纤维复合材料螺旋桨铺层角度研究[J].武汉理工大学学报(信息与管理工程版),2014(2):207-210.

[30] 施军,黄卓.复合材料在海洋船舶中的应用[J].玻璃钢/复合材料,2012(1):269-273.

[31] 吴健,曹耀初,李泓运,等.碳纤维船用螺旋桨叶片疲劳性能试验研究[J].玻璃钢/复合材料,2016(10):80-83.

[32] 孙娜.船用螺旋桨的曲面造型及加工仿真研究[D].大连:大连交通大学,2010.

[33] 佚名.玻璃钢螺旋桨建造规程(草案)[J].玻璃钢/复合材料,1977(4):28-31.

[34] 张孝深.成型 FRP 螺旋桨用 FRP-石膏水泥复合结构模具的制造[J].玻璃钢/复合材料,1985(1):47-48,26.

[35] 李泓运.复合材料螺旋桨的设计研究[D].中国舰船研究院,2014:3-11.

[36] 张鑫玉,高婷,朱坤,等.复合材料螺旋桨整体模压成型模具设计技术研究[J].玻璃钢/复合材料,2019(6):111-114.

[37] 刘雄亚,谢怀勤.复合材料工艺及设备[M].武汉:武汉理工大学出版社,2015:99-134.

[38] 刘亚青.工程塑料成型加工技术[M].北京:化学工业出版社,2006:207-260.

[39] 沃西源,薛芳,李静.复合材料模压成型的工艺特性和影响因素分析[J].高科技纤维与应用,2009,34(6):41-44.

[40] 陈广建.模压与烧结工艺相结合在生产滤波器用 PTFE 类异形支撑件(介质)中的应用[J].机电信息,2017(12):103-105.

[41] 周曦亚.复合材料[M].北京:化学工业出版社.2004.

[42] 曾庆文,姚远,张玺,等.模压及其增强材料发展动向[J].玻璃纤维,2016(4):1-11.

[43] 陈婷.浅谈树脂基复合材料的成型工艺[J].山东工业技术,2015(14):6.

[44] 黄家康.我国玻璃钢模压成型工艺的发展回顾及现状[J].玻璃钢/复合材料,2014(9):24-33.

[45] 史红瑞.喷管模压成型过程温度控制系统的研究[D].太原:太原理工大学,2008.

[46] 于浩低.压片状模塑料模压工艺研究[D].武汉:武汉理工大学,2006.

[47] T.G古托夫斯基编,李宏运等译.先进复合材料制造技术[M].北京:北京化学工业出版,2004.

[48] 赵秋艳.复合材料成型工艺的发展[J].航天返回与遥感,1999,20(1):41-46.

[49] 张秀菊,林志丹,李帅,等.模压成型制备聚乳酸/细菌纤维素衍生物复合材料[J].塑料,2010,39(5):62-64.

[50] 何春霞,侯人鸾,薛娇,等.不同模压成型条件下聚丙烯木塑复合材料性能[J].农业工程学报,2012,28(15):145-150.

[51] 赵佳,薛平,王苏炜.模压成型工艺对 PE-UHMW 结晶度和耐磨性能的影响[J].工程塑料应用,2014,42(12):47-51.

[52] WANG S B,GE S R. The mechanical property and tribological behavior of UHMWPE:effect of molding pressure[J]. Wear,2007,263:949-956.

[53] 刘红燕.塑料加工成型技术现状及研究进展[J].合成树脂及塑料,2017,34(6):93-96.

[54] 陈宇飞.高性能聚合物基复合材料[M].北京:化学工业出版社,2010:144-233.

[55] 曾灿文.BMC 在断路器等低压电器上的应用研究[D].厦门:厦门大学,2017.

[56] 叶鼎铨.国外纤维增强热塑性塑料发展概况(I)[J].玻璃纤维,2012,6(4):33-36.

[57] 夏涛,汪辉,黄欣.连续纤维增强热塑性塑料开发动向分析[J].玻璃纤维,2014,6(6):6-10.

[58] KUBOTA H. Curing of highly reactive polyester resin under pressure:Kinetic studies by differential scanning calorimetry[J]. J. Appl. Polym. Sci. ,1975,19(8):2299.

[59] 陈红.2005-2006 年国外不饱和聚酯树脂工业进展[J].热固性树脂,2007,22(2):46-50.

[60] LEM K W,HAN C D. Thermokinetics of unsaturated polyester and vinyl ester resins[J]. Polym. Eng. Sci. ,1984,24(3):175-184.

[61] 罗林.低密度团状模塑料的制备与研究[D].武汉:武汉理工大学,2008.

[62] 黄家康,沈玉华.玻璃钢模压成型工艺[M].北京:中国建工出版社,1982:50-300.

[63] 刘雄亚.复合材料新进展[M].北京:化学工业出版社,2001:10-11.

[64] 王淑红,金政,汪成.先进聚合物基复合材料及应用[M].哈尔滨:哈尔滨地图出版社,2009:126-128.

[65] 余剑英.GMT 复合片材的开发与应用[J].化学建材,1999(1):28-29.

[66] 沈雁.SMC 玻璃纤维质量特性及其生产工艺控制[J].玻璃纤维,2017(4):9-12.

[67] 李文中.SMC 快速固化体系与模拟仿真研究[D].武汉:武汉理工大学,2007.

[68] 国威.低收缩添加剂对碳纤维 SMC 性能影响的研究[D].哈尔滨:哈尔滨工业大学,2018.

[69] 翟国芳,罗庆君,陈晖,等.快速固化高填充 SMC 研究[C].玻璃钢/复合材料学术年会,2012:213-215.

[70] 季伟,王亓召,李浩.SMC 复合材料在重型汽车发动机油底壳上的应用研究[J].重型汽车,2012(6):20-21.

[71] XU H. Modeling and Simulation of Compression Molding Process for Sheet Molding Compound (SMC) of Chopped Carbon Fiber Composites[J]. SAE International Journal of Materials & Manufacturing,2017,10(2):1946-3987.

[72] BRUDERICK M. Application of carbon fiber SMC for the 2003 dodge viper[J]. Sampe Journal,2004(2):13-22.

[73] 陈元芳,李小平,宫敬禹.SMC 模压成型工艺参数对成型质量的影响[J].工程塑料应用,2009,37(4):39-41.

[74] 江真.短切碳纤维/乙烯基酯树脂片状模塑料拉伸性能分析[D].哈尔滨:哈尔滨工业大学,2018.

[75] 金良,刘世强,茆凌峰.SMC树脂在汽车轻量化中的应用[J].玻璃钢/复合材料,2017(4):16-22.

[76] 卢昆.轨道交通应答器用片状模塑料的制备及应用研究[D].长沙:湘潭大学,2016.

[77] 谢鹏飞.玻纤布增强新型杂环聚芳醚树脂基层压板的研究[D].大连:大连理工大学,2013.

[78] 张晓明,刘雄亚.纤维增强热塑性复合材料及其应用[M].北京:化学工业出版社,2007:50-200.

[79] 马鹏,盘毅,刘含茂,等.高性能无卤阻燃环氧树脂玻璃布层压板的研制[J].山东化工,2016,45(22):29-31.

[80] 万明,方立,周天睿,等.聚丙烯自增强复合材料层压板的制备和性能研究[J].工程塑料应用,2016,44(2):40-45.

[81] 曾铮,郭兵兵,孙天舒,等.连续玻纤增强聚丙烯混纤纱织物层压成型工艺研究[J].玻璃钢/复合材料,2018(1):79-84.

[82] 方立,周晓东.连续玻璃纤维增强聚丙烯拉挤棒材的性能稳定性[J].玻璃钢/复合材料,2013(Z3):13-16.

[83] 周天睿,方立,万明,等.连续CF增强PEEK复合材料层压板的制备工艺[J].工程塑料应用,2016,44(7):52-56.

第6章 拉挤工艺

6.1 工艺介绍

6.1.1 发展概述

拉挤工艺是一种生产 FRP 线性型材的成型方法,它是在牵引装置的带动下,将无捻玻璃纤维粗纱和其他连续增强材料进行胶液浸渍、预成型,然后通过加热的成型模具固化成型,从而实现 FRP 制品的连续生产。它不同于其他生产玻璃钢成型工艺的地方是外力拉拔浸胶玻璃钢纤维或织物,挤压通过加热模具成型、固化形成断面形状固定不变的玻璃钢制品。

拉挤工艺早在 1948 年已有人研究,1951 年首先在美国注册,取得专利,20 世纪 50 年代末期趋于成熟,60 年代以后发展迅速,70 年代初进入结构材料领域。这是由于连续纤维毡和螺旋无捻粗纱机的出现,拉挤制品由简单的型材发展到可生产宽为 1 m 以上的中空制品,同时,由于高频加热和树脂固化体系的改进,生产速度可达 3~4 m/min,突破了只能生产几何形状规整、大小尺寸不变的传统拉挤工艺的限制。此后,拉挤工艺成了一种广泛应用的工艺技术,并逐渐引起社会各界的重视。伴随着原材料以及设备制造水平的提高,拉挤工艺的许多关键技术取得了重大突破,已在世界范围内获得了迅速的发展和应用。90 年代初期,美国已出现曲面型材的拉挤技术,其产品主要应用在汽车制造业中。

我国拉挤玻璃钢成型工艺的研究起步不算晚。1968 年北京二五一厂以拉挤法生产了玻璃钢管,1974 年拉制出了槽形玻璃钢型材,1982 年拉制出了体操器材双杠、高低杠的横杠,并试制成功了以酚醛树脂为基体的电机槽楔。20 世纪 70 年代武汉工业大学以拉挤法生产了小直径圆截面拉杆与天线。以上产品都是采用国产树脂和玻璃纤维原料,自己摸索工艺技术与装备研究开发的拉挤技术。自 1985 年以来,从国外引进拉挤成型玻璃钢生产线 30 多条,有关单位还结合生产实际,消化吸收国外技术自行设计、加工生产线 70 条,全国拉挤玻璃钢成型总生产能力近 3 万余吨。20 世纪 90 年代初,石油天然气总公司湖北沙市钢管厂与秦皇岛耀华玻璃钢厂分别以引进技术与自行研制相结合,开发生产石油开采抽油杆,受到石油部门的认可,已用于实际生产。20 世纪 90 年代,我国拉挤玻璃钢业迎来了第一个春天,大小拉挤厂纷纷建立,开始研制用拉挤法生产玻璃钢门窗型材。经过近十年的刻苦研究,我国玻璃钢门窗技术已进入成熟阶段。经《国家建筑工程质量监督检验中心》和《国家建筑工程质量监督检验中心》分别对玻璃钢型材和窗户的检测,结果均达到了国家门窗标准。哈尔滨玻璃钢研究所大力研发拉挤技术,其在《纤维复合材料》刊物上发表的文章为航空部门等多家引用。中意玻璃钢公司时任董事长岳红军主编的《玻璃钢拉挤工艺与制品》一书出版,这是国内迄今唯一关于拉挤工艺的专著,至今仍对拉挤技术进步起促进作用。无锡一民营企业开发了蔬菜大棚竿拉挤在线覆膜技术。由武汉理工大学设计、哈尔滨玻璃钢研究院与山东武城北方玻璃钢厂研制生产的地铁接触轨保护罩成功用于伊朗德黑兰地铁。多家拉挤产品生产及设备制造企业兴起。

进入 21 世纪迄今,玻璃钢拉挤工艺不断地向深度和广度进军,在借鉴和消化国外先进技术的基础上,业内人士不断研究新工艺,开发新产品,从而有力地推动了国内拉挤成型产业的升级发展,目前这一技术正在向高速度、大尺寸、高厚度、复杂截面及复合成型的工艺方向发展。同时,拉绕、在线编织拉挤、树脂注射浸渍、纤维预加张力、拉挤非金属模具微波加热、钢模具感应加热等技术已逐渐推广。拉挤生产装备及其产品技术含量、附加值得到了提升。拉挤成套技术、拉挤产品已进入欧美日等发达国家市场。

同玻璃钢其他生产工艺相比,拉挤成型玻璃钢制品具有强度高、尺寸变形小、外观质量好、工艺简单、生产效率高等特点。拉挤制品以其独特的优点正在同传统的金属、木材、塑料、陶瓷等材料竞争市场,被应用到越来越多的领域,在国内外具有极为广阔的市场,如电子电器、建筑土木、工业设备、交通运输、游乐设施等领域。

6.1.2 拉挤成型工艺的原理

拉挤成型工艺过程是由送纱、浸胶、预成型、固化定型、牵引、切割等工序组成。图 6.1 展示的是卧式拉挤成型工艺原理图。无捻粗纱从纱架引出后,经过导纱装置进入树脂槽浸

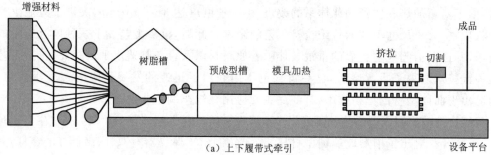

（a）上下履带式牵引

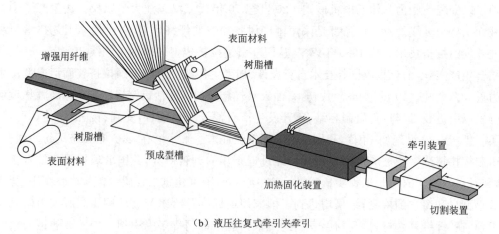

（b）液压往复式牵引夹牵引

图 6.1　拉挤成型工艺原理示意图

透树脂胶液,然后进入预成型模具,在预成型模具中,通过压实将多余树脂和气泡排出,再进入成型模具,在一定温度下凝胶、固化。预成型模具是根据制品所要求的截面形状而配置的导向装置,如成型棒材可用环形栅板,成型管可用芯轴,成型角型材可用相应导向板等。成型模具一般由钢材制成,模孔的形状与制品断面形状一致。固化后的制品由牵引机连续不断地从模具拉出,最后由切割机定长切割,从而得到连续的、表面光滑、尺寸稳定且高强度的复合材料型材。

6.1.3　拉挤成型用原材料

1.基体树脂

基体树脂是复合材料中不可缺少的组分,它与纤维增强材料的关系,犹如"鱼和水",是相互依赖和相互依存的关系。而基体树脂的功能,就是把各种纤维增强材料有机地黏合在一起,起着传递载荷和均衡载荷的作用,并赋予优良的性能,使它成为有使用价值的产品。

拉挤成型工艺对树脂的基本要求是:与增强材料和填料有良好的浸润性,以提高树脂和玻璃纤维之间的黏结强度;树脂黏度适当,流动性良好,以利于拉挤过程中树脂和玻璃纤维同时充满型腔的各个角落,获得强度均衡的拉挤制品。此外树脂的放热峰温度要低,在固化过程中挥发物要少,工艺性好,并能满足拉挤制品特定的性能要求等。在拉挤工艺中,应用最多的是不饱和聚酯树脂,还有环氧树脂、乙烯基树脂、热固性甲基丙烯酸树脂、改性酚醛树脂、阻燃性树脂、热塑性树脂等。

(1)不饱和聚酯树脂

用作拉挤的基本上是邻苯和间苯型。间苯型树脂有较好的力学性能、坚韧性、耐热性和耐腐蚀性。目前国内使用较多的是邻苯型,因其价格较间苯型有优势,但质量因生产厂家不同差距较大,使用时要根据不同的产品慎重选择。不饱和聚酯树脂应用最多,技术上也最成熟,大约占总量的90%。

(2)乙烯基树脂

拉挤工艺用的乙烯基树脂是一种由环氧树脂主链同甲基丙烯酸反应制成的双酚A型乙烯基树脂。为保证在成型时具有一定的拉挤速度,乙烯基树脂大都需要使用促进剂。另外阻燃性乙烯基树脂也开始用于拉挤成型工艺,这类树脂大都是溴化双酚A环氧—甲基丙烯酸聚合物,或者是在通常的乙烯基树脂中加入反应性溴化物。乙烯基树脂具有较好的综合性能,可提高耐化学性能和耐水解稳定性。

(3)环氧树脂

用于拉挤成型工艺的环氧树脂,主要是室温固化的双酚A型环氧树脂,其黏度在4 000 Pa·s以上。环氧树脂和不饱和聚酯树脂、酚醛树脂相比,具有优良的力学性能、高介电性能、耐表面漏电、耐电弧等优点,是优良的绝缘材料。

近年来,对应拉挤制品的力学性能、耐热性和疲劳寿命、电性能等要求越来越严格,拉挤工艺专用环氧树脂的研究进展很快。美国shell公司开发了两种新型环氧树脂体系,牌号为9102、9302,各种性能都相当好,已成功地用于复合材料汽车板簧和抽油杆。

(4)酚醛树脂

它是最早的一类热固性树脂,具有突出的瞬时耐高温烧蚀性能,用酚醛树脂作为拉挤成型的基材是近几年新开发的。采用酚醛树脂为基体树脂,除了具有聚酯类和环氧类的优点外,它在耐热性、耐磨耗性、耐燃烧性、电性能以及成本方面尤其突出。但是,其缺点是固化反应速度慢,成型周期长,而且固化时有副产物水生成(缩聚反应)。水在高温下迅速蒸发而在制品中留下气泡、空穴,从而影响了酚醛树脂拉挤制品的机械力学性能。为此,需要在酚醛树脂改性、拉挤成型工艺等方面做深入的研究。目前日本昭和、国内东南常熟塑料厂已有较为成熟的拉挤用酚醛树脂供应,具有良好的阻燃性,发展前景较好。

酚醛树脂在拉挤前应进行适当的热处理,以提高它的交联程度,使拉挤时既提高固化速度,又大大减少固化过程中释放出来的水,使得型材里的水分子在拉挤过程中被驱赶掉而不致使制品产生气泡或空穴。

配方中用对甲基苯磺酸、苯酚磺酸或磷酸作固化剂,用聚丙烯醇或多阶醇类作改性剂,滑石粉、二氧化硅等作为填料。

拉挤模具采用特殊的三式加热,其最佳温度范围是 140~160 ℃、170~190 ℃、180~200 ℃。与不饱和聚酯树脂、环氧树脂拉挤成型不同的是,酚醛树脂拉挤成型的金属模具温度,尤其是模具末端温度较高,这种特殊的三段式加热有利于提高生产效率。

酚醛树脂拉挤制品,固化后还需进行合适的后固化处理,这样可显著地改善制品的性能。

(5)热塑性树脂

热塑性树脂是指具有线型或分枝型结构的有机高分子化合物,这类树脂的特点是遇热软化或熔融而处于可塑性状态,冷却后又变坚硬,而且这一过程可反复进行。典型的热塑性树脂有聚氯乙烯、聚乙烯、聚丙烯、聚苯乙烯及其共聚物(如 AS、ABS)、聚酰胺、聚碳酸酯、聚甲醛、聚酰亚胺、改性聚酰亚胺、聚砜和聚醚砜、聚芳醚酮、聚苯硫醚及芳香族聚酯等。聚苯硫醚(PPS)、聚醚醚酮(PEEK)是当前最受注目的两种高性能热塑性基材,主要用于航天和航空工业。

热塑性树脂用于拉挤的主要优点有:①制品的耐腐蚀性、韧性更好;②成本较低;③拉挤速度快,可达到 15 m/min,而一般的热固性树脂速度在 0.5~1 m/min 之间或者更低;④制品具有可回收性,这是热固性工艺无法比拟的优点。

热塑性拉挤工艺具有广阔的发展前景,尽管工艺中的一些关键领域(如纤维浸润)有待进一步改进和研究,但人们已经对它们显示出越来越大的兴趣,这种工艺也将以其独特的优点而迅速发展。

2. 增强材料

拉挤工艺用增强材料主要是玻璃纤维及其制品,如无捻粗纱、玻璃纤维毡等。为了满足制品的特殊性能要求,可用芳纶纤维、碳纤维、超高分子量聚乙烯纤维及玄武岩纤维等。

(1)玻璃纤维

用于拉挤工艺的玻璃纤维主要有无碱、中碱和高强玻璃纤维。玻璃纤维制品的品种有:

①无捻粗纱

无捻粗纱有并股纱和直接纱,纱密度为 1100(1200)号、2200(2400)号、4400(4800)号、8800(9600)号。

要求:成带性好、退解性好、张力均匀、纱密度均匀、浸透性好。

②玻璃纤维毡片

为了使拉挤成型玻璃钢制品具有足够的横向强度,必须使用短切原丝毡、连续原丝毡、组合毡、无捻粗纱织物等增强材料。连续原丝毡是目前用得最普遍的玻璃纤维横向增强材料之一,为提高产品外观效果,有时也用表面毡。

拉挤成型工艺对玻璃纤维毡的要求:

a.具有较高的机械强度;

b.对于化学黏结的短切原丝毡,黏结剂必须能耐浸胶和预成型时的化学和热作用,以保证成型过程中仍有足够的强度;

c.浸润性好;

d.起毛少,断头少。

③聚酯纤维表面毡

聚酯纤维表面毡是拉挤工业新兴的一种增强纤维材料。美国有一种商品名叫 Nexus,广泛用于拉挤制品,取代玻璃纤维表面毡,效果很好,成本也较低,已成功地应用 10 多年。

采用聚酯纤维表面毡的优点:

a.可改善制品的抗冲击、防腐蚀及耐大气老化性能;

b.可改善制品表面状态,使制品表面更加光滑;

c.聚酯纤维表面毡的贴敷性能与拉伸性能都比 C 玻璃表面毡好,拉挤过程中不易产生断头,可减少停车事故;

d.可提高拉挤速度;

e.可减轻模具磨损,提高模具的使用寿命。

④玻璃纤维缝编织物

玻璃纤维缝编织物可以增加拉挤制品的抗张强度及抗弯强度,减轻制品的重量,制品表面平整光滑。

⑤组合玻璃纤维增强材料

可调整拉挤制品的横向和纵向强度。

(2)碳纤维

多用于要求强度高、重量轻的制品,一般与乙烯基和环氧树脂配用。

3.辅助材料

(1)引发剂

引发剂的特性通常用活性氧含量、临界温度、半衰期表示。目前常用的引发剂有:

MEKP(过氧化甲乙酮);TBPB(过氧化苯甲酸叔丁酯)/TRIGONOX C;BPO(过氧化苯甲酰)PERKADOX CH-50,PERKADOX CH-50X,PERKADOX CH-50L;TBPO(过氧化异

辛酸叔丁酯)/TRIGONOX 21S;BPPD(过氧化二碳酸二苯氧乙基酯);PERKADOX 16[过氧化二碳酸双4—叔丁基,环己酯];实际应用中很少有用单组分的,通常都是双组分或三组分按不同的临界温度搭配使用。

(2)环氧树脂固化剂

常用固化剂有酸酐类、叔胺和咪唑类。

(3)着色剂

拉挤中的着色剂一般以颜料糊的形式出现。

(4)填料

填料可以降低制品的收缩率,提高制品的尺寸稳定性、表面光洁度、平滑性以及平光性或无光性等,有效的调节树脂黏度,可满足不同性能要求,提高耐磨性、改善导电性及导热性等。大多数填料能提高材料冲击强度及压缩强度,但不能提高拉伸强度,可提高颜料的着色效果,某些填料具有极好的光稳定性和耐化学腐蚀性,可降低成本。常用的填料如下。

a.碳酸钙:碳酸钙是一种最基本的填料,来源丰富,价格低廉,有较低的吸油值,在配方中用量最大,具有良好的遮盖特性。

b.高岭土:通常称为瓷土,是一种理想的填料。流动性好是它的主要特点,不仅具有足够的阻力促使增强材料相互交合,而且能充满模腔内的各个狭小死角。与碳酸钙相比,它能提供更致密的制品,较低的吸水率,较高的冲击强度。

c.滑石粉:是一种水和镁硅酸盐,一般在地下开采。滑石粉具有和高岭土类似的性质,流动性好,并赋予产品更好的色泽,同时增强拉挤制品的耐水性,提高电气强度。但该填料吸油值高,加入量低。

d.二氧化硅:经碾磨和纯化的二氧化硅或石英粉可做耐磨填料,具有较低的热膨胀性和良好的电绝缘性,广泛用于电气应用领域中的环氧树脂系统。二氧化硅是高耐磨蚀性填料,在加工过程中会导致模具表面的损伤,另外用二氧化硅作填料的零件非常难以进行加工,需要使用碳化钨或金刚石工具。

e.水合氧化铝:属于阻燃型填料,其颗粒度大小不同,吸油性与碳酸钙相近。其填充密度不如碳酸钙。三水氧化铝取代普通填料用于阻燃效果很好。在200 ℃以上可分解为氧化铝,起到吸热阻燃效果。

选择填料的粒度最好要有个梯度,以达到最佳的使用效果,也可以对填料进行表面处理以加大用量。

(5)脱模剂

脱模剂具有极低的表面自由能,能均匀浸湿模具表面,达到脱模效果。优良的脱模效果是保证拉挤成型工艺顺利进行的主要条件。

早期的拉挤成型工艺是用外脱模剂,常用的有硅油等,用量很大且制品表面质量不理想,现已采用内脱模剂。

内脱模剂的用法是将其直接加入到树脂中,在一定加工温度条件下,从树脂基体渗出扩散到固化制品表面,在模具和制品之间形成一层隔离膜,起到脱模作用。

内脱模剂一般有磷酸酯、卵磷酸、硬脂酸盐类、三乙醇胺油等。其中硬脂酸锌的脱模效果较好。在拉挤生产中,人们通常更愿意使用在常温下为液体状的内脱模剂。目前市售的内脱模剂多为伯胺、仲胺和有机磷酸酯与脂肪酸的共聚体混合物。

（6）其他

在拉挤生产中还需根据制品的特殊要求和工艺需要添加一些辅助材料,如下。

偶联剂:可以增加增强材料与树脂之间的黏合强度,提高玻璃钢的性能,改善界面状态,有利于制品的耐老化、耐应力及电绝缘性能。常用的有硅烷偶联剂。

阻聚剂:在夏天的生产中胶料常会发生自聚,可以适当添加阻聚剂,以延长适用期。常用的阻聚剂有 a-甲基苯乙烯、对苯二酚、叔丁基邻苯二酚。

增韧剂:具有降低玻璃钢脆性和提高玻璃钢抗冲击性能的作用。常用的增韧剂有苯乙烯类、聚烯烃类和苯二甲酸酯类。一般用于环氧树脂的拉挤生产中。

稀释剂:可以降低树脂黏度,改善树脂对增强材料、填料等的浸润性;控制固化时的反应热;延长树脂固化体系的适用期;增加填料用量,降低成本。不饱和聚酯用稀释剂主要是苯乙烯、a-甲基苯乙烯、甲基丙烯酸单体等。酚醛树脂用稀释剂主要是酒精、丙酮等溶剂。环氧树脂用稀释剂有邻苯二甲酸二丁酯、含有环氧基团的低分子化合物等。

抗氧剂:能抑制或减缓高分子材料自动氧化反应速度。主要有二芳基仲胺、对苯二胺、酮胺、醛胺、单酚、烷基化多酚及硫代双酚等。

光稳定剂:能够抑制或减弱光降解作用,提高聚合物和复合材料耐光性能的物质,由于大多数光稳定剂都吸收紫外光,所以习惯上把这类物质称为紫外线吸收剂。主要有水杨酸酯类、二苯甲酮类、苯并三唑类、受阻胺类及有机镍络合物等。

热稳定剂:能防止和减少聚合物在加工和使用过程中受热而发生降解或交联,延长玻璃钢使用寿命。常用的有盐基类、脂肪酸皂类、有机锡化合物、复合型热稳定剂。

阻燃剂:能阻止聚合物材料引燃或抑制火焰传播。最常用和最重要的阻燃剂是磷、溴、氯、锑和铝的化合物。

6.1.4　拉挤成型工艺控制

拉挤成型工艺控制的参数主要包括成型温度、固化时间、牵引张力及牵引速度、纱团数量等。

1.成型温度

在拉挤成型过程中,材料在穿越模具时发生的变化是最关键的。玻璃纤维浸胶后通过加热的金属模具,一般将连续拉挤过程分为预热区(第1区)、胶凝区(第2区)和固化区(第3区)。在模具上使用加热板或加热套加热。树脂在加热过程中,温度逐渐升高,黏度降低。通过预热区后,树脂体系开始胶凝、固化,在固化区内产品受热继续固化,以保证出模时有足够的固化度。

模具的加热条件是根据树脂体系确定的。以聚酯树脂配方为例,一般情况,模具温度应大于树脂的放热峰值,温度上限为树脂的降解温度。温度、胶凝时间、拉挤速度应当匹配。预热区温度可以较低,胶凝区与固化区温度相似。温度分布应使产品固化放热峰出现在模具中部靠前,胶凝固化分离点应控制在模具中部。一般三段温差控制在 20～30 ℃,温度梯度不宜过大。

以前分析拉挤型材内热能传递和型材固化时都假定模具温度已知。其实一个完整、科学的拉挤工艺模型必须包括型材内和模具内的热能传递。浸渍树脂的纤维一旦进入模具里,它的热量就从模具壁向型材内传递,贴近模具的树脂比型材中心的树脂先被加热,产生胶凝;固化后,反应放热会引起中心温度高于模具壁的温度。固化后由于体积收缩,树脂会因收缩而脱离模具壁。在几个假定条件下,对型材内热能传递建立模型,有关学者对此做了深入的研究。因为拉挤模具为金属模,为良导热体,模具的热能在模具的纵向和横向上都会损失。建立模具温度模型有助于了解模具温度分布规律。

加热器的配置对型芯内的温度和模具温度影响很大。一般在某些约定条件下,固化峰的位置随加热器的移动而移动,而加热带与型芯温度峰值处的距离基本不变。这种放热位置的移动是正常的,来自加热器的热通量是有限的,并且在这些条件下,固化是受加热器控制的,当热能传递受"动力学"控制时,受线速度和预热温度的制约,型芯内温度峰值对加热器的位置并不敏感。

在模具周围保温和降低空气的热能传递系数的影响是相同的。当热传递系数降低时,模具后半部分温度升高,整个模具的热量分布更均匀。因为大多数树脂固化发生在靠近加热器的位置,保温对型芯温度的影响较小,当放热峰远离加热带时,模具最好选择保温。

利用模具温度模型对拉挤工艺进行分析,由计算机辅助设计拉挤工艺参数,是当前既合理又简便、高效的设计工具。

2. 拉挤速度

拉挤模具的长度一般为 0.6～1.2 m。在一定的温度条件下,树脂体系的胶凝时间对工艺参数速度的确定是非常重要的。一般情况,选择拉挤速度时要充分考虑使产品在模具中部胶凝固化,也即脱离点在中部并尽量靠前。如果拉挤速度过快、制品固化不良或者不能固化,将直接影响到产品的质量;如果拉挤速度过慢,型材在模具中停留时间过长,则制品固化过度,生产效率降低。拉挤工艺在启动时,速度应放慢,然后逐渐提高到正常拉挤速度。一般拉挤速度为 500～1 300 mm/min。现代拉挤技术的发展方向之一就是高速化。

3. 牵引力

牵引力是保证制品顺利出模的关键,牵引力的大小由产品与模具之间界面的剪切应力确定。在模具中剪切力随拉速的变化而变化。模具入口处的剪切应力与模具壁附近树脂的黏滞阻力一致。通过升温,在模具预热区内,树脂黏度随温度升高而降低,剪切力也开始下降。初始峰值的变化由树脂黏性流体的性质决定。另外,填料含量和模具入口温度也对初始剪切力影响很大。

由于树脂固化反应，它的黏度增加而产生第二个剪切应力峰。该值对应于树脂与模具壁面的脱离点，并与拉速关系很大，当牵引速度增加时，这个点的剪切力大大减小。

最后，第 3 区也即模具出口处，出现连续的剪切应力，这是由产品在固化区中与模具壁摩擦引起的，该摩擦力较小。牵引力在工艺控制中很重要。成型中若想使制品表面光洁，则产品在脱离点的剪切应力应较小，并且应尽早脱离模具。牵引力的变化反映了产品在模具中的反应状态，它与许多因素，如：纤维含量、制品的几何形状与尺寸、脱模剂、温度、拉挤速度等有关系。

4. 纱团数量

一般的玻璃钢制品的玻璃纤维体积含量在 40%～60%，采用合理的增强材料的含量和分布对于成型工艺和制品性能是十分重要的。根据加工制品的结构以及要求的性能，确定所用纱团的数量和增强材料的品种以及排列方式。

一般当拉挤制品的几何形状、尺寸、玻璃纤维和填料的质量含量确定后，玻璃纤维纱的用量可按下式计算：

$$\rho_混 = \frac{1}{[w_t/\rho_t + (1-w_t)/\rho_r](1+k_g)}$$

式中　$\rho_混$——树脂和填料混合物密度，g/cm³；

　　　w_t——填料的质量分数；

　　　ρ_t——填料密度，g/cm³；

　　　ρ_r——树脂密度，g/cm³；

　　　k_g——树脂和填料混合物孔隙率。

如果混合物的孔隙率 k 不确定，则可以用下式计算：

$$k_混 = m_混/V_混$$

式中　$m_混$——树脂和填料的混合物质量，g；

　　　$V_混$——树脂和填料的混合物体积，cm³。

玻璃纤维体积分数按下式计算：

$$\varphi_f = \frac{w_f/\rho_f}{[w_f/\rho_f + (1-w_f)/\rho_混](1+k_{gc})}$$

式中　φ_f——玻璃纤维的体积分数，%；

　　　w_f——玻璃纤维的质量分数，%；

　　　k_{gc}——玻璃纤维、树脂和填料复合后的孔隙率；

　　　ρ_f——玻璃纤维密度，g/cm³；

　　　$\rho_混$——树脂和填料混合物密度，g/cm³。

拉挤制品所用纱团数 N 按下式计算：

$$N = \frac{100A\beta_f\rho_f\varphi_f}{K}$$

式中　A——制品截面积，cm²；

　　　β_f——玻璃纤维支数，m/g；

ρ_f——玻璃纤维密度，g/cm^3；

φ_f——玻璃纤维的体积分数，%；

K——玻璃纤维股数；

N——制品所用纱团数。

（5）各拉挤工艺变量的相关性

热参数、拉挤速度、牵引力三个工艺参数中，热参数是由树脂系统的特性确定的，是拉挤工艺中应当解决的首要因素。拉挤速度确定的原则是在给定的模内温度下的胶凝时间，保证制品在模具中部胶凝、固化。

牵引力的制约因素较多，如：它与模具温度关系很大，并受到拉挤速度的控制。拉挤速度的增加直接影响到剪切应力的第二个峰值，即脱离点处的剪切应力；脱模剂的影响也是不容忽视的因素。

为了提高生产效率，一般应尽可能提高拉挤速度。这样可降低模具剪切应力，以及制品表面质量。对于较厚的制品，应选择较低拉挤速度或使用较长的模具，增加模具温度，其目的在于使产品能较好地固化，从而提高制品的性能。

为了降低牵引力，使产品顺利脱模，采用良好的脱模剂是十分必要的。

（6）树脂预热与制品后固化

树脂进入模具前进行预热对工艺非常有益。这样可降低树脂固化反应温度，使产品表面优良。射频（RF）预热效果很好。预热使树脂温度提高，黏度下降，增加了纤维的浸润效果，并且为提高拉速创造了条件。许多树脂系统中，如环氧树脂等，都需要预热。

预热的效果还表现在使浸胶的纤维束内外温度梯度减小。因为在进入模具后，由模具传递给产品的热量从产品表面到产品中心部分呈梯状分布，产品中心线的温度低于产品表面的温度。同理，产品中心的固化滞后于产品表面的固化。如果提高拉挤速度，那么制品中心线和表面之间的温度和固化度的滞后量都会增加。接着，该滞后量又会相反地随着固化放热的增加而减小，最后制品的中心温度可能高于表面温度。要想实现产品内外均匀固化，减少热应力，树脂应该预热。

制品出模后的固化度达不到要求时需进行后固化处理。一般情况，制品出模后需在空气中自然冷却，在这段过程中，固化反应继续进行。一般的后固化处理是：将切割好的制品放到恒温箱中搁置一段时间，使制品达到所要求的固化度。

6.1.5 拉挤工艺的特点

（1）工艺简单，生产效率高，适合于高性能纤维复合材料的大规模生产。

（2）在拉挤工艺中，纤维重量含量可高达80%，纤维不仅连续而且充分垂直，能最好的发挥纤维的增强作用。

（3）拉挤制品的纵、横向强度可调整，可以满足不同力学性能制品的使用要求。

（4）拉挤工艺自动化程度高、工序少、时间短、操作技术和环境对产品质量的影响都很小,因此用同样原材料,拉挤工艺制品质量稳定性较其他工艺制品高,质量波动性小。

(5)拉挤制品的形状和尺寸的变化范围大,尤其是在长度上几乎没有限制,理论上可以生产任意长度的产品。

(6)拉挤复合材料的增强材料和基体树脂的选材广泛。

(7)拉挤工艺中原材料利用率高,废品率低。

(8)拉挤工艺也有一些局限性,主要是制备非直线型,变截面制品困难,不能利用非连续的增强材料等。

拉挤成型玻璃钢制品除了传统的玻璃钢材料具有的耐腐蚀性、耐老化性、绝缘性等特性以外,还具有产品尺寸稳定,外观质量好,生产效率高等特点,其次,制品表面平滑美观、形状的可设计性非常强、环境污染较小。正因为该产品具有以上这些优良性能和特点,其在国内外越来越多的领域具有极为广阔的市场。

6.1.6 拉挤制品的应用

拉挤制品以其独特的优点正在同传统的金属、木材、塑料、陶瓷等材料竞争市场,广泛地应用于体育、医学,农业和各个工业领域,是一种优良的结构和装饰材料。

1.电子/电气市场

电子/电气方面的应用是最早的拉挤制品市场,近几年不断开发新产品,推陈出新,是发展的重点之一。典型拉挤制品有电线杆、电工用脚手架、绝缘板、熔丝管、汇流线管、导线管、无线电天线杆、光学纤维电缆、绝缘子、电线杆塔、电缆桥架、保险丝管、和各种其他电气元器件,如图 6.2、图 6.3 所示。

图 6.2 拉挤型材 　　　　　　　　　　图 6.3 拉挤型材制作的绝缘梯

2.石油化工市场

石油化工市场是拉挤制品的一个重要领域。拉挤工艺特别适用于制造角型、工字型、槽型等标准型材及各种截面形状的管子。同一制品截面上厚度是可变的,制品长度不受限制。在化工厂或有腐蚀性介质的工厂中,典型产品有管网支撑结构、结构型材、格栅地板、栏杆、天桥和工作平台、抽油杆、井下压力管道、滑动导轮、梯子、楼梯、排雾器叶片、罐类制品内外支撑结构、废气、废水处理的各种管、罐、塔、槽和过滤栅、海上平台等制品,如图 6.4～图 6.6 所示。

图 6.4　拉挤型材制作的走道、屏障、楼梯、护栏

图 6.5　拉挤型材制作的扶手

图 6.6　拉挤型材制作的平台、栏杆

3. 建筑、机械制造市场

在各种建筑、机械制造中用拉挤制品来代替结构钢、合金铝、优质木材等材料,可以制造汽车保险杠、车辆和机床驱动轴、车身骨架、板簧、运输储罐、包装箱、垫木、行李架等。尤其适合于制造飞机,车船的地板、顶梁、支柱、框架等。在这些场合,它既提供了足够的强度,又减轻了结构的质量,达到了减少能量消耗和增加运输能力的双重目的。此外,由于它的抗震性能优于传统的结构材料,它还能延长这些运动构件的使用寿命。由于它同时具有强度高、耐腐蚀性能好和自润滑的特性,因而可成为制造农机具的极佳材料。现代楼房、桥梁建筑中也要求结构材料强度高、抗震性能好、耐大气腐蚀。拉挤成型制品满足这些要求,是理想的建筑材料,如图6.7、图6.8所示。

图 6.7　房屋用栏杆

图 6.8　拉挤型材制作的窗框、栏杆

4. 装饰、制造业市场

在住宅装饰和家具制造业中,用拉挤制品制作的手术床、夹板、拐杖、药品橱、仪器车和

各种器具支架既结实又轻便。利用染色的自熄性树脂生产的拉挤制品做住宅围栏、楼道栏杆、门窗框、窗帘框、落地扇杆、各种手工具的握把和家具,既结实美观又防火,而且不用涂漆。拉挤成型制品制作的单杠、双杠、球拍杆、钓鱼竿等是当今上乘的体育用品。此外,拉挤制品还可用于建造大型游乐设施,如水上乐园等,如图 6.9、图 6.10 所示。

图 6.9 游乐场楼梯

图 6.10 游乐场亭台

5. 军用品市场

拉挤成型制品在军用品上也有广泛的用途。除在各种军用飞机、车辆、舰船上用作结构材料外,还可用于坦克、装甲车的复合装甲、枪炮部件、支架、弹药包装箱、伪装器材天线、防弹板、舰艇栏杆等。由于它的强度高、质量轻、抗震抗腐蚀性能好,故可减少维修保养,提高部队的机动能力。用它制作导弹、火箭弹外壳,可减轻弹体质量,提高射程。

6.1.7 发展趋势

1. 拉挤制品的市场发展趋势

随着拉挤工艺技术水平的不断提高,拉挤制品日趋多样化,从最初的尺寸、结构单一的管、棒发展为大尺寸、复杂截面、厚壁制品等多种结构形式,如图 6.11、图 6.12 所示。其重点应用领域为桥梁用复合材料、电力传输用复合材料、民用工程的结构组件、高层建筑项目、轨道交通用复合材料等。

图 6.11 拉挤型材塔架

图 6.12 建筑用拉挤结构件

(1)复合材料桥梁

　　FRP 桥梁具有重量轻、施工架设方便、抗腐能力强、免维护、抗疲劳、能实现大跨度建桥的优点,可用于繁华街区的立体交叉、跨越不中断的铁路、公路、恢复灾害导致的交通中断、突发事件中提供交通保障、军事行动等。从 20 世纪 70 年代开始,FRP 就开始在桥梁工程中应用。英国、美国和以色列最先应用这种新型材料作为建筑结构和桥梁结构中的主要构件。在 20 世纪 70 年代后期,我国也开始对 GFRP 桥梁进行研究。在 1982 年,北京密云建成了跨度 20.7 m,宽 9.2 m 的 GFRP 简支蜂窝箱梁公路桥,成为世界上第一座 FRP 车行桥,如图 6.13 所示,证明了 FRP 可作为承重构件的可行性。1986 年,重庆建成一座斜拉式 FRP 人行桥,如图 6.14 所示,推动了 FRP 大跨度桥梁的应用。近年来,随着 FRP 在结构工程中被逐渐接受,FRP 在桥梁结构中的应用也快速发展起来,世界各地各种结构形式的 FRP 桥梁相继建成,目前已经超过 100 座,例如 1992 年在英国苏格兰建成的 Aberfeldy 人行桥为全FRP 结构的斜拉桥,如图 6.15 所示;2001 年,在西班牙建成的 Lleida 桥为拱桥,美国的Clear Crack 桥为 FRP 型材梁桥,如图 6.16 所示。

图 6.13　密云 FRP 公路桥

图 6.14　重庆 FRP 斜拉桥

图 6.15　苏格兰 Aberfeldy 桥

图 6.16　美国的 Clear Crack 桥

（2）电力系统用复合材料

①复合材料杆塔

传统输电杆塔（木杆、水泥杆、钢杆及铁塔）在长期运行中暴露出了各种各样的缺陷，传统的输电杆塔普遍存在质量重、易腐烂、锈蚀或开裂，耐久性差，使用寿命短，施工运输和运行维护困难等缺陷，容易出现各种安全隐患。由于 FRP 具有强度高、质量轻、耐腐蚀以及耐疲劳性能、耐久性能和电绝缘性能好、性能可设计等特点，是输电杆及杆塔结构材料较理想的选择，目前国外 FRP 在输电杆塔上的应用形式主要有变截面单杆和直管装配式塔架两种。采用复合材料电力杆塔可以减少每个绝缘子串中绝缘子的用量，绝缘子串可以离结构更近，可以减少相线与相线的间距，在满足屏蔽相导线免于遭雷击的设计条件下，避雷线的高度可以降低，从而使杆塔结构设计得更加紧凑。复合材料杆塔绝缘的优越性，对解决高压输电线路杆塔运行中的污闪、雾闪，特别是雷电跳闸问题具有重要意义。采用混合结构模式，即将杆塔分为 2 段，上段为复合材料，用来抗闪络，下段为钢制或钢筋混凝土，用以承受机械应力，可达到既实用（解决跳闸问题）又经济（降低造价）的目的。特别在污闪、冰闪、舞动、风偏以及雷击等电力事故频繁发生的地区，有很好的应用前景，尤其在超高压、特高压输电中，使用复合电力杆塔可以显著的降低对绝缘水平的要求。而且复合材料杆塔具有抗烟雾、酸雨、大风等自然灾害能力强等特点，安装后不需维护，国外的杆塔预测使用寿命长达 80 年，图 6.17 所示为拉挤型材杆塔。

②复合材料电缆芯

图 6.18 所示为拉挤电缆芯，传统输电电缆为钢芯铝线（ACSR），由起支撑线路作用的圆形钢芯和输送电流的铝导线组成。ACSR 有两个缺点：重量重和耐温性低。为进一步加大输电流量，人们谋求开发轻质高强、低弛度、耐腐蚀、低线损的新型电缆。新研发的输电电缆使用了碳纤维复合材料，用复合材料缆芯和梯形铝线组成，称为复合材料缆芯铝线（ACCC），这种 ACCC 设计是美国 CTC 公司的专利技术，现已在工程上应用。

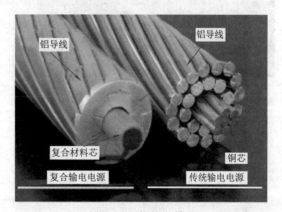

图 6.17 拉挤型材杆塔 　　　　　　　　　图 6.18 拉挤电缆芯

采用碳纤维和热固性树脂固化成型组成的复合材料电缆芯，具有重量轻、高强度、高模量、耐腐蚀、耐疲劳、抗蠕变、导电、传热和热膨胀系数小等一系列的优异性能。我国已从美国进口这种导线用于输电工程。目前江苏、河北、北京、辽宁等地已先后开始进行自主研发。

碳纤维复合芯导线系列主要优点有：

①碳纤维复合芯导线强度为普通导线的 2 倍。

②碳纤维复合芯导线导电率高，节能 6%。

③碳纤维复合芯导线低弧垂，降低 2 倍以上垂度。

④碳纤维复合芯导线重量轻 10%～20%。

⑤碳纤维复合芯导线耐腐蚀，使用寿命高于普通导线的 2 倍。

⑥碳纤维复合芯导线同样容量线路投资成本低于普通导线。

（3）复合材料壁板

美国斯托顿复合材料公司已开发出卡车和铁路运输冷藏货物用集装箱壁板。日本的住友建设、日本触媒等四家公司合作开发了成功用于浇灌混凝土的大型玻璃钢模板，并且已将产品正式推向市场。这种玻璃钢模板对酸碱等化学物质和水的耐腐蚀性能与不锈钢和铝材相同，并且能长期保持对这些物质的耐腐蚀性。这种模板具有玻璃钢材料特有的电绝缘性和耐电弧性，电气性能非常优良。这种大型玻璃钢模板的标准尺寸为：长度 5 250 mm、宽度 900 mm、高度 55 mm。在模板的内侧面，沿模板的长度方向每隔 100 mm 设有一根加强肋，每块模板的质量约为 70 kg。这种用拉挤成型工艺制造的玻璃钢模板的单位面积质量仅为钢制模板的 1/3，但其强度与金属模板相当，所以可以方便混凝土结构的施工。

（4）轨道交通复合材料

轨道交通复合材料主要产品有玻璃钢防护罩、电缆槽、电缆架、地板、集便箱、卧铺、行李架、走道格栅、护栏格栅等。英吉利海峡隧道中使用 FRP 复合材料电缆槽，总长度 450 km，

总质量超过 2 200 t。其技术要求非常严格，要求耐蚀、防火、高强、绝缘，且外形较复杂，最终选择了 FRP 复合材料拉挤型材，取得了满意的效果。美国等发达国家早在 20 世纪 70 年代已开始在轨道交通领域研制使用接触轨玻璃钢防护罩系统。在我国地铁建设中，已经采用和计划采用玻璃钢防护罩的城市有北京、天津、武汉、深圳、昆明等，随着轨道交通的大力发展，市场潜力巨大，图 6.19 所示为拉挤地铁护罩。

图 6.19　拉挤地铁护罩

2.拉挤工艺的发展趋势

拉挤成型工艺目前还在发展之中，从国外发展趋势来看，为生产大尺寸、复杂截面、厚壁产品，发展重点为：新型海洋用复合材料、电力传输、民用工程的结构组件以及高层建筑项目。同时拉挤工艺也从模腔内"黑色艺术"发展到以更加科学的实验手段，反复验证研究模内固化动力学，借助于各种电子设备、树脂注射、模具设计等不断优化质量，提高生产率。随着先进设备的发展，那些之前被认为不可想象的工艺也将不断涌现。

6.2 模具和设备

6.2.1 模具

在玻璃钢型材的拉挤成型过程中,模具是各种工艺参数作用的交汇点,是拉挤工艺的核心之一。与已经相当成熟的塑料挤拉成型相比,拉挤成型与其有相似之处,但塑料挤拉成型仅是物理变化过程,而拉挤成型还伴随着动态的化学反应。模具的工况较塑料挤拉成型要复杂得多,所以拉挤模具的设计和制造具有十分重要的意义,它不仅关系着拉挤工艺的成败,决定着拉挤制品的质量,同时也影响拉挤模具的使用寿命。拉挤成型玻璃钢工艺,一般由预成型模和成型模两部分组成。

1. 预成型模具(见图 6.20)

在拉挤成型过程中,增强材料浸渍树脂后(或被浸渍的同时),在进入成型模具前必须经过由一组导纱元件组成的预成型模具,预成型模的作用是将浸胶后的增强材料按照型材断面配置形式,逐步形成近似成型模腔形状和尺寸的预成型体,然后进入成模,这样可以保证制品断面含纱量均匀。

2. 拉挤模具(见图 6.21)

拉挤模具设计基本要求如下:

(1)拉挤模具的截面面积与产品横截面面积之比一般应大于或等于 10。其目的:一是保证模具有足够的强度和刚度;二是加热后热量分布均匀和稳定。

图 6.20 预成型模具

图 6.21 拉挤模具

(2)拉挤模具的长度与树脂固化速度、模具加热条件及拉挤成型速度有关。最主要的是保证制品拉出时达到一定的固化程度。模具长度可以在 500~1 500 mm 之间进行选择。除了薄壁制品和细小杆件,普通的拉挤制品模具都可以按照 800~900 mm 长度设计,以达到正常的生产要求。

(3)在模具加工过程中,应着重对型腔加工精度作出要求,主要包括以下方面:

①合模偏差是影响产品合模线质量的指标,一般要求<±0.05 mm。

②模具内腔粗糙度是直接影响产品外观的重要指标,对于拉挤模具而言,粗糙度要求应在 0.2 以上;加工完毕的模具,目测应光亮平整,无明显的划痕、加工痕、黑斑,并手感光滑,棱边无毛刺等。

③模腔硬度一般要求大于 50HRC,这一指标直接影响到模具的使用寿命,硬度越高,模具可拉制的产品数量越多,通常拉挤模具应该具备 5 万～8 万 m 的使用寿命。

④型腔直线度要求＜±0.55 mm,该指标必须严格控制,以确保拉挤模具能够顺利拉出制品,直线度精度不够的模具往往出现一种现象:即在正常的工艺参数设置情况下,会出现毫无任何征兆的堵塞模现象。其原因往往是因为模具出口厚度小于入口厚度,导致产品在模具中固化后,在模具出口附近受到强烈挤压,致使产品表面磨损严重,甚至无法出模。

⑤模腔尺寸在设计时,应考虑收缩率大小,按一定比例进行放大。在不同的配方和工艺参数的情况下,收缩率会有所变化,因此这一数值不能一概而定,而应根据产品精度要求和具体工艺参数,结合操作者的经验综合制定。同时应确定模具型腔基本尺寸的公差。

⑥除了以上较为重要的指标外,设计者还应考虑到模具测温孔设置、合模线位置、卡位槽设置、模具出入口倒圆角等相关因素,这些设计要根据产品工艺参数、生产设备条件具体制定。

对于拉挤模具,模具材料的选择直接影响着模具的性能,特别是拉挤窗框型材,由于窗框型材市场前景广阔,需求量大,这就要求模具本身的使用寿命长,因此选择的模具材料要具备以下性能:a. 较高的强度,耐疲劳性和耐磨性;b. 较高的耐热性和较小的热变形性;c. 良好的耐腐蚀性;d. 良好的切削性和表面抛光性能;e. 受热变形小,尺寸稳定性好。

拉挤模具一般采用优质钢材镀硬铬、渗氮或淬火处理,模腔表面要光洁、耐磨、耐腐,以减少拉挤成型中的摩擦阻力和提高模具的使用寿命。

(1)模具钢材的选用

要求钢材具有一定的强度、硬度、耐磨性、耐蚀性和耐热等性能。由于产品用模具制造出来以后不需要再加工,所以对模具型腔的表面粗糙度和精度要求很高,对模具用钢要求具备良好的工艺性能,其中包括切削加工性能、容易抛光、热处理变形小及尺寸稳定性好等性能。

合金模具钢表面光滑致密、硬度高、易于脱模、清理模具时不易损坏,便于渗氮处理和型腔表面镀硬铬,所以拉挤模具一般选用合金模具钢。经过粗加工后再精加工,表面镀硬铬或者渗氮、渗碳处理,使模腔内表面的硬度达到 50～70 HRC,最后用抛光工具抛光,使型面达到很高的光洁度,表面粗糙度达到 0.2 μm 的水平,能够非常好地满足上述要求。这样不仅可减小摩擦系数,延长模具的使用期,而且也会改善对树脂的防黏特性。

经历几十年的发展,美国拉挤工业应用最广泛的模具钢主要是 4 140、P20 和 A2 等少数几个牌号。国内拉挤模具制作中,使用较多的是 40Cr、38CrMoAl、42CrMo、5CrNiMo 等调质钢,使用效果较好,但与国外加工水平相比,还存在不小的差距。

模具用钢见表 6.1。

表 6.1 模具用钢

种类	牌号	适用范围
镀硬铬	45、40Cr	常用
渗氮型	40Cr、38CrMoAl、42CrMo	不易电镀的模具零件及窗材模具
淬硬型	12Cr、42CrMo	不易电镀的零件、模具基体要求硬的零件(如拉制环氧产品用模具)

（2）模具钢材的处理

模具钢材处理一般可分为模具预处理和模具最终处理两大类。此外，模具经过机械加工后有的应进行中间去应力处理，有的模具使用一段时间后也应进行恢复处理。模具钢材处理见表 6.2。

表 6.2 模具钢材处理

模具预处理	模具最终处理	
锻造—退火—正火 调质(淬火＋高温回火) 固溶＋高温回火 锻造预热淬火＋高温回火	整体强化	第一步：淬火(常规淬火；等温淬火；分级淬火) 第二步：回火(高温回火；低温回火) 第三步：冷处理(冷处理(−50～−80 ℃)；深冷处理(−150～−195 ℃))
	表面强化	相变强化：火焰、感应 扩散强化：单元或多元渗入 涂覆强化：电镀 CVD、PVD

（3）模具型腔表面的处理

模具型腔表面的处理可分为表面粗糙度处理(抛光)和表面硬度及耐腐蚀处理(渗氮、镀铬、淬火)。

①抛光：抛光是对型腔表面进行修饰的一种光整加工方法，可减少拉挤成型时的摩擦阻力，延长模具的使用寿命，一般只能得到光滑表面，不能提高甚至不能保持原有的加工精度。因此设计过程中应注意，对于型腔面为圆弧面或斜面及几何形状复杂的型腔和产品需要相互配合的模具型腔应预留抛光量。圆管及圆棒模具直径在 30 mm 以下的抛光量为单边 0.05 mm；30 mm 以上的每增加 5 mm，抛光量另加 0.01 mm(绘制模具图时不用放量，如果是用数铣或磨床加工时，应通知编程员与操作工放量)。模具型腔在抛光后的表面粗糙度 Ra 一般为 $0.01～0.2\ \mu m$。

②表面镀铬、渗氮、淬火：对型腔表面进行镀铬、渗氮主要是为了提高型腔表面的硬度及耐腐蚀性。型腔表面镀铬的镀层为 $0.05～0.07mm$。在设计中应放镀铬量，通常为 0.05 mm。淬火及表面渗氮不用放量。对于用 Cr12 淬火的模具型腔表面最好也镀 0.01 mm 铬，以增加表面粗糙度、防锈。

(4)模具的分类

拉挤模具的分类方法有很多种,按产品几何形状分有槽型、角型、工字型、管型、棒型、条型和其他异型模具等;按模具的结构分有整体型和组合型模具。

整体型:适用于圆棒形和圆管形模具。优点为产品无模缝、形状标准、表面光洁;缺点为模具加工制造难度大、型腔处理不易(电镀)、拉挤生产过程中若堵模,有可能造成模具报废。

组合型:适用于所有产品成型的模具。优点为加工制造容易,维护、修理容易;缺点为有模缝。

(5)模具的设计

图 6.22 拉挤模具入口设计

拉挤模具通常由若干个单独制造的模具组件装配而成。组件数及分型面的选择取决于拉挤制品截面构造、模具加工工艺及使用要求。为保证模具分型面或合模缝所对应的拉挤制品外观质量好、不形成飞刺,在满足模具制造的前提下,应尽量减少分型面,保证合缝严密。

玻璃纤维浸胶后进入成型模具时,纤维束是在成型机牵引作用下进入模具的。由于模具进口处纤维束十分松散,往往在入口处积聚缠绕,造成断纤。其次,模具在长时间使用过程中,由于积聚缠绕的影响,往往造成入口磨损严重,影响产品质量。为解决这一问题,在模具入口处周边应倒一椭圆截面圆角,同时入口采用锥形,角度为 $5°\sim8°$,长度为 $50\sim100$ mm,可大大减少断纤现象发生,提高拉挤制品的质量,如图 6.22 所示。

在设计模具时,模具长度的确定要考虑所用原材料和产品截面形状,目前国内模具长度一般设计为 $900\sim1\,200$ mm,模具型腔尺寸决定于制品的尺寸及所选用树脂的收缩率。一般情况下不饱和聚酯产品收缩率为 $2\%\sim4\%$,环氧树脂为 $0.5\%\sim2\%$。对于中空制品,芯棒设计要特别注意,一般芯棒的有效长度为模具长度的 $2/3\sim3/4$,同时要考虑到芯棒固定、调整的方便性,此外较大的芯棒还要考虑配重及加热的问题,以保持水平方向的平衡和受热均匀。综合考虑,对于模具长度为 900 mm 左右的模具,芯棒的长度可设计为 1 500 mm左右。

(6)模具的保养与维修

通常情况下,闲置模具在进行清理后,需进行必要的防护,避免水、粉尘的腐蚀。芯棒闲置时应挂起,以防止由重力引起的形变。

电镀拉挤模具使用一段时间后,可能会发生局部铬层掉落的现象,若面积不大,可通过打磨处理继续使用。打磨处理方法如下:首先选用 600 目的水砂纸打磨,待打磨到一定程度时,改用较细砂纸。打磨顺序如下:600 目→800 目→1 000 目→1 200 目→1 500 目。打磨过程中,必须不断用航空煤油冲洗模具,把砂纸磨下来的微粒冲掉,以免划伤模具。待水砂纸打磨到 1 500 目以后,改用专用电动抛光机和羊毛抛光盘进行抛光。抛光开始时选用稍粗磨粒的抛光剂,同时羊毛盘选用稍硬一点的,抛 2～3 次。用煤油冲洗模具,把抛出的微粒冲洗干净,再换用一只稍软的羊毛抛光盘,抛光模具。在抛光过程中,抛光机向一个方向移动,不可停在一处不动,以免模具表面发热,烧坏模具。此抛光过程进行 2～3 遍后,模具型腔十分光亮,达到镜面效果,可以继续使用,如图 6.23 所示。

 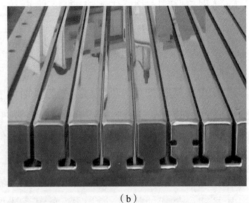

(a)　　　　　　　　　　　　　　(b)

图 6.23　拉挤模腔效果

6.2.2　设备

1.拉挤机

根据拉挤机的牵引方式不同,可将其分为卧式拉挤机、立式拉挤机、液压拉挤机和履带式拉挤机。

(1)卧式拉挤机、立式拉挤机

实现拉挤工艺的设备主要是拉挤机,拉挤机大体可分为卧式和立式两类。一般情况下,卧式拉挤机结构比较简单,操作方便,对生产车间结构没有特殊的要求。而且卧式拉挤机可以采用各种固化成型方法(如热模法、高频加热固化等),因此它在拉挤工业中应用较多。立式拉挤机的各工序沿垂直方向布置,主要用于制造空心型材,这是由于在生产空心型材时芯模只能一端为支承端,另一端为自由无支承端,因此立式拉挤机不会因为芯模悬臂下垂而造成拉挤制品壁厚不均匀;这种拉挤机由于局限性较大,生产的产品单一,已经不再使用。无论是卧式还是立式拉挤机,它们都主要由送纱装置、浸渍装置、成型模具与固化装置、牵引装置、切割装置等五部分组成,它们对应的工艺过程分别是排纱、浸渍、入模与固化、牵引、切割。

(2)液压式拉挤机、履带式拉挤机

①液压式拉挤机

液压式拉挤设备的工作原理是将玻璃钢原料在模具内加热成型后,再由两个夹紧牵引龙门交替运作将其拉出,得到所需要的各种玻璃钢型材。

液压式拉挤机主要由机械、液压和电器三部分组成。

机械部分:由加热架、机架和两个夹紧龙门组成;

液压部分：由两个相互独立的液压系统组成，他们分别由油泵、夹紧油缸、推力油缸、集成阀块、调速阀、滤油阀、滤油器、冷却器和油箱等部件组成；

电器部分：包括加热器、温控器、电动机、控制箱等。

液压式拉挤设备及其制品广泛适用于各个领域：电工、防腐工程、建筑工业、交通等方面，主要用于拉大截面的玻璃钢电缆桥架、玻璃钢电缆保护管、玻璃钢工字钢、玻璃钢高速护栏等玻璃钢拉挤制品，是生产大型玻璃钢拉挤制品的理想设备。设备的型号主要有：8T、10T、15T、20T、25T、30T、40T等，牵引力大小的选择取决于玻璃钢型材的规格。

液压式拉挤设备可简单连续和连续运行，经营成本低，可靠性和生产效率高。

②履带式拉挤机

履带式拉挤机的工作原理是将玻璃钢原材料在模具内加热成型后，再由两个履带链条运作将其连续拉出，得到所需要的各种玻璃钢型材。

履带式拉挤机由机械系统、气动系统、电气系统及辅助设备组成。

机械系统由双履带链条、加热架、浸胶槽、机架和防护设施组成；

气动系统由四个气缸、手动换向阀、气压表和调压阀系统组成；

电器部分包括加热器、温控器、变频系统控制箱等。

辅助设备由电磁调速搅拌机、气动自动切割机、电动切毡机等组成整条玻璃钢型材生产线。

履带式拉挤机的特点是采用双履带式牵引方式，用于玻璃钢管材、方形型材等各种型材的牵引，采用变频无级调速、速度调节范围大，牵引速度均匀，噪声小，结构紧凑、外形美观。电气、气动元器件均采用灵敏度高、故障率低的知名品牌，保证设备质量。

2.拉挤工艺配套装备

根据拉挤工艺中各个设备的功能特点，可将其分为以下种类。

(1)送纱及送毡设备

送纱装置主要是放置生产所必需的玻璃纤维粗纱纱团纱架。结构一般很紧凑，这样可以减少占地面积。大小取决于纱团的数目，而纱团的数目又取决于制品的尺寸。纱架一般要求稳固、换纱方便、导纱自如、无任何障碍、并能组合使用，分为有框式和梳式两种形式，可安装脚轮，便于移动。纱筒在纱架上可以纵向或横向安装，需要精确导向时，通常使用孔板导纱器或塑料管导纱器。送毡装置主要是安放在材料架上，使用的各种毡才能顺利准确地导出。连续原丝毡、玻纤织物等增强材料通常被裁剪成窄带使用。在送进过程中，不必给毡材增加张力。毡材在通常情况下一般不浸胶，而是直接送入模具。

纤维的引出方式有两种：内抽和外引。纤维从纱筒内壁抽出时，纱筒固定但纤维发生扭转，产生打捻；纤维从纱筒外壁引出时，可避免扭转现象，但应采用旋转芯轴，减少引出阻力，以及更好地控制纤维张力。

内抽头玻璃纤维粗纱配置在纱架上，其他增强材料（如连续毡、表面毡等）通常按切线方向有序放置在多层搁架上，引出时应尽量遵循平行原则，避免行走时出现交叉、错乱。

图6.24和图6.25分别为拉挤纤维纱的、毡的引出图。

图 6.24 拉挤纤维纱的引出

图 6.25 拉挤毡的引出

(2)浸胶装置

从原料架上引出的增强材料经过纱板集束整形后,进入胶液浸渍装置。浸胶装置由树脂槽、导向辊、压辊、分纱栅板、挤胶辊等组成。槽内配以导纱压纱辊,树脂槽的前后要形成一定的角度,使粗纱在进出树脂槽时的弯曲角度不至于太大而增加张力。为了能调节树脂的温度,树脂槽一般还设有加热装置,这对于环氧树脂的拉挤尤为重要。胶液浸渍一般有三种形式:压纱浸渍、直槽浸渍和滚筒浸渍,其中前两种方法最为常用。压纱浸渍方法简单易行,主要通过纱夹、纱孔、压纱杆等工具,将增强材料压入胶槽浸渍,其不足之处在于对增强材料存在一定的磨损,同时影响增强材料的定位和走向。随着拉挤产品结构的日益复杂,直槽浸渍法的应用越来越普遍,通过真空泵系统,实现胶液的不断回流,既保证了增强材料的良好浸渍,也能够使得纤维和毡的排列整齐、流畅,更易于实现预想的排布。

在直槽浸渍法中,胶液浸渍装置由以下几部分组成:托架、浸渍槽、接胶盘、胶液储存桶、循环泵。浸渍槽前后两面均放置导向板,导向板上按照需要设置纱孔和毡槽,以维持增强材料的有序排列。从纱孔和毡槽中漏出的胶液落到接胶盘中,再收集在储存桶,通过循环泵打到浸渍槽中使用。必要时,还可以设置循环水套管和控制树脂温度的加热器,以优化工艺。

挤胶辊的作用是使树脂进一步浸渍增强材料,同时起到控制含胶量和排出气泡的作用。

分栅板的作用是将浸渍树脂后的玻璃纤维无捻粗纱被分开,确保增强材料在拉挤制品中,按设计的要求合理分布。也是确保制品质量的重要环节,特别是对截面形状复杂的制品尤为重要。

图 6.26 所示为直槽浸渍法的应用。

图 6.26 直槽浸渍法应用

(3)预成型装置

预成型装置是根据制品品种的要求使浸透了树脂的增强材料逐步除去多余的树脂,排除气泡,将产品所需的纱和毡合理地、准确地组合在一起,确保它们的相对位置并使其形状渐缩并接近于成型模的进口形状。然后再进入模具,进行成型固化。预成型装置没有固定的模式,需要根据产品的形状、要求及操作习惯设计。

根据产品结构的不同,拉挤工艺的预成型体系形式多种多样,其主要目的在于使增强材料按照预先设计的铺层结构,从发散状态自然、流畅地过渡到与产品截面相似,完成最终定位,顺利进入模腔。拉挤成型棒材时,一般使用管状预成型模;制造空心型材时,通常使用芯轴预成型模;生产异型材时,大都使用形状与型材截面接近的金属预成型模具。在预成型模中,材料被逐渐成形到所要求的形状,并使增强材料在制品断面的分布符合设计要求。预成型的制作,多用摩擦阻力较小的塑料板,在其上打孔实现导向。结构复杂产品的纤维定位,也可以搭配定位管,将纤维直接引入模具入口。与纤维的预成型相比,毡材的导向则需要制作者具备更高超的技巧,将毡材从单一的平面状态转变为与模腔伏贴的立体形态,是一件充满挑战和技巧的工作。

预成型可以通过框架、模具以及模具托台固定在一起,也可以根据增强材料的铺层结构,设置在浸渍区域的上方或下方。空心产品的预成型一般与芯棒托架设计为一体,便于调节同心度,同时节省了操作空间。

图 6.27 所示为圆管预成型模具,图 6.28 所示为预成型设计图。

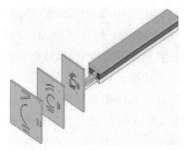

图 6.27　圆管预成型模具　　　　　图 6.28　预成型设计图

(4)成型装置

浸渍后的增强材料经过预成型后,将顺利进入加热的成型模具。成型模具是拉挤成型技术的重要工具,成型模具横截面面积与产品横截面面积之比一般应大于或等于 $10mm^2$,以保证模具具有足够的强度和刚度,加热后热量均匀分布和稳定。成型模具的长度是根据成型过程中牵引速度和树脂凝胶固化速度决定的,以保证制品拉出时达到脱模固化程度。一般采用钢镀铬,模腔表面要光洁、耐磨,以减少拉挤成型中的摩擦阻力和提高模具的使用寿命。

模具通常采用电加热方式分段加热,模具各区的温度可通过凝胶试验初步确定,并在生产过程中根据产品质量情况进行调整。在生产过程中,设置匹配的模具温度和牵引速度、控制合适的胶凝时间和固化程度是保证制品质量的关键。生产大型中空制品时,由于芯棒较粗,传热速度较慢,材料在模腔中行进时,内外壁温度会存在较大偏差,从而影响产品固化,可以在芯棒内部安装加热器进行温度补偿,使产品内外受热均匀一致。

(5)牵引设备

牵引机是拉挤成型工艺中的主机,它必须具备夹持和牵引两大功能,夹持力、牵引力、牵引速度均需可调,如图 6.29、图 6.30 所示。牵引机有履带式和液压式两大类。履带式牵引系统由上、下两个对置的不断转动的传动带组成,相对运动的上、下传动带紧紧夹住型材,并拖曳向前。履带式牵引机的特点是运行平稳、速度变化量小、结构简单,适用于生产有对称面的型材、棒、管等,但通用性略差,对于复杂形状的产品,需要重新加工相应的夹持胶块,包覆在上、下履带上;另一种是液压式牵引机,克服了履带式的缺点,采用气压或者液压式设计,采用牵引龙门上两对夹持胶块的循环往复运动,实现生产的连续。当一对胶块夹持住产品并向前运行时,另一对胶块松开产品,同时后退复位,等待下一次夹持。液压式牵引机具有体积紧凑、惯性小,能在很大范围内实现无级调速、运行平稳,与电气、压缩空气相配合,可以实现多种自动化,用于玻璃钢制品拉挤是非常合适的。

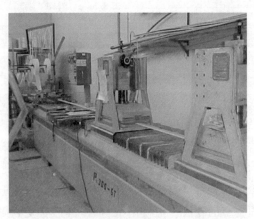

图 6.29 履带式牵引机　　　　　　　　　图 6.30 液压式牵引机

(6)切割装置

切割是在连续生产过程中进行的。当制品长度达到要求时,制品端部拨动限位开关,接通切割电机电路,切割装置便开始工作。切割过程由两种运动完成,即纵向运动和横向运动。纵向运动时切割装置跟随制品同步向前移动。横向运动是切割刀具的进给运动。

一般采用标配的圆盘锯式人造金刚石锯片,有手动切割和自动切割。自动切割机可以为拉挤生产的自动化提供保障,效率更高。

(7)配料装置

为保证拉挤生产连续而稳定的进行,胶料的配制应当准确,尽量做到所配胶料的一致性。配料工具的选择和配制显得很重要。但有些生产厂家对此缺乏充分的认识,配料时很随意,使生产过程不稳定,制品质量波动很大。

(8)搅拌设备

搅拌机是拉挤生产线主要辅助设备之一。液压升降式搅拌机可以满足拉挤工艺配制胶料的需要。目前很多小型的拉挤生产厂家在配制胶料中对搅拌的重要性认识不足,导致胶料分散不均,制品质量的稳定性很难保证。

(9)切毡机

拉挤生产中的玻璃纤维毡片要根据具体制品的需要裁剪成规定宽度的尺寸,通常采用切毡机和裁毡机来满足生产需要。切毡机是裁切各种纤维的专用设备,是拉挤生产辅助设备之一。可以完成不同毡卷量、不同毡宽的切割需求,操作简便,切毡外表整齐,准确。

6.3 成型工艺

拉挤成型工艺根据所用设备的结构形式可分为卧式和立式两大类。而卧式拉挤成型工艺由于模塑牵引方法不同,又可分为间歇式牵引和连续式牵引两种。由于卧式拉挤设备比立式拉挤设备简单、便于操作,故采用较多。卧式拉挤工艺,因模塑固化方法不同,也各有差异,现分述如下。

6.3.1 卧式拉挤成型

1.间歇式拉挤成型

间歇式是指牵引机构间断工作,浸胶的纤维在热模中固化定型,然后牵引出模,下一段浸胶纤维在进入热模中固化定型后,再牵引出模。如此间歇牵引,而制品是连续不断的,制品按要求的长度定长切割。

间歇式牵引法的主要特点是:成型物在模具中加热固化,固化时间不受限制,所用树脂的范围较广,但生产效率低,制品表面易出现间断分界线。采用整体模具时,仅适用于生产棒材和管材类制品;采用组合模具时,可配压机同时使用。而且制品表面可以装饰,成型不同类型的花纹。但模制型材时,其形状受到限制,而且模具成本较高。

2.连续式拉挤成型

连续式是指制品在拉挤过程中,牵引机连续工作。

连续式拉挤工艺的主要特点是:牵引和模塑过程是连续进行的,生产效率高。在生产过程中控制凝胶时间和固化程度、模具温度和牵引速度的调节是保证制品质量的关键。此法所生产的制品不需要二次加工,表面性能优良,可生产大型构件,包括空心型材等制品。

6.3.2 立式拉挤成型

立式拉挤成型工艺采用熔融或液体金属槽代替钢制的热成型模,克服了卧式拉挤机成型中钢制模具价格较贵的缺点。除此之外,其余工艺过程与卧式拉挤完全相同。立式拉挤成型主要用于生产空腹型材,因为生产空腹型材时,芯模只有一端支承,采用此法可避免卧式拉挤芯模悬臂下垂所造成的空腹型材壁厚不均的缺陷。

注意:由于熔融金属液面与空气接触会产生氧化,并易附着在制品表面而影响制品表观质量,因此,需在槽内金属液面上浇注乙二醇等醇类有机化合物做保护层。

6.3.3 成型工艺

拉挤成型这项工艺,目前还在发展之中,从国外发展趋势来看,大尺寸、复杂截面、厚壁产品的主要发展方向重点为:新型海洋用复合材料、电力传输、民用工程的结构组件以及高层建筑项目。同时拉挤工艺也从模腔内"黑色艺术"发展到以更加科学的实验手段,反复验证研究模内固化动力学,借助于各种电子设备、树脂注射、模具设计等不断优化质量,提高生产率的精细工艺。随着先进设备的发展,那些之前被认为不可想象的工艺也将不断涌现。

1. 拉绕成型工艺

纤维缠绕和拉挤成型都是复合材料工业中发展历史悠久、早已获得广泛应用的制造技术。将缠绕技术功能引入拉挤工艺,组成拉挤—缠绕技术是拉挤技术的新发展。

(1)拉绕工艺原理

拉挤—缠绕工艺是指在拉挤工艺的固化成型之前的适当环节之间引入缠绕工艺,构成一个以拉挤工艺为主,配以缠绕工艺的复合材料成型系统。拉挤—缠绕工艺可简示为粗纱—浸渍—预成型—缠绕—二次浸渍—成型—牵引—成品(见图6.31)。纤维缠绕可以加在浸渍系统前,即先缠绕、后浸胶;也可以加在浸胶后,即先浸胶、后缠绕。缠绕纤维经过二次浸胶,缠绕层可以在制品的最外层,也可以放在管状制品的内、外表面,或者夹在两层单向纤维中间。单向纤维先浸胶、后缠绕,缠绕纤维二次浸胶,缠绕层位于制品最外层。很显然,从拉挤—缠绕结构的性能分析考虑,把缠绕层配置在最外层是最合理的;但往往会给工艺带来一定困难,特别是对于较大直径圆管,在拉挤过程中容易引起缠绕层滑移和错位。

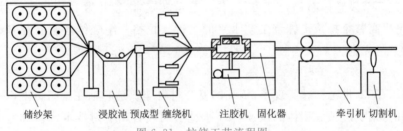

储纱架　　浸胶池 预成型 缠绕机　　注胶机　固化器　　　牵引机 切割机

图6.31 拉绕工艺流程图

无捻粗纱从纱团抽出后,经分纱板进入胶槽浸胶,然后集束、预成型。在预成型单向纤维拉挤层上按左、右旋转方向各缠一层纤维,进入二次浸渍槽浸胶;最后进入成型模具,由牵引器牵引拉出制品。

(2)缠绕设备

拉挤设备配套的缠绕设备与连续纤维复合材料缠绕机的环向缠绕类似,为大缠绕角螺旋缠绕,芯模不旋转,只是缠绕纤维做轴向旋转,拉绕工艺原理如图6.32所示,其成型局部实物如图6.33所示。一定数量的纱团分别等量装在左、右两个方向旋转的纱盘上,纱盘载着纱团绕芯模公转,同时纱团绕本身的纱轴自转,实现对称双螺旋缠绕。纱团数、纱盘转速应同拉挤设备及工艺配套,能根据不同直径的管状制品需要进行调节。两个方向速度均匀一致,纱团装卸应方便而且有合适的张力。最重要的是纱片铺放均匀一致,两个方向对称。

（3）预成型和浸渍

预成型对拉挤制品的性能起着非常重要的作用。预成型和浸渍，又往往互相关联，尤其对两次浸渍更是如此。首先是单向纤维的浸渍和预成型，与通用拉挤工艺没有区别。对于缠绕层，第一要保证缠绕纤维浸透，其次使缠绕纤维与单向纤维黏结良好，环向纤维层采用加压浸渍，配合适当预成型模具，对单向层含胶量进行适当控制。这些都是成功拉出制品的关键所在。同时环向缠绕纤维还采用了预浸纱，用于电性能要求更高的制品效果更好。

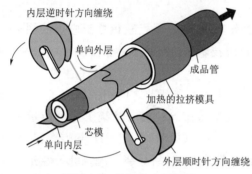

图 6.32 拉绕工艺原理图

图 6.33 拉绕成型局部

另外，浸渍用胶要求体积要小，黏度适中，收缩过大易造成单向纤维层开裂。黏度太大浸渍不良，太小则易造成表面粗糙不完整。

拉挤—缠绕制品的性能可设计性很强，可通过改变缠绕铺层及缠绕角改变其性能，拉挤和缠绕各工艺环节及整体布局合理可行，各环节运转正常，衔接顺利。其中，拉挤工艺与模具的关系，是提高整个拉挤—缠绕工艺水平的关键。拉挤—缠绕结构制品在基础设施领域的应用潜力是巨大的。

2. 在线编织拉挤成型工艺

自动编织在 20 世纪初就实现了，传统的复合材料编织是芯轴在编织机上以一定轨道匀速运动实现的，编织的预成型体的浸渍可以通过手糊或自动喷射技术或在成型的编织点直接添加树脂完成。理论上，与其他预成型体制造技术相比，编织的管状制件最适合拉挤成型，编织的最大优点在于能够把单向纤维引入到编织结构中，轴向纤维可以从任意编织纤维接点处引入。这种结构是连续周向增强体和轴向增强体的有机结合成很稳定的预制体。

在线编织—拉挤工艺的出现，解决了现有拉挤管材的缺点，将编织工艺与拉挤工艺完美结合。美国某公司采用在线编织—拉挤生产工艺生产了一种连续管，全程采用计算机系统精准控制，且解决了连续管的连接问题。

目前国内关于在线编织—拉挤的论文及专利非常有限，尚处于发展阶段，未形成较大规模。2005 年中国复合材料工业协会和武汉理工大学分别提出了在线编织—连续拉挤成型的工艺原理。2006 年在中国复合材料工业协会指导下，在线编织—拉挤成型薄壁环氧玻璃钢管研发成功。2007 年已建立 5 条在线编织—拉挤生产线，产品已通过 UL 认证，出口国外。后续并未对在线编织—拉挤工艺进行深入研究及推广。

（1）工艺原理

该工艺的原理是在外力作用下的芯轴带动由编织和缠绕的织物通过拉挤成型模具,浸渍树脂的织物通过成型模具的加热和模具挤压作用下固化成型,再将固化成型的毛坯加工管件。

在线编织的坯管由拉挤机的牵引装置牵引。芯模固定不动,坯管沿芯模织好,由芯模前端进入模具,在模具前端的树脂浸渍区内浸渍树脂(树脂系在压力下源源不断注入模腔),经牵引通过加热的模具(基体树脂在模内凝胶、固化),最终成为 FRP 管材成品。这种在线编制拉挤成型(树脂由外注入模具内)的工艺,实质就是一种连续树脂传递成型工艺(CRTM)。

在线编织—拉挤工艺中,编织物所有的纤维均斜交,与轴线夹角不平行、不垂直。编织原理与编织管如图 6.34 所示。编织过程中,纤维的运动轨迹为螺旋线。选择合理的纤维角度可调节成品管材径向强度与轴向强度的比例;同时,选择适宜的纤维排列密度可满足强度和外观的要求。

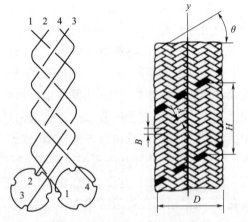

图 6.34　编织原理图和编织套管

D—管径;H—螺距;E—结束密度;B—纱束轴向高度;
θ—纱束方向与轴线 y 的法线所形成的角度

为适合工艺要求,现成的编织机需进行局部改造,将原机上的卷取部分——摇柄、蜗轮、卷取盘等取下。原卷取轴换为相应直径的芯模,此芯模伸入模具内,其外径即为管材内径,故对其尺寸精度与光洁度需有要求,此轴应牢固固定,不得有抖动现象。其根部直径可较伸入模具部分段直径略大。

图 6.35 所示为在线编制拉挤工艺原理图。

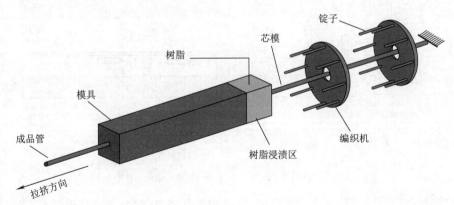

图 6.35　在线编制拉挤工艺原理图

（2）工艺优点

在线编织拉挤工艺有可连续化生产、劳动成本低、冲击强度优于纤维缠绕(由于纤维交错排列)的优点。

目前,市场上已知的采用在线编织拉挤工艺生产的产品有导弹喷管、高尔夫球杆、飞机叶片、弹体、军用帐篷支架、天线、桅杆、雪橇、风力发电机叶片、高尔夫球杆、曲棍球杆、电气绝缘管等。

3. 反应注射拉挤(CRTM)成型工艺

注射拉挤是传统拉挤和树脂传递模塑工艺用于制造聚合物改进的优良的复合型工艺,它是高度自动化和有效的连续拉挤过程,此种工艺能够生产出均匀一致横截面的复合材料,树脂通过模具的上部或下部的注射孔注入一个有锥度的模具部件,正好向下游流动,当预热纤维被牵引,通过加热模具模腔后固化,离开模具。

反应注射成型起始于 20 世纪 70 年代后期。玻璃纤维通过导纱器和预成型模后,进入连续树脂传递模塑模具中,在模具中以稳定的高压和流量,注入专用树脂,使玻璃纤维充分浸透和排除气泡,充分浸透和不含气泡的玻璃纤维在牵引机的牵引下进入模具的固化成型模具内,从而实现连续树脂传递模塑(continuous resin transfer molding pultrusion process)或称注射拉挤。这种方法所用原料不是聚合物,而是将两种或两种以上液态单体或预聚物,以一定比例分别加到混合头中,在加压下混合均匀,立即注射到闭合模具中,在模具内聚合固化,定型成制品。由于所用原料是液体,用较小压力即能快速充满模腔,所以此种方法降低了合模力和模具造价,特别适用于生产大面积制件。反应注射成型要求各组分一经混合立即快速反应,并且物料能固化到可以脱模程度,图 6.36 所示为反应注射拉挤成型工艺图。因此,要采用专用原料和配方,有时制品还需进行热处理以改善其性能。成型设备的关键是混合头的结构设计、各组分准确计量和输送。此外,原料贮罐及模具温度控制也十分重要。反应注射拉挤具有以下优点:

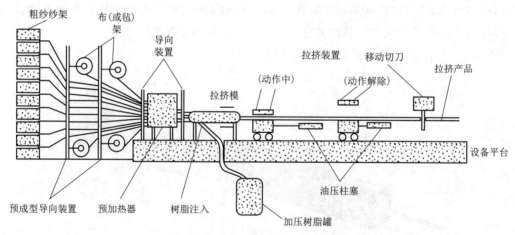

图 6.36 反应注射拉挤成型工艺图

(1)玻璃纤维充分浸透,所生产的 FRP 制品中微气泡含量少,机电性能优良;

(2)树脂放置在树脂罐中通过注入的方式进入模具,不暴露在大气中;

(3)注射的树脂一直保持有相同的固化特性(一直是"新胶");

(4)容易得到透明的产品,产品缺陷(如夹杂、结纱等)易于发现和剔除。

其中,使用聚氨酯树脂进行拉挤是较新开发的技术,德国拜耳材料科学公司正在大力推进这种技术的发展,并已促成若干聚氨酯拉挤产品成功上市。

用于拉挤的新型双组分聚氨酯是用专利方法把多元醇与一种高反应性的异氰酸酯混合形成的。异氰酸脂是为优化拉挤成型特性选用的,其特性是黏度低(保证纤维良好浸渍)、胶凝时间长(方便启停)、聚合迅速(提高成型速度)、表面光洁度良好、成本具有竞争力。与其他材料相比,用聚氨酯拉挤可产生多种效益。它可以提高制品中玻璃纤维含量而使制品强度大大提高。例如,用玻璃纤维与聚氨酯树脂拉挤窗框,所得窗框的强度比 PVC 窗框高 8 倍,其导电性比铝低 40 倍,因而绝缘性能好。同时,因为聚氨酯拉挤窗框的脆性更小,因而不会开裂、经久耐用。

聚氨酯复合材料生产的主要原料包括多元醇、异氰酸酯、催化剂、消泡剂、润滑剂、脱模剂和玻璃纤维等,其中玻璃纤维占 $80\%\sim85\%$。其主要生产设备包括玻璃纤维导纱架、聚氨酯浇注机、成型牵引机、切割机等。

采用聚氨酯拉挤技术的优点如下。

(1)用传统树脂拉挤某些型材时,可能要求使用多达 4 或 5 种不同的玻璃纤维毡。这些毡必须裁切造型,采用聚氨酯拉挤,常常可以用玻璃纤维无捻粗纱来代替玻璃纤维毡。取消玻璃纤维毡后被减少了原料成本以及操作毡所耗的劳力成本而且在很多情况下都能提高生产线速度,从而提高成本效益。另一方面,用无捻粗纱代替毡后,纤维体积含量可以增至 80% 左右,而大多数非聚氨酯拉挤制品的纤维体积含量为 60%。因此,更高的玻璃纤维含量与性能更好的树脂相结合,打造了强度和刚度更好的聚氨酯拉挤型材。

(2)聚氨酯拉挤制品更高的强度性能开拓了一些新的应用,可用于聚酯树脂不能胜任的用途,如在建筑、基础设施和交通运输市场代替钢和铝材等。

(3)将原有的拉挤系统转换成聚氨酯拉挤系统更简单、方便和经济。原有的模头、加热器和机组仍可使用。需要改装的设备有两件:树脂计量/混合器和树脂注射箱。其一,因为聚氨酯是双组分体系,故需用一种专门的计量/混合装置;其二,因为聚氨酯树脂的反应活性,还需要把传统的敞式树脂槽取消,代之以树脂注射系统,以适应聚氨酯更快的胶凝时间。拜耳材料科学公司专门设计了一种树脂注射箱,以优化拉挤过程中玻璃纤维的浸渍。该注射箱的安装位置与拉挤模的进口顶面齐平。注射箱可用高密度聚乙烯材料制成,以减少成本,方便清洁和防止纤维损伤。树脂两种组分的泵送速度与树脂消耗速度匹配,并在注射箱中保持足够压力,以保证玻璃纤维浸透。

(4)除了上述物理性能和成型优点之外,聚氨酯拉挤制件还具有装配方面的优点,特别是紧固方便。由于聚氨酯的强度,在聚氨酯拉挤制品上装入螺钉时,不需预先钻孔,这样就可节省时间和劳力。反过来,在聚氨酯拉挤制品中拔出螺钉所需的力量是在聚酯拉挤制品中拔出螺钉所需力量的两倍多。

(5)在同样纤维结构下,聚氨酯/玻璃纤维拉挤产品的所有性能均好于普通热固性树脂,弯曲模量接近,冲击强度大大提高,螺钉拉拔强度高,开口抗裂口扩展性好,耐磨性优,具有很好的二次加工能力,耐热 240 ℃以上。参见表 6.3。

表 6.3　主要热固性树脂/玻璃纤维复合材料性能对比

材料	价格	工艺性	力学性能	电性能	耐候性	燃烧性	耐热性
聚氨酯	较高～高	较好～好	很好	好	较好～很好	好	好
环氧	较高	较好～好	较好～好	较好～好	较好～好	一般～好	一般～好
不饱和	中～高	好～很好	一般～好	一般～好	一般～好	一般～好	一般～好
酚醛	低～高	一般	一般～好	一般～好	一般～好	好	好

　　(6)纯聚氨酯/玻璃纤维是目前性能最好的拉挤复合材料,材料截面复杂,表面光滑,拉挤速度快,耐水、酸、碱、盐是最好的,耐燃好,可涂装,脂肪族聚氨酯体系,无溶剂,无苯乙烯,环境友好。图 6.37 所示为聚氨酯拉挤工艺。

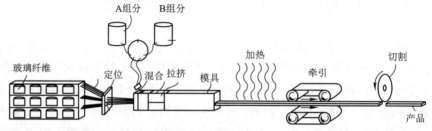

图 6.37　聚氨酯拉挤工艺

　　聚氨酯拉挤技术的产品不仅比传统材料具有更高的强度、更好的隔热保温效果,而且更轻质环保。其应用领域十分宽广,如浴缸、冲浪板、滑雪板、窗框、集装箱地板等领域,聚氨酯复合材料已融入了人们日常生活的方方面面。

　　据报道,在过去的几年中,中国对于复合材料的需求已呈现逐步增长的态势。复合材料是一种高科技材料,是将几种材料的特性整合成为一种具有卓越新性能的全方位解决方案。正是因为材料的独特性能,比如轻质、高强度和刚性、以及能够帮助实现更高的成本效率和生态责任,所以聚氨酯复合材料已备受各行业的关注。尤其是在建筑和运输行业,创新的技术与应用更是备受瞩目。

4. 预浸料拉挤成型工艺

　　以预浸料为原料的先进拉挤成型工艺(advanced pultrusion,ADP)是将精确控制含胶量的预浸带在牵引力作用下,通过层叠、折弯成需要的产品形状成型模,并在模具中完成预固化,连续拉挤出长度不受限制的复合材料型材。由于使用的是预浸带,不仅提供了纵向(沿生产线方向)增强,而且补充了横向增强,且截面形状还可以调节力学性能。ADP 结合了手工铺放的优势以及自动化拉挤进程,生产出了各类高性能低成本型材。目前,国外 ADP 拉挤设备已定型化和系列化,著名的公司有日本的 JAMCO、美国的 KaZak Composites,Inc.。国内尚未开展先进拉挤研究和应用,根据 ADP 原理,试制一种小型的预浸带拉挤样机,开展工艺研究十分必要。

　　预浸带拉挤生产工艺(见图 6.38)流程:预浸带→供带装置→预成型→预固化→热压固

化→牵引→切割→后固化→成品,其优点如下。

①生产过程完全实现自动化控制,生产效率高;

②拉挤成型制品中纤维含量可高达80%,浸胶在张力下进行,能充分发挥增强材料的作用,产品强度高;

③制品纵、横向强度可任意调整,可以满足不同力学性能制品的使用要求;

④生产过程中无边角废料,产品不需后加工,故较其他工艺省工、省原料、省能耗;

⑤制品质量稳定、重复性好、长度可任意切断。

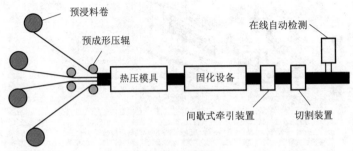

图6.38 预浸料拉挤工艺图

在拉挤成型过程中,预浸料穿过模具时产生一系列物理的、化学的和物理化学的复杂变化。预浸带先进拉挤机在整个拉挤过程中,大体上按照预浸料通过设备时的状态,拉挤分三区:压紧区、预浸带胶凝区和固化区。第一区不加热,第二、三区加热。所以设备包括:①预成型系统(含供带装置辊轮、各种导向折弯滚筒、离形纸的剥离收卷机构和脱模片铺叠机构);②热压系统(含加热板和加压气缸机构);③拉挤系统(含夹紧机构和顶出气缸);④控制系统。

5. 弯曲拉挤成型工艺

美国 Goldworthy Engineering 公司在现有拉挤技术基础上,开发出了一种可以连续生产弯曲型材的拉挤机,用来生产汽车用弓形板簧。这种工艺(见图6.39)的拉挤设备由纤维导向装置(用来分配纤维)、浸胶槽、射频电能预热器、导向装置、旋盘阴模、固定阳模模座、模具加热器、高速切割器等装置组成。所用原材料为不饱和聚酯树脂、乙烯基树脂或者环氧树脂和玻璃纤维、碳纤维或混杂纤维。弓形板簧的生产过程为:在旋转台上固定几个,与板簧凹面曲率相同的阴模(称作旋转模),形成一个完整的环形模具,阴模的数量应与板簧的长度相配合。同时,固定阳模模座的凹面,使之与旋转环形阴模的凹面相对应,它们之间的空隙即是成型模腔。转台转动时,牵引着浸渍了树脂的增强材料经过高频预热器和导纱装置的固定模端部的模板进入由固定阳模与旋转阴模构成的闭合模腔中,然后按模具的形状弯曲定型、固化。制品被切割前始终置于模腔中。待切断后的制品从模腔中脱出后,旋转模即进入到下一轮生产。

图6.39所示为弯曲拉挤成型工艺图。

最近德国 Thomas 公司开发了一种新的制造技术——半径拉挤成型,该技术可生产出几乎所有角度的半径连续弯拉挤型材。该技术能够生产拱形、圆形部分,包括螺旋形部分,可生产出三维拉挤型材,因此该技术荣获了2016JEC创新奖。法国 CQFD-composites 联合

图 6.39　弯曲拉挤成型工艺图

韩国现代汽车公司开发了一种半径弯曲拉挤技术来生产汽车防撞梁，如图 6.40 所示。该技术通过具有圆弧形状的定型模具和移动的切割装置，实现了弯曲型材的连续拉挤成型，成型制品如图 6.41 所示。

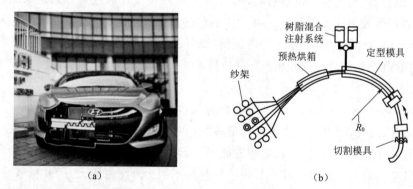

（a）　　　　　　　　　　　　　　　　（b）

图 6.40　汽车防撞梁成型工艺示意图

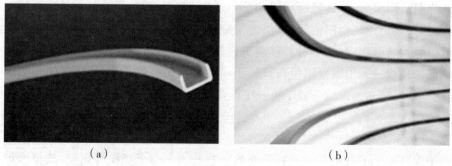

（a）　　　　　　　　　　　　　　　　（b）

图 6.41　弯曲拉挤成型制品

半径拉挤成型可应用于汽车、飞机、结构、建筑和家具及允许弯曲以及连续型材的项目。

弯曲拉挤成型为制备复杂形状的连续纤维增强复合材料提供了可能性。后固化工艺、设置移动式的模具或夹具等创新方案为拉挤成型提供了新的思路。

近年来拉挤成型工艺取得了快速发展,这与新树脂的采用、新的成型技术的应用息息相关,极大地扩展了材料的使用领域。同时,新的传感器和控制技术的产生,也进一步提高了拉挤制品的质量,拉挤成型这种具有强大生命力的 FRP 生产工艺将成为未来许多新产品的主要生产技术。

6.4 关 键 技 术

6.4.1 结构设计

拉挤工艺是一种连续、高效的自动化生产工艺,可生产各式各样具有固定截面的复合材料制品,如杆、管、工字、槽钢、角钢以及其他复杂截面等。这些材料已广泛应用于各个领域,且应用范围不断扩大。不同的应用场合,其负载、安装以及所处环境均有差别,因此在设计复合材料时应充分考虑,发挥复合材料制品的性能、结构的可设计性,正确选择原料和制造工艺,确定合理的结构设计、连接和支承方式。

1. 强度设计

拉挤制品的轴向与横向间没有拉弯耦合效应,轴向强度大、横向强度低。对于仅承受轴向力或轴向弯矩的拉挤制品,其强度分析可以得到简化。

(1)许用应力

$$[\sigma] = \sigma_b / K$$

式中 $[\sigma]$——许用应力,一种安全使用应力;

σ_b——材料的极限破坏应力;

K——安全系数。

因为复合材料的强度在一般情形下与环境温度成反比关系,拉挤制品的工作温度较高时,应采用专用耐高温树脂体系,以满足强度要求。

实践证明,安全系数的选取与结构所承受的载荷有关。一般情况下,短期静载荷时 $K \geqslant 2$、长期静载荷时 $K \geqslant 4$、疲劳载荷时 $K \geqslant 6$、冲击载荷 $K \geqslant 10$。

(2)拉伸强度

拉挤制品由于轴向强度高,通常可作为拉伸结构件,其拉伸应力可表示为

$$\sigma = F / A$$

式中 F——轴向拉伸力;

A——拉挤制品的横截面面积。

根据强度设计准则:$\sigma \leqslant [\sigma]$,可以得到如下设计参数:

①确定拉挤件的最大设计拉力 $F = A[\sigma]$;

②确定拉挤产品的最小设计截面尺寸。

已知设计工况中的杆件拉力,其最小设计截面尺寸为 $A=F/[\sigma]$。

(3)弯曲强度

拉挤制品中,"工"字形、"口"字形横断面制品的抗弯性能好。

设 σ_f 是拉挤制品的弯曲许用应力,则弯曲强度条件为:

$$\sigma_{max}=M_{y_{max}}/W_y\leqslant[\sigma_f]$$

式中　σ_{max}——最大弯曲应力;

　　$M_{y_{max}}$——截面上的最大弯矩;

　　W_y——梁的抗弯截面系数,由截面形状和尺寸确定。

根据上述强度条件,可以解决三类问题。

①选择横断面:在已知材料性能及梁上所作用的弯曲载荷时,可通过下式选择横断面尺寸,$W\geqslant M_{y_{max}}/[\sigma_t]$;

②计算许用弯矩:$M_{y_{max}}\leqslant W_y[\sigma_f]$;

③强度校核:$M_{y_{max}}/W_y\leqslant[\sigma_f]$。

2. 刚度设计

FRP 拉挤制品的刚度相对金属而言比较低,因此一般采用刚度设计方法。

(1)许用变形

许用变形是为了保证结构物的安全、正常使用,在一定工作条件下所允许的最大变形。

许用变形一般是指许用应变或许用挠度,许用应变可以表示为

$$[\varepsilon]=\varepsilon_b/K$$

式中　ε_b——材料的断裂延伸率;

　　K——安全系数。

许用挠度是指梁受到弯曲变形时所容许的最大挠度,许用挠度可以表示为

$$[f]=l/kn$$

式中　l——梁长度;

　　kn——可取 250～750 之间的一个值。

(2)拉伸刚度设计

当拉挤制品受到拉伸力作用时,其应变力为

$$\varepsilon=b/E_L=\frac{F}{AE_L}$$

式中　E_L——梁的轴向弹性模量。

由刚度设计条件,则有

$$\varepsilon=F/AE_L\leqslant[\varepsilon]$$

由上式同样可以确定:

①横断面面积 $A\geqslant\dfrac{F}{[\varepsilon]\cdot E_L}$;

②最大允许拉伸力 $F \leqslant AE_L[\varepsilon]$；

③刚度校核 $F/AE_L \leqslant [\varepsilon]$。

（3）弯曲刚度设计

梁结构在一定支承条件下受到弯曲作用力时，将产生挠度 f。设 f_{max} 为最大挠度，由弯曲刚度条件，则有

$$f_{max} \leqslant [f]$$

挠度表达式一般可以归结为

$$f_{max} = k_p \frac{pl^3}{E_1 J} + k_q \frac{ql^4}{E_1 J}$$

式中，k_p、k_q 分别为集中载荷 p 和分布载荷 q 有关的系数，这些系数还与梁的支承条件有关；E_L 为梁的轴向弹性模量；J 为惯性矩。

弯曲刚度分析如下：

①确定最小截面尺寸，即有

$$J \geqslant k_p \frac{pl^3}{E_1[f]} + k_q \frac{qL^4}{E_L[f]}$$

②确定最大许用载荷，对于仅用集中载荷 q 的情形有

$$p \leqslant \frac{E_L J[f]}{k_p l^3} \quad (k_q = 0)$$

$$q \leqslant \frac{E_L J[f]}{k_q l^4} \quad (k_q = 0)$$

③确定最大跨距 l，可由 $f_{max} \leqslant [f]$ 式通过计算机搜索计算求得。

④进行刚度校核，即看下式能否满足：

$$k_p \cdot \frac{pl^3}{E_1 J} + k_q \cdot J \leqslant [f]$$

3. 连接设计

拉挤制品的连接方式有胶接、机械连接和复合连接方法。胶接是采用胶结剂将被粘件黏结在一起；机械连接是指铆接、螺栓连接和销钉连接等；复合连接方式是采用胶接和机械连接两种方式复合，使连接强度得到提高。

1）胶接设计

（1）设计原则

胶接设计应符合下列原则：

①拉挤制品承受任何载荷时，不应使胶接处成为最薄弱环节；

②不能简单地采用平均应力来预计接头的强度，应考虑到胶层应力集中现象；

③避免接头产生剥离应力；

④对于厚度不大的板材，可采用单面式或双面搭接，长度与板厚度之比大于 15 为宜。对于厚度较大的板，应采用斜面或阶梯形搭接。斜面搭接应增加斜接长度，一般控制在倾角为 5°左右。

（2）胶接形式

胶接形式有以下几种：单面胶接、双面胶接、斜面胶接、角形板接头、丁字形板接头。

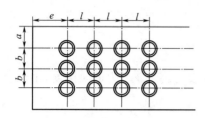

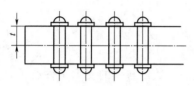

图 6.42 机械连接形状与参数

a—边距、b—行距、

e—端距、t—连接板厚、l—列矩

2)机械连接设计

（1）设计原则

机械连接的设计应符合下列原则：

①满足强度要求；

②在多个紧固件连接时,避免紧固件受力的不均匀性；

③避免被接板的刚度不平衡；

④防止紧固件对孔壁的磨损。

（2）紧固件的设计

紧固件设计要求如下：

①紧固件的选择首先应当考虑本身的强度问题,以保证紧固件不先于连接板的破坏；

②增大螺母和垫圈接触面积,以提高接头的强度。垫圈直径应在孔径 d 的 2.5 倍左右为宜；

③确定适当的紧固件端距、边距、行列距,见图 6.42、表 6.4。

表 6.4 端距、边距、列距参考值　　　　　　　　　　　　　　　　单位:mm

极厚 t	端距 e	边距 a	行距 b	列距 l
<3	$3d$	$2.5d$		
3～5	$2.5d$	$2d$	$(4～5)d$	$\geqslant d$（螺杆直径）
>5	$2d$	$2d$		

6.4.2 制品设计

1. 横断面形状设计

拉挤制品的横断面形状一般是根据用户要求进行设计的,设计既要考虑制品的使用性能,也要考虑工艺性能,这就要求不能完全按照等代设计的方法,必须结合拉挤工艺的特点进行横断面形状的细节设计。

早期根据钢构件标准加工 FRP 制品,由于 FRP 是非均质材料,固化过程中会收缩致使制品产生翘曲,如角钢型材完全按钢型材等代设计,产品两条外边向内收缩,致使两外边夹角由 90°缩小到 89°或 88°,故在设计中,可考虑拉挤角钢的改进措施如下：

①适当调整角钢夹角内倒角的半径。

②在模具设计时将模腔角度适当放大,以得到补偿。

③改进配方,并提高制品的填充量,以减少收缩。

2. 材料设计

材料设计是研究制品内部各组分材料合理匹配、配置的问题,它包括如下几个方面。

（1）增强材料的配置

不同形状与不同使用性能的制品应采用不同的增强材料配置,一般考虑以下几点：

①对于圆柱形、骨形等实心杆件,只需采用无捻单向纤维增强即可。

②对于横断面较为复杂的型材,除采用无捻纤维外,还应采用连续纤维毡、缝编毡、多轴向织物以增强横向强度。纤维与毡之间的配比,可依据型材的几何尺寸及力学性能要求进行配置,通常情况下,都将毡层置于制品内外表面,在产品横向强度有较高要求时,也可在产品中间增加毡层进行增强。

③对表面有较高要求的制品,应考虑采用表面毡进行包覆(玻纤表面毡、聚酯表面毡或者具有特殊纹路的表面毡)。

(2)配方体系的设计

配方体系的设计包括树脂、添加剂、填料等材料的选择以及各自的含量、配比,应根据制品的使用要求进行设计。这些要求包括:良好的固化性能和黏结强度、阻燃性、防腐、耐高温、耐老化、绝缘、隔热等。

(3)纤维含量设计

根据制品使用条件的不同,会有不同的力学性能要求。以 FRP 增强芯为例,要求抗拉强度为 1 200 MPa,弹性模量达 50 GPa,要达到这种力学性能指标,除选用优质玻璃纤维外,还必须严格控制制品的纤维含量。

在实际使用中,纤维分数有两种表达方式,一个是质量分数,一个是体积分数,表 6.5 给出了二者的对应关系。

表 6.5　纤维增强拉挤制品纤维质量分数与体积分数对比

纤维质量分数/%	纤维体积分数/%	制品密度 $\rho/(g \cdot m^{-3})$	纤维质量分数/%	纤维体积分数/%	制品密度 $\rho/(g \cdot m^{-3})$
50	32.98	1.68	80	66.31	2.105
60	42.47	1.798	90	81.58	2.302
70	53.45	1.940	95	90.34	2.45

对于一些具有其他性能要求的制品,如绝缘、耐热、耐磨等性能,也应根据情况对其组分材料的配比作出合理的设计。

6.4.3　拉挤制品材料设计实例

例: 制作 $\phi 10$ mm 的拉挤圆杆,要求轴向弹性模量达到 35 GPa,确定拉挤成型的基本工艺参数:纤维用量(使用 4 800 Tex 的纤维)、树脂配方、温度设置及其拉挤速度等,其中,纤维密度 $\rho_f = 2.54$ g/cm³,树脂密度 $\rho_m = 1.2$ g/cm³。

解: (1)求纤维、基体的体积分数 φ_f、φ_m

$$E_t = E\varphi_f + E_m\varphi_m$$

E_f、E_m 分别为纤维和树脂的模量,由 $E_t = 35$ GPa、$\varphi_m = 1 - \varphi_f$(不考虑空隙率),代入得

$$\varphi_f = 0.452, \quad \varphi_m = 0.548$$

(2)求纤维和树脂的质量分数 w_f、w_m

由体积分数和质量分数之间的关系式,得

$$\varphi_m = (1-k_g)/[1+(\rho_m/\rho)(1/\varphi_w-1)]$$
$$\varphi_f = (1-k_v)/[1+(\rho_f/\rho_m)(1/\varphi_f-1)]$$

由 $k_v=0$，得

$$w_f=0.636, \quad w_m=0.364$$

（3）求每米纤维质量分数

$$\rho = v_f\rho_f + v_m\rho_m = 0.452\times2.54 \text{ g/cm}^3 + 0.548\times1.2 \text{ g/cm}^3 = 1.805\ 7 \text{ g/cm}^3$$

制品每米质量为

$$w = \rho A = 1.805\ 7\times3.14\times(1/2)^2\times100 \text{ g/m} = 141.75 \text{ g/m}(A \text{为产品截面积})$$

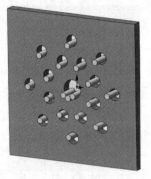

图 6.43　圆杆预成型
纱孔分布图

制品每米纤维质量为

$$w_f = \varphi_f w = 0.636\times141.75 \text{ g/m} = 90.15 \text{ g/m}$$

（4）4 800 Tex 纤维的股数

每股 4 800 Tex 纤维质量为 $w_i=4.8\text{g/m}$

其股数为 $Z=\dfrac{w_f}{w_i}=18.78$ 股

故可取 19 股 4 800 Tex 纱。

（5）预成型设计

根据产品外径形状及尺寸设计预成型，如图 6.43 所示。

纤维排布：

中间大孔穿 3 股 4800Tex 纱，其余小孔每孔穿 1 股 4800Tex 纱。

（6）基本工艺参数

根据产品外径及要求，综合考虑环境温度及树脂凝胶试验数据，确定基本工艺参数见表 6.6。

（7）生产准备工作

①依据生产的安排，选择相应的模具，观察其型腔是否有异物，将其型腔清洗干净，准备工作中所需的扳手、钳子、水平尺等工具。

表 6.6　基本工艺参数

原材料	配比范围/%	备　注
拉挤邻苯树脂	100	根据情况选用拉挤专用树脂
BPO	0.8~1.0	
TBPB	0.6~0.8	
黄色浆	1~1.5	根据产品颜色要求和效果进行确定和调整
脱模剂	0.6~1.5	根据产品出模状态、脱模效果进行调节
填料	5~15	通过产品计算填充量及实际生产情况调节
温度	前区：(100±10) ℃ 后区：(120±10) ℃	根据树脂凝胶试验情况，可制定初步的温度设置，在产品出模后，可视产品固化情况及外观效果，进行调整
速度	0.3~0.5 m/min	根据产品出模固化、外观效果进行调整，与温度匹配

②将所选模具安装在拉挤机上。选择相应规格的加热板固定到模具上,对应连接加热板电源插头和热电偶插头,进行模具升温、控温。

③选择并安装分纱板、压纱夹、胶槽、预成型模等过纱系统。在穿纱的过程中,纱与纱之间一定不能出现缠结、交叉现象。

④放下压纱夹,将配好的胶液倒入胶槽中,开机生产。

⑤刚开始牵引白纱时,对于往复式牵引拉挤机,在牵引夹处要有一人不停地调整牵引夹,直至产品出牵引夹。产品进入牵引夹后,根据需要调整上下牵引夹的间距。

⑥看纱:在生产过程中,过纱系统始终不能离人,发现有纱结、乱纱等要及时进行处理。生产过程中随时检查纱架里的纱团是否用完,及时换上新纱团。

⑦当产品从型腔拉出后,时刻注意产品表观质量,出现异常现象要立即采取相应的措施进行解决。

⑧定长切割:当产品出牵引夹后达到要求的长度时,将其整齐锯下,注意不能有劈头现象。

⑨停机:由于某种原因或完成生产任务停机时,先放慢机器的牵引速度,然后将压纱夹从胶槽里提起,再将速度调整到原先状态,将白纱拉出模具一段,如不再继续生产则将纱从分纱板处剪断,牵引出模具即可。

⑩用丙酮或其他溶剂把压纱夹、预成型板、胶槽等清洗干净备用。

6.4.4 常见拉挤 FRP 型材的规格

常见的拉挤 FRP 型材的种类及规格如下。

1. 工字梁

(1)标准工字梁

标准工字梁,$d=26$ mm,工业上常用的为 100 mm$\times 50$ mm,$t=5$ mm 如图 6.44 所示。

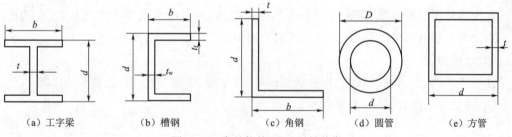

(a)工字梁　(b)槽钢　(c)角钢　(d)圆管　(e)方管

图 6.44 常见拉挤 FRP 型材种类

(2)宽凸缘工字梁

这种工字梁 $d=6$ mm。

工业上常用的为 50 mm$\times 50$ mm,$t=3$ mm。

2. 槽钢

(1)标准槽型材　$d:b=3.5$ 左右,$t_w=t_f$,厚度一致。

(2)特种槽型材　d、b 比例范围很大,不确定,t_f,t_w 一般不等,$t_f>t_w$。

3.角型材

(1)等边角型材 $d=b$,厚度均匀。

常见规格为:30 mm×30 mm×3 mm,40 mm×40 mm×3 mm,50 mm×50 mm×3 mm,80 mm×80 mm×3 mm 等。

(2)不等边角型材 d、b 不相等,变化范围大,常见的有 35 mm×15 mm×2 mm,45 mm×15 mm×2 mm,50 mm×25 mm×2.5 mm,112 m×45 mm×3 mm 等。

4.圆管、方管

(1)圆管 常见的圆管厚度一般在 2~5 mm。

D/d:19/15,24/20,36/27,40/36,58/50。

(2)方管 常见的方管为 50 mm×50 mm×5 mm 等。

5.其他产品

其他产品包括圆棒、方棒、半圆棒、槽棒、狗骨棒,矩形管(方扁管),矩形管(方扁管),板材、椭圆板,方型电线盒及盒盖、欧姆电线盒等,组合型材(具有复杂截面)。

一般情况,型材的种类及规格是无限的,以上列举的只是在工业中常见的一些品种。实际上可以根据用户的要求制作出不同形状的材料。同理,FRP 型材市场的非标准化也是制约其发展的一个因素。

6.4.5 拉挤制品的公差标准

拉挤制品横断面尺寸的偏离、扭曲及绕曲等应控制在一定公差范围内,下面分别从不同方面介绍拉挤制品的有关公差标准,以下单位均为 mm。

1.横断面尺寸公差标准

(1)杆、棒材、矩形中空构件公差见表 6.7。

此表仅适用于外接圆直径≤254 mm 的拉挤制品,对于中空或半中空制品,若一边的壁厚不小于另一边壁厚的三倍时,壁厚允许偏差可由供需双方商定。

(2)结构构件

常见的角钢、工字钢、槽钢的构件横断面尺寸(厚度、宽度、高度)的公差见表 6.8。

(3)圆管、方管的外径公差见表 6.9。

表 6.7 杆、棒材、矩形中空构件的公差

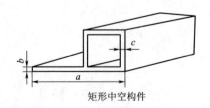

矩形中空构件

续表

公称尺寸/mm	允许误差/mm		
	$a(\pm)$	$b(\pm)$	$c(\pm)$
＜3.15	0.15	0.33	
3.18～6.33	0.18	0.46	公称尺寸的±2%，
6.35～12.67	0.20	0.69	即 0.25～2.54 mm
12.7～19.02	0.23	1.0	之间
19.05～25.37	0.25	1.02	
25.40～38.07	0.30	/	
38.10～50.77	0.36	/	公称尺寸的±1.5%，
50.80～101.57	0.61	/	即 0.25～2.54 mm
101.60～125.37	0.86	/	之间

表 6.8 L、I、U 型型材的截面尺寸公差

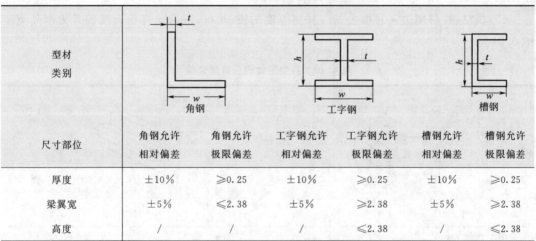

型材类别	角钢		工字钢		槽钢	
尺寸部位	角钢允许相对偏差	角钢允许极限偏差	工字钢允许相对偏差	工字钢允许极限偏差	槽钢允许相对偏差	槽钢允许极限偏差
厚度	±10%	≥0.25	±10%	≥0.25	±10%	≥0.25
梁翼宽	±5%	≤2.38	±5%	≥2.38	±5%	≥2.38
高度	/	/	/	≤2.38	/	≤2.38

表 6.9 圆管、方管外径的公差

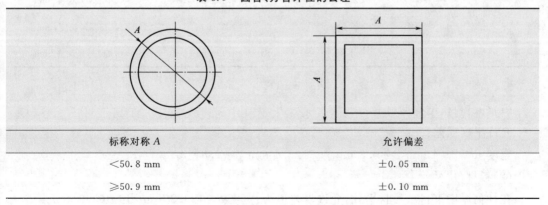

标称对称 A	允许偏差
＜50.8 mm	±0.05 mm
≥50.9 mm	±0.10 mm

2.偏心圆管、方管的壁厚公差标准

(1)最厚厚度、最薄厚度 偏心圆管、偏心方管上任何一点管壁厚度的误差是±15%标准尺寸,最大允许误差为±15%标准尺寸,最大允许误差为±2.54 mm。

(2)平均厚度 指最厚厚度与最薄厚度的平均值,即$\frac{1}{2}(A+B)$标称厚度<25.4 mm 时,允许误差±20%;标称厚度≥25.4 mm 时,允许误差±15%。

3.正直度公差标准

将试样置于标准水平面上,试样底面或底线与标准水平或水平线偏离的深度δ就是正直度公差。

(1)异型构件 异型型材的正直度公差见表6.10。

(2)杆、棒材的公差 允许偏差δ值为整个制品长度的0.417%。

(3)结构构件(包括角钢、工字钢、槽钢等) 制品长度$L<1\ 524$ mm 时,每米允许偏差值$\delta=2.08$ mm;长度$L\geq1\ 524$ mm 时,每米允许偏差值$\delta=4.17$ mm。

(4)圆、方管正直度公差 直径或边长小于609.6 mm 时,制品全长允许偏差0.17%;大于609.6 mm 时,制品全长允许偏差为0.25%。

(5)板材、片材侧边正直度公差 任何厚度的板、片材,制品允许正直度偏差为制品宽度的0.21%。

表6.10 异型型材的正直度公差

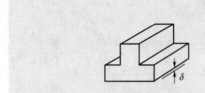 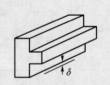

公称尺寸		允许偏差	
宽度	厚度	每米长度	整个制品
<38.07 mm	<2.4 mm	4.17 mm	0.147%×长度/mm
	>2.4 mm	3.33 mm	0.33%×长度/mm
>38.10 mm	不限	4.17 mm	0.417%×长度/mm

4.不平度公差标准

(1)杆、棒材、结构型材

允许平度误差:

宽度$w\leq25.4$ mm,$\delta=0.2$ mm;$w>25.4$ mm,$\delta=0.8\%w$。

(2)板材、片材

在任何厚度下,板、片材平放,允许误差值为:宽度$b\leq1.828\ 8$ mm,$\delta=6.35$ mm。

（3）中空构件

中空构件的截面上最薄处厚度为 3.18～4.78 mm 时：当宽度 $b\leqslant25.4$ mm，则 $\delta\leqslant0.30$ mm；当宽度 $b\leqslant25.4$ mm，则 $\delta\leqslant1.2\%\cdot b$。

截面上最薄处厚度＞4.78 mm 时：当宽度 $b\leqslant25.4$ mm，则 $\delta\leqslant0.20$ mm；当宽度 $b>25.4$ mm，则 $\delta\leqslant0.8\%\cdot b$。

5. 其他公差标准

（1）扭曲公差标准

这类制品包括管材、棒材、一般型材和结构型材。将试样置于标准平面上，试样横截面的底面与标准平面的最大距离 δ，或底面端线与标准平面的夹角 γ 即为扭曲公差。常见公称尺寸的制品允许偏差见表 6.11。

（2）角度公差标准

角度公差是指制品边与边之间的夹角，这些角度偏差应在 $\pm1.5°$ 之内。

（3）长度公差标准

一般情况，制品长度公差应控制在 $\pm1\%$。

（4）端面垂直度公差标准

任何厚度的拉挤产品，其端面垂直度允许公差为 $1°$。

表 6.11 扭曲公差标准

公称尺寸		允许偏差	
宽度或直径/mm	厚度/mm	扭转角 γ/(°)	扭曲偏差 δ/mm
<28.07	≥2.54	$1°\times\dfrac{长度/mm}{308.4}$	0.1%×长度
28.1～76.0	≥2.54	$0.5°\times\dfrac{长度/mm}{308.4}$	0.05%×长度
≥76.2	≥2.54	$\left(\dfrac{1}{3}\right)°\times\dfrac{长度/mm}{308.4}$	0.03%×长度

6.4.6 拉挤产品的外观状及工艺控制

1. 拉挤工艺中的缺陷

玻璃钢拉挤工艺由于具有机械化程度高、能连续生产、产品质量稳定等特点，近年获得了持续稳定的高速增长。但是由于国内大多数拉挤厂规模较小，技术力量薄弱，对生产中遇到的许多技术问题无法判断其产生的原因，因而无法找到解决问题的办法，而且其使用的生产配方具有随机性和经验性，缺乏科学的依据，存在不尽合理之处。因此针对几个经常可能遇到的问题分析其原因并试图给出解决的方法。

（1）对填料的选择

填料在拉挤配方中是非常重要的组成，如使用得当，则可以改善树脂系统的加工性和固化后制品的性能，也可以显著降低复合材料的成本；如使用不当，则会严重影响加工性能和制品性能。

一般情况,任何粉状矿物都可当作填料。填料对液体树脂系统的影响是提高黏度、产生触变、加速或阻滞固化及减少放热。在其所影响的工艺因素中,最重要的是对黏度与流变性的影响。而影响黏度的主要因素是填料的吸油率。吸油率上升则黏度上升,即在保持相同黏度的情况下,吸油率越低,则该种填料的添加量就越大。表 6.12 列出了几种常用填料的吸油率值。

表 6.12 各种填料的吸油率

填料种类	吸油率/%
滑石粉	50
轻质碳酸钙	45
高岭土	40
氢氧化铝	20~40
重质碳酸钙	17
表面活化重质碳酸钙	16

从表 6.12 中可以看出,重质碳酸钙的吸油率低,为性能较好的填料。

此外,填料的比表面积会影响聚合速度。轻质碳酸钙、滑石粉等的比表面积大,会阻滞固化;而重质碳酸钙的比表面积较小,固化性能较优。在碳酸钙的表面用有机物包覆可使其形成活性炭酸钙,以致聚集态颗粒减少、分散度提高、颗粒间空隙减少可使吸油率降低。

填料的价格因素也对选择使用何种填料具有重要参考意义。在表中列出的几种填料中,成本最低的是重质碳酸钙和滑石粉,表面活化重质碳酸钙的成本略有升高,高岭土的成本居中,最高的是氢氧化铝。氢氧化铝通常用作阻燃填料而不作为普通填料使用。

各种填料对固化后制品的机械物理性能的影响大致相当。对阻燃性、电性能的影响略有不同。此外,对制品的动态力学性能的影响比较复杂,与填料的颗粒大小、粒径分布、颗粒形状、硬度及填充量等都有关系。

综上所述,对填料的选择应视对制品的最终性能要求而定。在普通情况下,性能最好且成本最低的填料当属重质碳酸钙和表面活化重质碳酸钙、此外,除非有特殊要求,一般不建议使用复合(同时使用两种或两种以上)填料系统。

(2)树脂混合料的增稠现象

所谓增稠现象是指配好的树脂混合料在使用过程中黏度逐渐增高,且黏度的增高速度逐渐加快,直至达到混合料很难甚至无法使用的程度。这一现象在国内的拉挤厂经常发生,但却很难找到真正的原因和解决办法。

导致这一现象的原因是由于配方中存在有高酸性的组分,主要是配方中所使用的液体内脱模剂(目前国内销售的液体内脱模剂大部分属于此类),这一组分与混合料中的碱性填料如碳酸钙或金属氧化物颜料发生化学反应,使钙离子或其他金属离子游离出来。这些游离出来的钙离子或其他金属离子则很快与聚酯分子链端部的羧基发生化学反应,生成络合物,形成一种聚酯—金属络台物的网状结构,从而使混合料的黏度急剧升高,流动性降低,黏度的迅速升高会导致其难以浸透玻璃纤维,使拉拔的阻力也升高。所得到的制品由于浸润不够会产生性能下降。

高酸性的组分还会与某些对酸敏感的颜料发生化学反应,使制品的颜色发生漂移。另外,酸性组分还对非镀铬模具(目前国内大部分合缝模均未镀铬)产生腐蚀,使模具寿命变短。它与模具的反应产物会污染产品,使产品的某些富纤维部分变黑。

在过氧化物在中性或碱性介质中,其受热分解的形式是分解成两个自由基。若在酸性介质下,其裂解反应将可能是离子裂化反应而不是自由基裂解反应,因而对树脂的交联固化不利。因此应尽量避免加入酸性物质,尤其是硬脂酸。

(3)制品的开裂

制品的开裂包括表面裂纹和内部裂纹,是令拉挤厂最为头痛的工艺问题。这一问题出现的频次最高,几乎可以出现在任何产品中和任何时间上。

裂纹产生的原因最主要是放热收缩产生的热应力。但目前国内还难以找到较好的消除热应力的方法。虽然适当地调整模具温度和拉挤速度可以暂时缓和这一问题,但是随着环境条件的变化以及某些无法确知的原因,裂纹又会重新出现。

以上简要讨论了拉挤填料的选择和两种最棘手的工艺问题。当然拉挤工艺中存在的问题远不止这些。表6.13列举了玻璃钢拉挤制品中较常见的缺陷问题及相应的原因分析和解决措施。对于出现的每种问题,均需要拉挤厂、设备制造商和原材料供应商的密切协作,才有可能使问题得到较好的解决,设备制造商和原材料供应商的产品开发能力与售后服务能力对协助解决拉挤生产中出现的问题是至关重要的。

表 6.13 玻璃钢拉挤制品常见问题分析

序号	常见缺陷	原因分析	解决措施
1	表面起皮、破碎	表面富树脂层过厚,在脱离点产生爬行蠕动,凝胶时间与固化时间的差值过大,脱离点太超前于固化点	增加纱含量以增大模内压力,调整引发系统,调整温度
2	表面液滴	制品固化不完全,纤维含量少、收缩大、制品表面与模壁产生较大空隙,未固化树脂发生迁移	提高温度或降低拉速,使其充分固化,这对厚壁制品来说尤其重要,增加纱含量或添加低收缩剂,填料
3	白粉	脱模效果差,模具内壁黏模,碎片堆积划伤制品表面,模具内壁表面粗糙度值太高(制造原因或使用时划伤、锈蚀)	选用好的脱模剂,清理、修复或更换合格模具,停机片刻再重新启动,拉出黏模的碎片,达到清理的目的
4	分型线明显,分型线处磨损	模具制造尺寸精确度不够,在合模时各模块定位偏差大,分型线处有黏模情况造成白线	修复模具,拆开模具重新组装,停机片刻再重新启动
5	表面纤维外露,纤维起毛	此缺陷一般在只用纤维纱增强的制品如棒材上出现,可能的原因是纤维含量太高或模腔内壁粘有树脂碎屑	降低纤维含量,暂停机后再重新开机

序号	常见缺陷	原因分析	解决措施
6	密集气孔、气泡	原材料质量较差,温度控制不合理	选用好的原材料,控制温度不能太高
7	色斑、颜色不均匀、变色	树脂中颜料混合不均匀,颜料分解耐温性不好	加强搅拌,使树脂胶液混合均匀,更换颜料及类型
8	污染、异物混入	树脂胶液中混入异物,玻璃毡表面被污染,进入模具时夹带进了异物	细心检查防止成型中异物的混入,更换被污染的原材料
9	表面粗糙无光泽	模具表面粗糙值高,脱模剂效果不好,制品表面树脂含量过低,成型时模腔内压力不足	选用表面粗糙度值低的模具,选用好的脱模剂,采用表面毡或将连续毡、针织毡通过浸胶槽,增加纱含量或添加填料
10	表面凹痕	缺纱或局部纱量过少,模具黏附造成碎片堆积,划伤制品表面	增加纱量,清理模具,短暂停机后再重新启动,选用好的脱模剂
11	玻璃毡包敷不全	玻璃毡宽度过窄,毡的定位装置不精确造成成型中毡的偏移	设计毡宽时应考虑一定搭接长度,在毡进入模具前的预成型模具上一定要有比较精确的导毡缝,在模具入口处必要时加限位卡
12	表面皱痕	玻璃纤维表面毡太硬,入模时打折,聚酯表面毡或无纺布太软,入模时有一定斜度,拉挤曲面制品时在牵引力作用下发生聚集起皱	选用较软的玻璃表面毡,用聚酯表面毡或无纺布时应精心操作,必要时在模具口设卡具精确定位
13	制品缺边角	局部纤维含量不够;上下模之间的配合精度差或有划伤,造成在合模线上有结、积聚,致使制品缺角、少变	增加纱含量或者调整清理模具
14	制品弯曲变形	制品固化不同步,产生固化应力;制品出模后压力降低,在应力作用下变形;制品里各部位材料不均匀,导致固化收缩不一致;出模时产品未完全固化,在外来牵引力作用下产生变形;模具与牵引力方向的相对位置需调整。温度、速度参数设置不匹配	调整配方和工艺参数
15	不耐老化,易褪色	没有添加光稳定剂和热稳定剂,颜料耐光性差	添加抗老化剂,选用优质色糊
16	绝缘性差	树脂、纤维的绝缘性较差,界面黏结性能较差	改进原材料的选择,使用偶联剂以增强界面性能
17	强度不够、力学性能差	原材料的力学性能指标较低,固化度不够	选用优质原材料,如高强纤维、高强树脂、合理控制工艺参数以保证固化度,进行后固化处理

2. 拉挤工艺参数的重要性

成型温度、拉挤速度、牵引力是拉剂工艺最重要的三个工艺参数。控制成型温度的难度较大。

解决拉挤成型 FRP 制品缺陷的方法是具体分析缺陷的原因，逐步调节各工艺参数，如增加粗纱的数量、成型温度、拉挤速度等。在拉挤过程中边调节边观察，首先在事先选定的工艺条件的基础上进行微调、摸索，最后获得并采用最佳工艺参数。

制品产生缺陷前往往有预兆，如牵引力的升高。从这些预兆可以判断、分析出将要出现的问题，及时采取补救措施。当缺陷产生时，应立即关机停产。把工艺暂停、排除故障后再重新启动生产线。

目前，拉挤工艺的操作依赖于操作者选择各工艺参数，处理异常情况，监控产品质量，这里特别强调，操作者去创造最优操作条件，采用专门的系统使工艺自动化。这样可以优化操作设置点，及时处理紧急情况，并且利用定性、定量的信息去完善的控制产品质量。

6.4.7 拉挤工艺的科学管理

拉挤工艺的科学管理内容有：①原材料验收；②中间材料检验；③工艺参数控制；④模具管理；⑤产品检验。

（1）原材料验收

根据产品性能要求及工艺设计来选择材料。原材料验收的内容如下：

①树脂：黏度，单体含量，酸值，分子量，反应性（胶凝时间、固化时间、放热峰），外观（色泽/胶凝微粒/污染）。

②玻纤毡：质量（单位为 g/m^2）、抗拉强度、黏结剂含量。

③玻纤粗纱：支数、黏结剂含量、悬垂度、黏结剂迁移、含水量。

④填料：粒度分布、含水量。

⑤添加剂：引发剂、脱膜剂、着色剂等。原材料入库后必须取样试验，这些试验的结果对查找工艺中的问题是非常有益的，有的国产原材料的质量明显低于产品质量要求。

（2）中间材料检验

中间材料或过程材料主要指配制好的树脂胶液和由纱架引出的增强纤维，中间材料检验的内容如下。

①树脂：黏度、反应性（胶凝时间、固化时间、放热峰）、填料的分散状态，污染情况、树脂的温度等。

②玻纤毡：纤维的分布，缺陷（太重或太轻）、宽度的公差、污染情况与黏结剂可熔性。

③玻纤粗纱：缠绕情况、导纱通道上玻璃毛聚积、悬垂度、浸渍状态。

按配方配制的树脂的性能是中间材料中极为重要的、树脂中的所有组分必须充分混合、分散均匀。树脂黏度一般为 0.220 0～1.200 Pa·s。其反应活性 SPI 测试地果对工艺有参考价值，更好的方法是 DSC 法，它可测定在一定的升温速率下树脂体系的起始固化反应温度,固化反应终了温度和放热峰,此方法和拉挤工艺更接近,为了与工艺相匹配,在浸胶温度下的树脂必须有较长的适用期/凝胶时间,一般适用期应大于 8 h,至少应等于在正常拉挤速度下,纤维束从入胶槽至出模具口所需的时间。

连续纤维毡的幅宽要求严格,太宽或太窄都会给生产工艺或产品质量带来不良后果,要特别关注粗纱缠结和玻璃毛聚积。内抽头纱使用到后期会出现周围纱向内部塌陷,导致纱缠结,浸渍粗纱行至胶槽口时,应用刮股孔板刮掉粗纱上多余的树脂,防止由于树脂的黏带剪切和积累导致粗纱相互干扰,纠缠。刮股孔板刮下的树脂流回胶槽。但模具入口处挤出的树脂一般不能再用,因为它已和热模接触,产生热污染。粗纱的悬垂度不宜过大,特别在纱团多时易造成纱间架桥、磨损等,会导致断纱,玻璃纤维纱聚积。

拉挤工艺一般采用内抽头,玻璃纤维粗纱,该粗纱使用时纱被加捻,有的产品不希望粗纱被加捻,这时应采用外抽头粗纱:该纱从轴切方向拉出,每团纱的张力一致,这对提高拉挤FRP 产品的力学性能很有利。

(3)工艺参数控制

拉挤速度和模具温度是最重要的拉挤工艺参数,生产中具体控制的参数有模具温度分布、拉挤速度、模具内树脂放热峰的位置、牵引力、夹持力。

①模内的温度分布决定着拉入模内的材料的加热速率和材料在模内暂时受热过程中所能达到的固化度,决定树脂在模内开始固化反应的位置、放热峰位置及放热量。这就要求在使用每种批号的树脂前,必须测定它的固化反应性能,用热电偶测出材料在模具中的放热曲线。从该曲线可找到对应于一定拉速下模内产生树脂固化的位置,以及模内各点的确切温度,从而完整并准确地描述拉挤工艺条件。

②拉挤速度对产品性能和生产效率有重大的影响。当拉速增加时由于材料在模内固化点的漂移,使得牵引力增加——因为内压区和凝胶摩擦区变长。拉挤速度的上限与树脂、纤维、模具三者的具体情况以及拉挤设备的能力有关。树脂固化是放热反应,而且型材离开模具后固化反应仍继续进行。实际上在型材离开模具前,无须也不能完全固化。但是型材离开模具后,必须固化得足以保持产品形状,且具有足够的抗拉强度和压缩强度,足以承受牵引夹具所施加的压力,拉挤的提高必须以此为前提,不适宜的拉挤速度会降低产品质量。

③牵引力是重要的拉挤工艺参数之一,影响牵引力的因素很多,如材料的热膨胀性、树脂/模具黏着特性、树脂的体积收缩率、型材的内摩擦性等。通过测量在线牵引力可获取有关工艺条件的信息。许多拉挤工艺故障的预兆都是牵引力骤然增加。呈锯齿形的牵引力足迹反映了型材脱粘点蠕动的不稳定性。牵引力的监测在评价新的和潜在的拉挤树脂系统中很有用。

④夹持力的大小以牵引时产品被夹住,不滑动为宜。它与牵引力有关。夹持力太大会使产品产生裂纹、压痕等;太小会导致产品在夹具内打滑。一般拉挤工艺要采用与产品外形相适合的夹具。拉速过快或波动会导致产品在模内滑动,这势必会影响产品的质量和性能,应不允许发生。

（4）模具管理

拉挤模具通常采用工具钢,粗加工后再精加工,表面镀硬铬,使模内型面的硬度达到65～70 HRC(洛氏硬度),最后用抛光工具抛光,使型面达到很高的光洁度。这样不仅可以减小摩擦系数,延长模具的使用寿命,而且还会改善树脂的防黏特性。镀铬良好的工具钢模具,拉挤10～30 km的型材后,型面便开始逐渐变粗糙,经调头使用或重新维修2～3次后,最多还可拉挤70～80 km型材。设计模具主要考虑的因素有模具材料、热膨胀性和树脂的固化收缩率。

模具检查的内容有:模具型面的硬度和光洁度、合模精度、模具夹紧力、模腔尺寸等。模具需要进行保养维修。严禁用钢制品划伤模内型面。模具不用时应将模内型腔清理干净并保护好。如有芯模要将芯模挂起,以防止重力弯曲变形。

（5）产品检验

拉挤制品一般很少需要修饰。拉挤制品检验的内容有外观检验、整体性检验和尺寸检验。

拉挤制品产生缺陷的原因大致有三类:材料组成、工艺参数和工艺方法。材料组成造成的缺陷是由树脂配方、粗纱、玻纤毡等质量因素引起的;工艺参数造成的缺陷是指由模具温度、拉速等引起的;工艺方法造成的缺陷是指与树脂浸渍方法、导纱机构、预成型模具、成型模具和拉挤设备相关联的缺陷。拉挤制品检验、缺陷分类见表6.14。

表 6.14　产品检验/缺陷分类

外 观	整体性	尺寸一致性
（1）色斑 A、B	（1）横面破裂 A、B	（1）厚度 A
（2）混有杂质 A、C	（2）表面开裂 A、B	（2）成角度 B、C
（3）痕 C	（3）分层 B	（3）同心度 C
（4）表面粗糙 B、C	（4）起泡 B	（4）翘曲 B、C
（5）掉皮(碴) A、B	（5）密集气孔 A、B、C	（5）扭曲 C
（6）分型线处磨损 A、B	（6）内部气泡 C	（6）长度 C
（7）角部磨损 C	（7）浸渍不良 A、C	（7）垂直度 C
（8）薄毡覆盖不全 C	（8）圆角破裂 A、C	
（9）光泽不好 A	（9）叠层起皱 C	
	（10）灯芯状破坏 A、B	

注:表中 A、B、C 为缺陷原因分类,A 为材料组成,B 为工艺参数,C 为工艺方法。

参考文献

[1] 刘雄亚,谢怀勤.复合材料工艺及设备[M].武汉:武汉理工大学出版社,1994.
[2] 刘锡礼,等.玻璃钢产品设计[M].哈尔滨:黑龙江省出版局,1985.
[3] 鲁云,朱世杰,马鸣图,等.先进复合材料[M].北京:机械工业出版社,2003.
[4] 陈强,方敏.玻璃钢制品拉挤工艺[S].北京:国家建材工业职业技能鉴定指导中心,2006.
[5] 陈博.我国复合材料拉挤成型技术及应用发展情况分析[J].玻璃钢/复合材料,2014(09):34-41.

［6］ 陈轲,薛平,孙华,等.树脂基复合材料拉挤成型研究进展［J］.中国塑料,2019,33(01):116-123.

［7］ 黄家康.复合材料成型技术及应用［M］.北京:化学工业出版社,2011.

［8］ 李强.复合材料管件编织-缠绕-拉挤工艺研究与优化［D］.哈尔滨理工大学,2016.

［9］ 陈博.纤维增强薄壁环氧玻璃钢绝缘管在线编织-拉挤成型制造技术［J］.玻璃纤维,2009(02):9-13,16.

［10］ 甘应进,亓鸣,陈东生.复合材料拉挤缠绕工艺技术研究［J］.化工新型材料,2000(03):33-35.

［11］ 罗鹏,齐俊伟,肖军,等.预浸料拉挤成型装备技术研究［J］.玻璃钢/复合材料,2011(02):43-47.

［12］ 齐玉军,施冬,刘伟庆.新型拉挤 GFRP-轻木组合梁弯曲性能试验研究［J］.建筑材料学报,2015,18
(01):95-99.

第7章 缠绕工艺

7.1 纤维缠绕工艺概述

纤维缠绕工艺是树脂基复合材料的主要制造工艺之一,是一种在控制张力和预定线型的条件下,应用专门的缠绕设备将连续纤维或布带浸渍树脂胶液后连续、均匀且有规律地缠绕在芯模或内衬上,然后在一定温度环境下使之固化,成为一定形状制品的复合材料成型方法。纤维缠绕成型工艺示意图如图 7.1 所示。

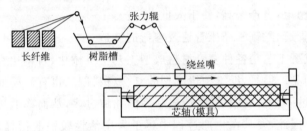

图 7.1　纤维缠绕成型工艺示意图

缠绕的主要形式有三种(见图 7.2):环向缠绕、平面缠绕及螺旋缠绕。环向缠绕的增强材料与芯模轴线以接近 90°(通常为 85°~89°)的方向连续缠绕在芯模上;平面缠绕的增强材料以与芯模两端极孔相切并在平面内的方向连续缠绕在芯模上;螺旋缠绕的增强材料也与芯模两端相切,但以螺旋状态连续缠绕在芯模上。

(a) 环向缠绕　　　　　　(b) 平面缠绕　　　　　　(c) 螺旋缠绕

图 7.2　三种缠绕形式

纤维缠绕技术的发展与增强材料、树脂体系的发展和工艺发明息息相关。尽管在汉代就有在长木杆外加纵向竹丝及环向蚕丝后浸渍大漆制造戈、戟等长兵器杆的工艺,但直到 20 世纪 50 年代纤维缠绕工艺才真正成为一种复合材料制造技术。1945 年首次应用纤维缠绕技术成功制造了无弹簧的车轮悬挂装置,1947 年第一台纤维缠绕机被发明。随着碳纤维、芳纶纤维等高性能纤维的开发和微机控制缠绕机的出现,纤维缠绕工艺作为一种机械化生产程度很高的复合材料制造技术,得到了迅速的发展,20 世纪 60 年代开始在几乎所有可能的领域都得到了应用。

7.1.1　纤维缠绕成型工艺的特点

纤维缠绕成型工艺作为一种常用的复合材料成型方法,其主要特点如下:

(1)易于实现高比强度制品的成型。与其他成型工艺方法比较,以缠绕工艺成型的复合材料制品中纤维伸直和按规定方向排列的整齐和精确度较高,制品能充分发挥纤维的强度,因此比强度和比刚度均较高。普通玻璃纤维增强复合材料的比强度即三倍于钢、四倍于钛。比强度高这一特点在航天航空方面的应用价值是显而易见的。

(2)可实现制品等强度设计。由于可以按照承力要求确定纤维排布的方向、层次与数量以实现等强度设计,因而制品结构合理。一般情况下,以玻璃纤维为增强材料的压力容器与同体积的钢质压力容器相比,质量可以减轻 40%～60%。

(3)节省原材料、制造成本低,制品质量高度可重复。缠绕制品所用增强材料大多是连续纤维、无捻粗纱和无纬带等材料。由于增强材料无须纺织,减少了纺织工序,降低了成本,同时也避免了布纹交织点与短切纤维末端的应力集中。纤维缠绕工艺容易实现机械化和自动化,产品质量高且稳定,生产率高,便于大批量生产。

(4)适于耐腐蚀管道、贮罐和高压管道及容器的制造。

虽然目前缠绕成型工艺是各种复合材料成型工艺中机械化、自动化程度较高的一种,能制造出性能优良的制品。但是,纤维缠绕成型的复合材料制品也有其局限性。

(a)在湿法缠绕过程中易形成气泡,造成制品内孔隙过多,从而降低层间剪切强度、压缩强度和抗失稳能力。因此,要求在生产过程中尽量采用活性较强的稀释剂,控制胶液黏度,改善纤维的浸润性及适当增大纤维张力等措施,以便减少气泡和孔隙率。

(b)缠绕复合材料制品开孔周围应力集中程度高,层间剪切强度低。为了连接配件而开口进行的切割、钻孔或开槽等都会降低缠绕结构的强度。因此要求结构设计合理,制品完全固化后尽量避免切割、钻孔等破坏性的加工。对于确需开孔、开槽的复合材料制品需要采用局部补强措施。

(c)对成型制品的形状有局限性,不太适宜于带凹曲线表面(双负曲律曲线)部件的制造。到目前为止,缠绕制品多为圆柱体、球体及某些正曲率回转体,如管、罐、椭圆运输罐等。对于非回转体或负曲率回转体制品的缠绕规律及缠绕设备比较复杂,尚处于研究阶段。

7.1.2　纤维缠绕成型工艺的分类

根据缠绕时树脂基体所处的化学、物理状态不同,缠绕工艺可分为干法、湿法及半干法三种。

1. 干法

干法缠绕采用经过事先浸胶而处于 B 阶段的预浸纱带。预浸纱带是在专门的工厂或车间制造与提供的。干法缠绕时,在缠绕机上需先对预浸纱带进行加热软化处理后再缠绕到芯模上。由于可以在缠绕前对预浸纱带的含胶量、胶带尺寸及质量进行检测和筛选,因而可以较准确地控制制品质量。干法缠绕的生产效率较高,缠绕速度可达 100～200 m/min,

工作环境也较清洁。但干法缠绕设备比较复杂且造价很高,缠绕制品的层间剪切强度也较低。

2. 湿法

湿法缠绕是将纤维经集束、浸胶后,在张力控制下直接缠绕在芯模上,然后再固化成型。湿法缠绕的设备比较简单,但由于纱带浸胶后立即缠绕,在缠绕过程中对制品含胶量不易控制和检验,同时胶液中的溶剂固化时易在制品中形成气泡、孔隙等缺陷,缠绕时张力也不易控制。同时,工人在溶剂挥发气氛和纤维短毛飞扬的环境中操作,劳动条件较差。

3. 半干法

与湿法工艺相比,半干法是在纤维浸胶到缠绕至芯模的途中增加一套烘干设备,将纱带胶液中的溶剂基本上驱赶掉。与干法相比较,半干法不依赖一整套复杂的预浸渍工艺设备。虽然制品的含胶量在工艺过程中与湿法一样不易精确控制,且比湿法多一套中间烘干设备,工人的劳动强度更大,但制品中的气泡、孔隙等缺陷大为降低。

三种方法各有特点,湿法缠绕方式因其对设备的要求相对简单和制造成本较低而应用最为广泛。三种缠绕工艺方法的优缺点比较见表 7.1。

表 7.1　三种缠绕工艺方法的比较

对比项目	干法缠绕	湿法缠绕	半干法缠绕
缠绕场所清洁状态	最好	最差	与干法相同
增强材料规格	不是所有规格都能用	任何规格	任何规格
用碳纤维可能有的问题	不存在	飞丝可能导致故障	不存在
树脂含量控制	最好	最困难	并非最好,有少许变化
材料储存条件	必须冷藏,有储存记录	不存在储存问题	类似干法,储存期较短
纤维损伤	可能性大	机会最少	机会较少
产品质量保证	在某些方面有优势	需要严格控制质量程序	与干法类似
制造成本	最高	最低	略高于湿法
室温固化性	不可能	可能	可能
应用领域	航空/航天	广泛应用	类似干法

7.1.3　纤维缠绕成型工艺的应用

由于纤维缠绕工艺具有许多优点,已经在国防军工及各工业领域获得了广泛的应用。我国纤维缠绕工艺始于 20 世纪 60 年代初期,始于军工产品研制。在过去 60 年间,缠绕工艺制品发展很快,得到了广泛的应用。

1. 贮罐

贮罐用于贮运化工腐蚀液体,如碱类、盐类、酸类等,采用钢罐很容易腐烂渗漏,使用期限很短。改用不锈钢成本较高,效果也不及复合材料。采用纤维缠绕地下石油贮罐,可防止石油泄漏,保护水源。用纤维缠绕工艺制成的双层壁复合材料贮罐和管道,已在加油站获得广泛应用。

这类贮罐(见图 7.3、图 7.4)和管道通常用 E 玻璃纤维/不饱和聚酯树脂制成,在制造过程中可通过加入石英砂或其他填料来提高刚度,降低制造成本。

2. 管道

纤维缠绕管道制品(见图 7.5)因其强度高、整体性好、综合性能优异、容易实现高效的工业化生产,综合运营成本较低而被广泛地应用于炼油厂管道、石油化工防腐管道、输水管道、天然气管道和固体颗粒(如粉煤灰和矿物)输送管道等方面。

图 7.3　正在缠绕的贮罐　　　图 7.4　立式贮罐　　　图 7.5　纤维缠绕管道

目前,美国各地用的纤维缠绕管道总长占整个运输工具的三分之一,所负担供应的能量(包括石油、天然气、煤、电)占全国需用量的一半以上。在我国工业生产中已大量地采用纤维缠绕管道,而且市场需求量巨大,前景广阔。

3. 压力制品

纤维缠绕工艺可用于制造承受压力(内压、外压或两者兼具)的压力容器(包括球形容器)和压力管道制品。

(1)压力容器在航空航天领域的应用

缠绕压力容器多用于军工方面,如固体火箭发动机壳体、液体火箭发动机壳体、压力容器、深水外压壳体等。缠绕压力管道可充装液体和气体,在一定压力作用下不渗漏、不破坏,如海水淡化反渗透管(见图 7.6)和火箭发射管等。先进复合材料的优异特性使纤维缠绕工艺制备的多种规格火箭发动机壳体(见图 7.7)和燃料储箱(见图 7.8)得到成功的应用,成为现在乃至将来发动机发展的主方向。它们包括小到直径只有几厘米的调姿发动机壳体,大到直径 3 米的大型运输火箭的发动机壳体。

图 7.6　水处理罐及管　　　图 7.7　发动机壳体　　　图 7.8　大型运载火箭的燃料箱

纤维缠绕复合材料压力容器已在航空、航天、造船等领域获得广泛应用。用碳纤维和芳纶纤维缠绕的薄壁金属内衬高压容器以其高结构效率、高性价比优势成为航天飞机和人造地球卫星的首选。所用的内衬材料包括不锈钢、钛合金、铝合金和热塑性塑料等。容器充装的介质有氮气、氧气、氢气和氦气,形状多为环形、球形和扁椭球形(见图 7.9),直径范围为 0.3~1.01 m。

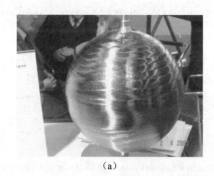 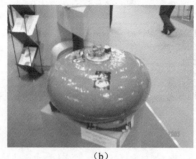

（a） （b）

图 7.9 球形及椭球形压力容器

美国率先将复合材料压力容器应用在航空航天系统上,SCI 公司在复合材料压力容器的制造上有 40 多年的历史,他们生产的石墨纤维/环氧树脂、铝内衬圆柱形高压气瓶,容积为 43.43 L,工作压力为 28.96 MPa,最小安全系数为 1.5,应用于休斯公司的 HS-601 卫星平台,是最早装备于卫星上的纤维缠绕复合材料压力容器。针对神马飞行计划生产的 T1000/6061-T62 柱形气瓶,长度为 508 mm,直径为 168 mm,内衬厚度为 1.9 mm,缠绕层厚度为 16 mm,工作压力为 41.37 MPa。目前 SCI 公司生产的薄壁铝碳纤维缠绕复合压力容器广泛应用于作战飞机和航天飞行器上,处于世界领先行列,在民用领域,其复合材料压力容器产品营销网络遍布世界各地。表 7.2 是 SIC 公司目前生产的部分碳纤维缠绕铝合金内衬复合材料压力容器的产品性能。图 7.10 为碳纤维缠绕复合材料压力容器。

表 7.2 SCI 公司生产的部分复合材料压力容器性能

型号	容积/L	长度/cm	直径/cm	工作压强/MPa	质量/kg	应用领域
AC-5045	22.9	31.75	33	69.0	9.08	卫星
ALT-516	67.19	22.9	81	69.0	22.7	SDI
ALT-378	34.1	19.79	51.6	6.9	65.8	航天试验
ALT-480	65.6	64.1	41.9	10.3	11.6	军用飞机
AC-5178	177.5	116.3	51.3	31.0	49.9	运载火箭
ALT-464C	43.4	63.5	33.5	29.7	6.7	卫星

美国著名的火箭及纤维缠绕壳体公司,Thiokol 公司为 NASA 航天飞机不同的工作环境设计制造了多种复合材料压力容器,分别采用碳纤维、Kevlar 纤维和石墨纤维,工作压力为 15~35 MPa,容积为 10~100 L 不等。2001 年 Thiokol 公司还与美国 Quantum 公司以及 Lawrence Livermore 国家实验室合作,研制出了最大工作压力为 70 MPa,名为 Trshield 的储氢容器,在 2002 年历史性地开发出最大工作压力为 35 MPa,单位质量储氢密度(质量分数)为 11.3% 的高性能压缩氢气储存容器。Lincoln 公司在 2002 年 7 月也研制了名为

Tuffshell,最大工作压力为70 MPa,爆破压力为175 MPa的高压储氢容器。Lincoln公司还针对 NASA 深空探测计划,生产了 T40/5086A1 球形压力容器,最大工作压力为 34.47 MPa,外直径为 260.4 mm,内衬百度为 1.27 mm,缠绕层厚度为 4.6 mm。

图 7.10 碳纤维缠绕复合材料压力容器

美国的 Lincoln 复合材料公司(原名 Brunswick 公司)针对以空间系统/劳拉公司 FS-1300 平台为基础的国际通信卫星 7 号和 7A 生产了石墨纤维缠绕铝合金内衬复合材料压力容器,其最大工作压力为 27.58 MPa,安全系数为 1.5,质量为 9.05 kg,容积为 49.11 L,负载寿命 1 年,循环寿命 88 次,内衬厚度为 1.12 mm,缠绕厚度为 6.1 mm。

美国空间推进系统阿德公司(ARDE)生产的 IM7/301CRES 球形复合材料压力容器,用于军事空间计划,最大工作压力为 31 MPa,安全系数为 1.5,外直径为 483 mm,内衬厚度为0.9 mm,缠绕厚度为 4.6 mm。而与 Matra Marconi 公司联合研制的 I-718 合金内衬的石墨纤维缠绕复合材料气瓶则应用于欧洲星 2000 加强型平台卫星,该气瓶为扁圆柱形,容积为 97 L,直径为 423 mm,长度为 880 mm,最大工作压力为 31 MPa,安全系数为 1.5,质量为 18.3 kg。

(2)压力容器在民用领域的应用

在经济高速发展的现代社会,复合材料压力容器制造业被认为属于朝阳工业范畴,新能源汽车的设计制造和节能减排对气体能源的开发储存有着重要的影响。据统计,国民生产总值每增加1%,压力容器的需求就增加1.5%。而国际市场需求每年大约以5%的速度增长,全世界年需求压力容器可达到 500 万只,产值约 40 亿美元。其中一部分是以"轻质高强"为特点的新兴复合材料压力容器。据悉,全世界有 300 万只复合材料气瓶在运行。到 21 世纪中叶,汽车以石油燃料的时代将会结束。寻求新的汽车能源,降低汽车排放污染是燃气汽车发展的动力。同时复合材料压力容器作为储存气体的重要容器之一,消防员背负的呼吸小型压力容器已在个人生命保障系统获得成功应用。属于这类用途的容器有消防员供氧器(见图 7.11)、登山队员的供氧器等。这类容器大多用芳纶纤维/环氧树脂或玻璃纤维/环氧树脂或碳纤维/环氧树脂制成,具有重量轻、便于携带、高疲劳寿命和高可靠性的综合特性。纤维缠绕工艺制造的压缩天然气(CNG)气瓶(见图 7.12),已经成为标志性的新型能源载体。

4. 机械、电气用品

在机械工程上有时需要轻质高强的部件,如新型无梭纺织机上的剑杆,是代替"梭子"穿线的,来回往复速度快,要求轻质、高强、刚度大,在此方面纤维缠绕工艺制备的碳纤维/环氧复合材料管具有其他材料无法比拟的优势。

复合材料传动轴始于并广泛应用于宇航工业,主要用于直升机,如尾旋翼长套轴、主旋翼厚壁传动轴等。1986 年冷却塔工业开始采用复合材料传动轴,这种传动轴的主要优点为耐腐蚀、重量轻、振动小、寿命长。

图 7.11　金属内衬纤维缠绕供氧瓶　　　　图 7.12　车用 CNG 气瓶

　　电气设备中的开关装置、高压熔断器管、回路断路器及高压绝缘体等均可采用纤维缠绕工艺制造,在这些制品中纤维缠绕复合材料爆破强度高,电绝缘性能好的特点得到了充分的发挥。此外大型电机上的绑环和护环、车用飞轮转子(见图 7.13)等也是用纤维缠绕复合材料制造的,其比强度高、线膨胀系数小、蠕变率低,绝缘性能良好、非磁性和性价比远优于无磁钢。

　　纤维缠绕复合材料在电气工程上应用很广,可应用于电线杆、天线杆(见图 7.14)及工程车臂杆等。

5. 体育医疗器材

　　纤维缠绕制品在体育器材方面的应用,会使竞技体育提高到一个新的水平,所以发达国家在这方面均有大量人力与资金的投入。如纤维缠绕高尔夫球拍杆、滑雪杖、羽毛球拍杆(见图 7.15)、猎枪管均可采用碳纤维/环氧复合材料制造。

图7.13　纤维缠绕车用飞轮转子　　　图 7.14　天线杆　　　图.15　纤维缠绕成型网球拍

7.2　纤维缠绕规律、设计与仿真

7.2.1　缠绕规律

　　缠绕规律是描述绕丝嘴与芯模之间相对运动关系的规律,使纱带能够均匀排布在芯模表面。缠绕规律是保证纤维缠绕制品质量的技术关键,是缠绕机运动机构设计和制品强度、成型工艺设计的依据。

　　制品结构、形状、尺寸不同,实现连续而有规律稳定缠绕的线型也就不同。研究缠绕规律的目的就是找出制品的结构尺寸与线型,绕丝嘴与芯模相对运动之间的定量关系,并最终确定合理地缠绕线型。

　　要实现稳定缠绕,缠绕线型必须满足以下两点要求:

　　(1)纤维既不重叠又不离缝,均匀、连续布满芯模表面;

　　(2)纤维在芯模表面位置稳定,不打滑。

1. 缠绕的基本模式

　　根据纤维在芯模表面的排列状况,缠绕线型可归纳为环向缠绕、纵向缠绕和螺旋缠绕三种。

　　(1)环向缠绕

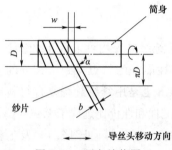

图 7.16　环向缠绕图

　　环向缠绕是芯模绕自身匀速转动,绕丝嘴沿芯模筒体轴线平行的方向移动,芯模每转一周,绕丝嘴移动一个纱片宽度,如此循环,直至纱片均匀布满芯模筒身段表面为止。环向缠绕只能在筒身段进行,只提供环向强度。环向缠绕角(纤维在芯模表面的切向方向与芯模轴线的夹角)通常在 $85°\sim90°$ 之间,环向缠绕图如图 7.16 所示,计算公式见式 7.1 和式 7.2。

$$w=\pi D\cot\alpha \tag{7.1}$$

$$b=\pi D\cos\alpha \tag{7.2}$$

式中　D——芯模直径;

　　　　b——纱片宽;

　　　　α——缠绕角;

　　　　w——纱片螺距。

　　(2)纵向缠绕

　　纵向缠绕又称平面缠绕,如图 7.17(a)所示。在缠绕过程中,绕丝嘴在固定平面内作匀速圆周运动,芯模绕自身慢速旋转。绕丝嘴每转一周,芯模转动一个微小角度,反映在芯模表面等于一个纱片的宽度。纱片与芯模轴线的夹角称为缠绕角,其值小于 $25°$。纱片依次连续缠绕到芯模上,各纱片均与极孔相切,相互间紧挨着又不交叉。纤维缠绕轨迹近似为一个平面单圆封闭曲线。平面缠绕基本线型如图 7.17(b)所示。

　　由图 7.17(b)可知,缠绕角 α 为

$$\alpha=\arctan\left(\frac{r_1+r_2}{L_{e1}+L_{e2}+L_c}\right) \tag{7.3}$$

式中　r_1、r_2——两封头的极孔半径;

　　　　L_c——筒身段长度;

　　　　L_{e1}、L_{e2}——两封头高度。

　　若两封头极孔相同(即 $r_1=r_2=r$),封头高度相等(即 $L_{e1}=L_{e2}=L_e$),则

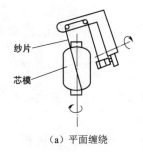
（a）平面缠绕

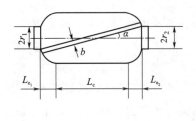
（b）平面缠绕参数关系

图 7.17　平面缠绕及平面缠绕参数关系

$$\alpha = \arctan\left(\frac{2r}{L_c + 2L_e}\right) \tag{7.4}$$

平面缠绕的速比 i 为芯模转速和单位时间绕丝嘴绕芯模旋转次数的比值，若纱片的宽度为 b，缠绕角为 α，芯模直径为 D，则速比为

$$i_{\text{纵}} = \frac{b}{\pi D \cos \alpha} \tag{7.5}$$

平面缠绕适用于球形、椭球形及长径比小于 1 的短粗筒形容器的生产。平面缠绕容器封头上（极孔处）纤维有严重架空现象，为了减少纤维架空对制品质量的影响，一般在缠绕不同层次时，使缠绕角 α 值在一定范围内变化，以分散纤维在端头部的堆积。

环向缠绕和纵向缠绕在一定条件下，可以看作是螺旋缠绕的特例。

（3）螺旋缠绕

螺旋缠绕也被称为测地线缠绕，在缠绕时芯模绕自身轴线匀速转动，绕丝嘴按照特定速度沿芯模轴线方向往复运动。螺旋缠绕的基本线型是由封头上的空间曲线和圆筒段的螺旋线组成的，如图 7.18 所示。螺旋缠绕纤维在封头上可提供经纬两个方向的强度，在筒身段提供环向和纵向两个方向的强度。

缠绕纤维与芯模旋转轴线之间的夹角称为缠绕角 α，当缠绕角接近 90°时，实际上完成的就是环向缠绕，亦称高缠绕角螺旋缠绕。一般螺旋缠绕的缠绕角控制在 12°～70°之间。

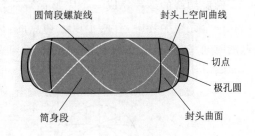

图 7.18　螺旋缠绕

在螺旋缠绕中，纤维缠绕不仅在圆筒段进行，而且也在封头上进行。其缠绕过程为：纤维从容器一端的极孔圆周上某一点出发，沿着封头曲面上与极孔圆相切的曲线绕过封头，并按螺旋线轨迹绕过圆筒段，进入另一端封头，然后再返回到圆筒段，最后绕回到开始缠绕的封头，如此循环下去，直至芯模表面均匀布满纤维为止。由此可见，螺旋缠绕的轨迹由圆筒段的螺旋线和封头上与极孔相切的空间曲线所组成，即在缠绕过程中，纱片若以右旋螺纹缠到芯模上，返回时，则以左旋螺纹缠到芯模上。

螺旋缠绕的特点是每束纤维都对应极孔圆周上的一个切点；相同方向邻近纱片之间相接而不相交，不同方向的纤维则相交。这样，当纤维均匀缠满芯模表面时，就构成了双层纤维层。

相对于其他两种缠绕方式,螺旋缠绕的规律较为复杂,也是纤维缠绕技术研究的重点内容。

2. 螺旋缠绕规律

通过前面的介绍已经知道,螺旋缠绕是一种连续的纤维缠绕过程、缠绕纤维的轨迹是由筒身部分的螺旋线和封头部分与极孔相切的空间曲线组成。

螺旋缠绕的线型与切点的位置和数量有关,也就是说,与纤维在封头极孔圆周上的切点位置有关。因此,对于纤维在芯模表面上分布规律的研究,可以通过研究切点在极孔圆周上的分布及分布规律解决,这就是用切点法描述螺旋缠绕规律的基本思想。

(1)线型

线型是指连续纤维缠绕在芯模表面上的排布形式。用切点法描述螺旋缠绕规律,主要是研究线型的切点数及其分布规律。

①纤维在芯模表面均匀布满的条件

a. 一个完整循环的纤维螺旋缠绕概念

在缠绕过程中,由绕丝嘴引入的纤维自芯模上某点开始,经过若干次往返运动后,又缠回到原来的起始点上,这样在芯模上所完成的一次(不重复)布线,就是一个完整循环。一个完整循环的纤维轨迹,称为标准线。由此可以看出,要使纤维均匀缠满芯模表面,则需要若干条由连续缠绕纤维形成的标准线。换言之,需要进行若干个完整循环缠绕才能实现。标准线的排布形式,即缠绕花纹特征包括切点、交叉点、交带及分布规律,充分反映了全部缠绕纤维的排布规律。因此,标准线是反映缠绕规律的基本线型。

b. 一个完整循环缠绕(即标准线)的切点数和分布规律

螺旋缠绕的纱片完成一个完整循环时,在芯模极孔圆周上只有一个切点,称为单切点。而在一个完整循环中,有两个以上切点的,称为多切点。由于芯模匀速旋转,绕丝嘴每次往返的时间又相同,故在极孔圆周上的各切点将等分极孔圆周。当一个完整循环的切点数 $n=1$ 与 $n=2$ 时,切点排布顺序是固定的。单切点与双切点的排布如图 7.19 所示。

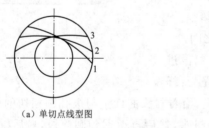
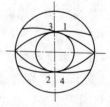

(a)单切点线型图   (b)双切点线型图

图 7.19　封头极孔圆上的线型切点

当切点数 $n \geqslant 3$ 时,在与起始切点位置紧挨的切点出现以前,在极孔圆周上已出现了 $n > 3$ 个切点。多切点线型在完成一个标准线型缠绕期间,相继出现的任意两个切点,可以依次排列,也可以间隔排列。当 $n=3$、$n=4$、$n=5$ 时,其切点排列顺序如图 7.20 所示。

c. 纤维在芯模表面均匀布满的条件

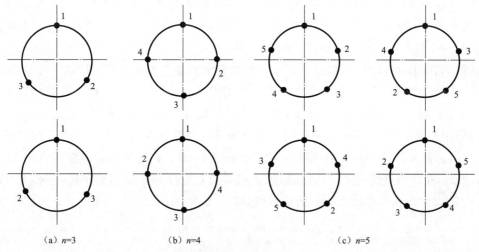

$$(a)\ n=3 \qquad (b)\ n=4 \qquad (c)\ n=5$$

图 7.20　多切点的排布顺序

由于芯模上的每条纱片都对应着极孔圆上的一个切点,所以只要满足以下两个条件,就可以实现经过若干个完整循环后,纱片一片挨一片均匀布满整个芯模表面。

i.一个完整循环的各切点等分芯模转过的角度,即各切点均布在极孔圆周上。

ii.前一个完整循环与相继的后一个完整循环所对应的纱片,在筒身段错开等于一个纱片宽度的距离。

于是,对于纤维缠绕均匀布满芯模表面的排布规律,就可以通过对一个完整循环缠绕纤维排布规律的研究来解决。而完成一个完整循环缠绕规律的线型,又可以通过各切点在极孔圆周上的分布规律来分析。

②芯模转角(即缠绕中心角)与线型的关系

用 θ 表示一个完整循环螺旋缠绕的芯模转角;绕丝嘴往返一次,芯模转角用 θ_n 来表示;绕丝嘴走一个单程,芯模转角用 θ_t 表示。则

$$\theta_n = 2\theta_t = \theta/n \tag{7.6}$$

不同切点线型的芯模转角 θ_n 不同。

a.单切点线型。单切点线型进行缠绕时,与起始点位置相邻的切点在时序上也是相邻的,这样便构成了单切点的线型缠绕规律。

如图 7.21(a)所示,在单切点线型中,与起始切点位置相邻的第一个切点出现之前封头极孔上只有一个切点。因为与起始切点 1 位置相邻的切点 2 在时序上也是相邻的,所以纤维自切点 1 开始缠绕,当缠绕到时序相邻的切点 2 时,芯模必须转过 $360° \pm \Delta\theta$($\Delta\theta$ 是一个微小增量,是为了使位置相邻的两切点所对应的纱片在圆筒段错开一个纱片,其值由纱片设计宽度决定),或再加上 $360°$ 的整数倍,因而,单切点的线型缠绕规律应为

$$\theta_1 = (1+N)360° \pm \Delta\theta$$

b.双切点线型。两切点线型也属于多切点线型,所谓多切点线型是指与起始切点相邻的切点在时序上并不相邻,即对应起始切点出现第一个位置相邻的切点时,封头极孔上已有

几个切点,这种缠绕规律统称为多切点线型。按初始条件的不同,多切点线型又分为两切点、三切点、……、n 切点线型。两切点线型是指与起始切点位置相邻的切点在时序上与起始切点间隔一个切点。两切点线型图如图 7.21(b)所示。

从图 7.21(b)可以看出,与起始切点 1 位置相邻的切点 3 在时序上间隔一个切点 2;而与切点 2 位置相邻的切点 4 在时序上间隔一个切点 3。由于与起始切点 1 位置相邻的切点 3 在时序上间隔一个切点 2,所以纤维自切点 1 开始缠绕,当缠绕到时序相邻的切点 2 时,芯模转过的中心角是 180°,即极孔圆被两个切点等分。当纤维在缠绕到与切点 1 位置相邻的切点 3 时,芯模又转过 180°,并要错过一个微小的增量 $\Delta\theta$。在这一过程中芯模转过 360°,错过 $\Delta\theta$,因此,在两切点线型中,与极孔圆周上初始切点时序相邻的切点出现,芯模至少要转过 360°/2±$\Delta\theta$/2;或者再加上 360°的整数倍,即

$$\theta_2 = \left(\frac{1}{2}+N\right)\times360°\pm\Delta\theta/2$$

两切点即为一个完整循环中绕丝嘴往返两次,错过一个 $\Delta\theta$,惯称 $\Delta\theta$ 为芯模转角的微调量。那么绕丝嘴往返一次时,则错开 $\Delta\theta$/2。

c.三切点线型。与起始切点位置相邻的切点在时序上与起始切点间隔两个切点,构成了三切点线型,三切点线型如图 7.21(c)所示。

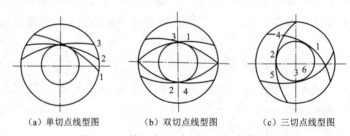

(a) 单切点线型图　　(b) 双切点线型图　　(c) 三切点线型图

图 7.21　单切点、双切点、三切点线型图

从图 7.21(c)可以看出,与起始切点位置相邻的切点 4 在时序上和切点 1 间隔两个切点,即切点 2 和切点 3;同样道理,与切点 2 相邻的切点 5 在时序上与切点 2 间隔两个切点,即切点 3 和切点 4;与切点 3 位置相邻的切点 6 在时序上和切点 3 相邻两个切点,即切点 4 和切点 5,所以三切点线型在极孔周围被 3 个初始切点等分。因此,纤维由起始切点 1 缠绕到时序相邻的切点 2 时芯模至少转过 360°/3,或者再加上 360°的整数倍 N,考虑到纤维的错位还应引入微量 $\Delta\theta$,所以三切点线型的缠绕规律为

$$\theta_3 = \left(\frac{1}{3}+N\right)\times360°\pm\Delta\theta/3$$

(d)任意切点的线型规律。以上分析了单切点线型、双切点线型和三切点线型的缠绕规律,现在推广到任意切点的线型。根据前面可以推知 n 切点线型缠绕规律为

$$\theta_n = \left(\frac{1}{n}+N\right)\times360°\pm\Delta\theta/n \tag{7.7}$$

式中,θ_n 表示在极孔圆周上由切点开始,缠到时序相邻的切点 $n+1$ 时,芯模转过的中心角。

公式中 $n(n=1,2,\cdots)$ 表示线型的切点数,即极孔圆周上出现第一个与起始位置相邻的切点前所有时序相邻的切点数目。

N 表示初始切点 n 缠绕到切点 $n+1$ 时芯模转过 $360°$ 的整数倍数(包括 0),即 $0,1,2,3,\cdots$。

当 $n\geq3$ 时,即三切点以上的线型,在与起始切点位置相邻切点出现之前,在极孔周围有 3 个以上的起始切点,这就存在一个初始切点先后的排序问题。

因此,三切点有两种排列顺序,四切点也有两种排列顺序,而五切点有 4 种排列顺序。因此三切点线型有

$$\theta_{3-1}=\left(\frac{1}{3}+N\right)\times360°\pm\Delta\theta/3$$

$$\theta_{3-2}=\left(\frac{2}{3}+N\right)\times360°\pm\Delta\theta/3$$

四切点线型有

$$\theta_{4-1}=\left(\frac{1}{4}+N\right)\times360°\pm\Delta\theta/4$$

$$\theta_{4-2}=\left(\frac{3}{4}+N\right)\times360°\pm\Delta\theta/4$$

五切点线型有

$$\theta_{5-1}=\left(\frac{1}{5}+N\right)\times360°\pm\Delta\theta/5$$

$$\theta_{5-2}=\left(\frac{2}{5}+N\right)\times360°\pm\Delta\theta/5$$

$$\theta_{5-3}=\left(\frac{3}{5}+N\right)\times360°\pm\Delta\theta/5$$

$$\theta_{5-4}=\left(\frac{4}{5}+N\right)\times360°\pm\Delta\theta/5$$

根据上面对这三个线型的分析,可推知 n 切点线型的缠绕规律应为

$$\theta_{n-K}=\left(\frac{K}{n}+N\right)\times360°\pm\Delta\theta/n \tag{7.8}$$

式中,K 是 n 切点线型缠绕规律中时序相邻的 K 个初始切点。在极孔周围排列顺序不同,或者说绕丝嘴往返运动一次时,芯模必须转过的中心角规律也不同。其中 K 为正整数,$K=1,2,\cdots,n-1$,应使 K/n 为最简真分数。$(K/n)+N$ 值表示不同的线型,它代表某特定标准线型。

由上述分析可知,在一个完整循环中,切点数不同,则纤维排布位置花纹特征(交叉点数、交带、节点数等)不同,即纤维缠绕的线型不同,绕丝嘴往返一次的芯模转角也不同;如果在一个完整循环中,切点数相同而切点排布顺序不同,则纤维缠绕的线型也不同,绕丝嘴往返一次的芯模转角也不同。因此绕丝嘴往返一次的芯模转角与缠绕线型有着严格的对应关系。用绕丝嘴往返一次的芯模转角可作为缠绕线型的"代号",其表达式为:$S_0=\theta_{n-K}/360°$。

必须指出,式 7.8 中微小增量 $\Delta\theta/n$ 表示芯模转角微调量,它保证纱片即不离缝,又不重

叠,但为了叙述方便,往往不计该部分,即 S_0 以式 7.4 表示为

$$S_0 = \theta_{n-K}/360° = (K/n) + N = (K+nN)/n = M/n \tag{7.9}$$

式中,$M = K + nN$。

为了计算方便,表 7.3 给出了六切点内线型 S_0 所对应的 n、K、N 值。

表 7.3 θ_{n-k} 和 S_0 与 n、K、N 之间的关系

切点数 n	K	θ_{n-K} 或 S_0	N								
			0	1	2	3	4	5	6	7	8
1	1	θ_{n-k}	360°	720	1 080	1 440	1 800	2 160	2 520	2 800	3 240
		S_0	1/1	2/1	3/1	4/1	5/1	6/1	7/1	8/1	9/1
2	1	θ_{n-k}	180°	540°	900°	1 260°	1 620°	1 980°	2 340°	2 700°	3 060°
		S_0	1/2	3/2	5/2	7/2	9/2	11/2	13/2	15/2	17/2
3	1	θ_{n-k}	120°	480°	840°	1 200°	1 560°	1 920°	2 280°	2 640°	3 000°
		S_0	1/3	4/3	7/3	10/3	13/3	16/3	19/3	22/3	25/3
	2	θ_{n-k}	240°	600°	960°	1 320°	1 680°	2 040°	2 400°	2 760°	3 120°
		S_0	2/3	5/3	8/3	11/3	14/3	17/3	20/3	23/3	26/3
4	1	θ_{n-k}	90°	450°	810°	1 170°	1 530°	1 890°	2 250°	2 610°	2 970°
		S_0	1/4	5/4	9/4	13/4	17/4	21/4	25/4	29/4	33/4
	3	θ_{n-k}	270°	630°	990°	1 350°	1 530°	1 890°	2 250°	2 610°	2 970°
		S_0	3/4	7/4	11/4	15/4	19/4	23/4	27/4	31/4	35/4
5	1	θ_{n-k}	72°	432°	792°	1 152°	1 512°	1 872°	2 232°	2 592°	2 952°
		S_0	1/5	6/5	11/5	16/5	21/5	26/5	31/5	36/5	41/5
	2	θ_{n-k}	144°	504°	864°	1 224°	1 584°	1 944°	2 304°	2 664°	3 024°
		S_0	2/5	7/5	12/5	17/5	22/5	27/5	32/5	37/5	42/5
	3	θ_{n-k}	216°	576°	936°	1 296°	1 656°	2 016°	2 376°	2 736°	3 096°
		S_0	3/5	8/5	13/5	18/5	23/5	28/5	33/5	38/5	43/5
	4	θ_{n-k}	288°	648°	1 008°	1 368°	1 728°	2 088°	2 448°	2 736°	3 096°
		S_0	4/5	9/5	14/5	19/5	24/5	29/5	34/5	39/5	44/5
6	1	θ_{n-k}	60°	420°	780°	1 140°	1 500°	1 860°	2 220°	2 580°	2 940°
		S_0	1/6	7/6	13/6	19/6	25/6	31/6	37/6	43/6	49/6
	5	θ_{n-k}	300°	660°	1 020°	1 380°	1 740°	2 100°	2 460°	2 820°	3 180°
		S_0	5/6	11/6	17/6	23/6	29/6	35/6	41/6	47/6	53/6

(2)转速比

①转速比的定义

转速比(简称速比)是指单位时间内或完成一个完整循环时,芯模转数与绕丝嘴往返次数之比,表示为

$$i_0 = \frac{M}{n}$$

考虑速比微调部分,实际转速比为

$$i = i_0 + \Delta i$$

式中,i 为实际速比;i_0 为芯模转数与绕丝嘴往返次数之比;Δi 为速比微调(即芯模转角的微小增量);n 为一个完整循环中绕丝嘴往返次数(即切点数);M 为一个完整循环的芯模转数。

②转速比与线型的关系

线型和转速比均属于缠绕规律问题,线型是指纤维在芯模表面的排布形式,而转速比是芯模和绕丝嘴的相对运动关系,它们是全然不同的概念。但是,正如前述,不同的线型严格对应着不同的转速比。所以,定义线型在数值上等于转速比(即以转速比的数值作为线型的代号),即 $i_0 = S_0$。

③转速比的计算方法

根据上述讨论,得到

$$i = S_0 + \Delta i = \frac{K}{n} + N \pm \frac{\Delta \theta}{n \times 360°}$$

在实际计算中,采用纱片设计宽度进行计算比采用芯模转角的微小增量 $\Delta \theta$ 更方便。图 7.22 为筒身段展开的速比微调量计算图,在 $\triangle ABC$ 中,$AB \perp BC$,设 $BC = b$,$\angle ACB = \alpha_0$,则 $AC = BC/\cos \alpha = b/\cos \alpha_0$。

由于 $\Delta \theta : 360° = AC : \pi D$

所以

$$\Delta \theta = \left(\frac{b}{\pi D \cos \alpha_0} \right) \times 360°$$

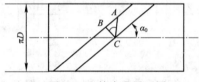

图 7.22 筒身段展开图

则

$$\Delta i = \frac{\Delta \theta}{n \times 360°} = \frac{b}{n \pi D \cos \alpha_0}$$

所以

$$i = i_0 \pm \Delta i = \left(\frac{K}{n} + N \right) \pm \frac{b}{n \pi D \cos \alpha_0}$$

式中,n 为切点数;b 为纱片设计宽度;α_0 为缠绕角;N 为正整数;D 为筒身段直径;当 $\Delta \theta > 0$ 时,纱片滞后;当 $\Delta \theta < 0$ 时,纱片超前。

工艺上为避免滑线,通常将 $\Delta \theta$ 取负值。而在实际计算时,i 取至小数点后 4~6 位。

(3)线型设计

①芯模转角的计算

对于一个具体的制品,在给定容器工作压力、几何尺寸的条件下,如何从缠绕工艺出发实现产品的成型的核心是如何确定芯模的转角 θ_n,因为它对应着固定的线型和转速比。

由式 7.4 可知,不同的 n、N、K 对应着不同的 θ_{n-K},所以满足纤维有规律布满芯模表面两个条件的芯模转角有若干个。但对于一定几何尺寸的具体制品并非所有 θ_{n-K} 都合适。如果按表 7.3 任选一个 θ_{n-K} 并考虑到速比微调 $\pm \Delta \theta$ 进行缠绕,尽管也满足了均匀布满的两个条件,但未必就能达到均匀布满的目的。这是因为纤维在容器封头曲面上的位置不一定稳定,可能发生滑线。从理论上讲,封头缠绕不滑线的必要条件是纤维缠绕在封头曲面的测地线(若曲面上一条曲线在各点的主法线与曲面在同一点的法线重合,则这条曲线就称为测地线)上。于是,便产生了纤维有规律均匀布满芯模表面的条件的第三个条件——纤维位置稳定条件,这个条件要求缠绕在芯模表面上的每条纤维轨迹都是相应曲面的测地线。

对于筒身段而言,任意缠绕角的螺旋线都是测地线。封头曲面的测地线方程为

$$\sin \alpha = \frac{r_0}{r}$$

式中,α 为测地线与封头曲面上子午线的夹角(即缠绕角);r_0 为封头极孔圆半径;r 为测地线与子午线交点处平行圆直径(即筒身段半径)。

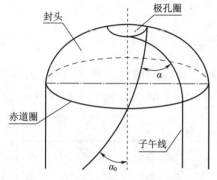

图 7.23 纤维在封头上的缠绕轨迹

方程表明,在封头曲面上,测地线与子午线夹角的变化规律为:当 $r=r_0$ 时,$\alpha=\frac{\pi}{2}$。随着 r 增大,α 逐渐变小;在封头曲面与圆筒段相交处,由于缠绕纤维的连续性,封头与筒身缠绕角相等,即 $\alpha=\alpha_0$。总之,在封头曲面上,满足这个方程的曲线就是测地线。由于在筒身段任意缠绕角的螺旋线都是测地线,所以,通过上式计算求得的缠绕角所确定的纤维位置,无论在封头和筒身段都是测地线,因而也是稳定缠绕。纤维在封头缠绕轨迹如图 7.23 所示。

当纤维按照测地线轨迹缠绕时,绕丝嘴往返一次的芯模转角是固定的。按芯模测地线缠绕求得的芯模转角,只有等于用纤维均匀布满芯模表面两个条件确定的芯模转角时,才能使纤维即满足了有规律均匀布满芯模表面的几何条件,又满足了纤维位置稳定条件。

下面分析如何从制品测地线方面求取芯模转角 θ'_n。

芯模转角 θ'_n 是通过计算单程线芯模转角 θ'_t 得到的。所谓单程线芯模转角 θ'_t,是指纤维从容器一端极孔圆周上某点出发,按测地线轨迹缠绕至另一端极孔圆周某切点,单程期间内芯模所转过的角度。显然 $\theta'_n=2\theta'_t$。而 θ'_t 是由筒身段缠绕芯模转过的角度 γ(亦称进角)和封头缠绕芯模转过的角度 β(亦称包角)两部分组成的,即

$$\theta'_t = \gamma+2\times(\beta/2)=\gamma+\beta \tag{7.10}$$

a. γ 的求解

由图 7.24 可看出

$$\gamma=\frac{l}{b}\times 360°=\frac{l\cdot\tan\alpha_0}{\pi D}\times 360° \tag{7.11}$$

式中,l 为筒身段长度;D 为筒身直径;α_0 为缠绕角;b 为螺距,$b=\tan D/\tan\alpha_0$。

b. β 的求解

封头曲面测地线缠绕所对应芯模转角的计算比较复杂,并且目前缠绕轨迹是近似于测

地线的平面曲线,因此通常采用平面假设法对封头芯模
转角进行计算。

如图 7.25 所示,过纤维在赤道圆的两个交点(A、
D)作一平面与极孔圆相切(切点为 B)。与封头曲面相
交的交线(平面曲线 ABC)即为纤维缠绕轨迹。此平面
称为截平面,与筒体轴线夹角为 α_0,则封头缠绕芯模转
角为

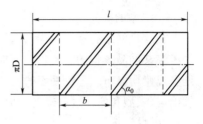

图 7.24　筒身螺旋缠绕
芯模转角求解图

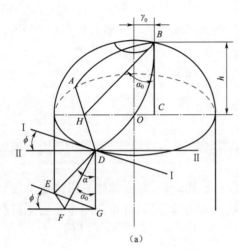
　　　　(a)

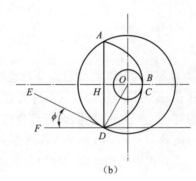
　　　　(b)

图 7.25　封头缠绕芯模转角平面假设法求解图

$$\beta = 2(90° + \phi) \qquad\qquad (7.12)$$

过 D 点作平面 II 平行于平面 BHC,与截平面交线为 DF。过 D 点作筒体的切平面 I 与
截平面的交线为 DE。平面 I 与 II 的交线为 DG。过 G 点作平面与 DG 垂直,与平面 I 与 II
相交的交线分别为 EG 和 FG,与截平面的交线为 EF。

$\angle FDG = \angle HBC = \alpha_0$,$\angle EDG = \alpha$(纤维在赤道圆处的缠绕角)。$\angle EFG = \phi$,则 $\tan \alpha_0 =$
$\tan \alpha \cos \phi$。可知:当 $\phi = 0$ 时,$\cos \phi = 1$,则 $\alpha = \alpha_0$。亦即当 $\beta = 180°$ 时,截平面与轴线夹角等
于纤维在赤道圆的缠绕角。

$$\sin \phi = \frac{h\tan(\alpha_0 - \gamma_0)}{R} = \frac{h\tan \alpha \cos(\phi - \gamma_0)}{R}$$

用试算法求出 ϕ 值,当 ϕ 值很小时,工程上一般可用下式近似计算:

$$\phi = \arcsin \frac{h\tan(\alpha - \gamma_0)}{R}$$

将式(7.11)和式(7.12)代入式(7.10)可得单程线芯模转角为

$$\theta'_t = \frac{L\tan \alpha}{\pi D} \times 360° + (\phi + 90°)$$

芯模转角 $\theta'_n = 2\theta'_t$,它是纤维在筒身段按螺旋线轨迹缠绕,在封头曲面上按近乎测地线的
平面曲线缠绕时,绕丝嘴往返一次的芯模转角。

②线型的确定

在满足纤维有规律均匀布满芯模表面的线型表 7.3 中,如能找到一个 θ_n 恰好等于以测地线缠绕某制品求得的芯模转角 θ'_t 时,那么用此线型和速比对此制品进行缠绕,就同时满足了纤维有规律均匀布满芯模表面的几何条件和纤维位置的稳定条件。因此,只要容器几何尺寸条件确定,线型和速比也就确定。但是,为了避免在极孔处纤维架空而影响接嘴强度,在选定线型时,应尽量选切点数较少的线型,最好选择五切点以内的线型。这样通过计算得到的 θ'_t 值,在表 7.3 切点线型表中就可能找不到与其相等的 θ_n,但是唯有线型表中的 θ_n 才能满足纤维有规律均匀布满芯模的条件。因此,就必须适当调整 θ'_t 值,使其与 θ_n 相等。可以选用线型表中与计算的 θ'_t 相近似的线型 θ_n 值。然后调整几何尺寸或改变缠绕角。一般有如下几种情况。

a)容器允许改变圆筒段长度 l,而缠绕角 α 不变,调整后的筒身段长度

$$l' = \frac{\gamma - (\theta'_t - \theta_t)}{360°} \cdot \frac{\pi D}{\tan \alpha}$$

或者

$$L' = \frac{l[\gamma - (\theta'_t - \theta_t)]}{\gamma}$$

式中,γ 为以原长 l 计算的完成筒身段缠绕的芯模转角;θ'_t 为以原长 l 计算的测地线缠绕单程线芯模转角;θ_t 为满足均匀布满条件的芯模转角。

b)容器尺寸不允许变化,改变缠绕角 α。根据实践经验,湿法缠绕实际缠绕角偏离测地线理论缠绕角 $8°\sim10°$ 时,由于纱片摩擦力,树脂黏滞力等原因,纤维仍不至于发生滑移。可从下面三角方程中求得改变的缠绕角。

$$\theta_t = \frac{L\tan\alpha}{\pi D}\times360° + \arcsin\frac{h\tan(\alpha-\gamma_0)}{R} \tag{7.13}$$

由于 θ_t 与 θ'_t 很接近,所以变化后的 α 值与测地线的 α 值也比较接近,一般计算 n 次即可求得。

c)允许改变极孔直径,根据式 $\sin\alpha = \frac{r_0}{r}$ 与式(7.13)可求出适当的极孔直径及缠绕角。

7.2.2 缠绕工艺设计

缠绕工艺设计包括以下内容:

(1)根据制品使用和设计要求、技术质量指标,进行结构造型、缠绕线型和芯模设计;

(2)选择原材料;

(3)根据制品强度要求、原材料性能及缠绕线型进行缠绕层数计算;

(4)根据选定的原材料和工艺方法,制定工艺流程及工艺参数;

(5)根据缠绕线型选定缠绕设备,或为缠绕设备设计提供参数。

7.2.2.1 内压容器的结构选型

合理的结构构造是获得玻璃钢压强比高的重要前提。究竟什么样的结构形状才是最合理的,需要研究和讨论。

1.内压容器的结构形状

现在应用纤维缠绕工艺生产的多为内压容器,内压容器的形状通常为球形或圆筒形。

对于球形容器而言,其特定的形状决定了它在各向受力均等,且在相同容积条件下,其表面积最小,因此,球形最省材料;而对于圆筒形容器,其环向与纵向的内力比为 1∶2,即纵向有多余的强度储存,与球形相比,它不能够充分利用材料。

目前,对于纤维缠绕玻璃钢压力容器,由于缠绕线型的可调性,筒形容器很容易实现等强度,且成型工艺简单。目前情况下,采用具有封头的筒形容器是比较适宜的,并且其长径比(筒长与直径之比)为 2~5 较好。

2. 筒形容器的封头外形

玻璃钢内压容器通常采用测地线缠绕等张力封头、平面缠绕等张力封头、椭圆形封头。

(1)测地线缠绕等张力封头

纤维缠绕玻璃钢封头,不论球形还是椭圆形,要实现等强度都是困难的。因为由几何规律所确定的缠绕角要同时满足曲面上各点经纬向等强度要求是困难的,如果从经纬向等强度的要求出发来决定各点处的缠绕角,对于既定的封头曲线和极孔半径,此缠绕角又无法满足测地线规律。有这样一种封头曲线,只要纤维沿着短程线缠绕并与极孔相切,经纬向的强度亦能同时得到满足。这样的封头曲线称为等张力封头曲线。

在等张力封头里的纤维的任一点的应力都相等,纤维的单向强度得到了充分利用,这就实现了等强度结构。这种材料用量最少,质量最轻,因此等张力封头是比较理想的封头形式。

在生产工艺上,只有满足了两个条件,方能实现等张力封头:纤维缠绕的轨迹必须是测地线;封头曲线必须是等张力曲线。

(2)平面缠绕等张力封头

平面缠绕等张力封头的纤维轨迹是一个倾斜平面和封头曲面相交的交线。平面缠绕等张力封头仍要满足纤维抗力和壳体因受压力产生的内力平衡这一条件,即满足

$$\frac{R_2}{R_1}=2-\tan^2\alpha_0 \tag{7.14}$$

式中,α_0 为封头缠绕角;R_1 为封头曲面子午线方向的曲率半径;R_2 为封头曲面平行圆方向的曲率半径。

当缠绕角确定后,就必须选择调整封头曲面各点的曲率半径(R_1 和 R_2)的关系,使之满足式(7.14)。平面缠绕时,封头上各点的缠绕角是由平面缠绕的几何条件确定的。封头缠绕角的表达式为

$$\alpha_0=\arctan\frac{\cos\varphi(B\tan\varphi+R_N)}{x} \tag{7.15}$$

式中,φ 为壳体圆筒身缠绕角;R_N 为封头纤维与经线交点处的平行圆半径。

$$B=(L_N+k)\tan\alpha$$

$$\tan\varphi=\frac{dR_N}{dL_N}$$

式中,L_N 为封头纤维与经线交点处到赤道圆的距离;k 为筒身纤维与中心线交点到封头赤道的距离。

由此将式(7.14)和式(7.15)组成联立方程式,可求得平面缠绕等张力封头曲线的解析式。

对于给定的极孔半径和筒身半径,测地线封头曲线只有一个解。这也就决定了容器圆筒部分的缠绕角。在平面缠绕中,缠绕角除了和极孔半径有关外,还和 L/D 有关,对不同的 L/D,封头曲线也不同。

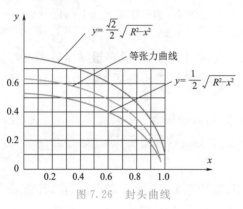

图 7.26 封头曲线

（3）椭圆形封头

曲线方程一般采用两种,即 $y = \frac{1}{2}\sqrt{R^2 - x^2}$ 及 $y = \frac{\sqrt{2}}{2}\sqrt{R^2 - x^2}$,两种曲线仅矢高不同。椭圆形封头矢高一般选为 $\frac{1}{2}R \sim \frac{\sqrt{2}}{2}R$。

几种封头曲线如图 7.26 所示。

7.2.2.2 缠绕类型的选择

一种制品,应选定哪类缠绕,取决于下列因素。

1. 制品的结构形状和几何尺寸

螺旋缠绕应用普遍,对于长形管状制品是最为理想的。平面缠绕主要用于球形、扁椭球、长径比小于 4 的筒形容器的缠绕。此外,也适用于两封头不等极孔容器的缠绕。对这类容器如果采用螺旋缠绕,为保证两个极孔不同的封头实现等张力封头结构,则要求在两个封头上都按照各自的测地线缠绕,而这种双重缠绕角的实现是比较困难的。若两封头不按测地线进行缠绕,就势必要增加产品重量。而对于平面缠绕,两极孔不同则影响不大。为防止纤维打滑,平面缠绕通常采用预浸纱(干法)缠绕。同时,极孔直径一般不得超过筒体直径的 30%。

2. 强度要求

螺旋缠绕,纤维在筒身上交叉程度相当大,从强度观点看是不利的。因为交叉点处的纤维在承载状态下有被拉直的趋势,纤维交叉程度大就容易产生分层和损坏。其次,由于纤维交叉孔隙率偏高,而孔隙率是使制品剪切强度降低的主要原因。平面缠绕,纤维在筒体是不交叉的,而以完整的缠绕层依次逐层重叠,排列较好。因此,平面缠绕可望获得高强度,并因而减轻制品重量。

3. 荷载特性

当制品受到内压以外的荷载,如火箭发动机的飞行荷载或一般弯曲荷载时,平面和环向组合缠绕的设计灵活性较大。只要改变各方向纤维的用量就能独立且方便地调整纵向和环向强度。

螺旋缠绕结构在设计和工艺上对于内压以外荷载的适应性都较差。首先分析筒形内压容器,仅当受内压荷载时,采用纯螺旋缠绕,很难实现等强度设计。计算表明,纯螺旋缠绕筒体的等强度缠绕角为 $54°44'$。考虑封头测地线、$54°44'$ 缠绕角无论对整个容器(包括封头和筒体)的等强度设计或是工艺上都存在困难。可能因 $54°44'$ 远远偏离测地线缠绕角而滑线,工艺上无法实现。即使勉强不滑线,也是保证了筒身的等强度而破坏了封头等强度(等张力封头的纤维缠绕轨迹必须是测地线),给封头的设计造成困难。当 $r = R\sin 54.7°$ 时,筒身和封头才能同时实现等强度设计。纯螺旋缠绕对于内压以外荷载的适应性也较差。主要是缠绕角度受均匀布满几何条件限制而不能随意调整,于是在承载过程中,必然导致树脂承受较大的载荷,树脂基体的蠕变和疲劳性能趋于恶化,往往在较低纤维应力下就发生破坏。这种情况在持久荷载应力状态下更容易造成制品剪切破坏。所以纤维缠绕内压容器极少采用纯螺旋缠绕,多采用螺旋缠绕加环向的组合线型缠绕。在平面缠绕中,上述情况将会减轻。虽然平面缠绕封头纤维受力不均匀,没有等张力封头理想,但是纤维应力变化不大。当极孔与圆筒半径比 $r_0/R=0.4$ 时,纤维应力变化为 12%。

4. 缠绕类型及缠绕设备

究竟采用何种类型缠绕,要根据制品的形状结构、载荷特性、强度要求、使用环境及设备情况综合考虑决定。在实际生产中,通常采用以下 3 种类型缠绕:多循环螺旋缠绕、纵向缠绕与环向缠绕的组合、多循环螺旋缠绕与环向缠绕的组合。

一般螺旋缠绕及螺旋加环向缠绕采用卧式小车环链式缠绕机。而平面缠绕或平面加环向缠绕一般采用摇臂式或跑道式缠绕机。目前,各种缠绕线型都可以在微机控制多轴缠绕机上实现。

7.2.2.3 内压容器强度设计

1.网格理论

复合材料压力容器设计一般采用网格理论进行设计分析。网格理论认为由连续纤维缠绕而成的复合材料压力容器纤维分布均匀、同时受力,不计基体刚度,载荷全部由纤维承担。这种既不考虑树脂刚性,又认为壳体的薄膜内力全部由连续纤维构成的网状结构来承担的理论称为网格理论。实践表明,网格理论对壳体强度的预测是比较可靠的,完全可以满足工程要求。筒身可以进行螺旋缠绕、螺旋缠绕加环向缠绕、螺旋缠绕加纵向缠绕、纵向铺放加纵向缠绕。封头的形状不能预先给定,必须通过计算决定,且网格微元必须以均衡型条件为前提,只能进行螺旋或平面缠绕,不能进行环向缠绕。通过网格分析获得纤维缠绕的缠绕方向、纤维厚度和纤维应力。

进行复合材料压力容器设计一般基于以下几个基本假设:

(1)玻璃钢内压容器的内衬视为无强度。

(2)在整个容器上连续纤维缠绕,纤维分布均匀且对称。

(3)容器的强度全部由纤维的拉伸强度承受,树脂仅对纤维起黏结、定位的作用,使纤维强度充分发挥。树脂的碎裂发生在纤维断裂之后,即在玻璃钢中树脂的破坏是随纤维的断裂发生的。

(4)容器是薄壁的,没有弯曲应力,全部的纤维在相同的拉应力下工作。

(5)容器由环向和纵向缠绕纤维组成。环向纤维只在筒体圆柱部分存在。因此,头部的经纬向强度全部由纵向纤维承担。缠绕形式或顺序对纤维强度的发挥没有影响。

2.缠绕层数计算

玻璃钢内压容器强度设计的目的是确定容器在所规定的载荷下能长期正常工作的最少纤维含量。因此,必须使压力容器的两个应力方向(环向、轴向)达到等强度,而这种等强度是通过合理的环向和纵向纤维含量配比实现的,即要计算出环向和螺旋向纤维缠绕层数。

图 7.27 为容器内压力分布图,纤维强度在轴向环向上单位长度的分量为

$$S_{11} = nN_1 fm \tag{7.16}$$

$$S_{21} = kJ \frac{M}{2\pi R} N_2 f \tan \alpha \sin \alpha \qquad (7.17)$$

$$S_{22} = kJ \frac{M}{2\pi R} N_2 f \cos \alpha \qquad (7.18)$$

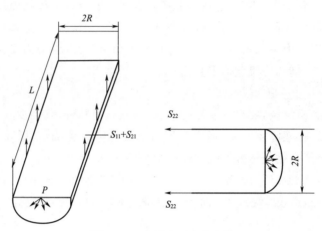

图 7.27　容器内压力分布图

由图 7.27 可得

$$\begin{cases} \pi R^2 p_B = 2\pi R S_{22} \\ R p_B = 2 S_{22} \end{cases} \qquad (7.19)$$

由式(7.18)和式(7.19)得

$$\begin{cases} \dfrac{R p_B}{2} = kJ \dfrac{M}{2\pi R} N_2 f \cos \alpha \\ J = \dfrac{\pi R^2 p_B}{kM N_2 f \cos \alpha} \end{cases} \qquad (7.20)$$

由图 7.27 可得

$$\begin{cases} 2RL p_B = 2L(S_{11} + S_{21}) \\ R p_B = S_{11} + S_{21} \end{cases} \qquad (7.21)$$

将式(7.16)、式(7.17)、式(7.20)代入式(7.21)得

$$R p_B = n N_1 f m + kJ \frac{M}{2\pi R} N_2 f \tan \alpha \sin \alpha$$

$$= n N_1 f m + \frac{\pi R^2 p_B}{kM N_2 f \cos \alpha} - 2k n^2 f \tan \alpha \sin \alpha$$

得

$$n = \frac{R p_B}{2n N_1 f m} (2 - \tan^2 \alpha)$$

式中,f 为每股纤维的平均力,9.8 N/股;N_1、N_2 为环向及纵向缠绕纱片纤维股数,股/系;m 为环向缠绕纤维纱片密度,条/cm;n 为环向缠绕总层数,层;M 为纵向缠绕一个循环的总纱片条数,条;J 为纵向缠绕的总循环次数,次;k 为纵向纤维强度利用系数,通常取 $k=0.7\sim0.8$;α 为纵向纤维与母线夹角,度;p_B 为容器极限承载内压力,98 kPa;R 为内衬半径,cm;S_{11} 为环向纤维缠绕强力在

环向方向上单位长度的分量,9.8 N/cm;S_{21} 为纵向纤维缠绕强力在环向方向上单位长度的分量,9.8 N/cm;S_{22} 为纵向纤维缠绕强力在轴向方向上单位长度的分量,9.8 N/cm。

螺旋缠绕纤维强度的利用系数爆破试验指出,封头纤维强度的发挥一般要比筒体部位低 20%~30%,主要原因如下:

(1)纤维路径偏离理论位置。对于几何尺寸既定的容器,由于缠绕线型的控制,选定的缠绕角一般都近似于测地线缠绕角,同时,由于一般的环链式缠绕机的精度较差,封头曲面不能实现测地线缠绕,其纤维路线基本上是一条平面曲线。

(2)由于封头曲面的变化,在芯模上进行螺旋缠绕时,只有第一层纤维能铺放在等张力曲面上。随着缠绕的进行,从圆筒与封头的相接处到极孔纤维层厚度逐渐增大,在极孔开口附近会出现严重的纤维堆积。因此,就无法在沿着等张力曲面铺放纤维。纤维层变厚也是不连续应力和不相等应变的根源。

(3)纤维交叉的影响。一般认为纱线交叉点是应力集中点,可使纤维发挥强度降低。

(4)一般的纤维缠绕机和应力装置无法精确控制封头缠绕纤维的张力,因而封头上各层纤维的初始张力不同,致使内外层纤维不能同时承载,故爆破压力降低。

等张力封头曲线是依据极孔变化而变化的一组曲线。为了制造和使用封头内衬冲模方便,往往就只制造一个封头冲模。两个封头都按照零极孔条件制造。然后在零极孔封头曲线上人为地开个孔,这样的封头曲线就不是等张力曲线。

由于上述原因,设计中应将纤维强度乘以一个系数 k 来作为封头上纤维的实际强度,k 显然是封头形状、线型设计、缠绕设备精度及整个工艺生产水平的函数,一般情况下 $k=0.7~0.8$。

7.2.2.4　缠绕线型设计

1. 缠绕规律的选择要求

(1)缠绕角 α 要与测地线缠绕角相近,为更好地发挥纤维的强度,缠绕角应接近 55°;

(2)为了避免在极孔附近的纤维架空,影响头部强度,所选缠绕规律在封头极孔处的相切次数不宜过多;

(3)头部包角 β 应接近于 180°,一般选 $\beta=160°~180°$,否则会使纤维在头部引起打滑。

2. 选择缠绕规律的步骤

以筒形压力容器为例,把筒身圆周 4 等分,即取 $n=4$,若分别取 $K=1,2,3,4,5$,则缠绕规律的五种类型为

$$n=4,K=1;n=4,K=2;n=4,K=3;n=4,K=4;n=4,k=5$$

由公式

$$i=1+\frac{K}{n}$$

可求得五个相应的等速比。

由公式

$$d_i=\frac{L_cR_x-\dfrac{K}{n}\pi DR_y}{2R_x+\dfrac{K}{n}\pi D}$$

$$d_i = \frac{1}{2}\left[L_c - \frac{\dfrac{K}{n}\pi D}{\tan\left(\arcsin\dfrac{R_x}{R}\right)}\right]$$

可求出各自 d_i 的值。

由公式 $\alpha = \arctan\dfrac{\dfrac{K}{n}\pi D}{L_c - 2d_i}$ 计算出缠绕角 α 的大小。头部包角 β 计算由公式 $\beta = 180° - \dfrac{K}{n}\times$

$360°\dfrac{2d_i}{L_c - 2d_i}$ 求得。

经以上计算,将上述五种线型算出的相应缠绕参数列表,再按照缠绕规律的 3 个选择原则,结合实际工作经验进行分析比较,经筛选后,得到一种比较合理的缠绕规律,即为此产品的真正缠绕线型。

3.选择缠绕线型需注意的问题

(1)测地线缠绕纤维是实现等张力封头的条件。测地线缠绕角过大或过小对缠绕都是不利的,因此,缠绕角的选取应尽量地接近于测地线缠绕角。从封头强度的角度分析,若缠绕角过小,就破坏了等张力封头纤维受力的理想状态。从筒身段强度计算知道,缠绕角减小,则纵向缠绕的层数就要减少。轴向受力能力增强、环向受力能力减弱;如缠绕角过大,环向缠绕层数增加,不能全部利用封头环向强度,封头上纤维堆积,架空的现象严重,纤维强度得不到发挥。

(2)同一产品,宜采用多缠绕角进行缠绕,以免形成不稳定的纤维结构,在复杂应力作用下树脂受过大的应力。

(3)选择线型时应使纤维在封头极孔相切的次数尽量减少。这是因为切点数目过多,纤维交叉次数越多,纤维强度的损失就越大;同时极孔附近的纤维堆积、架空现象也越严重,易出现不连续应力和不相等应变。

(4)封头缠绕包络圆直径应逐渐扩大,使纤维在封头分布均衡,减轻纤维在极孔附近的堆积现象,且使封头外形曲线发生较小变化,有利于发挥封头处纤维的强度。

(5)对于湿法缠绕,实际缠绕角应控制在与测地线缠绕角的偏离值不超过 $\pm 10°$,以便保证在封头曲面上纤维不滑线。

(6)在缠绕过程中环向缠绕应与螺旋缠绕交替进行。

(7)使用环链式缠绕机时,若缠绕角过小,则链条强度增大,设备将变得大而笨重。同时由于链条超越长度增大,使纤维缠绕张力难以控制,影响纤维的强度。

4.封头缠绕包络圆调节方法

在封头缠绕过程中,为防止或减轻纤维在封头极孔附近产生堆积和架空现象,封头极孔的纤维缠绕包络圆应逐渐扩大。随着包络圆的改变,缠绕角将发生变化。这也符合“避免采用单一缠绕角缠绕单一产品”的原则。当使用环链式缠绕机时,调节封头缠绕包络圆的方法有如下两种:

(1)保证缠绕机转速比不变,调节链条长度。如在保持缠绕机转速比不变的前提下,缩短链条长度,即可使包络圆直径扩大。

因为调节前后要保持转速比和主轴转速不变,所以单位时内导丝头的往返次数亦不变。但由于改变了链条长度,导丝头的速度就改变了,因而缠绕角也随之改变。同时由于导丝头超越长度的变化,因此封头的纤维缠绕包络圆就必然改变。

(2)调节导丝头与缠绕制品的距离,也可改变包络圆直径。例如增大导丝头与缠绕制品的距离,即可扩大极孔包络圆。

由于这种调节仅改变了导丝头到芯模的距离,而导丝头速度、主轴速度以及导丝头超过的长度都未改变。因此,只改变封头缠绕角,而导丝头超过长度无法变化,所以导丝头超过的长度必然改变。

7.2.3　缠绕线型仿真

为了缩短研制周期、降低成本,提高生产效率,相关学者受金属机械零件 CAD/CAM 技术的启发,提出了开展缠绕仿真技术的研究。复合材料压力容器的缠绕仿真技术采用空间的三维数据来清晰地描述缠绕成型工艺过程中纤维和芯模二者间的相对关系,通过人机交互的可视化仿真技术,在计算机上完成复杂的建模、分析计算和工艺"试错"试验等过程,从而大大缩短研制周期。复合材料压力容器仿真技术可以:①实现缠绕工艺过程的可视化,实时获取任意点的缠绕角度、缠绕层数、铺层厚度等参数,有利于后续的结构分析;②设计新工艺、试验新方案,进行各种线型的对比分析,从而获得最佳纤维缠绕轨迹;③减少以往工艺人员多次排纱布线的重复工作,提高现场调试的一次性成功率。图 7.28 中的结果表明,与传统方法相比,纤维缠绕仿真技术是缩短复合材料压力容器产品研发周期,实现快速设计与制备的必由之路。

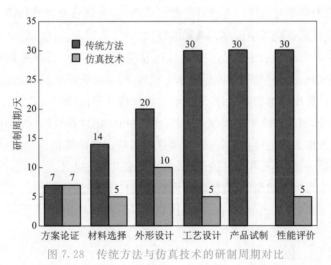

图 7.28　传统方法与仿真技术的研制周期对比

国外在纤维缠绕 CAD/CAM 软件的研究上已经发展到很高的水平。CAD/CAM 软件不仅具有完善的回转体纤维缠绕线型及轨迹设计功能,还具有异型件纤维缠绕轨迹设计功能。对于三通、弯管等典型异型件,已经开发出完善的 CAD/CAM 软件进行芯模设计、线型设计、轨迹规划以及后置处理,可以根据具体的数控系统生成相应的控制代码。如比利时

MATERIAL 公司的 CADWIND、英国 Crescent Consultants Ltd 的 CADFIL 和美国 Mc-Clean Anderson 公司的 SimWind 软件。

7.3　纤维缠绕成型设备及生产工艺

7.3.1　缠绕成型设备

7.3.1.1　缠绕成型设备概述

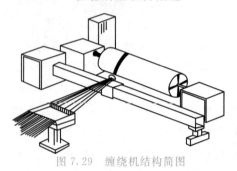

图 7.29　缠绕机结构简图

纤维缠绕技术的发展促进了缠绕设备的发展,缠绕机是主要的缠绕成型设备,可以通过其对缠绕制品进行设计,进而确定产品的性能。设备的好坏往往决定以该工艺生产的制品质量的好坏。纤维缠绕机(见图 7.29),通常由机身、传动系统和控制系统等几部分组成。辅助设备包括浸胶装置、张力测控系统、纱架、芯模加热器、预浸纱加热器及固化设备等。

1. 缠绕机自由度的概念

在纤维缠绕成型工艺中,称纤维的每一个可以移动的方向为一个自由度,也称为一个轴。自由度越多,可以实现的缠绕方式就会越复杂。

由于最先发展起来的缠绕机,机械式缠绕机实现的工艺比较简单,通常情况下只能实现两个方向上的运动,即只有两个自由度。在进行缠绕工作时,主轴绕自身轴线做圆周运动的同时小车沿轴向运动,因此机械式缠绕机也被称为两轴缠绕机。

计算机控制缠绕机出现后,使实现多自由度运动变得更简单。计算机控制纤维缠绕机的控制功能是靠事先存放在存储器里的系统程序来完成的,改变系统程序就改变了控制逻辑。其特点是采用系统程序先计算出纤维的轨迹,然后求解出缠绕机各坐标轴的成型轨迹。由于采用计算机控制伺服电机的转动,因此缠绕精度大幅度提高。缠绕机采用计算机控制后,用软件代替了齿轮、链条的调整和凸轮的加工。另外,计算机还可以存储多种形状的零件缠绕程序,这就大大增加了缠绕机的灵活性和适应性,即具有良好的柔性,缠绕效率也大大提高。计算机控制缠绕机的发展,使多自由度的运动变得越来越简单,也使各种多轴缠绕机不断被研制出来。目前国际市场实现商品化的缠绕机达到了六轴(见图 7.30),该缠绕机具有以下几个自由度:

①主轴(x),使芯模作回转运动

②小车水平轴(y),使丝嘴沿芯模轴向做往复运动

③小车伸臂轴(z),使丝嘴沿芯模的径向运动

④丝嘴翻转轴(u),使丝嘴绕伸臂轴转动

⑤降轴(v),使丝嘴作垂直于伸臂轴和主轴方向的运动

⑥扭转轴(w),使丝嘴绕升降轴转动

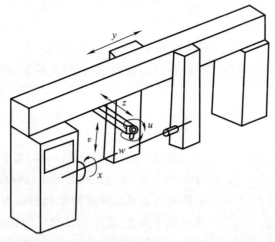

图 7.30 缠绕机运动的几个自由度

2. 缠绕成型设备的发展

纤维缠绕机是纤维缠绕技术的主要设备,纤维缠绕制品的设计意图和性能要通过缠绕机来实现。纤维缠绕机经历了机械式缠绕机、数字控制缠绕机,微机控制缠绕机及计算机数控缠绕机四个发展阶段,目前最常用的主要是机械式和计算机数控缠绕机。此外,国外对机器人缠绕、自动 3D 缠绕机等开展了研究。

(1)机械式缠绕机

对于部分形状比较简单的制品,机械式缠绕机具有结构简单、传动可靠、维修方便、容易制造及投资较少等优点,目前乃至将来仍然会有大量应用。

根据芯模和纤维供给机构(绕丝嘴)的运动形式和结构特点,机械式缠绕机的类型主要有:

①小车环链式缠绕机

小车环链式缠绕机(图 7.31)包括卧式和立式两种,它的芯模水平放置,以环链和丝杆带动小车运动。

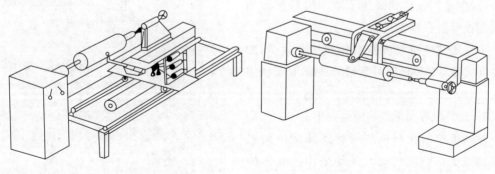

（a）卧式链条缠绕机　　　　　　　　　（b）立式链条缠绕机

图 7.31　小车环链式缠绕机

链式缠绕机由主轴传动机构、环向缠绕机构和螺旋缠绕机构 3 部分组成。主轴传动机构直接带动芯模转动。环向缠绕机构由与主轴平行的丝杆(或链条)和一个位于丝杆(或链条)上的滑块组成,它能够实现环向缠绕。螺旋缠绕机构由链轮、链条(封闭环链)组成,主动链轮带动环链沿工作面做回转运动,并通过环链上的拨杆带动小车平行芯轴做往返直线运动。环链或平放或垂直放置,由螺旋缠绕机构实现螺旋向缠绕。进行螺旋缠绕时,芯模绕自身轴匀速转动,小车在平行于芯模轴线方向做往复运动,形成螺旋缠绕,调整相对运动的速度可以改变螺旋角,一般为 $12°\sim75°$。进行环向缠绕时只在筒身段上进行,缠绕角控制范围通常在 $85°\sim90°$ 之间。链式缠绕机适合于纵向只有单一角度的管、罐形制品的生产。

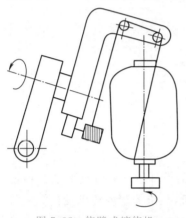

图 7.32 绕臂式缠绕机

②绕臂式缠绕机

绕臂式缠绕机(见图 7.32)属于平面缠绕机。其运动特点是绕臂(丝嘴装在绕臂上)围绕芯模做匀速旋转运动;芯模绕自身轴线慢速转动,绕臂(丝嘴)每转一周,芯模转动一微小角度,此小角度对应芯模表面上一个纱片宽度,因而可以保持每片纱片紧挨布满容器表面。

由于芯模轴线垂直于地平面,直立装置可实现缠绕,因此也称它为立式缠绕机。当芯模快速旋转、丝嘴沿垂直地面方向缓慢向上(或下)移动时,即可实现容器的环向缠绕。绕臂式缠绕机缠绕时芯模受力均匀,横向变形小,机构运动平稳且排线均匀,它适于短粗筒形容器的干法缠绕。

(2)计算机控制缠绕机

现代纤维缠绕工艺技术的发展要求缠绕设备具有较高的精度、较大的灵活性和通用性,以适应不同结构形式缠绕制品的成型要求。为实现一些特殊异形形状制品(如三通、弯头等)的精确缠绕,绕丝头的运动坐标(自由度)已由一个发展到多个,再加上芯模主轴的旋转(或摆动),就能使纤维不产生滑移地按初始线型设计进行精密排布。

机械式缠绕机要改变产品规格和线型,即调整绕丝嘴与芯模运动关系相对困难,且无法实现复杂形体和复杂线型的缠绕。随着电子技术的发展,计算机控制缠绕机应运而生。

计算机控制缠绕机与机械式缠绕机的根本差别在于执行机构动力源均采用独立的伺服电机,各个机构(运动轴)间的运动关系不是由机械传动链确定的,而是由计算机控制的伺服系统实现。因此可以实现多轴缠绕(见图7.33),计算机控制缠绕机的执行机构多采用

图 7.33 计算机控制的多轴缠绕机

精密传动器件,落纱准确、张力控制稳定。

计算机控制缠绕机和机械式缠绕机相比,具有无可比拟的优点:它可以使缠绕工作变得更加科学化。如对工艺参数的优化组合,不需要再进行常规的实验,借助计算机就可直接完成。这就保证了整个缠绕工艺过程中,每一个对产品质量有影响的因素都为工艺参数。工艺参数可以在计算机上用示数法进行优化组合。被优化组合的工艺参数可作为指令输人到计算机控制系统中,这不仅减轻了过去的烦琐试验、数据归纳、分析计算,也扩大了缠绕制品的应用领域。

(3)机器人缠绕

国外对缠绕机器人的研究相对较早且已趋于成熟,法国的 MFTech 公司最早研究机器人缠绕并将其商业化,由该公司提供的机器人缠绕设备充分利用了机器人的柔性,可采用抓取模具(见图 7.34)和带动导丝头(见图 7.35)两种方式进行复合材料缠绕成型。

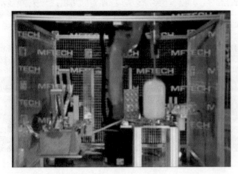 

图 7.34　MF Tech Pitbull　　　　　图 7.35　MF Tech FOX 系统

加拿大 Compositum 公司研发了适用于 ABB、KUKA 等多种品牌机器人和数控系统的全自动缠绕系统(见图 7.36)。荷兰 Taniq 公司研发了 Scorpo 机器人,搭载自主开发的工艺设计软件,用于纤维增强橡胶产品的纤维及橡胶带缠绕(见图 7.37)。

 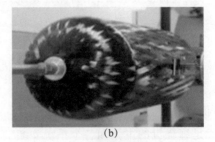 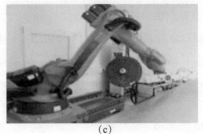

(a)　　　　　　　　　　　　(c)

(b)

图 7.36　Compositum 公司的机器人缠绕复合材料容器制品

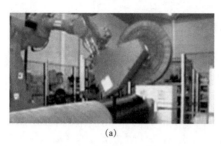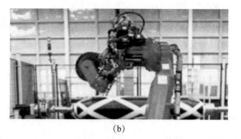

(a)　　　　　　　　　　　(b)

图 7.37　Taniq 的 Scorpo 机器人

（4）自动 3D 缠绕机

泰斯金普(Cygnet Texkimp)与曼彻斯特大学共同开发出了一种开创性的 9 轴 3D 缠绕技术,可实现汽车和飞机的轻量化部件缠绕(见图 7.38)。首台 3D 缠绕机能够实现以燃油管道、斜面轨道、飞机翼梁等曲线为回转中心线的复杂零部件的自动缠绕。

(a)　　　　　　　　　(b)　　　　　　　　　(c)

图 7.38　Cygnet Texkimp 3D 缠绕技术

7.3.1.2　缠绕设备部件

作为缠绕成型工艺中最重要的设备,缠绕机主要由机身、传动系统和控制系统等几部分组成,此外还包括浸胶装置、张力测控系统、纱架、芯模、加热器、预浸纱加热器及固化设备等辅助设备。

1. 机械系统

机械式缠绕机和计算机控制缠绕机的机械系统是相同的,包括机架、动力系统、传动系统、运动系统和芯模夹持系统等。

（1）机架

机架是缠绕机的主体和各个系统安装的基础,按主轴位置可以分为立式和卧式。

（2）动力系统

缠绕机动力系统主要有两种方案,一种方案是主轴与其他系统均采用伺服电动机,可以实现 0° 缠绕,但成本较高,尤其是主轴系统功率较大时更为突出;另一种方案是主轴采用普通调速电机、其他系统均采用交流伺服电动机,以主轴运动参数为基准实施控制。

（3）传动系统

缠绕机的传动系统主要有齿轮－链条传动、齿轮－齿条传动、滚珠－丝杠传动和齿轮传动等。缠绕机传动系统的精度主要由传动精度控制,因此选择合适的传动系统相当重要。

(4)运动系统

由于缠绕机运动系统速度较高,目前普遍采用滚动导轨和直线轴承,以提高精度,对于精度要求不高的系统,如普通管道缠绕机,在考虑成本的情况下也可以采用普通导轨导轮系统。

(5)芯模夹持系统

芯模夹持主要有卡盘一顶针式、卡盘一卡盘式、法兰一轴承支架式。卡盘一顶针式适用于中等尺寸的芯模,单端驱动,安装方便,为提高自动化程度可以采用气动顶针。卡盘一卡盘式主要适用于细长杆缠绕,一方面可以采用双端驱动、降低由于扭矩使芯模产生的扭角,另一方面可以安装气功/液压拉伸芯轴,缠绕时芯轴受拉,降低由于芯模重力引起的挠度。轴承支架式主要适于大型芯模,驱动力矩大。

2. 运动控制系统

机械式缠绕机的运动控制系统简单,运动关系是由机械系统确定的。数控缠绕机中运动控制系统是缠绕机的核心,靠其完成各轴间的运动关系,从而实现各种线形的缠绕。主要有两种方案:

(1)采用通用数控系统,如:SIEMENS81O(3 轴联动)、SIEMENSE840D(4 轴联动等);采用通用数控系统的缠绕机,集成程度较高、维护方便,但成本高、运动轴数少、缠绕编程灵活性和机器拓展性差。

(2)采用分布式专用数控系统,即依据缠绕机的特点与具体需求,将多轴运动控制卡等集成为一个缠绕专用数控系统,如南京航空航天大学和万格复合材料技术公司共同开发的FWP2000 系统(7 轴联动)等,具有成本低、运动轴数多、缠绕编程灵活等优点,但应用尚不够广泛。

3. 浸胶装置

纤维缠绕工艺中最常见的浸胶形式有三种:浸胶法、擦胶法和计量浸胶法,如图 7.39 所示。

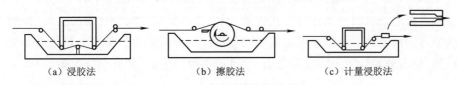

(a)浸胶法　　　　(b)擦胶法　　　　(c)计量浸胶法
图 7.39　三种不同的浸胶形式

最简单的浸胶槽通常没有运动的部件,它们由浸胶辊、胶槽和压胶辊组成。多根纤维纱通过浸胶辊浸上树脂,然后通过第二浸胶辊和压胶辊及分纱孔,最后缠绕到芯模上。在高速缠绕时,纤维束的浸润可以通过一个转动的辊使纤维束铺开以改善其浸透性,在这基础上加装限胶孔有助于控制缠绕制件的树脂含量。

擦胶法适合于玻璃纤维和芳纶纤维缠绕,因为玻璃纤维和芳纶纤维损伤容限较大。在擦胶法浸渍装置中,一个转动的圆筒和树脂槽内的树脂接触带起树脂,经过刮刀后在圆筒表面形成树脂薄层,纤维在圆筒上部经树脂薄层浸胶,纤维在低应力水平下浸渍,因此纤维不易损伤。擦胶法的缺点主要是断裂的纤维会粘在转动圆筒的表面,越积越多,从而影响树脂的含量以及增加纤维损伤,需随时注意并加以清洗。

第三种树脂浸渍形式为计量浸胶法,即限胶法浸渍。将纤维和树脂引入一个一端大开口,另一端是一定宽度的机加孔的通道,在通道内树脂充分浸渍纤维,经过机加孔时多余的树脂被挤出。这一方法的优点是树脂含量可严格控制。缺点是纤维的接头不能通过,对于不同的树脂体系和含胶量都必须更换限胶孔。

4. 纤维铺展装置

对于不同的树脂/纤维体系选用纤维铺展装置时应考虑到尽量减小对纤维的损伤和浸胶纱带在芯模上的合理展开与铺叠。利用大而光滑的弧形绕丝嘴和导向环能减轻纤维损伤,使用陶瓷和表面镀铬能减少纤维和导向环之间的磨损。缠绕中纤维的覆盖状况取决于纤维束宽度,纤维束宽度方面的变化能导致缠绕缝隙或纤维重叠产生。事实上,纤维束宽度是利用不同的绕丝嘴控制的,图 7.40 所示为几种常用的绕丝嘴形式。

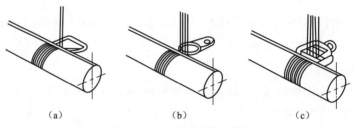

（a）	（b）	（c）

图 7.40　几种形式绕丝嘴

5. 张力控制装置

在纤维缠绕中纤维张力控制是获得具有优良性能复合材料的关键,缠绕张力的控制精度很大程度上决定了缠绕制品的质量。张力控制系统有机械式和电子式两种。均由张力传感器、张力控制器和张力测控系统组成。张力装置应具有下列功能:缠绕张力可变、可控;缠绕张力便于调整;张力器具有绕紧功能,避免纤维松弛;随着纱管尺寸的变化张力可自动补偿。大多数高级增强材料多用纱管形式包装,因此张力器常常安装在纱管上,这样便于远距离控制张力,同时,又便于在绕丝嘴运动中控制供纱系统的张力。最新一代张力器装有传感装置,通过监控器监控纱束上的实际张力,实时调整缠绕张力,使其保持均衡。

6. 纱架

纱架是贮存纤维、安装后置张力器的部件,重量较大,如图 7.41、图 7.42 所示。主要有三种类型:(a) 纱团较少时,纱架直接安在小车上,张力波动小;(b) 纱团较多时(6 团以上),纱架重量很大,直接装在小车上稳定性不好,因此纱架固定,但由于小车运动,会使张力波动;(c) 为减少由于纱架固定引起的张力波动,采用随动纱架,即纱架由另一套系统驱动,与小车同步。

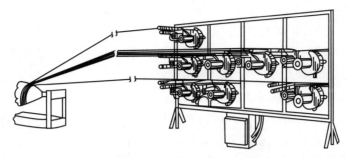

图 7.41　便携式纱架

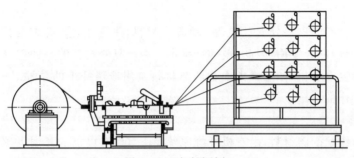

图 7.42　随动式纱架

7.3.2　纤维缠绕生产工艺

7.3.2.1　缠绕用原材料

1.增强材料

增强材料是复合材料的关键组分之一,它起着提高强度、改善性能的作用。适合纤维缠绕工艺的增强纤维的品种很多,其中既包括已广泛应用的玻璃纤维,也包括碳纤维、芳纶纤维、超高分子量聚乙烯纤维等各种新型的高性能纤维,表 7.4 是常用的增强材料的性能对比。

表 7.4　典型缠绕纤维材料性能比较

纤维	密度/(g·cm^{-3})	拉伸强度/MPa	弹性模量/GPa
芳纶纤维	1.48	3 600	124
凯夫拉-49	1.44	3 790	121
碳纤维 T300	1.76	3 530	230
碳纤维 T700	1.80	4 900	230
碳纤维 T800	1.81	5 490	294
碳纤维 T1000	1.80	6 370	294
PBO 纤维	1.56	5 800	180
超高分子量聚乙烯纤维	0.97~0.98	3 500	116

（1）玻璃纤维

玻璃纤维具有不燃、耐高温、电绝缘性能好、拉伸强度高、化学稳定性好等优异性能，是最早用于制备树脂基复合材料（俗称玻璃钢）的低成本增强纤维，也是现代复合材料最常用的增强材料之一。

虽然玻璃纤维的比强度很高，但是比模量只是中等，而且使用温度不高，因此它不是高性能增强材料。但基于以下原因，玻璃纤维仍然是现代复合材料的一种非常重要的增强材料。

①玻璃纤维迄今仍是最主要的复合材料增强体（在90%以上）。

②玻璃纤维的生产工艺（主要是熔融纺丝）具有典型性，并为若干高级纤维的生产所借鉴或袭用。

③高级复合材料的重要分支—混杂纤维复合材料，往往是玻璃纤维与其他高级纤维（如碳纤维和芳纶纤维）混合使用，因此，玻璃纤维也是高级复合材料的一种重要的原材料。

④有些高级复合材料，如导弹大面积防热材料是用玻璃纤维的品种之一（高硅氧纤维）增强酚醛树脂制作的。

（2）碳纤维

碳纤维是纤维状的碳材料，由有机纤维原丝在1 000 ℃以上的高温下碳化形成，是含碳量在95%以上的高性能纤维材料。碳纤维具有高比强度，高比模量，耐高温，耐疲劳，抗蠕变，导电，传热和热胀系数小等一系列优异性能，既可在结构中承载负荷，又可作为功能材料发挥作用。

碳纤维按其结构成分不同可分为耐燃纤维、碳纤维和石墨纤维；按力学性能不同可分为通用型、中强型、高强型、超高强型、中模型和超高模型；按原料不同可分为聚丙烯腈基、沥青基、黏胶基。

碳纤维用于缠绕成型时，在工艺上应注意避免经过急弯导纱，这样易使纤维磨损、强度下降。另外对于电动机械设备的电器需进行密封防护，避免碳纤维粉尘使电器短路。由于碳纤维在力学性能上有高模型和高强型之分，用于内压容器时一般选用高强型，而制造外压结构制品或其他以刚度为主要指标的结构制品时通常选用高模型。

目前碳纤维的强度仅达到其理论值的10%，而玻璃纤维已达50%，因此碳纤维在强度上还有相当大的潜力。制造丝束更大的(12k、24k)碳纤维和发展沥青基碳纤维是目前降低碳纤维价格，扩大应用范围的重点研究方向。

（3）芳纶纤维

芳纶纤维是由芳香族聚酰胺树脂纺成的纤维，国外称为聚酰胺纤维，我国定名为芳纶纤维。芳纶纤维是一种高性能纤维，最早开发芳纶纤维的是美国杜邦公司，因此芳纶纤维以该公司的商品名称Kevlar而闻名于世。

芳纶纤维的密度小($1.44\ g/cm^3$)、比强度高（高于碳、硼纤维）、韧性、抗冲击性、加工性及热稳定好，耐火、不溶、真空中长期使用温度为160 ℃，温度低至−60 ℃时也不变脆，玻璃化转变温度为250～400 ℃，热膨胀系数低（300 ℃以下为负值），具有良好的耐化学介质性、耐疲劳、耐磨、电绝缘和透电磁波性能，广泛应用于航空、航天领域。

芳纶纤维的耐磨性和韧性极佳,但机械加工性能不好,用于缠绕成型时多用于内压容器等几乎不用加工的制品。

(4)其他高性能纤维

适用于纤维缠绕工艺的高性能纤维还有超高分子量聚乙烯(UHMW-PE)纤维、聚苯并恶唑(PBO)纤维、玄武岩纤维等。

超高分子量聚乙烯纤维(UHMW-PE 纤维)是指由平均分子量在 10^6 以上的聚乙烯所纺出的纤维,具有独特的综合性能。其密度小($0.97~g/cm^3$)、比强度、比模量高。断裂伸长率虽然也较低,但因强度高而使其断裂能高。该纤维还具有耐海水、耐化学试剂、耐磨损、耐紫外线辐射、耐腐蚀、吸湿性低、抗弯曲、耐冲击、自润滑、耐低温、电绝缘等特性。

PBO 纤维是聚对亚苯基苯并恶唑纤维,商品名 Zylon。PBO 纤维的强度、模量、耐热性和抗燃性,特别是 PBO 纤维的耐冲击性、耐摩擦性和尺寸稳定性均很优异,并且质轻而柔软,是极其理想的纺织原料。PBO 纤维主要具备以下特征:①力学性能好。高端 PBO 纤维产品的强度为 5.8 GPa(德国有报道为 5.2 GPa),模量为 180 GPa,在现有的化学纤维中最高;②热稳定性好。耐热稳定达到 600 ℃,极限氧指数 68,在火焰中不燃烧、不收缩,耐热性和难燃性高于其他任何一种有机纤维。PBO 纤维作为 21 世纪超性能纤维,具有十分优异的物理机械性能和化学性能,其强力、模量为 Kevlar 纤维的 2 倍并兼有间位芳纶耐热阻燃的性能,而且物理化学性能完全超过迄今在高性能纤维领域处于领先地位的 Kevlar 纤维。

玄武岩纤维是一种以天然玄武岩拉制的连续纤维,是玄武岩石料在 1 450~1 500 ℃熔融后,通过铂铑合金拉丝漏板高速拉制而成的连续纤维。纯天然玄武岩纤维的颜色一般为褐色,有金属光泽。玄武岩纤维是一种新型无机环保绿色高性能纤维材料,它是由二氧化硅、氧化铝、氧化钙、氧化镁、氧化铁和二氧化钛等氧化物组成。玄武岩纤维与碳纤维、芳纶、超高分子量聚乙烯纤维(UHMW-PE 纤维)等高技术纤维相比,除了具有高强度、高模量的特点外,玄武岩纤维还具有耐高温性佳、抗氧化、抗辐射、绝热隔音、过滤性好、抗压缩强度和剪切强度高、可于各种环境下使用等优异性能,且性价比好,是一种纯天然的无机非金属材料。

2. 树脂基体

(1)树脂的分类

纤维增强复合材料所用的树脂亦称为聚合物,它们是由单体聚合的长链形分子复合而成的。人造聚合物通常称为合成树脂,简称树脂,树脂根据其热效应特性可分为热塑性树脂和热固性树脂两种类型。

①热塑性树脂

热塑性树脂亦称热塑性塑料,制造复合材料时一般仅发生物理变化,而无化学反应。典型的热塑性树脂(塑料)有锦纶(PA)、聚丙烯(PP)等,通常采用 10%~30% 短切玻璃纤维增强。

一般热塑性树脂工作温度都不高,如常用的 PVC 为 60 ℃以下,ABS 仅为 70 ℃左右,PA 与 PP 也仅达 100 ℃左右。采用耐高温的热塑性树脂(有的可在 300 ℃高温下长期使用,400 ℃短期使用),其耐热性远胜过一般热固性树脂,耐高温热塑性树脂一般以连续纤维增强。单纯以热塑性树脂为基体,多用于功能性复合材料。

②热固性树脂

热固型树脂是在使用时通过化学反应而形成的,树脂依次加入促进剂(有的树脂有时不加促进剂)、固化剂并混合搅匀,然后进行不可逆的化学反应,形成硬的、不熔不溶的产品。某些热固型树脂,如酚醛树脂(PHR),当产品成型时会产生一些挥发性物质(缩合反应)。其他热固性树脂,如不饱和树脂(UPR)和环氧树脂(EPR),基于其固化机理,在产品成型时则不产生任何挥发物,热固性树脂一经固化,再加热也不会变成液体,在高于一定温度的条件下,它们的力学性能衰减很大,这个温度称为玻璃化转变温度 T_g。

纯热固性树脂的用途十分有限,通常加入一些其他化学组分,以改善其工艺性与复合材料的品质,并可降低成本。树脂系统常含促进剂、阻聚剂、固化剂(引发剂)、增强剂,有时还加入一些助剂,如消泡剂、分散剂、流平剂、触变剂、特种石蜡等。为了降低收缩率和产品成本以及一些功能性(如阻燃、防紫外线、耐热性、降低密度、防静电等)的需要,有时还加入一些无机的或有机的功能性填料。

(2)纤维缠绕常用树脂基体

在纤维缠绕复合材料压力容器中,基体材料起黏结以固定纤维的作用,以剪切力的形式向纤维传递载荷,并保护纤维免受外界环境的损伤。纤维与树脂体系匹配的好坏直接影响到缠绕成型工艺和容器的性能。对基体材料而言,不仅要对纤维有良好的浸润性和黏结性,而且要具有一定的塑性和韧性,固化后有较高的强度、模量和与纤维相适应的延伸率等,同时,还要有良好的工艺性,主要包括流动性、对纤维浸润性、成形性等。

纤维缠绕可以使用三种形态的树脂体系:第一种是用于湿法缠绕的液态树脂体系;第二种是用于制备预浸纤维束(带)的液态树脂体系;第三种是热塑性树脂粉末,在缠绕时利用静电粉末法使树脂附着在纤维上。

湿法纤维缠绕工艺一般要求树脂体系黏度在1～3 Pa·s范围内,为了得到树脂适用期、缠绕温度、黏度、凝胶时间、固化时间和温度以及制品性能等的最佳综合平衡,必须优化树脂体系配方,其中包括固化剂和促进剂的选择以及用量的优化。

缠绕制品树脂体系的选用原则是树脂对纤维(增强材料)应具有良好的黏结力和浸润性,具有较高的机械强度和弹性模量,伸长率应比纤维略高,具有良好的工艺性,如有较适宜的使用周期及初始黏度,不太高的固化温度,溶剂易排除、毒性小等,具有一定的耐温性和良好的耐老化性能,来源广泛、价格便宜等。

纤维缠绕用树脂基体主要包括环氧树脂、乙烯基酯树脂、不饱和聚酯树脂、酚醛树脂、双马树脂(BMI)以及聚酰亚胺树脂等。环氧树脂是目前应用领域最广的一类树脂,尤其在航空、航天工业领域内占有绝对的优势。

①环氧树脂

环氧树脂(EP)是指分子中含有两个或两个以上环氧基化合物的统称。由于分子结构中含有活泼的环氧基和羟基,所以可在多种类型固化剂或促进剂的作用下,于常温或加热条件下发生交联反应,形成三维体型结构的不熔不溶固化物。

环氧树脂浇铸体的拉伸、弯曲、剪切强度均较聚酯及酚醛树脂高,高性能的绝缘制品均采用环氧树脂。

环氧树脂种类很多,通常按化学结构可分为缩水甘油酯类、缩水甘油醚类、缩水甘油胺类、脂肪族环氧化合物和脂环族环氧化合物五大类。其中双酚 A 缩水甘油醚类环氧树脂产量最大(在我国约占总产量的 90%,在世界上约占环氧树脂总产量的 75%~80%),因其用途最广而被称为通用型环氧树脂。同时双酚 A 缩水甘油醚类环氧树脂也是纤维缠绕工艺中使用最多的环氧树脂。国内通用的商品牌号主要有 E42、E44、E51 等。

②乙烯基酯树脂

乙烯基酯树脂包括丙烯酸环氧树脂、甲基丙烯酸环氧树脂等,是由环氧树脂和含有双键的不饱和一元羧酸加成的产物。其工艺性能和不饱和聚酯树脂相似,是一种兼有环氧与聚酯两种树脂长处的新型树脂。其特点是可以通过引发剂的引发而迅速固化,固化工艺和不饱和聚酯树脂相近;对玻璃纤维具有优良的浸润和黏结能力,和环氧相似;耐化学性能优良;通过控制交联结构,可以获得中等或较高的热变形温度,同时可获得较大韧性。

目前乙烯基酯树脂主要应用于对耐化学腐蚀有特殊要求的防腐材料,如各种管道、贮罐、槽车、洗涤器和管件等。

③不饱和聚酯树脂

不饱和聚酯树脂(UP)是由饱和或不饱和的二元醇和二元酸缩聚而成的线型高分子化合物。由于可以在过氧化物引发下进行室温固化,且价格便宜,来源广泛,作为缠绕用树脂大量用于大批量的管道和贮罐的工业化生产。

不饱和聚酯树脂的固化可通过引发剂、光、高能辐射等引发双键与可聚合的乙烯类单体进行游离基型共聚反应,使线型的聚酯分子链交联成具有三向网络结构的体型分子。固化过程一般分为凝胶、定型和熟化三阶段。

过氧化酮类与环烷酸钴体系是不饱和聚酯树脂最常用的室温固化、引发体系,需经较长的后固化时间(一般为 7 天)。为了缩短工艺周期,可采用加热来加速后固化反应。

④酚醛树脂

酚类与醛类的缩聚产物统称为酚醛树脂(简记为 PHR),一般常指由苯酚和甲醛经缩聚反应而得的合成树脂。酚醛树脂是一种耐腐蚀、耐热、绝缘性好、具有良好阻燃性和突出的瞬时高温耐烧蚀性能的树脂。一般酚醛树脂反应固化过程中有小分子放出,因此必须在高压条件下固化。近年来出现的常压固化的线性酚醛树脂,适用于以纤维缠绕工艺制备具有耐高温和防火要求的复合材料制品。

⑤其他高性能树脂

高性能树脂通常具有优良的物理、力学、电学、热学、耐化学腐蚀等综合性能,其中尤以耐高温性能最为重要。它们的问世给复合材料提供了高性能的基体材料,满足了宇航、航空、太空武器、先进军事武器、电子技术及各高科技部门对材料提出的日益严酷和苛刻的要求。

高性能树脂分为热固性和热塑性两类。热固性树脂包括聚酰亚胺(PI)、双马来酰亚胺

(PBMI)和聚苯并咪唑(PBI)等;热塑性树脂包括热塑性聚酰亚胺(PI)、聚醚醚酮(PEEK)和聚苯硫醚(PPS)等。

聚酰亚胺(PI)是目前产量最大的一类耐高温树脂,它对热和氧都十分稳定,并有突出的耐辐射性和良好的电性能。聚酰亚胺树脂能在较宽的温度范围内保持较高的强度、热稳定性和氧化稳定性,且在高温下电性能基本保持恒定,具有自熄性能。

聚双马来酰亚胺(PBMI)密度低($1.35 \sim 1.4 \ \mathrm{g/cm^3}$),固化无小分子放出,使用温度为$150 \sim 250 \ ℃$。耐老化性能好,制品在$220 \ ℃$经$1 \ 000 \ h$老化后,各项重要性能基本保持不变。

聚醚醚酮(PEEK)是高性能热塑性树脂,具有相当好的热稳定性、耐蠕变性、耐疲劳特性、耐射线性能、阻燃性、电绝缘性能及优良的化学稳定性。对碳纤维有较好的黏结性,经碳纤维增强的 PEEK 具有较高的力学性能和耐热性。

3. 辅助材料

树脂和固化剂组成的树脂体系常常因某些性能不能满足使用要求,而需对基体材料进行改性处理。改性内容包括液体树脂黏度控制、固化引起的收缩或内应力的降低、固化物韧性的提高和固化物物理性能的调整等。

在纤维缠绕用树脂基体中常用的助剂有稀释剂、增韧剂及填料。采用稀释剂可满足改善树脂体系工艺性的要求,采用增韧剂及填料则可有效改善缠绕制品的性能。

(1)稀释剂

一般情况,湿法缠绕用环氧树脂基体的黏度应小于$1.0 \ \mathrm{Pa \cdot s}$,但是市售的纯环氧树脂的黏度绝大部分大于此黏度。通常采用加稀释剂的方法来降低树脂基体的黏度。

稀释剂可分为两类。一类是非活性稀释剂,它没有活性基团,不参与反应,所以在固化过程中应全部挥发,否则会对固化物的很多性能产生不良影响;另一类为活性稀释剂,是含有环氧基等活性基团的低分子化合物,可参与环氧树脂的固化反应,结合到固化物的结构中。

常用的非活性稀释剂有丙酮、乙醇等。活性稀释剂有 501[#]、660[#]、690[#] 等,一般以 10% 为宜。用于高性能制品的树脂基体中必须选择活性稀释剂,以保证制品的性能。

(2)增韧剂

增韧剂主要有非活性增韧剂、活性增韧剂及热塑性耐热聚合物增韧剂三大类。非活性增韧剂不适用于纤维缠绕的树脂体系。活性增韧剂是一类含活性基团和柔性链的低聚物,固化时与环氧树脂反应而交联,从而增加固化后分子结构的柔性。若能形成多相微观结构,韧性会明显提高,但其耐热性、模量及强度会有所下降。热塑性聚合物增韧剂主要有高模量耐热型热塑性树脂,添加热塑性聚合物增韧剂可大幅度提高树脂基体韧性,同时也不会降低其耐热性和模量,但会造成树脂黏度的增加,因此只可少量添加。

(3)填料

填料可赋予复合材料阻燃、减磨、导电、吸波等特定的性能,对改善制品性能有着极其重要的作用。但填料可增加树脂基体的黏度,因此一般添加量不大于10%(质量分数)。

在不饱和聚酯树脂中使用颗粒状或粉末状填料可以降低成本，也可改进树脂固化产物的某些性能。例如添加功能填料可使产物具有阻燃、导电、传热、耐腐、耐磨等特殊功能；添加传热性能较好的填料有利于反应热的散逸，可有效地降低树脂固化时的放热温度；添加金属粉或石墨、氯化铁粉等可以提高传热性和电导电性；二硫化铝、石墨或氧化亚铁可以提高耐磨性；添加石英粉、云母粉、石棉粉及水合氧化铝等可以提高复合材料的电绝缘性；添加辉绿岩粉、石墨粉等可以提高耐化学腐蚀性能。

（4）其他助剂

脱泡剂：在大丝束纤维快速缠绕高性能制品（如 CNG 气瓶）时，为防止树脂基体在配制和缠绕过程中产生气泡，影响最终制品性能，通常在树脂基体中加入脱泡剂（亦称消泡剂）。目前常用牌号有 BYK-A500、BYK-A525、BYK-A530 等。

偶联剂：为了提高树脂基体与增强纤维间的界面强度，有时可根据需要在树脂基体中加入少量的偶联剂。常用的有硅氧烷类、钛酸酯类偶联剂等。

7.3.2.2　模具

模具是纤维缠绕工艺中的关键部件之一。按照是否是产品的组成部分可分为内衬和芯模两种。一般将气瓶、离子罐等内压容器中起密封和骨架作用的部分称为内衬。内衬要求气密性好、耐腐蚀、耐高低温，材料多为铝、钢、橡胶及塑料等。为了制作出一定形状和结构的纤维缠绕制品，通常采用与制品内腔形状一致，在制品固化后被脱出的部件称为芯模。芯模并非制品的组成部分，只是在产品成型过程中起到骨架的作用。

1. 内衬

缠绕成型获得的复合材料制品往往是非气密性的，因此需要在内部加入具有保证气密性作用的内衬。另外，还要求内衬材料具有耐腐蚀和耐高低温等性能，还必须与缠绕壳体牢固黏结、变形协调、共同承载，具有适当的弹性和较高的延伸率。

复合材料压力容器内衬的功能主要有：①储存高压气体及燃料，防止泄露；②作为缠绕成型时的芯模，并提供对外接口和界面；③承担部分内压载荷；④保障介质相容。复合材料压力容器内衬材料一般可分为金属和非金属两类。

（1）金属内衬

常用的金属内衬材料包括 Monel 合金、铝合金、不锈钢、钛合金等。普通压力容器一般选取弹性模量较低但具有一定强度的金属，这样可以保证在工作状态下能够发生膨胀变形，将承受的压力载荷传递到外层纤维缠绕层，但在快速释放压力后又不会使整个压力容器向内塌陷或发生失效准则。对高循环寿命应用的压力容器，宜采用较高屈服强度的材料，如钛合金、不锈钢、英科耐尔合金内衬，工作时内衬应变处于弹性范围。对低循环寿命应用的压力容器采用铝合金或纯钛超薄内衬，工作时内衬应处于塑性范围。另外，还应考虑成型、质量、制造费用等技术因素及腐蚀、污染、氧化等风险问题，而且还应该针对不同的包容介质选择相应的内衬材料，以保证两者的相容性。例如储氧压力容器一般采用与氧相容性很好的 Monel 合金，而钛合金，虽然具有轻质高强等优异特性而广泛应用于压力容器内衬中，但由于其在氧气中非常活跃，所以一般不采用。还有储氢压力容器，由于氢的渗透性能力强,在高压状态下极易发生渗透,同时还要考虑抗氢脆特性,因此多采用铝合金或不锈钢材料。但是,作为金属内衬而言,由于其整体加工成型技术要求高,所以结构无缝隙并保持高强度较难实现。

(2)非金属内衬

非金属内衬一般包括橡胶内衬、塑料内衬和复合材料内衬。其中,橡胶内衬和塑料内衬研究较多,技术相对成熟。在同样的厚度情况下,虽然橡胶塑料材料与金属材料相比具有密度小,质量轻,且材料成本低,耐腐蚀,耐疲劳性能好等特点,但是以非金属材料制备的内衬结构具有以下缺点:①在重复使用过程中,随着复合材料压力容器加压/卸压的循环工作状态变化,压力容器整体的结构中温度场变化较大,加压时温度升高,卸压时温度降低,从而容易导致橡胶或者塑料材料力学性能下降,使得橡胶和塑料内衬材料变脆失稳而逐渐破裂,进而影响整个复合材料压力容器的气密性能;②由于塑料和橡胶材料碰撞强度低,制备的内衬对纤维缠绕层没有结构增强或刚性提高的作用。另外,采用塑料或橡胶内衬的压力容器对于在使用过程中受到冲击损伤的响应比金属内衬要更敏感,严重的冲击可能导致纤维断裂失效,也就是说可能导致气瓶破裂失效,而采用的金属内衬的复合材料压力容器在受到冲击损伤时,只是引起局部和材料增强层的损伤,仅导致加速损伤位置的金属内衬疲劳裂纹长大;③由于塑料和橡胶材料的气体渗透率大,无法满足在某些特殊条件下,复合材料压力容器对气密性的苛刻要求。表 7.5 为不同材料内衬的氦泄漏率情况。由表 7.5 可以看出金属内衬材料的氦泄漏率比橡胶、塑料内衬材料高出两个数量级,能够有效防止气体介质的渗出,满足复合材料压力容器对气密性的苛刻要求。因此,在航空航天领域中,金属材料是制备成型复合材料压力容器内衬的理想选择。

表 7.5　不同材料内衬的氦泄漏率对比

内衬类型	材料密度/(g·cm^{-3})	氦漏率/(Pa·cm^3·s^{-1})
塑料内衬	0.97	10^{-2}
橡胶内衬	0.92～1.0	2.67
铝合金内衬	10	10^{-5}

2. 芯模

(1)芯模材料的选用要求

要制造出理想的芯模,如何选材至关重要。芯模可以由单一的材料制造,也可以由多种材料组合而成。通常需根据制品技术要求、成型工艺等各种因素综合考虑,选用的芯模材料必须满足以下要求:

①强度要求:要求芯模在使用过程中能够承受缠绕工艺过程中的工作载荷(缠绕张力)、本身自重、固化时的热应力以及制品二次加工时作用于芯模的切削力等强度要求。

②刚度要求:要求芯模材料在受缠绕张力等外力作用后变形越小越好。

③尺寸精度要求:当缠绕制品内腔形状尺寸和精度要求(如同心度、直线度、椭圆度、表面光洁度等)较高时,必须选用尺寸稳定性好、加工性能好的材料制作芯模。一般选用金属

或塑料,石膏、橡胶等刚度低、变形大的材料不宜选用。

④耐温性要求:在缠绕过程结束后,芯模要与缠绕制品一起固化,根据所采用的树脂体系不同,固化温度从常温到近 200 ℃ 不等,所以要求芯模在高温条件下不但能够保持足够的强度、刚度,同时也不能分解或逸出大量水分等。

⑤工艺性要求:要求用于制作芯模的材料来源广泛,有良好的加工工艺性,并且能满足缠绕工艺实施过程中的各种要求,最好能就地取材,价格低廉。

(2)常用的芯模材料

生产中常用的纤维缠绕芯模材料有石膏、木材、砂浆、金属、复合材料等。除此之外,也有应用低熔点盐类和低熔点金属的实例。根据缠绕芯模所采用的材料不同,可以分为石膏芯模、木芯模、砂芯模、金属芯模、塑料芯模等。

石膏芯模制作方便,费用少,一般应用于数量较少、结构尺寸较大且精度要求不高的产品。制作石膏芯模时应先制作一个刚性很好的芯轴,然后再在芯轴上利用钢材或木材制作出构架,在构架上糊制石膏层,最后将石膏层修整成所需的形状。石膏芯模在使用前必须进行加工和封孔处理。

制作木芯模用的木材要求质均、无节、不易收缩变形,常用的木材有红松、银杏、杉木、枣木等,木材在使用前应进行干燥,含水量一般要小于 10%,以减少变形和裂纹。木芯模不耐久、不耐高温、表面需要进行加工和封孔处理。它适用于一些形状简单的大型制品及几何形状较复杂的小型制品的成型。

制作砂芯模时,通常是将聚乙烯醇和砂子按一定的比例混合均匀后,装入事先加工好的模腔内捣实并加温固化,成型后脱模加工,即可得到满足一定尺寸要求的砂芯模。当缠绕结束,产品固化成型后可用热水将砂浆冲出,从而达到脱模的目的。由于砂浆模都是一次性使用的,所以这种模具一般适合批量小、中间直径比两端大、脱模困难的成型。

金属模具常用铸铁、铸铝、铸铝合金、碳素钢等制作。金属模具耐久不变形,精度高,但加工复杂,成本高,制造周期长。通常适用于批量较大、精度要求较高的定型产品。

(3)芯模的结构

缠绕芯模通常有如下三种结构形式。

a.无封头的整体式结构(见图 7.43),这种模具一般由芯轴、副板、外筒体三部分组成,适用于较大角度的常用复合材料管道的缠绕。

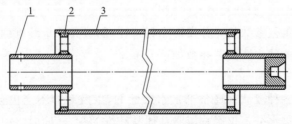

图 7.43　无封头整体式芯模结构示意图

1—芯轴;2—副板;3—筒体

b. 带封头的整体式结构（见图 7.44）。这种结构除中间芯轴、副板、外筒体之外，为满足缠绕工艺实施需要，模具两端还安装有可拆卸的封头。这种结构的芯模一般适用于有小角度缠绕要求的复合材料管道的缠绕成型，封头部分只是为了实现缠绕线形而设置的，通常在制品固化后需要去除，所以封头的尺寸要求不严格，可根据产品批量的大小采用金属或非金属材料，封头和筒体之间应便于拆装且定位可靠。

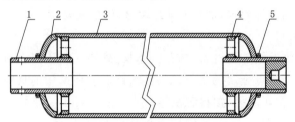

图 7.44　带封头整体式芯模结构示意图

1—芯轴；2—封头；3—筒体；4—副板；5—固定环

c. 组合式结构（见图 7.45）。这种结构视具体情况可带封头，也可不带封头，一般适用于脱模设备局限（如对于较长管道，脱管机行程不够）或脱模困难（产品内腔有影响脱模的结构）等情况。根据产品的具体形式可设计为轴向拆分、径向拆分等。

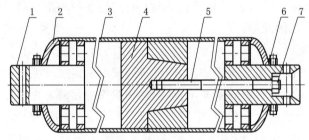

图 7.45　组合式结构芯模示意图

1—芯轴；2—封头；3—筒体；4—联结块；
5—锁紧螺杆；6—固定环；7—螺母

7.3.2.3　缠绕工艺参数

缠绕工艺过程中的主要工艺参数有纤维烘干和热处理、纱片宽度、缠绕张力、缠绕速度、固化制度、环境温度、湿度、胶液浸渍及含量分布等。

选择合理的缠绕工艺参数是充分发挥原料特性，制造高质量纤维缠绕制品的重要条件。影响纤维缠绕制品性能的主要工艺参数如下。

1. 纤维热处理和烘干

由于纤维使用的各种浸润剂通常都是水溶性的，以及存储不当也会吸附大量水分。纤维表面的这些过量游离水分不仅影响树脂基体与纤维的黏合，同时将引起应力腐蚀，并使微裂纹等缺陷进一步扩展，从而使制品强度和耐老化性能下降。因此，纤维在使用前需要烘干处理。

2. 浸胶与胶液含量

含胶量对制品的性能影响很大,表现在:

(1)影响制品的质量和厚度;

(2)含胶量过高易使制品强度降低,使制品内部胶液分布不均匀,造成应力集中,引起局部破坏;

(3)含胶量过低会使制品孔隙率增加,制品的气密性、耐老化性能及剪切强度下降,同时也影响纤维强度的发挥。

因此,纤维浸胶过程中必须严格控制含胶量,保证整个缠绕过程前后含胶量均匀(制品厚度方向胶液分布均匀)。纤维缠绕制品的含胶量,需根据制品使用要求而定,一般含胶量范围为 17%～25%(质量分数),以 20%为最佳。

影响含胶量的因素很多,主要有胶液黏度、缠绕张力、浸胶时间及刮胶机构效能等。为保证纤维浸渍充分,树脂含量均匀,并使纱片中的气泡尽量逸出,要求胶液黏度要低,通常控制在 $0.35～1.0\ \text{Pa·s}$ 范围内。

3. 缠绕张力

缠绕张力是指在缠绕过程中,纤维所受到的张紧力,是缠绕工艺的重要参数。缠绕过程中纤维所受张力的大小、各束纤维张力的均匀性,以及各缠绕层之间纤维张力的均匀性,对制品的性能影响很大。

纤维在受张力状态下被缠绕,接着再缠绕上去的纤维势必对已缠纤维产生径向压力,迫使已缠绕纤维层在径向上产生压缩变形,同时又使内层纤维松弛。采用逐层递减张力制度后,虽然后缠绕纤维层对已缠绕纤维层仍有减弱初始张力的作用,但因本身就和前一层减弱后的张力相同,这样就可以使得所有缠绕层自内而外具有相同的初始张力和变形。从而使内、外层纤维能同时受力,避免内层纤维起折皱和内衬产生屈服,从而提高制品强度和疲劳性能。

纤维缠绕内压容器的爆破强度、体积变形率、疲劳次数、含胶量等都与所选择的初始张力及递减张力制度有关。选择张力制度必须考虑的因素为:内衬的刚度、保证各层纤维初始张力相同、纤维本身的强度和磨损、张力装置的能力、胶液的流失。

缠绕张力的大小,可以通过计算确定,根据经验,一般初张力可以按照纤维强度的 5%～10%选取。一般取每层递减 5～10 N。每层递减比较麻烦,可简化为每 2～3 层递减一次。递减值等于逐层递减之和。实践证明,采用缠绕张力递减法制成的容器爆破强度比未采用张力递减法的容器高 10%以上。对于干法缠绕可通过纱团转动的摩擦阻力施加张力;对于湿法缠绕,可通过纤维浸胶的张力辊施加张力,张力辊的直径应大于 50 mm。

4. 缠绕速度

纱带缠绕到芯模上的线速度称为缠绕速度,它反映缠绕过程的生产效率。缠绕速度由芯模旋转和绕丝嘴运动线速度决定,其关系如图 7.46 所示。在湿法缠绕中,缠绕速度受到浸胶时间和

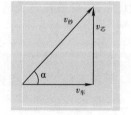

图 7.46 缠绕速度矢量图

设备能力的限制。缠绕速度过快,纤维浸胶时间短,不易浸透。缠绕速度慢,则生产效率低。在湿法生产过程中,缠绕速度最大不能超过 0.9 m/s。

在干法缠绕中,缠绕速度受预浸纤维加热时间和设备能力的限制。速度过快,预浸纤维的加热时间过短,纱片黏度达不到要求。小车速度最大不得超过 0.75 m/s。

5. 固化制度

缠绕成型制品的固化工艺分加热固化和常温固化两种。固化制度是保证制品充分固化的重要条件,直接影响制品的物化性能和机械性能。不论采用哪一种固化方法,制品在固化过程中均需要缓慢转动,以保证制品受热均匀和防止流胶。加热固化制度包括加热的温度范围、升温速度、恒温温度及保温时间。加热的温度范围是由缠绕制品采用的树脂种类决定的。

(1)升温速度

升温阶段要平稳,升温速度不应太快。纤维缠绕复合材料制品的导热系数仅为金属的1/150,升温速度快,必然使结构各部分温差变大。特别是为使制品内部达到反应温度而又不使外表层温度过高甚至固化(不仅内部挥发物不易挥发,而且易产生很大的内应力),升温速度应严格控制,通常采用的升温速度为 0.5~1 ℃/min。

(2)恒温

恒温是指固化温度在某一温度值保温一定时间,通常最高固化温度下,要保证足够的恒温时间。最高固化温度值取决于树脂体系,主要由 DTA(自动差热分析)或 DSC(热失重分析)测定的树脂放热曲线确定。保温时间取决于两方面:一是树脂聚合反应所需时间;二是传热时间,即通过不稳定导热使制品内部达到最高固化温度所需的时间,目的是使树脂固化完全,并使制品各部分固化收缩均匀平衡,避免由内应力引起的变形和开裂。

(3)降温冷却

制品固化完成后应该在固化炉(或烘箱)封闭状态下自然降温或控制降温,不宜采用快速冷却方式。由于在纤维缠绕制品结构中,顺纤维方向与垂直纤维方向的线膨胀系数相差近 4 倍,制品若从较高温度不缓慢冷却,各方向各部位收缩就不一致,特别是垂直纤维方向的树脂基体将承受拉应力(温度应力),而垂直纤维方向的拉伸强度比纯树脂还要低,因此就可能发生开裂破坏。

(4)分层固化

对于厚壁缠绕制品,应采用分层缠绕固化的方法。此法是在模具上缠绕一定厚度后,使其固化,冷却至室温,打磨处理后再进行二次缠绕,依次循环,直至达到设计厚度。分层缠绕的优点是:纤维位置及时得到固定,不致发生纤维皱褶和松散;树脂不易在层间渗透,可提高容器内外层质量均匀性。分层固化的缺点是:工艺复杂,能耗较大。

7.3.2.4 纤维缠绕工艺实施

纤维缠绕工艺流程如图 7.47 所示。

1. 原材料准备

缠绕前,对增强材料、树脂基体及其他辅助材料的名称、规格型号、生产厂家等进行复查。

增强材料(包括玻璃纤维、碳纤维、芳纶纤维、布、毡等)通常应检查纤维的类型、线密度、浸润剂类型、有无加捻等指标。必要时需按照相关标准复测其强度、密度、含油率、含水量等指标。

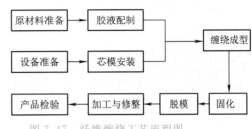

图 7.47　纤维缠绕工艺流程图

纤维在使用前需进行烘干处理,根据其纱团大小一般在 60~80 ℃ 的烘箱内干燥 24~48 h。芳纶纤维极易吸水,所以在使用过程中应采用密封、加热的方式,使之与湿气隔绝。

树脂基体(包括环氧树脂、不饱和聚酯树脂、乙烯基酯树脂等)在使用前通常应检查树脂种类、牌号、生产厂家等,并对外观、黏度、生产日期等规定的指标进行复测。

环氧树脂通常需复测的指标主要有环氧值、羟值、氯含量、黏度等。不饱和聚酯树脂通常需复测的指标主要有黏度、酸值、固体含量、羟值、反应活性、凝胶时间、80 ℃下树脂热稳定性等。

树脂固化物的性能对复合材料制品的性能影响较大,通常需进行力学性能、热稳定性、浇铸体硬度、热变形温度等检测,确认满足性能指标要求后方可使用。

2.胶液配制

选用合适量程的天平、台秤、磅秤、电子秤等进行各组分的称量。按照树脂配方要求向树脂基体中依次加入溶剂、固化剂、促进剂或其他辅助材料,经人工或搅拌器充分搅拌均匀后方可使用。考虑到不同树脂体系适用期不同,一次配制的胶液数量不能过多,以免造成浪费。

应特别注意的是配制不饱和聚酯树脂体系前,需按照当时的环境温度情况调节固化剂、促进剂的用量,测试凝胶时间,使树脂具有较合适的使用期。不饱和聚酯树脂的固化剂和促进剂不能直接混合,以免发生危险。

3.设备检验、调试和程序的输入

缠绕前需对缠绕机进行必要的检验、调试和程序输入等工作。

(1)设备检验

对缠绕机进行空转,检查机械系统(缠绕机架、电机、传动系统等)、控制系统、辅助系统(纱架、胶槽、加热器等)、张力控制系统(传感器、控制器、测控系统)的运转情况。如发现异常情况应停止使用,并及时修理。

(2)缠绕线型设计与调试

安装缠绕芯模,并将有关设计参数输入缠绕机。机械式缠绕机的缠绕线型主要由机械系统控制,通过调节齿轮比、链条等获得需要的缠绕线型。数控缠绕机的缠绕线型通过数控系统如 SIEMENS810、SIEMENS840D 等实现。缠绕时通过专用的缠绕软件,如 CAD-WIND、CADFIL 等来进行线型设计。线型调试时,将芯模安装到缠绕机上,进行预定线型缠绕,保证不出现纱片离缝、滑线等现象。

（3）辅助设备安装调试

对纱架、胶槽、绕丝嘴、加热器等辅助设备进行检验，确保运转正常，过纱路径光滑，不影响缠绕制品的质量。

4. 芯模的处理和安装

（1）金属芯模的准备

①在缠绕前首先要清除金属表面的油污，用丙酮或乙酸乙酯清洗干净。如果有铁锈，先用砂纸打光芯模表面，而后再清洗干净。

②在清洗干净的芯模表面涂敷脱模剂。脱模剂的种类很多，如聚乙烯醇、有机硅类、醋酸纤维素、聚酯薄膜、玻璃纸等，应严格按照不同脱模剂的使用方法进行涂敷操作。初次使用的模具应反复涂敷几次。

（2）石膏芯模的准备

①将已做好的石膏芯模表面涂敷一层胶液，用树脂或油漆均可。主要是将里面的小气孔封闭，待固化后，再涂上一层或数层聚乙烯醇，充分凉置后待用。

②另一种方法是，将已做好的石膏芯模表面糊上一层玻璃纸，赶出里面的气泡，待用。

③石膏芯模不适合固化温度高于 150 ℃ 的产品。

（3）水溶性芯模的准备

制作水溶性芯模常用的黏结剂主要有聚乙烯醇和硅酸钠。制品固化温度低于 150 ℃ 时，常用聚乙烯醇体系；固化温度较高于 150 ℃ 时，常用硅酸钠体系。水溶性芯模在使用前处理方法与石膏芯模类似。

5. 缠绕成型

（1）缠绕前首先进行纤维张力的调节，用张力器测量纤维张力，并对张力控制机构进行调节，以达到工艺文件规定的张力精度。

（2）将胶液倒入胶槽中，使纤维经过浸胶槽和挤胶辊，然后将已浸胶的多根纤维分成若干组，通过分纱装置后集束，引入绕丝嘴。

（3）按设计要求进行设定线型的缠绕，并随时调节浸胶装置控制纤维带胶量。缠绕时随时将产品表面多余的胶液刮掉，并观察排纱状况，如遇纱片滑移、重叠或出现缝隙等情况时，应及时停车处理。

（4）缠绕中应不断的调节张力，不断地添加新胶液，清除胶辊上的纱毛和滴落在缠绕设备上的胶液，保持整个生产线的清洁卫生。

（5）将产品卸下，进入固化炉或放置室温下固化。

6. 固化

产品固化应严格按照工艺规定的固化制度进行。将产品放于烘箱、固化炉、真空罐或常温下固化。产品视其需要可采用水平放置、垂直放置或旋转放置的方式，按已确定的固化制度进行固化。在固化过程中要严格遵守操作规程，随时检查和调试温度，如遇温度过高、过低或升温过快等情况应停止固化，及时检修设备。固化结束后，通常自然冷却。严禁高温出炉，出炉温度过高会使产品收缩产生裂缝，影响产品质量。

7. 脱模

制品固化后要将其中的芯模脱除,根据芯模的结构形式不同其脱模的方法也不相同。

(1)金属芯模:一般采用机械脱模方式,如制作复合材料管道时,需通过脱模设备将金属芯模拔出。

(2)组合模具:需先将模具拆散,然后小心地移除,注意不要碰伤产品。

(3)水洗砂芯模:需先用水将砂芯模部分冲掉,然后脱除金属轴。有时为了脱模方便,常采用热水高压冲洗。

8. 产品加工与修整

复合材料制品一般都需要机械加工,基本上沿用了对金属材料的一套加工方法,如车、铣、刨、磨、钻等,可以在一般木材加工机床或金属切削机床上进行。由于复合材料的性质与金属不同,因此在机械加工上有其特殊性。

(1)制品由硬度高的纤维增强材料和软质的树脂组成,切削加工时是软硬相间,断续切削,每分钟可达百万次以上冲击,致使切削条件恶化,刀具磨损严重。

(2)由于复合材料制品导热性差,在切削过程中金属刀具和复合材料摩擦产生的热无法及时传递出去,极易造成局部过热,致使刀具发生退火,硬度下降,加速刀具的磨损,缩短使用寿命,因此要求刀具耐热和耐磨性要好。

(3)由于缠绕制品在加工时成型工艺的特点和加工中的过热及震动,容易产生分层、起皮、撕裂等现象,所以要考虑切削力方向,选择适当的切削速度。

(4)复合材料制品中的树脂不耐高温,高速切削时胶粘状碎屑遇冷硬化,碎屑极易粘刀,所以切削速度不能太高。

(5)制品在机械加工过程中,会产生大量粉尘,因此必须采取有效的除尘通风措施。

7.4 布带缠绕

布带缠绕成型工艺是缠绕成型工艺的成型方法之一。将浸渍过树脂胶液的布带在缠绕机上经电炉等加热设备预热变软发黏后,按螺纹规律环向缠绕到芯模上,然后固化脱模成为复合材料制品的工艺过程,称为布带缠绕工艺。

布带缠绕与纤维缠绕的区别在于其将纤维布带作为增强材料,这种成型工艺主要用于制造功能复合材料。由于布带缠绕具有可采用机械成型、操作简便和制品质量均匀特点,对于具有轴对称的旋转体制品,采用缠绕工艺成型无疑具有显著优点,有利于实现机械化、自动化生产和较高的生产效率。

布带缠绕成型工艺按其树脂状态可分为干法和湿法成型。布带缠绕成型工艺与纤维缠绕成型工艺除设备和增强材料不同外,其他基本相似。

布带缠绕成型工艺所使用的主要原材料包括增强材料和基体材料,增强材料主要是玻璃纤维布(带)或涤纶布、碳布等,其中玻璃纤维布包括各种规格的无碱玻璃纤维布、高硅氧玻璃纤维布、中碱玻璃纤维布等;树脂基体即各种合成树脂,包括钡酚醛树脂、氨酚醛树脂、环氧树脂等。

7.4.1 布带浸胶设备与浸胶工艺

7.4.1.1 布带浸胶设备

浸胶设备主要由浸胶机和辅助设备(裁剪和倒盘机等)组成。

1. 浸胶机

增强材料经热处理(或化学处理)后,浸渍树脂胶液,再经过加热烘干、收料等过程,制得预浸胶布(带)的专用设备称为浸胶机。

浸胶机按其加热箱的型式分为立式和卧式浸胶机。如图 7.48、图 7.49 所示。同时又可分为挤压辊式和淋胶式浸胶机。它们大致都由搁料架、热处理炉、浸胶槽、胶量调节辊、导向辊、烘干箱、牵引辊和传动装置等组成。

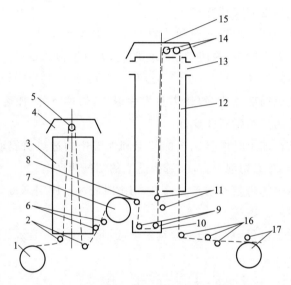

图 7.48 立式浸胶示意图

1—玻璃布卷;2、5、7、8、14、16—导向辊;3—热处理炉;4—热处理炉抽风罩;6—双导辊张力装置;
9—胶槽内导向辊;10—树脂和树脂槽;11—刮胶辊;12—烘干箱;13—烘干箱抽风口;
15—烘干箱自然抽风罩;17—牵引辊

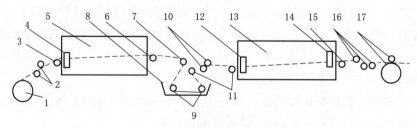

图 7.49 卧式浸胶机示意图

1—玻璃布卷;2—双向导辊;3、6、7、11、15、16—导向辊;4—热处理炉抽风口;5—热处理炉;8—树脂和树脂槽;
9—树脂槽导向辊;10—刮胶辊;12、14—烘干箱抽风口;13—烘干箱;17—牵引辊

(1)热处理箱

热处理箱的主要作用是除腊,即增强材料上的纺织型浸润剂或增强材料的水分,同时可使纤维处于僵硬状态得到松弛变软,有效地提高回弹性垂附性能。热处理箱一般采用电阻加热的方式,并能够按上、中、下区域分别控制。

(2)烘干箱

烘干箱的作用是为了除去增强材料上树脂胶液中的大部分溶剂(挥发),并使胶布达到工艺所要求的预固化程度和挥发分含量。烘干箱的加热方式,可以采用蒸汽、电阻、电子射线、油等。但蒸汽和油加热最为常用。蒸汽加热即饱和水蒸气通过散热管将热能加于周围空气介质,再以对流的方式传给胶布,而油加热则是以油为加热介质,这两种加热方式的给热系数大,加热均匀,不会出现局部过热现象。

(3)传动(牵引)部分

传动装置主要由电机、控制部分和传动机构等组成。

2. 裁剪、卷盘装置

胶布用于布带缠绕成型工艺时,在收料双辊前方上设置一个间隔为一定宽度的刀架,胶布经过刀架被裁剪成一定宽度的胶布带,再经倒盘机收卷成盘。

7.4.1.2 浸胶工艺

增强材料经热处理、浸渍树脂胶液控制一定的树脂含量,在一定的温度下,经一定的时间烘干,使树脂具有工艺要求的预固化程度,这一工艺过程称为胶布的制备,也称为浸胶工艺。

胶布带是布带缠绕成型工艺的原材料(即中间制品),胶布带的质量对保证玻璃钢制品的质量非常重要。

1. 浸胶工艺流程

浸胶工艺流程如图 7.50 所示。

图 7.50 浸胶工艺流程图

2. 胶布带的质量控制

(1)增强材料的热处理

由于增强材料在拉丝过程中被覆上了纺织型浸润剂,在生产与储存过程中吸收了空气中的水分,而这些浸润剂和水分的存在妨碍了树脂与增强材料的黏结,因此必须采用热处理除去浸润剂和水分。热处理温度越高、时间越长,浸润剂和水分的除去越完全,但增强材料的强度下降越多,因此热处理的温度、时间应根据增强材料的品种、规格和复合材料的用途等条件而定。一般无碱玻璃布热处理温度应控制在 500 ℃以下,残留物含量小于 0.3%,热处理后的玻璃布强度下降不超过 30%~40% 为宜。

---

(2)增强材料的浸胶

浸胶工序必须使增强材料均匀、充分地浸透胶液,并达到一定的含胶量。影响浸胶质量的主要工艺参数是胶液黏度、浸胶时间、浸渍过程中增强材料的张力和刮胶。

①胶液黏度

胶液的黏度直接影响胶液对增强材料的浸渍能力和表面胶液的厚度。黏度过大,增强材料不易浸透;黏度过小,增强材料表面挂不住胶。因此生产中需要根据实际情况控制胶液黏度,由于胶液的黏度与其浓度和环境温度有关,故一般可用胶液的浓度和环境温度来控制胶液的黏度。

胶液浓度是指树脂溶液中树脂的质量百分比含量。胶液浓度的大小直接影响树脂溶液对增强材料的渗透能力和增强材料表面黏合的树脂量,即影响着胶布的含胶量。同时胶槽内胶液浓度的均匀性影响到胶布含胶量的均匀性。为了检测的方便,实际生产中通常利用浓度和密度的函数关系,通过测定胶液密度来控制胶液的浓度。对于常用的酚醛树脂胶液和环氧酚醛树脂胶液,一般控制其密度在 $1.00 \sim 1.10 \ kg/cm^3$ 之间。

为了保证胶布上胶均匀,应在浸胶槽外配制好一定密度的胶液以供使用。为了保持胶槽内一定的胶液深度,必须每隔一定时间往胶槽内添料,添加胶液的密度一般要比胶槽内胶液密度低 $0.01 \sim 0.02 \ kg/cm^3$。这是因为增强材料不断地带动树脂胶液,随着胶槽内胶液中溶剂的不断挥发,胶液密度有所升高的缘故。

为了有效控制胶液温度,避免环境温度对胶液黏度所造成的影响,可以考虑添置具有温控功能的水浴、油浴和电加热胶槽。

②浸胶时间

增强材料的浸胶时间是指增强材料在胶液中通过的时间。浸渍时间的长短应以增强材料是否被树脂胶液浸透为依据。浸胶时间长,可以确保增强材料充分浸透,但浸胶时间过长必然会影响胶布的产量;浸胶时间过短,则增强材料不能被树脂胶液充分浸透,上胶量达不到要求,或胶液大部分浮在表面,影响胶布质量。因此生产中应根据实际情况通过调节车速来调整浸胶时间。一般 0.1mm、0.2 mm 无碱玻璃布、0.3 mm 无碱无捻粗纱布和 0.25 mm 高硅氧布要浸渍时间应控制在 $15 \sim 45 \ s$ 较为合适(车速在 $60 \sim 180 \ m/h$)。

③张力控制和刮胶辊的使用

生产过程中应根据增强材料的规格和特性确定张力的大小,不宜过大,不应使增强材料在运行过程中产生横向收缩和变形。同时要使增强材料在生产过程中各部分张力基本保持一致,不能出现一边松、一边紧,或中间紧、两边松等现象,以保证玻璃纤维布平整的进入胶槽。

刮胶辊(挤胶辊)的作用是帮助增强材料浸透胶液,同时保证增强材料表面均匀上胶,并起到控制含胶量的作用。

3. 胶布的烘干

增强材料经过浸胶后,需在适当的条件下进行干燥处理,以除去溶剂、水等挥发物,同时使树脂达到工艺要求的预固化程度。胶布的挥发份含量和不溶性树脂含量取决于胶布的烘干工艺,烘干温度和烘干时间应根据胶布指标要求并结合具体设备及环境情况进行调整。

（1）烘干温度

烘干的温度不能过高，一方面温度过高难以控制胶布指标，另一方面易导致表层气化过急，而使胶布表面产生小泡，影响产品最终质量。烘干温度过低将影响生产能力。生产中应根据胶布的质量指标、车速及环境进行适当调节，确保生产的胶布符合质量要求。

（2）烘干时间

胶布的烘干时间是保证胶布质量指标的重要工艺参数。烘干时间是通过调节胶布的运行速度来进行控制的。生产中应根据胶布的质量指标、烘箱温度及环境情况进行调节，确保生产的胶布符合质量要求。

4. 胶布的质量检验

（1）胶布的质量指标

胶布的质量指标一般包括：树脂含量、不溶性树脂含量、挥发份含量和玻璃布残油量。

（2）胶布的外观质量要求

胶布的外观质量要求一般有：胶布带外观应无明显浮胶、浸渍不均和损伤，严禁油类及其他杂质污染。有上述缺陷者必须裁除，卷盘时张力应均匀适中，盘面平整。

5. 胶布的裁剪和存放

生产胶布带时按所需规格裁条，必须保证裁刀足够锋利，以确保布带整齐和宽度一致；扎条人员应确保布带搭接、缝接牢固，布带卷绕厚度应符合相关规定。如果出现松盘和盘面不齐，应重新倒盘，并防止杂物带入盘内。若出现"花盘"现象，即布带盘颜色不均匀现象，应经交接双方商议，否则不得投入使用。斜缠用胶布带应在清洁的工作台上按尺寸要求进行裁剪。裁剪时应防止胶布沾染尘土、油脂及其他杂物。

胶布在存放过程中，其挥发份含量和不溶性树脂含量随储存条件的不同和存放时间的长短而发生变化。随时间延长，会出现胶布的干燥、发脆等现象。如果环境温度、湿度升高，则胶布易出现发黏、流胶现象，严重的甚至无法使用。不同树脂基体的胶布对存放条件的敏感性不同，因此在存放胶布的时候也要考虑所用树脂的性能，一般情况下，胶布都不宜久放，而且存放时应采用密封包装，在温度低于 20 ℃ 的条件下可短期储存。

7.4.2　布带缠绕机

布带缠绕机是一种非标准设备，按制品形状可分为锥体缠绕机和定长管缠绕机，而锥体缠绕机又有倾斜缠绕机和重叠缠绕机之分。

7.4.2.1　锥体缠绕机

（1）倾斜缠绕机（见图 7.51）

倾斜缠绕机总体结构可分为四部分：①床头箱：将电机转速无级变成主轴所需的转数；②尾座：有顶尖式

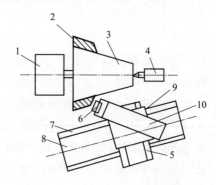

图 7.51　倾斜缠绕机示意图

1—床头箱；2—环锥形斜块；3—锥体芯模；
4—尾座；5—横向导轨；6—热锥辊；
7—纵向导轨；8—床身；9—横向溜板；
10—缠绕托架机构

与托辊式两种,托辊式适用于重型芯模的支承;③床身:其上有纵、横向进给运动导轨,缠绕托架沿导轨进行纵横向运动;④缠绕托架机构:是实现斜缠工艺的重要装置,上装有预浸布带盘及其同轴固定的机械刹车带式张力器;热压辊与夹紧辊;气动系统,通过活塞式与膜片式气缸控制热压辊与夹紧辊的压力;胶布带导向辊及张力传感器。为了避免缠绕过程中胶布带在热压辊上"跑偏",缠绕托架前端的一对压紧辊需能够摆转。整个托架在床身上完成进给运动。只要控制芯模旋转与托架进给运动的速比,就可连续进行倾斜缠绕。

(2)重叠缠绕机

重叠缠绕机(见图 7.52)的总体结构与倾斜缠绕机一样即床头箱、尾座、床身和缠绕托架装置。区别在于床身上有缠绕托架(小车),只需纵向移动。缠绕托架上装有布带盘、张力控制装置、布带预热炉和缠绕压辊。在缠绕时将床身上升到与模具母线平行的位置,同时调整缠绕托架,使其与模具轴线平行。只要控制芯模旋转与小车的速比,就可连续进行重叠缠绕。

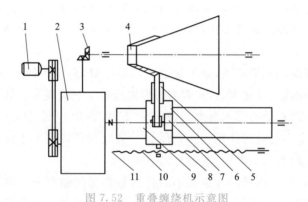

图 7.52　重叠缠绕机示意图

1—电机;2—变速箱;3—锥齿轮;4—芯模;5—加热炉;6—小车;
7—张力装置;8—布带盘;9—床身;10—丝杆;11—联轴器

7.4.2.2　定长管缠绕机

定长管缠绕机(见图 7.53)由三部分组成:①床头箱:内装两个电磁离合器,可保证主轴转动方向不变,同时可改变链轮的运动方向。由一台可变速的异步滑差电机通过床头箱同时驱动主轴和链轮。床头箱还装有一套挂轮。②管芯固定及床身支架:主轴装有一个三角卡盘,用来固定不同规格的管芯。床身上装有可移动的尾架,用来支承管芯的另一端。③小车系统:小车底部有四个铁轮,能沿着两个槽钢制成的轨道移动。小车底部有两个链轮,链轮中间的链条带动小车往返运动。小车上装有胶布带盘、张力装置、胶布带预热炉。

7.4.3　布带缠绕工艺

7.4.3.1　布带缠绕工艺分类及其特点

布带缠绕成型工艺按黏结剂状态分为干法和湿法成型工艺;按制品形状又可分为锥体缠绕和定长管缠绕;按布带缠绕时布层的方向大致可分为平行缠绕、重叠缠绕和倾斜缠绕,

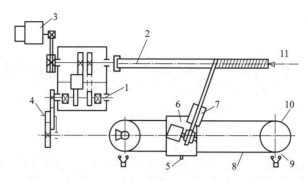

图 7.53　缠管机原理图

1—床头箱；2—管芯；3—电机；4—挂轮；5—撞铁；6—张力装置；
7—预热炉；8—链条；9—行程开关；10—链轮；11—尾架

如图 7.54 所示。

干法缠绕：该方法是将预浸布带缠绕到芯模上的成型方法，干法缠绕制品的质量比较稳定，可以较严格地控制含胶量和提高缠绕速度，设备清洁、容易实现机械化。

湿法缠绕：该方法是将布带浸渍树脂胶液后，直接缠绕到芯模上的成型方法。此法设备较简单，原材料的选择范围大，但劳动卫生条件差。

锥体缠绕：在飞行器中，有一些产品如导弹头部外壳、喷管扩散段等，由于气动性能要求，多设计成锥体形状。对于具有轴对称的旋转体锥形制品，采用缠绕工艺成型无疑具有显著优点。对于烧蚀头锥这类不要求起结构作用仅需要有良好的耐烧蚀性能的锥形制品，采用单一环向缠绕即可。

定长管缠绕：该方法的缠绕工艺特点是能生产较长的管子，管径和长度只受实际设备的限制，生产时一般采用平行缠绕。不同用途的复合材料管，其技术要求是不同的，主要技术要求有：强度、气密性、耐腐蚀和耐烧蚀性能等。耐腐蚀和耐烧蚀性能主要取决于所选用的合成树脂和增强材料。强度主要取决于所用的增强材料、设计及工艺过程的合理性。气密性则比较复杂、渗漏机理受多种因素影响。实验表明，气密性与下列因素有关：黏结剂的性质（如延伸率、黏结力、挥发份等），增强材料的性质及铺放位置，管壁结构的设计，合理的工艺过程及适宜的工艺参数（如张力、固化制度、含胶量等）。

平行缠绕[见图 7.54(a)]：布带平行于锥形芯模母线的缠绕称为平行缠绕，即芯模旋转一周，布带沿芯模轴线移动距离略小于布带宽度，依次缠绕布满芯模表面后再重复缠绕另一层，直至达到设计厚度。要实现平行缠绕，要求布带在缠绕过程中紧贴在芯模上做等距离缠绕，使布带一条挨一条排列。平行缠绕制品因布层平行于气流方向，抗冲刷能力差。

重叠缠绕[见图 7.54(b)]：重叠缠绕即指将布带由锥体小端往大端连续缠绕在旋转的芯模上，布带方向与锥体轴线方向平行。这种缠绕形式的制品，如其外表面为抗气流的烧蚀面，由于气流方向正对着布层的重叠缝方向，因此冲刷能力较差，在气动力作用下容易产生分层、剥层现象。但如用作喷管扩散段，则气流方向背向布层的重叠缝方向，因此其耐冲刷能力极佳。

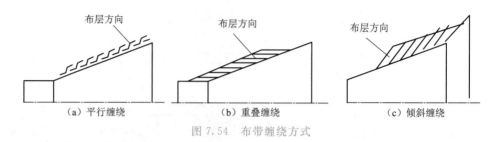

（a）平行缠绕　　　　　　（b）重叠缠绕　　　　　　（c）倾斜缠绕

图 7.54　布带缠绕方式

倾斜缠绕［见图 7.54（c）］：倾斜缠绕也称斜叠缠绕，即指将胶布带由锥体大端往小端连续缠绕在回转芯模上，布层方向与锥体轴线成一定角度，如图 7.54 所示。这种缠绕制品应用于弹头锥体防热层时，由于布带的排列为顺气流方向，所以不仅可防止气流冲刷时出现剥离层现象，又可避免局部缺陷的扩大。从而改善了制品耐烧蚀性能、提高了制品可靠性。但倾斜缠绕制品需要采用高压固化方式成型。

在布带缠绕成型工艺中，普遍采用的是干法缠绕成型工艺。干法缠绕工艺流程如图 7.55 所示。

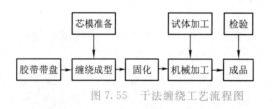

图 7.55　干法缠绕工艺流程图

7.4.3.2　影响布带缠绕制品质量的几个重要因素

1.布带预热温度和缠绕温度

在缠绕过程中，对胶布带预热的目的是使黏结剂软化，提高黏结性能，以利于层间的黏结。预热温度主要根据胶布带的干、湿情况调整控制，以保证层间有一个良好的黏结状态。

缠绕温度是指在缠绕过程中对缠绕件的加热温度，其目的也是为了保证层间有一个良好的黏结状态。但对于重叠缠绕制品，由于模具锥度关系，为防止层间滑移，对已缠部分应停止加热。

2.缠绕张力

在缠绕过程中，施加张力的目的是提高制品的机械性能。因为在张力作用下，布带层间贴合紧密，有效改善和提高层间黏结性能。同时还起到使布带拉直，受力均匀的作用。缠绕张力大小的确定要考虑胶布带的强度、变形量和重叠缠绕制品层间滑移等问题，即布带张力需要根据布带类型、布带宽度、布带质量指标及缠绕方式等各个方面进行综合考虑，一般情况下，重叠缠绕和平行缠绕时每厘米宽布带选择 30～50 N 的缠绕张力较为合适。

3.缠绕压力

缠绕压力是指在缠绕过程中，垂直作用于缠绕布带上的压力。通常采用压辊加压，目的是实现层间更好地黏结，赶出气泡，使制品更加密实。压辊比布带稍宽，压辊垂直压力的大小，通常控制在 150 N 范围内。

4.胶布带的质量指标

胶布带的质量与缠绕制品质量密切相关。不同品种和用途的胶布的质量指标是不一样的。评价胶布带质量的指标主要有三项：挥发分含量，不溶性树脂含量和含胶量。此外还有外观质量。在缠绕过程中，严禁使用未经检验或质量检验不合格的胶布带。

7.4.4 制品固化、加工及脱模技术

7.4.4.1 制品固化

热固性树脂的固化工艺在复合材料成型工艺全过程中占有重要的位置。这是因为在复合材料成型过程中，纤维的理化性能保持不变，而树脂则由分子量不太大的自由态转变为三维网状结构的玻璃态。同时，树脂固化程度的差异将对复合材料的性能造成很大的影响。因此，可以认为掌握树脂固化的速度和程度是决定复合材料成型工艺成败的关键之一。

固化制度的确定主要包括温度以及压力两方面参数的确定。

1. 固化温度、升温速度和保温时间的确定

（1）固化温度的确定

固化制度是否合理对复合材料制品的质量至关重要。确定一个合理的固化制度，除应了解所使用的树脂体系的性能外，还需借助差热分析并通过工艺实验确定。

因为树脂在固化和热分解过程中都会放出或吸收一定的热量，同时还会有一定的质量变化，自动差热分析和热失重分析是利用电子仪器自动地连续测定树脂在固化及热分解过程中放热及质量的变化情况。通过这两种测定方法，可以掌握树脂固化过程及热分解情况，并为选择、确定制品固化工艺参数提供数据。

（2）升温速度和保温时间的确定

确定某一特定的复合材料制品的固化制度时，还应依据制品厚度确定相应的升温速度和保温时间，以尽量减小制品固化过程中的内外温差。为了保证制品固化性能和尺寸稳定性，一般要求其固化程度要达到90％以上。此外，对某些质量要求较高的制品，固化制度对降温阶段也应实施控制，以防止温度的激烈变化造成制品内部产生较大内应力，影响制品的质量。

2. 固化方式、固化压力和加压时机的确定

（1）固化方式的选择

布带缠绕成型制品的固化方式有：常温、常压；高温、常压和高温、高压三种。具体采取哪种固化方式主要根据树脂种类、缠绕形式和对制品性能的要求确定。

对于性能要求较高的制品或倾斜缠绕制品应采用高温、高压固化方式——热压罐法和液压釜法。使用这种方法时缠绕毛坯外面需包覆吸胶材料和安装密封用橡胶套（胶套上装有真空管接嘴）。热压固化过程中应抽真空，以去除树脂固化反应过程中生成的挥发性物质。

（2）固化压力和加压时机的确定

对某些性能要求较高的制品，一般需加压固化成型。加压固化的目的是使制品结构密实，防止分层和驱赶气泡。固化压力的大小根据制品的性能要求、缠绕形式等确定。

加压时机的选择是非常重要的，若加压过早，树脂大量流失会严重影响制品的性能；若加压过晚，树脂已凝胶将起不到加压的效果。因此，加压时机主要通过工艺实验确定。此外，根据制品不同的特点与要求，还可采用一次施加全压和分次加压的方法。

7.4.4.2　产品加工

布带缠绕制品一般都需要进行机械加工,布带缠绕制品机械加工有如下特点:

(1)制品由硬度高的纤维增强材料和软质的树脂组成,切削加工时是软硬相间,断续切削,每分钟可达百万次以上冲击,致使切削条件恶化,刀具磨损严重。

(2)由于复合材料制品导热性差,在切削过程中金属刀具和复合材料摩擦产生的热无法及时传递出去,极易造成局部过热,致使刀具发生退火,硬度下降,加速刀具的磨损,缩短使用寿命,因此要求刀具耐热和耐磨性要好。

(3)复合材料的线膨胀系数比金属高(约为金属的 1.5 倍),弹性模量低(为钢材的 $1/10\sim$ $1/20$),所以切削加工时制品加紧力要适当,要采用刀口锋利的刀具。

(4)布带缠绕制品在加工时,由于其缠绕成型的特点和加工中的过热及震动,容易产生分层、起皮、撕裂等现象,所以要考虑切削力方向,选择适当的切削速度。

(5)复合材料制品中的树脂不耐高温,高速切削时胶粘状碎屑遇冷又硬化,碎屑极易粘刀,所以切削速度不能太高。

(6)制品在机械加工过程中,会产生大量粉尘,因此必须采取有效的除尘通风措施。

7.4.4.3　模具和产品的脱模

1. 模具

模具在布带缠绕工艺中同样重要。合理地选择模具结构形式及其材料,对复合材料制品的质量和成型工艺的成败关系很大。通常需根据复合材料制品的技术要求、成型工艺条件、使用情况和脱模方式等因素确定模具材料和结构形式。

用于制作模具的材料很多,选择材料时应考虑模具的使用寿命,对于批量生产和尺寸精度要求较高的制品,可选用钢材或铝材制造模具。对于使用次数很少和精度要求不高的制品,可采用非金属材料制造模具。

布带缠绕成型制品如采用加压固化工艺,则模具需考虑其气密性,以保证固化过程中整个体系能加上工艺规定的压力。因此,模具投入使用前除常规尺寸检验以外还需要对模具的气密性进行检验。

2. 产品脱模

布带缠绕制品一般经加工完毕后再脱模,脱模时严禁用坚硬的锐器磕打敲击,以免损伤制品。较常使用的方法是将连带制品的模具放置在地面或稳固的台面上,然后用合适的工具如橡胶垫块、橡皮槌等轻击制品大端,将制品脱出。如制品与模具黏结太紧,则应选择用脱管机、压力设备等进行脱模。

7.5　纤维缠绕成型技术的研究进展

目前,纤维缠绕技术已广泛应用于发动机机匣、燃料贮箱、发动机短舱、飞机副油箱等航空航天领域,导弹、鱼雷发射管、机枪枪架、火箭发射筒等军事领域,各种压力管道、贮罐、天然气瓶、轴承、储能飞轮、绝缘制品、体育器材、交通工具等工业和民用领域。纤维缠绕技术的广泛应用带动了复合材料工业的迅速发展,与此同时,纤维缠绕工业随新材料应用领域的不断扩大和推陈出新又有了飞跃性的进展。下面主要对原材料方面和工艺方面的进展进行叙述。

7.5.1 原材料方面的进展

1. 热固性树脂

尽管复合材料发展迅猛,日新月异,但从目前形势看,不论军用还是民用,都是以热固性树脂为主,其中,应用较多的树脂仍然为热固性不饱和聚酯树脂和环氧树脂。通常的这两类树脂具有许多优越性,如稳定性好且高温下不易发生蠕变和软化等,但是断裂伸长率低和耐温性不高限制了其应用和发展。因此热固性复合材料在提高韧性方面发生了一场革命,增韧成了热门话题。目前增韧的方法主要是改变高聚物的结构,降低其交联密度,扩大链长,与弹性体共混,如橡胶等,或与高延伸率的工程塑料共混,随着该方向研究的不断深入,很多改性的树脂应运而生,以适用于不同的工程需要。

2. 热塑性树脂

近年来热塑性树脂及其复合材料得到了迅猛发展。与热固性材料相比,热塑性树脂具有很多的优异性。

(1)成型周期短

热塑性复合材料的成型周期比热容固性复合材料要短得多,热塑性复合材料的成型只需经过加热,使其软化成型,然后再冷却,硬化成型等步骤。而热固性复合材料的成型必须在热压釜或固化炉中进行。热压釜是一种典型的高压烘箱,材料的成型时间大致为:环氧树脂 2~4 h,双马来酰亚胺 6~8 h,聚酰亚胺 10 h 以上,而固化后的部件还需在烘箱内处理。

(2)生产效率高

为了制造火箭和其他圆柱形部件,必须将热固性树脂浸渍的增强纤维缠绕在芯轴上制成中空圆管,在进行热压固化和后固化。由杜邦公司研制出的新型热塑性预浸带的缠绕方法,可使加热和固化一次完成,提高了生产效率,降低了单位成本。

(3)可长期存储

热塑性复合材料不需要冷藏,储存期长,在空气中暴露存储不会引起性能变化。

(4)可重复利用

热塑性树脂在受热时易于软化弯曲,在分子结构保持不变的情况下易发生形变。由于化学分子结构保持不变,因而可多次重复加热和变形。相反,热固性体系是混合而成的化学体系,在加热和固化过程中,各组分间发生聚合。一旦聚合后分子的状态就不再发生变化。热固性机体中树脂分子彼此交联呈不规则排列状态。通常是内部结构与表面结构不同,干燥天气与潮湿天气结构也不相同。

(5)抗破坏性强

热塑性复合材料的抗破坏性很强,因为热塑性聚合物的分子交联不紧密,所以在受到冲击时可通过分子的位移或振动消耗能量,避免产生裂纹或分层。其抗湿性也比热容固性复合材料好。

热塑性复合材料优异的综合性能使其在航空航天、医疗、电子、机械等领域得到了广泛的发展和应用。特别是随着刚性、耐热性及耐介质性好的新型芳族热塑性树脂基复合材料的出现,使得热塑性复合材料克服了以往弹性模量低、抗溶剂性差,纤维与树脂结合强度低等缺点,可用于性能要求较高的结构材料。

国外一些机构甚至开始对热塑性纤维缠绕的整个过程进行详细的热力学分析。利用若干热力学数学模型对缠绕过程进行大量的模拟和预测,对产品的孔隙状况和内应力进行计算等。而国内相关报道很少,只有北京航空材料研究院先进复合材料国防科技重点实验室等少数机构对 APC-2/AS4 热塑性预浸带进行了缠绕实验,并对制品性能进行了初步分析,可以说国内这种工艺还处在逐步开发的阶段,发展空间较大。伴随着国内高性能热塑性树脂的不断发展及其生产成本的降低,它必将有更光明的发展前景。

7.5.2 工艺方面的进展

随着复合材料相关技术的发展,纤维缠绕工艺呈现出多工艺复合化、成型设备精密化、CAD/CAM 技术应用日益增多、成型设备与机器人结合化/热塑性树脂缠绕逐渐增多、新型固化技术、连续缠绕玻璃钢管道生产工艺、fibeX 工艺以及 HPTE 芯模加热工艺不断应用的发展趋势。

1. 多工艺复合化

拉挤成型、纤维带铺放、纤维铺丝、模压成型及渗透成型等工艺与传统工艺相结合,提高了缠绕工艺的适应性。

缠绕工艺和拉挤成型工艺都是复合材料工业中发展历史悠久,当前技术比较成熟,且应用范围最为广泛的一类技术,把拉挤技术功能引入缠绕工艺,组成拉挤—缠绕技术,是缠绕技术的新发展。缠绕技术最突出的特点是按照复合材料结构的载荷需要沿最佳的方向布置增强材料,制成高结构效率制品,特别是用于内压容器、固体火箭发动机壳体、管材和贮罐等复合材料结构制品,在国防军工和国民经济建设工程中获得了广泛应用,形成了相当规模的产业群体。然而纤维缠绕技术有一个明显的局限,沿制品轴向铺设纯纵向即 0°纤维较为困难,这限制了它在某些结构类管状制品的制造中的应用。与纤维缠绕技术刚好相反,拉挤成型工艺的基本原理决定了它非常适用于连续铺放单向(0°)无捻粗纱增强材料。制品的纵向力学性能非常突出,而横向性能很差,横向强度很低,限制了拉挤制品的应用领域和市场发展。因此拉挤-缠绕技术应用而生,解决了横向和纵向方面不易攻克的难题,特别是一些小口径的杆类结构制品。只能采用拉挤—缠绕技术制造。

除了拉挤工艺和纤维材料相结合的发展方向之外,传统的缠绕技术与带铺放技术的融合即纤维铺放技术也是近年来发展较快、最有效的自动化成型制造技术之一。纤维铺放技术是指通过使用铺放设备按照一定的规律把预浸胶纤维或布带铺放到模具的表面,并用压实辊压实。纤维铺放技术是为了克服缠绕技术在很多方面的不足而发展起来的,图 7.56

所示为自动纤维铺放机，图7.57所示为数控布带缠绕机。这种技术可进行任意角度的缠绕，包括在凹型表面缠绕，与其他成型工艺相比具有很大的优势，解决了某些结构类管状结构件的缠绕成型问题。

图7.56 自动纤维铺放机   图7.57 数控布带缠绕机

该工艺集传统缠绕技术与带铺放技术于一身，具有其他工艺无法比拟的优势。

(1)采用预浸胶布带和低张力，不存在稳定性的约束，带铺放成型技术，可根据设计要求选择铺层方向。

(2)按照制件的模具形状铺放布带，可减少原材料废边料，且节省成本。

(3)采用压实辊装置，既可以实现任意曲面的成型，又可以保证成型压力自动可控，提高制品的质量。

(4)铺放设备具有多自由度，不但可以制造复杂型面的复合材料构件，而且能对铺层进行裁剪，以适应局部加厚，铺层递减以及开口铺层等多方面的需要，满足各种设计要求。纤维铺放技术最大限度地节约原材料，而且具有精度高，速度快，质量稳定性能好等优点。

(5)带铺放技术多采用功能强大的控制系统，自动化程度高，可实现复合材料构件的快速制造，迅速形成批量生产。

模压成型是指将一定量的经过预处理的模压料放入预热的模压内施加较高的压力使模压料充满模腔，在预定的温度条件下，模压料在模腔内逐渐固化，然后将制品从压膜中取出，再进行必要的辅助加工。将该工艺与缠绕成型工艺相结合，即可得到缠绕模压法，将预浸渍的玻璃纤维或布带缠绕在模型上，再对模型加热加压成型制品，这样不但提高了生产效率，而且提高了产品的性价比。对铺层进行剪裁以适应局部加厚或混杂、铺层递减以及开口铺层等多方面的需要，满足各种设计要求，从而最大可能的节约原材料，而且具有精度高、速度快、质量稳定、性能好等优点。

2. 应用多元化

据统计，1994年以来，热塑性复合材料增量是同期热固性复合材料的两倍。该高速增长可以用热塑性复合材料良好的机械性能、高耐温性、介电常数和可循环性解释，尤其是它可回收、可重复利用和不污染环境的特性适应了当今材料环保的发展方向。欧美一些国家已有一些产品用于航空航天和民用,如美国用碳纤维增强聚醚醚酮(CF/PEEK)缠绕制件制作飞机水平安定面,德国用 CF/FA 缠绕管件制造超轻质自行车等。国外已有杜邦、帝国化学、德国巴斯夫股份公司(BASF)和德国凯瑟斯路登大学等多家大公司和科研机构对热塑性树脂缠绕工艺进行了研究和生产实践。国内有北京航空材料研究院先进复合材料国防科技重点实验室等少数机构对热塑性预浸带进行了缠绕实验,并对制品性能进行了初步分析。可以说国内这种工艺还处在逐步开发阶段,发展空间很大。

3. 新型固化技术

气体对流加热、红外加热、激光加热、微波加热、火焰加热、热辊或芯模加热以及电子束固化等技术可缩短固化周期,减少残余应力。提高复合材料力学、物理性能,降低成本。采用气体对流加热能够使加热均匀,可选空气、氮气等多种气体,但是加热效率低,气体湍流易损伤预浸带。采用红外线加热的方法热效率高,加热时不用接触,是比较理想的热源。激光加热,热效率高,但费用昂贵且容易引起树脂降解。微波加热热容很大且不损伤纤维,但设备复杂,成本高。火焰加热效率较高、设备简单,是一种常见的加热方式,但容易造成局部过热使基体树脂降解。热辊或芯模加热是通过加热辊加热或者直接由芯模加热,加热效率高,但主要问题是辊加热会接触材料本身,造成表面损伤;芯模加热则会限制制品的厚度。电子束固化技术可以大幅度地缩短制造时间,减少材料和能源的浪费。传统的电子束固化技术采用铺叠后一次辐射固化,要求电子束的能量较高,不仅加速器投资巨大,辐射防护的投资也随之增加。意大利的 Guasti 在 1977 年首先提出了逐层电子束固化的思想,完成一层铺叠后可立即实施电子束固化,只需 0.5 MeV 的电子束能量,就可以获得良好的力学性能。随着电子束的不断发展,法国航空航天工业公司已对固体火箭发动机纤维缠绕壳体的电子束固化技术进行了成功演示,其综合性能优于常规的加热固化复合材料。此外,超声技术以及光纤传感技术等也被应用于在线固化检测。苏联在缠绕壳体制造中采用了在磁场中缠绕及固化的工艺方法,可以使制品实现更为良好的固化。

4. 连续缠绕玻璃钢管道生产工艺

连续缠绕玻璃钢管道技术在我国是一种新兴的玻璃钢管道生产工艺,其核心技术是采用一个凸轮盘来推动钢带运转形成管材缠绕内芯模,钢带的前后循环运转在移动的内芯模上连续的完成玻璃钢纤维缠绕、复合、加砂、固化等工艺过程。由于是连续生产,所以设备具有控制便利、劳动强度低、污染小、工作环境好、生产效率高、管材质量稳定等优势,但由于成型驱动是靠凸轮盘的转动来推动钢带的水平前移,所以有时会出现钢带的重叠。目前欧洲公司的加砂方式均为干法加砂,由于干法加砂的工艺限制了加砂量,为此生产管材的成本难以降低且设备的价格非常昂贵。日本从欧洲引进了连续缠绕玻璃钢管道的全套技术设备,并在此基础上进行了技术改进,成功地开发并运用了湿法加砂新技术,生产成本得到了很大程度的降低。

参考文献

[1] 许家忠,乔明,尤波. 纤维缠绕复合材料成型原理及工艺[M]. 北京:科学出版社,2013:23-54.

[2] 赫晓东,王荣国,矫维成,等. 先进复合材料压力容器[M]. 北京:科学出版社,2015:6-17.

[3] 黄家康. 复合材料成型技术及应用[M]. 北京：化学工业出版社，2011：213-267.

[4] 王瑛琪，盖登宇，宋以国. 纤维缠绕技术的现状与发展趋势[J]. 材料导报 A：综述篇，2011，25(3)：110-113.

[5] 格伦·L·比尔，詹姆斯·L·特罗尔. 中空塑料制品设计和制造[M]. 王克俭，等译. 北京：化学工业出版社，2007：133-135.

[6] 杜善义，沃丁柱，章怡宁，等. 复合材料及其结构的力学、设计、应用和评价：3册[M]. 哈尔滨：哈尔滨工业大学出版社，2000：312-332.

[7] 黄家康，岳红军，董永祺. 复合材料成型技术[M]. 北京：化学工业出版社，1999：275-328.

[8] 肖翠荣，唐羽章. 复合材料工艺学[M]. 长沙：国防科学技术大学出版社，1991：225-278.

[9] 张玉龙，李萍. 塑料低压成型工艺与实例[M]. 北京：化学工业出版社，2011：1-30.

[10] 王荣国. 复合材料概论[M]. 哈尔滨：哈尔滨工业大学出版社，2001.

[11] 刘雄亚，谢怀勤. 复合材料工艺及设备[M]. 武汉：武汉工业大学出版社. 1994.

[12] CHOUDALAKIS G，GOTSIS A D. Permeability of polymer/clay nanocomposites：A review[J]. European Polymer Journal，2009，45：967-984.

[13] 王明先. 碳纤维复合材料压力容器结构设计[D]. 哈尔滨工业大学，2004.

[14] KIM C U，KANG J H，HONG C S，et al. Optimal design of filament wound structures under internal pressure based on the semi-geodesic path algorithm[J]. Composite Structures，2005，67(4)：443-452.

[15] LIANG C C，CHEN H W，WANG C H. Optimum design of dome contour for filament-wound composite pressure vessels based on a shape factor[J]. Composite Structures，2002，58(4)：469-482.

[16] TABAKOV P Y. Multi-dimensional design optimization of laminated structures using an improved genetic algorithm[J]. Composite Structures，2001，54(2-3)：349-354.

[17] BEAKOUJ A，Mohamed A. Influence of variable scattering on the optimum winding angle of cylindrical laminated composites[J]. Composite Structures，2001，53(3)：287-293.

[18] MESSAGERA T，PYRZ M. GINESTE B，et al. Optimal laminations of thin underwater composite cylindrical vessels[J]. Composite Stuctures，2002，58(4)：529-537.

[19] MERTINY P，ELLYIN F，HOTHAN A. An experimental investigation on the effect of muti-angle filament winding on the strength of tubular composite structures [J]. Composites Science and Technology，2004，64(1)：1-9.

[20] 叶长青，杨青芳. 树脂基复合材料成型工艺的发展[J]. 粘接，2009(5)：66-67.

[21] 史耀耀，阎龙，杨开平. 先进复合材料带缠绕、带铺放成型技术[J]. 航天制造技术，2010，17(6)：32-36.

[22] 郁成岩，李辅安，王晓洁等. 纤维缠绕工艺浸胶技术进展[M]. 玻璃钢/复合材料，2010，5：84-88.

[23] 倪礼忠，陈麒. 聚合物基复合材料[M]. 上海：华东理工大学出版社，2007：227-289.

[24] 谢霞. 纤维缠绕技术的发展及研究现状[M]. 天津：天津工业大学学报，2004，23(6)：19.

[25] 李峰. 纤维缠绕 CAD/CAM 系统软件的开发[M]. 哈尔滨：哈尔滨工业大学出版社，2003.

第8章 热压罐成型工艺

8.1 概　　述

热压罐(autoclave)是一种聚合物基复合材料成型工艺设备,使用这种设备进行成型的工艺方法称为热压罐工艺。其工艺原理是将预浸料按铺层要求铺放于模具上,密封在真空袋后放入热压罐中,经过加温、加压,完成材料固化,使预浸料坯件成为所需形状,并满足质量要求。

热压罐系统是为其特殊的工艺条件要求而设计的,一般包括如下几个基本的单元:压力容器、加热和气体循环单元、气体加压系统、真空系统、控制系统和装卸系统,其中压力容器是罐体的主要部分。在热压罐成型工艺中,以电热阻丝为加热源,以流体介质(低温条件下一般为空气,高温条件为惰性气体)作为传热载体,以风机作为强迫气体循环的动力,完成对成型工装循环加热的过程;在降温阶段,通过循环水带走热量来实现工装的降温过程。热压罐结构及工作原理如图 8.1 所示。

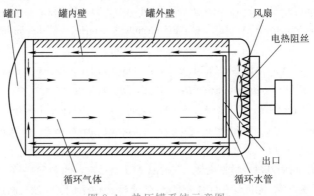

图 8.1　热压罐系统示意图

热压罐工艺广泛应用于航空航天、轨道交通、体育休闲和新能源等高新技术领域。在航空航天领域,热压罐工艺生产的复合材料制品占比高达 80% 以上,涉及的产品包括机身、机翼、尾翼、整流罩、内饰等。复合材料热压罐成型工艺中的物理和化学过程主要有以下三方面:

(1)通过树脂的流动保证制件中的纤维被充分浸润和各层预浸料准确到位;

(2)保证施加一定的压力来去除树脂基体中可能存在的空隙,使复合材料中的纤维体积含量达到要求;

（3）合理的热传递过程以保证树脂基体的充分固化。

热压罐成型工艺的优点：

①压力均匀：热压罐采用压缩空气或惰性气体（N_2、CO_2）充气加压，作用在真空袋表面各点法线上的压力相同，使构件在均匀压力下成型、固化。

②温度场均匀：加热（或冷却）气体在罐内高速循环，罐内各点气体温度基本一致，在模具结构合理的前提下，可以保证密封在模具上的构件升降温过程中各点温差不大。

③适用范围广：模具相对比较简单，效率高，适合大面积型面的蒙皮、壁板和壳体的成型，可成型各种复杂的结构及不同尺寸的零件。热压罐的温度和压力条件几乎能满足所有聚合物基复合材料的成型工艺要求。

④产品质量稳定可靠：热压罐内的压力和温度均匀，可以保证成型零件的质量稳定。热压罐工艺制造的构件孔隙率较低、树脂含量均匀，相对其他成型工艺产品性能稳定可靠。

热压罐成型工艺的缺点：热压罐系统庞大，结构复杂，投资建设成本较高；固化过程中用到的原材料及辅助材料价格较为昂贵，制件成本高；成型效率较低。

8.2　原　材　料

8.2.1　预浸料

1. 预浸料定义及发展

预浸料是树脂基体在严格控制的条件下浸渍纤维或织物后制备的一种半成品。在成型过程中无须再对树脂、催化剂及其助剂进行称量和混合，具有良好的纤维/树脂复合效果和较好的铺覆性、黏性，是制备复合材料的中间材料。

早在20世纪40年代末期，国外就开始使用玻璃纤维增强预浸料。直到20世纪70年代初，随着高性能纤维如碳纤维、芳纶等的相继问世，预浸料的工艺状态和质量得到了可靠的控制，各种预浸料的制备技术有了很大发展。增强纤维和树脂基体性能的不断提高，促进了预浸料的研究和开发，预浸料工艺技术日趋成熟，应用范围不断扩大。

当前70%的先进复合材料产品都是由预浸料铺叠后固化而成的。预浸料产品成型容易、便于加工且具有较大的设计自由度，在航空航天、工业应用和体育休闲中有着广泛的应用。国外著名的预浸料生产企业有 Toray（东丽）、Hexcel（赫氏）、Solvay（索尔维）、Gurit（固瑞特）和 TenCate（腾卡特）等。国内预浸料的主要生产企业有中航复材、光威复材等。

2. 预浸料类型

按照树脂基体类型可分为：热固性预浸料和热塑性预浸料。热固性预浸料基体树脂包括环氧树脂、酚醛树脂、双马来酰亚胺树脂、聚酰亚胺树脂等，热塑性预浸料基体树脂包括尼龙6、热塑性聚氨酯、聚苯硫醚、聚醚醚酮等。表8.1为热塑性预浸料和热固性预浸料性能对比。热压罐工艺主要使用热固性预浸料，因此，文中未特殊注明均指热固性预浸料。

表 8.1 热塑性预浸料和热固性预浸料性能对比

热塑性预浸料	热固性预浸料
室温长期储存	低温储存
没有运输限制	冷藏运输
高黏度（浸渍难）	低黏度（易浸渍）
高温熔融/固结温度（>250 ℃）	低温到中温固化温度（<200 ℃）
能回收重复使用（熔融）	限制的回收利用（焚烧、磨碎）

热固性预浸料优点：①预浸料的纤维和树脂分布均匀，比例控制精确；②挥发份含量低，制作的复合材料孔隙率低，力学性能优良；③对人体伤害较小；④具有一定的黏性，有良好的铺覆性能。

按照增强纤维的丝束和编织特征可分为：单向预浸料（无纬纱）、单向织物预浸料（纬纱<10%）、窄带预浸料（3.2 mm、6.35 mm、12.7 mm）、预浸纱、无褶皱织物预浸料（结合缝合技术）。就力学性能而言，单向预浸料没有纬纱，靠树脂基体将纤维粘成片状材料，可按受力情况设计铺层，因此其纤维的力学性能利用率是最高的。织物预浸料由于织物在织造过程中经、纬的交织屈曲，不可避免降低力学性能。但从易于手工铺层操作和遇有拐角的复合材料结构来看，织物预浸料又有其独特的优点。

按照预浸料的用途可分为：工业级预浸料（≥48 k 的大丝束预浸料、成型方式为热压罐或真空袋压成型），普通航空预浸料（单向预浸料、成型方式为热压罐成型），超薄预浸料（厚度为 0.01~0.03 mm、小壁厚、可变铺层设计），OOA 预浸料（非热压罐固化预浸料、真空袋压成型），快速固化预浸料（固化周期 5~10 min、存储期 1~3 个月、成型方式为快速模压成型）。

3. 预浸料原材料

(1)增强材料

预浸料增强材料的主要要求：①对树脂的浸润性好；②随型性好，以满足形状复杂制品成型的要求；③满足制品的主要性能要求。增强纤维有玻璃纤维、碳纤维、芳纶纤维以及硼纤维等。常用的增强体形式有单向纤维、方格布、斜纹布及多轴向布等。表 8.2 为常见增强纤维的性能对比。

表 8.2 常见增强纤维的性能对比

纤维	成本	密度	刚度	强度	韧性	耐热性	抗冲击性
E 玻璃纤维	优	差	差	中	良	良	良
S 玻璃纤维	良	中	中	良	良	优	良
芳纶	中	优	良	良	优	差	优
碳纤维	差	良	优	优	差	中	差
硼纤维	差	差	优	优	—	优	—

(2)基体材料

基体树脂的主要作用：①将纤维定向、定位黏结成一体；②在产品受力过程中传递应力。不同类型树脂基体的基本性能对比见表 8.3。

表 8.3　树脂的基本性能对比

树脂	固化温度/℃	工作温度/℃	工艺性能	湿热力学性能	断裂韧性	阻燃性
环氧	121～177	≤177	优	差	良	差
酚醛	150～170	≤200	优	差	差	优
氰酸酯	120～177	≤250	优	良	差	优
双马	200～230	≤250	稍差	良	差	优
聚酰亚胺	300～350	≤371	差	良	差	优
热塑性树脂	300～400	≤252	差	优	优	优

一般来说,通过单一的树脂很难满足工艺性能要求,通常是采用几种树脂组合来实现工艺操作,如采用几种不同环氧树脂组合来提高常温或低温下树脂体系的黏度。酚醛型环氧树脂可提高树脂体系的反应活性和耐热性,双酚 A 型环氧树脂可调节树脂体系的黏度。研究表明,适于预浸料的树脂体系最好是液体双酚 A 型环氧树脂、固体双酚 A 型环氧树脂与酚醛环氧树脂并用。

基体材料的选择要兼顾复合材料本身的性能要求和工艺操作要求。如中温热熔环氧树脂预浸料的基本要求是夏天不粘手,冬天不发脆。这需要调整不同组分配比,使得树脂体系软化点满足夏天为 36～37 ℃,冬天为 30～32 ℃,同时限制环氧树脂的固化温度。最佳温度一般为 120～130 ℃,固化时间不超过 90 min。

(3)固化及助剂体系

基体为热固性树脂的预浸料的固化及助剂体系包括固化剂、促进剂、增韧剂等。根据预浸料的使用要求,预浸料需要在室温下具备一定的贮存期,因此固化体系通常使用潜伏性固化剂,即指在常温常压下不与树脂反应,但是在特殊的温度下,会促进树脂发生交联固化反应,这样有利于预浸料在常温下的贮存。促进剂的主要作用是在一定温度下促进固化剂与树脂基体的反应,提高固化反应速率;增韧剂是为了降低热固性树脂基体的脆性,提高其抗冲击性能。

4. 预浸料测试方法及质量要求

(1)测试方法

表 8.4 为热固性预浸料物理性能标准测试方法。

表 8.4　热固性预浸料物理性能标准测试方法

序号	测试项目	标准
1	单位面积纤维质量	JC/T 780—2004/HB 7736.2—2004
2	面密度	HB 7736.2—2004
3	树脂含量	JC/T 780—2004/ HB 7736.5—2004
4	挥发份含量	JC/T 776—2004/ HB 7736.4—2004
5	流动度	JC/T 775—1985(1996)/HB 7736.6—2004
6	凝胶时间	HB 7736.7—2004
7	黏性	HB 7736.8—2004

①预浸料面密度:按式(8.1)计算

$$\rho_A = \frac{m_1 - m_2}{A} \tag{8.1}$$

式中 ρ_A——面密度,g/m^2;

    m_1——带保护膜的预浸料试样总质量,g;

    m_2——保护膜质量,g;

    A——试样面积,m^2。

②树脂含量:采取溶解的方法,将试样放入丙酮溶液中,并加热使预浸料中的树脂成分完全溶解。根据试验前后试样质量的变化,计算出预浸料的树脂含量。

③挥发份含量:按规定取样后,揭掉试样的上下保护膜,立即称量,精确至 0.001 g,将试样挂在已知质量的 S 形金属钩上,将支架放置在已达到预浸料固化温度下的恒温鼓风干燥箱中,并将铝箔称重后放在每个试样下方,使流淌下来的树脂落在铝箔上。恒温 15 min,然后取出试样,立即放入干燥器中,冷却至室温后迅速称量,精确至 0.001 g。

根据式(8.2)计算出不同恒温时间的挥发份含量。

$$V_C = \frac{w_1 - w_2}{w_1} \times 100 \tag{8.2}$$

式中 V_C——挥发份含量,%;

    w_1——实验前试件的质量,g;

    w_2——实验后试件的质量,g。

④流动度:在工作台上从下向上依次铺一张聚酯薄膜、两块吸胶纸或平纹玻璃布、一块脱模布,将试样称重后放在脱模布的中央,在试样上面从下到上依次铺一块脱模布、两块吸胶纸或平纹玻璃布、一块聚酯薄膜,保证所有边缘对齐。称量组合试样的质量,精确至 0.001 g。将试样组合件放入试验温度±3 ℃的热压板之间,至少 2 min,记录平板的温度。待温度回升到试验温度,加压至试验压力时,开始计时,并保持至规定的时间。试验温度为材料的成型温度,时间为 15 min(或按供应商提供的预浸料凝胶时间加 5 min),试验压力采用材料的成型压力,偏差为 ±10%,卸压,迅速取出组合试样,并放入干燥器内,冷却至室温。再次称量试样组合,精确至 0.001 g。从组合试样中分离出预浸料,除去预浸料边缘的树脂。称量预浸料,精确至 0.001 g。

预浸料流动度计算式:

$$R_{F1} = \frac{w_1 - w_4}{w_1} \times 100 \tag{8.3}$$

式中 R_{F1}——树脂流动度,%;

    w_1——试验前试样质量,g;

    w_4——试验后试样质量,g。

不含挥发份含量的预浸料树脂流动度按式(8.4)计算:

$$R_{F2} = \frac{w_1 - (w_2 - w_3) - w_4}{w_1 - (w_2 - w_3)} \times 100 \tag{8.4}$$

式中　R_{F2}——树脂流动度,%；

w_1——试验前试样的质量,g；

w_2——试验前试样组合件的质量,g；

w_3——试验后试样组合件的质量,g；

w_4——试验后试样的质量,g。

⑤凝胶时间:有两种具体测试方法,分别为拉丝法和滑板法。

拉丝法的测试原理是将电热板加热直至达到试验温度,温度偏差为±1 ℃。然后在已恒温的电热板上放一片盖玻片,直至其达到电热板的温度,把试样放在上面,并迅速用另一块盖玻片盖上(注意试样的一边与上下盖玻片的边缘对齐,不得外露。如果是单向预浸料,纤维方向应与盖玻片边缘垂直),开始计时。在盖玻片表面施加适当压力,挤出树脂。用探针不断地挑起盖玻片边缘流出的树脂。观察树脂成丝情况,直至树脂不再能成丝为止。记录试样从开始加热到树脂不能成丝的时间,即为凝胶时间,精确至1 s。

滑板法的测试原理是将电热板加热直至试验温度,温度偏差为±1 ℃。将钢板置于电热板上,再将4片正交铺叠的试样放在钢板中央,然后把另一块钢板盖在试样上。以2～3 ℃/min的速率升温,当温度达到规定温度时开始计时,同时用探针不断推动钢板来回滑动。当钢板不再滑动时,记录所经历的时间,即为凝胶时间,精确至1 s。

⑥黏性:具体有两种方法。第一种方法是将预浸料放置在室温中,使其表面温度达到室温。取两块相同预浸料,一块水平放置在工作台上,揭去一面隔离薄膜,另一块也揭去一面隔离薄膜,并将揭去的面与第一块试件呈90°交叉铺贴,用橡胶滚轮碾出气泡,观察预浸料是否粘贴,然后将上面的预浸料揭开,观察两块预浸料能否完全分离且不损伤表面。重复上述操作三次。第二种方法是在不锈钢板上铺放一层聚四氟乙烯脱模纸,将三块试件铺贴在不锈钢板上,试样增强材料方向与台面平行,用橡胶轮压紧,过1h后观察试件与不锈钢板是否分离,重复上述操作三次。

(2)质量要求

预浸料的性能很大程度上决定了复合材料成型时的工艺性能和最终的力学性能,一般对于预浸料有以下方面的要求:

①树脂基体和增强体相容性:增强体和树脂要有较好的相容性,这样增强体和基体树脂之间才能有比较好的浸润效果,制成复合材料才可能具有较好的界面性能和较高的层间剪切强度。

②黏性适中,便于铺覆:预浸料黏性应适合铺覆需要。黏性过小,则预浸料之间或预浸料与模具之间粘贴困难,不适合制作复合材料;黏性过大,则铺层时会粘手,难以操作,而且铺层有误而需要分开重新铺贴时,易损伤预浸料。

③树脂含量偏差低:一般要求树脂含量偏差控制在±3%以内,这样才能保证制成复合材料的纤维体积含量和力学性能稳定性。

④挥发份含量小:一般要求挥发份控制在2%以内,这样可以降低复合材料中的孔隙含量,并提高复合材料的力学性能。

⑤黏性储存期长：一般要求室温下黏性储存期大于 1 个月，－18 ℃下黏性储存期大于 6 个月。

⑥固化温度范围较宽：在比较宽的温度范围内固化，形成的复合材料都有较理想的性能。

⑦树脂流动度适中：预浸料的树脂流动度过小，不利于树脂均匀分布和浸透增强材料；树脂流动度过大，预浸料成型时，树脂不易控制，树脂含量偏差很难保证。

5.预浸料制备工艺

预浸料制备工艺如图 8.2 所示，20 世纪 60 年代，随着高性能碳纤维、芳纶纤维的研制成功，人们开始着手预浸料的研究。最初是在玻璃板上将一束一束纤维平行靠拢，随后设法倾注树脂基体制备成预浸料。20 世纪 70 年代，随着连续高性能纤维的工业化生产，湿法制造预浸料发展到机械化，其设备简单，操作方便，但存在溶剂挥发、树脂含量控制精度不高等缺点。而后来研发的干法工艺因为制备过程中不需要溶剂溶解树脂，所以不存在溶剂挥发的问题，且树脂含量控制精度较高，因而逐渐替代了湿法工艺。以下我们就热固性预浸料讨论其典型的制备方法。

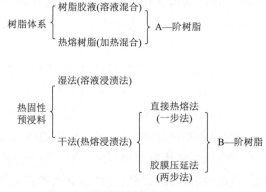

图 8.2　预浸料制备方法

（1）预浸料溶液浸渍法（湿法）

湿法也称溶液法，即将树脂溶于一种低沸点的溶剂中，形成一种具有特定浓度的溶液，然后将纤维束或者织物按规定的速度浸渍树脂溶液，并用刮刀或计量辊筒控制树脂含量，再通过烘箱干燥并使低沸点的溶剂挥发，最后收卷。溶液法又分为滚筒缠绕法和连续浸渍法。滚筒缠绕法是指将浸渍树脂基体后的纤维束或织物缠绕在一个金属圆筒上，每绕一圈，丝杆横向进给一圈，这样纤维束就平行地绕在金属圆筒上了。待绕满一周后，沿滚筒母线切开，即形成一张预浸料。该工艺效率低，产品规格受限，目前仅在教学或者新产品开发上使用。连续浸渍法则是由几束至几十束的纤维平行地同时通过树脂基体溶液槽浸胶，再经过烘箱使溶剂挥发后收集到卷筒上，其长度不像滚筒法那样受到金属圆筒直径的限制。

湿法制备的预浸料浸胶量与胶槽中胶液浓度、浸胶速度、纤维所受张力等因素有关。

溶液浸渍法具有如下特点：

优点：设备简单、操作方便；纤维增强体容易被树脂基体浸透；预浸布储存期较长；可以制造薄型预浸料。

缺点：有溶剂残留，挥发份含量高，产品成型时容易形成孔隙，降低复合材料的力学性能；吸湿性较高；预浸布树脂含量不易准确控制；溶剂挥发造成环境污染；人体伤害较大。

溶液浸渍法预浸料制备工艺如下：

图8.3和图8.4分别为溶液浸渍法卧式、立式预浸过程。图8.5和图8.6分别为用于溶液浸渍法的卧式和立式浸胶机。

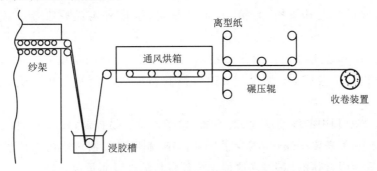

图8.3　溶液浸渍法卧式预浸过程示意图

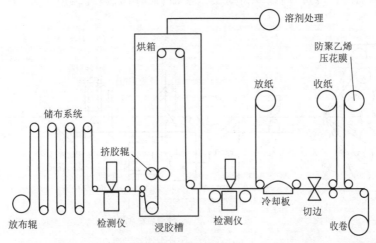

图8.4　溶液浸渍法立式预浸过程示意图

图8.5　卧式浸胶机

图8.6　立式浸胶机

（2）热熔浸渍法

热熔法也称干法，是在溶液浸渍法的基础上发展起来的，以免去溶液浸渍法因溶剂带来的诸多不便。它是先将树脂在高温下熔融,然后通过不同的方式浸渍增强纤维制成预浸料。干法按树脂熔融后的加工状态可分为一步法和两步法。

①直接热熔法(一步法):将树脂基体置于胶槽中,加热到一定温度、使树脂熔融,然后将纤维束依次通过展开机构、胶槽、几组挤胶辊、重排机构最后收卷。该工艺要求树脂基体有良好流动性,在不高的温度下呈流动态,有利于浸润纤维。主要用于制备粗纱或窄带预浸料,作缠绕构件用。通常预浸料树脂含量低、控制精度高。如直升机桨壳系统夹板用单向粗纱预浸带,树脂含量23%,控制精度±1%,典型的工艺过程如图8.7所示。

优点:在工艺过程中的线速度大、效率高;树脂含量容易控制;没有溶剂,预浸料挥发份含量低,工艺安全;不需要干燥炉、减少了环境污染;制膜和浸渍过程可以分步进行,减少了材料特别是昂贵增强材料的损失;且这种工艺预浸料的外观质量也较好。

缺点:厚制品难以浸透;高黏度树脂难以浸渍;储存期短;纤维损伤大;离型纸和薄膜用量较大。

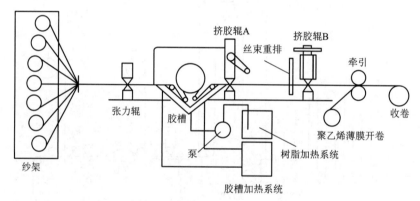

图 8.7 直接热熔法工艺示意图

②胶膜压延法(两步法):两步法又称胶膜法,它是先在制膜机上将熔融后的树脂均匀涂覆在浸胶纸上制成薄膜(见图8.8),然后与纤维或织物叠合经高温处理(见图8.9)。为了保证预浸料树脂含量的稳定,树脂胶膜与纤维束通常以"三明治"结构叠合,如图8.10所示,最后在高温下使树脂熔融嵌入到纤维中形成预浸料。图8.11和图8.12分别为热熔涂胶机和胶膜压延浸胶机设备。

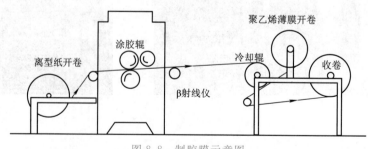

图 8.8 制胶膜示意图

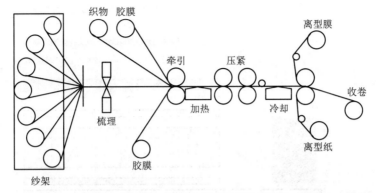

图 8.9 预浸布制备示意图

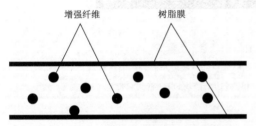

图 8.10 纤维与胶膜叠合的"三明治"结构

图 8.11 热熔涂胶机

图 8.12 胶膜压延热熔浸胶机

优点：预浸料树脂含量控制精度高，挥发份少，对环境、人体危害小，制品表面外观好，制成的复合材料空隙率低，避免了因空隙带来应力集中导致复合材料寿命减少的危害，对胶膜的质量控制较方便，可以随时监测树脂的凝胶时间、黏性等。

缺点：设备复杂，工艺繁琐，要求热固性树脂的熔点较低，且在熔融状态下黏度较低，无化学反应，对于厚度较大的预浸料，树脂容易浸透不均，大丝束或织物难以浸透。

8.2.2 热压罐工艺辅助材料

辅助材料主要包括透气毡、真空袋薄膜、密封胶条、吸胶材料、隔离材料、压敏胶带、挡块、均压板、脱模剂、溶剂等。图 8.13 为热压罐内辅料的铺放顺序。

热压罐辅助材料特点：种类繁多用途各异；都是消耗型用料，一般只能使用一次；用量大，成本高；辅助材料的使用对产品的质量控制影响较大。

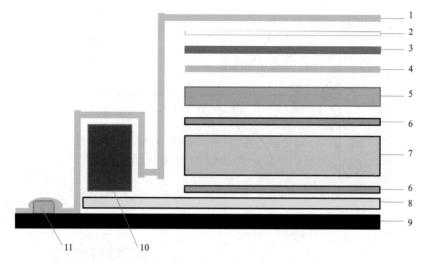

图 8.13　热压罐内辅料的铺放顺序

1—真空袋膜；2—透气毡；3—均压板；4—无孔隔离膜；5—吸胶材料；6—隔离材料；

7—复合材料毛坯；8—膜模织制；9—模具；10—挡块；11—密封膜带

（1）透气毡

透气毡是一种用于导气和透气的材料。使用时贴在成型的构件盖板（固化后的制件可以不使用盖板）表面，在抽真空时，可以将坯料中的气体或挥发性溶剂导入真空管道中，降低复合材料的孔隙率，提升产品质量。

图 8.14　透气毡

透气毡从材质上主要分为聚酯、尼龙两种，耐温性分别是 205 ℃和 230 ℃，图 8.14 为透气毡样品图。

透气毡主要考查其导气性能，可采用测试透气率来进行表征，使用 GB/T 5453。透气毡随着制件的成型过程且经过高温高压后，其透气量大小会影响制品的孔隙率和表面质量。若性能较低，极易形成局部假真空导致产品缺陷，表 8.5 为典型透气毡参数。

表 8.5　典型透气毡

名称	面密度/(g · m^{-2})	使用温度/ ℃	透气率/(mm · s^{-1})
WF125	125	205	≥2 200
WF150	150	205	≥2 200
RG-PF150	150	220	≥2 000
WF300N	300	232	≥2 200

（2）真空袋薄膜

真空袋薄膜是复合材料真空袋压成型过程中用于抽真空的一种密封薄膜，这种薄膜材料具有透明、延伸性好、耐高温、强度高等特点，图 8.15 为真空袋薄膜典型制品。使用时，用密封胶条或密封腻子将需要成型的复合材料制品密封于模具上。真空袋薄膜的检测物理性能见表 8.6。从材质上划分有聚酯、聚酯/尼龙混合、尼龙 6 或尼龙 66、聚酰亚胺等材质，随着材质的不同，真空袋薄膜的耐温性从 80 ℃ 到 400 ℃ 不等。其中尼龙材质的真空袋薄膜因其优异的耐温和高强度性能早已被广泛地应用于环氧基和双马基复合材料成型固化过程中。真空袋薄膜通常一次性使用，表 8.7 为几种典型的真空袋薄膜。

图 8.15　真空袋薄膜

表 8.6　真空袋薄膜物理性能和测试标准

物理性能	测试标准	参数范围
拉伸强度(MD)/MPa	ASTM D882	30~50
拉伸强度(TD)/MPa		30~50
伸长率(MD)/%	ASTM D882	350~450
伸长率(TD)/%		350~450

表 8.7　典型真空袋薄膜

名称	面密度/(g·m⁻²)	使用温度/℃	材质
LVF200G	58/68	205	尼龙
LVBF150G	90	160	尼龙/聚酯
WL7400	70	205	尼龙
CVF120	70	120	尼龙/聚酯
CVF426	50/75	426	聚酰亚胺

图 8.16　密封胶条

(3)密封胶带

密封胶带用于真空袋和模具制件的密封，主要材质为丁基橡胶，图 8.16 为密封胶样品。密封胶带必须有足够的黏性才能跟模具表面粘贴得很好，但是又不能太粘以致真空袋薄膜上的密封胶带不能撕下来重新定位使用。同时在固化后，密封胶带必须从模具表面上干净的撕下来。表 8.8 为密封胶带的测试性能及标准，表 8.9 为密封胶带的几种典型产品。

表 8.8　密封胶带的测试性能及标准

测试项目	测试标准	测试结果/mm
针入度	GB/T 4509	65±10

表 8.9　密封胶条的几种典型产品

名称	厚度/mm	宽度/mm	最高耐温/℃
LG150	3	12	150
LG1000	2.5	11	150
LG190	3	12	190
CVS120	3	12	120
CVS230	3	12	230
FOCUS-6101	3	12	120

（4）吸胶材料

吸胶材料是一种可定量吸出复合材料毛坯中的多余树脂,有利于排出树脂中的气泡,提升产品质量,降低孔隙率,并有一定透气性能的材料。吸胶材料有吸胶毡、玻璃布、单位面积恒定的吸胶纸等。

（5）隔离材料

绝大部分情况下隔离膜与层压制品直接接触,并把层压制品和无脱模性的透气毡隔离开。现有的隔离膜是根据固化温度、压力、制件的复杂程度以及树脂体系而选择的。隔离材料分为两种:透气隔离材料和不透气隔离材料。隔离材料的材质主要为聚四氟乙烯、聚丙烯、聚乙烯以及聚酯等,厚度一般在 $15\sim60\ \mu m$ 之间。图 8.17 为聚丙烯隔离膜样品。

（6）压敏胶带

一种特殊类型的胶带,将一种特殊胶黏剂(压敏胶)涂于带状基材上制成。由压敏胶、基材、底胶、背面处理剂等构成。压敏胶是压敏胶带最重要的组成部分。其作用是使胶带具有对压力敏感的黏附特性。用作基材的主要有织物、塑料薄膜、纸类等。底胶是增加压敏胶与基材的黏结强度。使用时,轻轻加压使胶带与被粘物表面黏结,图 8.18 为压敏胶带。

图 8.17　聚丙烯隔离膜

图 8.18　压敏胶带

压敏胶带的特性:①通过短时间的施加压力(非水、溶剂、加热)能达到黏接效果;②克服了结构胶操作时的溶剂挥发和所需的干燥时间,能改善作业环境;③剥离后不污染被粘物、贴错时能重新修正,并且能多次重复使用;④操作方便,能大幅度提高生产效率和产品美观性;⑤部分替代传统的螺丝、铆钉、焊接等机械固定零件;⑥对产品轻量化、降低成本等方面有显著效果。

（7）挡块

限制树脂从构件边缘流动,控制构件的纤维含量。

（8）均压板

金属或其他材质的薄板,具有一定的柔性;能提高制件表面光洁度,改善尺寸精度;减少固化过程的预浸料铺层滑移。

（9）脱模剂

脱模剂又称脱模润滑剂或离模润滑剂,是为防止橡胶胶料、树脂、聚氨酯等弹性体物质及其他材料的模制品、层压制品等物质或成型的复合材料制品在模具上粘着,而在制品与模具之间施加一类隔离膜,以便制品很容易从模具中脱出,同时保证制品表面质量和模具完好无损。

脱模剂有以下几种分类方式:

①按脱模剂的状态分类:有薄模型(主要有聚酯、聚乙烯、聚氯乙烯、玻璃纸、氟塑料薄膜)、溶液型(主要有烃类,醇类,羧酸及美交酸醋、羧酸的金属盐,酮、酰胺和卤代烃),膏状与蜡状(包括硅脂,HK-50耐热油膏,汽缸油、汽油与沥青的溶液)及蜡型脱模剂。

②按脱模剂的组合分类:单一型和复合型。

③按脱模剂的使用温度:常温型和高温型脱模剂,如常温蜡,高温蜡及硬脂酸盐类。

④按照化学组成分类:无机脱模剂如滑石粉、高岭土和有机脱模剂。

⑤按照使用次数分类:一次性脱模剂和多次性脱模剂。

8.3 热压罐工艺设备和模具

8.3.1 主要工艺设备

1. 热压罐

热压罐是固化复合材料构件的设备,具有加热、保温、冷却、加压、抽真空功能,如图8.19所示,主要由罐门、罐体、加热系统、加压系统、鼓风系统、真空系统、控制系统、降温系统以及其他系统和设施构成。热压罐成型制品具有孔隙率低、均一性和一致性好的优点。图8.20为三菱重工的先进空气循环系统热压罐,直径约8 m,长约40 m,重约700 t,可直接将长约30 m的复材构件置入热压罐加压加热,为波音787生产复合材料机翼,满足了波音787的增产需求。

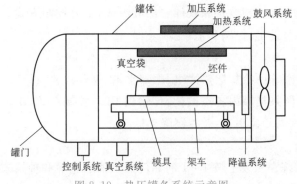

图 8.19 热压罐各系统示意图　　　　图 8.20 热压罐设备

(1)罐门

罐门由框架支撑,罐体不承受罐门的任何重力,罐体不会因受罐门重压产生变形。罐门锁紧时,罐门与罐体贴合后无须旋转,靠铰链环卡紧,密封圈在开关门时不会受磨损。

(2)罐体

罐体通常为圆柱形,内部带有导轨,模具与坯件放置于架车上,架车在导轨上行驶,便于操作。罐体内布置热电偶和真空接口可实现加压和加热,同时需具有足够的耐温性和保温性。

(3)加热系统

热压罐多采用电加热方式,主要用于罐体内空气或其他加热介质的加热,通过空气或其他加热介质对模具和坯件进行加热。加热系统由加热控制软件、热电偶、PLC(可编程逻辑控制器)、温控模块控制器、控制箱、加热器、链接线路组成。通过热电偶采集罐内的温度数据并传输到 PLC,再由 PLC 及调节器调节输出功率至加热管,并在计算机上实时显示罐内温度数值,方便直观。保温阶段程序自动调用相关程序进行温度整定,确保热压罐内温度的准确性和稳定性。

(4)加压系统

加压系统由压缩机、储气罐、压力控制阀、管路、压力变送器和压力表等组成,用于实现罐内压力的调节,加压系统也由计算机通过加压控制软件控制,可根据工艺需要自动控制和补偿。

(5)鼓风系统

鼓风系统通过高温风机特制的温度循环板将热量由后至前均匀分散,热量推进至罐门返回风机导流罩处,聚风导流罩可促使罐内热量更均匀的循环和扩散,优化热循环和热传导效率,热量在罐内来回往复循环,形成均匀的温度场,达到温度均匀和压力恒定。

(6)真空系统

真空系统主要用于对固化前和固化过程中的坯件进行真空处理,防止在固化过程中进入空气。热压罐内壁布置自动抽真空及真空测量管路,抽测分离,每条真空管路配备通大气管路和树脂收集器。真空系统由计算机根据设定工艺程序自动控制,在运行中出现漏气情况会自动关闭漏气管路,保证罐体内压力。

(7)控制系统

热压罐控制系统由数据采集装置、计算机控制装置和软件三部分组成,主要控制方式分为手动和自动,可实现对各个参数进行快速设定、控制和记录。

(8)降温系统

热压罐通常采用水冷方式降温,降温系统由冷却散热片组、冷却水箱、循环风机、循环电机水泵、冷却阀组等组成。通过进口热电偶采集罐内各点温度,传输到 PLC 控制系统,由控制系统控制变频冷却泵循环速率以及风机循环速率,由此控制降温速率。

2. 激光投影设备

激光定位技术是通过采用激光投影系统在工装上按 1∶1 的比例显示铺层轮廓和轴线来实现铺层的准确定位。在制造过程中,将设计好的数模转换为制造生产所需的激光投影数据文件,输入激光投影设备供激光定位使用。如有必要,可将多个定位投影仪连接起来,以投影更大的图形或在同一区域投影更多的图形。激光定位技术的运用与传统模线样板定位技术相比减少了人力、物力的投入,降低了误差,提高了效率。目前,激光投影设备已在航空领域广泛应用,设备类型多种多样,但是工作原理相同,都是由控制台(计算机)、若干个激光定位投影仪和一系列工装定位靶标(光敏元件)组成。激光投影设备主要的工作过程如下:

(1)建立坐标系

选取基准点、基准面、基准外形特征等,通过软件算法将工装与三维模型进行最佳拟合,建立一个基于基准点(或基准面、基准外形特征)的相对坐标系,即依据工装定位数据建立坐标系。

（2）实现工装定位

将待定位零件的外形特征轮廓线以三维的方式投影至工装表面上，将模具摆放调整至外形与激光线条重合后，认为工装已定位到位，使用夹持工具将其固定，即定位完成，如图8.21所示。

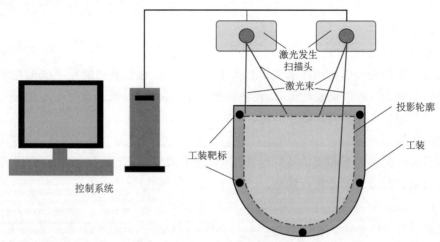

图8.21 铺层激光定位系统工作原理

（3）激光投影设备输出

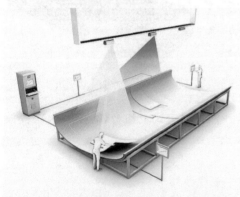

图8.22 激光投影设备工作示意图

激光投影设备内的激光发生器发射波长为532 nm的绿色激光束（功率为5 mW），通过设备内部的一对高速运动的高精度光学振镜及变焦镜头控制光束发射至三维空间中指定的点，设备发射的是高速重复运动的光点，在人眼看来呈一条连续的线条，如图8.22所示。

设备通过快速扫描后发射激光束形成连续投影线，即为铺层边界，分析可以看出，投影误差主要来源于工装定位数据误差、工装表面投影面位置误差以及投影设备自身误差（含定位误差及投影线宽度）等。

激光投影设备主要的组成部分：

①计算机

建立铺层数据的信息库，将生成的铺层文件传送到激光发射头上进行投影。

②激光头支架

分为固定式和可移动式支架。固定式又分为单头和双头固定激光发射头的托架，可旋转激光头。

③激光投影头

激光投影头将从计算机中传来的信息文件接受后发射激光到工装上，是铺层定位系统中最关键的部件。

④工装定位头

放置在复合材料工装的边缘,垂直放置于工装边缘区域,它的顶部由一种能沿入射线方向反射的特殊光学材料制成,是连接工装与激光之间的信息通道,将工装周边区域的三维信息空间数据经工装定位头传向激光反射头,由于反射材料不耐高温,在复合材料进行固化时要将工装定位头取下。

⑤手动校准反射片

牵引激光头的光线能扫描在激光定位头上的反射片,它是最初激光定位头与激光反射头之间进行数据连接的手动校准工具,在最初的手工校准以后,激光反射头对工装上的定位头具有自动控制以及超差自动修正功能。

⑥检验工装

用来检验激光头的精确度的特殊专用工装,它上面有 36 个激光定位头,当激光反射头有误差时可通过校验工装来进行调整。

3. 自动裁切设备

在复合材料构件制造过程中,传统的手工下料费时、费力、工序烦琐、效率低、精度差,容易造成材料浪费。因此,准确率高、方便快捷的自动裁切技术取代了传统的手工下料技术。自动裁切技术是通过自带的第三方软件生成指令将预浸布自动切割成所需形状的料片。自动切割的预浸料不仅代替了手工切割样板,并且形状准确,每一层、每一形状都标有铺层编号,减少了铺放过程中的错误,而且效率大大提高,自动裁布机为常见的自动裁切设备,如图 8.23 所示。

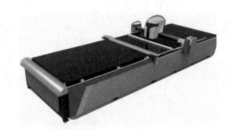

图 8.23　自动裁布机

目前,常用的预浸料自动裁切设备主要有两种,一种是固定式裁切台,需要一次次投放材料;一种是滚筒转动裁切台,可使用卷材连续加工。

8.3.2　热压罐工艺模具

1. 通用性技术要求

热压罐工艺模具是成型制造的基础,其技术特点多种多样,通用性技术要求主要有:

①模具耐温性能,要求在 180 ℃以上长期使用;

②模具耐压性能,要求承受 0.7 MPa 以上压力下长期使用;

③模具温度场均匀性,要求升温速率均匀一致;

④模具型面尺寸精度好,特别是具有气动外形要求的外形件,轮廓度≤0.5 mm;

⑤模具型面的光洁度,会影响复合材料制品的脱模以及表面质量;

⑥模具表面硬度,决定了模具的使用寿命以及表面是否易损伤;

⑦模具结构是支撑型构件,并具有后续工序的辅助定位功能,如铺布、型面检测等工序;

⑧模具型面材质的热膨胀系数尽量与所生产的复合材料相近，避免成型界面两种材质由于热胀冷缩不一致产生制品损伤、内应力缺陷以及尺寸超差等问题；

⑨模具表面耐溶剂擦拭或清洗，因模具表面需涂抹脱模剂、清洗剂等溶剂；

⑩型面材质易于机械加工，保证型面精度；

⑪模具型面整体气密性良好；

⑫模具在使用和转运等工序过程中与使用工况的匹配性设计；

⑬重量轻、使用方便、易维护。

2. 模具材料

模具材料主要指模具型面的构成材料，不包括模具底座、结构支承件、连接件和辅材等。模具材料根据耐温、导热率、密度、机械加工和成本等特点，分别适用于不同工况。表 8.10 给出了一些常用的模具材料及其性能，供参考。

表 8.10　常用的模具材料

材料名称	材料特性
铝	导热性和加工工艺性好，质量轻；但热膨胀系数相对较大，使用受到一定限制；另外硬度低，容易受损伤
钢	热膨胀系数比铝低一半左右，刚性大，使用温度高（540 ℃），使用寿命长；但热容高，升温速率慢，高温成型大型构件时应考虑热膨胀，必要时进行工艺补偿
橡胶	用硫化橡胶制成的软模具有随形好、与成型零件/构件易于配合、传递成型压力可靠等特点。可根据需要在未硫化橡胶内放入预浸料，同时硫化/固化，提高软模的刚度，并使尺寸稳定；但制造成本高，寿命短，软模尺寸稳定性差；共固化整体成型中被大量使用。包括硅橡胶、丁基橡胶、氟橡胶等
碳纤维复合材料	其热膨胀系数与所成型复合材料构件一致，质量轻，材料模量高，模具刚度大；适用于高精度的大型构件的成型，但材料成本高，耐温低，表面易划伤，有吸湿问题
电铸镍	适用于制备型面复杂的模具，面板较薄，升温速率较快，模具制备时需要高精度的芯模
玻璃纤维复合材料	质量轻，材料价格低；但材料模量低，模具刚度差；一般用于简单成型或型面要求不高的结构
殷瓦钢（Invar）	热膨胀系数低，使用温度高（540 ℃），可采用多种方法加工，价格昂贵，升温速率低
单晶石墨	耐温高（430 ℃），密度低，热膨胀系数低，导热率高，材质比较脆，容易损坏
陶瓷	耐温高（900 ℃），密度低，热膨胀系数低，导热率低，材质比较脆，容易损坏
木材	质量轻，价格低，易加工；使用寿命短或仅能一次使用，零件成型精度差；一般仅限于在工艺试验成型中使用

在热压罐工艺成型制造时，由于复合材料和模具材料的热膨胀系数不一致，在经历固化过程中放热至冷却阶段，材料本身的热胀冷缩会使复合材料制品在室温下的自由形状和预期的形状产生一定差异，甚至导致复合材料构件的机械性能达不到设计要求。故对于质量要求高的复合材料制品建议选择热膨胀系数相差较小的模具材料，表 8.11 给出了几种低热膨胀系数的模具材料及其特性。

表 8.11　几种低热膨胀系数模具材料

名称	模具寿命	模具重量	耐久性	模具成本	模具维护
殷瓦钢(Invar)	不限次	☆☆☆	☆☆☆☆	☆☆☆	☆☆☆☆
BMI CFRP	≥500 次	☆	☆☆☆	☆☆	☆☆
环氧 CFRP(热压罐固化)	≥100 次	☆	☆☆	☆	☆☆
环氧 CFRP(灌注)	≥20 次	☆	☆☆	☆	☆
单晶石墨	≥50 次	☆☆☆☆	☆	☆☆	☆☆

注:☆越多表示越重、耐久性越好、成本越高、越容易维护。

3. 模具结构形式

热压罐工艺模具按结构形式分类,主要有:

(1)简单式(整体式)

主要有铝模和钢模等,适用于形状简单的复合材料制品,其结构形式如图 8.24 所示。整体式模具采用阴模或阳模主要取决于工件的要求与成型时加压的方法。

(2)薄板构架式(框架式)

复合材料构件成型模具结构随工艺方法的变化而变化,典型的是用于热压罐成型的框架式模具。此类结构形式的模具主要有薄铝板和薄钢板构架式,选材时应使模具与工件的热膨胀系数相匹配,其结构形式如图 8.25 所示。框架式成型模具应保证面板外形准确,合理设计面板与框架的连接,确定隔板和真空嘴数量及布局。

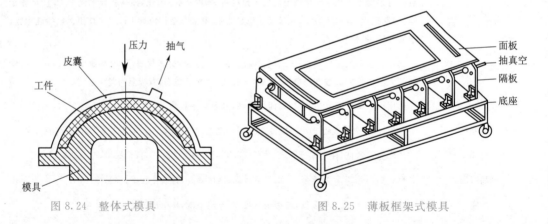

图 8.24　整体式模具　　　　　　　　　图 8.25　薄板框架式模具

模具通常由上部分的型板和下部分的支承结构组成,型板制造中要求型面精度高、表面质量好,用来保证复合材料构件成型后的外形符合设计要求,支承结构用于将工作载荷下支承型板的变形控制在设计范围内,因此要求其具有一定的刚度和强度。支承结构上通常开有通风口、均风口,保证模具在热压罐内的通风传热性好。框架式模具重量轻、易搬运、通风好,但其制造过程复杂,结构设计合理性要求高。对于飞机大型复合材料壁板的制造,框架式模具可兼顾保证刚度、强度,保证模具通风传热及转运方便。

传统框架式模具设计方法是工装设计部门根据复合材料构件数模,提取模具成型曲面,进而创建模具型板,模具型板通常比构件外形面更大一些,用来安放工装夹具等,在模具型板的基础上创建支承结构,然后在支承结构合适的位置创建通风口等。这种传统的设计方法较依赖模具设计人员所掌握的知识和经验,例如不同的设计者设计出的框格间距、通风口尺寸、型板厚度等都会有所差异,且设计重复性劳动较多,效率低下。

针对复合材料热压罐成型模具,提出了模具支承结构的一系列算法,开发了复合材料构件的工装模具设计系统。通过实例来描述不同结构形式模具的具体建模步骤、工艺分析等。同时,将前人的经验和知识进行科学、系统的提炼形成专家知识库,设计人员根据复合材料构件的三维模型,按照模具设计流程,依靠专家知识库快速地实现模具设计,最大限度地减少设计者的重复劳动工作,缩短模具的设计周期,提高模具设计质量。同时将设计数据进行数字化保存与管理,丰富专家知识库。

在框架式模具设计时,设计者往往仅考虑模具在工作载荷下的变形及其对复合材料固化过程当中的温度场均匀性的影响,而忽略了对模具结构的优化分析。对于大型复合材料制件,这种方法设计出来的模具通常都非常笨重,不仅耗费大量原材料,还对模具的传热以及运输、使用等都造成了影响。因此,减重也是模具数字化设计的一个重要方面。通过计算机仿真技术,模拟模具在不同工况下的变形,进而优化模具的拓扑结构,在满足结构刚度的条件下,尽可能降低模具的重量。

板壳类产品尤其适合热压罐工艺成型,图 8.26 是典型的蒙皮成型模具,模具的支承采用框架式结构进行加强,这种结构不仅可以实现传热,而且质量还轻。

图 8.26　典型蒙皮成型模具

蒙皮金属模具的一般技术要求如下:

①模具结构在零件成型温度和压力下长期使用不变形,保持气密性。

②模具边缘距零件外形不小于 150 mm。

③在模具工作面除零件外形外,标注其他有关的轴线,并标注轴线的名称。模具外形线和定位线尺寸为 0.2 mm×0.3 mm。

④在模具的零件外形和模具边缘之间留出随炉件位置。

⑤模具工作表面粗糙度为 3.2 μm,其余 6.4 μm。

8.4　热压罐成型工艺

8.4.1　成型工艺模型

树脂基复合材料热压罐成型工艺过程中的物理模型和化学模型可以使我们更好的理解成型过程中工艺参数对最终产品性能的影响。建立工艺模型的目的是指导复合材料工艺制度的制定。根据树脂的反应动力学、固化度及流动模型可初步制定时间—温度工艺周期,利用孔隙率模型计算孔隙生长的合适树脂压力,形成时间—温度—压力成型工艺制度。在此基础上,可以计算确定制件的厚度、纤维体积分数等,与实际结果进行验证,进一步调整成型过程中的工艺参数。

成型工艺模型还可用于对复合材料的固化变形进行预测。树脂固化过程中温度场不均匀、树脂基体的化学收缩效应、构件和成型模具在热膨胀系数上的差异等因素影响,会导致构件在固化过程中产生残余应力。复合材料构件固化脱模后,构件在残余应力的作用下会产生变形,变形会严重影响构件的几何精度和使用性能,过大的变形会给复合材料构件的装配带来挑战,甚至可能超出装配容差而导致装配失败,使构件报废,因此,针对复合材料热压罐工艺的固化变形预测具有重要意义。

1. 热压罐成型过程中的传热模型

热压罐内存在着罐内气体与模具、复合材料成型封装体系的热量交换以及复合材料构件内部的热量变化。两个温度场保持相对独立稳定性的同时又存在着相互影响,造成整个体系内复杂的温度分布情况,直接影响复合材料成型质量。

热压罐内温度场多采用笛卡儿坐标系下的 N-S 控制方程来描述,利用计算流体力学中连续、运动、能量的非定常三维 N-S 方程,以及反映湍流特性的湍流模型建立反应热压罐内强迫对流换热的温度场三维非定常有限元模拟方法。模拟方法可以实现热压罐内的模具温度分布情况的预报,并可以对温度场工艺参数、模具结构参数和罐内摆放位置等因素进行研究,优化罐内温度分布情况。

复合材料构件温度场研究的主要方法有图表法、解析法、数值模拟法以及实验验证的方法。其中,对于一维热传导多通过解析法得到温度分布方程,然后分析其温度分布规律,能够实现对复合材料构件成型过程中不同阶段的温度分布情况的预测;二维和三维的热传导问题一般通过有限元方法求解,其中温度场与固化度耦合,通过求解带有内热源的傅里叶热传导方程与树脂固化动力学方程不仅可以实现成型过程的温度分布与固化度的预报,还可通过研究升降温速率、边界条件设置以及层板厚度对温度分布的影响来实现工艺的优化。式(8.5)为基于傅里叶热传导定律和能量平衡关系得到的含内热源复合材料的三维瞬态热传导控制微分方程。

$$\frac{\partial(\rho_c c_p T)}{\partial t} = \frac{\partial}{\partial x}\left(k_x \frac{\partial T}{\partial x}\right) + \frac{\partial}{\partial y}\left(k_y \frac{\partial T}{\partial y}\right) + \frac{\partial}{\partial z}\left(k_z \frac{\partial T}{\partial z}\right) + \rho_r(1-\varphi_f)H \tag{8.5}$$

式中,T 为绝对温度;φ_f 为纤维体积分数;c_p 为复合材料比热容;k_x、k_y 和 k_z 为材料在整体坐标系下的导热系数；ρ_r 为树脂密度；ρ_c 为复合材料密度；H 为反应热效率速率，与固化反应速率有关，其表达式为

$$H = H_u \frac{d\alpha}{dt} \tag{8.6}$$

式中，H_u 为树脂固化总放热量；α 为树脂固化度；$d\alpha/dt$ 为固化反应速率。式(8.6)为复合材料温度场模拟的理论基础，其中树脂的固化动力学模型的准确性是决定温度场模拟结果可靠性的关键。目前针对温度场的模拟多是将两个温度场独立计算或是将热压罐内温度场的计算结果作为边界条件进行构件内温度场的计算，如图8.27 所示。由于尺寸差异，在将两个温度场同时计算时需要考虑网格划分与计算效率的问题，往往会牺牲准确度。如何提升算法的优化度，保证准确度的同时提高计算效率应该是未来的发展趋势。

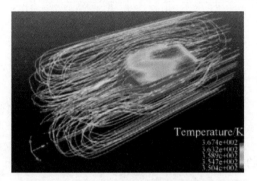

图 8.27 热压罐内温度场模拟

2. 树脂流动模型

复合材料的流动压实发生在初始固化阶段，即凝胶点之前。根据机理不同，流动主要分为两类，即渗流和剪切流。渗流就像挤压一块含水的海绵时水的流出情况；剪切流是复合材料自身作为含纤维的黏性流体参与流动。剪切流主要发生在热塑性复合材料的成型过程中，热固性复合材料在成型过程中主要发生渗流，可用达西(Darcy)定律描述流动过程。在Darcy 定律的通用形式中，树脂的流动速度取决于施加的压力、树脂的黏度和树脂在纤维束中的渗透率。Darcy 定律方程如下：

$$u = \frac{K\Delta p}{\mu} \tag{8.7}$$

式中　u——表观速度矢量；

　　　K——多孔介质的渗透率张量；

　　　Δp——压力梯度矢量；

　　　μ——流体黏度。

渗透率是纤维体积含量、纤维直径和纤维结构的函数，它们之间的函数可以用科泽尼—卡曼(Kozeny-Garman)(K-G)方程来表示，即

$$K = \frac{r_f^2}{4K_0} \cdot \frac{(1-\varphi_f)^3}{\varphi_f} \tag{8.8}$$

式中　K——多孔介质的渗透率张量；

　　　K_0——科泽尼常数；

　　　r_f——纤维半径；

　　　φ_f——纤维体积分数。

K_0 值随纤维结构和树脂流动的方向变化。沿纤维方向流动的 K_0 值为 0.5～0.7，沿横

断面流动的 K_0 值为 $11 \sim 18$。当层板的纤维体积含量接近理论极限时,其横向和厚度方向的流动会因纤维沿长度方向的相互接触而受到阻碍。因此,古陶斯基(Gutowski)等提出用式(8.9)计算纤维的横向渗透率,该式可以更好地解释复合材料热压罐成型过程中树脂的流动。

$$K = \frac{r_f^2}{4K'_{zz}} \cdot \left[\frac{\sqrt{\frac{\varphi'_a}{\varphi'_f} - 1}}{\left(\frac{\varphi'_a}{\varphi'_f} + 1\right)} \right]^3 \tag{8.9}$$

式中 φ'_a ——层合板理论极限纤维体积分数(此时树脂横向流动被完全阻碍),Gutowski 等通过试验证明,φ'_a 的范围在 $0.76 \sim 0.82$ 之间;

     K'_{zz} ——修正的科泽尼常数。

3. 复合材料密实和孔隙形成模型

热压罐固化成型过程中,驱动树脂流过预浸料层进入吸胶层的树脂压力与所施加的压力成正比关系,树脂流动速度可以表示成树脂的渗透率、黏度和施加的压力的函数。对热压罐成型复合材料,施普林格(Springer)提出如下树脂流动复合材料密实模型

$$\frac{\mathrm{d}(hA)}{\mathrm{d}t} = \left(\frac{k_c F}{\mu h_1}\right) / \left(n + \frac{k_c h_b}{k_b h_1}\right) \tag{8.10}$$

式中 h ——复合材料厚度;

     A ——铺层面积;

     t ——时间;

     F ——施加的压力;

     μ ——树脂的黏度;

     h_1 ——单层复合材料厚度;

     h_b ——吸胶层的厚度;

     k_c ——复合材料的渗透率;

     k_b ——吸胶材料的渗透率;

     n ——复合材料层数。

在得知黏度随时间变化的基础上,应用此方程可以计算出在中低纤维体积分数情况下单层预浸料的密实时间,并由此计算出整体层合板的密实时间。

古陶斯基(Gutowski)提出了适用于高纤维体积分数复合材料的模型,在这种情况下,由于树脂的流出,压力在一定程度上被纤维所承担,因此树脂压力不等于施加压力而是低于施加压力,树脂流动压力达到峰值后逐渐降低。当树脂流动压力接近零时,孔隙就将在树脂基体中形成。

孔隙是影响复合材料产品质量的重要因素,孔隙主要有两大类,一类是由树脂和小分子挥发份形成的孔隙;另一类是在工艺过程中以夹入的空气为核心而形成的孔隙。无论哪一种孔隙,一旦孔隙内的压力等于或超过周围树脂的压力和表面张力的总和,孔隙就能达到稳定并可能进一步增长。

$$p_{\mathrm{g}} = p_{\mathrm{e}} + \frac{6\gamma_{1\mathrm{v}}}{d_{\mathrm{v}}} \tag{8.11}$$

式中，p_{g}、p_{e}——孔隙内的压力和树脂的压力；

$\gamma_{1\mathrm{v}}$——孔隙的表面张力；

d_{v}——孔隙的直径。

上述是孔隙保持平衡的压力条件，实际工艺过程中压力和温度是随时变化的，可使孔隙生长或消失，忽略各种边界移动和对流只考虑分子扩散的准稳态方程更能准确便捷的预测孔隙的生长。斯克里文(Scriven)等建立的孔隙生长方程为

$$\frac{\mathrm{d}(d_{\mathrm{v}}^2)}{\mathrm{d}t} = 16D\beta^2 \tag{8.12}$$

式中，D、β 分别为水扩散系数和孔隙形成的驱动力。要预测孔隙的变化，必须弄清蒸气压、水扩散系数等参数在工艺过程中的变化情况。

4. 应力与变形

复合材料在热压罐中的固化过程是一个力、热与树脂化学反应相互耦合的过程。树脂固化过程中不仅受到罐内温度场、压力的影响，还受到树脂固化过程中反应放热及材料各向异性等因素的影响，其内部往往会形成复杂的温度场。由于复合材料是热的不良导体，内部热量不易向四周扩散，易造成热量积聚，使温度场不均匀，导致复合材料内部出现应力积聚。复合材料构件在固化成型过程中受到树脂基体的化学收缩效应、构件和成型模具在热膨胀系数上的差异等因素影响，导致构件在固化过程中产生残余应力。复合材料构件固化结束脱模后，构件在残余应力的作用下会产生固化变形，固化变形会严重影响构件的几何精度和使用性能，过大的变形会给复合材料构件的装配带来挑战，甚至可能超出装配容差而导致装配失败，使构件报废。因此，针对复合材料热压罐工艺的固化变形预测具有重要意义。固化变形模拟的主要目的是由此确定模具型面的补偿量，同时考虑型面补偿导致的制件变形，最终使得构件尺寸达到预期值。

图 8.28 是变形模拟的典型流程图。热传导—固化模块主要用于研究温度和固化度在复合材料构件内部的分布和变化，流动压实模块主要用于计算复合材料内部的 V_{f} 和层合板厚度的变化，而应力变形模块主要用于计算复合材料内部的应力、应变、位移分布和变化。在固化过程中，三个模型彼此相关，同时发生。目前常用的有限元软件 ABAQUS、ANSYS都有热—力耦合单元，热—孔隙压力单元等，可以同时考虑图 8.28 所示的三种模块中的两种或三种，但这些单元需要的参数较多，也比较费时。采用顺序耦合方法是目前流行的做法，也就是首先对复合材料进行热传导—固化分析，将得到的增量步内的温度和固化度导入流动压实分析中，计算与温度和固化度相关的流动压实的参数，对复合材料进行流动压实分析，得到增量步内 V_{f} 等变量的分布并保存变量结果。将前两步分析中得到的结果导入力学位移模型，计算力学模型所需的参数，进行力学位移分析，得到应力和位移。顺序耦合分析方法不考虑应力位移分析结果对流动压实模型和热传导—固化分析的影响（即图中所示的虚线不存在）。由于每一个模块需要表征的复合材料性能数据量很大，目前大部分的研究主要集中在单一模块或两个模块，以耦合两个模型的研究较多。

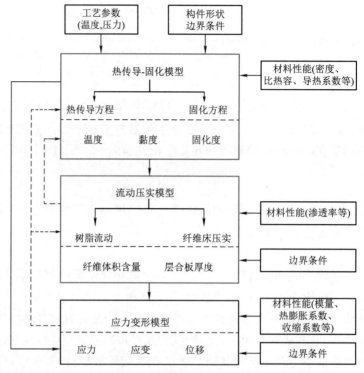

图 8.28 复合材料固化变形预测流程图

复合材料的热应变为

$$\varepsilon = \alpha \Delta T \tag{8.13}$$

式中，ε 为复合材料应变；α 为复合材料热膨胀系数；ΔT 为温度差。

对于连续单向纤维增强复合材料，根据横观各向同性，其热膨胀系数可以表示为

$$
\begin{cases}
\alpha_1 = \dfrac{\alpha_{1f} E_{1f} \varphi_f + \alpha_m E_m (1-\varphi_f)}{E_{1f}\varphi_f + E_m(1-\varphi_f)} \\[2mm]
\alpha_1 = (\alpha_{2f} + \nu_{12f}\alpha_{1f})\varphi_f + (\alpha_m + \nu_m\alpha_m)(1-\varphi_f) - \\[1mm]
\quad [\nu_{12f}\varphi_f + \nu_m(1-\varphi_f)] \cdot \left[\dfrac{\alpha_{1f} E_{1f}\varphi_f + \alpha_m E_m(1-\varphi_f)}{E_{1f}\varphi_f + E_m(1-\varphi_f)} \right] \\[2mm]
\alpha_3 = \alpha_2 \\[2mm]
\alpha_m = \dfrac{\alpha_n - \alpha_0}{\alpha_\infty - \alpha_0} \\[2mm]
E_m = (1-\alpha_m)E_0 + \alpha_m E_\infty
\end{cases} \tag{8.14}
$$

式中，α_1、α_2 和 α_3 分别为复合材料三个方向上的热膨胀系数；α_{1f} 和 α_{2f} 分别为纤维轴向、横向热膨胀系数；E_{1f} 为纤维轴向模量；α_m 为树脂热膨胀系数，下标 m 为树脂固化收缩应变；E_0 为树脂未固化的初始模量；E_∞ 为树脂完全固化后的模量；E_m 为树脂在固化度为 α_n 时的模量；α_n 为任意时刻的树脂固化度；ν_{12f} 为纤维主泊松比；ν_m 为树脂泊松比；α_0 为树脂凝胶时的固化度；α_∞ 为固化结束后的树脂固化度；a_m 为计算系数。

因树脂固化反应带来的收缩可表示为

$$\varepsilon_{\mathrm{m}}^{\mathrm{sh}} = \sqrt[3]{1 + \Delta\alpha V_{\mathrm{sh}}} - 1 \tag{8.15}$$

由于树脂固化收缩导致的连续单向增强复合材料的固化收缩率可表示为

$$\begin{cases} \varepsilon_1^{\mathrm{sh}} = \dfrac{\varepsilon_{1\mathrm{f}} E_{1\mathrm{f}} f + \varepsilon_{\mathrm{m}}^{\mathrm{sh}} E_{\mathrm{m}}(1-f)}{E_{1\mathrm{f}} f + E_{\mathrm{m}}(1-f)} \\ \varepsilon_2^{\mathrm{sh}} = (\varepsilon_{2\mathrm{f}} + \nu_{12\mathrm{f}}\varepsilon_{1\mathrm{f}})f + (\varepsilon_{\mathrm{m}}^{\mathrm{sh}} + \nu_{\mathrm{m}}\varepsilon_{\mathrm{m}}^{\mathrm{sh}}) \cdot (1-f) - \\ \quad [\nu_{12\mathrm{f}} f + \nu_{\mathrm{m}}(1-f)] \cdot \left[\dfrac{\varepsilon_{1\mathrm{f}} E_{1\mathrm{f}} f + \varepsilon_{\mathrm{m}}^{\mathrm{sh}} E_{\mathrm{m}}(1-f)}{E_{1\mathrm{f}} f + E_{\mathrm{m}}(1-f)}\right] \\ \varepsilon_3^{\mathrm{sh}} = \varepsilon_2^{\mathrm{sh}} \end{cases} \tag{8.16}$$

式中，$\varepsilon^{\mathrm{sh}}$ 为收缩应变，下标 1、2、3 分别为复合材料三个主方向；$\Delta\alpha$ 为固化度变化值；V_{sh} 为树脂体积收缩总量；$\varepsilon_{1\mathrm{f}}$ 为纤维轴向热应变；$\varepsilon_{2\mathrm{f}}$ 为纤维横向热应变。

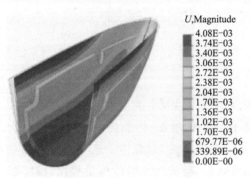

图 8.29 固化变形预测示意图

与温度场的模拟计算类似，在应力变形场中，同样利用有限元方法计算耦合的温度与固化度，得到成型过程中复合材料构件内部每一节点上的热应变与收缩应变以及由此产生的内应力，在成型结束时，除去边界的约束条件获得最终的构件固化变形以及残余应力。

加拿大研究机构进行了热压工艺 COMPRO 软件的研制，并和波音合作，实现了热化学—流动密实—结构应力的综合模拟，并在复合材料变形方面展开了大量研究，图 8.29 所示为整流罩应变预测结果。

8.4.2 成型工艺过程

1. 复合材料的固化过程

复合材料在热压罐中经历一系列的物理化学变化，材料状态也会发生较大变化，图 8.30 描述了一个典型的固化工艺过程中复合材料经历的五个阶段。

（1）流动阶段

该阶段也被称为凝胶前阶段，在这一阶段树脂的黏度较小，树脂处于可流动液体状态（黏流态）。在压力的作用下，预浸料层之间的空气会被挤出，预成型体被压实。如果采用吸胶铺贴方式（在铺放完预浸料后再铺贴吸胶毡），吸胶毡会吸收溢出的多余树脂。随着温度的不断升高，树脂的固化度也随之增加，黏度也开始增大，树脂的流动比较困难。到达凝胶点时树脂停止流动，最终复合材料的厚度和纤维体积分数（φ_{f}）可确定。树脂在这一阶段也会发生固化收缩和热膨胀，但由于树脂为液体，树脂和纤维之间力的传递很弱，因此树脂的固化收缩和热膨胀对复合材料的固化变形和残余应力没有贡献。参见图 8.30。但是，有研究表明，模具和纤维床之间存在相互作用力。

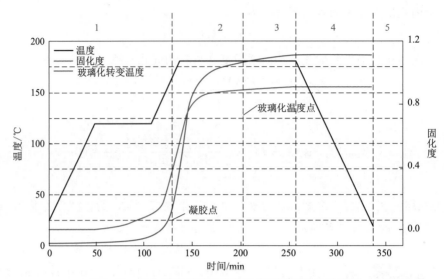

图 8.30　固化度和材料行为随温度和时间变化示意图

（2）凝胶—玻璃化阶段

在这一阶段中，工艺温度大于树脂的玻璃化转变温度 T_g，复合材料处于橡胶态阶段。随着温度的不断升高，树脂固化速率也开始加快，固化度不断增加，树脂体系的分子量不断增加，支化度也不断提高。尽管高温下树脂表现出很强的黏弹性，但总体上这一阶段松弛时间很小，树脂的模量会快速松弛到平衡模量（橡胶态模量）。与玻璃态时的模量相比，橡胶态模量并不是很大。凝胶—玻璃化阶段树脂的固化反应最为激烈，接近玻璃化点附近时树脂表现出很强的黏弹性。树脂的固化收缩也主要发生在该阶段。由于树脂的模量降低，该阶段发生的固化收缩应变和热膨胀并不会导致明显的残余应力，但是对固化变形会有较大的影响。

（3）玻璃化后保温阶段

玻璃化点时工艺温度等于树脂的玻璃化转变温度 T_g。随着树脂的继续固化，玻璃化转变温度 T_g 大于工艺温度，复合材料呈现玻璃态性能。由于该阶段树脂的固化度提高不大，发生的固化收缩应变很小，因此对固化变形和残余应力的影响很小。

（4）降温阶段

在降温阶段材料处于玻璃态，降温开始前树脂固化反应结束。该阶段模具与构件、单层与单层之间的热膨胀系数不匹配，有利于对固化变形和残余应力形成。

（5）脱模之后阶段

构件脱模后，对构件进行切割、修整或其他的操作会影响构件的固化变形和残余应力。

2. 热压罐成型工艺流程

热压罐成型的工艺过程如图 8.31 所示。

（1）模具准备：模具要用软质材料轻轻擦拭干净，并检查是否漏气。然后在模具上涂覆脱模剂。

裁切 → 铺层 → 制袋 → 进罐固化 → 脱模

图 8.31 热压罐简易流程示意图

(2)裁剪和铺叠:裁剪带有保护膜的预浸料,剪切时必须注意纤维方向,然后将裁剪好的预浸料揭去保护膜,按规定次序和方向依次铺叠,每铺一层要用橡胶辊等工具将预浸料压实,赶除空气。

(3)组合和装袋:在模具上将预浸料坯料和各种辅助材料组合并装袋,应检查真空袋和周边密封是否良好。

(4)热压固化:将真空袋系统组合到热压罐中,接好真空管路,关闭热压罐,然后按确定的工艺条件抽真空/加热/加压固化。

(5)出罐脱模:固化完成后,待冷却到室温后,将真空袋系统移出热压罐,去除各种辅助材料,取出制件进行修整。

3. 预浸料的下料及铺贴

预浸布裁剪前从低温环境中取出后应放在洁净间内解冻,并保持密封状态。当外包装膜擦干后无冷凝水产生时方能打开包装使用。材料从低温环境恢复到环境温度的时间随材料总厚度的变化而变化,对于贮存在 $-18\ ℃$ 下预浸料的解冻要求建议如下:最短停放时间(h)= $1.2\times$ 需解冻包装或成卷状的厚度(mm)/10。

在热压罐产品制造工序中,首先需将部件沿厚度方向设计铺层,进而用计算机将每一铺层展开成平面。以平面样板对预浸料按定向取向裁剪,作为组成零件的基本单元。根据产品的结构尺寸特征,其主要的裁剪方法为:

(1)手工下料[见图 8.32(a)]

用于结构简单,裁剪尺寸精度低的产品。

(2)自动下料[见图 8.32(b)]

(a)手动下料

(b)自动下料

图 8.32 手动-自动下料

智能化程度高,自动送料,排版、自动识别轮廓和瑕疵,一键切割,大大降低生产成本。高速主动圆刀、高速振动刀等适合切割各类复合材料。

预浸料铺贴包括手工铺贴及自动铺放技术。

(1)手工铺放

适合小型复杂结构,工程中需要激光投影定位或使用定位工装,铺放过程中需要预压实,在铺放过程中避免裹入空气和纤维起皱。为了达到此要求,使用特制的刮板沿纤维的平行方向或织物的经向梳理。

为了提高预浸料贴合性,可以使用加热枪或电熨斗进行加热,但温度不超过 65 ℃,且需不停地移动以防止局部过热。另外,加热枪与预浸料铺层之间的距离不低于 80 mm。

(2)自动铺放

自动铺带、自动铺丝,适合大型相对简单的结构,可大幅度节省时间、劳力,速度较手工铺贴可提高 10 倍,且节省原材料,废品率低。如 A380 中央翼盒、尾翼、襟翼采用自动铺带技术(见图 8.33)。

图 8.33　A380 机翼蒙皮自动铺带

在铺贴过程中搭接和对接的拼缝应错开至少 25 mm,以保证产品性能。同向铺层之间可以每隔三层重复拼缝的错开位置,如图 8.34 所示。

4.真空袋封装

真空袋封装的顺序为隔离膜、透气毡专用原材料等,用密封胶条将真空袋密封在工装上,典型封装图如图 8.35 所示。

真空袋封装的具体要求如下:

①模具表面使用脱模剂处理,防止树脂粘住模具表面;

②边缘透气材料应连接真空源,保证气路畅通;

③无孔隔离膜应延伸到边缘透气材料中心;

④表面透气材料应与边缘透气材料接触,但不能直接接触到预浸料。

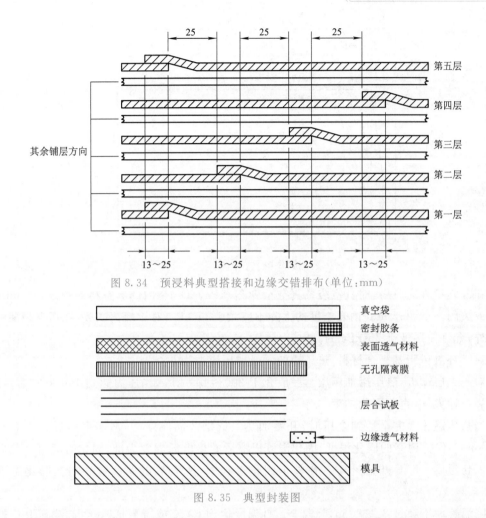

图 8.34　预浸料典型搭接和边缘交错排布(单位:mm)

图 8.35　典型封装图

　　上述真空系统有利于抽取预浸料中含有的低分子挥发物和夹杂在预浸料中的气体。高分子材料固化以获取均匀理想结构的先决条件是在一定阶段下对其施加压力,以获得致密的结构,然而压力必须在树脂发生相变,即在由流动态向高弹态过渡的区间内施加。压力过早会使大量树脂流失,压力过晚树脂已进入高弹态。自由状态下的高弹性会夹杂许多孔隙与气泡,导致结构不致密。热压罐的均匀压力为获取良好的复合材料内部质量提供了保证。

　　若升温过程中出现真空袋泄漏的情况,一般如下处理:

　　温度不高于 65 ℃时,允许卸压开罐,修理真空袋,进行泄漏检测。检测合格后重新进罐。

　　温度不高于 115 ℃时,热压罐降温至 60 ℃,卸压开罐,修理真空袋,进行泄漏检测。检测合格后重新进罐进行固化。注意,本操作在同一个固化周期中只允许进行一次。

　　温度高于 115 ℃时,继续完成固化程序并记录,零件拒收。

5.固化成型

　　固化过程以某高温固化树脂体系材料为例,如图 8.36 所示。

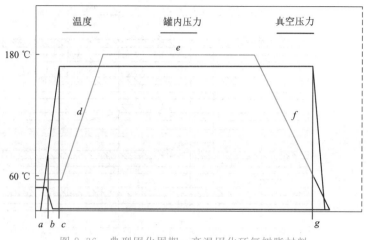

图 8.36　典型固化周期—高温固化环氧树脂材料

在漏气检查完成后,对真空袋抽真空至少 75 kPa,真空袋内的真空达到稳定,15 min 后断掉或关闭真空源;5 min 内真空度的下降不应大于 17 kPa;对于蜂窝试板,在真空袋漏气检查之外,允许使用低于 75 kPa 的真空。

对于环氧树脂基复合材料,热压罐的一般加压压力为 600 kPa。

对于夹层试板,热压罐加压压力一般介于 200～400 kPa,当压力达到 100 kPa 时,可将真空袋连通大气,直至固化结束。

当热压罐压力完全达到全压时,开始加热。依据产品厚度,升温速率一般介于 0.5 ～ 3 ℃/min。保持树脂的固化温度,固化温度以滞后的热电偶温度为准,固化时间可从热电偶达到固化温度－5 ℃开始计时。在整个固化过程中,所有热电偶读数必须在固化温度范围内。

降温速率不超过 3 ℃/min,降温至试件温度达到 60 ℃或者更低时,可卸罐压开启热压罐,产品出炉。

8.5　无损检测技术

在制造和使用过程中,复合材料难以避免会出现缺陷,制造过程中的主要缺陷有:气孔、分层、疏松、越层裂纹、界面分离、夹杂、树脂固化不良、钻孔损伤等,这些缺陷的存在会直接影响产品的服役寿命,甚至导致整个结构件的报废,造成重大的经济损失。由于目视的方法很难发现复材内部的缺陷和损伤,故必须通过无损检测(non-destructive testings,NDT)技术解决这一难题。

20 世纪 70 年代开始,国外科研人员对复合材料制造和应用过程中的无损检测技术开展了全方位的研究。研究初期,主要沿用金属的无损检测方法进行检测,随着研究的不断深入,科研人员逐渐掌握了复合材料的结构特征、缺陷类型和内部规律,发现不能完全采用金属的无损检测手段来解决复合材料的问题。20 世纪 80 年代以后,针对复合材料的无损检测技术不断涌现,如今复合材料的无损检测技术已经成为复合材料在应用过程中不可缺少的重要研究手段。

目前,应用较多且影响较大的无损检测技术主要有:超声检测技术、射线检测技术、光学检测技术等。

8.5.1　特点

复合材料与金属材料结构相比,最主要的不同在于可通过增强体和基体之间的物理结合、设计特殊铺层来使材料达到预期的性能,与金属的无损检测相比,复合材料的无损检测具有如下特点:

复合材料结构由纤维、树脂和各铺层组成,不同元素之间存在明显的各向异性,且纤维/树脂及铺层间的界面通过物理结合而成。通过大量的检测分析,结果表明复合材料内部最容易发生缺陷的部位是这些物理界面。因此,对界面缺陷的检测(尤其是层压结构)是复合材料无损检测的研究重点。

复合材料结构厚度较小,多为非厚度结构,其厚度通常为 0.3～40 mm,因此针对复合材料的无损检测手段必须结合具体的应用对象。需要注意的是,复合材料不允许表面检测盲区的存在。对于层压结构,单个铺层的厚度＜0.125 mm,且复合材料结构通常在厚度方向上没有加工余量。

对于复合材料结构,必须充分考虑材料内部的微观结构同所选用的检测方法在检测原理、信号产生来源上的一系列联系,不能单一地根据接收到的检测信号变化直接判别缺陷存在与否、缺陷产生类型、缺陷范围大小等。

复合材料的缺陷类型、存在位置、面积大小等,与材料自身、生产工艺和零部件结构等密切相关。因此,必须充分掌握复合材料的这些特点,才能正确地选择和运用无损检测判别方法。

必须对从事无损检测的人员进行相关的技术培训,以确保产品质量、快速发现缺陷、提高检测效率,严禁无证上岗。

8.5.2　应用举例

随着无损检测技术的不断发展,针对复合材料的无损检测手段不断丰富且种类众多,本文根据常用复合材料无损检测手段的工作原理进行分类,主要包括超声检测技术、射线检测技术、光学检测技术、声发射检测技术、微波检测技术、涡流检测技术等,并根据这些无损检测技术的工作原理进行应用举例介绍。

1. 超声检测技术

超声检测技术的工作原理是:超声波的频率≥20 kHz,其波长与材料内部的缺陷尺寸相匹配,超声波在材料内部传输过程中,会受材料声学特性和组织变化的影响,因而可根据超声波的变化特点和程度来识别材料的性能和组织结构变化。超声检测的工作原理如图 8.37 所示,根据超声波在正常区域和缺陷区域的反射、衰减及共振,可以判别缺陷的位置和大小。

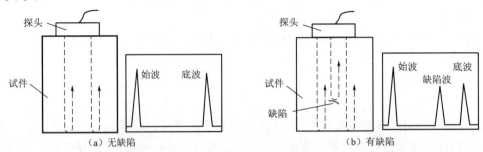

（a）无缺陷　　　　　　　　　　（b）有缺陷

图 8.37　超声检测技术工作原理示意图

　　超声波检测技术主要分为脉冲反射法、穿透法和反射板法，实际应用时根据不同的缺陷来选择合适的检测方法。针对小、薄且结构简单的平面层压板或曲率较小的结构件，适合采用水浸式反射板法；针对小、较厚的复杂结构件，适合采用水浸或喷水脉冲反射法和接触延迟块脉冲反射法；针对大型结构件，适合采用喷水穿透法或喷水脉冲反射法。复合材料结构具有各向异性且性能离散较大的特点，因此产生缺陷的机理复杂多样，并且实际检测时复材构件的声衰减较大，导致噪声与缺陷的反射信号比值（信噪比）较低，不易分辨，因此选择合适的检测方法至关重要。

　　超声检测的适用范围广泛，包括复合材料构件中的分层、孔隙、裂纹和夹杂等缺陷的判别，材料厚度、疏密、密度、纤维取向、曲屈、弹性模量等物理特性和几何形状变化的定性表征。超声检测的优点是易于操作、快速、可靠、灵敏度高、精确度高，可精确定位缺陷和分布，对人体无害。超声检测的缺点是对不同类型的缺陷要使用不同规格的探头，而且在检测过程中需要使用耦合剂，检测时需要专业的培训人员进行操作。

　　（1）传统超声检测技术

　　根据超声检测的扫描方式可将传统超声检测技术分为 A 扫描、B 扫描和 C 扫描。其中 A 扫描对应的脉冲图像为 A 型显示，其横坐标为时间，纵坐标为振幅。A 型显示是其余两种显示方式的基础，可以给出缺陷点相对于扫描平面的位置和深度，但无法给出缺陷的形状、尺寸等信息。B 型显示为沿超声波指向上的截面图，可以检测出缺陷在截面上的深度位置和特征尺寸，但无法检测出相对于扫描平面的位置信息。C 型显示为垂直超声波的截面图，横纵坐标分别代表探头在受检结构件表面上的横纵坐标，可以检测到缺陷相对于扫描平面的位置信息，但无法检测缺陷深度。图 8.38 为一种典型的超声 C 扫描系统。

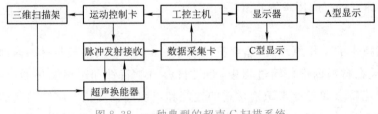

图 8.38　一种典型的超声 C 扫描系统

由于超声C扫描显示直观,检测速度快,且能够清晰地检出复合材料结构中体积分布类的缺陷,已成为大型复合材料构件普遍采用的无损检测技术。为保证超声波可以有效进入材料内部,减弱超声波在检测界面处的反射,一般会在探头和受检物体表面使用耦合剂。耦合剂的种类众多,一般工业上使用较多的是水浸法或喷水法。由于复合材料构件为多层结构,超声波在传递过程中衰减很大,导致信噪比很低,因此在实际检测时,必须要求操作人员有一定的工作经验。

(2)超声导波检测技术

超声导波检测技术快速方便,是近年来新的研究热点。导波是由于介质边界的存在而产生的,存在于介质中的波以折射或反射的形式与边界发生作用并来回多次反射,发生纵波与横波间的模态转换,形成复杂的干涉,呈现出了多种传播形式,从而形成各种类型的导波。导波的本质是由纵波、横波等基本类型的超声波以各种方式组成的。导波的主要特性包括频散现象、多模式和传播距离远。超声导波检测技术适用于快速、大范围的初步检测,多用于各种管道的无损检测中,一般只能对缺陷进行定性、做近似定量检测,并且需要结合其他检测方法来做最终评价。图8.39为超声波检测示意图。

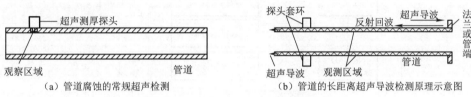

(a)管道腐蚀的常规超声检测　　(b)管道的长距离超声导波检测原理示意图

图8.39　超声导波检测示意图

(3)空气耦合超声检测技术

传统的超声无损检测方法需要使用耦合剂,由于耦合剂会使试样受潮或者被污染,且有可能渗入损伤部位,导致严重影响构件的力学强度和稳定性,无法适用于某些航空航天用复合材料构件的检测。非接触空气耦合超声检测技术是以空气作为耦合介质的一种非接触超声检测方法,它可以实现真正的非接触检测,无换能器的磨损,可进行快速扫描。除此之外,空气耦合超声检测技术容易实现纵波到横波、板波和瑞利波等模式的转换,而研究结果表明,在复合材料检测中,横波、板波和瑞利波比纵波的灵敏度高,这一优势有利于实现复合材料的精准检测和材料特性的表征。空气耦合超声检测技术可以用于某些复合材料结构件的脱粘、脱层、气孔、夹杂和纤维断裂等缺陷检测,可以解决传统液体耦合超声检测技术不能解决的问题。缺点是空气耦合超声检测的信号衰减较大,对于声阻抗较高的材料必须采用特殊的机制来改进,否则不适用于此方法,而且采用脉冲回波法进行检测的难度较大,多数采用穿透法检测和斜入射检测。图8.40为空气耦合超声检测系统原理图。

(4)激光超声检测技术

激光超声检测技术是一种近期研究比较多的非接触超声检测技术。它利用高能量的激光脉冲与物质表面的瞬时热作用,在固体表面产生热特性区,形成热应力,在物体内部产生超声波。根据超声波的激发与检测方式,激光超声检测可分为三种:第一种是用激光在试样

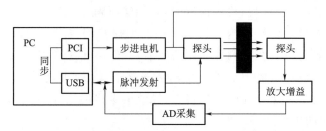

图 8.40　空气耦合超声检测系统原理图

中激发超声波,同时采用常规的超声探头进行接收;第二种是用常规的超声发射器进行激励,同时采用激光干涉法检测试样中超声波;第三种是用激光激励超声波,同时采用激光干涉法检测试样中的超声波,此方法是纯粹的激光超声检测技术。纯粹的激光超声检测技术相较于常规超声检测,不需要接触,可以实现远距离检测,适用于常规压电检测难以检测的复杂形状和结构、尺寸较小的复材件、材料高温特性等,比如飞机用部件的定位和成像等。图 8.41 为激光超声检测系统原理图。

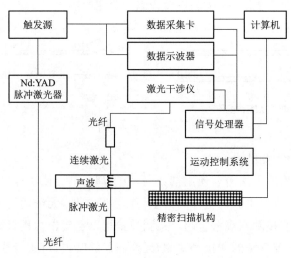

图 8.41　激光超声检测系统原理图

（5）相控阵超声检测技术

相控阵超声检测技术是一种多声束扫描成像技术,采用由多个晶片组成的换能器阵列超声检测探头,阵列单元在发射电路激励下以可控的相位激发出超声,产生的球面波在传播过程中波前相互叠加,形成不同的声束。由于各声束的相位可控,聚焦点可由软件控制,因此在不移动探头或者少量移动探头的情况下就可以扫描厚度大、尺寸大、形状复杂的工件的各个区域。相控阵超声检测技术的突出优点是分辨率高、信噪比好、缺陷检出率大。

2.射线检测技术

射线检测技术的工作原理是当射线（X 射线、γ 射线、中子射线等）穿过物体时会发生吸收和散射,从而检测出物体内部结构的不连续性。

射线检测技术适用于复合材料中的孔隙、夹杂,平行与射线穿透方向的裂纹,以及树脂聚集、纤维聚集等缺陷,对于铺层数较少的复合材料构件也可检测出纤维曲屈等缺陷。而对于分层缺陷、平行于材料表面的裂纹则不易检出,这是由于分层和平行于表面的裂纹对射线穿透方向上的介质无明显影响,因此射线检测技术不敏感。

(1)X 射线照相检测技术

X 射线照相检测技术是一种最传统的无损检测技术,在工业领域应用广泛,并且检测结果可靠、认可度较高。原理是当射线穿过物体时会发生衰减,衰减量随着材料种类、组织结构连续性等不同而变化,当复合材料内部存在缺陷时,会在胶片上呈现出与正常区域不同明暗的影像,从而达到检测效果。

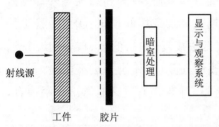

图 8.42 X 射线照相检测技术原理图

(2)X 射线实时成像检测技术

X 射线实时成像检测的原理(见图 8.42)是:当 X 射线在穿透物体时会被吸收和散射导致强度衰减,从而呈现出与试件内部结构和缺陷等信息对应的图像,再由摄像系统把图像转换成视频信号输出,通过计算机图像处理系统,运用数字图像处理技术,在彩色显示屏上实时显示图像,再进行分析处理,从而检测出物体内部缺陷的种类、尺寸、分布状况等。X 射线实时成像检测技术的突出优点是检测效率高、可实时在线检测,并且处理以后的图像可实现自动评定缺陷。

(3)计算机断层扫描成像技术

计算机断层扫描成像技术起源于 X 射线照相技术,它将圆锥状射线束通过准直装置改变为线状或面状扫描束,使其穿过被摄物体的某一个断面而得到该断面的图像,对每片物体的观察可获得该物体的结构和性能方面的大量信息,进而达到检测缺陷的目的。工业 CT 的独特优点是:①空间分辨率和密度分辨率高,通常小于 0.5%;②检测动态范围高,可从空气到复合材料再到金属材料;③成像尺寸精度高,可实现直观的三维图像;④不受试件几何结构的限制等。它的不足是:检测效率低、检测成本高、双侧透射成像,不适合于平面薄板构件检测和大型构件的现场检测。利用 CT 成像技术可以有效地检测复合材料中的孔隙、夹杂、裂纹等缺陷,也可以测量材料的密度分布、微孔隙含量等,如图 8.43、图 8.44 所示。

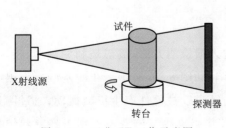

图 8.43 工业 CT 工作示意图

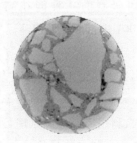

图 8.44 典型的复合材料 CT 扫描图像

3. 声发射检测技术

声发射检测技术是通过对复合材料或结构在加载过程中产生的声发射信号进行检测和分析,对复合材料构件的整体质量水平进行评价的一种检测技术,如图 8.45 所示。该方法能够反映复合材料中损伤的发展与破坏模式,预测构件的最终承载强度,并能够确定出构件质量的薄弱区域。

与常规无损检测技术相比,声发射检测技术的优点是:①可获得关于缺陷的动态信息,并据此评价缺陷的实际危害程度以及结构的完整性和预期使用寿命;②对大型构件,无须移动传感器作繁杂的扫查操作,操作简便、省时省工;③可提供随载荷、时间和温度等外部变量而变化的实时瞬态或连续信号,适用于过程监控以及早期或临近破坏的预报;④对被检工件的环境要求不高,因而适用于其他无损检测方法难以或无法接近(如高低温、核辐射、易燃、易爆和极毒等)环境下的检测;⑤对构件的几何形状不敏感,适用于其他方法不能检测的复杂形状构件。它的缺点是:结构必须承载,定位的精度有限,对裂纹类型只能给出有限信息,损伤产生的信号与噪声较难区分。

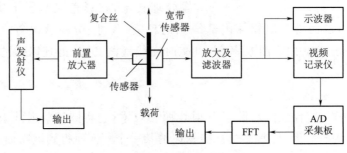

图 8.45　声发射检测工作示意图

声发射检测已应用于航空、航天、石油、化工、铁路、汽车、建筑和电力等许多领域,是一种重要的无损检测技术。俄罗斯西伯利亚航空研究所对 C-80ГⅡ 飞机副翼的 ogranit-10T 复合材料结构件进行循环应力疲劳试验,利用声发射系统和张力仪有效地研究其断裂过程。Richard D Finlayson 等利用声发射技术对航天器进行无损检测,能有效检测出结构中的裂纹和脱层缺陷。美国洛克希德马丁公司,在 P3 ORION 飞机的无损检测时,采用 Dunegan 工程咨询公司研制的一种能在高背景噪声下检测疲劳裂纹扩展声发射信号的仪器 AESMART2001 进行声发射检测。

4. 敲击检测技术

敲击检测技术是最常用的一类复合材料结构无损检测方法,最初是利用硬币、棒、小锤等物敲击蒙皮表面,通过辨听声音差异来查找缺陷,如图 8.46 所示。在此基础上发展了智能敲击检测法,利用声振检测原理,通过数字敲击锤激励被检件产生机械振动,通过测量被检件振动的特征来判定胶接构件内部的缺陷及胶接强度等。该方法可用于蜂窝状结构检测、复合材料检测、胶接强度检测等。

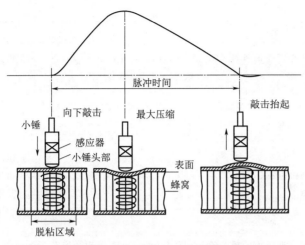

图 8.46　敲击法工作原理

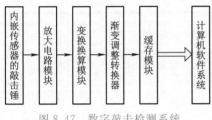

图 8.47　数字敲击检测系统

除上述常用的无损检测技术外,还有声—超声检测技术、液体渗透法、磁共振技术、光纤振动传感器技术、涡流法、目视法等。实际应用过程中,根据研究对象、服役条件、工作环境等,合理选用一种或多种组合的无损检测方法。图 8.47 为一种数字敲击检测系统。常用检测方法的优缺点及适用范围见表 8.12。

表 8.12　复合材料无损检测方法对比

检测方法	适用范围	优点	缺点
超声检测	分层、孔隙、裂纹和夹杂物等检测,材料的疏密、密度、纤维取向、曲屈、弹性模量、厚度等特性表征	易于操作、快速、可靠、灵敏度高、精确度高,可精确定缺陷的位置与分布	操作者须经过专门培训,对不同类型的缺陷要使用不同规格的探头,而且在检测过程中需要使用耦合剂
X 射线检测	表面微裂纹、孔隙、夹杂物(特别是金属夹杂物)、贫胶、纤维断裂等	灵敏度高,可提供图像,进行灵活的实时检测,可检测整体结构	对人体有害,操作者必须经过专门培训,需要图像处理设备
CT 检测	裂纹、夹杂物、气孔、分层、密度分布	空间分辨力高、检测动态范围大、成像的尺寸精度高、可实现直观的三维图像	检测效率低,成本高,双侧透射成像,不适于平面薄板构件以及大型构件的现场检测
红外热成像检测	厚度较薄的复合材料检测	提供全场图像	要求工件表层有较好的热吸收率
剪切散斑成像法	脱粘、分层、冲击损伤、疲劳实验等检测	操作简便,灵敏度高,无须耦合剂,成像准确且检测速度非常快,抗环境干扰能力强	图像分辨率低,无法区分不同深度的缺陷

检测方法	适用范围	优点	缺点
声发射检测	加载过程中产生的各种损伤及损伤的扩展	能检测缺陷和损伤等的动态状态,只需要接收传感器	损伤产生的信号与噪声较难区分
微波检测	较大的物理缺陷,如脱胶、分层、裂纹、孔隙等	操作简单、直观,可自动显示,无须预处理	仅适于较大缺陷的检测
敲击检测	薄蒙皮结构的蒙皮分层、板芯脱粘类缺陷	无须耦合、操作简便、检测速度高	仅能检测单面缺陷,且常规轻质量物体敲击检测法检测结果易受人主观意识和环境因素影响较大,检测分辨率低
机械阻抗检测	不规则或弯曲表面的板芯脱粘类缺陷	探头尖端直径较小,对缺陷定位准确,缺陷信号明显	耗费人力,检测速度较低

8.6 热压罐工艺关键技术

8.6.1 成型数字化技术

随着复合材料应用的日益广泛,热压罐成型技术也得到了高速发展,数字化技术就是其重要发展方向之一,热压罐产品的数字化制造可以进一步提高产品质量稳定性,提高生产效率,尤其针对大型复合材料壁板等构件,其应用优势更为明显。目前国外已经实现了复合材料零件的无图设计、制造技术,具备比较成熟的软件平台,自动铺带、自动铺丝等先进的数字化技术实现了批量应用,如图8.48所示,全面实现了复合材料的手工制造向数字化制造的转变。

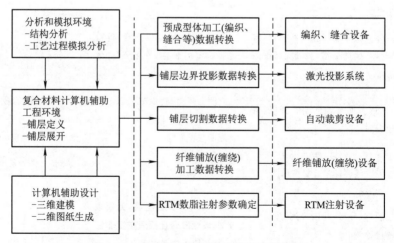

图 8.48 复合材料成型数字化技术路线图

通过在复合材料构件研制和生产过程中引入数字化技术,可以保证设计、分析、制造数据源的唯一,做到复合材料 CAD/CAE/CAM 一体化,便于数字量传递,减少研制时间,加快研制进度。以美国为首的西方发达国家首先采用了数字化技术。这项技术以全面采用数字化产品定义、数字化预装配、产品数据管理、并行工程和虚拟制造技术为主要标志,从根本上改变了复合材料传统的设计与制造方式,大幅度提高了制造技术水平。目前,世界先进的飞机制造商已经利用数字化技术实现了飞机的"无纸化"设计和生产,美国波音公司在 B777 和洛克希德马丁公司在 F 35 研制过程中采用了数字制造技术,研制周期比传统方式缩短了 2/3,研制成本降低了 50%,开辟了航空数字化制造的里程碑。

国内这方面还处于起步阶段,存在很多问题,如数字化应用技术不成熟,相关的流程、体系不够规范等。

1. 复合材料成型数字化设计技术

复合材料工艺数模设计是数字化设计制造的基础,是复合材料构件的原始数据,为后续的分析、制造等环节提供数据源头。其建模工作主要包括贴模面设计、建立铺层坐标系、区域和过渡区域的建模、铺层详细设计、铺层分块和展开以及可制造性分析等。

目前,常用的复合材料仿真设计软件一般是基于 CAD 的功能扩展软件,比较常用的有 Catia CPD 模块、FiberSim 软件等。以 FiberSim 软件为例,FiberSim 软件是一个可以实现复合材料数字化设计制造一体化的软件,它与 CAD 软件紧密集成,实现了设计和分析自动化,生成制造工程信息以及驱动铺层激光投影定位系统、自动下料设备和纤维铺放设备的数据,覆盖复合材料整个工艺设计过程,为复合材料的设计和制造提供全面的解决方案,适应了复合材料设计制造技术的发展要求。FiberSim 软件主要功能和接口如图 8.49所示。利用 FiberSim 软件对壁板蒙皮进行设计仿真,仿真结果如图 8.50 所示。主要设计过程是:拾取蒙皮外表面并拓展为仿真曲面(Surface),即将来的铺贴模胎面;拾取蒙皮内表面各厚度区边界并向 Surface 投影建立基于 Surface 的厚度区(Zone);设置 Zones 特征值,包括边界、铺层数等参数;生成铺层仿真;设置 Zone-Zone 边界过渡参数,重新生成铺层。

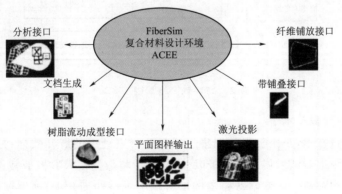

图 8.49 FiberSim 一体化设计环境

图 8.50　铺层仿真示意图

2. 数字化制造技术

(1)数字化制造技术软件平台的构建

复合材料零件有其自身的材料、结构以及工艺特点,与一般的金属制件不同,复合材料零件除了要设计表达形位、尺寸信息,还要设计表达铺层轮廓、角度以及芯材等复合材料特有的信息。前期基于二维图纸或 CATIA 建立的三维数模,无法生成铺层数据,无法适应数字化设备的应用,不利于数字化技术的发展。所以应采用先进的复合材料专用设计、工艺软件进行建模和三维标注,为复合材料数字化技术的应用搭建软件平台。目前国外比较成熟、比较常用的专用软件为 FIBERSIM 和 CATIA CPD 以及与之配套的辅助软件。

通过构建复合材料数字化制造技术的软件平台,采用专用设计、工艺软件建立复合材料零件三维数模(工程数据),进而建立制造数据集、程序,实现与自动下料机、投影定位、自动铺带设备等数字化设备的接口,为复合材料数字化制造技术应用打下基础,如图 8.51 所示。

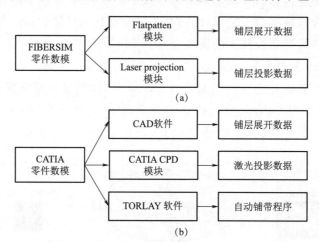

图 8.51　复合材料数字化制造技术的软件平台

(2)铺层数控剪裁技术

铺层数控剪裁技术,是由工程数据集生成复合材料铺层的展开数据,并且按材料(预浸料)幅宽、铺层的角度对铺层展开数据予以分割,然后将数据输入数控剪裁设备,从而实现复合材料铺层的数控剪裁。通常制造模型铺层数据为三维曲面数据,铺层展开数据为平面数据。对于复杂曲面上的铺层,进行二维展开时,既要保证铺层能够展开,还要保证展开的铺层铺到模胎面上能够边界一致。铺层展开往往存在较大的困难，只有通过制造可行性分析，预浸料变形在可接受范围之内才可以进行铺层展开。两者转化过程中，需要以材料可变形量（一般考虑延伸率指标）进行仿真分析，具体分析和展开过程为：将铺层曲面集合拆分为有限个四边形网格；将起始铺贴点网格设置为零变形网格（即方格），利用有限元分析方法计算周边网格变形量，直至扩展至铺层边界，变形网格显示为菱形，菱形对角线长度相差越大，代表变形量越大；根据材料变形量数据，将所有菱形还原成方形，得出平面数据即为平面展开图。从展开过程可以看出，展开数据误差主要来源于用于计算分析的网格大小和材料变形量，网格越大和材料变形量设置越大，铺层展开数据的误差越大。

（3）激光投影定位技术

传统铺贴采用测量和划线方式来确定铺层边界，定位误差较大。为提高定位精度，可采用铺层激光投影定位系统来完成铺层定位。铺层激光投影定位技术是将零件数模中铺层轮廓及定位轴线的三维信息转化为点阵格式，采用激光系统逐点快速扫描成线，以在铺叠过程中对铺层进行定位。激光投影定位技术主要包括三个方面：投影数据、工装数据、投影仪配置文件。

投影数据：铺层轮廓及定位轴线的点阵格式的坐标文件。

工装数据：铺叠工装采用零件数模进行设计，并采用数控加工制造。在工装周缘均匀安装激光投影的定位靶点（一般不少于四个，涵盖零件型面的最高点、最低点），定位靶点的坐标值即为工装数据（与零件数模在同一坐标系）。

配置文件：是对投影设备的配置、功能进行约束的文件。如确定投影仪的数量、投影参数等。

铺层激光投影定位技术应用控制的关键点为：

①工装数据、投影数据必须和零件数模在同一坐标系中，保证激光投影位置与工装形面吻合。

②对于全面积的主铺层采用投影轴线（肋、墙轴线）定位，对于内部子铺层采用投影轮廓线定位，以提高激光定位线的清晰度和定位精度。

③工装数据、投影数据、配置文件是投影系统应用的三大文件，要优化三者的协调关系尤其是配置文件设定。

④铺层铺叠要密实平整，尽量接近理论厚度，以保证投影位置的准确。

⑤在铺叠过程中，铺叠工装要有固定装置，避免移动。若移动要重新进行工装靶点的扫描校准，以保证投影数据与工装坐标系的吻合，进而保证投影位置的准确。

（4）数控加工仿真技术

近年来，计算机辅助编程方法解决了复杂曲线、曲面的加工难题，对于复合材料构件和模具，发展高速数控加工技术将对缩短模具制造周期，提高模具制造质量有着显著成效。

为进一步确保数控加工过程中的科学性与合理性，往往需要在完成数控程序编制工作后，实行正确性检验工作，目的在于规避正式加工过程中因程序失误或者操作失误，造成的过切、欠切、碰撞等隐患问题。一般来说，在机床实际加工之前，利用计算机仿真技术实现数控加工过程中的模拟流程，基本上可以为数控程序的评估准确性提供坚实基础，防止实际加工因工序或者程序失误而出现严重的隐患问题。

现阶段，数控加工仿真技术以几何仿真为主要的核心技术。其中，数控代码作为几何仿真主要的驱动源,通过利用三维建模技术与过程仿真技术相结合的方式实施数控加工仿真技术流程。首先,生成刀具移动轨迹数据;其次,利用轨迹形状与被加工的几何体进行求交运算;再次,根据生产的坐标数据与加工后零件的相关参数,确定中间结果;最后,利用三维建模以及动画技术将过程结果分别展现到计算机屏幕上面,实现预期的技术内容。

8.6.2 自动预成型技术

在预浸料/热压罐工艺中,预浸料预成型体的制备是整个制造过程中周期最长、劳动强度最大的工艺环节,也是决定复合材料制造质量的关键。传统的预浸料/热压罐工艺采用下料、人工铺贴、预压实的方式进行预浸料预成型体的制备。随着复合材料在飞机上应用比例的逐步增大,复合材料构件尺寸也随之增加。当复合材料零件尺寸较大时,传统手工铺叠难度相应增大、成型效率低、产品质量也难以保障,不能满足研制生产的需要,因此,相应的自动铺放技术应运而生。自动铺放技术是利用计算机自动控制取代手工铺贴,是数控机床技术、CAD/CAM 软件技术和材料工艺技术的高度集成。自动化制造技术不仅显著提高了复合材料构件的生产效率,降低了生产成本,而且通过对成型工艺参数和技术指标的精确控制,极大提高了复合材料构件制造精度、内部质量和稳定性。

根据预浸料形态,自动铺放技术可分为自动铺带(automated tape laying,ATL)和自动铺丝(automated fiber placement,AFP)两类技术。其中自动铺带主要用于小曲率或单曲率构件(如翼面、柱/锥面)的自动铺叠,由于预浸带较宽,以高效率见长;而自动铺丝侧重于实现复杂形状的双曲面(如机身、翼身融合体及 S 进气道等),适应范围宽,但效率逊于前者。

1. 自动铺带技术

20 世纪 60 年代中期,复合材料自动化成型技术开始涌现,美国率先在先进复合材料制造领域开发自动铺带技术,并实现人工辅助铺带到全自动铺带的转型。20 世纪 80 年代以后,自动铺带技术开始广泛应用于商业飞机的制造领域。欧美航空制造商将自动铺带技术广泛应用于多种飞机型号,美国采用自动铺带技术生产 B1、B2 轰炸机的机翼蒙皮,F-22 战斗机机翼蒙皮,波音 777 飞机机翼、水平和垂直安定面蒙皮,C-17 运输机的水平安定面蒙皮,波音 787 机翼蒙皮等。欧洲采用自动铺带技术生产空客 A330 和 A340 水平安定面蒙皮,A340 尾翼蒙皮,A380 的机翼蒙皮和安定面蒙皮,空客 A350XWB 机翼蒙皮。我国大型客机 C919 的中央翼、平尾、垂尾等大部分大尺寸复合材料制件都将采用自动铺带技术。经 20 世纪 90 年代的蓬勃发展,自动铺带技术在成型设备、软件开发、铺放工艺和原材料标准化等方面得以深入发展。

(1)自动铺带设备

自动铺带设备按照铺放成型构件的复杂程度,可分为两类:一类是平面型铺带机(FTLM),另一类是曲面形铺带机(CTLM)。FTLM 一般有 4 个轴控制铺带头运动轨迹,使用宽 75/150/300 mm 带料;CTLM 使用宽 25/75/150 mm 带料,该类机床至少设计有一个用于层铺曲面的 A 摆动轴,C 转动轴用于铺带方向的改变,即它通常有 5 个轴控制铺带头运动轨迹。一般地说,零件轮廓越复杂,越趋于使用窄带料,但为提高设备的层铺效率,FTLM 多用带宽 300 mm,CTLM 多用带宽 150 mm。

按铺放成型构件的形状特点,自动铺带设备如图 8.52 所示。设备也可分为两类:一类是用于筒形体构件和机身等曲率变化梯度小的复合材料回转体构件铺放成型的卧式自动铺带设备;另一类是主要用于小曲率壁板、翼面等非回转构件铺放成型的龙门式自动铺带设备。典型的自动铺带设备为 10 轴设备,其中 5 个数控(NC)轴用于机床坐标轴运动控制,另外 5 个控制轴设计在铺带头装置上,用于实现铺带头内部预浸带输送、铺放和切割等运动。图 8.53 为 M-Torres 公司的自动铺带设备对 A 350 机身蒙皮进行铺带的过程。

图 8.52 自动铺带设备

图 8.53 A350 机身蒙皮自动铺带

(2)工作原理

铺带头是自动铺带机最主要的功能部件,一般设计有供料卷盘、带料导向传送装置、剪切装置、滚动压紧装置、可控加热装置等基本部件,实现预浸带料输送、加热、辊压贴紧、剪切、铺放等功能。自动铺带机的工作原理如图 8.54 所示,将复合材料预浸带安装在铺放头中,多轴机械臂(龙门或卧式)对铺带位置进行自动控制;预浸带由一组滚轮导出,加热使预浸带更具黏性,然后在压辊的作用下沿设定轨迹铺放到工装模具或上一层已铺好的材料上,以保持材料固结的压力;切割刀按设定好的长度和角度将预浸带切断,保证铺放的材料与工装的外形相一致;铺放的同时,回料滚轮将背衬材料回收。根据设计要求,可以改变每一铺层的铺放角度,因此可用来铺放具有交叉铺层的结构,整个铺放过程全部采用数控技术自动完成,最后进行在线或离线热压固化。

自动铺带系统可分为一步法和两步法两种工作方式。一步法是指预浸带的切割和铺叠在同一铺带头上完成;两步法是指预浸带的切割和铺叠分开实施,即不在同一头上完成。这两种方法都能满足一般产品的加工要求,但对于复杂形状铺层,两步法比一步法更容易实施,且铺放效率较高,但采用两步法的设备一般比一步法的设备价格昂贵。

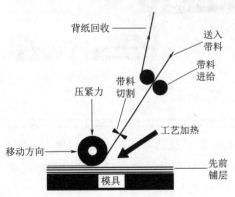

图 8.54 自动铺带成型原理

(3)技术特点

相对于手工铺叠,自动铺带技术生产效率高。据统计,国外自动铺带的生产效率达到手工铺叠的 10 倍以上,且不需要真空压实。另外,自动铺带技术采用自动切割,铺层裁剪废料减少,材料利用率至少增加 50%。对于手工铺叠困难的大中型尺寸、变截面厚蒙皮的制造,具有良好的经济效益。

自动铺带的定位精度高于手工定位精度的两个量级以上,制备的构件表面平整、位置准确、精度高、质量稳定性高。

根据复合材料预浸带的特性,自动铺带 CAD/CAM 软件开发中都要遵循自然路径的概念,否则会出现纤维的褶皱、预浸带难以贴合模具表面以及预浸带之间留下缝隙等缺陷。因此,主要用于平面型或低曲率的曲面形复材构件的铺层制造,而对复杂外形的复材构件有限制。

2. 自动铺丝技术

自动铺丝技术由美国 Boeing、Hercules、Cincinnati Milacron 等公司于 20 世纪 80 年代在纤维缠绕技术和铺带技术的基础上发展起来。自动铺丝技术克服了缠绕技术"周期性、稳定性、不架桥"以及自动铺带"自然路径"的限制,可实现连续变角度铺放和变带宽铺放,具有更大的自由度和灵活性,适合复杂曲面外形的大型复合材料构件自动化成型制造。在航空航天领域中的典型应用包括进气道、机身壁板、全机身舱段、整流罩、发动机短舱蒙皮、仪表舱罩盖/转接器等。表 8.13 为自动铺丝技术在飞机结构上的应用。

表 8.13　自动铺丝技术在飞机结构上的应用

机型	结构
F/A-18E/F	进气道、后中心滑动板蒙皮、平尾蒙皮
C-17	风扇罩、起落架吊舱
Premier I	机身段
JSF	S 型进气道
F-22	鸭翼、平尾枢轴
A380	后机身
A350	分片机身
B787	整体机身段

图 8.55　自动铺丝设备

(1)自动铺丝设备

自动铺丝设备(见图 8.55)一般由铺丝头、支座、预浸纱架等部分组成,相对于自动铺带,自动铺丝是一种更"灵巧"的复合材料成型技术。自动铺丝设备一般具有 6~7 个自由度,自动铺带设备一般有 4~6 个自由度,有的铺丝机基于机器人平台,具有灵活的机械手来控制铺丝头的运动。作为后起之秀,自动铺丝随着技术的进一步成熟和完善,其成型效率也不断提高。

(2)工作原理

自动铺丝机的工作原理如图 8.56 所示。铺丝头是自动铺丝机最为核心的部件,它将多条预浸纤维丝束合理排布,并紧密排列在芯模上,同时通过张力控制和压辊的作用使其紧紧地铺放在芯模上。在铺放过程中,各路纤维独立控制(包括纤维夹紧、切割和重送),并可以合理增减纤维束数量以满足构件结构的设计要求。在铺放过程中,可控热源装置对其进行加热控制以产生一定的黏度,确保压紧装置可压紧纤维丝束紧贴工件型面,并挤走铺层之间的空气。预浸纱可采用碳纤维、玻璃纤维等多种增强纤维浸渍热固性或热塑性树脂而成。其中一种预浸纱是直接由纤维束直接浸渍而成的,而另外一种丝束则由大量丝束共同浸胶形成预浸带再按照规定宽度切割成窄丝束,又称切割窄带。

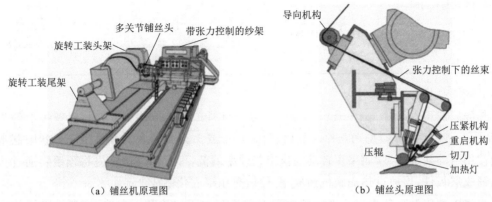

（a）铺丝机原理图　　　　　　（b）铺丝头原理图

图 8.56　自动铺丝成型原理

（3）技术特点

自动铺丝技术在成本控制、质量控制和设计自由度方面具有显著的优势:

①铺放过程由设备自动完成,人工成本低、生产效率高。

②采用多组预浸纱,具有增减纱束根数的功能。

③各预浸纱独立输送,不受自动铺带中自然路径轨迹限制,铺放轨迹自由度更大,可以实现连续变角度铺放,既可以实现凸面也可以满足凹面等大曲率复杂型面结构的铺叠。可在复合材料表面保持真实的纤维取向。

④具有较高的设计自由度,可以对构件的某一个部位进行局部的加厚增强、混杂、加筋、铺层递减和开口铺层补强等操作来满足多种设计要求。

⑤铺层厚度控制精确、孔隙含量低(小于1%),形成的复合材料具有很高的质量。

⑥自动铺丝技术是用宽度较小的纤维丝束进行铺放,可以单独控制,根据构件形状自动切纱以适应边界,成型时切除的废边料较少,且不需要隔离纸。

表 8.14 将纤维缠绕（湿）、手工铺放（预浸带）和纤维铺放（预浸丝束）等方法进行了对比。

表 8.14　纤维缠绕/手工铺放/纤维铺放的对比

项目	纤维缠绕（湿）	手工铺放（预浸带）	纤维铺放（预浸丝束）
空隙含量	4%~8%	<1%	<1%
厚度适用性	铺层厚度为 0.250~0.650 mm,不能铺设等锥度的零件	铺层厚度为 0.125~0.250 mm,由预浸规范控制	铺层厚度为 0.125~0.380 mm,厚度可变化/程序控制

续表

项目	纤维缠绕(湿)	手工铺放(预浸带)	纤维铺放(预浸丝束)
缠绕角适用性	>15° 15°~90°	0°~90° 平面结构	0°~90° 可变化/程序控制
纤维束的切断与增加	无	手工拼接/只能切断	程序控制
搭接与对缝拼接间隙	3.20 mm	0.760 mm	<0.760 mm
几何形状	最适合于回转体	复杂的平面结构,受 手的位置/铺放的限制	复杂形状,受机器位 置/切断/增加纤维的限制
废料率	20%~40%	50%~200%	5%~20%

3. 热隔膜技术

热隔膜成型(hot drape forming)是一种复合材料预成型方法。复合材料壁板上的长桁(通常为 T 型、工型和帽型)、角片、框、梁、肋等 C 形或 L 形复合材料零件由于形状限制不能直接使用自动铺带成型,而采用自动铺丝工艺效率偏低,可行的方法是先将预浸料通过自动铺放铺成层板件,再通过热隔膜机预成型,然后热压罐固化制成产品。

热隔膜预成型工艺根据零件的预成型方向可分为正向法和反向法,前者是隔膜从上往下使层压件贴合工装表面并包住,后者则反之;根据热隔膜工艺使用的隔膜数量,可分为单隔膜成型工艺和双隔膜成型工艺,前者工艺较为简单,在成本和效率方面有优势,而后者则能更有效地保证形状较为复杂、厚度较厚制件的成型质量。

(1)热隔膜设备及原理

热隔膜成型机主要由真空床、预浸料预热床、主加热灯库、工装预热灯库、移料床等组成。一般主灯库固定不动,真空床和移料床通过导轨来回移动,以实现各个操作过程,如图 8.57 所示。

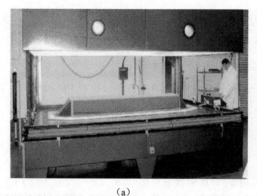
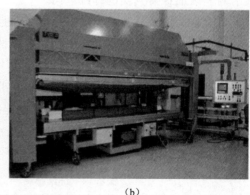

(a)　　　　　　　　　　　　　　　　(b)

图 8.57　热隔膜设备

热隔膜成型工作原理如图 8.58 所示,将预浸料层板放置于热隔膜模具上,通过一种特制隔膜的辅助作用经过抽真空和加热等方法,将预浸料层板压向模具,形成所需形状,其类似于金属材料的引深或压延以及折弯成型。

工艺流程:单隔膜预成型——先将工装在真空床上定位后,再将料层转移至工装上表面并定位,隔膜放置在平板预浸料的上面并被隔膜框夹住;真空床缓缓移入主加热灯库下,并使隔膜缓缓下降至最低点贴合预浸料上表面;进行红外加热,达到预设的温度,开启真空床的真空系统,通过控制真空速率,在隔膜的辅助下使平板预浸料慢慢折弯贴合于工装型面,形成所需形状。双隔膜预成型——工装转移至真空床并定位,通过工装预热库预热工装;另一方面,将下隔膜铺覆于预浸料预热床并将预浸料层板转移并定位到下隔膜上方,预热床移至主加热库下并将上下隔膜密封,再通过主加热灯库的加热灯及预热床底部电阻板预热预浸料层板;预热结束后,将真空床带工装移入主加热库,并将带料层的双隔膜缓缓下降至最低点使料层及隔膜贴合工装上表面;控制隔膜间真空以及真空床的真空,隔膜将预浸料压到模具上赋予预浸料形状。

（2）技术特点

热隔膜技术可以成型一些形状复杂的产品,很适合于曲面复杂件和受力件(如一些梁和长桁等)的成型。而且由于隔膜的作用,可以在成型过程中保证纤维不滑动、不起皱、无波浪,从而提

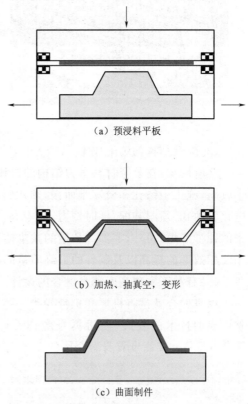

（a）预浸料平板

（b）加热、抽真空,变形

（c）曲面制件

图 8.58 热隔膜成型原理

高产品强度和表面质量。热隔膜成型除用于复合材料件热成型外,还可用于各种蜂窝的胶接和压实。

8.6.3 整体成型技术

1.整体成型技术概述

随着复合材料用量的增大、结构复杂程度的不断提高,能够充分发挥复合材料的潜力、简化装配关系的整体化成型技术逐步得到了设计者的青睐。热压罐整体成型技术是指采用复合材料共固化、共胶接、二次胶接的技术和手段,通过大量减少零件和紧固件的数目实现复合材料结构从设计到制造一体化成型的相关技术,如图 8.59 所示。

相对于传统结构,整体化结构的主要优点如下:

（1）降低制件成本

整体成型技术可以将几十甚至几百个零件减少到一个或者几个,减少分段和对接,从而大幅度的减少结构质量,降低制件的成本。

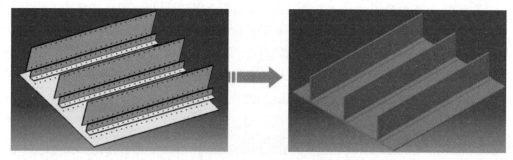

图 8.59　传统结构与整体化结构对比

(2)降低结构的装配成本

众所周知,在复合材料承力结构的机械连接中,所用紧固件特殊,多为钛合金紧固件,成本较高;施工中钻孔和锪窝难而慢,须用特殊刀具,容差要求严、成本高;装配中要注意防止电化腐蚀,必须湿装配,耗时费力、成本高。大量减少紧固件的结果必然减少诸多因连接带来的种种麻烦,另外,零部件数量的减少使供应链的复杂性和装配流程也有所简化。这些对于装配效率的提高以及制件的最终质量的提升都有重要的贡献。

(3)有利于实现高度翼身融合的设计

翼身融合就是将机翼和机身融为一体,进行整体结构设计和整体制造。由于复合材料整体成型技术的发展,使得翼身融合设计更易实现。如美国的无人作战飞机 X-47A(见图 8.60)是一架高度翼身融合体的无尾飞翼式布局飞机,全机由四大部件构成,充分发挥了整体成型技术的优势。

图 8.60　无人作战飞机 X-47A

(4)有效降低雷达反射面积,提高飞行器隐身性能

采用整体成型的复合材料结构,大大减少了传统机身结构上存在的大量缝隙、台阶、紧固件头,同时整体成型更有利于机身的扁平设计与制造,这将有效降低飞机雷达反射面积。同时采用整体成型技术,可以将吸波材料融合在机体结构外表和内部,实现机体结构对雷达波的吸收,亦可以提高飞机的隐身性能。

2. 整体成型工艺

(1)共固化

两个或者两个以上的零件经过一次固化成型而制成整体之间的工艺方法。只需要一次固化过程,工艺经济性好;不需要装配组件间的协调;共固化构件的结构整体性好。其局限性主要表现在:共固化对模具设计、制造的精度要求严格,模具一般采用复合材料模具或殷钢模具,模具成本高;对于夹层结构构件共固化成型要求树脂黏性较大;共固化构件工艺技术要求颇高,工艺风险较大;共固化构件的尺寸精度控制难,不适合结构复杂的构件。

(2)共胶接

把一个或者多个已经固化成型而另一个或者多个未固化的零件通过胶膜在一次固

化中固化并胶接成一个整体之间的工艺方法,是共固化与二次胶接的组合。可以保证先固化零件质量,降低了制造风险,工艺可靠性增加;先固化一个或多个零件,降低了工艺难度;在胶接共固化过程中属于软配硬组合,固化零件与未固化零件配合协调性好,胶接质量有保证。其缺点主要表现在:与共固化相比,多一次固化,工艺成本相对较高,制造周期相对较长。

3. 整体成型技术的国内外应用

飞机复合材料成本中,紧固件、装配、铺层几乎占到总成本的一半,如图 8.61 所示。实际上改变铺层方式和装配方式也就改变了复合材料的微观、宏观结构,同时必然减少紧固件数量及紧固环节,从而达到减重、降成本、提高机体性能,在此基础上整体化技术在国内外应运而生。

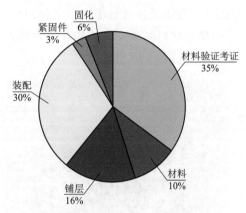

图 8.61 飞机复合材料成本构成

(1)国外应用

美国 B-2 隐形轰炸机整个机身(见图 8.62),除主梁和发动机机舱使用的是金属材料外,其他部分均由高性能复合材料构成,其机翼和翼身融合的一体化壁板采用共固化技术成型,壁板上共固化有多个翼肋和前后梁,总面积为 19.8 m×3.66 m。该整体成型技术实现了高度翼身融合,使机体外形光滑圆顺,毫无"折皱",大大减少了雷达波反射。

波音公司 B787 客机所有机身(见图 8.63)段都是由复合材料长桁和复合材料蒙皮胶接配装并固化成一体的,整体成型的机身段省去了 1 500 块铝合金板料零件和4 万~5 万个连接件。其机翼翼展最长可达 63 m,为复合材料加筋壁板结构,采用共胶接整体成型。

图 8.62 B-2 隐形轰炸机

图 8.63 波音 787 整体化机身

空客 A350XWB 机身壁板(见图 8.64)工装开设定位成型帽型长桁的凹槽,蒙皮采用纤维丝束铺放制造,与长桁共固化成型,然后机械装配成筒段,减小了机身制造的难度和风险。机翼长32 m,翼根部分宽 6 m,重约 2 t,是现有的最大的复合材料构件,机翼壁板上的长桁总长度约 300 m，采用与蒙皮共胶接整体化成型工艺制造。

(2)国内应用

当前，先进复合材料整体构件已在我国自主设计的军民机上，包括鸭翼、垂直安定面、水平安定面、升降舵及方向舵等构件，可以大幅度提高我国航空复合材料技术水平，尤其在无人机领域，复合材料整体构件应用更为广泛。随着复合材料应用的越来越广泛，整体成型技术在国内复合材料航空构件研制过程中也越来越成熟。

C919 复合材料用量为 12%，其中大部分为加筋壁板结构，平尾、垂尾、后机身均为加筋壁板共胶接结构，其中后机身前段全长 3.2 m，最大截面直径 3.1 m，由 4 块整体复合材料壁板、整体复合材料球面框、复合材料 C 型框和工型梁等组成，包含 600 余项零件，是大面积复合材料制造主体结构在国产民用飞机上的首次应用，有效降低了飞机重量，提升了经济性，如图 8.65 所示。

图 8.64　A350XWB 复合材料机翼壁板

图 8.65　C919 后机身前段

C929 前机身筒段(见图 8.66)长约 15 m，直径约 6 m，环向壁板分为四块，由纵缝拼接而成，单块最大壁板长约 15 m，弧长约 6 m。机身段结构由壁板、框、长桁、客货舱门框、旅客观察窗、客货舱地板等组成，壁板、框等零件尺寸大、整体化程度高。这是国内首次采用全复合材料设计理念研制宽体机身大部段。

图 8.66　C929 前机身筒段

参考文献

[1] 徐燕,李炜.国内外预浸料制备方法[J].玻璃钢/复合材料,2013,000(008):67-71.

[2] 张凤翻.复合材料用预浸料[J].高科技纤维与应用,1999,024(006):29-31.

[3] 韩笑,侯锋辉,王希杰,等.国内外预浸料应用市场概述[J].玻璃纤维,2018,284(06):10-15.

[4] 李刚,李鹏,薛忠民,等.中温热熔预浸料用环氧树脂及其固化体系的研究进展[J].玻璃钢/复合材料,2006(05):44-47.

[5] 欧阳国恩,孙其海,林凤森.高尔夫球杆用碳纤维预浸布品质研究[J].玻璃钢/复合材料,2003,(006):30-32.

[6] 丕扬,王者友.预浸料:高性能复合材料用原材料[J].玻璃钢,2003,000(002):27-31.

[7] 赵鸿汉.国内外预浸料市场浅析[J].玻璃钢,2014(02):21-24.

[8] 张旭坡.自动铺丝预浸纱制备技术研究[D].南京航空航天大学,2007.

[9] 沃西源.热熔法制造碳纤维/环氧预浸料工艺试验研究[J].宇航材料工艺,1994(06):54-57.

[10] 沃西源.预浸料的类型、特性与制造技术[J].航天返回与遥感,1998(4):36-40.

[11] 段可欣.湿法单向碳纤维预浸料的研制[J].通信与测控,2003,27(4):47-51.

[12] 吴祥.热熔膜法长效低温碳纤维/环氧树脂预浸料的制备及性能研究[D].华东理工大学,2012.

[13] 康海霞.预浸机的总体设计及实现[D].天津工业大学,2006.

[14] 常延辛.热熔法预浸料制备设备及其关键技术的研究[D].武汉理工大学,2012.

[15] 张凤翻.复合材料用预浸料[J].高科技纤维与应用,1999(06):29-31.

[16] 蔡浩鹏,王钧,段华军.热塑性复合材料制备工艺概述[J].玻璃钢/复合材料,2003(02):51-53.

[17] 刘宝锋,李佩兰,张凤翻.热熔法预浸料制备工艺研究[J].高科技纤维与应用,2000(04):38-41.

[18] 孙宏杰,张晓明,宋中健.纤维增强热塑性复合材料的预浸渍技术发展概况[J].玻璃钢/复合材料,1999(04):40-44.

[19] BERNET N,MICHAUD V. Commingled yarn composite for rapid processing of complex shapes[J]. Composites:Part A,2001,32:1613-1626.

[20] HOU M, YE L, MAI Y W. Manufacturing process and mechanical properties of thermoplastic composite components[J]. Journal of Materials Processing Technology,1997,63(1-3):334-338.

[21] SALA G. Heated chamber winding of thermoplastic pounder-impregnated composites[J]. Composites,1996,27:387-392.

[22] 石业琦,崔永辉,薛平,等.连续碳纤维增强热塑性树脂预浸片材制备技术的研究进展[J].塑料工业,2019,47(11):1-4.

[23] 李学宽,肇研,王凯,等.热熔法制备连续纤维增强热塑性预浸料的浸渍模型和研究进展[J].航空制造技术,2018,61(14):74-78.

[24] 王荣国,刘文博,张东兴,等.连续玻璃纤维增强热塑性复合材料工艺及力学性能的研究[J].航空材料学报,2001(02):44-47.

[25] 邓杰.连续碳纤维热塑性复合材料制备工艺研究[J].高科技纤维与应用,2005(01):35-39.

[26] HOU M,YE L,MAI Y W. Advances in processing of continuous fibre reinforced composites with thermoplastic matrix[J]. Plastics,Rubber & Composites Processing and Application.,1995,5(23):279-293.

[27] THIEDE S M,LIU M,HO V. Study of Processing Parameters of PEEK/Graphite Composites Fabricated

With" Fit" Prepreg[J]. Tomorrow's Materials:Today. ,1989,34:1223-1234.

[28] RAMASAMY A ,WANG Y , MUZZY J. Braided thermoplastic composites from powder-coated towpregs[J]. Part I:Towpreg characterization. Polymer Composites,1996,17(3):497-504.

[29] 王世政. 成型工艺中所用的辅助材料[J]. 玻璃钢/复合材料,1992(04):33-38.

[30] 阳灿. 国产真空辅助材料现状及发展趋势[J]. 科技创新与应用,2016(15):80-81.

[31] 曹旗,雷得定,周雄志,等. 木质复合材料用脱模剂的研究(Ⅰ)——脱模剂概述[J]. 人造板通信,2004(04):8-11.

[32] HB/Z 245-1993,飞机复合材料结构件固化模设计与制造[S].

[33] 熊蓉,安鲁陵,花蕾蕾,等. 热压罐成型过程中框架式模具温度场模拟与分析[J]. 宇航材料工艺,2020,50(01):15-21.

[34] 赵渠森主编. 先进复合材料手册[M]. 北京:机械工业出版社,2003.

[35] 邢丽英,中航工业科技与信息化部. 先进树脂基复合材料自动化制造技术[M]. 北京:航空工业出版社,2014.

[36] 包正戗. 热固性树脂基复合材料构件的固化变形仿真研究[D],中国民用航空飞行学院,2019.

[37] 顾轶卓,李敏,李艳霞,等. 飞行器结构用复合材料制造技术与工艺理论进展[J]. 航空学报,2015,36(08):2773-2797.

[38] 丁安心. 热固性树脂基复合材料固化变形数值模拟和理论研究[D]. 武汉理工大学,2016.

[39] 葛邦,杨涛,高殿斌,等. 复合材料无损检测技术研究进展[J]. 玻璃钢/复合材料,2009(06):70-74.

[40] 刘继忠. CFRP 空隙率超声无损检测研究与系统实现[D]. 浙江大学,2005.

[41] 邵光彬. 大型复合材料构件超声检测技术研究[D]. 南京航空航天大学,2018.

[42] 刘怀喜,张恒,马润香. 复合材料无损检测方法[J]. 无损检测,2003,025(012):631-634.

[43] 刘松平,郭恩明. 复合材料无损检测技术的现状与展望[J]. 航空制造技术,2001(03):18-20.

[44] 刘松平. 复合材料无损检测与缺陷评估技术——庆祝中国机械工程学会无损检测分会成立三十周年[J]. 无损检测,2008,030(010):673-678.

[45] JOSEP H. Model control of voice and product thickness during autoclave curing of carbon/ epoxy composite laminates[J]. Journal of Composite Materials,1995(8):1000-1023.

[46] PROSSER W H,JACKSON K E,KELLAS S,et al. Advanced waveform-based acoustic emission detection of matrix cracking in composites[J]. NDT and E International,1997,2(30):108.

[47] 徐丽,张幸红,韩杰才. 航空航天复合材料无损检测研究现状[J]. 材料导报,2005,019(008):79-82.

[48] 周正干,向上,魏东,等. 复合材料的超声检测技术[J]. 航空制造技术,2009(08):60-63.

[49] 赵慧蓉. 固体火箭发动机喷管粘接界面的超声检测[J]. 固体火箭技术,2000,023(002):74-78.

[50] ZHAO X,KWAN C,XU R,et al. Non -Destructive Inspection of Metal Matrix Composites Using Guided Waves[C]. AIP Conference Proceedings. American Institute of Physics,2004,700(1):914-921.

[51] LEYMARIE N,BASTE S. Guided waves and ultrasonic characterization of three-dimensional composites[C]. AIP Conference Proceedings. American Institute of Physics,2000,509(1):1175-1182.

[52] 周正干,冯海伟. 超声导波检测技术的研究进展[J]. 无损检测,2006,028(002):57-63.

[53] 夏纪真. 无损检测新技术-超声导波检测技术简介[J]. 西南地区第十届 NDT 学术交流会论文集,2009.

[54] 董正宏,王元钦,李静.非接触空气耦合式超声检测技术研究及应用[J].无损探伤,2007,31(2):1-6.

[55] 程建楠,王明泉,杨顺民,等.复合材料空气耦合超声检测[J].测试技术学报,2017,31(06):479-484.

[56] 齐共金,雷洪,耿荣生,等.国外航空复合材料无损检测技术的新进展[J].航空维修与工程,2008(05):25-28.

[57] 常俊杰,卢超,小仓幸夫.非接触空气耦合超声检测原理及应用研究[J].无损探伤,2013(04):9-14.

[58] 陈清明,蔡虎,程祖海.激光超声技术及其在无损检测中的应用[J].激光与光电子学进展,2005(04):55-59.

[59] 周正干,孙广开,马保全,等.先进复合材料超声无损检测新技术的应用[J].科技导报,2014,32(09):15-20.

[60] 钟德煌.便携式相控阵探伤仪在复合材料检测中的应用[J].航空制造技术,2008(15):44-45.

[61] 李俊杰,韩焱,王黎明.复合材料X射线检测方法研究[J].弹箭与制导学报,2008(02):221-223.

[62] ASSESSMENT R,JOKSIMOVIC V,SOLOMON K A,et al. Industrial Radiology-Theory and Practice. By R. Halmshaw,Applied Science Publishers,London and New York,1982. 1983.

[63] 王永伟,朱波,曹伟伟,等.碳纤维复合材料导线X射线无损检测技术开发及应用[J].化学分析计量,2014(05):78-80.

[64] COOPER T D,HARDY G L,FECHEK F. NDE of boron/epoxy structures after aircraft service testing[C]. World Conference on Nondestructive Testing,8 th,Cannes,France,Proceedings,Section 4 B. 1976:6(11).

[65] 陈伯火.火箭发动机固体药柱的X射线照相检验[J].洪都科技,1999,003:44-46.

[66] 09914102课题组.微焦点X射线实时成像的图像采集与处理[J].真空电子技术,2001(02):25–28.

[67] 郑世才.工业射线检测技术发展的简要评述[C].中国物理学会,1998.

[68] VENKATRAMAN B,JAYAKUMAR T,KALYANASUNDARAM P,et al. NDE methodologies for examination of tail rotor blades of helicopters[C]. Proc. 15th World Conference on Non-Destructive Testing. 2000.

[69] 倪培君,李旭东,彭建中.工业CT技术[J].无损检测,1996,06:26-29.

[70] 魏彪,先武.从14届世界无损检测会议看工业CT技术的发展现状[J].无损检测,1997(10):31-32.

[71] 徐惠娟,黄启忠.工业CT在C/C复合材料无损检测中的应用[J].新型碳材料,1998(02):3-5.

[72] 张新春,姜照汉.工业CT在固体火箭发动机质量检测中的应用[J].无损检测,2002,24(002):37-38.

[73] 纪瑞东,张旭刚,王珏.飞机复合材料构件的原位红外热成像检测[J].无损检测,2016(1):13-16.

[74] CAPRIOTTI R,DATI E,SILVESTRI P,et al. NDT techniques for the evaluation of impact damage on aeronautical structures[C]. Proceedings of the 15th World Conference on Nondestructive Testing,Rome,Italy. 2000:15-21.

[75] ZWESCHPER T,DILLENZ A,RIEGERT G,et al. Lockin Thermography Methods For The NDT of CFRP Aircraft Components[J]. Journal of Nondestructive Testing,2003,8(2):1-8.

[76] 付刚强,张庆荣,耿荣生,等.激光电子剪切散斑干涉成像技术在复合材料检测中的应用[J].无损检测,2005,027(009):466-468.

[77] PEZZONI R,KRUPKA R. Laser-shearography for non-destructive testing of large-area composite helicopter structures[J]. Insight Non Destructive Testing & Condition Monitoring,2001,43(4):

244-248.

[78] HONLET M，ETTEMEYER A，WALZ T，et al. Automated and non-destructive inspection of composite helicopter rotor blades using advanced shearography[C]. Progress through innovation and cost effectiveness (Paris la Défense，22-24 April 1998). 1998：601-608.

[79] 陈桂才，吴东流，井立，等. 激光全息无损检测技术的现状及展望[J]. 宇航材料工艺，2003(02)：26-28.

[80] 王仲生. 无损检测诊断现场实用技术[M]. 北京：机械工业出版社，2002.

[81] 魏文慧. 复合材料飞机垂尾静力试验中的声发射检测[J]. 第五届全国声发射学术年会，1993.

[82] 杨盛良，刘军，杨德明，等. 复合材料损伤过程的声发射研究方法[J]. 无损检测，2000，022(007)：303-306.

[83] 杨玉娥，张文习. 碳纤维复合材料的无损检测综述[J]. 济南大学学报(自然科学版)，2015，29(06)：471-476.

[84] 闫晓东. 飞机复合材料结构智能敲击检测系统研究[D]. 南京航空航天大学，2007.

[85] 詹绍正，宁宁，杨鹏飞，等. 复合材料夹芯结构的数字化敲击检测技术研究[J]. 航空制造技术，2018，61(03)：90-94.

[86] 张金波，哈尔滨玻璃钢研究院. 探讨敲击检测技术在复合材料无损检测中的应用[J]. 纤维复合材料，2014(2)：19-21.

[87] 曲亚林，宁宁，詹绍正. 蜂窝夹芯结构的无损检测技术[J]. 航空制造技术，2011(20)：69-72.

[88] 李林. 大尺寸复合材料翼梁数字化设计/制造技术[J]. 航空制造技术，2019，62(4)：39-46.

[89] 赵增林. 典型自动铺放系统的机构改进及 CAM 技术研究[D]. 南京航空航天大学，2011.

[90] 顾轶卓，李敏，李艳霞，等. 飞行器结构用复合材料制造技术与工艺理论进展[J]. 航空学报，2015(08)：292-316.

[91] 元振毅，王永军，魏生民，等. 飞机复合材料构件模具数字化设计与制造技术[J]. 航空制造技术，2013，430(10)：43-47.

[92] 陈际伟，赵艳文，翟全胜. 复合材料壁板的数字化成型研究[J]. 高科技纤维与应用，2015(03)：71-76.

[93] 查文陆，安鲁陵，王岩，等. 复合材料成型模具的数字化设计技术[J]. 航空制造技术，2015，478(9)：57-60.

[94] 林海峰. 基于激光投影的飞机装配定位技术应用[J]. 科技创新与应用，2018，000(034)：33-34.

[95] 唐珊珊. 复合材料数字化制造技术在飞机壁板上的应用[J]. 航空制造技术，2010，000(017)：53-55.

[96] 肖军，李勇，李建龙. 自动铺放技术在大型飞机复合材料结构件制造中的应用[J]. 航空制造技术，2008(01)：50-53.

[97] 张建宝，肖军，文立伟，等. 自动铺带技术研究进展[J]. 材料工程，2010(07)：87-91.

[98] 周晓芹，曹正华. 复合材料自动铺放技术的发展及应用[J]. 航空制造技术，2009(S1)：1-3.

[99] 张博明，王洋，叶金蕊. 自动铺放工艺的复合材料预浸带的适宜性评价方法[J]. 航空制造技术，2012(11)：78-81.

[100] 张建宝. 复合材料自动铺带控制及工艺关键技术研究[D]. 南京航空航天大学，2010.

[101] 汪海，沈真. 复合材料手册(第三卷)[M]. 上海：上海交通大学出版社，2015.

[102] 还大军. 复合材料自动铺放 CAD/CAM 关键技术研究[D]. 南京航空航天大学，2010.

［103］　文立伟,肖军,王显峰,等.中国复合材料自动铺放技术研究进展[J].南京航空航天大学学报,2015,
　　　　47(05):637-649.

［104］　黄彬瑶,张君红.热隔膜成型技术工艺进展研究[J].新材料产业,2017,(10):50-54.

［105］　吴志恩.复合材料热隔膜成型[J].航空制造技术,2009,(25):113-116.

［106］　黄莹.复合材料热隔膜预成型工艺分析[J].机械设计与制造工程,2015,44(09):23-25.

第9章 力学性能评价

9.1 单轴静态力学性能评价

9.1.1 拉伸性能

许多拉伸试验方法的基本物理特性非常类似:将具有直边工作段的柱状试件在端部夹持并承受单轴拉伸载荷。这些拉伸测试试件的主要差别是试件的横截面和载荷引入的方式。试件横截面可以是矩形的、圆形的或管状的;它可以在整个长度上是直边的("直边"试件)或从端部(大的面积)到工作段(小的面积)成锥形的。在某些情况下,直边试件可以利用加强片式的载荷作用点。

9.1.1.1 面内拉伸性能

1.直边试件拉伸试验

相关标准:

ASTM D3039—2017《聚合物基复合材料拉伸性能的标准试验方法》;

ISO 527—2012《塑料——拉伸性能的确定》;

SACMA RM4《定向纤维-树脂复合材料的拉伸性能》;

SACMA RM9《定向正交铺层纤维-树脂复合材料的拉伸性能》;

ASTM D5083—2017《采用直边试件的增强热固性塑料拉伸性能的标准试验方法》;

GB/T 3354—2014《定向纤维增强聚合物基复合材料拉伸性能试验方法》。

对于高性能的复合材料,直条形试样是被广泛接受的一种试样形式,被多数的复合材料拉伸试验标准方法选用(GB/T 3354—2017、ASTM D3039—2017 等)。ISO 527—2012 的第 4 和第 5 部分和两个 SACMA(先进复合材料供应商协会)的拉伸试验方法、SRM4 和 SRM9 基本上是依据 ASTM D3039—2017,因此相当近似。ASTM D3039—2017 和 ISO 527—2012 之间还有一些细小的差别,但在努力协调 ASTM D3039—2017 和 ISO 527—2012,以便使它们在技术上是等效的。此外,ASTM D3039—2017 包含 SRM4 和 SRM9 中未涉及的弯曲和破坏模式限制,而且在其他方面,诸如厚度测量、浸润调节和数据报告也是不同的。ASTM D3039 比 SRM4 和 SRM9 也要详尽得多。这些差别加起来可能产生不同的试验结果。

直条形的试样具有形状简单、易于加工,工作段较长、在测试的标距段内的应力分布均匀,可方便地同时进行弹性模量、强度以及断裂伸长率的测量,适用范围广泛等特点,除了适用于单向层压板拉伸性能试验之外,还可应用于多向层压板以及编织物增强复合材料的拉伸试验。对于多向及织物增强复合材料的试验,有时试样的宽度需要加宽。直条形拉伸试样的形状如图9.1所示,尺寸见表9.1。

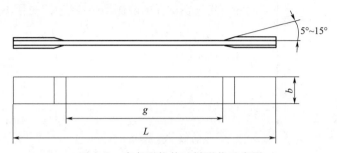

图 9.1　直条形拉伸试样形状示意图

表 9.1　典型的拉伸试样尺寸

铺层形式	GB/T 3354—2014		ASTM D3039—2014	
	试样尺寸/mm	加强片长/mm	试样尺寸/mm	加强片长/mm
$[0]_{nS}$	230×15	50	250×15(厚1.0)	56
$[90]_{nS}$	170×25	50	175×25(厚2.0)	25
$[0/90]_{nS}$	230×25	50	250×25(厚2.5)	
均衡对称板	—	—		
随机取向短纤维板			250×25(厚2.5)	

　　拉伸应力通过加强片与试样间的剪切界面传递到试样上,通过在试样工作段用引伸计或者应变片测量应变,测定材料的弹性常数。

　　为了降低加载引起的局部应力集中,该试样在夹持区域粘贴加强片,加强片具有保护试样表面、传递载荷与均化应力分布等作用。然而,加强片的设计仍然存在一些技术问题,而且设计不当的加强片界面将使破坏发生在邻近加强片部位,达到一个不可接受的比例,导致非常低的试件强度。若要使结果可以接受,仍优先选择易于应用、价格便宜、无斜面的90°加强片。最新的对比工作进一步证实,一个成功设计的加强片更多地取决于采用足够韧性的胶黏剂而不是加强片的角度。应用具有韧性胶黏剂的无斜度加强片将优于已应用的胶黏剂韧性不够的斜削加强片。因此,对于黏结加强片的采用,胶黏剂的选择是最为至关重要的。

　　当然,解决加强片问题的最好方法是不用加强片,在允许的情况下,尽量避免粘贴加强片。很多种多向铺层试样,可以不用加强片。90°试样可不粘贴加强片,但试验时夹持力对试样的表面不应造成严重的损伤。

　　0°及90°试样对加载地对中性要求都很敏感,对于0°试样,很小的偏载对拉伸强度的影响是非常显著的,有文献表明,1°的偏轴加载会造成拉伸强度降低30%左右;对于90°试样,对中不好更会对试验结果造成显著的影响。虽然已有研究工作试图用$0_m/90_n$正交铺层的试样来代替单向试样,但在未形成标准方法之前,现有的方法仍会继续采用。需要尽量设法减

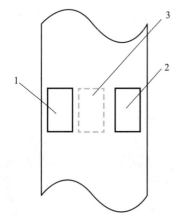

图 9.2　应变片粘贴位置示意图

(1、2正面,3背面)

小装夹时的偏斜。具体措施包括:定期检查试验设备的同轴度,必要时做出相应调整,以确保试验设备处于良好同轴度的工作状态;安装定位销可使试样达到自动定位的目的;建议在试样的两侧粘贴应变片(见图 9.2),根据式(9.1)～式(9.4)检测试样两边变形的差异程度,在 1 000 $\mu\varepsilon$ 以内,B_{total} 的值应在 3%～5% 范围内。

$$B_y = \frac{\varepsilon_{ave} - \varepsilon_3}{\varepsilon_{ave}} \times 100 \qquad (9.1)$$

$$B_z = \frac{4/3(\varepsilon_2 - \varepsilon_1)}{\varepsilon_{ave}} \times 100 \qquad (9.2)$$

$$B_{total} = |B_y| + |B_z| \qquad (9.3)$$

$$\varepsilon_{ave} = (|\varepsilon_1| + |\varepsilon_2|)/2 + |\varepsilon_3|/2 \qquad (9.4)$$

正式试验开始之前,一般都需要对试样进行预加载,预加载有时需要反复进行,预加载的目的在于调整纤维变形的一致性,从而得到线性程度较好的试验应力—应变曲线,但每次预加载的载荷均应不超过破坏载荷的 50%,且加载过程中不应有纤维断裂声。

其他影响拉伸试验结果的重要因素包括试件制备的控制、试件设计公差、浸润调节控制和吸湿量变化、试验机引起的不对中和弯曲的控制、厚度测量的一致性、传感器的适当选择和仪器标定、失效模式的文件编制和描述、弹性性能计算细节的定义和数据报告指南。这些因素由 ASTM D3039—2017 在适当处进行详细的描述和控制。虽然 ISO 527—2012 的第 4 和第 5 部分和 SRM 的第 4 和第 9 部分在很多方面类似于 ASTM D3039—2017,但它们不能提供与 ASTM D3039—2017 同等程度的指南或指导。由于这个原因,最好选择 ASTM D3039—2017。

总之,通过对细节特有的注意和适当的关照,直边试件试验通常是简明的并且能给出好的结果。然而,针对所测试材料和结构构型,必须适当选择试验参数。

直边试件拉伸试验的局限性:

黏结的加强片——接近黏结加强片终端处的应力场为显著三维的,在这个部位临界应力趋于峰值。对于以降低峰值应力为目的而进行的黏结加强片的设计还不是十分清楚,它与材料和构型有关;设计不当的加强片可能使结果大大降低。因此,当所得出的失效模式是合理的情况时,通常采用无加强片或无黏结加强片构型。

试件设计——尤其是在 ASTM D3039—2017 中,有大量包括在标准中的试件设计方案,它们需要用来覆盖在试验方法范围内的各种材料体系和铺层构型。这些可供选择的方案可能使新手非常为难,并且可能选择对试验结果产生负面影响的不适当的试件设计。

试件制备——试件制备对试验结果非常重要尤其是单向试验和单向拉伸试验。纤维排列、试件锥度控制和试件机械加工(当保持对中时)是至关重要的步骤。对于破坏应变很低的材料体系或试验构型,如 90°单向试验,平面度也特别重要。边缘机加工艺(避免机械加工引起的损伤)和边缘表面光洁度对于由 90°单向试验得出的强度结果也特别关键。

2. 变截面试件拉伸试验

相关标准：

ASTM D638—2014《塑料拉伸性能》；

SAE AMS《"蝴蝶领结(Bowtie)"拉伸试件》。

除了直条形的试样外，尚有一些方法采用变截面试样，大体上，变截面试样可分为变宽度试样、变厚度试样以及变宽度及厚度试样。变厚度试样以及变宽度及厚度试样的典型代表有采用厚度减薄试样的 RAE 以及截面等应力设计的流线型试样等。采用变宽度试样的试验方法一般多用于强度较低的材料，且要求材料的剪切强度应足够高，在拉伸破坏之前不会发生试样加宽段剪切破坏。变宽度试样最初用于塑料材料，也有很多人用于复合材料，此类试样工作段宽度减窄，用较大的圆弧作为过渡连接区，因其形状常被称为狗骨或哑铃形试样。

ASTM D638—2014 是为塑料制定且仅限用于塑料，该方法采用平直、具有直边测量段的宽向带锥度的拉伸试件。不管传统做法如何，该试件已被用于评价和复合材料。试件的锥度是在两端宽的夹紧区和窄的测量段之间通过大的圆弧连接来实现的。锥度使得该试件特别不适宜于 0°单向材料的试验，这是因为大约一半的夹持端纤维在未达到测量段处即被中断，由于基体无力承受从中断的纤维至测量段处的载荷的剪切作用，而造成在圆弧处由于劈裂而破坏。

虽然，在某些时候 ASTM D638—2014 试件构型已经被成功地用于织物增强复合材料和一般非单向层压板，但某些材料体系仍然对圆弧处的应力集中敏感。由于其意图是用于塑料，试件是模压成型，而对于层压材料，试件必须被机械加工、研磨和按程序加工来成形。该试件还存在测量段比较小的缺点，对于表征重复单元大于 6.4～13 mm 的测量段宽度的粗机织，其标准化的方法不足以覆盖先进复合材料所要求的试验参数。

所谓蝴蝶领结(Bowtie)拉伸试件是由于其含有缩小横截面的平面形状，含有蝴蝶领结拉伸试件的四个已知、3 个规范(AMS3845、AMS3847B 和 AMS3849A)例子。通过在若干 SAE AMS 复合材料(基于织物)规范中的应用，蝴蝶领结试件已经达到间接的标准化。虽然在新材料规范中很少采用蝴蝶试件，但它还是被包含在若干现存的公司内部基于织物材料的材料规范之中。由于具有类似于 ASTM D638—2014 试件的几何特征，而存在类似的一些不足和制约。该形状基本上限用于织物增强材料和/或非单向层压板。由于制备缩小的截面需要通过机械加工、靠模铣切和研磨，并且边缘的表面抛光和在截面面积缩小的过渡段切线的机械加工均要求苛刻，故试件制备特别重要。由于测量段仅 13 mm 宽，故在粗织物的情况下，该试件的测试效果同样不太理想。

宽向锥度拉伸试验的局限性：

(1)标准化不足。虽然将 ASTM D638—2014 试验列入标准，但它还没有发展到用于先进复合材料，而主要应用于模量较低的无增强材料或采用随机定向纤维的低增强体积含量材料。将蝴蝶领结试验列入标准仅仅是在延续利用有限个数的 SAEAMS 材料规范的意义上,对于一般应用,还没有将其规范化。

（2）对于机械加工层压试样的锥度,要求特别精细。

（3）价格昂贵。试件制作比无加强片的直边试件昂贵。

（4）圆弧过渡区可能对失效模式起支配作用并导致强度结果降低。宽向锥度试件不适宜于单向层压板,而且仅限用于织物或非单向层压板以能使破坏出现在工作段。

（5）有限的工作段宽度使其不适宜于粗织物。

基于上述原因,直条形的试样仍是目前应用最为广泛的试样形式。不过值得肯定的是,在非大气环境的试验环境严酷性使得直边试件存在很难夹住的情况下,变截面试件则成为一个最后求助的手段。

3. 夹层结构试件拉伸试验

相关标准:C393—2020ASTM《平直夹层结构的弯曲性能测试方法》。

夹层梁试验已得到标准化,即 ASTM C393C—2020,利用夹层结构的弯曲试验,可以实现复合材料层压板的拉伸试验（见图9.3）。对夹层结构施加弯曲载荷时,其上下两个面板分别受压缩和拉伸载荷,在此基础上,人为控制使结构发生预期的面板拉伸破坏,即可实现面板材料的拉伸试验。此方法尤其适合单向复合材料 90°拉伸性能试验。虽然其主要意图是作为夹层芯子剪切性能评估的弯曲试验,然而也允许将其应用范围扩展至面板拉伸强度的确定。虽然该应用同样没有被列入试验方法的文件范围内,但它已被用于复合材料拉伸试验,或用于在极端非大气环境下纤维控制的性能试验。

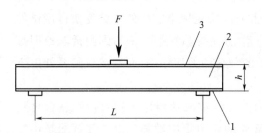

图 9.3　基于夹层梁弯曲的试验方法示意图

1—被测表面;2—芯子材料;3—上表面

为了实现预期的破坏模式,可将同样铺层结构的受压面板厚度增加一倍。

观察破坏模式对于复合材料试验是至关重要的。由于材料的复杂性导致了其破坏模式的多样性,如果同一组试样的破坏模式各不相同,则对该组试样的试验结果的统计与分析就毫无意义了。因此,必须充分了解试验的原理并确定可接受的破坏模式。宏观上,正常的单向板的纵向（0°）拉伸破坏以纤维断裂为主,伴以横向及纵向的基体开裂、分层等其他损伤,而横向（90°）拉伸破坏则相对比较简单,破坏为沿纤维方向的单一断面。这就要求试验记录不仅仅记录破坏载荷、应变等信息,还要注明破坏模式、位置等信息,一旦发现异常的不可接受的破坏模式,应立即舍弃此试样的结果。另外,观察破坏模式有助于分析试验结果的合理性及异常数据的产生根源。

不同材料状态的试样,其试验的稳健程度不同,也就是说受试样准备以及试验变化因素影响程度不同。其中最不稳健的就是 0°单向试样,由试样准备和试验过程中造成的纤维偏轴 1°,可造成 30％的强度损失。90°方向的单向试样也存在着同样问题。而且这类试样对试验加载条件也非常敏感,这就要求在试样准备和试验过程中都要十分小心。试样准备对试验结果有显著影响,对单向试验尤其明显,准备时应注意纤维方向对正、试样加工面的加工质量、加工损伤等一系列的问题。为了克服这种困难,已有人尝试采用更稳健的[0/90]正交铺层试样来代替单向试样。这种铺层的试样,对加强片粘贴等试验操作不敏感,甚至无须粘贴加强片,也可以得到完全可靠的试验结果。因此,普遍认为,采用[0/90]正交铺层试样可降低试验成本,增加试验结果的可靠性。

有人认为该测试试件对于搬运和试件制备损伤的敏感性比 D3039 类型 90°试件要低,从而得到较高的强度和试验引起的变异要小。然而,该试件一侧的吸湿浸润存在问题,这是因为所要求的浸润时间比整体吸湿要长 4 倍或更多,且这样的浸润可能产生胶黏剂的胶结破坏。因此胶黏剂的选择十分重要并且可能要求胶黏剂对吸湿浸润具有一定保护功能。在这样的情况下,要求吸湿浸润的参考件,为了模拟试件本身的单边暴露,它必须是试验面板厚度的两倍。

夹层梁拉伸性能试验方法的局限性如下:

①试件制造价格比较昂贵。

②在拉伸情况下对于夹层芯子应力状态的影响还未被研究,是一个需要关注的问题。

③尽管在技术上该试验已被标准化,但它的实际应用以及其局限性还没有被充分地研究和成文。

④吸湿浸润比较难。

9.1.1.2　面外拉伸性能

目前被航宇工业应用的测量面外拉伸强度的基本试验技术有两种,图 9.4 中给出了每种技术的例子。第一种称为平拉试验(FWT),直接对胶结在两个夹具块之间的层压试验件施加厚度方向载荷;第二种方法是对受弯曲梁间接施加面外载荷,它在曲线段产生了分布的厚度方向拉伸应力。ASTM 国际组织已将 FWT 和曲梁试验方法进行了标准化。通常所有的面外试验数据分散性很大,从而对许用载荷的平均值有很大的降低系数,常常用 90°单向试件的面内拉伸强度来近似得到厚度方向的强度。但面外强度常常不同于面内拉伸强度;此外还不能对织物和其他基于纺织的结构进行这种替代。

1. 直接面外加载拉伸试验

相关标准如下:

ASTM D7291/D7291M《用于测量纤维增强聚合物基复合材料厚度方向"平面"拉伸强度和弹性模量的试验方法》。

ASTM D7291/D7291M 是用于这种试验形式的主要参考文献,通常有两种用于直接面外拉伸试验的基本试件形状(见图 9.5):直边圆柱形试验件(也称为"纽扣"试验件)和缩颈的"线轴"试验件。这些试验件胶结到圆柱形金属端部加强块上,并通过垂直于复合材料层压板的力施加"平面"拉伸载荷,直至出现层压板破坏。强度可简单地通过将破坏前的最大载荷除试验件工作段面积来确定,还可对足够厚的试验件粘贴应变计来测量厚度方向拉伸模量。

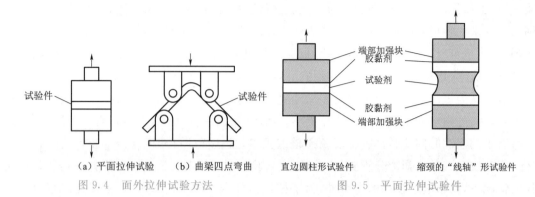

（a）平面拉伸试验　　（b）曲梁四点弯曲　　直边圆柱形试验件　　　缩颈的"线轴"形试验件

图 9.4　面外拉伸试验方法　　　　　　　　图 9.5　平面拉伸试验件

金属端部加强块用钛或钢制成，可以使用能使端部加强块和试验件之间的胶膜在复合材料破坏前保持完整的任何高延伸率（韧性）胶黏剂。需要专门的胶接夹具在整个胶结过程中提供对试件与端部加强块装配的支持与对中。胶结后必须对复合材料试验件和端部加强块进行机加来获得规定的同心度。另外要考虑层压板面内热膨胀系数和金属端部加强块热膨胀系数之间显著差异引起的热应力导致的热膨胀系数失配，在端部加强块胶结和非大气环境试验时，这一点特别重要。由于这种试验方法要求很精确的公差，试验件的制备会比较昂贵。要采用自对中夹具或固定的夹头来对试件与端部加强块组件进行加载。厚度方向弹性模量的计算为规定的应变值范围内应力—应变响应初始线性段的弦线模量。

通常平拉强度数据的分散性很大，按这种试验方法得到的结果对胶接时端部加强块的对中，以及机加质量和层压板边缘的表面光洁度极其敏感；试件表面平行度差引起的试件弯曲、试件与端部加强块的胶结质量差或试验机/加载路径不对中会导致不正确的失效模式。用这种试验方法测得的层间拉伸强度对增强体体积和空隙含量极其敏感，因此试验结果可能反映更多的是制造质量。

2. 曲梁加载拉伸试验

相关标准：ASTM D6415—2013《测量纤维增强聚合物基复合材料曲梁强度的标准试验方法》。

曲梁试验方法已由 ASTM 进行了标准化，命名为"D6415/D6415M"。该试验方法如图 9.6 所示，采用在四点弯曲装置上的均匀厚度 90°试件，试件由两个与弯角相连的直臂组成，

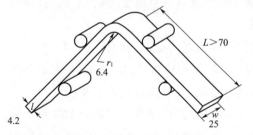

图 9.6　曲梁强度试件（单位：mm）

弯角内径 6.4 mm，宽度 25 mm，厚度范围 2～12 mm，通过夹具的滚棒对两个直臂施加弯矩；对所有的铺层形式计算破坏时对应于单位宽度所加力矩的"曲梁强度"；对沿直臂和绕弯角连续铺设纤维单向试件的特殊情况，标准允许计算层间强度。该试验方法仅适用于由织物层或单向纤维层组成的连续纤维增强复合

材料,其优点是夹具与试件不需连接并不需每次都要进行对中,当施加载荷时试件在夹具中自动对中;此外,因试件受纯弯,简化了用于计算层间应力的弹性方程;因为在对试件加载时采用力偶,剪切应力为零。

图 9.7 所示为力-位移曲线的例子。试验采用位移控制来监控载荷降。在图 9.7(a)中损伤起始时出现一个大的载荷降,因为分层在多个层间产生并扩展,引起大的弯曲刚度降低,载荷降很大。图 9.7(b)中,因为只有单个分层和扩展,损伤起始相应于较小的载荷降,它把曲线段分离成两个子层;随载荷增加,这些弯曲的子层继续分层,并相应于载荷降形成更多的子层,从而这个过程产生了由几个尖锐的载荷降随后又对弯曲的子层再次加载的力—位移曲线;这种特性在含多向层的曲梁中更为常见。试验方法陈述了要继续加载直至曲线的降低低于最大载荷的 50%。

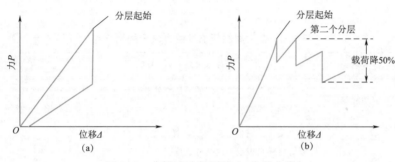

图 9.7 曲梁试验得到的力-位移曲线

在所有的情况中,若出现拉伸环向应力而扩展偏轴层中的基体裂纹这样的异常失效模式,都应仔细检查破坏后的试件,如观察到这种现象,层间强度可能会不准确。

9.1.2 面内压缩性能

自 20 世纪 70 年代初期以来,复合材料的压缩响应一直是致力研究的项目和试验课题。研究至今,现已存在许多测试受压复合材料的方法,但还没有意见一致值得推荐采用的方法。

对复合材料进行压缩试验,要采用适当仪器测定压缩模量、泊松比、极限压缩强度和破坏应变。通过采用专门设计的试验夹具测定这些性能,并要求①在试件工作段引入均匀的单轴应力状态;②应力集中最低;③使用和加工尽可能简单;④试件体积最小。压缩数据用于不同的用途,包括研究、质量控制和产生设计许用值。

对于特定的压缩试验方法,其品质的度量包括关于强度和模量的低离散系数,以及所获得的模量值相对于由其他压缩试验方法所得出的相应值的关系。尽管相对的压缩强度通常也用作压缩试验品质的另一个度量,在不同压缩试验之间压缩响应固有的差别意味着必须把试验夹具、导致的失效模式以及应用情况与所得到的强度一起考虑。由某些试验方法所得出的压缩强度可能被认为是"人为高"的值,这是由于夹具/试件的约束可能遏制了某些"实际"失效模式。一般来说,设计夹具要使得破坏发生在工作段之中,而要有意地抑制诸如端部开花和压杆屈曲等一些失效模式,若允许发生,它们将导致"人为低"的强度。在适度约束和过度约束、人为低和人为高的压缩强度之间的比较研究,是造成出现种种可能的试验方法和无法对一个可接受的方法达成一致的原因。如何权衡这些折中办法的问题在观念上存在差别,压缩试验方法的最终选定取决于试验计划的目的。

为测量单一材料体系的压缩强度,当采用不同的试验方法测定时其结果是不相同的。查明对于结果的变异性有着显著影响的其他参数包括制造方法、纤维排列的控制、不适当或不精确的试件加工、采用加强片时不适当的加强方法、试验夹具的质量低劣、试件在试验夹具中的放置不当、夹具在试验机中的放置不当以及试验程序不当。

回顾许多现有的压缩试验方法发现,可以根据这些试验方法的加载形式及试样的支持形式分类,见表 9.2。

表 9.2　复合材料压缩试验方法分类及特点

分类方式	加载形式	主要技术特点	代表标准
按照加载形式	剪切加载	通过加强片与试样间的剪切将外载荷传递到试样的工作部分	ASTM D3410M—2016、GB/T 3856—2005
	端部加载	直接将压缩载荷施加于试样的端部,可采用复合材料平板或夹层结构试样	ASTM D695—2015
	联合加载	侧向剪切加载同时也对试样的端面进行加载	ASTM D6641—2016
	其他类型	采用蜂窝夹层结构弯曲来实现复合材料板的压缩试验	ASTM D5467M—97(2017)
按试样支持形式	短标距无侧支	试样标距短,不会发生总体失稳	ASTM D3410—2016、GB 3856—2005
	长标距有侧支	试样标距长,需特殊的防失稳装置	ASTM D695—2015、GB 5258—2008

两种分类方法从不同的侧面反映了试验方法的特点,互为补充,二者组合起来,可以更为全面地描述复合材料压缩试验方法的特征。实际上,每个试验方法具有不同的加载形式、试样形状、试样及夹具形式等方面的特征。

9.1.2.1　剪切加载试验方法

相关标准:ASTM D3410—2016《剪切荷载法测定带无支承标准截面的聚合母体复合材料抗压特性的标准试验方法》;

GB/T 3856—2005《单向纤维增强塑料平板压缩性能试验方法》。

剪切加载试验方法以 ASTM D3410—2016 及 GB/T 3856—2005 为最典型的代表(Ⅰ类),我国于 1982 年提出了 GB/T 3856—2005 标准的最初版本,其形式基本上与 ASTM D3410—2016 一致,主要差别是标距段比 ASTM D3410 略长,至今仍在使用。而在 ASTM D3410—2016 中已改为采用如图 9.8 和图 9.9 所示的矩形套筒压缩夹具。

图 9.8 矩形套筒压缩试验装置示意图

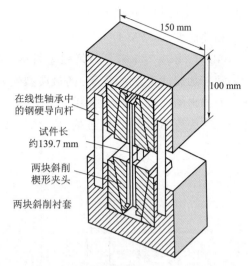

150 mm

100 mm

在线性轴承中
的钢硬导向杆

试件长
约139.7 mm

两块斜削
楔形夹头

两块斜削衬套

图 9.9 矩形套筒压缩试验装置剖面图

　　剪切型加载会在加强片的前端造成应力集中,且由于采用短标距试样,因而加载会对试样标距区造成影响,使其应力分布不均匀,尽管如此,此类方法目前仍是主流的试验方法。对此类方法的一个重要的改进就是采用剪切与端部的复合加载。我国早在 80 年代末就提出了一个采用复合加载的航空部级标准,ASTM 于 2001 年也提出了相应的标准 ASTM D6641—2001,并逐渐修订至 ASTM D6641—2016。

　　ASTM D6641—2016 的复合加载方法可以用于测量复合材料层压板的压缩模量和压缩强度,通过调节夹持螺栓的拧紧力矩,可以控制夹具中试件的端部载荷与剪切载荷的比率。标准试件为无加强片的直边层压板,层压板应对称均衡且至少包含一层 0° 层,其长度为 140 mm、宽度为 12 mm、工作段长度为 12～25 mm,厚度则没有明确规定。与 D3410 相比,夹具较轻且便宜,并且在非室温环境下使用效果较好;其局限性在于无加强片标准试件仅限于 0° 层最多为 50％或与之等效的层压板。对于纤维方向性很强的复合材料或 0° 层位于表面的试件,用于强度测量时需要采用加强片。而对于单向复合材料(0° 层方向),可以用于测定模量和泊松比,但不能测定压缩强度。

　　这里推荐采用复合加载的方式,主要因为采用复合加载方法可以在实际操作中有效地避免剪切加载过程中打滑以及试验中因加强片脱落而造成的数据不可靠的现象,并且在非室温环境下使用效果较好。

　　剪切加载试验方法的局限性如下:

　　①材料形式:限于连续纤维或不连续纤维的增强复合材料,对于该复合材料,其弹性性能为相对于试验方向的特殊正交各向异性。

　　②试件夹具特性:楔形夹具配合面的表面光洁度会对试验结果产生显著影响。由于这些表面经受滑动接触,它们必须被抛光、润滑并且保证没有刻痕及其他的表面损伤。

　　③应变测量仪器:尽管不排除使用压缩计,出于对可用空间的考虑,使得采用应变计成为基本要求。

9.1.2.2 端部加载试验方法

相关标准:ASTM D695—2015《硬质塑料的抗压性能的标准试验方法》;
GB/T 5258—2008《纤维增强塑料薄层板压缩性能试验方法》。

端部加载试验方法(Ⅱ类)的最典型代表是 ASTM D695—2015,该方法是针对塑料平板压缩而提出的试验方法,后被用于复合材料试验,该方法采用一个哑铃形的长标距试样,两侧带有防失稳的侧支板,通过端面直接施加压缩载荷,如图 9.10 所示。

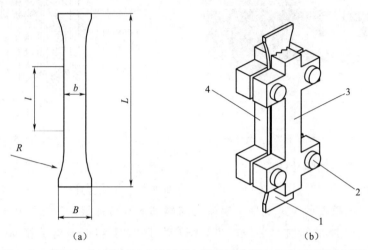

图 9.10　端面加载压缩试验方法试样与装置示意图(ASTM D695—2015)
1—试样;2—锁紧螺栓;3、4—侧支板

由于此方法采用端面加载,其应力集中主要在试样的端部,这就大大减小了加载对试样标距区应力分布的影响。但是由于侧向支持的引入,又在标距区内带来了一个附加的应力场,更为严重的是,经常会因端部载荷引起端面压塌等不正常的破坏模式,造成数据偏低,实际上作为塑料平板的试验方法,此方法更适用于树脂基体等低强度材料的压缩性能试验。尽管存在各种问题,此方法仍有许多人采用,多用作工艺过程与质量控制,而不用于材料设计参数试验。

为了更适用于复合材料压缩试验,后来又出现了许多改进的方法,改进后的方法或多或少保留了原方法的部分特点,这些改进的方法有效地改善了原方法的适用性。我国的 GB/T 5258—2008 即是一种改进的方法,它采用长标距试样,采用侧向夹持加载。

端部加载试验方法的局限性如下:

①材料形式:它限于未增强和增强刚性塑料,包括高模量复合材料。由 ASTM D—30 委员会所发现,这个方法用于高模量复合材料强度的测量数据可信度不高。

9.1.2.3 联合加载试验方法

相关标准:ASTM D6641—2016《使用联合荷载 (CLC)测试夹具测定聚合物基复合材料压缩性的标准试验方法》。

联合加载试验方法是向试件施加端部载荷和剪切载荷的组合。典型的试验夹具如

图 9.11所示,它由四个成对夹住测试试件端部的块体组成。与试件接触的夹持块体的表面是粗糙的,以便增加有效摩擦系数而有助于传递剪切载荷。通过调整每一对块体上四个螺钉的扭矩,可以控制剪切载荷与端部载荷之比。目的是要施加足够的扭矩,使得试件的端部不被端部载荷压碎或别的方式破裂,但该扭矩仅比所需量略高一点。加大试件端部的夹紧力会增加引起的厚度方向应力以及夹持块工作段端部的轴向应力集中。尽管这是一个目标,但是,螺钉扭矩的上端值有相当大的容许值。

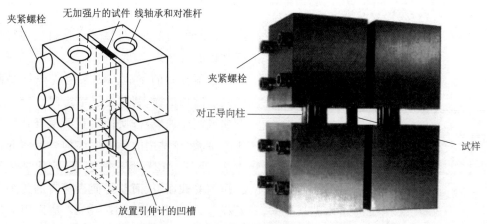

图 9.11 复合加载压缩试验夹具示意图

由于采用有利的联合加载载荷引入方式,有可能测试多种复合材料和层压板而不必采用加强片。加强片总会在试件工作段的端部产生额外的应力集中,不用加强片还会大大降低试件制备费用,并消除各种潜在误差来源和造成数据分散性的因素,这些因素包括加强片材料厚度和胶黏剂胶层厚度的变化。例如,用端头加载方式,无法可靠地对无加强片[0/90]ₛ正交铺层层压板进行试验,试件端部可能被压碎,对这样的层压板可用联合加载,以便于试验进行。

标准 CLC 试件的长为 140 mm,工作段长度为 12.7 mm。通常采用的试件厚度为 2.0~2.5 mm的量级。然而,夹具须适应任意实际厚度的试件,太薄的试件会出现屈曲。若试验材料的正交各向异性率过高(不能得到足够高的组合加载剪切分量),厚试件将会出现端部压碎。至于 ASTM D3410—2016,它可以对含加强片试件,甚至单向复合材料进行试验。联合加载比带加强片试件的剪切加载稍好,组合加载时的夹持力不高.从而会降低应力集中系数。

联合加载试验方法的局限性如下。

①材料形式:多数特殊正交各向异性层压板构型可以用无加强片试件进行试验。但不能用无加强片试件来测试高正交各向异性复合材料。为防止端部压碎要求非常高的夹紧力,它会导致夹紧块的工作段端部出现不可接受的应力集中。

②试验夹具特性:此试验方法依赖于在试件—夹具界面的高有效摩擦系数,以便传递大的剪切力而保持夹紧力为最小。热—喷射碳化钨粒子的夹紧表面工作性能良好。必须对每一对夹具端部块体进行适当的机械加工,并且在它们的外端必须很好地匹配以便当夹紧试

件端部时,它们形成垂直于测试试件轴线的平直平面。还必须将试件制备成具有垂直于试件轴线的平直的端部。安装试件到夹具中要使得试件的每一端与一对夹具块体的外端相齐平。

③应变测量仪器:联合加载压缩试验夹具一侧带有凹槽,使压缩计可以连到试件工作段的边缘。然而,与 ASTM D3410—2016 中的情况一样,一般无支持段的长约 12.7 mm,限制了可用的连接空间。

9.1.2.4　其他类型试验方法

相关标准:ASTM D5467—2017《使用多层组合梁的单向聚合母体复合材料压缩特性的标准试验方法》。

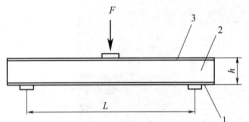

图 9.12　基于夹层梁弯曲的
压缩试验方法示意图
1—外表面;2—芯子材料;3—被测表面

其他类型的试验方法采用复合材料面板的夹层结构试样,利用夹层结构四点(或三点)弯曲或侧压加载,来实现对其面板复合材料的压缩试验,较常用的是夹层结构三点弯曲试验方法(见图 9.12),通过适当设计,使破坏发生在压缩受载面,从而获得面板材料的压缩强度及模量。ASTM D5467—2017 是采用夹层结构弯曲的压缩试验方法。

有资料报道,采用此方法获得的压缩强度比 ASTM D3410—2016 结果高出 10%～15%。弯曲加载的方法更适用于单向复合材料压缩试验。

夹层梁方法的局限性如下:

①材料形式:此试验方法限于单向材料。

②试件复杂性:夹层梁试件相当大,试件制备比 ASTM D3410—2016 和 ASTM D6641—2016 所用试件复杂和昂贵。

③泊松比:由于鞍形面的弯曲,由此方法所获泊松比的有效性已被置疑。

9.1.2.5　试验方法的改进与发展

1. 微夹层结构压缩试验

微夹层结构压缩试验方法被认为是近年来提出的对压缩试验方法最有效、最有希望的改进,它采用了由试验的复合材料作为上下面板,中间由树脂夹芯构成的试样,因其与夹层结构相比,具有微小的试样尺寸,故被称为微夹层试样。该方法有效地提高了单向复合材料压缩强度试验结果。已有资料显示,采用此方法获得的 AS4/3501—6 复合材料的单向压缩强度可达到 2 020 MPa,对其他单向材料也有明显的提高,采用这种方法,将会对复合材料压缩强度有新的认识。此法用于二维编织的复合材料压缩试验时,显示了与其他方法相近的结果。

2. 交叉铺层层压板推算法(正交铺层等)

由正交铺层或者角铺层试样确定单向复合材料压缩性能的工作同样引起了许多研究者的兴趣,研究结果表明,该方法同样能够获得与微夹层方法相差不大的结果,也可以在很大程度上对复合材料的压缩强度有较大的改善,其中正交铺层是一种很好的铺层方案。

3. 采用厚度减薄试样

另一个较为有效的改进方案是采用厚度减薄试样,在预先成型的厚板的相应工作段位置加工至规定的试样厚度,过渡部分由圆弧连接。这类试样可以有效地改善试验结果。

9.1.3　剪切性能

复合材料层压板面内剪切特性是一项重要的性能指标,面内剪切试验方法的问题多年来一直是最为关注的课题。至今为止,已经出现了多种试验方法,包括±45°纵横剪切、双 V 形槽剪切、薄壁筒扭转、10°偏轴拉伸法、轨道剪切、方平板对角拉伸方法、十字梁弯曲法、平板扭转法等方法。

9.1.3.1　面内剪切性能

1. ±45°拉伸剪切试验

相关标准如下:

ASTM D3518—2018《利用±45°层压板拉伸试验得到聚合物基复合材料面内剪切响应的试验方法》;

SA/T CMA SRM7R—1994《定向纤维——树脂复合材料面内剪应力——应变性能》;

GB/T 3355—2014《纤维增强塑料纵横剪切试验方法》。

根据材料力学理论可知,复合材料在承受拉伸载荷时±45°偏轴方向上为剪应力,该方法是通过对[±45°]$_{ns}$交叉铺层的试样进行拉伸加载,并根据拉伸试验结果导出单向复合材料的面内剪切强度及模量。方法简便易行,便于推广应用。ASTM 已将其作为标准试验方法而加以采用(ASTM D3518—2018),我国也将其列为国家标准(GB/T 3355—2014)。该方法适用于测定单向复合材料板的面内剪切性能,但 ASTM 标准的新版本中对剪切模量的确定方法进行了改进。

测定剪切模量需要记录纵向与横向应变的试验结果,可采用纵横双向引伸计测量纵横两向的应变,或者在试样中部粘贴 0°、90°应变花。纵横剪切模量按照式(9.5)计算:

$$G_{12} = \frac{\Delta P}{2bh\Delta\varepsilon_x(1-\Delta\varepsilon_y/\Delta\varepsilon_x)} \tag{9.5}$$

式中　G_{12}——纵横剪切弹性模量,MPa;

$\Delta\tau_{12}$——纵横剪切应力—应变曲线的直线段上选取的剪应力增量,MPa;

$\Delta\gamma_{12}$——与 $\Delta\tau_{12}$ 相对应的剪应变增量;

ΔP——载荷-应变曲线直线段上选取的载荷增量,N;

$\Delta\varepsilon_x$——与 ΔP 相对应的试样轴向应变增量;

$\Delta\varepsilon_y$——与 ΔP 相对应的试样轴线垂直方向应变增量。

纵横剪切强度按照式(9.6)计算:

$$S = \frac{P_b}{2b \cdot h} \tag{9.6}$$

式中　S——纵横剪切强度,MPa;

　　　P_b——试样破坏时的最大载荷,N;

　　　b——试样宽度,mm;

　　　h——试样厚度,mm。

　　±45°偏轴拉伸法具有试样制备简单、加载简单、重复性好等优点。此外,ASTM 标准原先的版本缺少对于几个试验参数的充分定义,已经发现它们对于该试件的极限强度有着重要的影响。现已表明试件破坏不是由于面内剪切,而更多是由于复杂的交互作用所引起,此交互作用对于材料韧性、铺层顺序、层数、层厚、边缘效应及表面层约束很敏感。D3518 的2018 版本提供了改善此状况的附加控制方法。

　　①已经利用"5%剪应变下的剪应力"来替代"极限剪切强度",这是由于目前一致认同该试验不能测定真实的极限材料强度。这个新的量类似于旧的极限强度值,但由于它难以计算,所以对许多材料体系,它们不会严格等效,甚至可能有显著差别。

　　②加进了偏离剪切强度(对材料比较,是比原有"极限"剪切强度更有意义的量)。

　　③若试件在 5%剪切应变时还没有破断,则终止试验。

　　④把弦向剪切模量改为一个应变范围(2 000~6 000 剪切微应变),它与拉伸弦向模量应变范围(1 000~3 000 剪切微应变)一致。

　　⑤规定了关于层铺设的要求,以保证避免最早的失效模式,并增加使数据对比变得更为有意义的可能性。

　　±45°拉伸剪切试验的局限性如下。

　　①材料和层压板形式:限于可得到完全均衡和对称的±45°试件的材料。如上所述,铺层顺序、层数和层厚对于试件强度有直接影响。低层数层压板和重复(或非常厚)层对强度具有有害的影响,在新标准中是有限制的。

　　②非均质材料:假设材料相对于试验段的尺寸是均质的。对于试验段宽度具有比较粗的特征的材料形式,如具有粗的重复图案形式的机织和编织纺织物,则要求较大的、目前尚无标准的试件宽度。

　　③应力状态的不纯性:在工作段中的材料不是处于纯面内剪切状态,因为在整个工作段存在面内正应力分量,且在接近自由边界处存在着复杂的应力场。尽管认为这个试验方法能提供可靠的初始的材料响应,并且能很好地建立进入非线性区域的剪应力—应变响应,但所计算的破坏剪应力值并不代表材料强度,这也是 ASTM 标准规定在 5%剪应变下终止试验的原因。

　　④大变形的影响:可能出现在韧性材料试件中纤维极端剪切的情况,随应变增加会引起纤维方位的逐渐变化,造成与结果计算中所采用的纤维方位假设相抵触,这是在 5%剪应变下终止试验的第二个原因。

　　2.V 形缺口梁剪切试验

　　相关标准如下:

　　ASTM D5379—2019《用 V 形切口梁法测定复合材料剪切性能的标准试验方法》;

HB 7237—1995《复合材料层合板面内剪切试验方法》。

采用双 V 形槽试样的剪切方法最先由 Iosipescu 提出用于金属圆棒材料的剪切试验，M. Arcan、J. M. Sleptetz 及 D. E. Walrath and D. F. Adams 分别根据此类方法的原理，将其用于复合材料剪切试验，形成了几种不同版本的方法，即所谓的 Arcan 圆盘剪切、反对称四点弯曲 AFPB 法及 Iosipescu 法，这些方法已成功地用于单向、多向铺层及编织增强的复合材料，且与薄壁筒扭转相比，具有很好的精度。

ASTM 于 1993 年首次将双 V 形开槽剪切方法列为标准试验方法（目前最新版本是 2019 年的改版为 ASTM D5379—2019）。该方法适用于测定复合材料单向板、多向层压板以及二维编织复合材料的面内剪切试验，同时，不同方向上切取试样，可适应不同的应用要求，可以用于面内（1-2 向）、层间（2-3 及 1-3 向）的剪切性能测试，是一种很有前途的试验方法。试验装置示意图如图 9.13 所示。

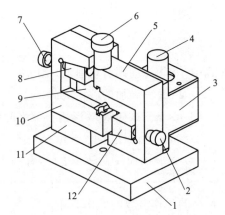

图 9.13　剪切试验装置示意图

1—底座；2、7—锁紧螺钉；3—导向轴外衬套；4—导向轴；5、10—试样装夹槽；6—加载柱；8、12—限位调整块；9—试样；11—L 形支座

试验时，如图 9.14 所示，具有中央对称 V 形缺口矩形平直片条形式的材料试件插入试验夹具的两部分的凹槽内，由如图 9.15 所示的专用夹具来进行加载，调整试样两个开槽根部与试验加载轴线重合。开动试验机，带动夹具的上半部分向下移动，从而实现对试样的剪切加载。

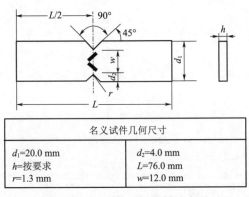

名义试件几何尺寸	
$d_1=20.0$ mm	$d_2=4.0$ mm
$h=$ 按要求	$L=76.0$ mm
$r=1.3$ mm	$w=12.0$ mm

图 9.14　V 形缺口梁试样示意图

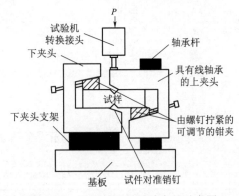

图 9.15　V 形缺口梁试验夹具示意图

测试面内剪切模量 G_{12} 时，需要在试样中部的工作区粘贴 $\pm45°$ 方向的应变花，应变花贴在试样工作区中心宽 2 mm（$0°$ 纤维方向）、高 3 mm 的区域内，粘贴时应确保丝栅的方向沿 $\pm45°$ 方向。所选用胶黏剂固化时应保证不损坏试样加强片胶接层及应变片，也不能对材料性能有影响。测定剪切模量及剪切应力—应变曲线时，可使用自动记录装置。

面内剪切弹性模量按式（9.7）计算：

$$G_{12}=\frac{\Delta P}{wh\left(\Delta\varepsilon_{45}-\Delta\varepsilon_{-45}\right)} \tag{9.7}$$

式中　G_{xy}——纵横剪切弹性模量，MPa；

　　　ΔP——载荷应力—应变曲线线性段内的载荷增量，N；

　　　w——试样双 V 形槽根部之间的距离，mm；

　　　h——试样厚度，mm；

　　$\Delta\varepsilon_{45}$——与 ΔP 对应的沿 45°方向的应变增量；

　$\Delta\varepsilon_{-45}$——与 ΔP 对应的沿 -45°方向的应变增量。

面内剪切强度计算按式(9.8)计算：

$$S=\frac{P_b}{wh} \tag{9.8}$$

式中　S——面内剪切强度，MPa；

　　　P_b——施加的破坏载荷，N；

　　　w——试样双 V 形槽根部之间距离，mm；

　　　h——试样厚度，mm。

0°试验的曲线在破坏之前，有一个小的载荷峰值(见图 9.16)，有的试验是两个相邻的小峰，这对应的是沿开槽根部沿水平方向的开裂，此开裂不在试样工作区域，继续加载才导致最终的工作区域的剪切破坏。

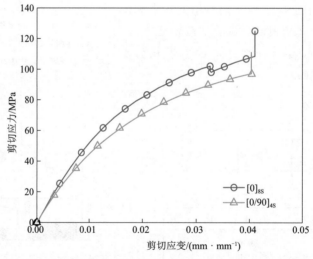

图 9.16　0°试样剪切试验曲线(T300/5222)

试样中 V 形开槽的引入会使应力分布比不开槽时更均匀，而应力分布的均匀程度则与试样材料的各向异性程度有关，在所有铺层中，$[0/90]_{nS}$层压板的应力分布最均匀。

初始破坏是由 V 形槽根部应力集中引起的，而 $[0/90]_{4S}$铺层就不会出现初始破坏峰值，这也是因为 $[0/90]_{4S}$铺层的槽根部应力集中不显著。从剪切强度的试验结果来看，$[0]_{nS}$试样的强度明显高于纵横剪切结果，与 $[0/90]_{4S}$结果相比，也明显偏高(见表 9.3)。主要原因在于剪切应变及变形太大，导致纤维方向在变形后发生改变并承受拉伸载荷。而模量偏高的原因是槽根部应变集中。可见，采用 $[0/90]_{nS}$铺层是比较好的选择。

表 9.3 双 V 形槽剪切试验结果与纵横剪切对比（T300/5222）

	双 V 形槽剪切方法				纵横剪切方法	
	[0]₈s		[0/90]₄s		[±45]₄s	
	强度/MPa	模量/GPa	强度/MPa	模量/GPa	强度/MPa	模量/GPa
平均值	124	5.47	114	5.07	91.9	4.97
标准差	4.55	0.24	2.69	0.08		

实际上，当剪切应变过大时，无论是试验测量，还是从基本的力学原理上考虑，处理起来都存在一定的困难，且由于变形的影响，会使试验结果的可靠程度大大降低，在 ASTM D5379—2019 中已明确提出了应以特定变形点处的剪切应力定义为剪切强度。该方法具有可行性，同时也具有实际意义，因为在实际结构中，为了确保结构的整体刚度与完整性，不能允许太大的变形存在。

V 形缺口梁剪切试验的局限性如下：

①材料形式：相对于工作段尺寸的大小，应假设材料是均匀的。相对于工作段的尺寸具有比较粗的特征的材料，例如采用大支数的长丝束（如含 12 000 或更多的长丝的丝束）的织物或某些编织结构，不应采用这样的试件尺寸来进行试验。

②应变场的均匀性：计算中假定在缺口之间存在一个均匀的剪应变状态。实际均匀度随着材料正交各向异性的程度和加载方向而改变。最近研发出来的新型应变计栅片专门用于此试验方法。在该应变计上的主动应变片分布在缺口之间，并给出改善了的平均应变响应的估计量。当采用常规应变计时，已经表明，对于单向材料面内剪切模量的最精确的测量结果来自[0/90]ₙs试件。

③载荷偏心：在加载过程中可能发生试件的扭转，该扭转影响强度的试验结果，特别是影响弹性模量的测定。建议每次试验取样至少有一个试件要利用背对背应变花来进行测试以估计扭转的影响程度。

3. V 形缺口轨道剪切试验

相关标准：ASTM D7078—2020《用 V 形缺口轨道剪切方法测试复合材料剪切性能的试验方法》。

ASTM D30 委员会已在 ASTM D7078—2020 中对 V 形轨道剪切试验进行了标准化，该剪切试验方法兼具 V 形缺口梁（ASTM D5379—2019）和双轨剪切（ASTM D4255—2020）两种方法的特性，可进行多向复合材料层压板和纺织复合材料的剪切试验。取自 V 形缺口梁剪切试验方法所包括的主要特征，是缺口间工作段产生较均匀剪切应力状态的 V 形缺口试验构型；但为在试件中产生较高的剪应力，也引入了双轨剪切试验（ASTM D4255—2020）的面加载方法。因此该试验方法可用于表征多向层压板的弹性模量和剪切强度。为允许对具有较大单胞尺寸较粗的纺织复合材料进行剪切试验，V 形缺口轨道剪切试件的试验段要比 V 形缺口梁试件放大 3 倍，在放大试件尺寸时，要保持 V 形缺口梁试件（ASTM D5379—2019）的缺口深度与工作段宽度之比，或缺口深度比，图 9.17 所示为得到的 V 形缺口轨道剪切试件的形状。可以用它评估面内或面外剪切性能，这取决于相对加载轴的材料坐标体系方向。

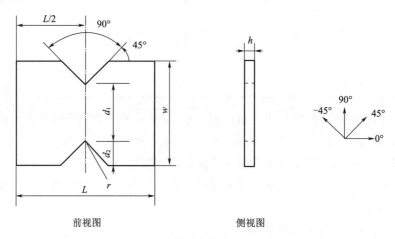

试件名义尺寸

d_1=31.0 mm; d_2=12.7 mm; L=76.0 mm; w=56.0 mm; r=1.3 mm; h=样板厚度

图 9.17　V形缺口轨道剪切试样简图

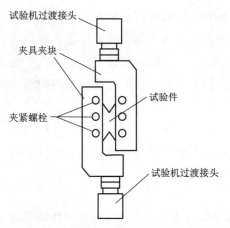

图 9.18　V形缺口轨道剪切试样夹具简图

V形缺口轨道剪切试件的面加载通过图 9.18 试验夹具施加，从而不需要在试件上开孔；这样，与 ASTM D4255—2020 中描述的双轨道剪切试验相比，简化了试件制备程序，并降低了成本。该试验夹具由两个 L 形外部夹块和一对内夹持板组成，每个 L 夹块包含可容纳两个夹持板的空穴；每个夹具夹块的侧面机加出 3 个带螺纹的孔，来安装夹紧螺栓；这些螺栓给出对夹持板的夹紧力，夹持板夹持试件的表面。与试件厚度无关，矩形空穴两侧用相对两组螺栓来对试件对中；每个夹持板的夹持面是热喷涂的碳化钨粒子表面，以产生大约相当于 60 粒度砂布的粗糙度。

试件夹持到两个夹具夹块上，试件缺口位于加载线上，在将试件装进两个夹具夹块时必须特别当心避免损伤试件，并保证对中。为便于试件安装，可以采用 ASTM 标准试验方法中所示的垫块。为避免损伤试件，推荐将垫块留在夹具中，直至保证试件处于加载链中。所需的螺栓扭矩取决于材料种类、层压板方位和待试试件的厚度。若给定的构型扭矩太小，则试件有可能相对夹持板打滑；若扭矩过大，则高夹紧力会在试件工作段两侧的试件中产生有害的应力集中。然而，V形缺口产生的横截面积减少会降低与夹头相邻处出现试件提前失效的概率，通常应使用可防止试件打滑所需的最小螺栓扭矩值。

采用销接连接将组装好的试验夹具装到试验机的加载链中，当用力学试验机施加拉伸载荷时,在试件中会产生引起穿过缺口试件破坏的剪力。若需要测量剪切模量,则要粘贴电阻应变计,通常使用双片应变计,与加载轴成±45°方向,并与试件工作段缺口根部连线对齐。与V形缺口梁试件一样,缺口对试件中心区的剪应力分布有影响,会产生比无缺口时更均匀地分布;由于缺口减少了试件宽度,平均剪应力比无缺口宽度处要高。

基于迄今为止所得到的剪切强度数据、观察到的试件失效和预计的剪应力分布,为表征剪切性能,对V形轨道剪切试验不推荐采用单向$[0]_n$试件,而推荐使用正交铺层的$[0/90]_{ns}$层压板。已发现V形缺口轨道剪切试验夹具提供了合适的夹持性能,并在各种多向复合材料层压板中产生了可接受的工作段失效。

V形缺口轨道剪切试验的局限性如下:

①应变场:计算假设在缺口之间是均匀剪应力状态,实际的均匀度随材料各向异性水平和加载方向理想程度而变,用于该试验的应变计实际栅线应按从缺口到缺口方向布置,并改进对平均应变响应的估计。当使用常规应变计时,已经证实对单向材料面内剪切模量最精确的测量是由$[0/90]_{ns}$试件得到的。

②载荷偏心:加载时试件会出现扭转,它会影响强度结果,特别是会影响模量的测量,推荐每个待试样本中至少有一个试件要粘贴背对背的应变花,以评估扭转程度。

③失效的确定:某些材料或某些结构构型中的失效并不总是明显的,更多信息见标准试验方法。

4. 其他剪切试验方法简介

除了上述三种常用的方法外,还经常能见到另外几种方法,下面将简要介绍这些方法的特点及适用情况。

(1)薄壁筒扭转法

相关标准如下:

ASTM E143—2020《室温下的剪切模量试验方法》;

MIL-STD-375《环向缠绕聚合物基复合材料圆筒面内剪切性能的试验方法》;

ASTM D5448—2011《环向缠绕聚合物基复合材料圆筒面内剪切性能的试验方法》。

薄壁筒扭转方法是公认的最理想的剪切试验方法,这种方法可以产生均匀的纯剪应力状态,理论及试验研究均以它作为比较的基准。如图9.19所示,试验时筒的两端施加扭矩,试样处于剪应力作用的状态,且剪应力沿圆周分布很均匀,壁筒很薄,可以忽略沿厚度方向的应力梯度,因而可获得理想的剪切性能。但从试样成型、加工以及试验装置、操作等方面考虑,都需要比较复杂的装置与技术,更重要的是,对于复合材料,由于圆筒及平板成型工艺不同而造成的性能差异是不可忽略的,因而限制了该方法的实用价值。

(2)轨道剪切法

相关标准:ASTM D4255—2020《复合材料层压板面内剪切性能的测试指南》。

轨道剪切方法是ASTM D4255—2020推荐的方法,该方法最早于1983年提出,2001年在原版本的基础上做了改进,又推出新版本。作为一种简单的复合材料层压板的试验方法,被广泛地用于航空复合材料面内剪切性能试验。根据试验装置的不同,又可分为双轨道剪

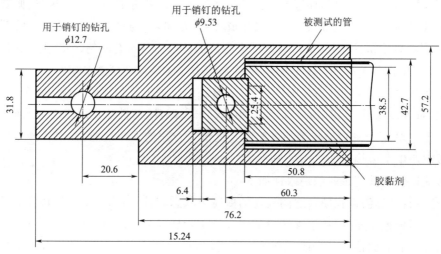

图 9.19　典型的扭转管剪切夹具(单位:mm)

切法和三轨道剪切法。其中三轨道剪切法具有比较均匀的剪切应力分布区,但需要比双轨道剪切法更大的试样。此类方法可以较好地用作剪切模量试验,而在用于强度试验时,在很多场合下由于非剪切因素造成的破坏使得试验失败。J. M. Whitney 等在分析此试验方法时认为:边缘效应的程度以及试样沿宽度方向上的应力分布均匀性依赖于试样标距段内的长宽比(L/W)以及材料弹性常数关系(G_{xy}/E_y)的比值。许多研究结果表明,当时,边缘效应可以忽略不计,可以获得均匀的剪切应力状态。当层压板的等效泊松比满足关系时,边缘效应无法克服,应力分布变得很不规则,这就使得此类铺层的层压板试验不可靠。由轨道剪切试验方法测出的弹性模量对于边缘效应不敏感,这是因为测量是在试样中心区域内进行的,中心区域内的应力分布是比较均匀的。在具体实施时,通过导轨在试样上施加比较均匀的剪切应力场,但常常伴有很大的取决于导轨刚度的正应力场,而且试样尺寸很大,加工困难,也给试验本身带来了困难。

(3)10°偏轴拉伸法

偏轴拉伸用于复合材料的剪切性能测试,此类方法仅适用于单向复合材料剪切性能的测定。偏轴角度也可以取其他值,最优的角度是相对剪应变达到极大值时的角度,此时剪应力达到其临界值。这个角度依赖于弹性各向异性程度及被测材料的强度特性。对于先进复合材料,最优的角度一般是 10°～15°,通常采用 10°偏轴拉伸。由于应力对于偏轴角度的变化十分敏感,采用此方法试样切取方向、加载方向及应变片粘贴方向的要求比较严格。同时,为了应力状态的均匀性,采用狭长的条状试样,其长细比一般在 14～16 之间。许多研究结果表明,此方法与±45°方法相比,剪切模量偏高,而剪切强度及剪切破坏应变偏低。

(4)方平板对角拉伸及方板扭转

通过 4 角点加载的方平板扭转试验可以用来测定复合材料的剪切模量,此类方法是通过复杂的试验装置来实现的复合材料剪切试验方法。且本方法仅适用于小挠度的情况,只有当挠度值与板厚度为相同量级时,试验结果才是可靠的。在计算剪切模量时应注意选取在初始线性范围内。由于此方法的试样尺寸大、消耗材料多、试验装置及操作复杂,较少被采用。

尽管已有如此多的方法,但仍很难确定出一个完善的试验方法,尤其很难得到理想的剪切强度。各方法中共同存在的剪切强度测试的困难主要在于边缘效应、试样形式、材料非线性、界面状态、应力分布等因素,常常导致过高或过低估计材料的剪切强度,正应力的存在也是导致剪切强度结果可疑的主要因素。实际上,没有一种方法能够对于所有材料自始至终都处于纯剪应力状态;且测得的剪切强度与纯剪结果不一致,或者不是纯剪破坏,因而很难称之为剪切强度;现有试验方法测得的剪切强度没有一个可完全接受的比较标准,且试验的理论基础在变形过大时就不再成立,因此,采用指定变形条件下的剪切应力作为剪切强度或许会是更合理的方案。

薄壁筒扭转、轨道剪切、方平板对角拉伸方法、十字梁弯曲法、平板扭转法及双 V 形槽试样的剪切方法适用于单向及多向铺层的复合材料,同时也适用于各类编织复合材料。±45°纵横剪切适用于单向复合材料面内剪切性能的试验,原则上还适用于编织材料,但由于编织材料的经纬方向纤维比例不均衡,很难获得理想的剪切应力场,往往是一种正应力与剪应力的混合场,即使对于经纬纤维比例相同的材料,也很难获得理想的剪切效果,且因纤维处于弯曲状态,宏观上最终破坏往往为拉伸形式断口。虽可获得剪切模量,但剪切强度的结果较差。而 10°偏轴拉伸法则仅适用于单向复合材料面内剪切性能参数的试验。

基于上述原因,应根据所选用材料的状况,选择适当的试验方法。

9.1.3.2 层间剪切性能

层间剪切性能试验是衡量层合复合材料的层间特性的试验方法,从一个应用的角度反映了复合材料基体与增强体之间的界面强弱,因为现有的试验方法仅仅能够近似地测出层间剪切强度,因而有些方法中又称为表观层间剪切强度。

1. 短梁强度试验

相关标准如下:

ASTM D2344—2016《采用短梁法测定平行纤维复合材料表观层间强度的试验方法》;

GB/T 30969—2014《聚合物基复合材料短梁剪切强度试验方法》。

短梁剪切方法是最常用的测量表观层间剪切强度的试验方法,此方法采用三点弯曲方法对复合材料短梁加载,当跨厚比足够小,剪切应力占主导地位时,试样发生层间剪切破坏,从而获得层间剪切强度。实际上,加载点及弯曲引起的正应力均对剪切强度造成影响,分析表明,试样的应力分布不同于经典梁理论。

理论上,试验要保证不发生弯曲破坏,只发生剪切破坏,即

$$\frac{\sigma_f}{\tau} < \frac{\sigma_f^{ult}}{\tau_{ult}} \tag{9.9}$$

对于一般复合材料,弯曲强度约为剪切强度的 15 倍,故 $L/h < 7$,实际标准中常用 $L/h =$

4～5。

表 9.4 给出了短梁剪切试验的几种典型破坏模式。其中第一种破坏通常发生于中面或者接近中面的位置,比较接近理论上最大剪应力位置,而第二种模式也是由剪切应力引起的多层相继开裂,以上两种模式是比较理想的破坏模式。对于第三种情况,比较难于判断,而4、5 两种模式则是完全不可接受的破坏模式。发生弯断多是由于某种特殊的材料状态及试验条件造成纤维断裂发生在层间破坏之前,而挤压是由于诸如湿热、高温等条件引起的试样承载能力下降,在试验的全过程中没有明显的破坏点直至试样在支座间发生挤压,出现这种情况没有有效的试验结果。

表 9.4　复合材料层间剪切(短梁法)的几种破坏模式

序号	名称	注解
1	单剪	剪切破坏发生在一个层间
2	多剪	多个层间都发生剪切破坏
3	混合	剪切破坏同时伴有局部折断
4	弯断	层间未发生破坏,试样弯断
5	挤压	未见明显层间破坏

短梁强度试验的局限性如下。

①应力状态:已知应力状态具有明显的破坏性且是三维的。所得到的强度是面外剪切强度的拙劣的估测值。

②失效模式:失效模式常常具有多种模式。

③无模量/材料响应:该试件的测试设备是不实用的,因此不能获得模量和应力—应变数据。

2. 双缺口试件试验

相关标准:ASTM D3846—2015《增强塑料面内剪切强度的试验方法》。

采用双面开槽试样的剪切试验方法,此方法已被 ASTM D3846—2015 采用,当前面所提到的短梁剪切方法不能有效地获得试验结果时,该方法依然有效。但同样应该指出,两个开槽间的剪切应力分布不是均匀分布,该方法获得的剪切强度依然是表观剪切强度。

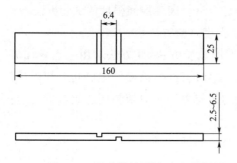

图 9.20　复合材料层间双面开槽层间剪切试样(单位:mm)

该方法所用试样示意图如图 9.20 所示。

这个试验主要试图用于随机—弥散纤维—增强热固性片状塑料,作为短梁强度试验,即试验方法 D2344 的替代。该试验是由双缺口试件构成,该试件受到来自支持夹具的压缩载荷,在位于两个中心反向配置方形缺口之间的试件平面发生面外剪切破坏。虽然此试件能够(或已经)用于测试连续纤维层压增强塑料,但并不建议用于先进复合材料层压板。试件通过机械加工形成强迫层压板出现剪切破坏的缺口对试件中应力分布造成了负面影响。所以在工作段存在非均匀、多轴应力状态情况下，引起对于强度计算准确性的怀疑。

双缺口试件试验的局限性：

应力状态——在工作段内的高度三维、非均匀应力状态引起由该试验得出的强度值为真实面外剪切强度的异乎寻常拙劣的估测值。

无模量/材料响应——该试件的测试设备是不实用的，因此不能获得模量和应力—应变数据。

9.1.4 弯曲性能

相关标准：ASTM D790—2017《未增强和增强塑料及电绝缘材料弯曲性的标准试验方法》。

弯曲试验方法是一种方便易行的优秀的试验方法，广泛应用于复合材料工艺控制、质量检验。对于一种复合材料体系，弯曲性能已经成为必不可少的性能评价参数。

从试验加载形式上看，弯曲试验主要有三点弯曲和四点弯曲两类方法，其中三点弯曲是最为常用的一种弯曲试验方法。弯曲试验采用的试样为单向板矩形直条试样。试样跨距 L 根据跨厚比 L/h 确定。跨厚比选择以三点弯曲试样纵向拉压破坏和层间剪切破坏同时发生的临跨厚比 $L/h=\sigma/2\tau_b$ 为依据，以试样弯曲破坏首先发生在最外层纤维为基本原则。对玻璃纤维增强塑料为 $L/h=16\pm1$；对碳纤维增强塑料为 $L/h=32\pm1$。

弯曲弹性模量测试时，为了减小剪切应力影响，取 $L/h=40$。通常测量试样中间挠度，记录载荷-挠度曲线（P-f 曲线），按式(9.10)计算弯曲弹性模量。

$$E_f=\frac{\Delta PL^3}{4bh^3\Delta f}\qquad(9.10)$$

式中　E_f——弯曲弹性模量，MPa；

ΔP——对应于载荷-挠度曲线上直线段的载荷增量，N；

Δf——对应于 ΔP 的试样跨距中点处的挠度，mm；

L——跨距，mm；

b——试样宽度，mm；

h——试样厚度，mm。

从弯曲试验得出的弯曲模量，往往会低估材料的弹性模量。随着跨厚比增大，试验会更接近于纯弯曲，而实测得到的弯曲模量会趋向于材料的拉伸弹性模量，如图9.21所示。

弯曲强度试验时，加载速度 v 是根据加载点（跨距中点）位移速度 $\frac{df}{dt}$ 与试样材料最大应变速率 $\frac{d\varepsilon_{max}}{dt}$ 关系式和 $\frac{d\varepsilon_{max}}{dt}=1\%/min$ 确定的。一般常用的速度范围为 $2\sim5$ mm/min。

弯曲强度按式(9.11)计算：

$$\sigma_f=\frac{3P_bL}{2bh^2}\qquad(9.11)$$

式中　σ_f——弯曲强度,MPa;

　　P_b——试验破坏时的最大载荷,N;

　　L——跨距,mm;

　　b——试样宽度,mm;

　　h——试样厚度,mm。

当试样弯曲破坏时,若挠度与跨距之比 $f/L>10\%$,弯曲强度计算应考虑支反力附加力矩的影响,其计算公式修正如下:

$$\sigma_f=\frac{3P_bL}{2bh}\left[1+4(f/L)^2\right] \qquad (9.12)$$

式中　f——试样破坏时跨距中点处的挠度,mm。

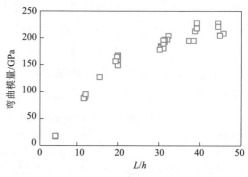

图 9.21　弯曲模量随跨厚比的变化试验结果(M40J/5228)

图 9.22 给出了不同跨厚比下弯曲强度的试验结果。观察试验结果及破坏模式,结合上面的讨论,不难看出,当 $L/h\leqslant16$ 时,破坏以层间及层间与应力集中引起的局部破坏为主;而在 $16\leqslant L/h\leqslant32$ 范围之间,处于一种过渡状态,虽然 32 的跨厚比是国标推荐的条件,试验结果表明在此条件下试验多发生局部横向应力集中引起的压损,并伴随有层间的开裂,且数据分散程度较大;达到 $L/h=40$ 或者更大时,呈现出一种"脆性"的破坏模式,试样破坏时会断开为两段,根据对断口的观察可以发现这是以纵向压缩为主的破坏模式。从试验的结果可以看出,对于本文试验的材料,无论从试验数据的分散程度、破坏模式以及从结果的稳定性方面考虑,选取跨厚比 $L/h=40$ 都比标准中规定的 $L/h=32$ 更理想。

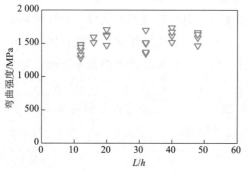

图 9.22　不同跨厚比条件下的弯曲强度(M40J/5228)

由于受力与变形的影响,弯曲试验结果存在着一定的局限性,结果分析也与其破坏模式密切相关,脱离了破坏模式而谈弯曲强度没有实际意义,在弯曲试验中,可能出现的破坏模式包括:加载点局部损坏、外表面拉伸破坏、内表面纵向压缩破坏、弯曲折断、脆断及几种不同模式的组合,如选取的跨距不合理,还有可能出现横向剪切破坏。一般复合材料弯曲试验方法设计时,往往以获得外表层的纤维拉伸破坏为目标。ASTM D790—2003 中明确规定:"本方法不适用于破坏不发生在外层纤维的材料",这一严格的规定旨在确保试验数据的一致性。然而,许多复合材料在弯曲试验中的破坏由纤维的微屈曲引起,总是发生在受压表面。也有很多弯曲试验破坏起始于加载点局部,属于纵向压缩与横向剪切局部应力集中引起的混合破坏模式,往往难以评价材料的真实承载能力。许多试验方法标准中明确规定弯曲方法不用于设计参数试验,而仅限于质量控制等。然而,应该指出,如果能更好地处理试验数据,无疑会从弯曲试验中获得更有价值的结果。

9.1.5 断裂韧性

在诸如复合材料这样的结构固体中,断裂通常起始于某些裂纹、类缺口的缺陷或弹性分析得到应力奇异性的不连续处,常常用断裂力学来表征和预计这些缺陷的起始和扩展。在复合材料中裂纹扩展的趋势通常用应变能释放率 G 表征,它是驱动裂纹扩展无穷小量需要的能量,G 与金属中通常用于表征裂纹扩展的应力强度因子(K)有关,在线性二维系统中,G 可以用下列方程描述:

$$G = \frac{\mathrm{d}W}{b\,\mathrm{d}a} - \frac{\mathrm{d}U}{b\,\mathrm{d}a} = \frac{P^2}{2b}\frac{\mathrm{d}C}{\mathrm{d}a} \tag{9.13}$$

式中　W——外部做功;

　　　a——裂纹长度;

　　　C——试件柔度(δ/P);

　　　U——势能;

　　　b——试件宽度;

　　　δ——施加的位移为施加的力。

G 表征裂纹尖端"加载"的严重性,但其临界值 G_{c} 受到对裂纹尖端加载方式的影响。在裂纹尖端处加载性质通常通过把 G 分为互相垂直的三个分量来表征,称为断裂模式,这些断裂模式分别为 I 型(张开型)、II 型(滑移剪切型)和 III 型(撕裂剪切型),如图 9.23 所示,若只施加一种模式,G 的临界值表示为 I 型、II 型或 III 型断裂韧性(分别为 G_{Ic},G_{IIc} 或 G_{IIIc}),通常加载是这三个分量的复合,产生混合型加载状态,因此需要把断裂韧性与相关 I 型、II 型和 III 型分量联系在一起的混合型失效准则。

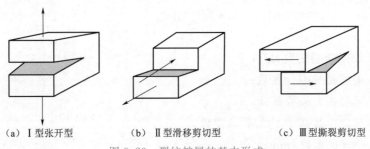

(a) I 型张开型　　　　(b) II 型滑移剪切型　　　　(c) III 型撕裂剪切型

图 9.23　裂纹扩展的基本形式

下列原因会导致出现分层(复合材料层间富脂区的脱胶):①制造缺陷;②界面处小空隙的合并;③外来物冲击;④在自由边、孔、丢层、横向层裂纹或胶接接头这样的不连续处附近的高应力引起的失效,分层常常是复合材料中关键的损伤形式,因为复合材料在垂直于纤维的平面比在纤维必须断裂的平面要弱得多。

已经发现断裂力学在表征分层扩展时特别有用,可预期分层断裂韧性,与扩展时纤维的断裂,如穿透裂纹的断裂韧性完全不同。预期基体裂纹与分层的断裂韧性非常相似,但对分层来说,裂纹尖端周围的树脂量通常要多一些,会得到不同的断裂韧性,因此仍然有区别。为采用断裂力学预计分层起始和扩展,必须测量分层断裂韧性。已经发现分层断裂韧性随加载模式而变,故必须对感兴趣的加载模式开展确定其断裂韧性的试验工作。

9.1.5.1　Ⅰ型层间断裂韧性试验

相关标准如下:

ASTM D5528—2013《非方向性纤维增强聚合物基复合材料的Ⅰ型层间裂纹韧性的标准试验方法》;

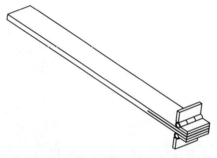

图 9.24　复合材料Ⅰ型断裂韧性试样

ISO 15024—2001《纤维增强塑料复合材料间接增强材料的Ⅰ型层间摩擦粗糙度的测定》。

Ⅰ型层间断裂韧性试验为 NASA RP1142 中推荐的用来表征材料韧性性能的指标之一,目前 GIC 试验方法已形成 ASTM 标准 D5528—2013,我国航空工业标准也已采纳。复合材料Ⅰ型断裂韧性(层间张开型)GIC 试验采用双悬臂梁试样,试样的形式如图 9.24所示,一端的中面层埋入聚四氟乙烯塑料薄膜,以预制分层,薄膜的厚度应不大于 0.05 mm。

以位移控制方式对试样施加拉伸载荷,记录载荷的变形曲线,当分层扩展约 10 mm 时卸载,重复上述过程,直至分层长度达到 100 mm 左右。按照式(9.14)对每次加载—卸载过程计算层间断裂韧度 G_{IC},并取平均值。加载速度为 1~2 mm/min。

Ⅰ型层间断裂韧度 G_{IC} 为

$$G_{IC} = \frac{mP\delta}{2ba} \times 10^3 \tag{9.14}$$

式中　G_{IC}——层间断裂韧度,J/m²;

$\quad\quad$ m——柔度曲线拟合系数;

$\quad\quad$ P——分层扩展临界载荷,N;

$\quad\quad$ δ——对应于载荷 P 的加载点位移,mm;

$\quad\quad$ b——试样的宽度,mm;

$\quad\quad$ a——分层的长度,mm。

9.1.5.2　Ⅱ型层间断裂韧性试验

相关标准:

HB 7403—1996《碳纤维复合材料层合板Ⅱ型层间断裂韧性 G_{IIc} 试验方法》。

与Ⅰ型层间断裂韧性试验相同,Ⅱ型层间断裂韧性试验为 NASA RP1142 中推荐的用来表征材料韧性性能的指标之一,目前尚未形成 ASTM 标准。我国航空工业标准已采纳。

Ⅱ型断裂韧性(层间剪切型)$G_{\mathrm{II}c}$试验采用端部切口弯曲梁试样,可采用三点弯曲和四点弯曲方法,HB 7403—1996 采用的是三点弯曲法,图 9.25 为试验示意图。

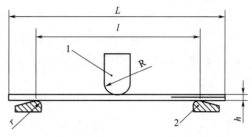

图 9.25　复合材料Ⅱ型断裂韧性试验示意图

R—上压头半径;r—下支座半径;
L—试样长度;l—跨距;h—试样厚度;
1—上压头;2—下支座

试样制备时,一端的中面层埋入聚四氟乙烯塑料薄膜,以预制分层,薄膜的厚度应不大于 0.05 mm,预制分层的长度应在 40 mm 左右。以位移控制方式对试样施加拉伸载荷直至破坏,记录整个过程的载荷-挠度曲线。按照式(9.15)计算Ⅱ型层间断裂韧性 $G_{\mathrm{II}c}$。试验的加载速度为 1～2 mm/min。

Ⅱ型层间断裂韧性 $G_{\mathrm{II}c}$ 为

$$G_{\mathrm{II}c}=\frac{9P\delta a^2}{2b(2l^3+3a^3)}\times 10^3 \qquad (9.15)$$

式中　$G_{\mathrm{II}c}$——Ⅱ型层间断裂韧度 J/m²;

P——分层扩展临界载荷,N;

δ——对应于载荷 P 的加载点位移,mm;

b——试样的宽度,mm;

a——有效分层的长度,mm;

l——跨距,mm。

9.1.5.3　层间混合型断裂韧性 G_c 试验

相关标准:ASTM D 6671—2019《单向纤维增强聚合物基质复合物的混合模式Ⅰ—模式Ⅱ层间断裂韧性的标准试验方法》。

除专门设计的情况外,纯Ⅰ、Ⅱ或Ⅲ型下分层并不扩展,结构中的分层一般在混合型状态下受载。因为断裂韧性随混合型载荷的分量变化而变化,很重要的是将计算的断裂韧性 G 与用同样组合模式测得的临界断裂韧性 G_c 进行比较。因为不可能测量每一种加载模式组合下的 G_c,作为断裂韧性与Ⅰ型、Ⅱ型和Ⅲ型载荷分量函数关系的失效准则,该准则要由实验数据拟合得到,并用于确定并非实际试验所用载荷状态下的 G_c。可惜,尚未进行测量覆盖所有混合模式范围的试验,通常获得的数据只覆盖Ⅰ型/Ⅱ型混合型范围。值得注意的是,不同材料混合型范围的响应相差很大,所以重要的是对给定的材料测量其特性。可以用曲线来拟合一种材料的数据,来得到其失效准则,为把该失效准则用于存在Ⅲ型分量的实际问题,通常把Ⅰ型分量与Ⅱ型分量组合。目前还没有可以推荐用于测量 3 种断裂模式任意组合下 G_c 的试验方法。很多情况下Ⅰ型和Ⅱ型分量起主导作用,已有几种以Ⅰ型与Ⅱ型不同比例组合的试验方法被推荐。此方法为 NASA RP1142 中推荐的用来表征材料韧性性能的指标之一,目前已有标准 ASTM D6671—2019,我国航空工业标准已采用此试验方法。

复合材料层间断裂韧性 G_c 采用铺层形式为 $[\pm 30/\pm 30/90/\overline{90}]_s$ 的试样,对其施加拉伸载荷,测量试样边缘分层破坏的发生与发展情况,从而获得对该材料层间断裂韧性 G_C 的试验结果。该方法采用 250 mm×38 mm 的条形试样,夹持区的长度约为 40～50 mm,在试样中间部分 100 mm 的标距段装夹引伸计,试验时,以 0.1～0.3 mm/min 的速度施加拉伸载荷,记录载荷-变形曲线。

边缘分层层间断裂韧性由式(9.16)计算:

$$G_C = 0.16 E_0 \varepsilon_C^2 h \times 10^{-6} \tag{9.16}$$

式中　G_C——边缘分层层间断裂韧性,J/mm^2;

　　　E_0——层压板的弹性模量,GPa;

　　　ε_C——层压板分层起始应变;

　　　h——试样的厚度,mm。

9.2　缺口层压板力学性能评价

缺口层压板试验通常用于机械紧固连接分析和损伤容限分析,并用以提供覆盖制造异常和小损伤影响的设计值。本节推荐的试验方法用于含有小的圆形缺口(孔),包括有或没有紧固件填充的层压板试件。

9.2.1　缺口层压板拉伸

对含有直径 6.35 mm 中心圆孔的对称均衡层压板进行单轴拉伸试验,以确定缺口层压板的拉伸强度。对宽 3.6 cm、长 30 cm 的直边无端部加强片试件,在拉伸载荷作用下直到发生破坏分成两部分。记录试验期间加载头的位移量和试件的载荷,通过试件两端的机械剪切界面,通常用楔形或液压夹块,将拉伸载荷施加到试件上。试验机的夹持楔块必须至少与试件一样宽,每端至少夹持试件 5 cm,如图 9.26 所示。对开孔试件和紧固件充填孔试件都可进行试验。除非所用的锯齿形夹块齿距很大或者压力过大,否则没有必要用加强片或做其他特殊的夹持处理。通常,孔的较大应力集中将消除夹持部位破坏的问题。试验一般不用仪器设备,只记录最大载荷、试件尺寸以及失效模式与位置。试验方法也适用于具有不同紧固件类型、宽度/直径比和孔尺寸的试件。开孔和充填孔的拉伸强度按毛面积给出,不做任何修正。采用下列公式计算缺口拉伸强度,其中 F^{oht} 为试验方向开孔极限拉伸强度、F^{fht} 为试验方向填充孔极限拉伸强度。

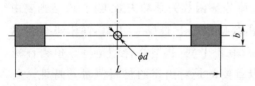

图 9.26　复合材料开孔拉伸式样示意图

$$F^{oht} = \frac{P_{max}}{wt}, \qquad F^{fht} = \frac{P_{max}}{wt} \tag{9.17}$$

式中　P_{max}——最大拉伸载荷;

　　　w——中间位置测得的宽度;

t——计算的名义层压板厚度。

计算的名义厚度由层压板中各层的名义单层厚度相加得到。

1. 开孔拉伸性能

相关标准:ASTM D5766—2018《聚合物基复合材料层压板开孔拉伸强度标准试验方法》。

该标准用来测定高模量纤维增强聚合物基复合材料层压板的开孔拉伸强度。限定的复合材料形式为连续或不连续纤维增强的复合材料,其中,层压板相对于试验方向是均衡和对称的。标准的试验层压板是 $[45/90/-45/0]_{ns}$ 铺层顺序族,调整子铺层的重复下标使层压板厚度在 $2.03\sim4.06$ mm 之间。标准的试件宽度是 3.6 cm,长度为 $20\sim30$ cm,直径 6.0 mm 的圆孔位于板的正中。可以试验其他的层压板,只需把层压板的构型和结果一起报告。但是本试验方法不满足只包含一个铺层方向的单向层压板。

2. 充填孔拉伸性能

相关标准:ASTM D6742—2018《聚合物基复合材料层压板充填孔拉伸和压缩强度标准实施方法》。

本标准方法提供补充说明允许用 D5766—2018 开孔拉伸试验方法测定聚合物基复合材料层压板含紧容差的紧固件或者销充填孔的拉伸强度。本方法没有规定几个重要的试件参数(例如:紧固件的选择、紧固件的安装方法、紧固孔容差)。然而,为了保证试验结果的重复性,实际试验中需要规定和报告这些参数。

标准试件的宽度为 3.6 cm,长度为 $20\sim30$ cm,有直径 6.0 mm 的圆孔位于板的正中。本标准方法也适用于具有不同紧固件类型、宽度/直径比和紧固件/孔尺寸的试件。紧固件或销的类型以及安装力矩(如果施加)要作为初始试验参数予以规定并在报告中给出。安装的力矩值可以是测量的值或者是带有锁紧特点的紧固件规定的值。凸头和沉头(齐平)销都可以试验。几何参数可以影响结果,包括钉头直径、钉头深度、沉头角度、钉头—钉身半径,以及沉头深度与层压板厚度的比值(优先选取的比值范围是 $0\sim0.7$)等。

充填孔拉伸强度与紧固件的预载(夹持压力)程度有关,它取决于紧固件的类型、螺母或者锁环的类型和安装力矩。临界预载条件(夹持压力高或者低)随载荷的类型、材料体系、层压板铺层顺序和试验环境而变化。与开孔拉伸(OHT)强度相比较,充填孔的拉伸强度可以高于或低于相应 OHT 值,这与材料体系、铺层顺序、试验环境和紧固件力矩的值有关。缺口拉伸强度对于一些铺层可以由高力矩值达到临界值,对另外一些铺层可以是低力矩值(或开孔)达到临界值,这与材料体系(树脂的脆性、纤维的破坏应变等)、试验环境和破坏模式有关。充填孔拉伸强度还与孔与紧固件的容差大小有关,但比对充填孔压缩强度的影响要小。

9.2.2 缺口层压板压缩

对含有中心圆孔直径为 6.0 mm 的对称均衡层压板进行单轴压缩试验,以确定缺口层压板的压缩强度。试验中对宽 3.6 cm、长 30 cm 的直边无端部加强试件施加压缩载荷,直到发生破坏分成两部分。记录下试验期间的加载头位移量和试件载荷。推荐的试件如图 9.27 所示,推荐的厚度大于 3.0 mm,但是小于 5.0 mm。拉伸与压缩试样的区别在于拉伸试样的两端粘贴加强片,而压缩试样没有。

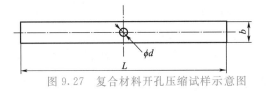

图 9.27　复合材料开孔压缩试样示意图

开孔和充填孔强度压缩按毛面积提供,不做任何修正。用式(9.18)计算缺口压缩强度

$$F^{ohc} = \frac{P_{max}}{wt}; \qquad F^{fhc} = \frac{P_{max}}{wt} \qquad (9.18)$$

式中　P_{max}——最大压缩载荷;

　　　　w——中间位置测得的宽度;

　　　　t——计算的名义层压板厚度。

计算的名义厚度是由层压板中各层的名义单层厚度相加得到。

9.2.2.1　开孔压缩性能

相关标准如下:

SACMA SRM3《定向纤维—树脂复合材料开孔压缩性能》;

ASTM D6484—2020《聚合物基复合材料层压板开孔压缩强度标准试验方法》;

SACMA SRM3《定向纤维—树脂复合材料开孔压缩性能》。该方法包含的层压板压缩性能测定程序,适用于由连续、高模量纤维(>20 GPa)增强的含圆孔定向纤维—树脂复合材料。单向带复合材料试验的标准层压板铺层顺序是$[45/90/-45/0]_{2s}$。标准试件宽度为3.6 cm,长度为30 cm,直径为6.0 mm的圆孔位于板的正中央。采用通常的压缩支持夹具来稳定试件避免一般的纵向柱屈曲破坏。优先采用的试验方法是用液压夹持试件/夹具组件;但这种试验方法允许选择对试件端头进行加载。这种选择是需要的,因为许多试验室并不具备足以应对8 cm宽的支持夹具的液压夹头。新的侧向载荷液压夹头能够轻易地适用于这种支持夹具。端部加载试件方案对试件两端容差的要求较严格,也需要修改夹具。

ASTM D6484—2020《聚合物基复合材料层压板开孔压缩强度标准试验方法》。该方法测定由高模量纤维增强的多向聚合物基复合材料层压板的开孔压缩强度。所用的复合材料形式限为连续或不连续纤维(单向带和/或织物)增强的复合材料,其层压板相对于试验方向是均衡和对称的。标准的试验层压板是$[45/90/-45/0]_{ns}$的铺层顺序族,调整子铺层的重复下标使其厚度在$3\sim5$ mm之间。标准试件的宽度为3.6 cm,长度为30 cm,直径为6 mm的圆孔位于板的正中。

采用图 9.28 所示的压缩支持夹具,以稳定试件避免纵向的柱屈曲破坏。提供两种可以接受的方法。

方法 A:试件/夹具装配件被液压楔形夹头夹持。载荷通过剪切传递到支撑夹具,而后通过剪切传递给试件;

方法 B:试件/夹具装配件放在两个平板之间,通过试件端部加载,起始通过支撑夹具传递的那部分载荷通过剪切传递给试件。支撑夹具不需要做任何修改就可进行端部加载试验,然而,试件表面的平直度、平行度和垂直度的要求对于端部加载更为严格。

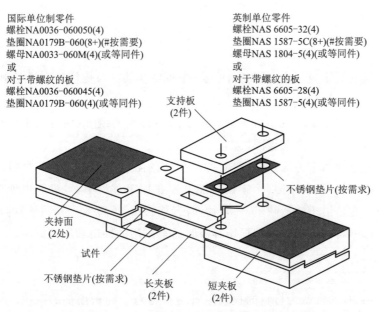

国际单位制零件
螺栓NA0036-060050(4)
垫圈NA0179B-060(8+)(#按需要)
螺母NA0033-060M(4)(或等同件)
或
对于带螺纹的板
螺栓NA0036-060045(4)
垫圈NA0179B-060(4)(或等同件)

英制单位零件
螺栓NAS 6605-32(4)
垫圈NAS 1587-5C(8+)(#按需要)
螺母NAS 1804-5(4)(或等同件)
或
对于带螺纹的板
螺栓NAS 6605-28(4)
垫圈NAS 1587-5(4)(或等同件)

支持板
(2件)

不锈钢垫片(按需求)

夹持面
(2处)

试件

不锈钢垫片(按需求)

长夹板
(2件)

短夹板
(2件)

图 9.28 缺口压缩强度支持夹具

9.2.2.2 充填孔压缩性能

相关标准:ASTM D6742—2017《聚合物基复合材料层压板充填孔拉伸和压缩强度标准实施方法》。

本方法提供了补充说明,允许 ASTM D6484—2020 开孔压缩试验方法测定聚合物基复合材料层压板的充填孔压缩强度,包含紧容差的紧固件或者销安装在孔中的情况。本方法没有规定几个重要的试件参数(例如:紧固件的选择、紧固件的安装方法、紧固孔容差)。然而,为了保证试验结果的重复性,本方法要求规定和报告这些参数。

标准试件的宽度为 3.6 cm,长度为 30 cm,直径为 6 mm 的圆孔位于板的正中。紧固件的名义直径为 6 mm。这个试验方法也适用于具有不同紧固件类型、宽度/直径比和紧固件/孔尺寸的试件。

紧固件或销的类型以及安装力矩(如果施加)要作为初始试验参数给予规定并且报告。安装的力矩值可以是测量的值或者是带有锁紧特点的紧固件规定的值。凸头和沉头(齐平)销都可以试验。几何参数可以影响结果,包括钉头直径、钉头深度、沉头角度、钉头身半径,以及沉头深度与层压板厚度的比值(优先选取的比值范围是 0~0.7)等。

充填孔压缩强度与紧固件的预载荷(夹持压力)程度有关,它取决于紧固件的类型、螺母或者锁环的类型和安装力矩。充填孔压缩强度几乎总是大于相应开孔的压缩强度,虽然临界预载条件(夹持压力高或者低)随材料体系、层压板铺层顺序和试验环境而变化。充填孔的压缩强度还和孔与紧固件之间的间隙有关。容差变化 25 μm 就可以改变破坏模式,影响强度高达 25%。因此,孔和紧固件的尺寸都需精确测量。航空航天结构紧固件孔的典型的紧固件-孔的间隙是 0~75 μm。

9.3 层板损伤特性评价

在复合材料的航宇应用中,损伤特性是一个重要参数。与传统的金属材料不同,复合材料的强度与其取向和铺层有关;与各向同性的金属相比,其层间拉伸和剪切强度特别低;诸如内部分层的损伤甚至是目视不可见的。由于这些特点的组合,使得关于损伤特性的考虑成为应用复合材料时的一个关键因素。

损伤特性可分为两个方面,即材料对冲击损伤的阻抗(损伤阻抗)和材料或结构在损伤后的安全运行的能力(损伤容限)。损伤可能发生在加工过程中,也可能出现在使用和维护过程中。损伤可能是由于制造缺陷、外来物冲击(如石头、冰雹或工具坠落)的后果。本节将概述在评价备选材料的损伤阻抗和损伤容限时通常采用的冲击和压痕试验。

9.3.1 损伤阻抗

在航宇应用中,通常认为材料的损伤阻抗是材料对于冲击损伤的阻抗。冲击可能是由工具坠落、外来物体(如跑道上的石头)、冰雹和冰块以及弹丸等引起的。冲击试验通常用于对材料的损伤阻抗和容限筛选,并作为验证较大次元件和元件试验的一部分。可能需要以不同能量水平、速度、冲击物几何特征和支持条件进行试验,以模拟所有这些条件。

1. 落锤冲击

相关标准如下:

ASTM D7136—2020《测量纤维增强聚合物基复合材料对落锤冲击事件的冲击阻抗的标准试验方法》;

ASTM D256—2010《塑料 IZOD 冲击强度试验方法》。

研究冲击阻抗的一个通用方法是落锤试验。通常,沿一个平板表面的法线方向对其进行冲击,一般采用直径 12.5~25 mm 的半圆形冲击头。常常用厚度在 5~10 mm 之间的准各向同性层压板筛选飞机结构用的材料。落锤的冲击能量由经典公式给出。

$$E=\frac{1}{2}mv^2=mgh$$

式中 E——能量;

m——质量;

v——速度;

g——重力加速度常数,9.8 m/s²;

h——坠落高度。

因为 g 是常数,落锤试验的能量水平一般按焦耳给出。随着落锤速度的变化,即使能量相同也可能出现损伤的变化。这种现象与损伤类型、损伤在试件中的扩展速率以及试件在冲击过程中的变形有关。

落锤冲击试验采用的落锤一般以 4.5~9.0 kg 的质量从几米高处落下,因而被认为是低速冲击。由于落锤试验属于低速冲击不能恰当地模拟弹伤,因而可用弹性绳加速下落以获得较高的速度。如果要研究很低速度的冲击,可采用长臂摆锤冲击质量极大的试件,冲击之后必须进行损伤评定。损伤评定的准则可包括目视明显可见损伤区域的测量,凹坑深度的测量,以及无损评估,如对内部损伤面积的 C 扫描。在评定之后,就可进行其他的力学试验,如 CAI 或疲劳试验。

试验误差来源有:

(1)由于导向滑轨/管的摩擦,速度可能低于预计值。为了保证精度,应当测量在冲击前刹那的实际落锤速度。

(2)应采取措施使落锤不回弹,冲击试件不多于一次。

(3)损伤的量与试件的支持条件有关,例如固持方案。必须很仔细地再现这些条件。设备地基的总体刚度,甚至冲击装置下面的地板都可以影响试验结果。

2. 准静态压痕

相关标准:ASTM D6264—2017《纤维增强聚合物母体复合材料对集中的准静态指示力防破坏性的测量试验方法》。

冲击后压缩试验方法在对复合材料抵抗损伤能力的定量表征方面存在很多不足,准静态压入试验方法是为了克服冲击后压缩试验的缺点而引入的一种方法,该试验可以定量地测量在准静态横向接触力的作用下,复合材料抵抗损伤的能力。由于采用准静态加载的形式,可以在试验机上定量测出整个加载及损伤的过程,因而该方法被广泛作为评价材料抗冲击损伤能力的有效方法,并已形成 ASTM D6264—2017。

试验加载装置示意图如图 9.29 所示。

试验时,连续记录压入载荷及压入位移,从曲线(见图 9.30)上可得到初始损伤载荷、最终损伤载荷等。根据需要,还可以采用其他辅助措施进行损伤情况分析。

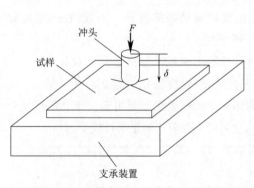
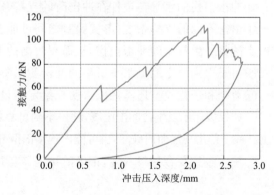

图 9.29　准静态压入试验装置示意图　　　图 9.30　准静态压入试验的压入深度与接触力关系

完成准静态压入过程后,也就等效地形成了冲击损伤,如果需要得到损伤后压缩强度,仍可像冲击后压缩一样进行试验。

9.3.2　损伤容限

冲击后压缩试验相关标准如下:

SACMA SRM2R—1994《取向纤维树脂复合材料的冲击后压缩性能》；

ASTM D7136—2020《落锤冲击试验中复合材料的抗损伤力测试》；

ASTM D7137—2017《损坏聚合物基体复合板的残余压力强度的标准试验方法》。

冲击后压缩试验(CAI)是对面外冲击所引起层压板压缩强度退化的一种经验评定。研究者依据材料形式、应用和预期的损伤,采用许多不同的冲击与损伤容限试验。虽然 CAI 试验是由船工工业为比较候选复合材料的损伤容限而发展的,但一般也可用于其他工业。试验所针对模拟的可能损伤状况包括工具坠落、跑道碎石冲击等。因为冲击速度比较低,该试验通常不用于评价弹丸的损伤容限。

复合材料工业中通常采用几种方法来确定 CAI。所有方法都要对含冲击损伤的层压平板进行压缩试验。在冲击过程中,用一个在冲击面的背面带有开孔的支持系统约束被试平板,冲击头一般是半圆形的落锤。最常用的方法是 SACMA SRM2R—1994 和 ASTM D7136—2020 或 ASTM D7137—2017。

选择的冲击水平一般是使其引起的层压板损伤为目视可见的,但要使损伤发生在板的中央。也已采用了另外一些损伤水平,如"目视勉强可见冲击损伤"(BVID)。如果损伤扩展到试件宽度的一半以上或者穿透了层压板,则损伤水平太大,以至不能用随后的压缩试验来进行有意义的评价。这些方法中规定了冲击的能量水平,也可根据试验目的而变化。在冲击后,可用表观的损伤面积(前面和后面)、凹痕深度和超声 C 扫描或者类似技术,对损伤的程度进行表征。

CAI 试验(所有方法)的局限如下:

①不应直接比较具有不同厚度或铺层的材料。

②使用者应注意,不可将这些试件中的损伤机理按比例扩大到较大的零件中,对于韧性树脂体系的复合材料尤其如此。

③冲击损伤的水平与试件在冲击时的支持系统刚度有关。

④由于不同的支持系统,各实验室之间可能会出现试验结果的差异。一般情况,刚度较小的支持将导致较小的冲击损伤,从而有较高的 CAI 强度。

⑤由于得到给定能量水平所用的冲击质量不同,可能出现各试验机之间的变异。

⑥数据和理论模型还不足以说明在给定能量下其质量/速度变化的意义。

⑦如果破坏不发生在冲击区域,就得不到可靠的结果。柔软的层压板可能由于在侧面支持的上部或下部出现屈曲而破坏,也可能出现端部散开,这两种失效模式都是不可接受的。

⑧像大多数复合材料一样,正确的试件制备很重要,端面的平面度和平行度尤其重要。

9.4 其他性能评价

9.4.1 连接性能评价

挤压面积——孔直径乘以试件厚度。

挤压载荷——界面上的压缩载荷。

挤压应变——在作用力方向的挤压孔变形与钉直径之比。

挤压强度——试件总体破坏时相应的挤压应力。

挤压应力——作用载荷除以挤压面积。

旁路强度——绕过钉孔传递的载荷除以层压板毛面积。

端距比——载荷作用方向上从挤压孔中心到试件端头的距离除以孔直径。

初始挤压强度——挤压载荷变形曲线与预选偏移点所引切线模量相交点的挤压应力，偏移量可取为名义孔直径的 1%、2% 或 4%。

比例极限挤压强度——挤压应力与孔伸长曲线上偏离线性点所相应的挤压应力。

极限挤压强度——能够承受的最大挤压应力。

1. 单剪挤压

相关标准：ASTM D5961—2017《聚合物基复合材料层压板挤压响应标准试验方法中的方法 B》。

单搭接连接既对紧固件引入弯曲又产生剪切载荷，而双搭接连接主要产生剪切载荷。采用的单剪试件有两种形式，一种只有一个螺栓，而另一种有两个螺栓，后者更接近多钉连接。两种试件都需要在试件两端加垫板，以保证两个连接板的贴合面通过载荷的轴线。因此这种试件比双剪形式更复杂，另一方面，可以不必制造夹具。

由挤压试验确定复合材料的挤压响应。从试验的载荷—位移曲线，按下式计算在最大载荷和在某些中间值（定义为屈服或偏移值）的挤压强度：

$$F^{br} = P/tD \tag{9.19}$$

式中　F^{br}——挤压强度，Pa；

　　　P——挤压载荷，N；

　　　D——挤压孔直径，m；

　　　t——试件厚度，m。

当上标 br 变为 bry 时，则表示屈服挤压强度，当上标 br 变为 bru 时表示极限挤压强度，也可以定义一个偏移挤压强度代表屈服值，在这种情况下应采用下标 bro。

通过建立 ASTM D5961—2017 中的方法 B，ASTM 认识到了对挤压试验的需求，它代表了实际结构中出现的单搭接连接；标准中允许单螺栓和双螺栓连接的形式。

本试验方法的限制是：

垫圈许用值——本标准没有讨论在复合材料搭接板之间垫圈的使用以模拟匹配实际连接中产生的间隙。由于垫圈厚度对挤压强度有大的影响，因而航空航天领域通常的做法是放置一个不粘接的铝垫圈，厚度等于许用液态垫圈的尺寸。

2. 双剪挤压

相关标准：ASTM D 5961—2017《聚合物基复合材料层压板挤压响应标准试验方法中的方法 A》。

在实际应用中，以单剪形式传递载荷是较普遍的情况，这也导致了在厚度方向产生较大的应力集中，降低了可以实现的挤压强度。换言之，用双剪试验确定的挤压强度值不能用于单剪连接。ASTM D5961 所具有的灵活性允许对标准的形式进行试验,或者对其加以改变以反映具体使用者的应用情况。其加载夹具制造简单,并清楚说明了试验方法和数据要求。对挤压破坏评价只建议了一种拉伸加载情况。在压缩情况下,除非可能发生剪脱破坏(例如,层压板所含 0°层的比例较大),其较大的端距应当只对挤压破坏应力略有影响。表 9.5 为各种失效模式的说明。

表 9.5　各种失效模式及其说明

层压板破坏		钉头/套环破坏		钉杆破坏	
L-NT	层压板净截面拉伸破坏	F-HD	钉头凹陷	F-STH	在钉杆/钉头或成形头结合处拉伸破坏
L-NC	层压板净截面压缩破坏				
L-OC	层压板偏移压缩破坏	F-FS	钉凸缘剪切破坏	F-STT	钉杆在螺纹处拉伸破坏
L-BR	层压板挤压破坏	F-HS	钉头、盲头或成形头剪切破坏	F-ST	钉杆拉伸破坏
L-SO	层压板剪脱破坏			F-SST	钉套或芯杆拉伸破坏
L-MM	组合破坏	F-BH	钉盲头变形	F-SSH	在钉杆/钉头结合处的钉杆剪切破坏
L-PT	(层压板允许的)紧固件拉脱破坏	F-NF	钉套环断裂破坏		
		F-NS	钉套环脱扣	F-SS	钉杆剪切破坏

3. 紧固件拉脱强度

相关标准:ASTM D7332—2016《测量纤维增强聚合物基复合材料紧固件拉脱阻抗的试验方法》。

聚合物基复合材料在贯穿厚度方向一般是最薄弱的,因此,通过试验获得其拉脱性能要比金属机械连接更为紧要。早期的复合材料拉脱试验中通常采用用于金属结构的紧固件,该紧固件导致连接提前破坏,于是就研发出了复合材料专用的紧固件。这些紧固件具有大的头部和尾部,以减小复合材料层压板厚度方向上的压应力。确定具体复合材料/紧固件连接设计的拉脱阻抗已经成为复合材料结构设计和验证的一般要求。除了测定具体复合材料板/紧固件组合情况的拉脱阻抗之外,这些实验还用来评价不同类型的紧固元件,如螺栓/螺母、销/锁环,或者垫圈,以便满足拉脱阻抗的要求。

ASTM D7332—2016《测量纤维增强聚合物基复合材料紧固件拉脱阻抗的试验方法》。本试验方法确定了多向聚合物基复合材料的紧固件拉脱阻抗。复合材料形式限于连续纤维或非连续纤维增强的复合材料,且层压板相对于试验方向是均衡和对称的。

本实验提供了两种试验方法和构型。第一种,方法 A 适用于筛选和研制紧固件;第二种,方法 B 与构型有关,适用于确定设计值。两种方法都可用于候选的紧固件/紧固件系统设计的比较评定。

试验夹具的构型可能对试验结果有显著影响。方法 A 中,复合材料板和加载杆之间的摩擦(来自板夹具或者孔的不对中)可能引起载荷的测量误差并影响试验结果;方法 B 中,耳叉的构型和它把传递给试样的力矩降低到最低限度的能力影响试验结果。此外,对于方法 B,间隙孔的直径还会影响复合材料板的弯曲程度。

9.4.2　疲劳性能评价

1. 单轴疲劳强度

相关标准:ASTM D3479—2019《用于聚合物基复合材料拉-拉疲劳的标准试验方法》。

常常用层压板理论由静态单层试验数据来预估结构用层压板材料的性能。然而,在疲劳领域,还没有成熟的方法对疲劳性能进行同样的预估。因此,对给定结构用的疲劳设计性能必须用代表该结构的层压板获得,并采用"积木块"方法中的元件和结构部件把试样数据进一步推广应用,从而,只有很少的标准化疲劳方法。

疲劳试验时通常施加相对某个平均水平的常幅正弦波形应力、应变或位移,图 9.31 给出了这种曲线的简图。这种方法的常见变量包括波形和变幅。可以采用几乎每一种形状的波形,包括正方形、三角形和修正的正弦波。为反映结构在典型的使用周期内(如对飞机结构从起飞到着陆)可能遭遇的所有载荷,通常采用变幅疲劳试验("谱载荷"疲劳)。

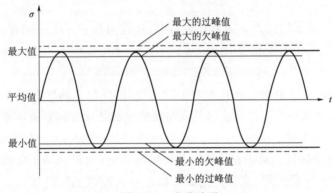

图 9.31　疲劳波形

为建立最大外加振荡应力(S)或应变(e)与失效循环数(N)关系的特征曲线,最常用的是试样级疲劳试验,这些曲线分别称为"应力-寿命"(S-N)或"应变—寿命"(ε-N)曲线。只有很少几个获得认可的聚合物基复合材料疲劳试验标准,疲劳标准的制订一般遵从静力试验方法,由于疲劳试验常常针对结构应用的参数,故很难对试验进行标准化。事实上一直用最常见的静力试验方法作为疲劳试验的指南,并能得到满意的结果。然而,多数对静力试验棘手的问题在疲劳领域变得更加困难。例如对拉伸试件粘贴加强片和压缩试验的防屈曲支持,均是静力试验中的关键,在疲劳中常常更加困难,又如试件的磨损和夹具的擦伤会很严重。因此可能需要花费大量精力来验证疲劳试件设计与试验方法。

2. 疲劳断裂韧性

相关标准:ASTM D6115—2019《单向纤维增强聚合基复合物的模式Ⅰ疲劳分层增长开始的标准试验方法》。

断裂力学也已用于表征分层在受到疲劳载荷时的扩展。分层长度 a 随疲劳循环数 N 的扩展速率可表征为施加的最大循环应变能释放率的函数,通常描述为 $\mathrm{d}a/\mathrm{d}N$ 与的曲线,如图 9.32 所示,已经表明在某些情况中要用曲线的幂指数型扩展,它在双对数坐标上是线

性的,与金属类似,从而可以把分层扩展速率表示为幂指数函数:

$$\frac{\mathrm{d}a}{\mathrm{d}N} = A(G_{max})^n \tag{9.20}$$

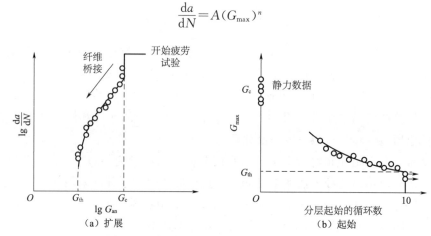

图 9.32　得到分层起始门槛值 G 的实验技术

然而,复合材料在Ⅰ型下的指数 n 通常比金属高,指数可在 6~10 之间变化,而对金属通常约为 1~2,从而 G_{max} 很小的变化会引起分层扩展速率很大的变化,使得为执行金属所用的经典损伤容限缓慢裂纹扩展方法时很难确定合理的检测间隔。

考虑到与分层扩展速率高指数有关的不确定性,建议设计水平要低于应变能释放率门槛值 G_{th},以保证无分层扩展。得到该门槛值的经典方法是让分层扩展速率降低直至分层停止扩展,如图 9.32(a)所示。然而,对Ⅰ型疲劳,纤维桥接使得对分层的阻抗随分层扩展而增加(见图 9.33)。纤维桥接会使正在扩展的分层过早止裂,而得到偏于危险的门槛值。替代的方法是监控分层扩展的起始,该方法是要在低于静态断裂韧性门槛 G_{Ic} 的不同最大循环载荷水平下进行试验直至分层起始,并画出 G_{Ic} 与分层起始循环数的函数关系(见图 9.32),由完整的 G-N 曲线确定任何预定循环数时分层起始的门槛值,例如图 9.32 给出了 106 次时的 G_{th}。

图 9.33　显示有纤维桥接的 DCB 试件照片

9.4.3　NOL 环力学性能评价

NOL 环结构的力学特性一般不同于平板层压结构。某些显著的差别源于固化类型、树脂空隙含量、微裂纹和自由边构型。然而,对于设计和分析,NOL 环结构要求采用与一般层压结构相同的力学性能数据。多数长丝缠绕结构用于火箭发动机壳体组合部件,因而,多数测试试件采用圆筒状或瓶状形式,以便更为接近地模拟所要设计和分析结构的几何特征。

1.0°拉伸与横向拉伸

(1)0°拉伸

关于 0°拉伸试验所选定的试验方法为 ASTM D3039—2017,该方法名为"纤维—树脂复合材料拉伸性能的标准试验方法"。所推荐的测试试件是由长丝缠绕的层压板获得。JAN-NAF CMCS 最初对受压的诺尔环(NOL ring)或受压的 90°长丝缠绕管进行了表决。也已进行了若干努力来试图由每一种技术来得出有效的数据,但是仅取得少许可复验的好结果。

(2)横向拉伸

测定适合于横向拉伸的单轴材料性能所选择的试验方法是 ASTM D5450—2016,该方法名为"环向缠绕聚合物基复合材料圆筒横向拉伸性能的试验方法"。在 1992 年秋季,此试验方法被批准成为 MIL-STD-373,标题为"单向纤维/树脂复合材料圆筒的横向拉伸性能",1993 年秋季该方法被批准为 ASTM 试验方法。

2. 0°压缩与横向压缩

(1)0°压缩

测定 0°单轴材料性能所选择的试验方法是 ASTM D3410—2016,该方法名为"单向或正交铺层纤维树脂复合材料压缩性能的试验方法"。推荐使用方法 B,也称为 ⅡTRI 方法。进一步还推荐,由长丝缠绕层压板来获得测试试件。

(2)横向压缩

关于测定横向压缩的单轴材料性能所选择的试验方法是 ASTM D5449—2016,该方法名为"环向缠绕聚合物基复合材料圆筒横向压缩性能的试验方法"。在 1992 年秋季,此试验方法被批准成为 MIL-STD-374,名为"单向纤维/树脂复合材料圆筒的横向压缩性能",1993年秋季该方法被批准为 ASTM 试验方法。

3. 面内剪切与横向剪切

(1)面内剪切

测定面内剪切性能所选择的试验方法为在 ASTM D5448—2016 中所描述的 90°、102 mm直径长丝缠绕扭转管,该方法名为"环向缠绕聚合物基复合材料圆筒面内剪切性能的试验方法"。在 1992 年秋季,此试验方法被批准为 MIL-STD-375,名为"单向纤维/树脂复合材料圆筒的面内剪切性能",1993 年秋季该方法被批准为 ASTM 试验方法。

(2)横向剪切

选择用于测定横向剪切材料性能的试验方法是 ASTM D5379—2019,名为"利用 V 形梁法测定复合材料剪切性能的试验方法"。

9.4.4　胶接连接性能评价

原则上胶接连接在结构上比机械紧固连接更为有效。胶接连接消除了安装紧固件所需的钻孔,消除了结构中钻孔引起的应力集中。可以用 3 种不同的工艺制造复合材料结构的胶接连接:二次胶接、共固化和共胶接。二次胶接采用一层胶黏剂来黏接两个预固化的复合材料零件,因此,这种形式在结构行为和制造方法上都与金属胶接连接最为相似。共固化是两个零件同时进行固化的工艺方法,两个零件之间的界面可以有胶层,也可以没有胶层。在共胶接工艺中,一个预固化的零件用胶黏剂与匹配的零件同时固化。对于任何胶接连接,表面制备都是很重要的环节,在进行胶接之前必须予以明确规定,这一点对于二次胶接和共胶接工艺显得特别重要。

本节讨论的胶接连接类型是二次胶接和共胶接。对于这两种连接，胶黏剂的力学性能，特别是刚度性能是设计中不可缺少的。在飞机结构中，设计良好的胶接连接的胶层并不处于危险状态，而被胶接件（不管是金属或复合材料的）却是关键的，但这依然需要知道胶黏剂的剪切和拉伸强度。在许多情况下，复合材料的被胶接件是结构合理的层压板，沿主要载荷方向布置了足够数量的铺层，保证其失效模式是纤维控制的。由于无须对纤维提供支持（特别是在压缩载荷下），适当选择的胶黏剂配方使其比复合材料基体的树脂具有更大的韧性，这样，就把连接破坏引向被胶接件。纤维也约束基体，所以基体的行为比树脂本身更具脆性。这可以把复合材料胶接连接破坏改变为到复合材料层压板厚度方向的横向拉伸破坏。

需要两种不同类型的试验来表征胶接连接行为，并得到所需的足够的力学数据以进行结构分析。假设已知复合材料被胶接件的力学性能，为了简单和标准化起见，采用金属被胶接件进行确定胶黏剂性能的试验。这些试验结果对设计和分析、比较数据和表面准备影响提供了胶黏剂性能，但是决不能代表复合材料结构胶接连接的强度。这种强度是通过更能代表应用情况的复合材料或蜂窝被胶接件构型的试验件得到的。

1. 胶黏剂性能评价

相关标准如下：

ASTM D5656—2017《拉伸载荷法测定剪切胶黏剂应力—应变性能用的厚被粘物金属搭接—剪切接合标准试验方法》；

ASTM E229—1997《结构胶黏剂的剪切强度和剪切模量的标准试验方法》；

ASTM D1002—2019《单搭接胶着结合的金属试样剪切强度》；

ASTM D 3163—2014《用抗拉荷载法在剪切胶黏剂粘接刚性塑料搭接接头的抗剪切强度的试验方法》；

ASTM D 2095—2015《用棒和条状样品测定胶黏剂抗拉强度的标准试验方法》。

如果要设计成功的胶接连接，就需要胶黏剂的强度和刚度性能。由于胶黏剂的行为是弹塑性的，用极限强度和初始切线模量还不足以表征胶黏剂的特性。所需的数据包括在使用温度和吸湿环境下的剪切和拉伸应力—应变曲线。

为了得到这些数据，目前工业界所偏爱的试验方法包括：对剪切性能，用 KHeger 率先提出的厚板被胶接件试验方法，最后形成 ASTM D5656—2017；以及对拉伸强度，采用 ASTM D2095—2015 的杆和棒试件试验。由于各种原因，还没有任何一种试验方法是完全满意的。

在进行湿态试验以前，使胶接试件的吸湿达到平衡（整个胶层吸湿量均匀）的湿浸润过程需要持续很长的时间，甚至达到几年。这是因为通常胶黏剂的湿扩散率较低，而采用不渗透水的金属被胶接件为试件时，水分只能通过暴露的胶层边缘进入胶黏剂。由于峰值剪应力或剥离（拉伸）应力，胶黏剂的破坏通常起始于胶层边缘。于是，只要在胶黏剂边缘某个合理的深度内接近于所希望达到的吸湿平衡水平，试验结果就代表了整个胶层达到平衡时的结果。可在适当的高温[对于环氧树脂 71～82 ℃（160～180 ℉）]下，把试验件在需要的相对湿度下暴露 1 000 h（42 d）以达到这个目的。另外一个确定吸湿对胶黏剂影响的方法是，采用模塑的胶黏剂纯树脂试件进行拉伸和压缩试验。在这种情况下由于整个试件均被暴露在环境条件下,达到平衡的时间显著减少。

　　胶黏剂的性能试验应当在室温、大气环境以及在最低及最高使用温度极值条件下进行,每种试验条件最少应当重复 5 次试验。此外,必须对代表实际连接形式的胶接连接进行试验,以验证连接的结构完整性。由于这些试件迅速成为针对具体问题的设计,很难予以标准化,因此,仅限于讨论一些最简单的试件,其中包含如下复合材料胶接连接最重要的参数:几何特性、复合材料层压板或金属被胶接件、胶黏剂、制造工艺和质量控制方法等。

2. 蜂窝与面板的平面拉伸性能评价

　　相关标准:ASTM C297—2016《夹层结构平面拉伸强度标准试验方法》。

　　对于蜂窝结构,有必要测定夹层板的芯子和面板之间的胶接强度。ASTM C297—2016 是工业界最常采用的试验方法,试件和工装的组合情况如图 9.34 所示。试件尺寸通常是 50 mm×50 mm,也可以是圆形。为了得到有意义的结果,试件和真实构件的制造采用同样制造工艺是很重要的。这种试验不能测定胶黏剂的拉伸强度,但确实对于胶黏剂浸润蜂窝壁的程度给出了一种指示。应当记录失效模式,因为在某些结构形式下,胶接处比蜂窝自身具有更高的拉伸强度。在大多数应用中,蜂窝与面板间的胶接强度高于芯子的强度;但是对于这个试验,为了使胶层发生破坏,应当采用较高强度的芯子。这种试件遇到的主要困难是夹具与面板的黏接(特别是在高温、潮湿条件下),以及保持夹具和试件之间的平行度。

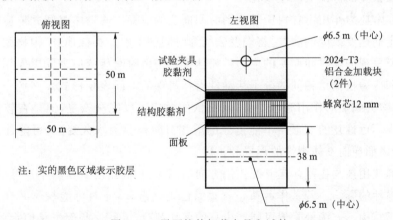

图 9.34　平面拉伸加载夹具和试件

3. 双搭接连接测试性能评价

　　相关标准:ASTM D3528—2016《采用拉向载荷测定双搭接剪切粘接接头强度特性的标准试验方法》。

　　双搭接试件的范围包括单阶梯形式到多阶梯形式,通常承受拉伸载荷,其复杂性取决于想要得到的数据类型或者结构应用的类型。双剪连接的试件降低了剥离应力,所以这种试件对测定胶黏剂的剪切强度是有用的。在设计中一般不用这种构型,因为通过外被胶接件斜削可以显著增加传载的能力。为了传递更大的载荷,双搭接的连接将包括多个阶梯。这种类型试件的制造很昂贵,因此不能进行大量重复试验。由于这些试件代表某个具体的设计,因而必须注意使试件的制造工艺与实际连接一样。

4. 单搭接连接测试性能评价

相关标准:ASTM D3165—2014《用单面搭接叠层板组件的拉伸负荷测定剪切时胶黏剂强度特性的标准试验方法》。

单搭接的连接试件与双搭接试件类似,然而,由于单搭接的连接试件有弯曲产生的附加剥离应力,连接的长度必须足够长,使其影响降低到最小。这就实际上排除了用单搭接试件测定连接强度性能的可用性。然而,单阶单搭接的连接可用于比较不同的胶黏剂和质量控制。本节介绍两种不同的方法来降低单搭接连接试件的剥离应力。一种是 ASTM D3165—2014 采用与 ASTM D5961—2017 单剪挤压试验方法 B 相类似的方式,保持胶层中的载荷路线。另一种是欧洲飞机工业标准 PREN 6066 所举例说明的方法,该方法依靠斜面嵌接或者多个小台阶将载荷缓慢地传递到连接之中以降低剥离应力。

9.4.5 黏弹性性能评价

有机基体复合材料性能的时间相依性主要来自这些材料所包含的聚合物基体树脂的黏弹性特性。尽管这些性能随基体而定,但它们不能简单地根据未增强基体的黏弹性特性来进行预估。蠕变柔度、松弛模量,甚至测量的玻璃化转变温度都可能作为增强纤维的含量和方位的函数在很宽的范围上发生变化。

蠕变是在常应力作用下材料所呈现随时间而变的应变。通过由时间相依应变除以常应力水平所确定的蠕变柔度的测量,将蠕变表征为时间的函数。类似地,应力松弛是在常应变作用下材料所呈现的随时间而变的应力。松弛模量是由时间相依应力除以作用的常应变而确定。蠕变和应力松弛是相同的分子活动性潜在机理的不同表现形式。在低作用应力和应变水平下,当除去施加的作用时,这些时间相依的效应可以完全恢复,但是在较高的水平受载时可能出现不可恢复的变形。不能复原的应变有时被称为永久变形,可能伴随时间相依的损伤发生,诸如横向基体裂纹的形成和扩展。

若最终的使用涉及在基体起支配作用方向的高应力、高温度或暴露于严酷的化学环境,应该考虑黏弹性的影响。若工作载荷包含显著的剪切载荷,应对可能与时间有关的效应进行评估。由于结构不连续处附近可能产生高的剪切载荷,因此这些部位是值得关注的区域。应注意到,黏弹性影响对于这些情况中的一些可能是有益的,因为高应力区域的应力松弛可能有助于防止灾难性的破坏。当使用热塑性基体时,时间相依特性可能是个值得关注的问题,特别是在工作温度达到或接近玻璃化转变温度(T_g)的情况。由于交联作用,在热固性复合材料中,蠕变程度应比较小。

在纤维增强塑料(复合材料)中,可以设想,当复合材料以基体控制的方式承载时,比起以纤维控制的方式,蠕变问题更为重要。例如,可以预期,纤维方向承受拉伸载荷的单向试件蠕变是小的。然而,试件以基体控制的方式承载时就不是如同所预期的那样简单。对单向试件进行横向拉伸试验,人们可能认定载荷基本上由基体承受,而其实并非如此。这里有几种解释。一种解释是,由于纤维阻止基体横向收缩(即泊松效应),施加载荷于横向试件是赋予基体以双向应力状态(拉伸),从而限制蠕变响应量。对于在横向试件中低蠕变响应的另一种论点认为,试件弱且应变小,故应变的改变量也小。另外一个施加载荷于基体的方法是以剪切方式,而蠕变响应则会大些。以剪切方式对基体施加载荷最便利的方法是对[±45]试件施加拉伸载荷。尽管存在认为此试验不能产生纯层内剪切的争论,但它至少产生某些剪切并可视为与单向层压板承受剪切载荷相比拟。

有关蠕变响应试验有意义的其他加载方式包括单向试件在纤维方向的压缩和单向试件的三点弯曲加载(在这两种方法中剪切均起着作用)。

常见的试验方法是对[±45]试件施加 35 MPa、70 MPa 或 105 MPa 的静拉伸载荷并监控应变随时间的变化。在第一次施加全载荷时的应变读数被指定为零时间的应变。随后的测量是从那个零时间读数开始定时记录,在 1 min、2 min、3 min、10 min、20 min、30 min、60 min、100 min 和 200 min 时刻获取读数,而后成为合适的指令。应变作为时间的函数被描绘在半对数坐标上,并且试验连续进行至少 30 000 min(或 3 个星期)。试验应在受控(不变)的湿度和温度条件下完成。一般来说,试件为 25 mm 宽、150 mm 长和约 1~1.5 mm 厚。某些迹象表明,较宽的试件比较窄的试件蠕变少。

第 10 章 理化性能评价

10.1 预 浸 料

10.1.1 预浸料物理性能评价

1. 树脂含量

树脂含量是预浸料中树脂、固化剂和各种改进剂的总和,以它们所占质量的百分数表示。为了使复合材料制品具有适当的树脂含量和较好的力学性能,预浸料的树脂含量要有严格的规定。如果预浸料中树脂含量过大,一般会导致复合材料制品的树脂含量也偏大,力学性能下降,或者在成型过程中由于大量树脂排出而使增强纤维难以准确定位;如果树脂含量过低,除了会造成复合材料贫胶之外,还会造成预浸料中的气泡在成型过程中不能随树脂流出排除,使复合材料制品的缺陷增多。除了保持均匀的结构重量,测量预浸料的树脂含量和纤维含量(以纤维面积质量形式)对于保证力学性能处于稳定水平是十分必要的。

根据不同的生产工艺,预浸料的树脂含量测量按照测量值可用树脂含量或树脂固体含量表示。热熔法树脂体系生产的预浸料测量树脂含量,而溶液法浸渍的预浸料测量树脂固体含量。树脂固体含量不包括溶剂浸渍时残留的挥发份。按照测试手段可分为破坏法和非破坏法。由于测试值的准确性,破坏法优于非破坏法。非破坏法要对每个评估的预浸料建立标定曲线。非破坏法可以降低进行树脂含量测试时遇到的环境、健康和安全方面(EH&S)的要求,但最终用户对预浸料通常更愿意选用破坏法来测量树脂含量。下面着重介绍破坏法。

预浸料的树脂含量可用溶剂将树脂从预浸料纤维中萃取出来的方法来测定,所用萃取剂可完全溶解树脂而不溶解纤维(ASTM C613—2019)。其他用于测定预浸料树脂和纤维含量的方法有基体消溶/灼烧法(ASTM D3171—2015,方法 A~F),基体溶解法(ASTM D3529—2016 和 SACMA SRM23,方法 A)和基体灼烧/燃烧法(ASTM D2584—2018,ASTM D3171—2015,方法 G,和 SACMA SRM23,方法 B)。ASTM D2584—2018,ASTM D3171—2015,方法 G,和 SACMA SRM23,方法 B 是针对用玻璃纤维、石英或陶瓷纤维这些不受高温影响纤维制成的预浸料用得最为广泛的一种方法。ASTM D3529—2016 和 SAC-MA SRM23,方法 A 是推荐用于碳纤维和芳纶纤维预浸料的方法。ASTM D3171—2015,方法 A~F,推荐用于已固化复合材料层压板或高度交联/固化的预浸料体系(即 C-阶段预浸料)。下面描述了每种试验方法和相关问题。

(1)萃取法

相关标准如下：

ASTM C 613—2019《通过索格利特萃取法测定合成预浸料坯中组分含量的标准试验方法》；

ASTM D3529—2016《复合材料预浸料坯中基质固形物含量和基质含量的标准试验方法》；

JC/T 780—2004《预浸料树脂含量试验方法》。

确定预浸料的树脂含量可用溶剂将树脂从预浸料纤维中萃取出来的方法测定,所用萃取剂可完全溶解树脂而不溶解纤维(ASTM C613—2019)。ASTM C613—2019 测试方法阐述了用索格利特萃取法来测定预浸料树脂和纤维含量的步骤,可以测定复合材料预浸料的树脂含量、纤维含量和填料含量。该测试方法着重于采用以热固性树脂为基体的预浸料,该预浸料的树脂基体可以被有机溶剂萃取出来。所选的萃取溶剂不可以溶解纤维和填料,并且用过滤的方法可以把填料与纤维分离。使用不同填料和纤维的混合型预浸料则不能使用这种方法。相对于其他溶剂萃取法测试树脂含量的方法,ASTM C613—2019 法测定预浸料树脂含量和纤维含量最准确。当然,该测试法也要求拥有索格利特萃取的相关设备和较长的操作时间来确定预浸料的树脂含量。这种方法不适用于预浸料生产商的在线测试,因为时间非常长,数量级以小时计。预浸料试样需分割得尽可能小,这样才能让试样有较大的暴露面积,以加快溶解。然后称试样重量,再用索格利特萃取法去除树脂基体。将萃取后的剩余物烘干并称重。如果在剩余物中除了增强体外还发现填料,则用过滤方式把两种残留物分离。用测定的初始试样重量和不同阶段得到的残留物的重量,可计算出预浸料树脂含量、纤维含量和填料含量的重量百分比。

(2)溶解法

相关标准如下：

ASTM D3529—2016《复合材料预浸料坯中基质固形物含量和基质含量的标准试验方法》；

SACMA SRM23《用溶剂萃取破坏法确定热固性预浸料树脂含量和纤维面积质量试验方法的方法 A》。

将试样放入溶剂中,经过一段时间煮沸,使预浸料中的树脂完全溶解。根据试验前后试样质量的变化,计算预浸料的树脂质量含量。ASTM D3529—2016 和 SACMA SRM23 方法 A 是用基体溶解法确定预浸料树脂含量和纤维含量的方法。这种试验方法着重于树脂基体可以被有机溶剂溶解的热固性基体预浸料。为了能充分溶解预浸料中的树脂,特别是材料中含热塑性材料或大分子组分时,可能需使用特殊的混合溶剂(如丙酮/DMF)。有些树脂配方中含有阻止树脂基体溶解的成分,这些成分被称为不溶成分。操作时需要将试样切取到准确尺寸并称重。然后将试样浸泡在相应溶剂中,可以加热,直至基体溶解。再对纤维进行冲洗,洗去溶解的树脂,然后将纤维烘干、称重。所损失的重量即为树脂含量。为了加速基体溶解,可以使用超声波进行辅助处理。这种方法限用于不会因为暴露在溶剂中就失重或增重的增强材料,以及不会产生某些树脂基体组分在溶剂中不溶解的情况。溶解法在确定碳纤维和芳纶纤维预浸料树脂含量中应用得最为广泛。由于成本、设备和时间的优势,溶解法比 ASTM C613—2019 方法用得更广泛。但溶解法不适用于固化后的层压板和 C-阶段预浸料。

(3)灼烧法

相关标准如下:ASTM D2584—2018《固化增强树脂燃烧损失的标准试验方法》;

ASTM D3171—2015《测定复合材料成分含量的标准试验方法》;

SACMA SRM23《用溶剂萃取破坏法确定热固性预浸料树脂含量和纤维面积质量方法 B》。

将试样放入坩埚,在马弗炉中灼烧,烧尽预浸料中的树脂。根据试验前后试样质量的变化,计算预浸料的树脂质量含量。ASTM D2584—2018、ASTM D3171—2015 和 SACMA SRM23 试验方法 B 是采用燃烧树脂法确定预浸料树脂含量和纤维含量的。这种试验方法适用于树脂基体可以被烧掉,而燃烧温度对增强体没有影响的预浸料,不适合用于树脂会被烧结,在试样加热后残留在纤维上的材料。另外,含不同填料或纤维的混合预浸料体系无法用这种方法分别。这些是对含玻璃纤维、石英或陶瓷纤维以及环氧、酰亚胺、酚醛和聚乙烯树脂的预浸料使用得最为广泛的方法。将马弗炉设定到 570 ℃±10 ℃(1 050℉±50℉),就可以用燃烧树脂法轻松测得玻璃纤维、石英或陶瓷纤维增强预浸料的树脂含量。必须注意将测试温度控制在 590 ℃(1 100℉)以下,以防将玻璃原丝熔化,造成树脂含量值偏低。这种试验方法成本比溶剂萃取法低,而且不使用溶剂,但燃烧时可能产生有害的气体或烟雾。用户在采用这种方法前,必须阅读预浸料的材料安全数据单(MSDS)来了解预浸料的降解材料成分。

ASTM D3171—2015 测试方法适用于基体材料无法在普通溶剂中轻易溶解的复合材料,如固化后的层压板、热塑树脂基预浸料、C-阶段预浸料以及金属基复合材料。该方法通过两种途径来确定组分含量:将基体材料从纤维上溶解去除或燃烧去除。方法 A～G 针对不同基体材料采用不同酸/混合溶剂或燃烧法。方法 A～F 采用化学法去除基体,而方法 G 在炉内用燃烧法去除基体。方法 A～F 是使用化学品溶解基体,但化学品不会对增强纤维造成伤害。ASTM D3171—2015 测试方法主要针对双组分、不含不溶物质或填料的预浸料体系。相对于其他试验方法,在绝大多数情况下本试验方法使用更多有害材料,且花费更长时间。

在试验中,试样尺寸应为 80 mm×80 mm 的预浸料单片。试样不应含有起毛、干纱或颜色不匀等缺陷。每批材料的抽样方式及数量按材料的技术条件规定,但试样数量每批应不少于 3 个。萃取法和溶解法不适用于其增强材料在溶剂中有增重或减重及 B 阶段程度高的预浸料。灼烧法一般只适用于玻璃纤维及其织物的预浸料,对于碳和芳纶纤维预浸料,灼烧方法不是优选的,因为这类纤维易受氧化降解。

2.纤维含量

相关标准:ASTM D3171—2015《测定复合材料成分含量的标准试验方法》。

纤维含量通常表述为"纤维面积质量",单位为 g/m²,预浸料的纤维含量或纤维面积质量(FAW)通常用上述测树脂含量的方法测定。

FAW 与增强纤维线密度(含上浆剂)直接相关,其单位为 g/m。但是,测定的预浸料材料的 FAW 结果中不含纤维上浆剂。预浸料生产商通过预浸料树脂含量和纤维面积质量来间接控制预浸料材料固化后的单层厚度。

用于测试树脂含量的方法通常也可以提供预浸料纤维含量的信息。使用重量法检测预浸料树脂含量需要知道纤维面积重量。在某些情况下,只要纤维不在酸剂中溶解或降解,则可用酸溶解方法 ASTM D3171—2015 去除纤维上的树脂基体。对碳纤维和芳纶纤维预浸料,不建议使用燃烧法,因为此类纤维会被氧化降解。预浸料的纤维含量通常有两种表示方法,即纤维质量分数和纤维体积分数,在测试时直接测得的通常是纤维质量分数,但由于复合材料中力学性能需要按照体积混合定律计算,用纤维体积分数表示纤维含量更加直观,因此经常需要把纤维质量分数换算成纤维体积分数。换算方法如下:

$$\varphi_f = \frac{\dfrac{w_f}{\rho_f}}{\dfrac{w_f}{\rho_f} + \dfrac{1 - w_f}{\rho_r}} \times 100\%$$

式中　φ_f——纤维体积分数;

$\quad\quad w_f$——纤维质量分数;

$\quad\quad \rho_f$——增强纤维密度;

$\quad\quad \rho_r$——预浸料所用树脂密度。

3. 可溶性树脂含量

可溶性树脂含量是指预浸料中可溶解的树脂占全部树脂质量的百分率。其测定方法是取 100 mm×100 mm 胶布三块,称重记为 G(准确至 0.01 g),在 1:1 甲苯—乙醇溶剂中浸泡 10 min,取出淋去溶剂,放入(160±2)℃烘箱内烘 10 min,取出冷却称重 G_1(准确至 0.1 g),放入马弗炉中在 500~600 ℃温度下灼烧至恒重,取出冷却至室温称重 G_0(准确到 0.1 g),按下式计算可溶性树脂含量:

$$可溶性树脂含量(\%) = \frac{G - G_1}{G - G_0} \times 100$$

可溶性树脂含量大,树脂流动性好,黏结性好,但成型时易流胶,甚至造成缺胶,固化时间要相应延长,生产效率低。因此控制一定的可溶性树脂含量是很重要的。

4. 挥发份含量

相关标准:ASTM D3530—2020《复合材料预浸料中挥发物含量的标准试验方法》。

挥发份分含量是指预浸料中易挥发物的质量占预浸料总质量的百分率,预浸料中的挥发物主要来源于树脂中的低分子物和溶液预浸时未除去的溶剂。对于预浸料质量控制,适量的挥发份在成型时可使树脂具有一定的流动性,进而使树脂在复合材料中分布得更加均匀。挥发物含量过高,复合材料制品中易产生气泡或残留较多的挥发物,从而降低制品的电性能和力学性能。在绝大多数情况下,预浸料挥发份含量的指标需在其制造过程中加以控制。溶液法制备的预浸料的挥发份含量比热熔法的预浸料要高。对环氧树脂基预浸料,绝大多数挥发份含量指标定在 2%以下,以减少材料在成形加工过程中的挥发分释放。挥发份含量的稳定性与预浸料生产过程中溶液浸渍工艺的稳定性有关。预浸料测得的挥发份含量包括溶剂、水汽、反应副产品和树脂基体中的低分子树脂组分。

预浸料的挥发份含量可以按 ASTM D3530—2020 测得。测试程序中,选择烘箱温度是关键,因某些预浸料的基体树脂(如双马树脂预浸料)在受热过程中会挥发一些组分,而这些并非真实的挥发份。在正常的材料成形加工过程中,受环境影响,这些树脂组分不会形成挥发分。在建立试验方法过程中,应测量不同温度下的挥发分含量,以减少测试偏差。预浸料材料的烘箱加热时间应依据预浸料在该温度下的凝胶时间确定。挥发份含量测试应在设定温度下进行直至基体凝胶化。另一个挥发分含量测试方法是热重分析法(TGA)。但通常这种方法仅用于固态树脂,因为其挥发份含量测试结果与加热速率相关。

5. 不溶物含量

预浸料的不溶物含量是指不能在有机溶剂和酸中溶解或降解的树脂成分,比如预浸料树脂基体中含有的耐有机溶剂及强酸的树脂成分或无机填料。用于不溶物含量的试验方法可参照测量树脂含量的溶剂萃取法和树脂基体降解法。

6. 无机填料和添加剂含量

预浸料树脂中无机填料和添加剂的定量测定需要十分小心。假定有机树脂材料完全溶于四氢呋喃(THF)中,而无机填料和添加剂是不可溶解的,可以用离心法沉淀不可溶解成分。沉淀物至少要用溶剂洗涤 3 次,干燥,然后称重。

10.1.2 预浸料工艺性能评价

1. 表面黏性

预浸料的表面黏性是测量预浸料与自身、工装和其他预浸料相黏的程度。为了方便预浸料的操作与铺叠,作为预浸料粘贴特性的表面黏性是受控的。预浸料的表面黏性与树脂基体表面黏度、预浸料挥发份含量、树脂基体反应度、树脂成分分子量分布以及车间的温湿度有关。增加树脂和挥发份含量,降低预浸料树脂反应度和提高铺叠间的温湿度,均可增加表面黏性。但是,如果要求不改变树脂分布和纤维取向,就很难获得表面黏性特别高或特别低的预浸料。不过,热塑预浸料的表面黏性低不会妨碍成形和压实,只要在加工过程中将聚合物加热到熔点温度以上即可。

预浸料表面黏性是操作性的一种指标。热固性树脂基预浸料应具有足够的表面黏性,以保证预浸料能贴合在工装上或已铺敷的铺层上,但是也应足够低,使背衬被撕离时不至于造成树脂转移或纤维变形。

在先进复合材料行业里,预浸料表面黏性是最未标准化的测试之一。此外,表面黏性的指标完全依赖于对表面黏性的定义。例如预浸料表面黏性可以被定义为低、中、高或用数字来表示(如Ⅰ到Ⅵ)。表面黏度的测试方法包括:30 min 垂直试验、滚珠试验、t-剥离试验、水平试验、固定直径轴芯与自黏,以及用动态加载控制仪器。

大多数表面黏性测试方法都是测试预浸料和受控表面或其本身的黏性。实验的失效模式为黏接破坏或内聚破坏。操作员可按预浸料从测试基材上揭下的难易程度,对表面黏性做出评判。如果预浸料不能从测试基材上轻易揭下,可被视作表面黏性高;如果预浸料可从测试基材上轻易揭下,则可被视作表面黏性低。表面黏度等判定纯粹依赖操作员。

t-剥离试验法是用恒定的位移速率对两层预浸料加载,使之分离。试片大小通常为25 mm×300 mm,夹持在力学试验机的夹头中。测试分离两层预浸料所需的力值,该力值与表面黏度相关。但用于制备两层试件所用的力以及预浸料浸溃的程度均对试验力值结果有重要影响。

固定直径轴芯试验是将预浸料卷在一个固定直径的轴芯上。预浸料会黏附在轴芯上,或由于黏度太低,层间没有足够黏性而从轴芯上散开。测试结果记录为通过或失败。固定直径轴芯测试方法通常用于材料质量控制。

现有的市售黏性试验机采用改型剥离黏性试验来提供预浸料表面黏性的定量数值。试验设备记录测得的施加载荷和使预浸料与受控面产生分离所需的力。此受控面可以是另一层预浸料、工装表面或蜂窝芯零件表面。测试结果受树脂对预浸料表面层浸润度及测试时环境条件的影响。

2. 树脂流动性

相关标准:ASTM D3531—2016《碳纤维环氧树脂预浸料树脂的流动性的标准试验方法》。

树脂流动度是指在指定温度和压力条件下,预浸料中树脂流动能力大小的量度,一般用复合材料成形固化过程中,树脂从复合材料中的流出量表征预浸料的流动性。树脂流动性过大将造成工艺不便,产生严重流胶,造成复合材料贫胶,还可能引起纤维排列不整齐。若流动性过小,则可能产生纤维层与层之间黏结不良、树脂分布不均等缺陷。树脂流动度适当将降低空隙含量,使树脂分布均匀,提高复合材料质量。测定树脂流动性的试验方法有两种:一种是由预浸料切取试样,并正交铺层,在规定的温度和压力下放置一段时间,以挤出树脂的质量作为树脂流出量;另一种方法是将预浸料按[0/90]正交铺层,厚度为1 mm,在一定温度和压力下放置2 min,以固化后试样对角线方向上的长度增加量(mm)作为树脂流出量的指标。

在规定的试验条件下,树脂流动度涉及预浸料树脂的化学组成、反应程度、形态以及树脂含量。在加工层压板时,预浸料的可加工性和树脂含量受树脂流动度的影响。树脂流动同样影响工艺性和零件固化后的单层厚度。具体试验条件(温度、压力、时间、预浸料层数和吸胶材料层数等)应按基体树脂类型确定。预浸料的树脂流动性可按 ASTM D3531—2016标准进行测定。

3. 流变性

相关标准:SACMA SRM19《基体树脂黏度的测试方法》。

流变学是在固定频率和恒定剪切应变条件下对聚合物树脂的流动性和反应度的研究。预浸料的流动性和反应度会影响工艺性,对热固性预浸料在固化时能否正常压实有关键影响。预浸料处在恒定应变和线性升温的环境下,通过动态凝胶点测试可得其反应度信息。动态凝胶时间可在各种工艺制造方法中用于预浸料材料的工艺控制。

对测试方法作一些小改动，SACMA SRM19 即可用于预浸料的流变性测试。典型的预浸料试样用 4 层[0/90/90/0]方向的层压板来制作，并置于两块固定间隙平行放置的板中。起始温度、应变和频率的设置需使应变恒定不变，并避免载荷传感器超载。对预浸料样品进行线性升温，在机械振动下通过测试动态凝胶点得到反应度信息。由于纤维干扰，黏度测试并不准确，因此无法取得可靠的预浸料黏度信息。在同一实验室内动态凝胶时间具有高度的可重复性，但不同实验室间的重现性差，所以很难在实验室之间取得相同的凝胶时间。

4. 凝胶时间

相关标准：ASTM D 3532—2019《碳纤维环氧树脂预浸料坯凝固时间的标准试验方法》；SACMA SRM19《基体树脂黏度的测试方法》。

凝胶时间是预浸料的一个重要工艺参数，是确定加压时间的重要依据。预浸料的凝胶时间与热固性基体树脂的反应度以及树脂配方有关。按其固化温度和工艺要求，预浸料以不同的树脂组分，以及催化剂或固化剂配比来达到其预设的凝胶时间范围。典型预浸料凝胶时间是树脂保持在给定温度下，直至树脂发生凝胶或产生高黏度的时间。凝胶时间会影响预浸料的工艺性，也可用之来评定树脂反应的程度。预浸料凝胶时间和树脂流动性测试结果还用作质量控制验证和预浸料寿命延期。预浸料凝胶时间测试的温度应依据树脂基体的类型和固化温度而定。

可按 ASTM D 3532—2019 测定预浸料的凝胶时间。用盖玻片夹住预浸料试样，放置在加温到指定温度的改进熔点测试仪；用探棒接触试样，直到树脂流动明显降低或树脂凝胶，这就意味着测试结果与测试者的经验和技术水平有关，正确的培训尤为重要。双马树脂预浸料会在凝胶时间测试过程中与氧气发生反应，因此用 Fisher-Johns 熔点测试仪常得出错误的结果。双马树脂可用有孔隔离膜，并施加一定温度和低压，从预浸料中挤出。将挤出的固态双马树脂放进一个在加热油浴及充氮保护的试管中，消除氧气影响。用玻璃棒搅动树脂，一出现"树脂牵丝"即可确定为凝胶时间。

另一预浸料凝胶时间的测试方法为动态能谱法，在 SACMA SRM19 中有介绍。预浸料的凝胶时间也称为动态凝胶点。动态能谱仪对热固性树脂和预浸料固化性能的测定有很高灵敏性，能测出随温度、时间或两者共同变化的储能模量(G')和损耗模量(G'')。将预浸料试样放在以固定频率和应变振动的机械振荡器中，充氮气作为保护气氛，然后进行线性升温。储能模量、损耗模量和复数黏度(n)用剪切性能测定，剪切性能与时间、温度、频率和应变有关。损耗模量和储能模量的交叉点，即损耗角正切($\tan \delta$)等于 1，认为是热固性树脂基预浸料的凝胶点。

采用动态凝胶测量仪的动态能谱预浸料凝胶试验方法能对预浸料的反应度提供有用的信息，预浸料反应度与加热速率和保温时间有关，后者控制了热应力以支持预浸料零件制造工艺。测量值的敏感性要求对测试设备进行大量的标定，并需技术娴熟的操作员，以得到稳定和有效的数据。在同一试验室内，动态凝胶试验的重复性非常高。但是，动态凝胶试验在不同试验室之间的重现性很低。试验设备、试验操作者和环境等的改变使得很难重现动态能谱凝胶时间。

5. 固化度

用差示扫描量热法(DSC)很容易测试预浸料材料的固化度。首先测量和记录纯树脂的热性能,再测量和记录预浸料材料的热性能。计算出纯树脂和预浸料材料之间的熵变,就是固化度。必须要确定预浸料的树脂含量,然后调整预浸料的熵值到纯树脂的熵值。目前尚无固化度测量工业标准。

6. 铺敷性

预浸料的铺敷性是预浸料材料成形性的度量。预浸料需有足够的铺敷性,以便能铺贴在深的曲面,以及在曲面周围能被压均匀。预浸料铺敷性试验通常用预浸料绕小直径轴芯的成形能力测量。判定铺敷性通过的依据是,在卷绕成形时有没有产生纤维损伤或层间分离,否则认定失败。预浸料铺敷性试验最常用的铝轴固定直径为 51 mm。

通常,单向带预浸料的铺敷性不如织物预浸料。单向带预浸料的铺敷性不如其相当的织物预浸料,当用于制造特定的产品形式时必须考虑这一固有的差异。预浸料的铺敷性也可用真空袋级(高铺敷性)和压机级(低铺敷性)表示。

7. 储存期

储存期指规定环境条件下,满足工艺性能要求以及保证复合材料制件质量所需预浸料的工作时间。将预浸料以低温储存条件下取出,放置在净化操作间进行预浸料下料、铺叠成制件毛坯、并进行封装等所需时间内仍能保持预浸料所应有的黏性,满足工艺性的要求,保证复合材料制品的质量。预浸料在低温下(一般为 −18 ℃)储存,组分间化学变化缓慢,当放置到净化操作间时,在室温条件下的预浸料化学反应将较快,特别是对大型复杂厚壁制品,操作可能持续很长时间,有时达 2~3 周,因此要求预浸料有较长的室温使用期。也可根据工序要求,经过工序时间的精密计算,分次取出在低温条件下储存的预浸料。

10.1.3 预浸料化学性能评价

预浸料的化学性能试验可用于提供预浸料树脂体系及其树脂成分、聚合状态、树脂固化温度、反应特性和其他化学性能信息。预浸料化学"指纹"通常用于质量控制,以确保预浸料的树脂合成度以及树脂配方不发生重大改变。这些试验可表征树脂基体和相关的预浸料体系用树脂家族的化学性能。预浸料化学性能对验证任何改变对材料结构性能带来多大影响至关重要。关注预浸料物理和化学性能表征,可为预浸料材料结构性能稳定性打下基础。与其他力学性能试验相比,化学性能试验有着更高的精确度以监测预浸料材料的重大变化。

高效液相色谱(HPLC)及红外光谱分析(IR)化学表征测试方法是提供对单个树脂组分以及预浸料树脂体系进行快速"指纹鉴定"的质量控制方法。在预浸料材料规范中,此两种方法被预浸料厂商及最终用户广泛采用。IR 的同一实验室内及实验室之间的重复性和重现性均很高。HPLC 在同一实验室内的重复性高,但实验室之间的重现性常较低。

1. 预浸料树脂成分

预浸料树脂成分主导表面黏性、铺覆性、树脂流动性、凝胶时间和预压实性能,这些预浸料性能又进而影响零件制造工艺性,所以树脂成分这一重要参数通过高效液相色谱

(HPLC)将预浸料树脂体系分离为单个树脂成分进行检测表征。绝大多数预浸料体系可用 HPLC 进行分析。如对环氧基预浸料,HPLC 峰面积比取决于主要环氧组分、次要环氧组分和固化剂组分。此外,还可获取树脂聚合度信息。树脂聚合度是要检测的重要参数,因其与预浸料在室温下的操作寿命密切相关。

对于可溶于乙腈溶剂的热固性树脂体系,SACMA SRM20R 的方法可作为半定量 HPLC 分析指南。SACMA SRM20R 测试方法提供了对可溶于乙腈溶剂的热固性树脂进行半定量分析的程序。将树脂溶解在乙腈中过滤,并注入十八烷基硅烷反相色谱柱;水和乙腈梯度淋洗将树脂成分分离;检测;通过在一相应波长下,使用紫外线吸收完成;由采集的数据可推算出树脂成分面积比;通过对标准质量控制批和每组待定样品的分析可验证 HPLC 的性能,如需分析酸性或基础组分,可能需采用其他程序。

HPLC 测试结果在一个实验室内易重复,有着高重复性和精度。但是,实验室间 HPLC 的峰面积和保留时间却很难重现,因此会导致 HPLC 测试结果在实验室间很难复现。采用标准分析方法有助于解决实验室之间的偏差。近年来预浸料树脂基体配方中含有热塑性或橡胶基树脂组分,不容易用 HPLC 分辨它们,用 HPLC 无法检出热塑或橡胶组分,必须探索其他检测技术。同时,HPLC 是一种根据分子的极性来进行混合物中组分的分离和浓度测定的分析技术。由于在环氧预浸料中会有一些未知的反应产物生成,因此要想确认预浸料中的所有组分是不可能的。但是,测定预浸料中已知组分的相对浓度变化却是能够实现的。Scok 等用 HRLC 测定了 5245C 环氧/石墨纤维预浸料的化学组成变化,结果见表 10.1。

表 10.1　5245C 环氧/石墨纤维预浸料的化学组成变化

环氧预浸料批次	室温老化时间/天	面积/%			
		MDA-BM1	双酚 A 型二氰酸盐	主要环氧	其他组分
1006 网格布	0	8.98	17.8	31.5	41.6
1006 网格布	42	9.31	15.7	29.1	45.8
1006 网格布	140	9.8	10.4	24.6	55.2
1146 定向纤维	7	13.6	24.4	43.4	18.6
1146 定向纤维	47	15.3	20.6	32.8	31.3
1094 定向纤维	3	13.6	20.4	46.0	20.0
1094 定向纤维	56	14.6	17.9	47.2	20.3

对某一给定预浸料体系,HPLC 峰面积比提供批次内及批次间的稳定性。从这些数据中可以清楚地看到,不同批次的预浸料的化学组成具有明显的差异,因此,在制造复合材料之前,确定预浸料中存在的每一单体浓度是必要的。

2. 预浸料树脂特征基团

树脂特征基团可以快速辨认预浸料树脂的类别和组分,并且可以得到预浸料预固化信息,这一重要参数通过傅里叶变换红外光谱(FTIR)进行检测。傅里叶变换红外光谱(FTIR)是广泛用于"指纹式"标记预浸料材料及描述树脂体系中的官能团的工具。红外光谱分析比其他吸收或振动光谱技术可提供更多关于预浸料基体的有用信息,被广泛用于预浸料性能表征。红外光谱提供有关聚合物样本化学性质的定性和定量两方面信息,即结构重复单元、端基和支链单元、添加剂和杂质。本方法对热固性和热塑性预浸料都同样适合,可提供定量和定性信息,且不受树脂体系溶解度的限制。在预浸料材料规范中,FTIR 与 HPLC 是主要的化学性能测试方法。FTIR 能为树脂组分中是否有污染,以及预浸料中树脂体系的批次稳定性提供有用信息。

将预浸料样品溶于合适的溶剂中,萃取出树脂。用 IR 测量时,将萃出的树脂样品涂在两块盐块中间或 IR 的专用样品座上。在各波长下,用红外线检测器对样品进行扫描,波长数区间为 4 000 cm^{-1}~6 000 cm^{-1}。在需要半定量分析的特殊情况下,需测出关键官能团的吸收比率以提供更多的定量信息。FTIR 测量值在实验室内和实验室间的重复性及重现性都很高。

冀克俭等利用红外光谱法测定了酚醛树脂/玻璃纤维预浸料在 25 ℃、相对湿度约 50% 的储存条件下的化学变化,通过研究预浸料树脂中活性基团羟甲基的相对含量变化,有效地定量表征了预浸料的预固化度。图 10.1 是新制和储存一定时间后的预浸料红外图谱,固化反应中苯基浓度不发生变化,而羟甲基会逐渐减少,因此用羟甲基峰和苯基峰的相对大小即可表示预浸料的固化程度。图 10.2 是利用红外分析结果绘制的羟甲基指数(羟甲基特征吸收峰强度与苯环的特征吸收峰强度比值)随储存时间的变化曲线,较好地反映了预浸料在储存过程中的性能变化。

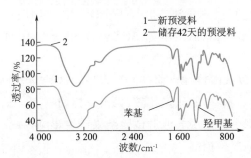

图 10.1　预浸料中树脂的红外图谱

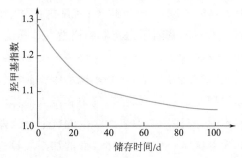

图 10.2　树脂的羟甲基指数与储存时间的关系

张银生等用红外光谱法研究了玻璃纤维/环氧树脂预浸料在不同储存条件下的物化特性变化规律。如图 10.3 所示,常温(25 ℃)储存条件下,树脂体系中环氧指数(环氧基环特征吸收峰强度与苯环的特征吸收峰强度比值)随储存时间的延长逐渐下降。

激光拉曼光谱技术可作为红外光谱技术的补充,应用起来也比较简单。只要试件对高强度

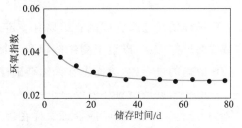

图 10.3　预浸料在常湿储存条件下
环氧指数与储存时间关系图

入射光是稳定的,且不含荧光物质,在测试中几乎不需要样本制备,固体试件仅需要切割至能放入样品容器。使用激光拉曼光谱技术,透明试件可直接得到透光光谱;对于半透明的试件,可在试件中钻一个孔作为入射光的通道,通过分析研究垂直于入射光束的光散射得到透光光谱;不透明或高度散射试件的光谱则可以对其前表面反射的光进行分析。

10.2　复合材料层板

10.2.1　复合材料基本参数

1.密度

相关标准如下：

ASTM D792—2020《用位移法测定塑料密度和比重（相关密度）的标准试验方法》；

ASTM D1505—2018《用密度梯度法测定塑料密度的标准试验方法》；

GB/T 1463—2016《纤维增强塑料密度和相对密度试验方法》；

ASTM D4892—2019《固体沥青密度（氦比重瓶测定比重法）的标准试验方法》。

密度是复合材料最为常用的物理性能，无论是作为材料性能，还是工艺及性能测试过程中的过程参数，密度都是必不可少的。原则上，用于测定固体材料密度的方法，都可以直接或间接地用于复合材料密度的测试。密度可以直接测定，也可以从试样的体积和质量的各自测量结果中计算得出。对试验结果要求相对不高时，可以采用直接测量尺寸计算体积的方法获得密度结果。常用的密度测量方法有：基于阿基米德法，如 ASTM 0792—2020、GB/T 1463—2016 即为此类；密度梯度法、密度计直接测量法，如 ASTM D1505—2018；通过试样所在的密闭压力容器中惰性气体压力变化获得试样体积，如 ASTM D4892—2019 即采用了这种方法。

以上三类方法中，阿基米德法因其简单、精确以及廉价优点而被广泛采用。这类方法的基本原理是：根据试样在空气中和浸入液体（通常是水）中的质量比较，得出试样的密度。试样浸泡时，应注意去除表面吸附的气泡。为避免水中的微小气泡对试验结果产生影响，一般多采用蒸馏水。此外，试样表面的加工质量也必须严格控制。

阿基米德法和密度梯度法、密度直接测量计法需要将试样浸泡在液体中，因此，这几类方法只适用于被测材料不会因浸泡而发生重量或尺寸上的改变的材料。

试样的尺寸对密度试验结果有一定的影响，一般情况，试样越大越有利于密度测量，当试样的尺寸太小，以至于测量体积和质量有困难时，密度的试验结果就不可靠了。因此，为确保数据的可靠性，应优先选择标准试样尺寸。

此外密度试验对环境要求也比较严格，应在标准试验室条件下[（23±2 ℃，50%±5% RH）]进行。试验之前，应保证试样在规定的环境条件下放置足够的时间。

2.纤维体积含量

相关标准如下：

ASTM D3171—2015《测定复合材料成分含量的标准试验方法》；

ASTM D2584—2018《固化增强树脂燃烧损失的标准试验方法》；

SACMA SRM10R《纤维层压板的纤维体积、树脂体积百分比和平均固化层厚度的测定标准》。

纤维体积含量是复合材料的一个重要参数。测定纤维体积含量除了采用直接显微镜法观察外,还有基于基体材料与增强体材料的分离技术的方法,常用的分离方法有:腐蚀法和灼烧法。此外还有面积质量法和图象分析法。工艺上常常用面积质量法,即用预浸料单位面积质量来估算纤维体积含量。

腐蚀法是指利用腐蚀性液体,将基体材料与增强体材料分离,经测量计算,即可得到所需纤维体积含量。使用此方法应注意在试验过程中纤维不可发生质量变化,基体材料中不含不可溶添加成分。为了测量精度,试样的尺寸应足够大。可以采用 ASTM D3171—2015 方法进行。

灼烧法适用于在烧蚀过程中增强材料质量不发生变化的复合材料系统。将试样放入马弗炉内进行灼烧,直至基体材料完全分解,清除燃烧后的灰尘,将剩余的纤维增强体称重即可计算得出纤维组分的质量含量,通过换算,可得到纤维体积含量。采用此方法的前提是:试验过程中纤维材料不会发生质量改变,基体中不含有不可燃填料。可以采用 ASTMD 2584—2018 方法进行。

面积质量法的具体实施可参见美国的 SRM 10R—94。

图像分析法排除了废弃的化学物的产生,并同时提供了关于空隙体积在层压板的方位和沿厚度方向纤维分布的信息。这个技术的基本假设是,对纤维在随机横截面上的二维分布的评估代表了体积纤维分布。这个假设对于常数截面纤维是有效的,例如在单向带层压板中可以发现这种情况,但对于机织层压板是无效的。这个技术对聚合物基体中的碳纤维,以及对于具有适当反差的其他纤维或基体组合很适用。对于玻璃纤维等情况则不能被很好地使用,这是由于在玻璃纤维和周围基体间的低反差使得精确测量很难。对于这种评估还没有工业界的标准试验方法。

3. 孔隙率

相关标准:ASTM D2734—2016《增强塑料的空隙含量的标准试验方法》。

制造出的复合材料往往含有孔隙,孔隙会影响到复合材料结构的力学性能,性能优异的复合材料孔隙率可以小于 1%。与纤维体积含量类似,孔隙率的测试方法有直接观测法和分离法。

直接观测法是指利用显微镜直接对试样进行观察,计算出孔隙率。目前,许多显微镜都配备了图像分析软件,分析过程可以自动完成,必要时还可以拍照,进行人工分析。

分离测试法是指根据被测材料的情况,采用适当的分离方法,分离出增强材料和基体材料,从而推算出孔隙率,如标准 ASTM D2734—2016 采用了此方法。

该方法需要知道复合材料及各组分材料的密度值。实测值与各组分间的关系如下:

$$\rho_t = \frac{W_c}{\dfrac{W_r}{\rho_r} + \dfrac{W_f}{\rho_f}}$$

式中　W_c——样品的总质量;

　　　W_r——样品中含基体质量;

　　　W_f——样品中含纤维质量;

ρ_t——样品实测密度；

ρ_r——基体材料的密度；

ρ_f——纤维密度。

孔隙率(%)可由下式确定：

$$V_c = \frac{\rho_t - \rho_c}{\rho_t} \times 100\%$$

式中　V_c——样品的孔隙率；

　　　ρ_t——样品实测密度；

　　　ρ_c——复合材料的密度。

试验结果与密度值的测试精度密切相关，测试时，除了需要考虑和纤维体积含量测试相同的注意事项外，还应考虑所取试样是否具有代表性。

4. 固化单层厚度

相关标准：ASTM E797—2015《用人工超声脉冲回波接触法测量厚度的标准实施规程》。

在硬件使用中，从质量和尺寸一致性（相适应）角度，复合材料零件的厚度是一个重要的性能。零件的厚度由铺层的层数、现存的基体树脂数量（树脂含量）、增强纤维的数量（纤维体积）和孔洞的数量（空隙体积）所控制。在树脂转移模塑（RTM）情况，模具的尺寸规定了厚度（通过控制树脂含量）。若假设在结构内各层的树脂、纤维和空隙的量不改变，则每层的厚度乘以层数代表了零件的厚度。实际上，树脂、纤维和空隙的比例从一层到另一层可能有些变化，这个变化的数值很大程度上随工艺参数而改变。例如，在固化期间的表面渗出可能使外层比内层树脂含量要低，这取决于树脂在零件厚度方向的流动性。一般情况，固化后单层平均厚度乘以层数能合理地估算零件厚度。

由于层压板一般是按模拟生产零件工艺的方式进行加工，也可用固化后的单层厚度估算零件的厚度。此外，在计算纤维体积和随后的力学试验数据的正则化时也可用试验板件固化后的单层厚度。确定固化后单层厚度一般包括在几个部位测量层压板（板件或零件）厚度、取厚度的平均值并除以铺层中的层数。层压板厚度可用直接（采用仪器，例如千分尺）或间接（用超声波仪器）方法进行测量。

一般用千分尺直接测量层压板表面不同部位的厚度，虽然这是一个相当直接的方法，但还是有几个问题要考虑。首先是有关板或零件尺寸和形状的问题。若要测量的层压板很长、很宽，千分尺可能无法深入至内部，则可以用悬挂在刚性构架上的刻度盘指示器或类似装置克服，精度会相应降低；同时，若层压板有曲率，千分尺的测爪可能妨碍测量头使其无法达到层压板表面。

可用脉冲反射式超声设备间接测量层压板的厚度。即声波可以直接穿透层压板，从其背面反射且传播的时间可被测量。若由已知厚度的测试试件确定通过层压板材料的声速，则可以计算未知的层压板厚度。ASTM E797 描述了这个方法的实施过程，但并不包括有关复合材料层压板测量的详细信息或细节。

应用超声方法的一个优点是仅要求接近一个表面。这点对测量封闭结构蒙皮厚度，或不可能用千分尺测量的大层压板厚度很重要。然而,其缺点也很显然。第一,相对其他选择,所需设备可能很昂贵;第二,必须在已知厚度的试件中进行标定。由于声速对每种材料都不同,对每种要试验的特定材料都必须进行标定。更复杂的问题是速度受层压板内纤维与基体树脂比例的影响。因为该测量方法存在明显的不足,所以能用千分尺和类似设备可直接测量的就不推荐该测量方法。

10.2.2 复合材料热分析评价

1. 固化度

由于实现复杂或粗厚零件的受控分段制造已成了先进工艺方法的一部分,复合材料固化程度的表征变得越来越重要。以采用非热压罐工艺为最终目的,可用加筋件或其他结构细节的压实和分段使大型复杂零件的装配更容易实现。压实和分段也是制造粗厚零件的重要工艺,可防止树脂的迁徙和纤维的弯曲。通常用几种不同的热分析技术测量纤维增强有机基复合材料的固化度,包括测量残余固化放热程度曲线的差示扫描量热法(DSC)或动态热分析(DTA),和测量玻璃化转变温度的动态热力学分析(DMA)或热力学分析(TMA)。

2. 玻璃化转变温度

聚合物基复合材料的玻璃化转变是指基体材料在加热期间由玻璃态至橡胶态或在冷却期间从橡胶态至玻璃态的一种由温度所导致的变化。在玻璃化转变期间,由于聚合物链的长距离分子流动性的起始或冻结,导致基体刚度的改变达到二至三个数量级。出现玻璃化转变的温度与聚合物链的分子结构和交联密度相关,但是该温度也同样取决于用于测量的加热或冷却速率,若使用动态力学技术,也取决于试验频率。除刚度变化外,在材料的热容量和热膨胀系数方面的变化也标志了玻璃化转变,从而至少存在某些二阶热力学转变的表征。

玻璃化转变经常用玻璃化转变温度(T_g)表征,但由于这种转变常常出现在很宽的温度范围内,采用单一温度对它进行表征可能会引起一些混淆,必须详细说明用以获得 T_g 的试验技术,尤其是所用的温度扫描速率和频率;还必须清楚地阐明依据数据计算 T_g 值的方法。报告的 T_g 值可以是反映玻璃化转变开始或中点温度,这取决于数值处理的方法。

暴露在高湿度环境下,聚合物基体会吸收环境中的水分并被其塑化。这种增塑的效应之一通常是 T_g 值显著降低。一个高度交联的树脂(例如基于四官能团的环氧化合物 TGMDA)初始 T_g 值可能很高,但它可能会比交联度不太高的体系降低得更为剧烈。测量由吸湿而增塑的复合材料的 T_g 值有一些实验上的困难。按照测量要求加热测试试件将至少驱除一些吸收的水分,从而影响被测定的性能。

由于在玻璃化转变发生处基体刚度的降低和聚合物基体在橡胶态中的低强度,在高于玻璃化转变情况下,基体不再具有有效传递载荷至纤维的功能或遏止纤维屈曲的作用。虽然在玻璃化转变范围内,与时间有关的材料性能如蠕变柔度可能比准静态的力学性能对温度更敏感,因此 T_g 值经常用于定义复合材料的上限使用温度。对环氧基复合材料,已建议在 T_g 值和材料使用极限(MOL)之间有 28 ℃ 的安全裕度。

已经采用的几种不同的方法表征聚合物材料中的玻璃化转变,其中多数也适用于纤维增强材料。

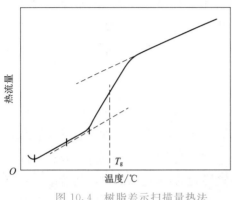

图 10.4　树脂差示扫描量热法

（1）差示扫描量热法（DSC）

由于复合材料的热容在玻璃化转变时发生变化，差示扫描量热法（DSC）可用于确定 T_g。玻璃化转变是按热流量与温度关系曲线出现偏移时进行测定的。许多热量计配备了可用于计算 T_g 值的软件。用 DSC 探测纯净树脂试件的 T_g 值比较容易，但在复合材料试件中树脂含量比较少，并且树脂交联越高，在热容方面的变化就越小。因此，有时很难探测高度交联固化复合材料的 T_g 值，如图 10.4 所示。

（2）热力学分析（TMA）

玻璃化转变温度也可用热力学分析（TMA），例如膨胀、弯曲或穿透热力学分析来确定 T_g 值。在膨胀 TMA 中，测量的热膨胀系数 α 随温度变化而变化。如上所述，在玻璃化转变期间 α 也在变化，由拟合高于和低于玻璃化转变范围的热膨胀数据所得曲线的交点来确定 T_g 值。

在弯曲 TMA 方面，对矩形试件施加弯曲载荷，并且测量尺寸随温度的变化。T_g 值的弯曲 TMA 测量与热变形温度（HDT）的测量类似，这是由于在两种情况中试件都按弯曲方式加载。HDT 试件可能是全尺寸的弯曲测试试件，并且是以三点弯曲或悬臂梁方式加载。测量位移随温度的变化，并且 HDT 是在位移达到某些预定值处的温度。在 HDT 试验期间，采用全尺寸试件使水分损失最小，但弯曲的 TMA 和 HDT 测量技术有着相同的缺点，即所获得的 T_g 或 HDT 值会对复合材料试样中增强纤维的模量敏感以及将视纤维的性质而给出不同的结果。

穿透 TMA 可测量材料的硬度，该技术的缺点之一是，若探针接触到增强纤维，就无法精确测量基体 T_g 值。

图 10.5 所示为热力学分析-典型尺寸示意图。

（3）动态力学分析（DMA）

动态力学分析（DMA）是表征有机基复合材料玻璃化转变最通用和优先选择的方法。已经用于复合材料 DMA 的类型有几种，包括扭摆分析（TPA）和其他引起共振的技术，以及在承受拉伸、扭转和剪切时的强迫振动测量。

所有这些 DMA 技术可得出随温度而变的动态储能、衰减模量、衰减正切（$\tan\delta$）或对数衰减率（A）曲线图。$\tan\delta$ 和 A 正比于衰减模量（E'' 或 G''）和储能模量（E' 或 G'）之比，它们反映了在每一加载周期中的损耗能量，并在玻璃化转变期间出现峰值。可以按几种不同的方式由 DMA 数据确定 T_g 值，这可能是在 T_g 值报道上存在差别的原因。T_g 值的确定可以基于储能模量曲线转变的起点或中点，或是 $\tan\delta$ 最大，或损耗模量最大处的温度。显而易见，对于同一组 DMA 数据，这些用于计算 T_g 值的方法可能得出有明显差异的数值，所用的温度扫描速率和频率也将影响其结果。

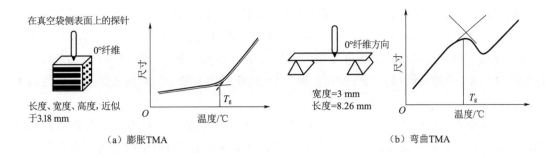

（a）膨胀TMA   （b）弯曲TMA

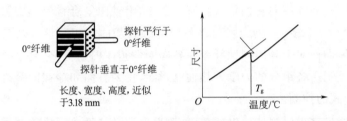

（c）穿透TMA

图 10.5   热力学分析-典型尺寸示意图

图 10.6 所示为动力学分析图。

3. 晶体熔融温度

对于半晶质热塑性复合材料的晶体熔融温度（T_m）可由 DSC 或 DTA 试验获得。此外，可以据此进行结晶度的估算。由于半晶质热塑性复合材料的性能取决于基体树脂的结晶度，故结晶度为重要的参数。预浸料加工成复合材料结构所需的加热可能对结晶度以及晶体结构产生影响。

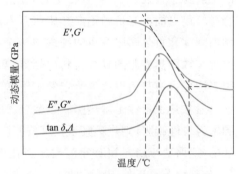

图 10.6   动态力学分析

4. 热变形温度

热变形温度（HDT）的测量与 T_g 值的弯曲 TMA 方法极为相似，可参见前面的相关描述。

5. 尺寸稳定性

相关标准如下：

ASTM D696—2016《使用石英玻璃热膨胀仪测定 $-30 \sim 30$ ℃范围内的塑料线性热膨胀系数的标准试验方法》；

ASTM E228—2017《用推杆膨胀计对固体材料线性热膨胀性的标准试验方法》；

ASTM E831—2019《通过热机械分析对固体材料线性热膨胀的标准试验方法》；

ASTM D289—2016《用干涉测量测试刚性固体的线性热膨胀的试验方法》。

在复合材料中尺寸的变化一般是温度和湿度的函数。利用机械、光或电的传感器可以检测试样在长度或体积上的变化，并将其作为温度或时间的函数记录下来。

（1）热稳定性

众所周知,随着温度的变化大多数材料会改变其尺寸。事实上,大多数材料随温度增加而膨胀。各向同性材料一般包括块状金属、聚合物和陶瓷材料,按照定义,它们沿所有方向相等地膨胀。用于增强这些块状材料的增强纤维可以是也可不是各向同性的。例如,无机的纤维如玻璃、硼和其他陶瓷是各向同性的,而有机纤维例如碳、芳纶、聚乙烯和其他材料不是各向同性的。

即使采用各向同性纤维与各向同性基体的组合,所形成的复合材料也不会是各向同性的。可能比基体更刚硬的定向排列的纤维使得所产生的复合材料沿排列方向的刚度高于其横向的刚度。相应地,各向同性的增强纤维的热膨胀一般不同于基体的热膨胀。在纤维方向纤维和基体平行膨胀,而在横向它们依次膨胀。于是,沿轴向复合材料热膨胀强烈地受控于(刚硬)纤维的热变形。在横向,热膨胀与该方向纤维和基体的相对量以及它们各自的热膨胀成比例。也就是,即使对于各向同性纤维在各向同性基体内的情况,复合材料的热膨胀也是各向异性的,它受到由各组分的力学和热性能、纤维排列方向和存在的纤维和基体的相对量所构成的复杂形式的控制。

对各向异性纤维,尽管可以预计或可测量,但所形成的复合材料的热各向异性甚至更为复杂。如碳、芳纶和聚乙烯在纤维轴向具有负热膨胀系数,而在横向(直径方向)具有比较高的正热膨胀系数,从而有着特定的应用。由于纤维轴向刚度比基体刚度高许多,所形成的复合材料很可能具有负的轴向热膨胀系数(横向膨胀系数是正的)。事实上,由一个具有适当轴向刚度和负热膨胀系数的纤维与一个给定刚度和(正的)热膨胀系数的基体的组合,可以实现零轴向热膨胀的复合材料(尽管将再次获得一个正的横向膨胀)。于是,复合材料的热膨胀性能可被裁剪以适应特定的应用,就像力学性能一样。

通常热稳定性是用热膨胀系数(CTE)定义的,以符号 α 表示。假设在感兴趣的温度范围内为线性膨胀,则热膨胀系数可按照膨胀量与温度曲线的斜率计算。然而,膨胀未必是线性的,这取决于材料和温度范围。当在感兴趣的温度范围内膨胀为非线性时,通常的做法是,分割为若干近似于线性的子区域来计算各自的热膨胀系数。于是,一般来说,热膨胀系数为温度的函数,对于给定材料热膨胀系数不是一个唯一的数值。

用于基体材料的聚合物种类,如环氧、双马来酰亚胺、聚酰亚胺和高温热塑性材料,与金属和陶瓷相比具有较高的热膨胀系数值。高于其玻璃化转变温度的情况,比低于其玻璃化转变温度情况具有更大的热膨胀系数值。具有几个聚合物组分的材料可能有多重玻璃化转变,膨胀对温度的曲线更为复杂。

有 4 个 ASTM 标准适用于非增强(净)聚合物及其复合材料的热膨胀的试验测定。ASTM D696—2016 是这些标准中最为简单的一个,它仅适用于−30~30 ℃比较窄的温度范围。这是由于标准主要用于测试塑料(日用品塑料),它们的特性限定了使用温度的范围。设备本身,玻璃质的硅膨胀计(经常称为熔融石英或石英管膨胀计,尽管不在此 ASTM 标准之中)能够用于更大的温度范围。实际上,ASTM E228—2017 利用类似的设备并且规定了−180~900 ℃的使用温度范围。这个标准计划用于较为广泛的测试材料,包括金属、塑料、陶瓷、耐火材料、复合材料和其他材料。

ASTM E831—2019 利用热力学分析(TMA)测量热膨胀。TMA 的工作原理就像玻璃质硅膨胀计的原理,使用的温度范围是相当的。ASTM E831—2019 指出使用温度范围为 $-120\sim600$ ℃,根据具体的仪器和所用的标定材料,可调整该范围。对于热膨胀系数接近零的复合材料不合适。

ASTM E289—2017 利用干涉测量法测量热膨胀系数,它允许测量的热膨胀系数可低达 $0.01\ \mu\varepsilon/K$。ASTM E289—2017 指出的使用温度范围为 $-150\sim700$ ℃,根据所用的仪器和标定的材料,可调整该范围。比起膨胀计来说,干涉测量法要求操作者需要更高技艺和更为谨慎,并需要较复杂的仪器。

除了使用膨胀计或干涉测量法的 ASTM 标准方法外,也可用粘贴的箔式应变计确定热膨胀系数。通常把测试材料测量的热膨胀与同一环境箱内准确地已知热膨胀系数的参考材料相比较。使用温度范围取决于要测量的材料和所用的应变计类型。然而,在与应变计材料刚度有关的温度下测试材料的刚度,刚硬的应变计可能局部地增强测试材料,导致错误的低热膨胀系数结果。

(2)吸湿稳定性

由于吸湿引起的尺寸稳定性习惯上用湿膨胀系数(CME)定义,符号 β。复合材料在不同的方向有不同的 CME 值,而一般未增强(纯)聚合物在所有方向的膨胀相同。由于温度变化和吸湿变化所导致的应变分别正比于 $\alpha\Delta T$ 和 $\beta\Delta M$,可认为湿膨胀对于尺寸稳定性的作用大于热膨胀。

聚合物和聚合物基复合材料中的吸湿通常会引起体积的膨胀(胀大)。大多数天然纤维和芬芳聚酰胺纤维,例如芳纶,吸收湿气;许多碳纤维,例如 AS4、IM6 和 IM7,也吸收湿气。聚乙烯纤维(如 Honeywell 的 Spectra)也吸收湿气,但它们的尺寸保持相对稳定,特别是在纤维轴向,这是因为刚硬的分子结构。此外,许多人造纤维的湿膨胀系数为负。一般情况,聚合物基体由于吸收湿气而必须要有一定的膨胀量。对于单向排列的碳纤维聚合物基复合材料,CME 数值一般在纤维方向质量变化为 $(50\sim60)\times10^{-6}/\Delta M$,在横向(垂直于纤维方向)以及厚度方向为 $(3\ 000\sim8\ 000)\times10^{-6}/\Delta M$。对于层压板,例如准各向同性铺层,其面内 CME 值一般是在 $(200\sim500)\times10^{-6}/\Delta M$ 范围内。

目前还没有关于吸湿尺寸稳定性试验的 ASTM 或其他标准。

10.2.3 复合材料吸湿性能评价

1. 平衡吸湿量

相关标准如下:

ASTM D5229—2020《聚合物基复合材料水分吸收性能和平衡条件的标准试验方法》;

SACMA SRM11R《复合材料层合板的环境测试》。

为评价吸湿量对材料性能在最恶劣条件下的影响,将试件预处理至设计使用(寿命终止)的吸湿量(在下文中假定为相当于在设计使用相对湿度下的平衡)再进行试验。优选的吸湿浸润方法采用 ASTM D5229—2020,该试验方法包含吸湿浸润程序以及确定两 Fick 吸湿模型中的两个性能参数:湿扩散系数和平衡吸湿量(水分质量百分比)。

ASTM D5229—2020 是一个重量分析试验方法,该方法是将试件暴露于潮湿环境中并绘出水分质量增量与时间平方根间的关系曲线。质量-时间平方根关系曲线的初始部分是线性的,它的斜率与湿扩散系数相关。由于表面附近材料的吸湿量开始趋向平衡,该曲线的斜率逐渐地变小;最后,由于材料的内部趋于平衡,在随后的称重之间的差别将会变得很小,并且曲线的斜率将接近于零,可以说材料达到平衡吸湿量。

SACMA SRM11R—1994 标准给出了一个类似的、但更为局限且并非完全等效的吸湿浸润程序和平衡吸湿量(但非扩散系数),该方法首先拿三个试件在 85%RH 条件下达到吸湿平衡,然后对试验的试件进行真实的 SACMA 吸湿浸润,当进行吸湿浸润试件的质量增量达到平衡吸湿量的 90%时终止,与 ASTM D5229—2020 方法处理的结果相比较,在测试试件中得到的吸湿量要低一些。

2. 湿扩散系数

相关标准如下:

ASTM D5229—2020《聚合物基复合材料水分吸收性能和平衡条件的标准试验方法》;

SACMA SRM11R《复合材料层合板的环境测试》。

许多聚合物材料以不同的数量和不同的速度吸收湿气。常见的吸湿环境有潮湿空气、水(和盐水)的沉浸。此外,还有在液压油或发动机燃油或甚至体液(如在生物医学应用中)中的暴露。

聚合物复合材料的两个与湿气相关的主要特性是沿厚度方向湿扩散系数常数 D_3 或 D_z 和平衡吸湿量 M_m。M_m 是平衡时确定的总吸湿量,表示为全部材料质量的百分数。对于给定材料,湿扩散系数实际上仅对给定环境和扩散方向是一个常数,这是因为它通常随温度而发生剧烈改变。在另一方面,平衡吸湿量并不明显地随温度变化,但在潮湿空气情况下确实随相对湿度水平而改变。

一般情况,聚合物复合材料的湿扩散系数不是各向同性的。面内湿扩散系数 D_1、D_2 比 D_3 高一个数量级是很正常的。像热扩散系数和热传导率一样,一般的扩散模型认为湿扩散系数是二阶张量,数学上,它按张量变换法则是方向的函数。尽管可能试图忽略边缘的表面积,该表面积仅构成全部表面积的一个小的部分,但在有限尺寸的测试试件中沿着边缘的湿扩散可能是至关重要的。

图 10.7(b)给出了试样总增重随时间平方根的关系,同时也显示了不同温度下的扩散速度的差别。

根据试验过程中吸湿量的变化曲线,可以确定平衡吸湿量和湿扩散率。

$$d = \pi \left(\frac{h}{4M_e} \right)^2 \left(\frac{M_2 - M_1}{\sqrt{t_2} - \sqrt{t_1}} \right)$$

式中　　d——湿扩散率;

　　　　h——试样厚度,mm;

　　　　M_e——等效平衡吸湿量,g;

$$\dfrac{M_2-M_1}{\sqrt{t_2}-\sqrt{t_1}}$$——图 10.7 中初始段的斜率，g/√s。

湿扩散率主要与温度有关，与相对湿度关系不大，通常由阿雷尼乌斯关系表示：

$$d=d_0\exp\left(-\dfrac{E_d}{RT}\right)$$

式中 d_0——常数；

      E_d——过程的活化能；

      R——气体常数；

      T——系统的温度，K。

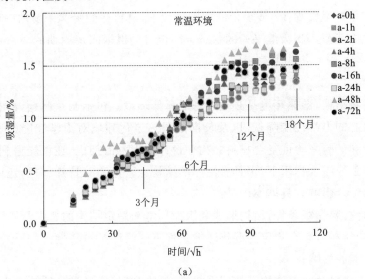

（a）

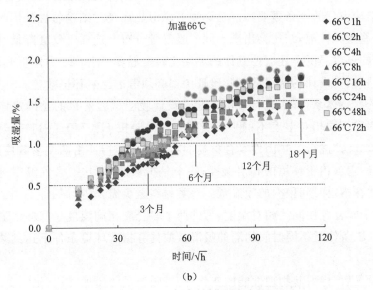

（b）

图 10.7   复合材料吸湿过程

要注意到,聚合物的湿响应变化很大。有一些类别的聚合物及其复合材料,例如聚丁二烯,由于分子结构,它们本质上不吸水。这些试验方法对于这种材料不可能产生有意义的结果。还存在看来没有明显的湿度重量变化响应的其他聚合物,但实际上它们具有低的扩散常数。然而,给出充分地暴露时间,这些聚合物将最终会吸收相当的湿气质量。某些高性能的热塑性材料和热固性材料即属于此类型。吸湿问题的另一极端是快速吸收湿气的聚合物,例如聚醚酰亚胺,为避免大的测量误差,必须对质量测量、标定和环境箱控制特别小心。用于减少这些材料试验敏感性的最方便的解决方案是简单地增加测试试件的厚度。

3. 复合材料干态与湿态

干态是指在相对湿度为 5% 或更低的周围环境下,材料达到吸湿平衡的一种状态。湿态则是指材料在水中浸渍达到吸湿平衡的状态。测定时需根据固定周期的质量损失判定是否达到吸湿平衡。

4. 湿热环境效应

对于复合材料结构,湿热环境是必须考虑的总体环境。包括两个问题,即在最严酷的湿热环境条件下引起的力学性能降低,以及长期的湿热老化环境对力学性能(包括寿命)的影响。应通过分析和试验来验证复合材料结构在设计使用寿命期内,在可能遇到的温度、湿度和载荷环境的单独或综合作用下,仍具有足够的结构完整性。对特殊部位,还应验证局部环境与总体环境的综合影响。具体要求是:

(1)依据复合材料受载条件、结构形式和服役环境来确定结构的恶劣及使用湿热环境;

(2)确定所选材料体系在规定的湿热环境条件下的吸湿扩散特性,以及该环境对材料体系物理和力学性能的影响;

(3)确定所选材料及所选结构的使用吸湿量、最终吸湿量、稳态条件及湿热许用值。

复合材料结构设计的一条重要特点是必须考虑湿热环境对结构特性的影响。热固性基体是吸湿的,随着吸湿扩散,结构会出现不同的吸湿量分布。这样不仅会降低纤维的抗腐蚀阻力,在比较高的环境温度下还会使基体的玻璃化转变温度 T_g 降低,并降低其强度和刚度。因此,在复合材料结构设计的选材、选型、验证中都必须考虑湿热环境效应。

对于不同的材料体系,都应进行吸湿试验。设计吸湿试验的目的是确定该体系在不同温度下的扩散率和不同相对湿度下的平衡吸湿量。试验按 HB-7401"树脂基复合材料层压板环境吸湿试验方法"进行。热固性复合材料的吸湿和脱湿特性由两个参数控制,一个是材料的平衡吸湿量,它依赖于环境的相对湿度;一个是扩散速率,它与大气温度有关。有两个参数就可以预估在指定时间段内的吸湿量。每类材料至少需要进行三种不同情况的温度和湿度的联合,两个联合有相同的相对湿度,另外两个联合有相同温度。这样依据基本参数就可以计算一定环境条件下不同时间间隔的吸湿量或计算指定环境条件下达到某一吸湿水平所需要的时间。

复合材料吸湿后,将引起物理性能的变化,随着吸湿量的增加,玻璃化转变温度 T_g 将下降。表 10.2 给出了一些材料的玻璃化转变温度随吸湿量的变化结果。

表 10.2 材料的玻璃化转变温度随吸湿量的变化结果

材料	吸湿量/%	T_g/℃	材料	吸湿量/%	T_g/℃
914	0	208	HT3/5222	0	245
	0.9	188		1.0	195
	0.6	178	KI3/4211	0	99
	2.9	160		1.0	84
	4.7	137			
T300/914C	0	219	4211	0	156
	0.9	169		1.02	132
	1.6	153			

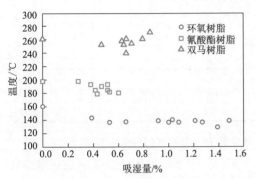

图 10.8 三种材料体系 T_g 随着
吸湿量变化的变化

图 10.8 给出了三种材料体系玻璃化转变温度随吸湿量变化的试验结果。从图中可以看出，对环氧树脂体系，吸湿量在 0.5% 时 T_g 约下降 25 ℃，然后变化不大，到吸湿量超过 1.2% 后又有少量下降。对双马树脂体系，吸湿量对 T_g 几乎没有什么影响。对氰酸酯体系，吸湿量超过后 0.3% 后 T_g 约下降 20 ℃。

湿热环境对复合材料力学性能，特别是基体控制的力学性能影响较为严重。试验结果表明，在设计时必须考虑湿热环境对层间剪切强度、压缩强度、冲击后压缩（CAI）、开孔拉伸和压缩强度的影响。表 10.3 给出了加温和吸湿环境对 T300/914C 单向层压板拉伸、压缩强度和剪切模量的影响。

表 10.3 湿热环境对 I300/914C 的单向层压板力学性能的影响

性能	吸湿量/%	测试温度/℃					
		−60	0	20	40	80	120
X_t/MPa	0	1 697	1 683	1 673	1 652	1 788	1 550
	0.9	1 625	1 771	1 769	1 749	1 798	1 487
	1.6	1 691	1 721	1 813	1 813	1 718	1 206
E_{1t}/GPa	0	130	133	134	135	135	139
	0.9	134	136	142	133	137	138
	1.6	131	136	139	131	144	134
X_c/MPa	0	1 423	1 042	1 018	993	960	979
	0.9	1 234	1 037	1 023	810	910	718
	1.6	1 084	1 067	945	779	662	723
E_{1c}/GPa	0	102	123	101	105	92	112
	0.9	101	129	104	101	111	112
	1.6	98	122	120	97	115	119

性能	吸湿量/%	测试温度/℃					
		−60	0	20	40	80	120
Y_t/MPa	0	65.9	61.4	60.8	57.0	44.6	56.1
	0.9	64.8	57.8	52.1	51.1	42.0	19.7
	1.6	48.1	53.3	43.2	42.8	27.2	15.3
E_{2t}/GPa	0	10.8	9.5	9.6	8.5	9.5	8.2
	0.9	10.4	9.5	9.4	8.8	8.7	5.8
	1.6	10.1	9.2	8.8	8.4	7.7	3.9
S/MPa	0	103	100	99	92	93	89
	0.9	112	106	102	99	92	77
	1.6	108	112	106	101	80	66
C_{12}/GPa	0	5.8	5.9	5.8	5.3	5.2	4.5
	0.9	6.8	5.8	5.5	5.2	4.9	3.4
	1.6	6.6	5.8	5.1	5.1	4.2	2.1
τ_b/MPa	0	108	97	94	91	78	68
	0.9	118	100	91	87	69	51
	1.6	107	87	77	71	54	42

湿热环境不仅影响复合材料层压板的物理、力学性能,也影响其破坏模式。以 T300/914C 层压板压缩破坏模式为例,低温干态环境下(−55 ℃,干态),破坏模式基本是基体本身的破坏;常温湿态环境下(23 ℃,湿态 $m = 0.9\%$),则是基体和界面的混合破坏;高温高湿环境下(120 ℃,湿态 $m=1.6\%$),几乎全是纤维/基体界面的破坏。

5.湿热老化效应

复合材料结构在使用中除经受湿热老化降质外,腐蚀性液体(燃油、液压油、防冻液等)、紫外线辐射、风化、砂蚀等因素都可能引起复合材料不可逆的老化或退化,暴风雨可能引起雨蚀。根据大量的试验和使用经验,可得出下述结论:

(1)复合材料对这类腐蚀性流体不敏感,可以不考虑。

(2)紫外线辐射引起损伤是个非常缓慢的过程,只要结构表面的防护涂层完好,可以不计此类损伤。表面涂层脱落时,重新涂装即可。喷涂最适宜采用丙烯酸盐漆,如果使用清漆,应使用适当的紫外线吸收器。漆的颜色以浅色为好。如果没有防护涂层,将会对层压板性能产生影响。MBB 公司试验研究了紫外线辐射对单向层压板模量的影响,结果表明,试件在 12.260～40.866 当量太阳小时照射下,拉伸刚度约下降 6%～10%,在 17.800 当量或 22.800 当量太阳小时照射下,弯曲模量下降 12.5% 或 28.0% 。

(3)风化、砂蚀和雨蚀引起损伤也是一个很缓慢的过程,只要在结构表面喷涂防雨蚀防护漆,就可克服它们的影响。Domier 公司对雨水腐蚀的原因和防雨水腐蚀措施进行了研究,结果表明,雨水冲击时形成的压力脉冲和射流是造成雨蚀的物理原因,影响雨蚀的主要因素有雨滴冲击射角、雨滴参数(如雨滴大小、雨滴速度等)。当雨滴入射角为 90°,雨滴冲击速度大于 200 m/s 时,复合材料结构表面一定要有防雨蚀保护,除了保护雨蚀涂层外,设计时应使部件的布局在尽可能小的角度下被雨水冲击。防雨蚀涂层可以采用防蚀漆、金属防护涂层和陶瓷保护层。

湿热老化对复合材料性能,特别是基体控制的性能影响较严重,在复合材料结设计中必须考虑。它不仅影响物理性能,而且影响力学性能和寿命。根据目前的试验结果,可以认为湿热老化对层压板的压缩、带孔拉伸、挤压、冲击后压缩(CAI)和层间剪切强度影响较大。

树脂基复合材料的强度和刚度性能会随着使用时间,特别是在湿热环境中的使用时间的增加而产生重大变化。纤维增强树脂基复合材料的湿热老化,实际上是复合材料经受吸湿、温度和应力联合作用而产生的退化过程,退化机制作用于纤维、界面和基体上,并引起物理-化学变化。在吸湿过程中,结构内部会产生溶胀应力,而湿结构在热冲击下因外层快速脱湿会产生更大的溶胀应力。这种内应力的反复作用并达到某一量级时会引起应力开裂,以致形成龟裂。龟裂会影响复合材料结构地再吸湿及再干燥速率,最后可能形成宏观裂纹。所以在复合材料结构设计阶段必须研究所选材料体系的老化效应。然而,由于环境的不确定性,湿热应力和外部载荷的耦合,使理论分析十分困难。一般的研究方法是针对不同地面使用环境的不同体系的自然环境老化、试验室加速老化和随机件老化的试验方法,然后对大量实测试验数据进行综合分析,得到湿热老化设计准则。

复合材料长期暴露在湿热环境中,基体的组分会发生化学反应。很多因素影响变化速率,如相容材料的化学成分、老化温度、纤维体积含量和层压板的铺层顺序等。对于确定的材料体系,主要因素则是老化时间、温度等。

关于湿热老化对复合材料物理性能影响的研究不多,图 10.9 给出了三种体系层压板在70 ℃/85%RH 老化环境中 T_g 随温度的变化。从图中可以看出,环氧树脂基复合材料的 T_g 受老化影响较大,从老化开始到大约 50 h 期间,T_g 呈线性下降,最大下降 25 ℃,然后基本保持或稍有变化,到大约 900 h 又开始第二次下降,到大约 2 700 h 又下降了约 10 ℃。对于氰酸酯树脂复合材料,T_g 随老化时间增加呈缓慢线性下降,大约 1 400 h 后,T_g 下降 20 ℃,然后基本不变化。老化对双马树脂复合材料的 T_g 几乎没有影响。

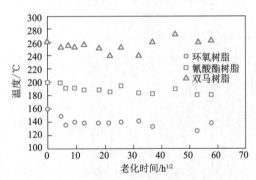

图 10.9　在 70 ℃/85%RH 老化环境中,T_g 随温度变化的变化

树脂基复合材料的老化过程,也是其降质(退化)过程。在此过程中,力学性能,特别是受基体控制的性能,例如剪切和横向响应变化很大。由于老化过程预估十分困难,一般是通过老化试验或加速老化得到数据,然后根据试验数据的综合分析,给出老化设计准则。

表 10.4 和表 10.5 给出了 HT3/QY8911 和 HT3/5405 单向层压板的热老化性能。图 10.9 给出了环氧树脂基复合材料在 70 ℃/85%RH 环境中进行老化,然后在不同温度下进行层间剪切强度试验的结果。从图中可以看到,常温下使用时,老化时间和吸湿量对层间剪切强度的影响轻微,但在 100 ℃时试验,层间剪切强度随吸湿盘的增加而呈线性下降,每增加 1% 吸湿量,层间剪切强度下降 7.9 MPa。可以看到,吸湿量低于 0.6% 时

（相应于 70 h 老化）基本无影响，但吸湿量超过 0.6％后，层间剪切强度严重下降（湿饱和状态与干态相比，下降大约 50％）。对此现象的解释，可能是水与基体的反应需要一定的时间。如果在结构中使用双马树脂复合材料，则控制它的吸湿量就成为设计的关键准则。

表 10.4　HT3/QY8911 单向层压板的热老化性能

老化时间/h	τ_b/MPa		σ_b/MPa	
	25 ℃	150 ℃	25 ℃	150 ℃
0	114.1	77.0	1 916	1 752
100	118.1	94.4	1 925	1 748
240	113.2	84.1	1 876	1 759
400	114.8	92.2	1 819	1 700
710	117.5	89.1	1 914	1 684
1 000	114.7	88.0	1 941	1 684

表 10.5　HT3/5405 单向层压板的热老化性能

热老化性能		老化时间/h			
		0	310	607	1 000
S^i (RT)	平均值/MPa	96.8	90.0	88.4	93.1
	均方差/MPa	5.9	3.8	3.6	3.9
	Cv/%	6.1	4.2	4.0	5.2
S^i (130 ℃)	平均值/MPa	81.2	82.2	81.5	84.9
	均方差/MPa	1.1	1.8	4.9	1.8
	Cv/%	1.4	2.3	6.1	2.1
σ^f (RT)	平均值/MPa	1 770	1 764	1 876	1 856
	均方差/MPa	56.0	29.9	75.4	35.4
	Cv/%	3.2	1.7	4.0	1.9
σ^f (130 ℃)	平均值/MPa	1 300	1 323	1 396	1 437
	均方差/MPa	58.7	56.6	86.6	76.2
	Cv/%	2.6	2.4	3.5	3.0
S (RT)	平均值/MPa	113.6	108.2	104.5	97.2
	均方差/MPa	1.3	1.6	6.7	2.3
	Cv/%	1.2	1.5	6.4	2.4
S (130 ℃)	平均值/MPa	96.3	102.6	103	99
	均方差/MPa	0.2	1.0	2.6	1.3
	Cv/%	4.3	1.1	1.5	1.4

续表

热老化性能		老化时间/h			
		0	310	607	1 000
G_{12} (RT)	平均值/GPa	1.75	4.51	4.60	4.57
	均方差/GPa	0.06	0.08	0.09	0.05
	Cv/%	1.4	1.7	2.0	1.1
G_{12} (130 ℃)	平均值/GPa	3.1	3.8	4.0	4.1
	均方差/GPa	0.2	0.6	0.1	0.1
	Cv/%	5.1	1.6	2.7	2.7

除此之外,复合材料还会发生物理老化。所谓物理老化,是当聚合物冷却到玻璃化转变温度 T_g 以下时,材料并未达到瞬态热动力平衡,随着时间的推移,其焓和熵趋向假定平衡值,在此期间,力学性能剧烈变化,此变化称为物理老化。在物理老化过程中,材料变得更刚硬,柔度下降,模量增加。树脂基复合材料的老化效应已经得到深入研究。研究结果表明,连续纤维增强复合材料层板受基体控制的特性,例如剪切和横向响应,受物理老化的严重影响,其影响程度与对纯聚合物的影响相类似。

10.2.4 复合材料耐介质性能评价

在环境及介质中暴露一段时间,复合材料的性能会下降,而评价这种性能的下降,对于复合材料应用具有重要的意义。

评价环境或介质对材料性能影响的最有效方法就是将其性能与未经环境或介质暴露的材料原始性能进行比较,计算出材料性能保持率。所谓材料性能保持率,是指经环境和介质暴露后试样的某种性能占其原始值的百分比。

通常基体控制的性能最容易受环境或介质的影响,因此,在很多情况下,只要考虑这些性能的保持率,就可以给出材料耐环境或介质的评价结果。这些性能一般包括:玻璃化转变温度 T_g;弯曲强度及模量;纬向拉伸与压缩;面内或层间剪切;开孔拉伸与压缩。其中,最常用的是弯曲性能和层间剪切。

为了评价使用环境下材料的性能,经常会在高低温环境下对材料进行性能测试,以确定材料在应用环境下的许用值。另外,确定材料的极限工作温度,也是高低温试验的重要目的之一。对于聚合物基复合材料,经常考虑高低温、湿环境以及二者混合的环境条件。

在给定吸湿量情况下,当达到一定的温度时,材料的性能会显著下降,超过这个温度材料会发生不可逆的变化,这个性能急剧下降的特征温度通常是材料极限使用温度定义的依据。当然极限使用温度受材料吸湿量影响显著,不同的吸湿量条件下材料的极限使用温度有所不同,为了安全起见,一般选取最严重吸湿量条件下的结果作为材料的极限使用温度。

测试复合材料湿热环境下的性能时,通常要将试样调节至平衡吸湿量,但因试验时会有脱湿产生,故试验后的吸湿量并非平衡吸湿量。为了减小试验时的湿损失,对于试验温度低于 100 ℃ 的情况,可以用湿热环境箱保湿,而对于试验温度高于 100 ℃ 的情况,本方法则不适用。另一减小湿损失的方法就是尽量缩短试验时高温环境的暴露时间。尽管在试验过程中会采取措施尽量减少水分的损失,但试样表面还是会不可避免地失去部分水分,因此,应该测量并记录试样破坏后的吸湿量。

测试试样破坏时吸湿量的方法有:取一对照试样作为吸湿量监测试样,该监测样的材料、铺层以及几何形式应与试验的试样完全相同,并在取样开始全程与试验样经历完全相同的试验状态调节程序。试验时,吸湿量监测样与试验样同时放置于环境箱内直至试验完成,立即取出吸湿量监测试样并测出吸湿量。此外,可直接从破坏后的试样上切取小样,测试破坏时刻的吸湿量。

实际使用温度低于材料的极限使用温度,材料的极限使用温度是在使用中可能出现的最高平衡吸湿量条件下建立起来的,对于航空应用,MIL-HDBK-17 中给出了 85% 作为相对湿度的最严重情况,对于测试温度,根据使用要求和材料情况确定高温测试温度,航空常用的低温测试温度为 $-55\ ℃$。

达到热平衡的时间跟试样种类、几何尺寸等因素有关,因此,试验前,试样应在设定的试验环境中保温 $15 \sim 30\ \mathrm{min}$。

常用的确定极限使用温度方法之一是利用材料的玻璃化转变温度(T_g)减去一特定的温度。对于环氧基复合材料,通常减去的温度为 $30\ ℃$,常用的测定 T_g 的方法是 DMA。另外,还有其他的确定方法,例如利用一定温度范围的力学性能试验确定。基体控制的材料性能随温度变化显著,是验证极限工作温度的可靠方法。常用的方法有短梁剪切强度、面内剪切强度和模量、准各向同性开孔压缩强度,这些方法可很好地显示出极限工作温度。为了体现性能随温度的变化趋势,应选择 $4 \sim 5$ 个温度点进行试验。

DMA 方法和力学试验方法相互验证,如果力学试验结果和 DMA 方法的结果一致,则可认为确定的极限工作温度是可靠的。如果力学试验结果显示 DMA 方法的结果偏于保守,则可适当提高材料的极限温度。如果力学试验显示的极限工作温度低于 DMA 方法的结果,则应以力学试验结果为准。一旦确定了材料的极限使用温度及在此温度下的性能,给定工作环境下材料的性能可通过插值得到。如果必要,可进行少量的验证性试验,以减低对材料性能估计的保守程度。

10.2.5 复合材料热性能评价

1. 比热容

相关标准:ASTM E1269—2018《用差式扫描量热法测定比热容的标准试验方法》。

比热容的定义为单位质量材料在单位温度变化时材料内能的改变量。实际上,在常压或常熔下的比热容 c 是被测定的量,在国际单位制中以 $\mathrm{J/(kg \cdot K)}$ 表示。

用于测定聚合物基复合材料比热容的标准试验方法是 ASTM E1269—2018,基于差动扫描热量计(DSC)。该试验一般应用于热稳定固体,且正常工作范围为 $-100 \sim 600\ ℃$,可以覆盖的温度范围取决于所采用的仪表及试件托架。

DSC 试验方法的简要描述如下:把空铝盘放入试件和标准托架,一般用氮气或氩气等惰性气体作为包围的气层。在较低的温度下记录一条等温基线,然后在关注的范围上按程序通过加热来使温度增加。在较高的温度下记录另一条等温基线。于是对应于每一个给定的试件盒的试件质量 M,此试验方法被重复地进行着,并且记录吸收能量与时间的变化轨迹。

在理论上,这样得出的数据足以用来计算试件的比热容,但实际上,标定方法很重要,将在下面进行讨论。推荐使用在 $5\sim20$ ℃/min 范围内的加热速率,通常采用 10 ℃/min 的速率。为确定比热容,必须定量测量施加到测试试件的能量与温度的关系,因此,必须在热流和温度模式两方面标定用于这些测量的仪表。由于比热容不是急剧变化的温度函数,通常按常规标定仪表的温度模式,仅偶尔进行校验。温度标定通过观测基准材料的熔融变换来实现,该标定应在未知的试件比热容测定中所覆盖的温度范围内完成。热流信息是至关重要的,通过采用比热容已充分确定的基准材料来进行在这种模式中的标定。已知的标定方法为速率法,推荐的基准材料为合成蓝宝石(α-铝氧化物)。

DSC 方法的显著特点为测试时间相当短及试件质量为毫克级。由于采用如此小量的试件材料,试件必须均匀且有代表性。若试件取自于大尺寸的聚合物基复合材料板时,第二个条件可能很难满足,这是由于不同区域的板存在差异性。可以通过测量取自试板不同部位的若干试件并且将所得结果取平均值解决此问题。

2. 热传导性

相关标准如下:

ASTM C177—2019《使用单面护热板设备测量稳态热通量和热传导特性的标准试验方法》;

ASTM E122—2020《采用隔绝—比较—轴向热流技术测定固体导热性的标准试验方法》;

ASTM C518—2017《使用热流计测定稳态热传导特性的标准试验方法》。

聚合物基复合材料的热传导性是适用于所有热流情况所需的热响应性能。对稳态和瞬态的热流情况均有可用的测量方法。本节描述稳态测试方法。

达到稳态时,试件厚度方向的热传导率 λ 是根据傅里叶关系式确定的:

$$\lambda = Q/(A \times \Delta T/d)$$

式中　Q——计量段热流率;

　　　A——垂直于热流的计量段面积;

　　ΔT——试件的温差;

　　　d——试件厚度。

对于稳态热传输特性,有几种 ASTM 试验方法,可将它们分为两种类型:无条件(或主要的)测量法(C177—2019),除非为了确认精度或建立对认可标准的跟踪能力,该方法不需要热流基准校准;或比较(或备用的)法(ASTM E1225—2020,ASTM C518—2017),在该方法中其结果直接取决于热流基准校准。下面概括地描述这些方法。

聚合物基层压板测试方法的选择通常取决于测量方向。可以采用 C177—2019 完成面外的测量,但是偶尔也采用 ASTMT E1225—2020 比较法。在薄层压板上完成的面内测量,要求通过层叠若干层压板在一起而构成试件直径。对于具有任一方位的层压板，闪光扩散法 ASTM E1461—2013 也是一种可行的选择，其优点包括测试时间较短和试件尺寸较小。

被称之为防护热板法的 ASTM C177—2019 是一种无条件的测定方法，它覆盖了热流的测量以及当平板试件表面与处于常温下的固态的、平行的边界相接触时适于该试件的相关试验条件。此试验方法对低热传导材料是理想的，且它可应用于各种试件以及很宽的环境条件。

ASTM E1225—2020 或防护纵向热流技术是一种比较试验方法。因此，必须采用具有已知热传导率的基准材料或转换标准。这种试验方法适用于大约 90～1 300 K 之间的温度范围，且有效传导率约在 0.2 W/(m·K)<λ<200 W/(m·K)的材料。通过降低精度要求，它的应用可以超出这一范围。

基准材料的热导率（热传导率与长度的比值）应该与试件的热导率尽可能地匹配，以保证温度梯度的近似性和较好的精度。

ASTM C518—2017 描述了采用热流计测量通过平板试件的稳态热传递。这是一种比较的测量方法，因为要求对已知热传导性能的试件进行仪器标定。此试验适用于低导热材料。为满足这个试验的要求，测试试件在热流方向的热阻应该大于 0.1(m²·K)/W，而边缘热损耗应该通过采用边缘绝缘或防护加热器来加以控制。

此外，还有一种应用于热传导板件材料的方法——适用于平板的傅里叶（Fourier）热传导试验方法，此方法不是 ASTM 标准。该试验方法特别适合于确定某些材料的热传导率，这些材料的厚度比横向尺寸小很多，且热传导率至少为 30 W/(m·K)。根据传感器的位置和几何特征，上限可能高达 1 500 W/(m·K)。此方法属于无条件的方法，其结果可与用相同实验装置测试得相当尺寸的已知标准建立联系。

3. 热扩散

相关标准如下：

ASTM E1461—2013《通过闪光法测定热扩散率的标准试验方法》；

ASTM C714—2017《用热脉冲法测定炭和石墨的热扩散系数的标准试验方法》。

热扩散是由瞬态热流状态导出的材料热响应性能。

标准试验方法 ASTM E1461（闪光法）用于确定均匀不透明的固体材料的热扩散。此方法也可用于某些透明材料及复合材料。已经用这个技术，测定了 0.1～1 000 mm²/s 范围内的热扩散系数值，并且通常能够在真空或惰性气体环境下进行 100～2 500 K 的测量。闪光法是在文献中所报道的用于聚合物基复合材料热扩散系数测定的最通用的方法。

试验 ASTM E1461 是来自试验方法 C714 的更为详尽的形式，但通过提高测量精度它适用于更广的材料、应用和温度范围。ASTM C714 方法仅用于碳和石墨。

闪光法的优点是试件几何形状简单、试件尺寸小、测量迅速、易于利用单一仪器来测量热扩散值范围很大的材料。而且，测量时间短减少了污染的机会和暴露于高温而引起的试件性能变化。闪光法已被推广用于二维热流的情况，因而可以测量大的试样以及沿轴向和径向两个方向的扩散性。应用闪光扩散法出现的问题是：①试件材料所呈现的对于光束的部分透明度;②多相试件材料的各组分,例如复合材料的增强纤维和基体,所呈现的热传导性的不同。第一个问题通常是将吸光材料(例如石墨)薄层涂在试件的前表面来解决。若存在第二个问题,热脉冲倾向于优先通过具有高热扩散性的组分相,因此在试件背面的温度分布图可以是非平面的,而且显著偏离理论模型。倘若如此,闪光法无法应用。

ASTM C714 试验方法覆盖温度直至 500 ℃的碳和石墨热扩散系数的测定,测量精度在±5％内。它要求采用一个厘米级直径和半厘米级厚度的圆盘试件。此方法对于分析石墨小试件中的低硫含量很灵敏,因此,它适用于核反应堆,即使很低浓度的硫也能够检测出。

4. 热循环

空间结构用复合材料常常会遇到热循环,例如低地面轨道宇宙飞船复合材料结构会周期性受到 90 min 日照接着又处于地球阴影。飞机前缘,特别是超声速飞机在飞行时会受到气动加热,并随后冷却到大气低温,如在北极地区。热循环对复合材料有很多影响,主要影响是复合材料组分不同的热膨胀引起的内部过度热应力释放而产生的内部损伤,虽然这种损伤可包括纤维断裂、微屈曲、拉出和皱损,但主要的后果是基体出现微裂纹。对复合材料整体,热循环会导致弹性模量、微观力学性能(微观屈服强度和微观蠕变)、热物理性能(热膨胀和湿膨胀系数)、黏弹性常数、扩散率、渗透率的变化、物理老化(体积变化)和化学老化,例如,单向层压板的热循环会降低 0°方向的热膨胀系数,并增加 90°方向的热膨胀系数(由于微裂纹)。准各向同性铺层的趋势亦是变化的,取决于厚度、树脂类型和其他变量。

热循环的影响与下列因素有关:最高与最低温度、加热与冷却速率、复合材料性能(如铺层方向和顺序),基体、纤维与界面强度,以及结构几何形状,特别是最小厚度。当涉及低模量材料,如夹层结构中的胶黏剂时,在几千次循环以前其影响可能不显著,较高的温度和湿度会产生黏弹性恢复效应,它会降低微裂纹的影响,并延缓尺寸变化与其他性能稳态变化所需的时间。

热循环条件一定与最终应用有关,例如瞬态的快速加热(热冲击)对复合材料战术导弹机体和超声速飞机很重要,由于超声速时的气动摩擦作用和被暴露于喷气或火箭排气尾流,复合材料可能会受到高达 100 ℃/s 的加热速率,温度会从 300 ℃增加到 800 ℃。吸收的水汽对确定复合材料中热冲击引起的退化程度有着重要影响。这里热冲击定义为,当外部湿度环境没有重大变化时接近玻璃化转变温度的短时偏移,因此温度环境是非平衡的状态,会出现温度特性和基体控制性能(如层间剪切强度和蠕变速率)的重大变化。

理论上这些影响用多余的自由体积、更多的吸湿点、水分对树脂氢键的能力、耦合的热与质量传递,和额外考虑烧蚀的应力松弛来描述。某些材料体系对热冲击似乎特别敏感,而其他体系则影响很小。

快速冷却的"反向热效应"与热冲击有关,并可在吸湿接近饱和的某些环氧树脂体系中发现。与吸湿随温度增加而增加的"正常"行为相反,它表现为当浸润温度降低时,其吸湿速率立即增加。其机理涉及水分引起的弹性空穴或连同极性分子吸引力的自由体积,涉及的多余体积部分代表了对复合材料的永久损伤。当热循环在持续干燥或真空环境中进行时,就会出现与添加水分有关的现象。若是在干燥环境,则不再有吸收水分的塑化效应,复合材料对微裂纹更加敏感。

宇航聚合物基复合材料试样、部件和结构的热循环通常发生在包括加热与冷却的温度范围内，因为在这一过程中会从材料中除去水分，因此必须知道初始的水分含量，同时也应知道初始固化条件、缺陷状态、纤维体积含量和空隙含量。

通常要通过调节加热和冷却速率来模拟复合材料的工作条件，如在人造卫星中的太阳加热或在机场存放后飞机中的热偏移。热冲击和反向热效应也可在受控的湿度下发生。

5. 热氧化稳定性

热氧化稳定性（TOS）是对材料氧化速率的一种度量，也是高温复合材料体系的一个重要性能。聚合物复合材料的热氧化特征与纤维、上浆剂和树脂有关。因为纤维/基体界面是主要的退化区域，可以分别定性评估这些组分的热氧化稳定性，真实的性能则要在层压板级别上加以评估。虽然与界面有关的性能受到的影响最大，但所有的性能都可能受到 TOS 的影响。虽然在明显的重量损失以前就有某些力学性能的退化，层压板的重量损失仍是特定材料系统热氧化总量的良好标志。材料的 TOS 性能与时间、温度和氧气流动速率/压力有关。

6. 阻燃性和烟雾浓度

对于有机基复合材料在有限的空间中的应用，特别关注的一个问题是偶然的（或有意的）失火可能导致结构损坏的可能性。这里潜在的问题出自两方面的原因。首先，热导致聚合物黏结剂被削弱。热塑性黏结剂开始蠕变，当产生的火焰使其局部温度升高超过玻璃化温度时将出现流动；而热固性黏结剂降解为炭或气化（或两者）。于是，黏结剂的作用降低，复合材料失去强度。若在结构中复合材料仅仅起到次要的或修补的作用，则局部热导致的复合材料破坏或许是不严重的，还有时间来修复损伤的材料。然而，若受影响的复合材料部件为关键结构的一部分，如飞机机翼，则结构可能破坏。

黏结剂可能起火并支持火焰在复合材料表面的蔓延，而且还要释放热量及产生可能有毒的烟雾。于是，局部的、外部的起火可能引起涉及复合材料较大结构范围的燃烧，而复合材料则成为助燃的燃料。在诸如船舶、飞机类有限的、封闭的空间中，不断蔓延的火焰可能导致烧穿状态，在该状态下封闭体内所有易燃的材料开始燃烧。在开放的空间下，如桥梁，渐渐增大的火焰显然会增加结构损坏的概率。同样，当复合材料不作为主要结构仅仅起次要作用时，将会降低出现有危险性后果的可能性。对于地震加固，问题变得有点复杂。火灾伴随着地震，但它们具有延缓初始震动的倾向。若地震引起的火灾没有损坏结构上的复合材料加固件，结构可能容易经受住初震的考验，仅只成为火灾后出现的余震的牺牲品。

与许多易燃材料相比，复合材料具有固有的优点，它有助于阻止最坏的后果（大火的牵连）发生。这是由于在某些情况下其惰性纤维质量含量（通常）高达 70%。纤维置于聚合物树脂之中使得向火焰提供的燃料减少。当由于加热引起的气化使复合材料最外层失去树脂时，它们的作用变为绝缘层，可降低热渗透进入复合材料内部及来自其深处的气体转化。

（1）火焰蔓延试验方法

相关标准如下：

ASTM E84—2021《建筑材料表面燃烧特性的标准试验方法》；

ASTM E162—2016《用辐射热源评定材料表面燃烧性能的试验方法》；

ISO 9705—2016《防火测试——表面制品的全尺寸房间燃烧试验方法》。

对于可居住环境而言,在有关许多复合材料的应用评价中,火焰蔓延的可能性应该是首要被提出和克服的问题。除了有限的隔舱火焰蔓延的研究外,这个问题受到很少的关注。在为数不多的复合材料表面火焰蔓延的研究中,大多采用火焰沿横向和向下蔓延的试验,这些是相对较慢的火焰蔓延模式,它们在机械学上不同于蔓延速度快得多的火焰向上扩展。横向/向下模式的性能好未必意味着向上蔓延的性能好。然而,相反的情况可能是成立的,即对于向上蔓延的阻力有助于产生对于横向和向下蔓延的阻力。

需要测定遏止火灾蔓延的可能性,包括阻碍热从外火达到复合材料的表面或抑制树脂对于该火的固有响应。一个极端的情况是复合材料总体对火焰的绝缘。这已被作为解决火焰卷入危害和结构崩溃威胁的建议。足够厚的纤维绝缘层可以使复合材料的温度低于它的起燃温度(减少火连带的危害),而且也可在 30 min 或更多时间内低于它的玻璃转化温度(减少结构崩溃的威胁)。

阻燃树脂是一个解决火焰蔓延问题的可能方法,但是它们仅仅是减少复合材料的可燃性,即可在火焰蔓延发生前转化为对较大外部火源的抗力。在地面结构中复合材料的内部应用可归入现有建筑物或结构规范要求,这意味着要在 ASTM E84—2021 风洞试验中测试某些指定的性能。ASTM E84—2021 风洞试验需测量在流动空气中的火焰蔓延。风洞没有采用辐射加热器来预热试件,取而代之的是,流过系统的空气是被燃烧器和沿试件长度向下推进的火焰来加热,通过试件表面的热空气提供使得未燃烧材料达到其起燃温度所需要的能量。

另一个实验室规模的火焰蔓延测试为 ASTM E162—2016。ASTM E162—2016 的方法包括火焰蔓延指数的测定,它是能量释放率和平均火焰向下方蔓延速度的乘积。尽管当材料燃烧时这些量随时间而改变,公式中表示该指数为一常数以便为分类不同材料提供通用的度量。

目前还没有用于火焰向上蔓延可能性的小尺寸试验。最接近的相关试验为全尺寸的,它包括横向和同时发生的火焰蔓延(类似火焰向上蔓延),这就是 ISO 9705—2016,它已被推荐适用于高速航空器的内表面材料(包括复合材料)。这是一整个房间的试验,并且对于评定复合材料可能十分昂贵。作为一个封闭的试验,对用于诸如桥梁或码头等开放空间中的复合材料,可能过于严厉;然而,对于诸如轮船的舱面船室类的封闭空间,该试验是十分适宜的。封闭空间提供了增强的热反馈效应,这是热熏累积的结果,而在开放的火焰暴露情况下热熏累积是不存在的。

全尺寸房间墙角火焰试验方法被发展用来评价关于火焰在实际的房内和越出房外蔓延的材料潜能。尽管此方法主要为内衬材料编制,该试验也可用于测试整个建筑组件。此试验提供从材料开始点燃至烧穿时的数据。试验测定墙壁和天花板或部件可能对火焰增长产生影响的程度。因此,要规定在室内和排气系统的仪器以便测量:①室内热流量;②由火灾产生的总的热释放;③若出现烧穿,火焰通过门口涌出的时间。

(2)烟雾和毒性试验方法

相关标准如下:ASTM E662—2021《固体材料产烟量烟密度测试》;

NFPA 269《火灾模型用毒性数据的标准测试方法》。

燃烧气体定义为在燃烧过程期间从材料中析出的气体。在燃烧期间析出的最常见的气体是一氧化碳和二氧化碳,连同 HCi,HCN,以及取决于给定复合材料基体树脂化学成分的其他物质。已经制定了了不同的试验方法来评估燃烧材料所产生烟雾的潜在毒性,这些试验方法对火焰暴露(无火焰与有火焰比较)很敏感。试验方法采用生物测定(动物试验)或分析技术来确定燃烧材料毒效。

由 ASTM E662—2021 确定的 NBS 烟雾室是用于检验材料在无火焰与火焰模式下所产生的烟雾。将试件单独暴露于辐射热源(无火焰模式)或带有引燃火焰(火焰模式中)。

国家消防协会(NFPA)已将 NFPA 269 用于火灾灾害建模。这是采用解析和生物鉴定技术的小尺寸试验方法。在该试验中,根据材料组选择测定 HCN,HCi 和 HBr。在暴露箱中,将六只老鼠暴露于产生的烟雾中。根据在 30 min 暴露和暴露后的 14 天内死亡的老鼠数目确定致命毒效。

(3)热释放试验方法

相关标准如下:ASTM E1354—2017《耗氧量法测定材料释热及烟雾释放速率方法》;

ASTM E906—2017《材料和产品的热和可见烟雾释放率的标准测试方法》。

近几年,有关火灾的研究及对火灾动力学认识的发展已使得热释放率(HRR)作为主要的火灾危害指标凸现出来。可以用热释放率来描述一组给定的燃料负荷、几何构型和通风条件情况下的火灾灾害,而且火灾灾害分析应该包括由小尺寸热释放率试验所得出的材料相应的火灾响应参数。基于热释放率测量的可能的火灾灾害评估也被推广用于复合材料。热释放率,特别是其峰值,是确定火灾环境的范围、蔓延和抑制要求的主要特性。

ASTM E1354—2017 测量暴露于受控的辐射热水平下的材料的小试件响应,并被用于测定热释放率、可燃性、质量损耗率、燃烧的有效热和可见生成的烟雾。实验室规模的火灾试验方法通常称为锥形热量器,涉及应用氧消耗原理。氧消耗原理为:对于多数易燃物,存在一个唯一的常数 13.1 MJ/kg,它与在燃烧反应期间的热释放量和从空气中消耗的氧气量相关。采用这个原理,仅仅需要测定燃烧系统中的氧气浓度以及流动速率。通过试件的空气流一般规定为 24 L/s,得到了在高燃料依赖性的燃烧条件。

ASTM E906—2017 基于热电堆法,采用温升来确定材料的热释放率。热电堆法测量在 35 kW/m² 辐射热通量下材料的热释放。仪器设备是由置于被绝缘的金属盒内的燃烧室构成的。

(4)抗火灾试验方法

相关标准如下:

ASTM E119—2020《建筑构造及材料的耐火性能方法》;

ASTM E1529—2016《测定大型碳氢化合物储槽火灾对结构构件和组件作用的标准试

验方法》。

火灾的强度和持续时间变化很大,为给定的舱室选择与潜在火灾威胁更匹配的组件,了解某些建筑物的组件对于各种火灾威胁的抵抗力的知识是重要的。这里,对火灾的抵抗力是指在火灾期间材料继续发挥其结构作用的能力。

有关对火灾抵抗力的试验方法为 ASTM E119—2020,它采用了通常称为标准时间－温度曲线的方法。保险业试验室利用此试验方法来提供用于建筑结构中的所有组件的火灾等级。在此试验中,将结构部件置于加热炉的环境并达到所要求的期限。若在试验结束之前没有达到规范的边界点,该部件被认为对于 30 min 或 60 min 的试验期限是可以接受的。要以这样的方式加热炉子使得炉内的温度遵循一条标准的时间－温度曲线。部件可以在有载荷或无载荷的情况下进行试验。若部件是在有载荷的情况下进行试验的,则将该部件加载至理论计算得到的最大设计应力水平。地板和屋顶件及承重壁总是在载荷下进行试验。另外,必须将第二个试件暴露于水龙带管流之中模拟人工救火和快速冷却。

烧穿后火灾的显著特点之一为迅速产生高温和高热通量,暴露于其中的结构元件受到的热冲击比在 ASTM E119—2020 中所观察到的快很多。ASTM E1529—2016 的火灾曲线就是用于处理这个问题的。暴露于由自由燃烧的油气田特大火灾所引起火灾状态的结构元件和组件是这个试验关注的焦点。